Über die Schwelle

Über die Schwelle

Herausgeber

HERBERT LACHMAYER
PETER PLICA

böhlau Wien

Impressum

Text- und Bildredaktion sowie Lektorat:
Redaktion Tagbau (Dr. Käthe Springer,
Dr. Gabriele Pfeiffer, Sylvia Burian)
Buch- und Umschlaggestaltung (unter Verwendung eines Fotos von
Manfred Rahs): Loys Egg, Wien

Die Abbildungen auf den Seiten 21, 103 und 175 zeigen die Schwelle „K 1“, auf den Seiten 53, 151 und 229 die Rahmenschwelle „RS 95“; die Fotos stammen von Manfred Rahs.

Repros: studio_02, Wien
Druck: Berger, A-3580 Horn

Bibliografische Information der Deutschen Bibliothek. Die Deutsche Bibliothek verzeichnet diese Publikation in der Deutschen Nationalbibliografie; detaillierte bibliografische Daten sind im Internet über http://dnb.ddb.de abrufbar.

ISBN 3-205-77090-0

Wien · Köln · Weimar
http://www.boehlau.at
http://www.boehlau.de

Gedruckt auf umweltfreundlichem, chlor- und säurefreiem Papier.

Inhalt

Kultur und Wirtschaft – eine starke Allianz

Die Zusammenarbeit der heutigen Kunstuniversität Linz mit nationalen und internationalen Wirtschaftspartnern hat eine lange Tradition. Sie ermöglichte der früheren Hochschule für künstlerische und industrielle Gestaltung, gemeinsam mit dem „Forum Metall" und dem „Forum Design", die Realisierung von Kunstprojekten mit europäischem Rang. Auch die anschließenden Großveranstaltungen *Netz Europa* und *work & culture* wären ohne Unterstützung der Wirtschaft nicht möglich gewesen. Umgekehrt erhielt auch die Wirtschaft wesentliche Impulse durch die Kunstuniversität – viele Absolventinnen und Absolventen sind in Wirtschaftsbereichen tätig. Das Arbeitsfeld beschränkt sich hierbei nicht nur auf komplexe gestalterische Tätigkeiten wie Grafik und Design, sondern umfaßt sämtliche Bereiche visueller Kommunikation und kreativer Lösungskompetenz.

Als Kulturreferent des Landes Oberösterreich freue ich mich, daß zwischen der Meisterklasse für Experimentelle Gestaltung und dem *Stahlbetonschwellenwerk Linz (SSL)* eine besonders engagierte Zusammenarbeit entstanden ist, die im skizzierten Sinne vielfältige Projekte ermöglichte und wechselseitig Impulse lieferte. Dabei mag es als eine besondere Qualität der Zusammenarbeit gelten, daß das SSL sich bei seinem Sponsoring vor allem auf innovative Konzepte konzentriert und somit in spezieller Weise Kunst und Kultur als Experimentierfeld fördert.

Ein nachhaltiges Beispiel dafür ist das vorliegende Buch; seine Herausgeberschaft teilen sich o. Univ. Prof. Dr. Herbert Lachmayer, Professor am Universitätsinstitut „Bildende Kunst und Kulturwissenschaften" sowie Gründer und Leiter des *Art & Tek Institute Linz* der Kunstuniversität, und Dr. Peter Plica, Geschäftsführer des SSL – klarer Ausdruck der „Schwellenfunktion" eines solchen Projekts am Schnittpunkt von Kultur und Industrie.

Für das Land Oberösterreich bedeuten diese Kooperationen den Gewinn kompetenter und erfolgreicher Partner aus Kunst und Wirtschaft – möge, zum Besten des Landes, eine solche Zusammenarbeit auch für andere Kulturprojekte vorbildhaft sein!

DR. JOSEF PÜHRINGER

Landeshauptmann und Kulturreferent des Landes Oberösterreich

Antrieb zum Erfolg

Innovation ist ein Schlagwort unserer Zeit – aber: Erneuerung geschieht nicht von selbst, sie braucht einen Antrieb. Ein innovatives Land wie Oberösterreich braucht viele Antriebe, um als Region stark und zukunftsfähig zu sein. Die Kunst ist solch ein aktiver Motor, der uns vorwärts treibt. Verankert im Land, geht sie der Entwicklung voraus, stets auf der Suche nach Neuem. Kunst hat die Funktion eines Seismographen – sie zeigt an, wohin sich eine Gesellschaft entwickelt oder entwickeln könnte. Prämisse dafür ist die Freiheit der Kunst, mit heutigen Worten: die Erhaltung und Förderung der kulturellen Vielfalt. All dem hat sich Oberösterreich seit vielen Jahren verschrieben.

Ein Land, das erfolgreich ist und auch in Zukunft erfolgreich sein will, muß wirtschaftlich und kulturell in Bewegung sein – und die Kunst ist dabei, wie gesagt, ein wichtiger Anreger.

Dr. Herbert Lachmayer, ordentlicher Professor an der Universität für künstlerische und industrielle Gestaltung Linz, hat mit „seiner" *Meisterklasse für Experimentelle Gestaltung* (heute: Institut für Bildende Kunst und Kulturwissenschaften) und „seinem" *Art & Tek Institute Linz* auf einen modernen Weg, auf eine Vernetzung von künstlerischen, industriellen und gesellschaftspolitischen Bereichen gesetzt – zum wechselseitigen Nutzen aller.

Die Zusammenarbeit zwischen der ehemaligen Meisterklasse und dem *Stahlbetonschwellenwerk Linz (SSL)* hat als Beispiel positiver Verknüpfung von Wirtschaft und Kunst Modellcharakter. Dies dokumentiert auch der vorliegende Band, den Professor Lachmayer zusammen mit Dr. Peter Plica, Geschäftsführer des SSL, herausgegeben hat: Es ist eine in Buchform gefaßte Erfolgsgeschichte. Möge sie viele interessierte Leserinnen und Leser gewinnen, dies ist der eine Wunsch. Der zweite: Möge das Buch als überzeugendes Produkt fruchtbarer Zusammenarbeit zwischen der Kunstuniversität und heimischen Unternehmen zahlreich Nachfolge finden.

Angela Orthner

Erste Präsidentin des Oberösterreichischen Landtages

Technologie aus Oberösterreich

Wir leben im Zeitalter der Hochgeschwindigkeit: Wir schicken Mails, Telefonate und SMS-Nachrichten mit atemraubender Geschwindigkeit rund um den Erdball, wir bauen Flugzeuge, die mit Überschallgeschwindigkeit fliegen, produzieren immer schnellere, leistungsfähigere Autos. Auch die Bahn hat diese Herausforderung angenommen: Herkömmliche Intercitys wirken neben einem ICE alt – Zuggeschwindigkeiten von über 200 Kilometern pro Stunde sind für unsere Zeit adäquat.
Aber Hand aufs Herz, wer von uns denkt schon daran, daß allein auf der Bahnstrecke von Linz nach Wien 500 000 Spannbetonschwellen für unseren Fahrkomfort zuständig sind? Daß Hochgeschwindigkeits- und Hochleistungsbahnen auch Schwellen mit höherer Spannkraft und modernster Technologie erfordern?
Wir können stolz sein, daß der Hauptlieferant von Schwellen für den Ausbau der österreichischen Eisenbahnverbindungen aus unserem Bundesland kommt: nämlich das *Stahlbetonschwellenwerk Linz (SSL)*, ein Traditionsbetrieb, der jährlich rund 200 000 qualitativ hochwertige Schwellen liefert. Durch moderne Fertigungstechnologie ist das Werk auch produktionstechnisch gerüstet, wenn mit Blick auf die EU-Erweiterung der Ausbau der transeuropäischen Schienennetze, insbesondere der für Oberösterreich wichtigen Nord-Süd-Verbindung, vorangetrieben wird.

Meine Gratulation gilt dem Unternehmen, sie gilt auch den Herausgebern dieses prächtigen Bandes, o. Univ. Prof. Dr. Herbert Lachmayer und Dr. Peter Plica, sowie den Autorinnen und Autoren, die mit unterschiedlichen Betrachtungen „Über die Schwelle“ eindrucksvoll unseren Platz in einem vernetzten europäischen Wirtschafts- und Kulturraum dokumentieren.

JOSEF FILL

Wirtschaftslandesrat des Landes Oberösterreich

Erfolgsprodukt Schwelle

Alle 60 Zentimeter wird eine 300 Kilogramm schwere Schwelle verlegt – rund 1700 Stück pro Kilometer, und alle diese Schwellen bilden für die nächsten 50 Jahre den tragfähigen Unterbau des österreichischen Schienennetzes.
Rund 200 000 Stück Schwellen jährlich – genug für 150 Kilometer Gleis – produziert das *Stahlbetonschwellenwerk Linz (SSL)* nach strengsten Qualitätsmaßstäben. Doch nicht nur die Qualität des Produkts zeichnet den Linzer Betrieb aus; das Unternehmen hat mehrmals die Schwelle zwischen Wirtschaft und Kultur überschritten und vor allem Aktivitäten und Projekte der Linzer Kunstuniversität unterstützt, ja, auch eine Oper in Auftrag gegeben, die 1998 im Rahmen des Europäischen Kulturmonats der Stadt Linz uraufgeführt wurde: „Eine Oper für Büropa" – ein über Industrie und Universität hinausgehendes Statement im Linzer Kulturverständnis. Diese Formen der Schwellenüberschreitung zeigen, daß die Herstellung von Spannbetonschwellen durchaus ein kulturelles Umfeld schaffen kann.
Der Begriff *Schwelle* regt aktive Auseinandersetzungen an – immer wieder begegnen wir ihm: in Literatur, Musik und Kunst, in Philosophie und Politik, in Redewendungen und Bräuchen. Über die Schwelle treten heißt, Grenzen zu überschreiten, frei nach Peter Handkes „Die Innenwelt der Außenwelt der Innenwelt", es bedeutet aber auch, von Grenze zu Grenze zu schreiten, frei nach Paul Celans „Von Schwelle zu Schwelle".
Immer wieder stehen wir also an oder auf der Schwelle – Neues liegt vor uns, und die Schwelle zieht eine imaginäre Grenze zur Veränderung. In der Arbeitswelt stehen wir immer wieder vor neuen Herausforderungen. Gleicherweise müssen Spannbetonschwellen immer wieder neue, höhere Ansprüche erfüllen. Sie können aber auch ästhetische Objekte sein, wie die Ausstellung „Schwelle" auf dem Linzer Werksgelände der ÖBB im Juni 1994 bewiesen hat. Und sie können die Zukunft sichern und dadurch die soziale, umweltbewußte und wirtschaftliche Verantwortung unserer Gesellschaft mittragen.
Die Schwelle bietet eine der Grundlagen für die ökologisierte Logistik-Zukunft – und dies ist zugleich die tragfähige Basis der weiteren erfolgversprechenden Entwicklung des SSL.

Dr. Franz Dobusch

Bürgermeister der Landeshauptstadt Linz

Die Bahn – ein zukunftsträchtiger Wirtschaftsfaktor

Die Eisenbahn ist in Österreich – trotz aller positiver Ansätze in jüngster Zeit – gegenüber den anderen Verkehrsträgern ins Hintertreffen geraten. Es ist dies allerdings ein europaweites Phänomen. Während Straßenverkehr und Luftfahrt als Folge einer aktiven europäischen Verkehrspolitik schon weitgehend liberalisiert sind, besteht auf dem Eisenbahnsektor nach wie vor Handlungsbedarf, um hier den erwünschten Wettbewerb zu etablieren.

Gefordert ist eine echte „Revolution der Eisenbahnkultur". Nur so kann dieser derzeit unter seinem Wert geschlagene Verkehrsträger einen Beitrag zur Bewältigung des in den nächsten Jahren gewaltig steigenden Verkehrsaufkommens leisten.

Tatsächlich ist der Anteil des Schienenverkehrs am gesamten Verkehrsaufkommen in den vergangenen Jahren kontinuierlich zurückgegangen und hat im EU-weiten Schnitt die 10-Prozent-Marke sogar schon beträchtlich unterschritten. Österreich steht mit einem Schienengüteranteil von 19 Prozent vergleichsweise gut da; auch haben die ÖBB im Jahr 2001 Aufkommenszuwächse verzeichnen können, doch ist das in Zeiten der bevorstehenden EU-Erweiterung immer noch zu wenig.

Das Weißbuch der Europäischen Union „Die europäische Verkehrspolitik bis 2010: Weichenstellungen für die Zukunft" prognostiziert bis 2010 einen Zuwachs beim Güterverkehr von 38 Prozent und beim Personenverkehr von 24 Prozent. Vor diesem Hintergrund können die Eisenbahnen nur über kundenorientierte und nachfragegerechte Angebote und einen entsprechenden Ausbau der Schieneninfrastruktur zu einer vollen Auslastung kommen.

In Österreich bringt der Generalverkehrswegeplan des Bundesministeriums für Verkehr, Innovation und Technologie einen gewaltigen Investitionsschub, und auch in der Europäischen Union steht der Ausbau der transeuropäischen Netze im Vordergrund. Das auf europäischer Ebene diskutierte „Infrastrukturpaket 2" soll eine weitere Verbesserung der gesetzlichen Rahmenbedingungen bringen.

Von weitreichender Bedeutung ist die Neuorganisation der ÖBB. Es ist zu hoffen, daß diese den Weg ebnen wird, um die Eisenbahnen zu einem zukunftsträchtigen Wirtschaftsfaktor mit ständigem Wachstum zu machen.

In diesem Sinne möchte ich dem Verlag für seine Initiative danken und dem vorliegenden Werk meine besten Wünsche mit auf den Weg geben.

Dr. Christoph Leitl

Präsident der Wirtschaftskammer Österreich

Bahnbrechend

Die Bezeichnung „bahnbrechend" steht bis heute für große technische und geistige Leistungen. Das Eisenbahngleis, wichtigste Grundlage des spurgeführten Verkehrs in Vergangenheit, Gegenwart und (wahrscheinlich auch) Zukunft, hat tragende und führende Funktion zugleich. Es bildet die Grundlage jedes Bahnbetriebs und steht nach wie vor auch als Synonym für den technischen Fortschritt.

Zum Gleis gehören Schienen und Schwellen, die über die Schienenbefestigung miteinander verbunden sind. Während die Schiene (meist aus Hochleistungsstahl) herausragt, schmiegt sich die Schwelle bescheiden noch immer großteils ins Schotterbett, sodaß ihre Qualitäten nicht ohne weiteres erkennbar sind.

Die Entwicklung der Eisenbahn ist letztlich die technische Weiterentwicklung ihrer Komponenten, so auch der Schwellen. Ursprünglich waren diese aus Holz, das bald mit Imprägnierungen versehen wurde, um Witterungseinflüssen besser widerstehen zu können. Daneben entstanden auch Schwellen aus Stahl, die vor allem für ihre Lagequalität bekannt waren. Mit der Weiterentwicklung der Betontechnologie konnten Schwellen aus Beton (Zweiblockschwellen und Spannbeton-Monoblockschwellen) realisiert werden. Sie sind heute Stand der Technik, wobei trotz wesentlich höherer Achslasten, Lebenserwartung und ausgezeichneter Umweltverträglichkeit ihr Preis niedriger ist als jener der Vorgängertypen.

Die moderne Eisenbahn – mit Geschwindigkeiten über 200 Stundenkilometern und Achsfahrmassen von 22,5 Tonnen – wäre ohne diese Entwicklungen nicht denkbar. Mehr noch: die verlegten Schwellen müssen wegen der hohen Lebensdauer ihrer Zeit voraus und schon heute für 25 Tonnen Achsfahrmasse ausgelegt sein.

Solche vielversprechenden Entwicklungen in Vergangenheit und in der Gegenwart können für die Zukunft nur durch die gute Kooperation der Industrie mit dem Anwender realisiert werden – zum unbeschränkten Vorteil der Allgemeinheit.

DIPL.-ING. HELMUT HAINITZ

Generaldirektor-Stellvertreter der ÖBB
(in Ruhe seit 1. 2. 2003)

Interesseloses Wohlgefallen?

Zum Verhältnis von Kunst und Unternehmenskultur

Auf der Schwelle zu diesem Buch sei es erlaubt, über einen Urbegriff des Ästhetischen nachzudenken – und Motivationen auszuloten, warum sich wohl Wirtschaftstreibende mit so schwierigen und konträren Partnern wie Künstlern und Kulturschaffenden einlassen: Ist es *interesseloses Wohlgefallen?* Was treibt rationale Rechner, die alle Parameter einer florierenden Ökonomie kennen und mit beiden Beinen auf dem Boden der Realität stehen, dazu, Teile ihrer mehr oder weniger mühsam, aber gewiß mit Konsequenz und Ratio erwirtschafteten Mittel jenen zu überantworten, die in erster Linie „Unverständliches" produzieren? Wollen sie sich dadurch als Menschen mit gutem Geschmack ausweisen, als Kenner, welche diese Unverständlichkeit höher schätzen als die gewohnte „Verständlichkeit"?

Es ist mehr. Es ist vor allem mehr als Snobismus, Kalkül und kühle Rechnung. Die Anziehung liegt vielmehr in dem, was zur erfolgreichen Unternehmensführung gehört: Beobachtungsgabe, die Wesentliches von Unwesentlichem unterscheiden läßt; Emotion und Leidenschaft, die einen mit den eigenen Unternehmungen eins werden lassen; die Fähigkeit, schneller als die Konkurrenz Traditionen auf den Kopf zu stellen, statt mit Plagiaten zum Trittbrettfahrer zu werden; Mut zum Risiko, der neue Märkte und Möglichkeiten erschließt; Visionen, die anhaltend danach drängen, mit Verve neue Produkte zu entwickeln; Instinkt, der befähigt, neue Wünsche der Menschen zu generieren.

Ebendiese Eigenschaften sind es schließlich, die auch den Künstler ausweisen: präzise Beobachtung, Leidenschaft, Innovation und Inversion traditioneller Vorstellungen, Mut zum Risiko, Instinkt und vor allem Vision. Oder anders ausgedrückt: Es gibt in der Tat Gemeinsamkeiten aller „unternehmerischen" Menschen – die Funktionslust als Urtrieb aller menschlicher Entwicklung, die Lust, Ursache einer Wirkung in einem als positiv erkannten Gesamtgefüge zu sein, in Gang zu setzen und in Gang zu halten, „Welt" zu spielen, *Homo faber* und *Homo ludens* glücklich zu verbinden. Dies alles zu sehen und in der Welt der Kunst wiederzuerkennen, dort, wo der Sinn nicht so vordergründig definiert ist, wo die Funktionslust eben Selbstzweck wird – das ist das Vergnügen, das sich selbstreflexive, aktive Menschen gönnen, einfach so, weil der Blick in den (ver)klärenden Kunstspiegel gleichermaßen Genuß und Einsicht bereitet.

Aus dieser Perspektive wird das Verhältnis von Kulturschaffenden und Wirtschaftstreibenden nunmehr konkret: Mit großem Interesse und offensichtlichem Wohlgefallen wurde und wird seitens letzterer beobachtet, wie umtriebige jüngere Generationen den Stein des Anstoßes immer wieder bergan wälzen, dabei mit Phantasie und neuen kreativen Ansätzen verändern, im Disput umdeuten, weitergeben und wie selbstverständlich damit einverstanden zu sein scheinen, daß dieser „Spiel-Stein" den Gipfel nie erreichen wird, ja nicht erreichen darf, im Wissen, daß dann fatalerweise alles beendet wäre. Das „Spiel"-Kapital wird von manchen offensichtlich gern zur Verfügung gestellt: Man nennt es Sponsoring im besten Sinn.

Ich konnte Zeuge solch interesselosen Wohlgefallens sein, das eine Industriellenfamilie bekundet hat: an der Kunstuniversität Linz und an deren Meisterklasse für Experimentelle Gestaltung, die dafür das Spiel mit Können und Leidenschaft weit vorangetrieben haben. Auch das vorliegende Buch zeugt von dieser förderlichen Verbindung zwischen Wirtschaft und Kultur. Es steht am Ende eines Jahrzehnts engagierten Mäzenatentums – und vielleicht an der Schwelle zu etwas ganz Neuem.

WOLFGANG STIFTER

Maler und Grafiker, Professor und vormals Rektor (1991–2000)
an der Universität für künstlerische und industrielle Gestaltung Linz

Einleitung der Herausgeber

HERBERT LACHMAYER · PETER PLICA

In einer Zeit des umweltbewußten Energieeinsatzes gewinnt die Bahn an Attraktivität – nicht nur als ökologisch und ökonomisch überlegenes Transportmittel großer Lasten, sondern auch als komfortable Ergänzung und notwendige Alternative zum Individualverkehrs(stau)mittel Auto. Das Motto „Neue Bahn" ist daher mehr als ein bloßer Werbeslogan, geht es doch zugleich um die zeitgemäße Philosophie eines Alltags mit mehr Lebensqualität, weniger Streß und einer nicht nur ökologisch motivierten kritisch-bewußten Haltung gegenüber zunehmender Umweltzerstörung.

Die Spannbetonschwelle ist grundlegender Bestandteil der modernen Bahn, mithin die buchstäblich materielle Basis ihrer zukunftsorientierten Entwicklung. So trägt das *Stahlbetonschwellenwerk Linz (SSL)* mit der Optimierung der Hochleistungsschwelle ganz unmittelbar zum aktuellen Ausbau des Bahnnetzes auf höchstem Qualitätsniveau bei und ermöglicht die weitere Verbesserung des Reisekomforts wie auch der Lastentauglichkeit für den Güterverkehr im Hochgeschwindigkeitsbereich. Die Vorgaben und Entwicklungsziele der Österreichischen Bundesbahnen (ÖBB) sind die maßgebliche Herausforderung für zukunftsweisende, innovative Produktentwicklungen im österreichischen Schwellenbau; die wirkungsvolle und erfolgreiche Zusammenarbeit von ÖBB und SSL resultiert somit aus dem gemeinsamen Ziel des optimalen Bahnverkehrs.

Die Idee zu diesem Buch entstand im Vorfeld des 50-Jahr-Jubiläums des SSL. Die Publikation sollte dem besonderen Anlaß gerecht werden und das Thema *Schwelle* vielschichtig erkunden.

Der erste Teil des Buches gilt daher philosophischen, kulturhistorischen und etymologischen *Begriffsdiskursen* – sie zeigen, welch weites Feld Betrachtungen „Über die Schwelle" eröffnen können.

Die Schwelle als Teil des spurgebundenen Transportsystems ist Gegenstand des Abschnitts *Geschichte des Schienenverkehrs*. Er beschäftigt sich mit der Entwicklung der schienengeführten Bahnen und reicht von einer archäologischen Betrachtung der antiken „Geleisestraßen" über die Anfänge der österreichischen Eisenbahn mit ihren Pionieren im 19. Jahrhundert – der Pferdeeisenbahn Budweis–Linz–Gmunden, den ersten Dampfeisenbahngesellschaften der Donaumonarchie und einem Rückblick auf die Entstehung der österreichischen Schmalspurlinien – bis hin zu gegenwärtigen Entwicklungen des Bahnwesens in einem vereinten Europa.

Die *Technik* der industriellen Schwellenherstellung ist naturgemäß ein Kernthema des Buches: ihr ist der dritte Teil gewidmet. Er enthält einen Streifzug durch die Geschichte der Schwellentechnik sowie eine Zusammenfassung der aktuellen europäischen Entwicklungen und Perspektiven auf dem Gebiet moderner Hochleistungs- und Hochgeschwindigkeitszüge. Ein Beitrag von seiten der Österreichischen Bundesbahnen, dem wichtigsten Auftraggeber der österreichischen Schwellenproduzenten, diskutiert den aktuellen Einsatz von Betonschwellen im Netz der ÖBB unter den Rahmenbedingungen der geänderten gesetzlichen Bestimmungen der Europäischen Union. Es folgt ein Überblick über die Entwicklung der Verlegetechniken, deren Mechanisierung schon allein durch das Gewicht des Baustoffs Beton zum unbedingten Erfordernis wurde. Exkurse über den Eisenbahnschotter, über die Spurführungstechnik sowie über den Klima-Wind-Kanal im weltweit anerkannten Forschungs- und Prüfzentrum für Schienenfahrzeuge in Wien komplettieren diesen Teil.

Der Abschnitt *Wirtschaft* beschäftigt sich zunächst mit der österreichischen Verkehrswirtschaft: mit ihrer Struktur und Leistung sowie mit Kosten, Energieverbrauch, Umweltbelastungen und Perspektiven der verschiedenen Transportmittel. Der Beitrag österreichischer Unternehmen zum modernen internationalen Eisenbahnoberbau ist ein weiteres Thema, gefolgt von einem Exkurs über Österreichs Schienenproduktion, einem erfolgreichen, innovativen Wirtschaftszweig. Als Abrundung dient eine Übersicht, welche die wichtigsten der am österreichischen Bahnbau beteiligten Firmen auflistet.

Die Beiträge zu den Abschnitten *Verkehrsgeschichte*, *Technik* und *Wirtschaft* wollen den interessierten Leserinnen und Lesern einen Einblick in die vielfältigen Aufgaben und Probleme des Systems „Gleis" vermitteln, in welches die Schwelle als Basiskomponente eingebunden ist; dabei geht es auch um das technische und wirtschaftliche Umfeld des Schwellenwerks.

Im Abschnitt *Produktion* wird gezeigt, wie eng bautechnische Anforderungen – etwa bei der Schwellenkonstruktion, in der Betontechnologie und in der Bewehrungstechnik – mit maschinenbautechnischen Fragen der werksinternen Fertigung verzahnt sind. Technische und auch wirtschaftliche Entwicklungen haben sich in der konkreten Schwellenerzeugung in Linz niedergeschlagen und sind umgekehrt von dieser beeinflußt worden. Zeitzeugen erinnern sich an die Einführung der Betonschwelle in Deutschland und Österreich sowie an die Anfänge des Linzer Werks. Nach einem Überblick über die Schwellenfertigung des SSL im Wandel der auch von ihm selbst vorangetriebenen technischen Entwicklung veranschaulicht eine Fotoreportage den vollautomatisierten Herstellungsprozeß der Schwelle „K 1". Dieser Teil des Buches bliebe jedoch unvollständig, würde nicht auch über die Geschichte des SSL und über seine Akteure berichtet: Belegschaft, Firmenleitung und Gesellschafterinnen und Gesellschafter. Das verbreitete Klischee vom „coolen" Management soll nicht vergessen lassen, daß gerade in einem mittelständischen Betrieb wie dem SSL Vertrauen zwischen den handelnden Personen aller Ebenen zusammen mit Verläßlichkeit und persönlichem Einsatz wesentlich dazu beitragen, den wirtschaftlichen Erfolg des Werkes zu sichern. Dieser bis heute wirksame „Geist" des Unternehmens, der nur schwer einzufangen ist, sollte zumindest zwischen den Zeilen sichtbar werden.

Im abschließenden sechsten Teil *Kultur* zeigt sich die Schwelle noch einmal vielseitig – Kulturträgerin im weitesten Sinn: ihre Rezeption in Kunst, Literatur, Film, Comic oder Oper – um nur einige Beispiele zu nennen – zeigt, wie komplex und durchaus symbiotisch die oft unterschätzten Beziehungen zwischen Kultur und Technik sein können. Zugleich dokumentiert sich in diesem Zusammenhang ein weiterer „Schwellen"-Bereich: Das Linzer Unternehmen versteht sich nicht zuletzt auch als Bindeglied zwischen Industrie und Kultur – wovon das vorliegende Buch zeugt.

In diesem Sinne konnte das SSL das Musiktheater thematisch bereichern – für die Ausstellung *work & culture* 1998 wurde eine Oper in Auftrag gegeben, die im Linzer Brucknerhaus zur Uraufführung gelangte: *Eine Oper für Büropa. Vorspiel im Büro* – nach der Komödie eines walisischen Autors, mit der Musik des Peruginers Stefano Cavallerin, in einer Ausstattung von Studierenden sowie Absolventinnen und Absolventen der Hochschule (heute: Universität) für künstlerische und industrielle Gestaltung in Linz, dargeboten von Studierenden des Salzburger Mozarteums – begabten jungen Künstlerinnen und Künstlern aus China, Korea, Litauen, Österreich, Polen, Rußland und den USA.

Diese Verbindung von Wirtschaft, Bildung und Ausbildung – nämlich wohlverstandenes Mäzenatentum als befruchtende Zukunftsperspektive für die Universität – ist ebenfalls ein Thema dieses Buches. Darin wird gezeigt, wie sich das Linzer Werk über ein Jahrzehnt lang als Förderer der obgenannten Linzer Hochschule bzw. Universität betätigt hat und dabei bestrebt war, neue Wege zu gehen. Es ist zu hoffen, daß die Ergebnisse andere Unternehmen anregen, ähnlich großzügig zu handeln, zumal die „vollrechtsfähig" gewordene – das heißt die von der rein staatlichen Finanzierung ausgegliederte – Universität künftig in weit höherem Maß auf ein derartig strukturförderndes und daher nachhaltiges Mäzenatentum angewiesen sein wird.

Jubiläumsschriften sollen – dem Schwellengott *Janus* gleich – im Rückblick Erinnerungen wecken und bewahren, aber gleichermaßen den Blick in die Zukunft öffnen; und sie sollen dokumentieren, was Stand der Dinge ist. Zwischen diesem „Was bisher geschah" und dem „Von nun an" liegt die Analyse dessen, worauf es *eben jetzt* ankommt – Entwicklung, Öffnung, Veränderung, aber auch historisches Gedächtnis: Zu einer Zeit, in der wir durch die Entwicklung von Technik und Technologie den Maschinen, Instrumenten und Apparaten das Funktionieren nicht mehr *von außen* ansehen können, gewinnt die immer noch anschauliche Technik des „Kommunikationsmittels" Eisenbahn kulturellen Wert, manifestiert sich doch darin eine traditionsübergreifende Verbindung vom frühen Industriezeitalter bis hin zur avanciertesten digitalen Steuerungstechnologie.
Auch in einer globalisierten Informationsgesellschaft mit ihren allgegenwärtigen Medien ist diese mit sämtlichen Sinnen er*fahr*bare Fortbewegungsart nach wie vor ein Faszinosum – und obendrein eine ökologische Notwendigkeit.
Funktional, umweltverträglich und von hohem Erlebniswert, hat die Eisenbahn mit ihren Gleisen bis heute jedenfalls nichts an Aktualität oder Atmosphäre eingebüßt. Mehr noch: Als hochentwickeltes Transport- und Verkehrsmittel wird sie uns angesichts der modernen Wirtschafts- und Kommunikationsbedürfnisse auch in Zukunft mit Sicherheit erfolgreich begleiten.

Schwelle – Erkundung eines Begriffs

Schwellen in Mythen und rituellen Praktiken

Thomas Macho

Schwelle als zeitgenössische Metapher

Wer heute von Schwellen spricht, bezieht sich seltener auf Türen oder Eisenbahngleise als auf das menschliche Bewußtsein. In negativer Hinsicht markieren die Schwellen – etwa als Reiz-, Hemm- oder Aggressionsschwellen – die unscharfen Grenzbereiche psychischer Reaktionsformen; in positiver Hinsicht kennzeichnen sie – etwa als Schwellen zwischen Traum- und Wachbewußtsein, Rausch und Nüchternheit, schweifender Phantasie und konzentrierter Aufmerksamkeit – die Übergänge zwischen verschiedenen mentalen Zuständen.

Auch der Richtungswechsel zwischen innen und außen wird eher mit psychischen Orientierungsleistungen assoziiert als beispielsweise mit dem Betreten oder Verlassen eines Hauses. So wäre es im Alltag ungewöhnlich, wenn jemand bei einem Besuch vom „Überschreiten der Schwelle" sprechen wollte, während es durchaus üblich ist, im Streit darauf hinzuweisen, daß jetzt eine Schwelle – der Toleranz oder der Zumutbarkeit – erreicht oder überschritten worden sei.

Schwellen verbinden sich heute mit Gefühlen wie Zuneigung oder Wut und mit Empfindungen wie Licht oder Lautstärke. Die Schwelle wurde gleichsam „mentalisiert": als hätten die modernen Subjekte die Raumordnungen ihrer Vorfahren in Köpfe und Seelen projiziert.

Verbreiteter noch als in der Psychologie ist die Schwellenmetapher im Zusammenhang mit Epochen. Wer etwa im Internet das Stichwort „Schwelle" recherchiert, findet ungezählte Verweise auf Titel wie „An der Schwelle der Moderne", „An der Schwelle der Gegenwart", „An der Schwelle des neuen Jahrtausends".

Als „Schwellenzeiten" werden offenbar Umbruchphasen, Perioden der Paradigmenwechsel und Übergänge zwischen verschiedenen Zeitaltern qualifiziert: charakteristisch ist dabei die Verknüpfung mit Mentalitäten und Weltbildern, weniger der allgemeine Bezug auf Zeitlichkeit. Ein Verweis auf die „Jahresschwelle" paßt nämlich allenfalls zu einer Neujahrsansprache, und auch die Kommentierung von „Schwellen" des Lebens – der Kindheit, der Jugend oder des Alters – wirkt rasch pathetisch und unfreiwillig komisch. Die „Schwelle des Todes" signalisiert gar eine spezifisch esoterische Neigung: die Existenz eines „Jenseits" wird bereits terminologisch antizipiert.

Sofern der Begriff „Schwelle" nicht „kulturalisiert" und gewissermaßen mentalitätstypologisch besetzt werden kann, wirkt er sofort peinlich und unangemessen. Für die zeitlichen Schwellenmetaphern gilt demnach, wie gesagt, daß sie vorrangig auf Kulturen und historische Epochen projiziert werden.

Die moderne Mentalisierung und Kulturalisierung der „Schwelle" kann als Transformation ihrer ehemals räumlich-zeitlichen Ordnungsfunktionen bestimmt werden; daraus ergibt sich die Frage nach dem Gewicht und der Bedeutung dieses metaphorischen Wandels. „Schwellen" sind abstrakter geworden; aber wie soll dieser Abstraktionsprozeß beurteilt werden? Was wird verloren oder gewonnen, sobald die Türschwellen zu Bewußtseinsschwellen konvertieren – und die Schwellen der Lebensalter zu Epochenschwellen?

Eine erste Ahnung, kaum mehr als eine vage Hypothese, könnte sich aus den Arbeiten der beiden bedeutendsten „Schwellen"-Theoretiker des vorigen Jahrhunderts ableiten lassen: *Arnold VanGennep* und *Victor W. Turner*. Beide Theoretiker haben – im ersten und im letzten Drittel des gerade vergangenen 20. Jahrhunderts – „Schwellen"-Begriffe geprägt: den Begriff der „rites de passage" und den Begriff der „liminality". Beide Autoren haben darin ein gemeinsames Thema verfolgt: eine *Theorie des Rituals*.[1] Es wäre immerhin denkbar, daß Schwellen mit Ritualen (und deren zugehörigen Mythen) eng zusammenhängen, woraus – gleich-

sam im Umkehrschluß – die zeitdiagnostische Spekulation abgeleitet werden könnte, die zunehmende Abstraktion der Schwelle verdanke sich einem modernen *Bedeutungsverlust der Rituale*.
Offen bleibt, ob dieser Bedeutungsverlust beklagt oder begrüßt werden soll. Einerseits kann er als Ausdruck der Relativierung von Institutionen bzw. der Funktionalisierung von Hierarchien gewürdigt werden; andererseits impliziert er auch eine markante Schwächung sozialer Systeme von Anerkennung und Integration. Dem *Bedeutungsverlust der Rituale* entspricht *die Fetischisierung des Authentischen*, einer „Innerlichkeit", die stets aufgerufen ist, eine soziale Handlung als „echt" zu bezeugen. Selbst im Alltag kann auf die höfliche Frage „Wie geht es dir?" neuerdings geantwortet werden: „Willst du das *wirklich* wissen?" Performative Oberflächen sind porös; sie können jederzeit – zugunsten der Frage nach „eigentlicher" Tiefe – durchbrochen, ja geradezu aufgebohrt werden: mit den rituellen Schwellen verschwindet auch das *Recht auf Distanz*. Und just jener „Schwellenzauber", den ein anderer großer „Schwellen"-Theoretiker des 20. Jahrhunderts – Walter Benjamin – im *Passagen-Werk* zitierte, dokumentiert eher den alptraumartigen „Schrecken nichtschließender Türen"[2] als die Magie der Schwelle: „Stühle, die eine Schwelle, Photos, die den Türrahmen flankier[en], sind verkommene Hausgötter und die Gewalt, die sie zu beschwichtigen haben, trifft uns noch heute mit den Klingeln ins Herz. Versuche man doch, ihr zu widerstehen. Allein, in einer Wohnung, einem beharrlichen Klingeln nicht zu folgen. Man wird finden, es ist so schwer wie ein Exorzismus."[3] – Die Dämonen lassen sich eben nicht mehr „austreiben" und von der Schwelle verjagen.

Schwelle in Raum und Zeit

Die Schwelle ist eine elementare Gestaltung menschlicher Raumordnung: sie scheidet das Drinnen vom Draußen. Das wohlbekannte Gefühl, nach einem anstrengenden Arbeitstag oder der Rückkehr von einer Reise die Tür der eigenen Wohnung vor sich auf- und hinter sich zusperren zu können, ist möglicherweise nur die aktuelle Version eines der ältesten Gefühle menschlicher Lebewesen. Der Stoßseufzer nämlich, der sich uns nicht selten entringt, während wir die Straßenkleidung aus- und die Hausschuhe anziehen, entspringt jener evolutionären Überlebensstrategie, die Hugh Miller „Insulation" genannt hat.[4]
Dieser Begriff bezeichnet die ungeplanten Techniken sozial organisierter Lebewesen, sich dem evolutionären Anpassungsdruck teilweise zu entziehen. „Insulation" heißt die Entwicklung eines „Innenklimas", das sich vom „Außenklima" klar unterscheidet. Wenn beispielsweise Pflanzen eng zusammenstehen, so bildet sich in ihrer Mitte ein schattigeres, meist auch feuchteres und ausgeglicheneres Klima, als außen herum anzutreffen ist. Die Pflanzen avancieren gleichsam zu „Managern" ihrer eigenen Überlebensbedingungen: sie werden „zu Mäzenen für Entwicklungen, die nun nicht vorrangig durch Mutationstheorie erklärt werden müssen".[5] „Insulation" bedeutet in erster Linie Schutz, bedeutet die Möglichkeit, eine „ökologische Nische" selbst zu errichten und zu bewohnen.

Nach allen Argumenten einer kulturanthropologisch orientierten Soziologie, wie sie beispielsweise Dieter Claessens vorzutragen pflegte, sind die Menschen geradezu Experten der „Insulation" und des Aufbaus „ökologischer Nischen". Denn während die „Evolution auf die Säugetiere hin die Nischenfunktion einem überlebensfreundlichen Medium wie Wasser, dann dem eindeutigeren Schutz des Eies, zuletzt dem Mutterlebewesen selbst übertragen hat (das sofern direkt der Mäzen des Nachwuchses wird und selbst in sich jenes künstliche Innenklima entwickelt, das die Voraussetzung für anspruchsvollere Entwicklung ist), wendet sich auf den Menschen zu die Entwicklung in gewisser Weise um: jetzt wird der Uterus wieder ein sozialer Raum, was ja nichts anderes bedeutet, als daß ein Teil der Schutzfunktion, den der mütterliche Innenraum übernommen hatte, nun wieder nach außen verlagert wird, was nicht möglich wäre, wenn ein solcher Außenraum nicht vorher geschaffen würde: Der *soziale Uterus*."[6]
Die Grenze zwischen Drinnen und Draußen verläuft also zunächst entlang einer mütterlichen „Schwelle". Mit der Geburt wird diese primäre Schwelle überschritten: doch wird sie nicht aufgehoben, sondern lediglich verschoben. Ein „sozialer Uterus" konstituiert ab nun die lebenswichtige Differenz zwischen der jeweiligen „Heimat" (dem Drinnen) und einer fremden und chaotischen „Welt" (dem Draußen).
Die ältesten Wohnstätten der Menschen zeigen bereits dieses Bild: die Gestalt eines geschützten Innenraums und die Spur einer Schwelle zwischen Drinnen und Draußen. André Leroi-Gourhan hat in solcher Perspektive die Wohnstätten des *Moustérien* (der Kulturphase des Mittelpaläolithikums, 200 000–40 000 vor unserer Zeit) beschrieben: „sie bestehen aus einem Zentralbereich, in dem sich die Feuerstellen befinden und der relativ frei von Tierresten, aber reich an Steinwerkzeugen ist; umgeben ist dieser Zentral-

bereich von einem dichten Gürtel abgeschabter und zertrümmerter Knochen". Der Neandertaler lebte also „umgeben von den Resten seiner Jagdbeute, die er ein wenig nach außen schob, um sich einen Raum zum Leben zu schaffen".[7] Hinter dem Wall aus Knochen, diesen sichtbaren Zeichen des notwendigen Austauschs mit der Welt, begann gleichsam das Draußen.

Vor rund 30 000 Jahren hat sich zwar das technische Erscheinungsbild verändert, nicht aber das Prinzip der Organisation eines bewohnten Raums. Die ehemaligen Stellflächen der Zelte vor der Rentierhöhle von Arcy-sur-Cure (Frankreich) bilden Kreise „von drei oder vier Metern Durchmesser mit einer zentralen Fläche aus versteinertem und aufgehäuftem Ton, die wiederum von einem Ring aus Steinplatten, einer Art Pflaster umgeben ist. An der Grenze des Kreises sind senkrechte Löcher angeordnet, in die große Mammutstoßzähne eingelassen waren, sie bildeten das Gerüst. Der ganze Raum ist sorgfältig gesäubert; außerhalb stößt man auf einige Haufen größeren Schutts und, über die Abhänge verstreut, auf die ‚Abfallhaufen', kleine Ansammlungen von Asche, die mit Steinabfällen und winzigen Knochenfragmenten durchsetzt ist."[8]
Aus derselben Zeit, in der diese Zelte aufgebaut wurden, stammen die ersten Bilder und Kunstwerke der Menschen. Die immer perfektere Abgrenzung eines geordneten Innenraums gegen die bedrohlich chaotische Außenwelt ließ unaufhaltsam jenen gewaltigen *Symbolisierungsprozeß* fortschreiten, dessen Spuren an den Wänden eiszeitlicher Höhlen bestaunt werden können. Aus der Mitte des *Drinnen* begannen die Menschen, das *Draußen* zu entwerfen und zu ordnen. Vielleicht bestand das erste „Evangelium" schlicht in der Botschaft, daß die äußere Welt genauso organisiert ist wie die Innenwelt: daß also der Himmel wie ein aufgespanntes Zelt über dem Erdboden thront und daß er gestützt wird von einer Weltsäule oder von einem Weltenbaum, der als *axis mundi* [Weltachse, T. M.] Himmel und Erde verbindet. Als Abbild des Drinnen wurde das Draußen erobert; als Abbild des Draußen wurde das Drinnen sakralisiert. Am Fuß des Mittelpfostens der Zelte wurden die kosmischen Opfer dargebracht – am Fuß jener „Himmelsleiter" also, welche die Schamanen der arktischen, nordamerikanischen und nordasiatischen Stämme bei ihren Trance-Reisen erklettern. Erst in diesem Symbolisierungsprozeß gewann die menschliche „Insulationsgeschichte" ihre besondere und originäre Gestalt.

Die Symbolisierungsgeschichte der *Insulation* wurde freilich erst forciert durch die *Temporalisierung* der Schwelle zwischen Drinnen und Draußen. Geburt und Tod wurden nun als die eigentlichen Schwellen des Daseins erfaßt: als die zeitlichen Passagen zwischen einem „Diesseits" und einem „Jenseits". Mit der Metaphorisierung von Geburt und Tod begann das Zeitalter der Religionen, die Epoche einer folgenreichen „Vertikalisierung" des Bewußtseins. Irgendwann ereignete sich jener gewaltige Sprung, der sich vielleicht in einer neuen Antwort auf die „Kinderfragen" ausdrückte, die Ernst Bloch an den Beginn seines Hauptwerks gestellt hat: „Wer sind wir? Wo kommen wir her? Wohin gehen wir? Was erwarten wir? Was erwartet uns?"[9]
Irgendwann haben Menschen offenkundig nicht mehr gesagt, sie kämen aus Wien und gingen nach Berlin; irgendwann hat sie die Frage nach ihrer Identität nicht mehr dazu verführt, von ihrem Lager, von der Zugehörigkeit zu ihrem Clan, ihren Freunden oder Verwandten zu berichten. Irgendwann, in diesem langen Prozeß der Differenzierung von Drinnen und Draußen, müssen sie – erschreckt oder verwundert – erkannt haben, daß es ein Draußen gibt, das sie auf ihren üblichen Wegen nicht erreichen können. Dieses zweite Draußen liegt vor dem Eintritt in den Mutterleib – und hinter dem Augenblick der Verwandlung eines lebendigen, atmenden Zeitgenossen in eine Leiche. Irgendwann wurde dieses zweite Draußen entdeckt und folgerichtig ein zweites Drinnen: ein Drinnen, das nun nicht mehr als insularer Schutzraum allein, sondern ebensogut als lebenslange Gefangenschaft erfahren werden konnte. Von Platons „Höhlengleichnis" bis zu den gnostischen Spekulationen über das Weltgehäuse, von der altbiblischen Verzweiflung Hiobs bis zur buddhistischen Sehnsucht nach dem Nirwana, von der zoroastrischen Apokalyptik bis zu Beckett oder Cioran haben sich Empfindungen eines existentiellen Unbehagens artikuliert: eines Unbehagens am Leben als ausweglosem Drinnensein.

Mit zunehmender Seßhaftigkeit, mit steigender Sicherheit und Wehrbereitschaft in den ersten Stadtkulturen, begann sich langsam eine melancholische Grundstimmung zu etablieren, von der schon die ältesten Schriften – vom Gilgamesch-Epos bis zur Bibel – Zeugnis ablegen. „Wenn es in 1. Mose 3.17 heißt ‚Verflucht sei der Acker um deinetwillen, mit Kummer sollst du dich darauf nähren dein Leben lang', so spüren wir hinter diesen Worten" ein völlig neues Lebensgefühl. „In der Genesis ist das Leben ein Fluch, zur Strafe für den Sündenfall der Menschheit, ein Bauernleben voll Mühsal und Plage, das man nicht länger lieben kann. Dabei ist es wichtig zu beachten, daß nicht die Tiefpunkte und Mißgeschicke des Lebens, sondern das Leben überhaupt als Leiden charakterisiert werden. ‚Was nützen uns', heißt es etwa in dem heiligen Text einer anderen Bauerngesellschaft, der Maitraya Upanisad, ‚die Vergnügungen und Wonnen in diesem Leib, der nur eine dreckige Ansammlung von Knochen, Haut, Sehnen, Mark, Fleisch, Samen, Blut, Schleim, Tränen ist, eine Masse von Kot, Urin, Fürzen, Galle und anderen Säften, übelriechend und kraftlos? Erfahren wir nicht, daß göttliche und dämonische Wesen sterben, daß Ozeane austrocknen und Berge eingeebnet werden, und daß die Erde eines Tages aufhören wird zu existieren? Was nützen uns die Vergnügen in einem *samsara* [Kreislauf des Daseins oder der Wiedergeburten, T.M.] dieser Art, in das ein Mensch, der zu ihm Zuflucht nimmt, immer wieder zurückkehren muß? Ich bin in diesem samsara wie ein Frosch in einem verschlossenen Brunnen.'"[10]

„Wie ein Frosch in einem verschlossenen Brunnen": Besser läßt sich die Erfahrung eines ausweglosen Drinnenseins kaum charakterisieren. Wie aber ist der Frosch in den Brunnen gefallen?
Der Preis erfolgreicher Insulation besteht – ganz schlicht – im Zwang, miteinander auszukommen; keine Chance auf Überleben außerhalb der eigenen Gruppe. Die Existenzform der Jäger und Sammlerinnen erlaubte noch einen ziemlich flexiblen Umgang mit diesem Zwang; Verwandtschaftsverhältnisse und Heiratsnormen bildeten nur den allgemeinen Rahmen zur Regelung der Beziehungen zwischen den Menschen. „Wo und mit wem man wirklich zusammenlebte, darüber entschieden zusätzliche Faktoren – unter anderem auch, ob man miteinander auskam."[11] Im Konfliktfall konnte sogar ein System der „Wahlverwandtschaft" in Geltung treten; die Streitenden trennten sich vorübergehend oder für immer, um sich einer anderen Gruppe anzuschließen, frei nach der Maxime: mit wem man gut zusammenleben kann, ist man irgendwie wohl auch verwandt. Nach den Beobachtungen von Richard Lee besteht das typische Lager einer nomadisierenden Wildbeuter-Gesellschaft bis heute aus jenen „Sippenmitgliedern und ihrem Anhang, die herausgefunden haben, daß sie gut zusammenleben und zusammenarbeiten können. Nach diesem flexiblen Organisationsprinzip können Brüder vereint oder getrennt sein, Väter und Söhne zusammen oder getrennt leben."[12]

Dieses relativ „unbeschwerte" Leben mag viele Jahrtausende gedauert haben; unter Bedingungen der Seßhaftigkeit (und damit unter veränderten ökonomischen Voraussetzungen) ließ sich die organisatorische Flexibilität der Jäger und Sammlerinnen nicht mehr aufrechterhalten. Die „Ökonomie des Teilens" wich einer „Ökonomie des Hortens"; die sozialen Bindungen verschärften sich wie von selbst. Schon die Bewohner der ersten Dörfer waren gebunden „an ihre Felder in der Umgebung der Siedlungen und durch Vorräte, die Nahrung für Monate bedeuteten. Gebunden waren sie durch Häuser, Vorratsbehälter, Mahlsteine und andere stationäre Einrichtungen." Gebunden waren sie aber auch und vor allem aneinander; denn einen mühselig erwirtschafteten Besitzstand „konnte man nicht leichten Herzens aufgeben, nur weil man sich mit seinem Nachbarn wegen einer Lappalie in die Haare geraten war".[13] In dieser Lage mußten neue Zugehörigkeitskriterien definiert werden.
Aber erst die Temporalisierung der Schwelle zwischen Drinnen und Draußen, die Entdeckung des zweiten Draußen, ermöglichte die Ablösung des kooperativen Prinzips nomadischer Assoziation durch das Abstammungs-Apriori seßhafter Gesellschaften. Von nun an entschied die Geburt über soziale Zugehörigkeit, und weder Verträglichkeit noch Freundschaft, sondern die Abstammung „legte fest, mit wem man zusammenlebte und zusammenarbeitete".[14] Ein genealogisches Ordnungsparadigma wurde etabliert, und folgerichtig zog das temporalisierte Draußen ins Zentrum der Gesellschaften ein, mitten ins Drinnen. Nach wie vor glich zwar die räumliche Gestalt der ersten Siedlungen und Städte den Stellflächen der Zelte vor der Rentierhöhle von Arcy; die frühe Stadt war umgeben von ihrem Verteidigungsgürtel und schloß sich um die Getreidevorräte und den Schatz.[15] Aber unter den Wohnstätten der Familien – der Könige, Krieger, Handwerker und Priester – lagen die Toten.

Jede Abstammungsideologie beruft sich notwendig auf die Toten: auf diese Zeugen einer Zugehörigkeit, die eine Zeugung des Nachfahren ermöglichten. Den genealogisch legitimierten Ahnen gebührte die Verehrung der Lebenden, weil sie deren soziale Existenz verursacht hatten und dauerhaft garantierten. Zugleich entstand ein gefährlicher Raum, eine bedrohliche Schwellenzone, im Zentrum des sozialen Lebens: der Friedhof.
Bei archäologischen Untersuchungen der Gräber aus den *Natoufien*-Siedlungen *'Aïn Mallaha* und *El Wad* in Palästina (wo

vor etwa 9000 Jahren bereits mehr als 200 Menschen auf engstem Raum im städtischen Verband zusammengelebt hatten), erst recht bei den Ausgrabungen von *Jericho* oder der anatolischen Stadt *Çatal Hüyük*, wurde festgestellt, daß die meisten Toten schon zuvor bestattet worden waren. Offenbar wurden sie – wenn sie anderswo gestorben waren – nur provisorisch beigesetzt und später in die Heimatsiedlung überführt. Nicht zufällig hat man die Toten dieser Epoche in Gemeinschaftsgräbern (mit zwei bis zehn Personen) bestattet: das Totenritual sorgte gleichsam für die Vereinigung von Menschen gleicher genealogischer Zugehörigkeit. „Menschen mit verschiedenen Lebensspannen, Biographien und Sterbeorten" wurden offenbar in vielen Kulturen „nur aufgrund ihrer gemeinsamen Abstammung im Tod wiedervereint. Gemeinschaft bis ins Grab spiegelte das Grundprinzip der sozialen Organisation dieser frühen Entwicklungsphase seßhafter Gesellschaften wider."[16]

„Gemeinschaft bis ins Grab": Die Temporalisierung der Schwelle zwischen Draußen und Drinnen, dieser rituelle Vertrag zwischen Toten und Lebenden, verdichtete sich wohl gelegentlich in der Erfahrung existentialer – und das heißt *genealogischer* – Schuld. Jemand ist gestorben, damit du existieren kannst: so lautete die dunkle Botschaft der Abstammungsordnung. Verpflichtung und Schuldevidenz verkörperten sich in der Einsicht des Nachfahren, selbst verursacht, „verschuldet" worden zu sein. Andere müssen vor mir gelebt haben, um mein eigenes Leben zu ermöglichen – und diese primordiale Schuld, „Erbschuld" *avant la lettre*, erzwingt irgendwann ihre Abgeltung durch den eigenen Tod. Denn die Ahnen sind nicht nur Vorfahren und „Schöpfer", sondern auch Gläubiger des Lebens.

Von der Schwelle zum zweiten Draußen ging also eine merkwürdige Vergiftung aus, die gleichsam *den Frosch in den Brunnen stürzte*, eine Vergiftung, die häufig durch elaborierte Opferzeremonien geheilt werden sollte. Alle räumlichen Schwellen waren mythisch und rituell aufgeladen; sie fungierten zugleich als räumlich-horizontale *und* als zeitlich-vertikale Passagen. Manchmal mußten die Türpfosten – wie im Buch *Exodus* [Ex. 12,7] – mit Blut bestrichen werden, um den umherstreifenden Todesengel daran zu hindern, die Schwelle zu übertreten.

Schwellenmythen: Götter und Fremde

In der griechischen, vor allem aber in der römischen Antike galten die Schwellen zu Häusern und Städten als magische Zonen, die mit Aufmerksamkeit und Vorsicht überschritten werden mußten; ein Stolpern oder gar ein Sturz über die Schwelle wurde als böses Vorzeichen betrachtet. Die konstitutive Ambiguität der Schwelle als – horizontaler wie vertikaler – Passage trug zu einer vielgestaltigen Mythisierung bei, die der Schwelle ein kultisches Prestige verlieh.

Schon in Hesiods *Theogonie* ist von der Schwelle – *oudòs* im Griechischen – vorzugsweise als Übergang zwischen Ober- und Unterwelt die Rede. Zunächst wird der Wechsel zwischen Tag und Nacht erwähnt, jene kosmische Schwelle, die Licht und Dunkel scheidet:

„*... Dort wohnt die finstere Nacht, dort / steht ihr abscheuliches Haus, gehüllt in Wolken aus Schwärze. / Atlas, des Japetos Sohn, steht davor, den riesigen Himmel / trägt er mit seinem Haupt und nie ermüdenden Händen, / unerschütterlich, wo die Nacht und der Tag sich berühren, / tauschend den Gruß, einander begegnend auf eherner großer / Schwelle. Da steigt die eine abwärts, aufwärts der andre / immer, und nie umschließt sie beide zugleich die Behausung, / sondern kaum hat das eine von beiden die Wohnung verlassen, / über die Erde zu streifen, so weilt das andere drinnen, / harrend der Stunde des eigenen Wegs, bis sie wieder herankommt: / Tag, der das weithinschauende Licht den Irdischen spendet, / sie aber, die in den Händen den Schlaf, den Bruder des Todes, / birgt, die verderbliche Nacht, gehüllt in schwärzlichen Nebel.*"[17]

Wenige Verse später wird dieselbe „eherne Schwelle" als Grenze zur Unterwelt vorgestellt:

„*Da ist der Quell, wo die schwärzliche Erde, der sternhelle Himmel, / öd sich erstreckendes Meer und des Tartaros nächtlicher Nebel / eins nach dem andern entspringen, wo alles auch wieder mündet, / jener widrige, modrige Schlund, vor dem selbst die Götter / Grausen ergreift. Da steht auch das Tor aus Marmor, die Schwelle, / festgestampft aus Erz, im Boden weithin verwurzelt, / selbstgewachsen. Davor, von allen Göttern geschieden, / haust das Titanengeschlecht noch jenseits des düsteren Chaos.*"[18]

Marmortor und Erzschwelle schützen den Eingang in den *Tartaros*, jenen tiefsten Abgrund oder mahlstromartigen Strudel, der – etwa nach Giorgio de Santillana und Hertha von Dechend[19] – auch kosmologisch-uranographisch gedeutet werden kann. Auch in der Homerischen *Ilias* wird die „Schwelle von Erz" als Grenze zum *Tartaros* genannt; gleich zu Beginn des achten Gesangs wettert Zeus auf seinem olympischen „Kriegsrat“:

„*Wen ich aber getrennt von den anderen Göttern erblicke, / Willens, den Troern oder Achaiern zu Hilfe zu eilen, / Der soll schmählich geschlagen zurück zum Olympos kehren! / Oder ich fasse und schwing' ihn hinab in des Tartaros Dunkel, / Ferne, wo tief sich öffnet der Abgrund unter der Erde, / Wo die Pforten von Eisen erglänzen, vom Erze die Schwelle, / So weit unter dem Hades, wie über der Erde der Himmel!*“[20]

Eine vergleichbare Proportion der Entfernungen wird übrigens auch in der *Theogonie* angegeben, wo es heißt:

„*Denn neun Nächte und Tage fällt ein eherner Amboß, / bis er am zehnten Tag vom Himmel zur Erde herabkommt. / Und auch neun Nächte und Tage fällt ein eherner Amboß, / bis er am zehnten Tag von der Erde im Tartaros ankommt.*“[21]

Im Tartaros wohnten die gefangengesetzten Titanen, an ihrer Spitze Kronos, der gestürzte Vater des Zeus. Darum erscheint es plausibel, daß nicht allein Abstammung und Entfernungsproportionen den Olymp mit dem Tartaros verbinden, sondern eben auch eine „eherne Schwelle“.

In verschiedenen Abschnitten der *Ilias* wird – je nach Übersetzung – von der „ehernen Schwelle“ oder vom „ehernen Haus“ Zeus', des Kroniden, gesprochen,[22] während die Schwelle zur heiligen Höhle Apollons regelmäßig als „steinerne Schwelle“ charakterisiert wird, etwa in Vers 404 des neunten Gesangs:

„*... Noch was die steinerne Schwelle des Bogenschützen beherbergt, / Phoibos Apollons Schatz, in der Felsenstätte von Pytho.*“[23]

Auch in der Sammlung *Homerische Hymnen* heißt es:

„*Da überschritt der sichere Schütze Phoibos Apollon / eilig die steinerne Schwelle zur düster dämmernden Höhle.*“[24]

Die Schwellen – ob nun aus Eisen, Bronze, Erz oder Stein – markieren die untersten wie die obersten Orte, an denen Titanen oder Götter hausen; zugleich sind es aber auch die Schwellen zu den menschlichen Wohnstätten, an denen die Götter bevorzugt erscheinen. Signifikant ist die folgende Beschreibung eines Auftritts der Göttin Demeter (neuerlich aus den *Homerischen Hymnen*):

„*Aber die Göttin hielt auf der Schwelle und reichte mit ihrem / Haupt an den Balken, sie füllte die Öffnung mit göttlichem Glanze. / Ehrfurcht und Scheu ergriff die andern, ja bleiches Entsetzen.*“[25]

Noch im historisch viel späteren *Argonautenepos* heißt es:

„*Da stürmten die beiden Söhne des Thrakischen Boreas aus der Luft herbei und betraten mit ihren flinken Füßen die Schwelle.*“[26]

Im ersten Gesang der *Odyssee* tritt Pallas Athene auf die Schwelle des Hofes in Ithaka:

„*Stürmisch brach sie dann auf, herab von den Höh'n des Olympos. / Endlich stand sie in Ithakas Volk vor dem Hof des Odysseus, / Trat auf die Schwelle des Hoftors, trug ihre eherne Lanze / Fest in der Faust und glich einem Führer der Taphier, Mentes.*“[27]

Die Göttin erscheint also in der Gestalt eines Gastes aus der Fremde; darin bezeugt sich die Logik der *Odyssee*, welche – im Gegensatz zur *Ilias* gern als epische „Aufklärung“ gewürdigt – die Schwelle aus der Perspektive des Reisens und der Gastfreundschaft betrachtet. Zwar wird die „eherne Schwelle“ am Hause des Zeus noch einmal zitiert,[28] aber nicht zufällig als eine *Erzählung in der Erzählung*, vorgetragen zum Spiel der Leier während eines Nachtmahls im Hause des Alkinoos. Just dieses Haus des Alkinoos wird nun ebenfalls als Haus mit einer „ehernen Schwelle“ geschildert. So heißt es im siebenten Gesang:

„*... Odysseus / Ging aber nun zum berühmten Palast des Alkinoos. Stehen / Blieb er: Das Herz schlug hoch vor dem Tritt auf die eherne Schwelle. / Lag doch ein Glanz wie von Sonne und Mond hinauf bis zur Decke / Über dem Hause des hochbeherzten Alkinoos. Allseits / Stiegen die Mauern empor, von der Schwelle bis hinten im Winkel / Waren mit Erz sie verkleidet, der Sims rundum war aus Blaustein. / Senkrecht stand auf der ehernen Schwelle die goldene Türe: / Silber waren die Pfeiler und silberne Balken darüber. / Diese versperrte von innen das feste Gebäude.*“[29]

Die kosmologische Bedeutung der Schwelle (nach Hesiods *Theogonie*) – ein „Glanz wie von Sonne und Mond“ – wird zwar noch zitiert; aber die Schwellen werden nun vorrangig auf Reisen überquert. Nicht mehr die Polarität von oben und unten, sondern die Polarität von nah und fern, Heimat und Fremde, organisiert den metaphorischen Diskurs um die Schwelle. Darum wird ab dem 17. Gesang von Schwellen besonders häufig gesprochen, geht es doch nun um die Rückkehr des Odysseus in sein von den Freiern „besetztes“ Haus. Bekanntlich tritt – wie Pallas Athene im ersten Gesang – Odysseus in Verkleidung auf: als alter Bettler. Und Bettler sitzen – wie sich von selbst versteht – auf der Schwelle.

„*Leise betrat den Palast nicht weit hinter ihm* [dem Sauhirten Eumaios, T.M.] *auch Odysseus. / Aber er sah so aus wie ein Greis, der des Stabes bedürfte, / So wie ein elender Bettler mit grauslichen Kleidern am Leibe; / Setzte sich hin an die Türe des Saals auf die eschene Schwelle, / nahm die Zypressensäule zur Lehne, die einstens der*

Zimm'rer / Recht verständig geglättet und grade gemacht nach der Richtschnur."[30]
Odysseus verstrickt sich in die ersten verbalen Konflikte mit den Freiern, kehrt aber immer wieder zurück zur „eschenen" Schwelle,[31] wo er mitunter sogar den Platz mit einem anderen Bettler teilen muß. Spätestens im 20. Gesang wird der Platz auf der Schwelle buchstäblich zur Drohung.

„Aber Telemachos setzte im festgemauerten Saale / Neben die steinerne Schwelle Odysseus in kluger Berechnung; / Stellte vor ihn ein Tischchen, dazu einen häßlichen Sessel".[32]

Penelope holt den Bogen aus ihrer Kammer; dabei

„überschritt sie die eichene Schwelle, die vordem der Zimm'rer / Kunstverständig geglättet und grade gemacht nach der Richtschnur".[33]

Odysseus lehnt den Bogen an die Tür, läßt durch einen Vertrauten (den Sauhirten Eumaios) alle Eingänge des Saals versperren, um schließlich den Endkampf mit den Freiern – von der Schwelle aus – zu beginnen.

„Jetzt aber riß sich der einfallsreiche Odysseus die Fetzen / Ab und sprang auf die mächtige Schwelle, mit Bogen und Köcher / Voll von Pfeilen".[34]

Direkt auf der Schwelle verwandelt sich der Bettler wieder in den Herrn des Hauses, der Gast in den Gastgeber (der freilich zuerst die ungebetenen Gäste erschlagen muß).

Schwellen wurden offenbar aus unterschiedlichen Materialien gefertigt. Räume innerhalb des Hauses – allerdings auch die älteren oder billiger gebauten Häuser – besaßen hölzerne Schwellen; die *Odyssee* nennt Beispiele aus Zypressen-, Eschen- oder Eichenholz. Die Eingangstüren zu Kultbauten oder zu Häusern von Personen mit hohem Sozialprestige waren dagegen stets mit einer steinernen Schwelle ausgestattet. Auch in den Speisesaal des Hofs von Ithaka – den „festgemauerten Saal", in dem später der Freiermord stattfinden sollte – führte nicht nur die „eschene", sondern auch eine steinerne Schwelle, offenbar von „mächtiger" Höhe – sonst wäre es ja unsinnig gewesen, von einem „Sprung" des Helden auf die Schwelle zu berichten. Besonders prächtige Paläste wurden schließlich mit steinernen, hölzernen und metallbeschlagenen Schwellen versehen;[35] so erklärt sich die Rede von „ehernen Schwellen" bei der Beschreibung der Tore zum Olymp und zum Tartaros, aber auch des schon erwähnten Tores zum Palast des Alkinoos, auf dessen Schwelle Odysseus die erfolgreiche Heimkehr nach Ithaka verheißen wird:

„Da du, Odysseus, zu meinem Hause gefunden, zu dessen / Eherner Schwelle und hohem Dach, so wirst du, das glaub ich, / Hast du auch viel schon erduldet, hieher nicht nochmal verschlagen."[36]

Die „eherne Schwelle" zum Palast des Alkinoos fungierte gleichsam als „gutes Omen", als die Vorwegnahme der steinernen Schwelle, von der aus Odysseus seinen Palast wiedererobern sollte; Metallschwellen besaßen eben ein geradezu göttliches Prestige.[37]

In mancher Hinsicht waren die Schwellenmetaphern in der römischen Antike noch beliebter und verbreiteter als in Griechenland; zu Recht bemerkt Karl Meister: „Die Schwelle des Hauses ist von den Römern bei wichtigen Ein- und Ausgängen mit besonderer Aufmerksamkeit betrachtet worden, die wohl der religiösen Sorgfalt entsprach, mit der sie alles Tun in Haus und Feld, in Frieden und Krieg zu beginnen pflegten. Wie der Gedanke der Schwelle in ihrer Vorstellung in viel höherem Grade affektbetont war als in der Vorstellung anderer Kulturvölker, so hat sich das Wort *limen* im Lateinischen in vielen Wendungen eingebürgert, an deren Stelle in anderen Sprachen einfache Wörter des Hineingehens, Hinaustragens usw. üblich sind."[38]
Meister beobachtet das besondere Gewicht der Schwellenmetaphern im Kontext von Hochzeitsritualen; auch die römische Liebesdichtung beziehe sich gern und häufig auf das Sprachbild der Schwelle: „Alle Wendungen, die die Schwelle nennen, [...] haben eine Bedeutungsnuance, die sie von den anderen Ausdrücken des Hinein- und Hinausgehens unterscheidet. Sie bezeichnen nicht das alltägliche ‚hinein-hinaus', sondern einen Eintritt oder Austritt, der in seiner Art zum erstenmal erfolgt oder von besonderer Wichtigkeit ist: Ein Mädchen wird gegen den Willen ihrer Mutter von dem durch Leidenschaft und Schmerz bewegten Jüngling in sein Haus gebracht, ein Besessener in die Klinik des Arztes, Delinquenten werden hinein- und hinaustransportiert, Leute warten innerhalb der Schwelle, bis sie unbemerkt oder überraschend heraustreten können, jemand stürzt in Aufregung aus dem Hause, ein andrer vertreibt seine Ehefrau, wieder ein andrer verwehrt dem Eigentümer den Eintritt. Der Konsul tritt über die Schwelle seines Hauses in die Öffentlichkeit, der Gott sucht den Menschen heim. Ihrer Bedeutung nach stehen so die besprochenen Ausdrücke in der Mitte zwischen dem im eigentlichen Sinn gefaßten *super limen* [über die Schwelle, T. M.] des Hochzeitsritus, mit dem der entscheidungsvollste Schritt, den die Frau in ihrem

ganzen Leben tut, bezeichnet wird", und jenen Verben, „die den gewöhnlichen Verkehr ausdrücken, wie er zu hundert Malen in der Komödie sich abspielt. Auf dieses Niveau sind die *limen*-Wendungen niemals herabgedrückt worden."[39]

Die Römer verehrten sogar einen eigenen Gott, der für die räumliche wie für die zeitliche Schwelle zuständig war: als Herrscher der Stadtmauern, Tore und Schlüssel, aber auch des Jahreswechsels. Diese Gottheit, Janus, wurde gelegentlich als Gastgeber (oder sogar Sohn) des Saturn – und somit als Mitbegründer des „Goldenen Zeitalters" – verehrt. Als Zeit- und Schwellengott trug er zumeist einen Kopf mit zwei voneinander abgewandten Gesichtern, die gewissermaßen den gleichzeitigen Blick auf das vergangene und das künftige Jahr symbolisierten, aber auch auf das „Innerhalb" und „Außerhalb" der Stadt. In solcher Erscheinung eines „Zwillingsgottes" erinnerte Janus nicht zuletzt an den Gründungsmythos Roms – die Erzählung von den Zwillingsbrüdern Romulus und Remus; tatsächlich soll der siegreiche Romulus den Janus-Kult eingeführt haben.

Die Verehrung des Janus wurde – nach einem Bericht des Schriftstellers Ambrosius Theodosius Macrobius (Anfang des 5. Jahrhunderts n. Chr.) – seit den Sabinerkriegen intensiviert. Damals ließ sich Roms Haupttor, die *porta Ianualis*, nicht schließen; die Torflügel öffneten sich immer wieder von selbst (was Ovid bekanntlich auf Interventionen der römerfeindlichen Göttin Juno zurückführte[40]), sodaß die Stadt arg gefährdet war. Janus bewirkte jedoch bei seiner Pforte den ebenso plötzlichen wie massiven Ausbruch einer kochendheißen Quelle (man assoziiert unwillkürlich einen vulkanischen Geysir), und die Angreifer konnten mit dieser Unterstützung zurückgeschlagen werden. Nach diesen Ereignissen habe sich, so Macrobius, der Brauch eingebürgert, die Tore des Janustempels in Friedenszeiten zu schließen und nur bei Kriegen zu öffnen.[41]

Daß Schwellen ebenso wie Mauern – eine „Schwelle" ist die einzige Stelle in der Mauer, an der diese auch friedlich überwunden werden kann – mit Gründungsmythen assoziiert werden, ist im übrigen nicht ungewöhnlich: denn just bei einer Gründung spielt die Kreuzung zwischen der topologisch-profanen Horizontalen und der kosmologisch-sakralen Vertikalen eine besondere Rolle. Bau- und Schwellenopfer waren daher häufig Gründungsopfer; und noch Romulus' sagenhafte Totschlagung seines Zwillingsbruders Remus kann als Spur eines solchen Gründungsopfers gelesen werden.[42]

Auch die Annalen der römisch-katholischen Kirche – oder die *Acta Sanctorum* (Akten der Heiligen) – enthalten zahlreiche Hinweise auf die Verwendung von Märtyrer-Reliquien zur Begründung der heiligen Orte und ihrer vielfach zitierten Schwellen. Manche Kirchen oder Städte dokumentieren die Geschichte ihrer Gründungen gar durch ihren Namen. So lesen wir – nicht ohne Überraschung – die Legende einer Gründungsvision, mitgeteilt in Dechant Cosmas' *Chronik von Böhmen* (aus dem 11. Jahrhundert). In Anwesenheit ihres Gemahls Přemysl und einiger edler Gäste weissagt Lubossa, die sagenhafte Seherin:

„*‚Sieh, ich erblicke die Stadt, ihr Ruhm reicht bis zu den Sternen, ein unscheinbares Dorf, in einem Walde gelegen, dreißig Meilen von hier, bespühlt von der Wlitawa Wellen; gegen Norden schützt sie das in tiefem Thale rinnende Bächlein Brusnica, gegen Süden ragt ein hoher Berg empor, welcher wegen seiner Felsen Petrin genannt wird; derselbe krümmt sich wie ein Delphin oder Meerschwein und läuft bis zu dem genannten Bächlein fort. Wenn ihr dahin kommt, werdet ihr mitten im Walde einen Mann treffen, der für ein Haus die Schwelle anfertigt, und weil zu der niedern Schwelle sich auch große Herren neigen, sollt ihr, dem Vorgang entsprechend, die Stadt, welche ihr dort erbaut, Prag nennen. In dieser Stadt werden einmal zwei goldene Ölbäume wachsen, welche mit ihrem Gipfel bis in den siebenten Himmel reichen und in der ganzen Welt durch Zeichen und Wunder glänzen werden. Alle Stämme Böhmens und die übrigen Völker werden sie durch Opfergaben ehren und verherrlichen. Einer derselben wird ‚Größere Ehre', der andere ‚Heerestrost' genannt werden.' Sie würde noch mehr gesprochen haben, wenn der höllische Weissagergeist nicht von dem Gebilde Gottes entflohen wäre. Man begab sich aber sogleich in den alten Wald, und nachdem man an dem vorherbestimmten Ort das gegebene Zeichen gefunden hatte, wurde dort Prag, die Hauptstadt von ganz Böhmen, erbaut.*"[43]

Wie sich erraten läßt, bedeutet „prak" oder „práh" im Tschechischen nichts anderes als „Schwelle".

Schwellenrituale und -praktiken

Die schönsten Mythen und Visionen bleiben freilich bloß Erzählstoffe für einen Abend am Kamin, solange sie nicht in Taten umgesetzt werden. Von der religionswissenschaftlichen Fraktion der „Ritualisten" wurde darum stets die „Nachträglichkeit" der Mythen und Legenden unterstrichen; erst – so die These – entwickelten sich Praktiken, Techniken und Rituale, danach wurden sie durch Geschichten abgeleitet, erklärt oder legitimiert.

In den müßigen Streit um die Priorität von Mythen oder Ritualen will ich mich nicht einmengen; evident scheint mir jedenfalls, daß etwa die mythischen Erzählungen über die Regentschaft des Janus oder die durch ihn bewirkte Eruption einer heißen Quelle in den Sabinerkriegen unvollständig blieben, sofern sie nicht durch Berichte von Ritualen und Praktiken ergänzt würden. Denn die Öffnung oder Schließung der Pforten des Janustempels oder die ubiquitäre Praxis der Römer, jedes Gebet und Opfer mit einer Anrufung des Janus – als dem „Tor" zu den anderen Göttern – zu beginnen,[44] sorgten erst für die konkreten Anlässe einer dauerhaften Tradierbarkeit der Mythen und Legenden.

Rituale garantierten Kontinuität; sie können gewissermaßen als das sakral-liturgische „Handwerk" betrachtet werden, das die Qualität einer bestimmten Operation sicherstellte.

Wir können Schwellenrituale und -praktiken nach zumindest drei Gesichtspunkten differenzieren.

Erstens müssen jene Vorkehrungen und Maßnahmen erörtert werden, die im konkreten Zusammenhang mit der Errichtung einer Schwelle ausgeführt wurden; an zweiter Stelle verdienen die Formen des rituellen Umgangs mit den bereits errichteten Schwellen unsere Aufmerksamkeit; und drittens schließlich sollen jene Zeremonien und Rituale kommentiert werden, die häufig „schwellenmetaphorisch" interpretiert wurden, also beispielsweise die eingangs erwähnten *rites de passage*.

1. Die rituelle „Einweihung" einer neu errichteten Schwelle gehört wohl zum Formenkreis der Bau- und Gründungsopfer.

Der magische Ort, an dem sowohl die Götter wie die unterweltlichen Dämonen erscheinen konnten, mußte „vertikalisiert" werden, am besten durch die Vergrabung eines Opfers unter der Schwelle, das eine dauerhaft apotropäische (unheilabwendende) Wirkung ausüben sollte. Solche Praktiken wurden bis in die Neuzeit hinein durchgeführt.

„Unter der Schwelle eines 1625 erbauten Hauses fand man Geld und einen Hund eingemauert. An zwei andern Orten soll man unter der Schwelle Totengebein gefunden haben. Außerdem werden Hühnereier, lebende Hunde, Rinderschädel, Pferdefüße, Hufeisen usw. unter der Schwelle vergraben. In la Neuville (Normandie) läßt man einige Tropfen Blutes eines geschlachteten Huhnes auf die Schwelle des fertigen Neubaues fließen. Die Südslaven schlachten auf der Schwelle eines Neubaues irgendein Tier, sonst müßte noch vor Ablauf eines Jahres ein Hausgenosse sterben."[45]

Von der Praxis solcher „Bauopfer" zeugt noch entfernt E. T. A. Hoffmanns Novelle *Das steinerne Herz*, in welcher von einem seltsamen Pavillon erzählt wird: *„Am Ende des Gartens trittst du in einen finstern Hain von Trauerweiden, Hängebirken und Weymouthskiefern. Der Gärtner sagt dir, daß dies Wäldchen, wie man es von der Höhe des Hauses hinabschauend, deutlich wahrnehmen kann, die Form eines Herzens hat. Mitten darin ist ein Pavillon von dunklem schlesischen Marmor in der Form eines Herzens erbaut. Du trittst hinein, der Boden ist mit weißen Marmorplatten ausgelegt, in der Mitte erblickst du ein Herz in gewöhnlicher Größe. Es ist ein dunkelroter in den weißen Marmor eingefugter Stein. Du bückst dich herab, und entdeckest die in den Stein eingegrabenen Worte:* Es ruht!"[46]

2. Natürlich konnten auch nachträglich allerlei Kadaver, Knochen oder Artefakte unter der Schwelle vergraben werden, beispielsweise um Viehseuchen zu bekämpfen.

„In Kärnten begräbt man, wenn alle anderen Mittel vergeblich waren, ein Stück des kranken Viehes, einen lebendigen Hund in der Oberpfalz, unter der Schwelle. Ebenso vergrub man in Oberösterreich, wenn man mit den Pferden dauernd Unglück hatte, ein lebendiges Pferd samt Kummet unter der Stallschwelle. Bei Viehsterben begräbt man ein gefallenes Kalb unter der Schwelle, so bleiben die anderen Tiere verschont. Bei Schweinesterben braucht man nur einem toten Schwein den Kopf abzuschlagen und unter die Schwelle zu vergraben. Statt des lebenden oder toten Tieres vergrub man in Kärnten auch eiserne Tiere, besonders wenn sie sich vorher schon an heiliger Stätte befunden hatten. Totgeborene Kälber vergrub man in England unter die Schwelle. [...] In Mecklenburg glaubt man, man müsse einen eben geborenen, noch blinden Hund unter der Schwelle eingraben, wenn man die Pferde das ganze Jahr gesund erhalten wolle. Kopf, Herz und Fuß eines kohlschwarzen Hahnes in einem dicht verschlossenen Topf unter der Schwelle vergraben, schützt das Haus vor Krankheit. Vergrabe eine schwarze Katze oder einen Raben unter der Stallschwelle, so soll deinem Vieh nie etwas zustoßen. Das muß geschehen, bevor der Kuckuck ruft. [...] Überreste von Hingerichteten unter der Schwelle verschaffen beständigen Haussegen. Legt man einen Maulwurf unter die Schwelle, so wird das

Vieh hübsch. Wer Glück haben will, legt einen Pfennig unter die Schwelle."[47]

Die Schwelle fungierte als magischer Ort. Was aber dem Schutz und Segen dienen sollte, ließ sich – nach den Regeln der Reziprozität – auch zur Schädigung einsetzen. Weiße, apotropäische Magie provozierte geradezu die Techniken der Schwarzen Magie (und umgekehrt).

„Schon im Altertum meinte man durch Vergraben verschiedener Dinge unter der Schwelle dem Feinde Schaden zuzufügen. Nägel vom Kopfbrett eines Leichensarges, unter die Schwelle gelegt, bringen dem Hausherrn die Abzehrung. [...] Man vergräbt das Haar eines Menschen vor der Schwelle; sobald er darüberschreitet, muß er sterben."[48]

Im Zuge der Hexenverfolgungen in der frühen Neuzeit wurden zahlreiche phantastische Formen des „Schwellenzaubers" inventarisiert, wie an der gleichen Stelle vermerkt wird.

„Eine 1521 wegen Zauberei verbrannte Bäuerin gestand, sie habe unterm Galgen Totengebein aufgelesen, es mit Menschenhaar gebürstet und gebunden und unter der Schwelle vergraben. Dadurch sei eine Frau unfruchtbar, ein Mann impotent und sechs Hengste störrisch geworden. Hexen legen oder vergraben unter die Schwelle Totengebein, Haar und Nägel von Toten, das bewirkt unabwendbares Verderben. Die Milch wird durch Galgenholz unter der Schwelle vertan."

Noch Pietro Andrea Mattioli, Leibarzt Kaiser Maximilians II. (reg. 1564–1576), widmete den unter der Schwelle verborgenen Gegenständen ein ganzes Kapitel seines Buches von *Heylung zauberischer Schäden:* „Ein Knecht sah, wie eine Frau ein Päckchen unter die Stallschwelle vergrub; er nahm es heraus und vergrub es unter die Schwelle der Frau, der nun ein Stück Vieh nach dem andern starb. Als das Vieh behext war, ließ der Geistliche unter der Schwelle nachgraben; man fand drei weiße Schachteln, die man auf offenem Acker begrub, und das Vieh wurde gesund. Einem Bauer, der mit den Hühnern Unglück hatte, riet ein kluger Mann, das, was er unter der Schwelle vergraben fand, zu kochen; sie fanden ein großes Stück Fleisch und eine sehr große Kröte. [...] Als man die Schwelle zu einem neuen Hause legte, kam eine alte Frau und sah der Arbeit zu. Man wurde ein wenig ängstlich, aber die Schwelle wurde doch gelegt. Indessen starb die Tochter des Eigentümers noch im selben Jahr, da wurde die Schwelle wieder herausgenommen. Die Hostie wird zu Zauberzwecken unter der Schwelle vergraben. Wetzt man ein Messer auf der Schwelle, wo eine Schwangere wohnt, so geht das Kind zurück und ärztliche Hilfe ist nötig. [...] Eine Hexe wollte zur Kirche und befahl dem Mädchen beim Weggehen, etwas Milch von der besten Kuh in ein Loch der Schwelle zu gießen. Das Mädchen wollte, daß die Hexe entdeckt werde, und goß kochendes Wasser in die Schwelle. Da schrie die verbrannte Hexe aus Leibeskräften in der Kirche."[49]

Das Prinzip ist denkbar einfach und läßt sich – wie ein Algorithmus – auf die verschiedensten Lebensbereiche anwenden. Im zweiten Buch der *Fasti* (Festkalender, T. M.) kommentiert Ovid – mit der ihm eigenen Ironie – folgendes „Schwellenritual":

„*Sieh doch das alte Weib inmitten der Mädchen dort sitzen! / Tacita* [einer Zaubergöttin, die „stumm macht", T. M.] *opfert sie dort – hält aber kaum ihren Mund –, / Legt mit drei Fingern dreimal jetzt Weihrauch unter die Schwelle, / Wo eine kleine Maus heimlich genagt sich den Weg; / Bindet dann rings um die bleierne Spindel besprochene Fäden, / Sieben Bohnen, auch schwarz, dreht sie im Mund hin und her. / Dann, wenn mit Pech er beschmiert und mit eherner Nadel durchstochen, / Dörrt sie der Mäna* [kleiner, eingesalzener Fisch, T. M.] *Kopf, vorher vernäht, in der Glut, / Tröpfelt auch Wein noch darauf, und was übrig dann blieb noch vom Weine, / Trinkt mit den Mädchen sie dann – mehr freilich immer sie selbst! / ‚Feindliche Zungen sind nun, und auch lästernde Mäuler, gebunden', / Murmelt die Alte und wankt völlig betrunken nach Haus.*"[50]

Ovids Spott ist raffiniert; indem er über die magische Praxis zur Versiegelung feindlicher Stimmen lästert, demonstriert er zugleich, daß sie offenkundig nicht funktioniert: zumindest das „Lästermaul" des Dichters wurde ja weder durch Weihrauch noch durch schwarze Bohnen „gestopft".

Mag sein, daß der Verfasser der *Amores* (Liebeselegien, T. M.) oder der *Ars amatoria* (Liebeskunst, T. M.) die – gerade in der römischen Antike sehr verbreiteten – Praktiken des Liebeszaubers mit größerem Verständnis interpretiert hätte; nicht umsonst beklagt er häufig – wie am Ende der sechsten Liebeselegie – die grausamen Schwellen:

„*Kranz, komm du denn herab von trauernd hängenden Locken, / Hart auf der Schwelle von Stein liegt die übrige Nacht. / Findet am Morgen dich dort so hingestreckt meine Herrin, / Wirst du zeugen für so übel verflossene Zeit. / Du leb immerhin wohl und vernimm des Scheidenden Grußwort: / Schloss't einen Liebenden aus, träger, gemeiner, leb wohl! / Ihr auch, grausame, ihr mitsamt eurer starrenden Schwelle, / Pfosten und hölzernes Tor, hartes, versklavtes – lebt wohl!*"[51]

Bei Liebes- und Hochzeitsritualen spielte, wie schon gesagt, die Überschreitung der Schwelle eine wichtige Rolle. Nach römischer Tradition mußte die Ehefrau über die Schwelle – *super limen* – getragen werden oder zumindest die Füße über die Schwelle heben; eine Berührung der Schwelle, gar ein Stolpern, wäre als schlechtes Vorzeichen für die Ehe gewertet worden.[52]

„Unter die Aufnahmeriten bei der Hochzeit scheint früher ein Opfer an die Schwelle gehört zu haben. Die schwedische Braut auf der Insel Worms muß beim Eintritt in das neue Wohnhaus auf jede Schwelle eine Kupfermünze legen. In der französischen Schweiz wurde früher die Schwelle des Bräutigams ganz mit Öl eingerieben. In Bulgarien bestreicht die Braut alle Schwellen, die sie überschreitet, mit Honig. In Rumänien bestreicht sie die Schwellen mit etwas Butter und Honig, bei den griechisch orthodoxen Bosniern küßt die Braut die Schwelle und opfert einige Kupfermünzen, die dem gehören, der sie aufhebt. [...] Die Braut darf die Schwelle nicht betreten, sie wird *über die Schwelle gehoben*."[53]

Die liebesmagische Bestreichung der Schwelle wurde auch in der römischen Antike gern praktiziert; so heißt es beispielsweise in Theokrits Gedicht *Die Zauberin*:

„*Magisches Rädchen, zieh in mein Haus du den Mann, den ich liebe! / Eidechse reib ich zu schlimmer Arznei und bring sie ihm morgen. / Thestylis, nimm du inzwischen die Opfer-Asche und reibe / Heimlich damit seine Schwelle ihm ein, solange noch Nacht ist. / Flüsternd sage dabei: ‚Ich zerreibe die Knochen des Delphis.' / Magisches Rädchen, zieh in mein Haus du den Mann, den ich liebe!*"[54]

Etwas weniger dramatisch klingt dagegen die Erzählung von der Versöhnung mit Cynthia, die Properz in der achten Elegie des vierten Buches seiner *Carmina* vorträgt:

„*Dann räucherte sie alle Stellen aus, die von den weiblichen Gästen berührt worden waren, aber die Schwelle säuberte sie mit reinem Wasser; sie befahl mir auch, sämtliche Decken auszuwechseln, und dreimal betupfte sie mit brennendem Schwefel mein Haupt. Nachdem wir so das ganze Bettzeug erneuert hatten, gelobte ich Gehorsam, und übers ganze Bett hin begruben wir unseren Krieg.*"[55]

Wie sich von selbst versteht, sorgten die Schwellenrituale – spätestens bei der Hochzeit – für einen derartigen Nimbus, daß den Schwellen auch manch andere erotische „Effekte" nachgesagt werden konnten: vom Bartwuchs bis zur *Peep-Show*.

„Wenn ein junger Mann gern einen Bart bekommen möchte, so soll er, gleich nachdem ein junges Mädchen durch die Tür gegangen ist, sich stillschweigend niederlegen und die Schwelle mit dem Mund scheuern. Nimm einen Eichenspan oder Holz und schreibe mit Hasenblut den Namen einer Frau auf die Schwelle, und wenn sie darübergeht, so hebt sie das Gewand auf bis zum Nabel."[56]

3. Wie Arnold VanGennep betont, wurden Schwellenrituale – in buchstäblicher oder übertragener Gestalt – in allen Situationen praktiziert, in denen es um soziale Trennungen, Übergänge und neue Angliederungen ging: also um Geburten, Initiationen, Hochzeiten oder Todesfälle. Bei den auf „Türen und Tore bezogenen Durchgangsriten", so argumentiert VanGennep, handle es sich in jedem Fall um „echte Schwellenriten"; und er definiert „Reinigungsriten (waschen, reinigen usw.)" als „Trennungsriten", die „von der alten Welt ablösen. Den Schluß bilden Angliederungsriten (Darbietung von Salz, gemeinsames Mahl). Die Riten, die an einer Türschwelle ausgeführt werden, sind daher keine Binderiten im eigentlichen Wortsinn, sondern Riten, die auf eine Verbindung vorbereiten und denen selbst wiederum Riten vorausgehen, die auf die Schwellenphase vorbereiten. Deshalb schlage ich vor, Riten, die die Trennung von der alten Welt gewährleisten sollen, als *Trennungsriten* zu bezeichnen, Riten, die während der Schwellenphase vollzogen werden, *Schwellen- bzw. Umwandlungsriten* zu nennen, und für Riten, die an die neue Welt angliedern, die Bezeichnung *Angliederungsriten* zu gebrauchen."[57]

Besonders deutlich lassen sich diese unterschiedlichen Erscheinungsformen der *rites de passage* am Beispiel der Toten- und Bestattungsrituale demonstrieren. Die „Trennungsriten" unterstützen die Verarbeitung des aktuellen Schocks, der vom Eintritt des Todes – als dem Auftritt des Toten – hervorgerufen wird. Die „Schwellen- und Umwandlungsriten" – die eigentlichen *rites de passage* – werden in der kurzen oder langen Zeitspanne zwischen Leben und Tod praktiziert, während die „Angliederungsriten" einerseits den endgültigen Status des Toten und dessen dauerhafte „Einbürgerung" im Schattenreich, andererseits aber die soziale Reintegration der trauernden Hinterbliebenen besiegeln. Dem Abschied (Trennung) folgt also eine letzte Fahrt (Passage) und eine Ankunft (Angliederung): Kaum ein anderes Bild hat sich im Laufe der Metaphorisierung des Todes stärker eingeprägt als das Bild der Reise. Justament den seßhaften Kulturen wurde der Tod als „Wanderung" anschaulich; erst ab jetzt machte es Sinn, den Gestorbenen mit Werkzeugen, Nahrung, Gebrauchsgegenständen, Münzen oder Talismanen auszurüsten. Die meisten Grabbeigaben sind Reiseutensilien.[58]

Die „letzte Reise" mußte – gerade im Blick auf die Schwellen – mit besonderer Sorgfalt veranstaltet werden. „Der Sarg soll beim Hinaustragen dreimal auf die Schwelle (auf alle Schwellen des Hauses) niedergesetzt werden. Als Grund wird angegeben, daß der Tote in diesem Hause kein Recht mehr habe; damit der Tote die Schwelle nicht mehr überschreite; damit der Segen des Verstorbenen im Hause bleibe. In Abtsgemünd wird der Sarg nur noch bei der Beerdigung eines Kindes dreimal auf die Schwelle gestellt. Hier tut man es, damit das tote Kind nicht eines aus der Familie nachhole. [...] Anderwärts aber darf der Sarg die Schwelle *nicht berühren*, damit der Tote nicht am Geistersitz haften bleibe, nicht niedergesetzt werden, weil sonst alle im Hause sterben müßten. Der Sarg wird in solchen Gebieten beim Heraustragen an der Schwelle dreimal gesenkt, oder man zeichnet durch Hin- und Herschwenken des Sarges drei Kreuze über die Schwelle, damit der Tote nicht wiederkehrt."[59]

Spezifische Probleme ergaben sich anläßlich von Selbstmorden oder Hinrichtungen, denn die Leichen von „Missetätern und Selbstmördern" durften nicht „über die Schwelle getragen", sondern mußten „unter der Schwelle aus dem Haus gebracht werden". Neben der „Angst vor dem Toten, der so den Weg nicht zurückfinden sollte", spielte wohl auch die „Vorstellung mit, daß die Schwelle nicht verunreinigt werden dürfe".[60] Gelegentlich mußten die Schwellen sogar entfernt und ersetzt werden.

Diese auffällige Bedeutung der Schwellen im Rahmen von Bestattungsritualen könnte vielleicht auf die ältere Praxis zurückgeführt werden, die Toten unter der Schwelle zu begraben; ursprünglich waren sie ja im Haus – unter dem Herd oder unter den Bettstellen – beerdigt worden, und der nachfolgende Brauch, sie unter der Schwelle zu bestatten, entsprach womöglich dem Bedürfnis, die Toten mehr ins Freie zu schaffen. „Im Zusammenhang damit kann erwähnt werden, daß in Kleinrußland ungetauft verstorbene Kinder unter der Schwelle begraben werden, und daß man bei der Bestattung von Kindern alte Begräbnissitten besonders lange bewahrt hat. Totgeborene Kinder werden ebenfalls in Zentral- und Nordindien unter der Schwelle begraben."[61]

Nachwort: Traumpfade und Reiseschwellen

Schwellenriten sind nicht zuletzt – wie sich anhand der Totenriten, aber auch am Beispiel der *Odyssee* besonders deutlich beobachten läßt – *Reiserituale*.

Gereist wird erst in den Jahrtausenden seit der „neolithischen Revolution". Zuvor zogen Jäger und Sammlerinnen durch dünnbesiedelte Territorien, in regem Austausch mit anderen Gruppen. Ihnen verdeutlichte sich die Differenz zwischen Stillstand und Mobilität einerseits durch den jahreszeitlich bedingten Wechsel zwischen Wanderschaft und stationären Aufenthalten in Höhlen oder Lagerhütten, andererseits durch den häufigen Umschlag der Bewegungsformen und -motive selbst: Die Jagd konnte sich rasch in die Ruhe des Wartens verwandeln, während die Flucht mitunter im Totstellreflex erstarrte. Jagd und Flucht mochten darüber hinaus rasch ineinander übergehen. Die Tierherden, die gerade noch getrieben wurden, wendeten sich plötzlich gegen ihre Verfolger: Die flüchtende Menschengruppe lernte, daß der „auf der Flucht ursprünglich unbeabsichtigt abgetretene Stein, das Geröll, das Verfolger irritierte, verletzte, vielleicht tötete",[62] auch planmäßig gerollt oder geworfen werden konnte.

Die Jäger und Sammlerinnen „reisten" nicht wirklich; sie waren stets zugleich unterwegs und zu Hause. Sie nahmen unentwegt ihre „Heimat" mit; nicht umsonst waren die eurasischen Hirtennomaden davon überzeugt, ihre Zeltstangen als kultisch relevante Zentren und Mittelpunkte an den jeweiligen Standorten aufrichten zu können. Der Himmel erschien ihnen wie ein Zelt, aufgespannt über dem Boden der Erde, gestützt von einer Weltsäule, einem Lebensbaum, der – wie schon erwähnt – als *axis mundi* Himmel und Erde verbindet. „Gereist" wurde vertikal – in Visionen und im Traum. Auch die Jäger und Sammlerinnen des australischen Kontinents „reisen" nicht – wie wir – in der Horizontale; sie bewegen sich vielmehr in einer Art „Traumzeit", in der sie auf zahlreichen, höchst komplexen „Songlines" die magische Erschaffung der Welt durch ihre Ahnen wiederholen.[63] Sie glauben, durch ihr buchstäblich *nomadisches* Singen – das griechische Wort *nomos* bezeichnet zugleich den Boden, das Gesetz und den Gesang – die Welt zu erneuern und am Leben zu erhalten.

Gereist wurde – wie erwähnt – erst, nachdem die Menschen seßhaft geworden waren, anders gesagt: nachdem sie ihre Städte, Häuser, Türen und Schwellen errichtet hatten. Erst seit damals entwickelte sich eine Funktionsordnung des Reisens, die an Arnold VanGenneps Systematisierung der Rituale erinnert: ein Arrangement, gebildet aus Abreise, Passage, Ankunft (am fremden Ort), erneuter Abreise, Passage und Heimkehr. So reiste etwa Odysseus. Dem kriegerisch motivierten Abschied von Ithaka und seiner treuen Gattin Penelope folgten viele Jahre der gefährlichen Fahrten, der Ankunft auf verschiedenen Inseln, schließlich der Rückkehr (und der Tötung der gefräßigen Freier). Auf vergleichbare Weise „reisten" auch die Kinder Israels, nachdem sie Ägypten (mit seinen „Fleischtöpfen") verlassen hatten und durch die Wüste gewandert waren, um zuletzt das „Gelobte Land" zu erreichen.

Diese Ordnung des Reisens setzt ein seßhaftes Leben der Menschen voraus, sodaß die Mobilität „ihre verändernde Energie in der Abfolge der verschiedenen Erfahrungen von Abreise, Unterwegssein und Ankunft" überhaupt erst zu entfalten vermag. „Die Abreise löst die Individuen aus ihrem vertrauten Zusammenhang heraus, die Passage ist die Bewegung im Raum, die Ankunft schafft neue Bindungen und Identifizierungen zwischen Fremden und eine neue Einheit zwischen dem Selbst und dem Kontext. Jedes dieser Ereignisse hat seinen ganz besonderen Charakter und muß für sich genommen betrachtet werden."[64]

Alle Abschnitte einer Reise kommentieren die zitierte Dreiheit der *rites de passage*. „Eine Abreise kann zum Beispiel die Antwort auf die Bedürfnisse nach Loslösung und Ungebundenheit, Läuterung, Freiheit, ‚Individualität', Flucht oder Selbstfindung sein. Die Passage stillt und erzeugt ein Bedürfnis nach Bewegung, kann aber auch andere, neue Bedürfnisse wecken: nach Stabilität in einem Zustand des Ungleichgewichts, nach fester Orientierung in einer in ständigem Fluß befindlichen Welt, nach Beständigkeit inmitten des Wandels. Die Ankunft befriedigt das Bedürfnis nach menschlichen Kontakten und Bindungen, nach Zugehörigkeit, nach Definition, ja sogar nach Eingrenzung, und kann wiederum ein wachsendes Bedürfnis nach Abreise, Freiheit und Flucht wecken. Zusammengenommen mögen diese Bedürfnisse gegensätzlich und widersprüchlich erscheinen; anders jedoch, wenn sie in ihrer Abfolge im Rahmen einer Reise erfahren werden. Hierin liegen vielleicht der nie endende Reiz und die Verlockung des Reisens – es überwindet die Logik des Widerspruchs, die die Logik des festen Ortes ist, und löst sie auf in eine zeitliche Abfolge, in Veränderung und Verwandlung."[65]

Vielleicht birgt der metaphorische Bedeutungstransfer von den Stadt- und Hausschwellen zu den Schwellen der Eisenbahn – hölzernen früher, heute eisernen und steinernen zugleich – einen tieferen Sinn. Er könnte uns an die verwandelnden Übergänge, *rites de passage*, erinnern, die bei jeder wirklichen Reise erfahren werden. Wer heute reist, sollte wenigstens ansatzweise verstehen können, was Albert Camus meinte, als er in sein Tagebuch eintrug: „Was den Wert des Reisens ausmacht, ist die Angst. Denn in einem gewissen Augenblick, so fern von unserer Heimat, von unserer Sprache, überfällt uns eine unbestimmte Angst, und wir empfinden unwillkürlich das Verlangen, in den Schutz unserer alten Gewohnheiten zurückzukehren. Das ist das augenfälligste Ergebnis des Reisens. In diesem Moment fiebern wir und sind zugleich durchlässig. Der geringste Stoß erschüttert uns bis auf den Grund unseres Wesens." Gegen die Ideologie der Vergnügungsreisen – und ihrer jüngsten Varianten, die sich im Suchtmechanismus prinzipiell unabschließbarer Steigerungen verfangen – betonte Camus den Schwellencharakter des Reisens. „Es gibt kein Vergnügen des Reisens: Ich möchte eher eine Askese darin sehen. Das Vergnügen lenkt uns von uns selbst ab. Das Reisen, das gleichsam eine höhere und ernstere Wissenschaft ist, führt uns zu uns zurück."[66]

Anmerkungen

1 Vgl. Arnold VanGennep: *Übergangsriten* [Les rites de passage]. Übersetzt von Klaus Schomburg und Sylvia M. Schomburg-Scherff. Frankfurt am Main–New York, Campus / Paris, Edition de la Maison des Sciences de l'Homme 1986. Vgl. auch Victor W. Turner: *The Ritual Process. Structure and Anti-Structure*. The Lewis Henry Morgan Lectures 1966. Ithaca/New York, Cornell University Press 1977.

2 Walter Benjamin: *Das Passagen-Werk*. Gesammelte Schriften. Band V, 1. Herausgegeben von Rolf Tiedemann. Frankfurt am Main, Suhrkamp 1982, S. 516.

3 Ebd. S. 283.

4 Dieter Claessens: *Das Konkrete und das Abstrakte. Soziologische Skizzen zur Anthropologie.* Frankfurt am Main, Suhrkamp 1980, S. 60 f.

5 Ebd. S. 61.

6 Ebd.

7 André Leroi-Gourhan: *Hand und Wort. Die Evolution von Technik, Sprache und Kunst.* Übersetzt von Michael Bischoff. Frankfurt am Main, Suhrkamp 1980, S. 396.

8 Ebd. S. 397.

9 Ernst Bloch: *Das Prinzip Hoffnung.* Frankfurt am Main, Suhrkamp 1973, S. 1.

10 Hans Peter Duerr: *Sedna oder Die Liebe zum Leben.* Frankfurt am Main, Suhrkamp 1984, S. 237.

11 Jost Herbig: *Nahrung für die Götter. Die kulturelle Neuerschaffung der Welt durch den Menschen.* München–Wien, Carl Hanser 1988, S. 197.

12 Ebd.

13 Ebd. S. 196 ff.

14 Ebd. S. 204.

15 André Leroi-Gourhan: *Hand und Wort.* A.a.O. S. 227.

16 Jost Herbig: *Nahrung für die Götter.* A.a.O. S. 207.

17 Hesiod: *Theogonie – Werke und Tage.* Herausgegeben und übersetzt von Albert von Schirnding. Zürich–München, Artemis & Winkler 1991, S. 61/63. Vers 744–757.

18 Ebd. S. 65/67. Vers 807–814.

19 Vgl. Giorgio de Santillana / Hertha von Dechend: *Die Mühle des Hamlet. Ein Essay über Mythos und das Gerüst der Zeit.* Übersetzt von Beate Ziegs. Wien–New York, Springer ^{2}1994.

20 Homer: *Ilias.* Übersetzt von Hans Rupé. München, Heimeran 1961, S. 249. VIII. Gesang, Vers 10–16.

21 Hesiod: *Theogonie – Werke und Tage.* A.a.O. S. 59. Vers 722–725.

22 Vgl. Homer: *Ilias.* A.a.O. S. 475. XIV. Gesang, Vers 173; S. 731. XXI. Gesang, Vers 438; S. 735. XXI. Gesang, Vers 505.

23 Ebd. S. 299. IX. Gesang, Vers 404–405.

24 *Homerische Hymnen.* In: Griechische Lyrik. Herausgegeben und übersetzt von Dietrich Ebener. Berlin–Weimar, Aufbau-Verlag 1980, S. 24.

25 Ebd. S. 6.

26 Apollonios von Rhodos: *Das Argonautenepos.* Übersetzt und herausgegeben von Reinhold Glei und Stephanie Natzel-Glei. Band I. Darmstadt, Wissenschaftliche Buchgesellschaft [Texte zur Forschung. Band 63] 1996, S. 99. II. Buch. Vers 424–426.

27 Homer: *Odyssee.* Übersetzt von Anton Weiher. München, Heimeran 1955, S. 11. I. Gesang, Vers 102–105.

28 „Also sprach er [Hephaistos], da kamen am Haus mit der erzenen Schwelle / Sämtliche Götter zusammen ...“ Ebd. S. 211. VIII. Gesang, Vers 321–322.

29 Ebd. S. 179. VII. Gesang, Vers 81–90.

30 Ebd. S. 473/475. XVII. Gesang, Vers 336–341.

31 Ebd. S. 481. XVII. Gesang, Vers 466–467.

32 Ebd. S. 557. XX. Gesang, Vers 257–259.

33 Ebd. S. 569. XXI. Gesang, Vers 43–44.

34 Ebd. S. 591. XXII. Gesang, Vers 1–3.

35 Zu den bau- und technikgeschichtlichen Details vgl. z.B. Wolfgang Müller-Wiener: *Griechisches Bauwesen in der Antike.* München, C. H. Beck 1988, S. 104 ff.

36 Homer: *Odyssee.* A.a.O. S. 347. XIII. Gesang, Vers 4–6.

37 Nonnos (aus dem ägyptischen Panopolis, in der zweiten Hälfte des 5. nachchristlichen Jahrhunderts) erwähnt in seinen 48teiligen *Dionysiaka* einmal sogar eine „bronzene Schwelle“: „Meisterhaft schuf Hephaistos den Bau. Der lemnische Künstler / hatte ihn, treu myrinäischer Technik, mit vielfachem Zierat / einst für Elektras Hochzeit errichtet. Neu wirkte das Ganze, / trefflich gearbeitet war die bronzene Schwelle.“ Zitiert nach: Nonnos: *Werke in zwei Bänden.* Herausgegeben und übersetzt von Dietrich Ebener. Band I. Berlin–Weimar, Aufbau-Verlag 1980, S. 49.

38 Karl Meister: *Die Hausschwelle in Sprache und Religion der Römer.* Abhandlungen der Heidelberger Akademie der Wissenschaften. Philosophisch-historische Klasse. Abteilung 1924/25. Abhandlung III. Heidelberg, Carl Winter 1925, S. 46. Vgl. auch den Hinweis auf Karl Meisters Überlegungen in: Walter Benjamin: *Das Passagen-Werk.* A.a.O. S. 522.

39 Karl Meister: *Die Hausschwelle in Sprache und Religion der Römer.* A.a.O. S. 20.

40 Vgl. Ovid: *Metamorphosen.* Übersetzt und herausgegeben von Erich Rösch. München, Heimeran 1964, S. 553. Buch XIV, Vers 775–804.

41 Vgl. Wilhelm Heinrich Roscher: *Ausführliches Lexikon der griechischen und römischen Mythologie.* Band II. 1. Abteilung. Leipzig, Teubner 1890–1894, Spalte 18. (Zum Thema „Janustempel“ siehe auch den Beitrag *An der Schwelle zu Krieg und Frieden. Oper im Zeichen des Janus* von Hans Georg Nicklaus in diesem Buch, S. 273 ff., Anm. d. Red.)

42 Vgl. Hyam Maccoby: *Der Heilige Henker. Menschenopfer und das Vermächtnis der Schuld.* Übersetzt von Eva Heim. Sigmaringen, Jan Thorbecke 1999.

43 *Des Dekans Cosmas (Cosmas decanus Pragensis) Chronik von Boehmen (Chronicae Bohemorum libri tres).* Nach der Ausgabe der *Monumenta Germaniae* übersetzt von Georg Grandaur. Leipzig, Dyk 1895, S. 21.

44 „In Rom ward jedes Gebet, jedes Opfer, jede große Feierlichkeit mit einem Gebet, einem Opfer für Janus angefangen, denn dieß war gleichsam das Thor, wodurch die Bitten Eingang zu den andern Göttern fanden.“ Aus: Wilhelm Vollmer: *Vollständiges Wörterbuch der Mythologie aller Nationen. Eine gedrängte Zusammenstellung des Wissenswürdigsten aus der Fabel- und Götter-Lehre aller Völker der alten und neuen Welt.* Stuttgart, Hoffmann 1836, S. 914.

45 Hanns Bächtold-Stäubli (Hrsg.): *Handwörterbuch des deutschen Aberglaubens.* Band

VII. Berlin–Leipzig, Walter de Gruyter 1935/1936, Spalte 1514 f.

46 Ernst Theodor Amadeus Hoffmann: *Das steinerne Herz.* In: Derselbe, Fantasie- und Nachtstücke. Herausgegeben von Walter Müller-Seidel. München, Winkler 1960, S. 588.

47 Hanns Bächtold-Stäubli (Hrsg.): *Handwörterbuch des deutschen Aberglaubens.* Band VII. A.a.O. Spalte 1515 f. und 1525.

48 Ebd. Spalte 1526.

49 Ebd. Spalte 1526–1528.

50 Ovid: *Fasti. Festkalender Roms.* Übersetzt und herausgegeben von Wolfgang Gerlach. München, Heimeran 1960, S. 101. II. Buch, Vers 571–582.

51 Ovid: *Liebesgedichte – Amores.* Übersetzt von Walter Marg und Richard Harder. München, Heimeran 1962, S. 23. I. Buch. 6. Elegie, Vers 67–74.

52 Karl Meister: *Die Hausschwelle in Sprache und Religion der Römer.* A.a.O. S. 15 ff.

53 Hanns Bächtold-Stäubli (Hrsg.): *Handwörterbuch des deutschen Aberglaubens.* Band VII. A.a.O. Spalte 1520.

54 Theokrit: *Gedichte.* Übersetzt von F. P. Fritz. München, Heimeran 1970, S. 21, Vers 57–63.

55 Properz/Tibull: *Liebeselegien. Carmina.* Neu herausgegeben und übersetzt von Georg Luck. Zürich–Düsseldorf, Artemis & Winkler 1996, S. 261. Properz: IV. Buch. 8. Elegie, Vers 83–88.

56 Hanns Bächtold-Stäubli (Hrsg.): *Handwörterbuch des deutschen Aberglaubens.* Band VII. A.a.O. Spalte 1533.

57 Vgl. Arnold VanGennep: *Übergangsriten* [Les rites de passage]. A.a.O. S. 29.

58 Ebd. S. 142–159.

59 Hanns Bächtold-Stäubli (Hrsg.): *Handwörterbuch des deutschen Aberglaubens.* Band VII. A.a.O. Spalte 1522.

60 Ebd. Spalte 1517.

61 Ebd. Spalte 1512.

62 Dieter Claessens: *Das Konkrete und das Abstrakte.* A.a.O. S. 63.

63 Vgl. Bruce Chatwin: *Traumpfade [The Songlines].* Übersetzt von Anna Kamp. München–Wien, Carl Hanser 1990.

64 Eric J. Leed: *Die Erfahrung der Ferne. Reisen von Gilgamesch bis zum Tourismus unserer Tage.* Übersetzt von Hans H. Harbort. Frankfurt am Main–New York, Campus 1993, S. 34 f.

65 Ebd.

66 Albert Camus: *Tagebücher 1935–1951.* Übersetzt von Guido G. Meister. Reinbek bei Hamburg, Rowohlt 1972, S. 14.

Ruderbänke, Plattfische und Faulpelze: Ein Streifzug durch Geschichte und Bedeutung des Wortes *Schwelle*

Sergius Kodera

Das Wort *Schwelle* läßt uns zunächst an Türschwellen aus Holz oder Stein denken, ebenso ist die übertragene Bedeutung von „auf der Schwelle stehen" im Sinne von „kurz vor einer Veränderung sich befinden" offensichtlich. In engerem Zusammenhang mit dem vorliegenden Buch gibt der *Duden* 1999 zudem folgende Definition: „aus Holz, Stahl oder Stahlbeton bestehender Teil einer Gleisanlage, auf dem die Schienen befestigt sind; Bahnschwellen."[1]

Die Geschichte des Wortes *Schwelle* geht weit zurück. Schon das altgriechische *selma, selmatos* bedeutet „Balken, Gebälk, Gerüst, besonders aber Schiffsverdeck, Ruderbank"; *selis* steht für den „Querbalken eines Gebäudes, Schiffes", aber auch für „in die Quere laufende Bank oder Sitzreihe im Theater". Für „Schwelle" in unserem Sinn gibt es zwei Worte: *bathmos* als Allgemeinbegriff und *oudòs* (*ou hodòs* heißt wörtlich übersetzt „Nicht Weg") für die Schwelle eines Hauses oder eines Zimmers.

Das lateinische *solea* bezeichnet – dem Griechischen durchaus ähnlich lautend – zunächst einmal die „Schnürsohle" (gemeint sind jene Sandalen, die man nur daheim trägt und beim Essen ablegt) sowie den „Plattfisch", landläufig bekannt als Scholle. Dieses Wort wird später in den romanischen Sprachen vermengt mit dem lateinischen *solum*, das heißt (Fuß-)Boden, Grund, (Fuß-)Sohle: im Italienischen wird es zu *soglia*, im Spanischen zu *suela*, im Französischen zu *seuil*, auch im Sinne von Schwelle und Balken.

Altfranzösisch bedeutet *sule* auch Balken, vor allem „Lagerbalken einer Brücke". Dies gilt heute noch für die eben erwähnten Begriffe *soglia* und *seuil*, wobei das französische Wort *seuil* auch für „Verstärkungsholz am Ende eines Bootes" gebraucht wird sowie für den (Haus-) Eingang; die Redensart *„de seuil en seuil"* bedeutet daher: „von Haus zu Haus".

Für die Eisenbahnschwelle hingegen sagt man im Französischen *traverse* und im Italienischen *traversina;* im Spanischen verwendet man die Bezeichnungen *traviesa* oder *durmiente* – analog zum englischen „Schläfer", auf den noch zurückzukommen sein wird; im Neugriechischen heißt die Bahnschwelle *traversa*, im Russischen Шпáла und im Tschechischen *práh*.

Im Deutschen hat die „Schwelle" umfassende Bedeutung. Laut etymologischem Lexikon der Brüder Grimm ist die Schwelle „ein grundbalken, waagrechte grundlage eines aufbaus. [...] die zu grunde liegende wurzel ist wol nicht schwellen, sondern eine besonders gleichlautende wurzel (svelo-) in der Bedeutung ‚gründen'". Wolfgang Pfeifers *Etymologisches Wörterbuch des Deutschen* verrät unter dem Eintrag *Schwelle* zunächst, daß es sich dabei um „waagrecht liegende Balken" handelt – als untere Begrenzung eines Türrahmens sowie als Befestigung für Eisenbahnschienen.

Zur Wortgeschichte erklärt uns dieses Wörterbuch ferner, *Schwelle* sei indogermanischen Ursprungs, abgeleitet von *sel-* oder *suel-*, „Balken, Brett, aus Hölzern Hergestelltes"; im Germanischen habe es die Bedeutung „Grundbalken" (eines Hauses, eines Bauteils). Alle diese Ableitungen sind allerdings nicht unumstritten. Fest steht, daß die „Schwelle" allgemein der Fundamentierung, der Befestigung dient, und so wird verständlich, wieso der Begriff im Deutschen – im Unterschied zu anderen Sprachen, wie oben gezeigt – auch im Bahnbau verwendet wird.

Im Althochdeutschen bezeichnet *swelli* „Türschwelle, Fußgestell, Sockel". Im 13. Jahrhundert entstehen die Begriffe *swella* oder *swelle* für „Balken zum Hemmen, Schwellen des Wassers" und allgemein für „Balken, Grundbalken". *Schwelle* bezeichnet auch jene Hölzer, die in Bergwerksstollen *über* den Pfahlbäumen liegen; doch meistens steht das Wort im Deutschen für *Tür*schwelle, also für den Querbalken, der die Pfosten *unten* verbindet.

Die *Welle* hingegen ist verwandt mit *Wälzen* (althochdeutsch: *wella*) und kommt von *Wasserwoge;* mit „Schwelle" besteht keine Verwandtschaft. Gleiches gilt vom Verb *schwellen*, das aus dem *Schwall* (mittelhochdeutsch: *swal*) hervorgeht; der Stamm hat keine gesicherten außergermanischen Beziehungen. Aus diesem Wortstamm *(swal)*, der nicht mit „Schwelle“ *(suel)* verwandt ist, geht der Begriffskomplex *Geschwulst*, *Schwiele* (Schwelle), *Schwulst* hervor.

Im Altenglischen bedeutet *saelma* (angelsächsisch: *selmo*) „hölzernes Bett, Bettgestell“. Das heutige englische *sill* bezeichnet einen massiven horizontalen Holzbalken, der, besonders bei Fachwerkhäusern, als Fundament einer Wand dient. Weiters bezeichnet *sill* die Fensterbank *(window sill)*, die Türschwelle, den Grundbalken eines Wehres oder eines Docks, aber auch den unteren Teil einer Titelseite sowie den erdnahen Teil einer Hecke. Im Amerikanischen steht *sill* außerdem für das Grundgerüst eines Pferdewagens oder eines Eisenbahnwaggons.

Für Schwelle im allgemeinen Sinn ist im Englischen das Wort *threshold* gebräuchlicher; *thresh* – der erste Teil des Wortes – kommt von „treten“ oder „trampeln“, die Bedeutung der Endung ist unklar.[2]

Eine Verbindung von Schwelle und Eisenbahn, wie im Deutschen, besteht im Englischen nicht. Hier gibt es eigene Bezeichnungen für Eisenbahnschwellen: *tie* im Amerikanischen (von: zusammenbinden) und *sleeper* (Schläfer) im Britischen. Ursprünglich besaß letzterer Begriff die Bedeutung von „starkem horizontalem Träger“, „Grundbalken“, der eine Wand, den Boden oder einen anderen gewichtigen Bestandteil eines Bauwerks stützt; im 16. Jahrhundert bezeichnete *sleeper* dann auch eine „Geschützlafette“; 1789 fand der Begriff *Schwelle* schließlich auch in anderen Bereichen der Technik Verwendung.

Die bis jetzt genannten Bedeutungen von *Schwelle* verweisen auf die Verwendung des Wortes in Zusammenhängen der technischen Entwicklung: Haus-, Wagen- und Schiffsbau, die Konstruktion von Wehren – sie alle sind High-Tech-Unternehmungen des vorindustriellen Zeitalters. Auffallend dabei ist, daß *Schwelle* meist einen horizontalen Bauteil bezeichnet. (In dieses an der Waagrechten orientierte Konzept paßt übrigens hervorragend, daß *sleeper* im Englischen auch „Faulpelz“ und – neuerdings überaus aktuell – „schlafende“, d. h. auf ihren Einsatz wartende Agenten bedeutet.)

Die sprachliche Verbindung der Schwelle mit dem Horizontalen, dem „Bodenständigen“, ist aber keineswegs in allen Kulturen anzutreffen. Im Chinesischen beispielsweise, also in einem dem Indoeuropäischen überhaupt nicht verwandten Sprachkreis, heißt Türschwelle *men kan:*

門 檻 men – kan

Das Zeichen *men* bedeutet *Türe*, *kan* bedeutet *Geländer*, *Gitter*, *Käfig* und auch *Schwelle*. Hier ist also eher eine Verbindung mit vertikal aufragenden Objekten, wie etwa Gerüsten, gegeben als mit dem (europäischen) Konzept der Fundamentlegung.

Die Eisenbahnschwelle heißt chinesisch *zhen mu:*

枕 木 zhen – mu

Sie erlaubt allerdings eine entfernte Assoziation mit dem *sleeper*, dem horizontalen Faulpelz: *mu* bedeutet Holz, *zhen* steht für *Polster* (den Kopf ruhen lassen), *Block* sowie eine *Stange*, an die das Vieh gebunden wird.

Aber nun aus dem Fernen Osten wieder zurück in den europäischen Sprachbereich: Der Begriff *Schwelle* hat, abgesehen von seinen technischen und baulichen Anwendungen, auch übertragene Bedeutungen, etwa als Grenze, an der etwas beginnt oder endet, als Übergang, Veränderung und Wechsel. Hier bietet vor allem die Literatur viele Beispiele.

So bezeichnet in Dantes anfangs des 14. Jahrhunderts verfaßter *Göttlicher Komödie (Divina comedia)* die schon erwähnte *soglia* „Begrenzung, Eingrenzung“: Im neunten Gesang der Hölle (Inferno) spricht Italiens Dichtervater von der „schrecklichen Schwelle“ für Schwelle im allgemeinen Sinn – *l'orribil soglia*.[3]

Johann Heinrich Voß, der deutsche Dichter und Übersetzer von Homer, Ovid und anderen antiken Autoren, verwendete den Begriff etwa in seiner Übertragung von Vergils *Äneis* für das lateinische *limen* (Schwelle, Grenze):

Zwo sind Pforten des Krieges [...],
hundert eherne Hebel, und ewige Barren des Eisens
Schließen sie, niemals weicht von der Schwelle der hütende Janus[4],
Wenn nun Kämpfe gebot die entscheidende Stimme der Väter, geht er
selbst, im Quiriniusgewand' und gabinischem Aufschlag,
feierlich, aufzuschließen die knarrenden Schwellen, der Konsul.
(Gesang 7, vv. 607–613)

In Franz Grillparzers Trauerspiel *Sappho* heißt es:

[...] die Bewohner dieser Insel, [...]
sind stets bereit beim ersten Hülferuf,
in Waffen zu beschützen Sappho's Schwelle.
(IV/5)

Friedrich Rückert schreibt von des „Jahres Schwelle“:

o sel'ge Doppelhelle
von wunderbarem Schein,
an jedes Jahres Schwelle,
mir leuchtend aus und ein.[5]

Zugleich kann *Schwelle* auch den Beginn

einer neuen Entwicklung, eines Geschehens bezeichnen. Wir lesen bei Jean Paul: *„[...] dreierlei macht aber den Autoren das Leben sauer, erstlich der Anfang, weil sie gleich an der Schwelle mit Wolken und Juwelen vor den Lesern blitzen wollen.“*[6] Die *Schwelle* steht auch für den Zeitpunkt, an dem man aus einem Zustand heraus- und in einen anderen übertritt. So lesen wir bei Lukian, einem Schriftsteller der griechischen Antike, in der deutschen Übersetzung des Dichters Christoph Martin Wieland:

„womit könntest du dich entschuldigen, daß du in einem so hohen Alter, und sozusagen an der Schwelle des Lebens, dich selbst in eine so unedle Dienstbarkeit gesteckt hast?“[7]

Auch das französische *seuil*, das wir schon kennengelernt haben, bedeutet Übergang von einem Zustand in den anderen, in eine neue Situation, und zwar nicht nur in der literarischen, sondern auch in der wissenschaftlichen Sprache. Im Deutschen verwendet man den Ausdruck „Schwellenländer“ für Entwicklungsländer, die „an der Schwelle“ zum Industriestaat stehen.[8] In der Geographie bezeichnen *Schwellen* „flache, keine deutlichen Ränder aufweisende submarine oder kontinentale Aufwölbungen der Erdoberfläche“.[9] In der Physiologie bezeichnet *seuil* den Intensitätsgrad eines Reizes, der geeignet ist, eine Wahrnehmung hervorzurufen. Und auch im Deutschen spricht man ja von *Wahrnehmungs-* und *Reizschwelle*.

Auf daß unsere geneigten Leserinnen und Leser nicht zu guter Letzt in Versuchung geraten – einer weiteren Bedeutung des Wortes gemäß –, die *Hemmschwelle* zu überwinden, bei welcher ihnen der Geduldsfaden mit der Etymologie reißen könnte, wollen wir unseren sprachkundlichen Exkurs zum Thema *Schwelle* an dieser Stelle beenden.

Anmerkungen

1 *Duden 1999*, Vol. 8, col. 3482/3.

2 Altenglisch: *perscold*, *perxold*, verwandt mit den mittelhochdeutschen Begriffen *drischuvel*, *durschufel*.

3 „‚o cacciati del ciel, gente dispetta‘/ cominciò egli in su l'orribil soglia“. Inferno IX 92.

4 Lat. *ianua* bedeutet Hauseingang, Türe, Öffnung; das Wort leitete sich vom Altindischen *Yati*, „geht“, ab. Ianua hat eine Verbindung mit Ianus, dem alten italischen Gott der Türen und Tore; sein Bild erscheint hauptsächlich auf Münzen als Doppelkopf *(Ianus Bifrons)*, und ihm war der Monat Januar heilig (Ovid, *Fasti*, 2, 48), ebenso wie ihm alle Anfänge geweiht waren.

5 *Morgen-Abendstern*. In: Friedrich Rückert, *Gedichte*. Frankfurt am Main 1841, S. 239.

6 Jean Paul: *Leben Fibels*. Nürnberg 1812, S. 85.

7 Lukian von Samosata: *Sämtliche Werke*. Übersetzt von Christoph Martin Wieland. Leipzig 1788, S. 173.

8 *Fischer Weltalmanach 1996*. Frankfurt am Main, Sp. 952.

9 *Duden 1999*, Vol. 8, col. 3483.

Verwendete Literatur

Duden: Das große Wörterbuch der deutschen Sprache in zehn Bänden. Herausgegeben vom Wissenschaftlichen Rat der Duden-Redaktion [Red. Bearb.: Werner Scholze-Stubenrecht u.a.]. Mannheim–Wien [u.a.] 1999 (3., völlig neu bearbeitete und erweiterte Auflage).

Gemoll, Wilhelm: *Griechisch-deutsches Schul- und Handwörterbuch*. München–Wien [u.a.], Freytag [u.a.] 1988 (9. Aufl., Neuaufl., durchges. und erw. von Karl Vretska), XIX, 860 S.

Georges, Karl Ernst: *Ausführliches lateinisch-deutsches Handwörterbuch: aus den Quellen zusammengetragen und mit besonderer Bezugnahme auf Synonymik und Antiquitäten unter Berücksichtigung der besten Hilfsmittel* / ausgearbeitet von Karl Ernst Georges. 2 Bände. Hannover 1998 (unveränderter Nachdruck der 8., verbesserten und vermehrten Auflage).

Grimm, Jakob und Wilhelm: *Deutsches Wörterbuch*. Band 15. Leipzig 1899.

Langenscheidts Handwörterbuch Italienisch von Paolo Giovannelli und Walter Frenzel [Teil 2: Herbert Frenzel u.a.]. Berlin–Wien [u.a.], Langenscheidt 1994 (Langenscheidts Handwörterbücher, 14. Auflage. Neubearbeitet von Vladimiro Macchi), 558, 657 S.

Langenscheidts Handwörterbuch Spanisch von Heinz Müller und Günther Haensch [Teil 2: Enrique Alvarez-Prada]. Berlin–Wien [u.a.], Langenscheidt 1990 (Langenscheidts Handwörterbücher, 7. Auflage. Neubearbeitet von Gisela Haberkamp de Antón), 658, 639 S.

Le Robert, *Dictionnaire historique de la langue française*, sous la direction de Alain Rey. Nouvelle édition 1993.

Mathews, R. H.: *Chinese-English dictionary*. Cambridge (revised American edition), Massachusetts 1943 (15. Auflage).

Meyer-Lübke, Wilhelm: *Romanisches etymologisches Wörterbuch*, Heidelberg 1992 (6. unveränderte Auflage, unveränderter Nachdruck der 3., vollständig neubearbeiteten Auflage [Heidelberg 1935]).

Oxford English dictionary. Prepared by J. A. Simpson – 2. ed., reprinted with corrections. – Band 15. Oxford: Clarendon Press, 1991.

Pfeifer, Wolfgang: *Etymologisches Wörterbuch des Deutschen*. Erarbeitet von einem Autorenkollektiv des Zentralinstituts für Sprachwissenschaft unter der Leitung von Wolfgang Pfeifer. Band 3, Berlin 1989.

Pokorny, Julius: *Indogermanisches etymologisches Wörterbuch*. Berlin–München 1959.

Trésor de la langue française: Dictionnaire de la langue du XIXe et du XXe siècle (1789–1960). Centre National de la Recherche Scientifique, Institut National de la Langue Française, Nancy. Publié sous la direction de Paul Imbs, Vol. 15, Paris 1992.

Hemmschwellen und Ermöglichungsschwellen

Zur Operation der Verschiebung in Zwangsneurose und Perversion

Robert Pfaller

I

Die Schwelle dient der Literatur wie der Philosophie nicht selten als Metapher. Dabei dominiert eine bestimmte Vorstellung von der Schwelle – nämlich die einer Zäsur in Raum und Zeit. In diesem Sinn kann von ‚Schwellenzauber' und ‚Schwellenerfahrungen' gesprochen werden, lassen bestimmte Situationen sich als ‚Passagen', als Übergänge von einem Zustand in einen anderen deuten oder erfahren.[1]

Der Gebrauch der Metapher geht oft noch über den bildlichen Sinn hinaus – etwa, wenn im Zusammenhang der Kunst- und Kulturvermittlung davon die Rede ist, daß ein an ein Museum angegliedertes Café die ganze Institution zu einer „niedrigschwelligen" mache. Hier schwillt die Schwelle gleichsam zu etwas an, was sie gar nicht ist, nämlich zu etwas, das durch seine Höhe dem Überqueren Widerstand entgegensetzt – sie wird also zur Barriere, ja zu einer Hürde. Freilich hat dieses Anwachsen der Schwelle zu einem nicht mehr bloß *symbolischen*, Schwellenangst erzeugenden, sondern auch *physischen*, Anstrengung und Sprungkraft erfordernden Hindernis durchaus seine Grenzen. Eine *Barrikade* ist die Schwelle in diesem Sinn nie: Es erschiene lächerlich, etwa von der „Freiheit auf den Schwellen" zu sprechen.

Diese Vorstellung von der Schwelle als Hindernis scheint allerdings nur auf Türschwellen und ähnlich geartete Übertritte zuzutreffen. Wenig bezeichnend hingegen erscheint sie in bezug auf ein anderes, wohl kaum minder bedeutendes Genre von Schwellen: jenes der reibungslosen Fortbewegung.

Hinsichtlich der Bahnschwellen gilt, was H. E. Weidinger festgestellt hat: „[...] jene Schwelle, welche eine Zeit von einer anderen oder einen Raum von einem anderen trennt, [scheint] uns kaum Hinweise für unsere Schwellen zu bieten. Denn Schwelle im Singular – die Schwelle also, die als Markierung eine Grenze hervorhebt – ist von eitlem Wesen: Sie will auffallen, sie hat einen eigenen Gott, Ianus, der seinerseits durch zwei Gesichter auffällt und zugleich nach vorne wie nach hinten blickt – vielleicht um Ausschau zu halten, ob auch genug Publikum da sei. [...]

Nichts von alldem dagegen kennzeichnet unsere Schwellen. Sie treten nur als Mehrzahl auf und reihen sich diszipliniert aneinander, nicht allein am Ort ihrer Herstellung, sondern ebenso am Ort ihres Gebrauchs; ihr ganzer Ehrgeiz scheint darin zu bestehen, nicht aufzufallen. Als diskrete Unterstützer üben sie sich wie gute Butler in Unauffälligkeit und in der Kunst, das Nein- oder Aber-Sagen zu vermeiden."[2]

Die Bahnschwellen bilden also kein Hindernis, sondern vielmehr eine Unterstützung und Erleichterung. Sie scheinen sich darum auf den ersten Blick viel weniger zum Metaphernspender zu eignen als die poetisch sattsam genutzten Türschwellen.

Oder wären außerhalb des Bahnwesens Fälle denkbar, wo unsicheres Terrain durch das Einziehen von Schwellen befahrbar wird; wo gerade das Errichten einer Barriere deren Überquerung ermöglicht? Hat es in irgendeiner Hinsicht Sinn, die Schwelle als Denkmodell nicht im Sinn der *Hemmschwelle*, sondern im Sinn einer *Ermöglichungsschwelle* zu nutzen?

II

An einer möglichen Metapher sollte man nicht achtlos vorbeigehen – vor allem dann nicht, wenn ihr auf den ersten Blick nichts zu entsprechen scheint. Gerade diese Metaphern mit abwesendem Bezeichneten – „reine Signifikanten" im Sinn von Roland Barthes[3] – können etwas noch Ungedachtes denkbar machen. Sie sind nicht bloß nach dem Bild bereits bekannter Fälle geformt, um bei Gelegenheit diese Fälle im Dienst gesteigerter Festlichkeit etwas gekünstelt und verzerrt zu bezeichnen.

Reine Metaphern erzeugen vielmehr allererst Denkbarkeit; sie geben einen Ort an, an dem ein zukünftiger Gedanke zu lokalisieren ist. In ähnlicher Weise hat zum Beispiel in der Chemie die Aufstellung eines Systems der Elemente es ermöglicht, noch unentdeckte Elemente vorherzusehen und schließlich zu entdecken.[4]

Gerade wenn Metaphern sich auf keinen bereits bekannten Fall beziehen und somit gleichsam Gedanken im Leerlauf sind, könnte es also sein, daß sie eines Tages – und sei es nach langer Zeit – plötzlich ruckartig an einem bestimmten, seit langem bekannten Fall gleichsam einkuppeln und einen Gedanken in Fahrt bringen. Sie erweisen sich dann nicht bloß als mehr oder weniger präzise Analogien zu diesem Fall, sondern fügen ihm etwas hinzu, zeigen ihn in einem neuen Licht und lassen seine Struktur, welche die Analogie rechtfertigt, erstmals kenntlich und denkbar werden. In dieser Funktion sind Metaphern nicht nur die matte Illustration eines Gedankens, der auch ohne sie bestanden hätte. Sie zeigen sich vielmehr äußerst lebhaft, da sie ohne Vorbild sind und dem, was sie illustrieren, vorangehen. Anstatt einen Moment zu erzeugen, in dem – nach den Worten Ludwig Wittgensteins – „die Sprache feiert",[5] erbringt die Metapher hier eine tatsächliche, zugleich poetische wie theoretische Leistung.

III

Nach einer Weile des Überlegens schien uns der leerlaufende Gedanke der *Ermöglichungsschwellen* doch eine Entsprechung zu besitzen. Auch hier war die Entsprechung keine fertige, sondern bekam vielmehr durch die Metapher etwas hinzugefügt. Die Metapher lieferte der Theorie, in die sie sich einfügen ließ, eine Ergänzung; sie produzierte Denkbarkeit an einem Punkt, an dem zuvor keine – oder nur geringere – bestanden hatte.

Die Theorie, in welche sich die Metapher von den *Ermöglichungsschwellen* einfügen ließ, ist die psychoanalytische Theorie der Zwangshandlungen. Eigenartige, kleine, unsinnig scheinende Handlungen, die von bestimmten Analysanden unbedingt durchgeführt werden mußten, hatten sich für Sigmund Freud als durchwegs sinnvolle, perfekte Darstellungen (von gewünschten oder erlebten Ereignissen) erkennen lassen. Der augenscheinliche Widerspruch zwischen ihrer Dringlichkeit und ihrer scheinbaren Unsinnigkeit ließ sich auflösen: Er verdankte sich dem Umstand, daß diese kleinen Handlungen den vollen psychischen Wert anderer Handlungen besaßen, die sie in verkleinerter Form darstellten.

Diese Verkleinerung war, wie Freud – mit einem an die Welt der Eisenbahn erinnernden Begriff – schreibt, durch *Verschiebung* zustande gekommen. Die Zwangshandlung löst einen Abwehrkonflikt, indem sie eine Handlung, die nicht sein darf (da sie einem abzuwehrenden, verdrängten Wunsch entspricht), durch eine andere, meist kleinere Handlung ersetzt, welche als Verschiebung der ersten aufgefaßt werden kann.

Die Verschiebung ersetzt oft Großes durch Kleines, ein Ganzes durch einen Teil (zum Beispiel den Geliebten durch seine Locke) oder auch eine Person durch ein Ding, das sie berührt hat (beispielsweise einen Ehemann durch einen Sessel, auf dem er saß), oder ein Ding durch ein anderes, benachbartes, mit dem es häufig gemeinsam in einer Redewendung auftritt (zum Beispiel ein Bett durch einen Tisch). Der Begriff der Verschiebung bezeichnet also eine bestimmte Methode der Darstellung durch Zeichen. Er ist ein semiotischer Begriff. Dieser von Freud eingesetzte semiotische Begriff der Verschiebung läßt sich, wie im folgenden gezeigt werden soll, mit Hilfe der Metapher von der Bahnschwelle präzisieren. Denn die Verschiebungen verlaufen über Schwellen; und was sie leisten, wird durch Schwellen ermöglicht.

IV

An der Verschiebung imponiert zunächst die Achse, entlang deren sie verläuft. Es ist, wie gesagt, eine Achse der Berührung (der Kontiguität[6]). Die Beziehung zwischen einem Objekt und seinem Ersatz, einer Handlung und ihrer Ersatzhandlung wird aufgrund einer häufigen oder auch einer einmaligen, ehemaligen Berührung hergestellt.

Andererseits – und dieser Aspekt tritt gegenüber dem erstgenannten oft ähnlich in den Hintergrund, wie für den Blick der Bahnreisenden unter den dahinsausenden Schienen die Schwellen verschwinden – ist die Verschiebung auch eine Operation der Ersetzung.[7] Als Ersetzungsoperation ist sie eine symbolische Operation. Das eine Objekt nimmt nun den Platz eines anderen, abwesenden ein, mit dem es einmal durch Berührung verbunden war. Derart symbolisiert es das ersetzte Objekt. Die Locke des fernen Geliebten wird geküßt. Genau dort, wo einmal das Ganze war, ist nun der Teil und füllt seine Stelle (an den liebenden Lippen) aus. Die ganze Zuwendung, die der Geliebte erhalten hätte, wird nun von der Locke absorbiert.

Damit die Ersetzung vollzogen werden kann, ist es notwendig, daß es eine Trennung zwischen den beiden Gliedern gibt. Die Berührung, die es einmal gegeben hat, darf nun nicht mehr bestehen. Zwar kann man die abgetrennte Locke auch vor den Augen des Geliebten küssen. Aber wäre die Locke noch auf dem Kopf des Geliebten, so ließe sich an ihr keine Ersatzhandlung vollziehen. Der Teil könnte das Ganze nicht vertreten, die gesamte Zuwendung würde sich an das Ganze richten. Damit die Locke ein Zeichen des *Geliebten* sein kann, muß eine Berührung bestanden haben. Damit sie aber als *Zeichen* funktionieren kann, muß eine Ersetzung eingetreten sein. Mag es für die *Symbolgewinnung* wichtig sein, daß die beiden Objekte sich einmal berührt haben, so ist es für die *Symbolfunktion* entscheidend, daß sie nunmehr durch eine Grenze völlig separiert sind. Diese Grenze, die wie der Strich eines mathematischen Bruchs zwischen dem Bezeichnenden und dem Bezeichneten verläuft, kann und muß in vielen Fällen durch eine Schwelle markiert und dargestellt werden. Das Kenntlichmachen bzw. Darstellen dieser Grenze durch eine Schwelle ist es, was dann eine Reihe von seltsamen Dingen und Vorgängen möglich macht.

V

Wenn die Verschiebung eine Ersetzung produziert und dabei die Bedingung befolgt, daß Ersetzendes und Ersetztes einmal durch Berührung verbunden waren, so scheint es zunächst naheliegend, anzunehmen, daß die Verschiebung immer auf eine Verkleinerung hinausläuft. Die Verschiebung wird also – so könnte man annehmen – wohl immer ein Ganzes durch einen Teil ersetzen, und nicht umgekehrt einen Teil durch ein Ganzes.

Darin besteht der nicht nur technische und ökonomische Vorteil beispielsweise einer Liebe zur Modelleisenbahn. Für die Zwangsneurose ergibt sich aus der Verkleinerung der zusätzliche Vorteil der Undeutlichkeit und Unauffälligkeit: Insbesondere dann, wenn das Symbolisierte etwas Verbotenes ist (beispielsweise ein untersagter sexueller Akt), wird die entsprechende Ersatzhandlung sich ja wohl nicht in einem größeren Akt realisieren können – einer Massenorgie etwa. Das Äußern einer unverständlichen Gebetsformel oder ein etwas verzögertes Aufstehen von einem Stuhl hingegen können die Sache unter Umständen gerade noch so darstellen, daß ein Schein von Anstand gewahrt bleibt.[8]

Auch die Bemerkungen Freuds scheinen meist in die Richtung zu deuten, daß die Verschiebung eine Verkleinerung produziert.[9] Die Entdeckung dieser verkleinernden Dynamik der Zwangsneurose lieferte Freud darüber hinaus einen Hinweis zum Verständnis einer Gesetzmäßigkeit in der Religionsgeschichte – deren Tendenz, „das Geringfügigste zum Wichtigsten und Dringlichsten zu machen", die zunehmende Verkleinerung der Rituale, die mit einer eigentümlichen Aufwertung ebendieser Rituale verbunden ist und bewirkt, „daß allmählich das kleinliche Zeremoniell der Religionsübung zum Wesentlichen wird" – wodurch dann ‚anti-ritualistische' Reformschübe notwendig scheinen, die (wie etwa der Reformschub des Protestantismus gegenüber dem Katholizismus) bemüht sind, ein vermutetes „ursprüngliches Werteverhältnis" wiederherzustellen.[10]

VI

Um zu klären, ob die Verschiebung immer eine Verkleinerung ist, scheint es notwendig, die Funktionen, welche die beiden Aspekte der Verschiebung – das Ersetzen und das Berühren – haben, noch aus einer anderen, libidoökonomischen (und -dynamischen) Perspektive zu betrachten.

Das Ersetzen entspricht einer Abwehr, einem Verdrängungsvorgang. Das Ersetzte ist die Befriedigung eines Wunsches, der nicht zugelassen werden darf. Auf dem Weg der unbewußten Abwehr wird es jenseits einer Grenze angesiedelt. Die Grenze markiert folglich nicht allein ein „Nicht" (im Sinn von „hier, diesseits kann X *nicht* sein, denn es ist dort, jenseits"), sondern auch ein „Gegen" („hierher kommt alles, was *gegen* X gerichtet ist, dorthin kommt X").

Weil eine solche Abwehr durch Verdrängung aber nicht ohne gleichzeitige Wiederkehr des Verdrängten möglich ist, muß diesseits der Grenze etwas Neues auftauchen. Dieses Neue muß nun einerseits in der „Gegen"-Position auftreten und als Abwehr des Ersetzten wirken. Andererseits aber muß das Neue auch mit dem Ersetzten verbunden sein. Denn die Ersatzhandlung kann ihre Funktion nur erfüllen, wenn sie geeignet ist, etwas von der Lust, die mit dem Ersetzten verbunden war, wiederzubringen.[11] Dies wird durch die Berührung ermöglicht. Die Berührung eröffnet gleichsam jenen Kanal, durch den die Lust, die mit dem Verdrängten verbunden war, übergehen kann auf dessen Ersatz.

Die Kraft des abzuwehrenden Wunsches und der mit ihm verbundenen Handlung hat sich also nicht vollständig auflösen, sondern nur umleiten lassen. Sie hat sich mit der Kraft der Abwehr, auf die sie traf, vereinigt und mit dieser gemeinsam auf eine für beide akzeptable Lösung, einen Kompromiß, gedrängt. Da sich in einem unbewußten Konflikt die beteiligten Kräfte, selbst wenn sie gegeneinander gerichtet sind, *addieren* (anstatt sich, wie im bewußten Konflikt ihrer Richtung entsprechend voneinander zu subtrahieren), ist die Resultante enorm stark – nämlich so stark wie beide Kräfte zusammen.[12] Die Kraft der Abwehr und die Kraft des Abzuwehrenden vereinen sich im Drang nach der Ersatzhandlung. Die Ersatzhandlung ist

nun, da sie gleich von zwei addierten Kräften angestrebt wird, noch dringlicher als die Handlung, welche sie ersetzte – sie wird *zwingend.*
Die durch die Verschiebung erzeugte Entstellung (die Unähnlichkeit des Ersatzes gegenüber dem Ersetzten) hat dabei den bereits erwähnten Vorteil, die Wiederkehr der scheinbar abgewehrten Lust zu kaschieren. Derart tendieren die Zwangshandlungen zugleich zu gesteigerter Lustverschaffung[13] und zu gesteigerter Unkenntlichkeit dieser Lustverschaffung. Je mehr Lust sie von dem abzuwehrenden Vorgang wiederbringen, desto weniger sehen sie ihm ähnlich.

VII

Die doppelte Bedingung, der die Verschiebung genügen muß, besteht also darin, möglichst große libidinöse Gleichwertigkeit bei möglichst geringem Verdacht der Identität herzustellen. Das kann Verschiebung allerdings auch ohne Verkleinerung leisten. Zwar vermag eine fortschreitende Miniaturisierung, wie Freud sie an der Geschichte der religiösen Rituale beobachtet hatte, diese Unkenntlichkeit zu gewährleisten, aber es gibt dafür auch noch eine andere Möglichkeit.
Das Ersetzte kann nämlich durchaus auch selbst, im Maßstab 1:1, in der Rolle des Ersetzenden auftreten – es muß nur durch irgendein Merkmal gewährleistet sein, daß es nicht für es selbst gehalten wird. Ein solches Merkmal liefert die Schwelle, welche den Platz des Ersetzenden von dem des Ersetzten trennt – bzw. deren Getrenntheit symbolisiert. Alles, was vor der Schwelle auftritt, wird dann für Ersatz gehalten, alles, was dahinter liegt, für Ersetztes.
Für eine solche Unkenntlichmachung, die nicht durch Verkleinerung, sondern allein durch raffinierte Platzverteilung erreicht wird, gibt es zahlreiche Beispiele. Wie Freud feststellt, werden beispielsweise genau jene Handlungen, welche die Religion verbietet, im Namen der Religion begangen.[14] In solchen Fällen – etwa beim Morden im Namen der Religion – kommt auch die Religion ganz ohne Miniaturisierung aus. Jene überzeugten und militanten Verteidiger des menschlichen Lebens etwa, die gegen die Abtreibung kämpfen, gehen dafür noch über die Leichen des von ihnen ermordeten Klinikpersonals. Analog dazu agieren rechtsradikale Feinde der männlichen Homosexualität in den USA. Sie veranstalten sogenannte „gay-bashings", in deren Verlauf sie Schwule verprügeln und schließlich vergewaltigen. Volle mörderische oder homosexuelle Triebbefriedigung kann also auch erreicht werden, wenn sie nur der Bedingung genügt, den Anschein einer Gegenmaßnahme zu erwecken. Das augenscheinliche „Gegen" bewirkt dann, daß genau jenes X, das abgewehrt werden sollte, selbst auftreten kann und dabei für ein Nicht-X gehalten wird.
Dieselbe Struktur einer Unkenntlichmachung durch bloße Platzverteilung gibt es auch in anderen, weniger traurigen Zusammenhängen. Angenommen, Elvis Presley würde heute noch leben, wie manche seiner Anhänger es behaupten, so hätte er mehrere Möglichkeiten, ein unerkanntes Leben zu führen. Er könnte sein Aussehen und seine Lebensgewohnheiten verändern. Er könnte andererseits aber auch alles beibehalten und im Rahmen von Elvis-Imitator-Wettbewerben auftreten. Der Rahmen der Elvis-Imitation würde ihm dann jene Schwelle – und das heißt: jenes Verneinungssymbol – liefern, kraft deren auch Elvis selbst als ein Nicht-Elvis erscheinen und durchgehen könnte.[15]
Die Nichtidentität von Ersetzendem und Ersetztem muß folglich nicht wirklich bestehen. Sie muß nur symbolisiert werden. Das Symbol der Nichtidentität ist die Schwelle. Ihr Vorhandensein genügt, um selbst Identisches als Nichtidentisches passieren zu lassen. Die Schwelle ruft als Symbol, und nicht als reale Trennung, jenen *Verneinungsgedanken* wach, der ein jedes X begleiten muß, damit es auch dort auftreten darf, wo kein X zugelassen ist.
Dieser Verneinungsgedanke kennt verschiedene Varianten. Er kann die Form haben „Dies ist nicht die Wahrheit" – eine Form, die sich ihrerseits wieder unterteilt in die Varianten „Dies ist ein Irrtum",[16] „Dies ist eine Lüge",[17] „Dies ist nur ein Traum",[18] „Dies ist nur ein Witz",[19] „Dies ist ein Unsinn"[20] oder auch – wie am Elvis-Beispiel zu sehen war – „Dies ist nur eine Darstellung und nicht das Dargestellte selbst".
Andererseits kann der Verneinungsgedanke – wie die Beispiele der Abtreibungsgegner und der Schwulenfeinde zeigen – auch die Ausprägung annehmen „Dies ist keine Maßnahme, sondern eine Gegenmaßnahme". In dieser Ausprägung hat der Verneinungsgedanke die Funktion, das Verhältnis der handelnden Subjekte zu ihren eigenen Handlungen zu verändern, indem er ihnen eine Täuschung über die Beweggründe ihres Tuns ermöglicht. Er läßt sie nämlich das, was ihrer *Neigung* entspricht, als ihre *Pflicht* erfahren. Das hat den Vorteil, daß sie das Verbotene nun doch tun dürfen, allerdings um den Preis, daß es nicht Lust einbringt, sondern allenfalls Selbstachtung. Die Pflichterfüller erfahren das, was sie tun, nicht als das, was sie tun wollen, sondern als das, was sie tun müssen, und sie sind nach vollbrachter Tat nicht glücklich, sondern bestenfalls stolz

auf sich selbst. Sie verfolgen ihr Glück darum gleichsam mit zusammengebissenen Zähnen; sie genießen auf neurotische Weise – das heißt: sie genießen, ohne es zu bemerken. Selbsternannte Pornojäger beispielsweise verschaffen sich auf dem Weg der Pornographiebekämpfung die Lust ausgedehnter Beschäftigung mit Pornographie. Diese Lust allerdings verbergen sie vor sich selbst unter dem so trügerischen wie traurigen Gedanken, nichts als ihre Pflicht getan zu haben.

Das Verneinungssymbol ermöglicht somit den Neurotikern eine Verwandlung von untersagter Objektlibido in Ichlibido oder, kantisch ausgedrückt, eine Verwandlung des Gefühls der minderwertigen (bzw. moralisch irrelevanten) „Glückseligkeit" in das der „Vollkommenheit".[21] Dem Pflichtgedanken liegt also ein Verneinungsgedanke zugrunde. Daß dieser keine letzte Wahrheit darstellt, sondern eher eine recht infame Selbst- und Fremdtäuschung, braucht angesichts der genannten Beispiele wohl nicht weiter erläutert zu werden. Möglich wird diese Täuschung dadurch, daß die Schwelle keine reale Barriere ist, sondern ein Symbol, und daß sie aufgrund dieser symbolischen Funktion Nichtidentitäten vorspiegeln (symbolisieren) kann, wo in Wahrheit Identitäten bestehen.

Anders als für Kant – dem sein Pflichtgedanke moralisch so untadelig und theoretisch so unableitbar erschien, wie es dem sogenannten Wilden sein Tabu sein mag – stellt sich „Pflicht" für eine an der Metapher der Schwelle geschulte psychoanalytische Betrachtung als etwas in beiden Hinsichten Fragwürdiges dar. In moralischer Hinsicht erweist sich das, was Kant für „sittliches Handeln" erachtete, nun eher als eine unsittliche Triebbefriedigung, die noch dazu in unsittlicher Weise über ihre Natur zu täuschen versucht. In theoretischer Hinsicht ist das, was Kant als untrügliches Indiz der Wahrheit und zugleich als Grund für die Unableitbarkeit des Pflichtgedankens erschien – nämlich der bedingungslose, zwingende Charakter der Pflicht –, nunmehr sowohl als trügerisch wie auch als einfach abzuleiten: Das Starke an der Pflicht, wodurch sie (wie Kant meint) jede Neigung überwinden kann, verdankt sich der aus dem unbewußten Konflikt hervorgegangenen Addition der beiden Kräfte. Weil die Pflicht sowohl die Abwehr wie auch das Abzuwehrende zugleich befriedigt, ist sie stärker als jedes mögliche Abzuwehrende allein.[22]

Diese Stärke aber ist in den Augen psychoanalytischer Theorie kein Beweis für Authentizität und Unableitbarkeit, sondern vielmehr ein Indiz für das Beteiligtsein von zwei einander entgegengesetzten Kräften. Daß diese beiden sich im Resultat vereinigen und als eine einzige erscheinen können, verdankt sich jenem „Schwellenzauber", kraft dessen sogar ein im Maßstab 1:1 ausgeführter Akt der Lustverschaffung als sein reines Gegenteil auftreten kann. Die Schwellenmetapher würde der Theorie die Möglichkeit verschaffen, solchen faulen Zauber zu durchschauen und damit die selbstauferlegten Denktabus idealistischer Philosophie zu überwinden.

VIII

Außerhalb des Bereichs der Zwangsneurose spielen derartige, durch symbolische Schwellen bedingte Ermöglichungen eine entscheidende Rolle noch in einem anderen, ebenfalls für die Psychoanalyse relevanten Feld, nämlich dem der Perversion. Freud selbst hat bekanntlich die Neurose als das „Negativ der Perversion" bezeichnet[23] und damit den Gedanken einer strukturellen Abbildbarkeit der einen auf die andere formuliert. Auch die Perversion weist, wie die Zwangsneurose, einen spezifischen Entstellungsmechanismus auf. Weil Freud ihn aber aus triebgenetischer Perspektive betrachtet und nicht (wie im Fall der Zwangsneurose) aus einer semiotischen Perspektive, bezeichnet er den Mechanismus, der die Perversionen erzeugt, als „Regression".[24]

Bekanntlich hatte Freud die Entstehung nichtperverser erwachsener Sexualität als einen komplizierten, störungsanfälligen Vorgang der Bündelung und Hierarchisierung einzelner Partialtriebe (hin zu einer der Fortpflanzung dienlichen Sexualität unter Vorherrschaft des genitalen Partialtriebes) rekonstruiert.[25] Dementsprechend interpretiert er die Perversionen als Rückfälle (Regressionen) von der erreichten genitalen Sexualität auf frühere Stufen noch nicht gleichermaßen gebündelter und hierarchisierter Trieborganisation.

Die Regression besteht folglich darin, daß (hinsichtlich des Sexualziels oder des Sexualobjekts) von der bereits erreichten genitalen Heterosexualität abgewichen und eine frühere Stufe der Sexualentwicklung wieder aufgesucht wird. Sekundärer Narzißmus beispielsweise wäre eine Perversion (Abweichung hinsichtlich des Objekts), die in einer früheren, kindlichen Stufe ihr normales, primäres Pendant hätte; dasselbe würde ebenso von verschiedenen analen, oralen oder sadistischen Ausprägungen (als Abweichungen hinsichtlich des Sexualziels) gelten.

Abgesehen von der nicht unbeträchtlichen Schwierigkeit, jede auftretende Perversion auf ein Pendant in der kindlichen Sexualentwicklung abzubilden, wirft der Begriff der Regression jedoch noch ein weiteres, prinzipielleres Problem auf: Ähnlich wie zuvor in der Erörterung der Zwangshandlungen stellt sich nämlich in bezug auf perverse Handlungen die Frage, ob diese denn nicht auch im Maßstab 1:1 auftreten können. Mit anderen Worten: Ist es wirklich sicher, daß Perversionen immer nur gleichsam verkleinerte, kindlichere, regressive Formen einer erwachsenen, fortpflanzungskonformen genitalen Sexualität darstellen? Könnte es nicht auch völlig unzweifelhaft genitale heterosexuelle Akte geben, die dennoch als pervers zu bezeichnen wären?

Ein Satz aus den *120 Tagen von Sodom* des Marquis de Sade mag dafür als Beleg dienen. In den „Bestimmungen", welche die libertinen Helden des Romans sich auferlegen, heißt es:

„Hier ist alles nackt, Erzählerinnen, Gattinnen, Mädchen, Knaben, Alte, Ficker, Freunde, alles ist durcheinander, alles wälzt sich am Boden, nach Art der Tiere, man wechselt, vermischt sich, treibt Blutschande und Ehebruch, man puseriert und gibt sich, die Defloration immer ausgenommen, allen Exzessen und Ausschweifungen hin, die den Kopf am besten erhitzen können. Die Deflorationen werden zur bestimmten Zeit bei diesen Orgien vorgenommen werden [...]."[26]

Auch wenn in diesem bunten Durcheinander diverse Formen von Sexualität auftreten mögen, so scheint genitale Heterosexualität (z. B. beim genannten Ehebruch) keineswegs ausgeschlossen. Und aus triebtheoretischer Perspektive läßt sich gegen diese Reihe heterosexueller Akte wohl nichts einwenden, jedenfalls kein Verdikt der Regression. Denn nichts an diesen fortpflanzungskonformen Beispielen genitaler Sexualität weist einen Mangel oder eine regressive Abweichung gegenüber anderen, gesellschaftlich anerkannteren, etwa ehelich-monogamen heterosexuellen Akten auf.

Einzig die von den Libertins mit einem Pflichtgedanken (dem Gehorsam gegenüber den selbstauferlegten Bestimmungen) verfolgte sakrilegische Absicht mag als Unterschied gegenüber einem Ehevollzug auffallen. Diese Absicht aber macht keinen triebtheoretischen, sondern vielmehr einen symbolischen Unterschied. Der Libertin bezieht Genuß daraus, einen völlig normalen heterosexuellen Geschlechtsakt zu vollziehen – unter der Bedingung, daß dieser sich als eine gegen die gesellschaftliche Norm (z. B. Verbot von Blutschande oder Ehebruch) gerichtete Stellungnahme begreifen läßt. Ähnlich wie der Zwangsneurotiker begeht also auch der Libertin jenen Akt, den er selbst sich untersagt, vollständig und im Maßstab 1:1, sofern er nur über eine Schwelle verfügt, welche den Akt symbolisch als einen Gegen-Akt darstellt.

Im Unterschied zum Zwangsneurotiker allerdings verbirgt der Perverse seinen Genuß nicht vor sich selbst. Denn nur die Neurose als „Negativ der Perversion" muß die Lust in der Erfahrung ihres Subjekts zur Unlust entstellen. Der Perverse hingegen erlebt seinen Gegen-Akt als äußerst lustvoll. Daß er seine Lust nur erreicht, wenn er sie zugleich als Erfüllung seiner selbstauferlegten sakrilegischen Pflicht auffassen kann, daß also sein Dafür ihm nur in der Form eines Dagegen möglich ist, führt in seinem Fall zu der Wirkung, daß er sein Dafür (samt dem Dagegen) als emphatisches Dafür und die Lust (samt ihrer Abwehr) als gesteigerte Lust erfährt. Wie die Neurose produziert somit auch die Perversion eine aus dem unbewußten Konflikt hervorgehende gesteigerte Kraft.[27] Was für die Neurose der Zwang, ist darum die Fixierung für die Perversion: Denn die Fixierung besteht nicht allein in der ausschließlichen und detaillierten Festlegung bestimmter Sexualobjekte oder -ziele, sondern auch in einer der normalen Sexualität fremden, verstärkten Energie, mit der solche Objekte gesucht und Ziele verfolgt werden. Auch in diesem Fall verdankt sich der Energie-Überschuß einer aus dem unbewußten Konflikt zweier Kräfte hervorgegangenen Addition.

Wie die Zwangsneurose untersagt sich auch die Perversion bestimmte Handlungen, fabriziert dafür detailverliebte Ersatzhandlungen, die unbedingt verrichtet werden müssen, und freut sich daran, im Ersatz zugleich der Abwehr wie dem Abzuwehrenden zum Erfolg zu verhelfen. Ähnlich wie die Zwangsneurose operiert die Perversion dabei mit dem Verfahren der Verschiebung. Sie errichtet eine symbolische Schwelle und macht es sich dadurch möglich, das jenseits dieser Schwelle Angesiedelte auch diesseits der Schwelle auftreten zu lassen – indem sie es dank der Schwelle mit den ermöglichenden Vorzeichen des „Nicht" und des „Dagegen" ausstattet.

Wenn das Beispiel der Sade'schen Libertins als Beleg zweifelhaft scheint, da es dem Bereich der Fiktion entnommen ist, so können andere aus dem Bereich des Lebens – genauer gesagt: der gelebten Fiktion – ihm zur Seite gestellt werden. Gibt es nicht bei jenen erotischen Akten, die teilweise oder gänzlich der gesellschaftlichen Anerkennung entbehren, etwa in der Prostitution oder in der Pornographie, ein auffälliges, immer wiederkehrendes Element des Spiels und der Fiktion? Ist dieser Bereich – noch lange, bevor „regressive" Abweichungen in bezug auf Sexualobjekte oder Sexualziele auftreten mögen – nicht zunächst durch die Konstante der Inszenierung gekennzeichnet? Hat er nicht regelrechte Genres hervorgebracht (wie „Krankenschwester und Patient", „Sekretärin und Chef", „Kammerzofe und Monsieur" usw.)? Bereits Johan Huizinga hat in seiner Untersuchung der Kulturgeschichte des Spiels auf den Umstand hingewiesen, daß diese spielerische Dimension eine spezielle Errungenschaft jener Praktiken ist, die „aus dem Rahmen der sozialen Norm fallen",[28] während sie im Bereich der respektierten Sexualität gänzlich zu fehlen scheint.

Mit Hilfe der Schwellen-Metapher fällt es abermals leicht, diese Eigentümlichkeit zu erklären. Spielen ist eine Methode, eine Schwelle zu setzen. Das Spiel errichtet ein Verneinungssymbol, welches signalisiert „Jetzt ist es nicht echt". Die Perversion bedarf dieses Symbols. Darum sind nicht nur alle spielerischen Formen der Erotik pervers, sondern auch umgekehrt: alle perversen Formen der Sexualität haben Spiel-Charakter.[29]

Abermals ist es nicht wichtig, daß der vom Spiel erzeugten Verneinung („Jetzt ist es nicht echt") eine Wahrheit entspricht – entscheidend ist vielmehr, daß die Spielerinnen und Spieler sie für eine Wahrheit halten. Daraus erklärt sich der von Huizinga betonte Umstand, daß kein noch so engagierter Spieler, kein sogenannter Primitiver bei seinen Riten, ja nicht einmal ein spielendes Kind jemals den Unterschied zwischen Spiel und Wirklichkeit vergißt.[30] Immer halten sie sich diese Schwelle vor Augen und beziehen aus dieser Grenzziehung Genuß. Wenn sie sich dabei jemals täuschen, dann nicht, indem sie das Spiel für die Wirklichkeit, den Ersatz für das Ersetzte nähmen, sondern vielmehr umgekehrt: Ihre einzige mögliche Täuschung besteht darin, daß sie die Wirklichkeit selbst für ein Spiel halten. So gewinnt Yves Montand in dem Film „Let's Make Love" die Liebe von Marilyn Monroe: Er ist wirklich der bekannte Millionär, sie aber glaubt, er wäre nur ein armer, schlechter Schauspieler, der den Millionär dilettantisch darstellt.

Analog dazu kann auch die Perversion die Form „normaler" Heterosexualität annehmen – wenn sie sich mit Hilfe eines Verneinungssymbols weismachen kann, sie würde dieselbe nur spielen. Nicht irgendeine „regressive" Änderung der Sexualorganisation (in bezug auf ihre Objekte oder Ziele), sondern allein das Vorhandensein eines Verneinungssymbols erscheint darum als das entscheidende Merkmal der Perversion. Die Bedingung des Spiels ist in diesem Punkt dem zuvor erläuterten perversen Pflichtgedanken ebenbürtig: Auch sie verschafft der Perversion jenes „Nicht", mit dem diese sich auch ein X als ein Nicht-X imaginieren kann.

Der Maßstab 1:1 kann somit auch in der Perversion vollständig gewahrt bleiben. Der Begriff der *Regression*, welcher der Perversion stets eine materiale Veränderung der Trieborganisation zuschreibt, erscheint darum inadäquat. Er sollte abgelöst werden durch den Begriff der *Verschiebung*. Denn die Verschiebung bezeichnet nicht nur die materialen Veränderungen, sondern auch jene symbolischen Operationen, durch welche die Perversion zu ihren Objekten und Handlungen gelangt. Unter der Bedingung, symbolische Orte durch eine Schwelle voneinander getrennt zu haben, kann die Perversion die Objekte und Handlungen, die jenen Orten zuzuordnen wären, beliebig über die Schwelle hin- und herverschieben. Die untersagten Handlungen und Objekte bleiben den Perversen möglich und zugänglich, solange sie nur am Ort der Nichtuntersagung untergebracht sind. Die Schwellen erweisen sich auch hier als *Ermöglichungsschwellen:* Sind durch Schwellen die *Orte* fixiert, so können durch die Verschiebung die *Objekte und Handlungen* in Bewegung gebracht werden.

IX

Wie wichtig solche Operationen des Verlegens von Schwellen für das Zustandekommen perverser Sexualität sind, mag noch an zwei weiteren Beispielen veranschaulicht werden. In bezug auf den Pornofilm hat Slavoj Žižek bemerkt, daß gerade dieses Genre sich durch einen eigentümlichen Zug von Selbstdistanzierung auszeichnet:

„[...] bevor man zu den sexuellen Aktivitäten übergeht, bedarf es einer kurzen Einleitung, normalerweise einer blöden Geschichte, die dem Schauspieler als Vorwand dient, die Kopulation zu beginnen (die Hausfrau ruft einen Installateur; eine neue Sekretärin erstattet dem Manager Bericht usw.). – Der springende Punkt ist, daß die Schauspieler bereits durch die Art, in der sie diese einleitende Geschichte spielen, preisgeben, daß dies für sie nur eine stupide, wenn auch notwendige Formalität ist, die man so schnell wie möglich hinter sich bringen muß, um das ‚wirkliche Ding' anzupacken."[31]

Wieso signalisieren die Porno-Schauspieler, daß sie die Story des Films für stupide halten? Müßte das die Zuschauer nicht (etwa gemäß den Annahmen Laura Mulveys über die visuelle Lust[32]) aus ihren Träumen und Identifizierungen herausreißen? Ist es nicht erstaunlich, daß ausgerechnet ein so triviales und so wenig um Ziele politischer Aufklärung bemühtes Genre wie der Pornofilm regelmäßig Brecht'sche Verfremdungseffekte („V-Effekte") hervorbringt?

Eine Antwort darauf scheint nur ausgehend von einer Schwellen-Theorie der Perversion möglich. Anders als in der sogenannten normalen Sexualität ist Normalität in der Perversion streng untersagt.[33] Die Aussicht, in normale, gesellschaftlich anerkannte Sexualität verfallen zu können, scheint hier mit Angst verbunden zu sein. Darum muß diese Möglichkeit mit Hilfe einer Schwelle, eines Verneinungssymbols (wie das Spiel es bereitstellt), gebannt werden. Um das Porno-Publikum, für das der Film ein Spiel ist, nicht durch den Gedanken zu ängstigen, daß die dargestellte Handlung für die Akteure (mit denen es sich vielleicht identifiziert) eine ungebrochen akzeptierte Realität sein könnte, müssen auch die Akteure zeigen, daß sie spielen.

Der „V-Effekt" der Pornographie ist darum weit entfernt davon, die Zuschauer aus ihren möglichen Identifizierungen herauszureißen. Vielmehr bildet er deren Bedingung: Da der Perverse notgedrungen ein Spieler ist, kann er sich nur mit einem ebenfalls spielenden Akteur identifizieren. Denn ein Normalo liefert kein brauchbares Bild für einen Perversen (wohingegen ein Perverser sich durchaus als Phantasie-Bild für einen Normalen eignet, der selbst in der Wirklichkeit nicht pervers sein möchte).

Genaugenommen sind es im Pornofilm nicht die *Schauspieler*, die zeigen, daß sie spielen, sondern die von ihnen verkörperten *Figuren*, die selbst etwas spielen. Die geringschätzige Behandlung der dargestellten Ebene als „blödes Spiel" bildet einen Teil der Figur, nicht ihr Jenseits – sie gehört zum Bild, mit dem die Zuschauerinnen und Zuschauer sich identifizieren können, und ist kein von außerhalb dieses Bildes kommender, verfremdender Kommentar.

Der Pornofilm als Spiel enthält somit ein Spiel im Spiel. Was er darstellt, ist etwas, das selbst so tut, als ob es etwas anderes darstellen würde. Anstatt auf die Begrenztheit eines imaginären Raumes hinzuweisen, die andernfalls hätte unbemerkt bleiben können (wie es der „V-Effekt" versucht), symbolisiert der Pornofilm solche Grenzen für einen Raum, der von vornherein niemals für voll genommen wurde und auch weiterhin in dieser Gebanntheit gehalten werden soll. Ziel dieser Maßnahme ist nicht Erkenntnis der Grenze, sondern Lustgewinn aus dem Spiel mit ihr.[34] Die Verachtung für das eigene („blöde") Spiel, die dabei von den Akteuren zur Schau gestellt wird, ist jene Schwelle, mit deren Hilfe erst der für die Perversion typische und von ihr gesuchte, gesteigerte Affekt zustande kommen kann. Wäre das Dargestellte uneingeschränkt wünschenswert, so käme nur ein einfacher, positiver Affekt zustande. Mit Hilfe der Verachtung hingegen läßt sich ein unbewußter Konflikt aus einem Dafür und einem Dagegen aufbauen. Diese beiden können dann zu einem extrem gesteigerten Affekt addiert werden, der an Intensität alles, was sich uneingeschränkt befürworten läßt, spielend überbietet. Schon die Akteurinnen und Akteure zeigen somit, daß sie sich an einer „blöden, aber dennoch großartigen" Sache erfreuen. Die Betrachterinnen und Betrachter können diese ihnen vorgeführte Fixierung dann auf dem Weg der Identifizierung übernehmen und analog genießen.

Auch an einem anderen Fall läßt sich das „1:1" einer sogar ehelich sanktionierten Heterosexualität in einer durch eine Schwelle ermöglichten perversen Spielart beobachten. In der Komödie *Casanova 70* (I/F 1970, Regie: Mario Monicelli) spielt Marcello Mastroianni einen NATO-Offizier, der die Eigenart entwickelt, nur noch dann potent zu sein, wenn der Liebesakt mit einem Moment der Gefahr verbunden ist. Die Dompteuse im Löwenkäfig, das junge Mädchen im Kreis der für die Entehrung Rache suchenden sizilianischen Familienangehörigen, die Pediküre, auf deren Liebhabern ein Fluch zu lasten scheint, die Geliebte mit dem rasend eifersüchtigen und gefährlichen Gatten sind darum besonders geeignete Objekte seines Begehrens, während die untadelige schöne Dame aus gutem Haus, die ursprünglich Nonne werden wollte (gespielt von Virna Lisi), für ihn Probleme aufzuwerfen scheint.

Auf den ersten Blick scheint dieser Fall also eine Illustration dessen zu bieten, was Freud in seiner Studie *Über die allgemeinste Erniedrigung des Liebeslebens*[35] beschrieben hat: Auseinandertreten von „sinnlicher" und „zärtlicher" Strömung, ungestörte Sexualfunktionen bei sozial fragwürdigen oder anrüchigen Liebesverhältnissen, Impotenz beim respektierten Sexualobjekt und im anerkannten Verhältnis der Ehe. Man möchte meinen, daß für einen so beschaffenen Helden bestimmte Objekte von vornherein als Objekte des Begehrens ausfallen müssen. Denn Freud zufolge haben die möglichen Sexualobjekte die Bedingung der „Erniedrigung" zu erfüllen, damit die Sinnlichkeit sich nicht mit störender Zärtlichkeit zu vermengen droht.[36]

Demnach müßte die respektierte Dame, die der Held geheiratet hat, für ihn sexuell unmöglich bleiben. Nur die von diesem Ideal abweichenden Frauen bzw. Verhältnisse, die das (der Regression entsprechende) Merkmal der Erniedrigung aufweisen, wären möglich. Was die Regression (als Abweichung von der „normalen" Sexualität) für die Perversion ist, das ist die Erniedrigung (als Abweichung von den anerkannten Formen der Objektwahl) für die psychische Impotenz.

Allerdings hat der Held von *Casanova 70*

einen anderen Mechanismus entwickelt, der sich von dem von Freud beschriebenen in einem wichtigen Punkt unterscheidet. Was er sucht, ist nicht die Erniedrigung, sondern die Gefahr; nicht das verächtliche Verhältnis, sondern das lebensbedrohliche. Was bedeutet nun das Moment der Gefahr in diesem Zusammenhang?

Offensichtlich erfüllt die Gefahr eine ähnliche Funktion wie die Erniedrigung. Sie signalisiert dem Helden, daß er seinen Genuß gegen den Willen einer äußeren Macht verfolgt. Ist es im Fall der Erniedrigung, der anrüchigen, „niedrigen" Verhältnisse, noch relativ deutlich, daß diese Macht die Gesellschaft und die in ihr geltenden Normen sind, so scheint das im Fall der Gefahr weniger klar. Bedrohliche Löwen, rachsüchtige Sizilianer, ein Fluch und hinterhältige Ehegatten bilden ein kaum zu vereinheitlichendes Ensemble von Verkörperungen der Gefahr.

Dies deutet darauf hin, daß alle wirklichen Agenten der Bedrohung für den Helden nur als Stellvertreter einer anderen – psychischen – Instanz fungieren, auf deren Einspruch er bei seinen amourösen Vorhaben offenbar Wert legt. Anscheinend ist es für ihn wichtig, die Gewißheit zu haben, daß irgendein unbestimmt bleibender Anderer es nicht will, daß er genießt. Die Gefahr gibt ihm diese Garantie: Solange Gefahr droht, ist der Andere nicht einverstanden.

Dieses Begehren nach dem Einspruch des Anderen bezeichnet das Grundmuster der Einstellung von Neurotikern: Sie weigern sich, dann zu genießen, wenn sie glauben, daß ein unbestimmter Anderer es von ihnen möchte. Sie tun alles, um dem Anderen – einer psychischen Instanz, Erbe früherer sozialer Autoritäten wie Eltern, Erzieher und dergleichen – keinen derartigen Triumph zu ermöglichen.[37]

Offensichtlich muß dieselbe Struktur auch für die Perversion (sowie für deren gemilderte Variante, die psychische Impotenz) in Betracht gezogen werden. Ein bezeichnendes Indiz hierfür ist in *Casanova 70* die Szene, in der die junge Gattin den Helden auffordert, nachts auf ihr Zimmer im Schloß zu kommen, und hinzufügt, er könne hinsichtlich der Gefahr eines Aufruhrs im Schloß unbesorgt sein, denn die ebenfalls im Haus weilende Mama sei unterrichtet. „Die Mama ist unterrichtet?" fragt Mastroianni – ihn packt das Entsetzen und er seinen Koffer für die Flucht.

Wenn ohne Gefahr auch keine Liebe möglich ist, so ist diese Bedingung doch weniger aussichtslos als die der Erniedrigung. Hätte die Erniedrigung nämlich unweigerlich eine Abweichung in der Objektwahl gefordert, so bildet die Gefahr eine raffiniertere Problemstellung, die auch ein „1:1" erlaubt. Die Gefahr stellt eine Schwelle dar, die es erlaubt, auch das untersagte Objekt anzusteuern, solange dieses falsche Objekt nur in die richtige Position verschoben ist. Auch die anerkannte und respektable Ehegattin wird dem listigen Casanova zugänglich, solange sie nur mit dem – den Einspruch des Anderen verkörpernden – negativen Vorzeichen der Gefahr versehen werden kann. In der letzten Szene des Films ruft die Gattin, im Ehebett liegend, nach dem Helden, während dieser soeben dabei ist, sich seinen Weg zu ihr von daußen über den Fenstersims des Hochhauses zu bahnen. Dieser gefährliche Ort bildet für ihn jene Schwelle, die ihm die Verschiebung des Objekts in die günstige, begehrenswerte Position ermöglicht. In luftiger Höhe, auf einem Mauervorsprung von sehr geringer Breite balancierend, erfreut sich der Held dessen, was wir nun wohl mit Grund seine „Freiheit auf den Schwellen" nennen könnten.

Anmerkungen

1 Siehe dazu Arnold VanGennep: *Übergangsrite*n [Les rites de passage]. Frankfurt am Main–New York, Campus / Paris, Edition de la Maison des Sciences de l'Homme 1986, und Winfried Menninghaus: *Schwellenkunde. Walter Benjamins Passage des Mythos*. Frankfurt am Main, Suhrkamp 1986.

2 H. E. Weidinger: *Schwellen*. In: Stahlbetonschwellenwerk Linz, Wege in die Zukunft. Linz 1997, S. 2; sowie in diesem Buch, S. 207.

3 Siehe Roland Barthes: *Das Reich der Zeichen*. Frankfurt am Main, Suhrkamp 1981, S. 124.

4 Siehe dazu Gaston Bachelard: *Die Philosophie des Nein. Versuch einer Philosophie des neuen wissenschaftlichen Geistes*. Frankfurt am Main, Suhrkamp 1978, S. 73: „Das Periodensystem Mendelejews ist von einer solchen Ordnungskraft, daß der Chemiker sich das Element in seinem formalen Aspekt bereits vorstellen kann, noch ehe er es in seinen materiellen Erscheinungsformen zu fassen bekommt."

5 Siehe Ludwig Wittgenstein: *Philosophische Untersuchungen*. Frankfurt am Main, Suhrkamp 1980, S. 39: „Denn die philosophischen Probleme entstehen, wenn die Sprache *feiert*."

6 Siehe dazu Roman Jakobson. In: Roman Jakobson / Morris Halle: *Grundlagen der Sprache*. Berlin, Akademie-Verlag 1960, S. 65.

7 Darin, diesen substituierenden Charakter von Verschiebung wie Metonymie übersehen zu haben, besteht ein schwerer und folgenreicher theoretischer Fehler Jakobsons, der die metonyme Beziehung bekanntlich als syntagmatische Beziehung zweier gleichermaßen anwesender Elemente auffaßte (siehe dazu z. B. Roman Jakobson / Morris Halle: *Grundlagen der Sprache*. A. a. O. S. 65).

8 Siehe dazu Sigmund Freud: *Bemerkun-*

gen über einen Fall von Zwangsneurose. In: Derselbe, Zwang, Paranoia und Perversion. Band VII der Studienausgabe in 10 Bänden und einem Ergänzungsband. Frankfurt am Main, Fischer 1989, S. 31–103, hier S. 86, und Sigmund Freud: *Zwangshandlungen und Religionsübungen.* In: Derselbe, Zwang, Paranoia und Perversion. Studienausgabe, Band VII. A.a.O. S. 11–21, hier S. 16.

9 Siehe Sigmund Freud: *Zwangshandlungen und Religionsübungen.* In: Derselbe, Zwang, Paranoia und Perversion. Studienausgabe, Band VII. A.a.O. S. 20: „Einen eigentümlichen und entwürdigenden Charakter der Zwangsneurose sahen wir darin, daß das Zeremoniell sich an kleine Handlungen des täglichen Lebens anschließt und sich in läppischen Vorschriften und Einschränkungen derselben äußert. Man versteht diesen auffälligen Zug [...] erst, wenn man erfährt, daß der Mechanismus der psychischen *Verschiebung* [...] die seelischen Vorgänge der Zwangsneurose beherrscht." Vgl. auch Sigmund Freud: *Die Traumdeutung.* Studienausgabe, Band II. A.a.O. S. 305, und Sigmund Freud: *Bemerkungen über einen Fall von Zwangsneurose.* In: Derselbe, Zwang, Paranoia und Perversion. Studienausgabe, Band VII. A.a.O. S. 97, und Sigmund Freud: *Totem und Tabu.* In: Derselbe, Fragen der Gesellschaft, Ursprünge der Religion. Studienausgabe, Band IX. A.a.O. S. 287–244, hier S. 322 f., sowie ebd. S. 376: „[erste Zwangs- oder Schutzhandlungen] werden unter den Bedingungen der Neurose gewöhnlich durch die Verschiebung auf irgendein Kleinstes, eine an sich höchst geringfügige Aktion entstellt."

10 Siehe ebd.

11 Siehe Sigmund Freud: *Zwangshandlungen und Religionsübungen.* In: Derselbe, Zwang, Paranoia und Perversion. Studienausgabe, Band VII. A.a.O. S. 19, S. 21, und Sigmund Freud: *Totem und Tabu.* In: Derselbe, Fragen der Gesellschaft, Ursprünge der Religion. Studienausgabe, Band IX. A.a.O. S. 322 f.

12 Siehe Sigmund Freud: *Totem und Tabu.* In: Derselbe, Fragen der Gesellschaft, Ursprünge der Religion. Studienausgabe, Band IX. A.a.O. S. 353.

13 Siehe Sigmund Freud: *Zwangshandlungen und Religionsübungen.* In: Derselbe, Zwang, Paranoia und Perversion. Studienausgabe, Band VII. A.a.O. S. 19: „[...] mit Fortschritt der Krankheit nähern sich die ursprünglich eher die Abwehr besorgenden Handlungen immer mehr den verpönten Aktionen an, durch welche sich der Trieb in der Kindheit äußern durfte." Vgl. Sigmund Freud: *Totem und Tabu.* In: Derselbe, Fragen der Gesellschaft, Ursprünge der Religion. Studienausgabe, Band IX. A.a.O. S. 376: „Die Entwicklungsgeschichte der Zwangshandlungen kann man [...] beschreiben, indem man hervorhebt, wie sie, vom Sexuellen möglichst weit entfernt, als Zauber gegen böse Wünsche beginnen, um als Ersatz für verbotenes Tun, das sie möglichst getreu nachahmen, zu enden."

14 Siehe Sigmund Freud: *Zwangshandlungen und Religionsübungen.* In: Derselbe, Zwang, Paranoia und Perversion. Studienausgabe, Band VII. A.a.O. S. 21.

15 An diesem Beispiel läßt sich vielleicht Lacans hegelianisierende Bemerkung verstehen, wonach das Symbol sich als „Mord der Sache" darstelle (Jacques Lacan: *Funktion und Feld des Sprechens und der Sprache in der Psychoanalyse* [1953]. In: Derselbe, Schriften. Band I, 3. Auflage, Weinheim, Berlin 1991, S. 71–170, hier S. 166): Dieser „Mord" besteht in der Ablösung der Plätze von den Sachen, welche bewirkt, daß sogar eine Sache nicht mehr als sie selbst genommen wird.

16 Siehe Sigmund Freud: *Die Verneinung.* In: Derselbe, Psychologie des Unbewußten. Studienausgabe, Band III. A.a.O. S. 371–378.

17 Siehe Sigmund Freud: *Der Witz und seine Beziehung zum Unbewußten.* In: Derselbe, Psychologische Schriften. Studienausgabe, Band IV. A.a.O. S. 9–219, hier S. 79; das klarste Beispiel für die Technik eines solchen „Lügens mit der Wahrheit" bildet wohl der von Freud untersuchte „skeptische" Witz: „Zwei Juden treffen sich im Eisenbahnwagen einer galizischen Station. ‚Wohin fahrst du?' fragt der eine. ‚Nach Krakau', ist die Antwort. ‚Sieh' her, was du für ein Lügner bist', braust der andere auf. ‚Wenn du sagst, du fahrst nach Krakau, willst du doch, daß ich glauben soll, du fahrst nach Lemberg. Nun weiß ich aber, daß du wirklich fahrst nach Krakau. Also warum lügst du?'" (Ebd. S. 109 f.).

18 Siehe Sigmund Freud: *Die Traumdeutung.* Studienausgabe, Band II. A.a.O. S. 470.

19 Siehe Sigmund Freud: *Der Witz und seine Beziehung zum Unbewußten.* In: Derselbe, Psychologische Schriften. Studienausgabe, Band IV. A.a.O. S. 79.

20 Ebd. S. 200.

21 Siehe dazu Immanuel Kant: *Kritik der praktischen Vernunft.* In: Derselbe, Kritik der praktischen Vernunft. Werkausgabe, Band VII. Frankfurt am Main, Suhrkamp 1974, S. 103–302, hier A 233 f.

22 Daraus erklärt sich die von Jacques Lacan betonte Möglichkeit, daß der Pflichtgedanke auch – wie Sade vorgeführt hatte – böses Handeln begleiten kann. Siehe dazu Jacques Lacan: *Kant mit Sade.* In: Derselbe, Schriften. Band II. 3. Auflage. Weinheim–Berlin, Quadriga 1991, S. 133–164.

23 Sigmund Freud: *Drei Abhandlungen zur Sexualtheorie.* In: Derselbe, Sexualleben. Studienausgabe, Band V. A.a.O. S. 37–146, hier S. 74, und Sigmund Freud: *Die ‚kulturelle' Sexualmoral und die moderne Nervosität.* In: Derselbe, Fragen der Gesellschaft, Ursprünge der Religion. Studienausgabe, Band IX. A.a.O. S. 9–32, hier S. 21.

24 Sigmund Freud: *Drei Abhandlungen zur Sexualtheorie.* In: Derselbe, Sexualleben. Studienausgabe, Band V. A.a.O. S. 142 (Zusatz von 1915).

25 Ebd. S. 71 und passim.

26 D. A. F. de Sade: *Die hundertzwanzig Tage von Sodom oder Die Schule der Ausschweifung.* Dortmund, Die bibliophilen Taschenbücher 1979, Teil I, S. 72.

27 Daraus erklärt sich die hellsichtige Kant-Kritik Lacans: Weil nicht allein die lustlose Kant'sche Pflicht, sondern auch die lustvolle Sade'sche Perversion eine aus der Addition hervorgegangene gesteigerte Kraft besitzt, kann auch die letztere sich gegen jede Drohung mit der Todesstrafe behaupten. Auch die Perversion ist darum keine einfache, schwache „Neigung". So kann sie die Kant'sche „Galgenprobe" bestehen. Siehe Lacan: *Kant mit Sade.* In: Derselbe, Schriften. Band II. 3. Auflage. A.a.O. S. 152 ff.

28 Johan Huizinga: *Homo ludens. Vom Ursprung der Kultur im Spiel.* Reinbek, Rowohlt 1956, S. 49.

29 Das könnte auch der Grund sein, weshalb gerade die ständig ihre Form reflektierende und mit dieser Reflexion auf die Form spielende Literatur des 18. Jahrhunderts (siehe z.B. Laurence Sternes Roman *Tristram Shandy*) sich besser für die Abhandlung libertiner oder perverser Inhalte eignete als die realistische Literatur des 19. Jahrhunderts.

30 Siehe Johan Huizinga: *Homo ludens. Vom Ursprung der Kultur im Spiel.* A.a.O. S. 15, S. 29, S. 136.

31 Slavoj Žižek: *Der Hitchcocksche Schnitt: Pornographie, Nostalgie, Montage.* In: Derselbe (Hrsg.), Ein Triumph des Blicks über das Auge. Psychoanalyse bei Alfred Hitchcock. Wien, Turia & Kant 1992, S. 50.

32 Siehe Laura Mulvey: *Visuelle Lust und narratives Kino.* In: Nabakowski / Sander / Gorsen (Hrsg.), Frauen in der Kunst. Band I. Frankfurt am Main, Suhrkamp 1980, S. 30–47, hier S. 38 ff.

33 Siehe dazu Jacques Lacan: *Kant mit Sade.* In: Derselbe, Schriften. Band II. 3. Auflage. A.a.O. S. 159, S. 163. Auch dies ist übrigens ein Zug, der durch den Begriff der Regression nicht erklärbar scheint. Wer regrediert, hat eben bloß keine Lust auf genitale Sexualität. Wer pervers ist, dem ist sie hingegen verboten.

34 Von daher rührt auch die eigentümliche „Intertextualität" der Pornographie – jenes oft sehr raffinierte Spiel mit parodistischen oder auch anderen Bezugnahmen auf andere Texte, wie es etwa an Guillaume Apollinaires *Elftausend Ruten* oder an Pierre Klossowskis *Gesetzen der Gastfreundschaft* beispielhaft beobachtet werden kann. Susan Sontag hat diesbezüglich mit Recht betont, daß es keine (die Pornographie bloß parodierende) „Metapornographie" gibt: „Die Parodie zählt sogar zu den geläufigsten Formen pornographischen Schreibens." (Susan Sontag: *Die pornographische Phantasie.* In: Dieselbe, Geist als Leidenschaft. Ausgewählte Essays zur modernen Kunst und Kultur. Leipzig–Weimar, Kiepenheuer 1990 [1967], S. 17–155, hier S. 134.)

35 Sigmund Freud: *Beiträge zur Psychologie des Liebeslebens II, Über die allgemeinste Erniedrigung des Liebeslebens.* In: Derselbe, Sexualleben. Studienausgabe. Band V. A.a.O. S. 197–209.

36 Siehe ebd. S. 202.

37 Siehe dazu Bruce Fink: *A Clinical Introduction to Lacanian Psychoanalysis. Theory and Technique.* Cambridge, Massachusetts/London, England, Harvard University Press 1997, S. 69: "Every neurosis entails such a resentful stance towards the Other's satisfaction." – In dieser allgemeinen Regel hätten wir eine von Freuds ödipaler Erklärung abweichende Formel für das Auseinandertreten von „zärtlicher" und „sinnlicher" Strömung gefunden: Diese Spaltung tritt dann auf, wenn der Zustimmung des Anderen ausgewichen werden muß. (Dies hat folglich keine der ödipalen, sondern wohl eher eine der analen Phase geschuldete Ursache.)
Auch in nicht neurotisch erscheinenden Zusammenhängen spielt dieses Moment der Freiheit von der Zustimmung eines Anderen oft eine bedeutende Rolle – etwa in der Ästhetik. Es ist der Grund, weshalb ein und dasselbe Objekt gefällt, solange es als nichtkünstlerisches betrachtet wird, und zu gefallen aufhört, sobald sich herausstellt, daß es ein Kunstwerk ist. Daher auch der von Kant festgestellte Unterschied zwischen dem Gefallen am Gesang der Vögel und dem mangelnden Gefallen an dessen genauer menschlicher Nachahmung (Immanuel Kant: *Kritik der Urteilskraft.* In: Derselbe, Kritik der Urteilskraft. Werkausgabe, Band X. Frankfurt am Main, Suhrkamp 1977, S. A 72). Aus demselben Grund haben wir einmal geschrieben: „Stahlbetonschwellen sind schön, weil sie niemandem gefallen müssen." (Robert Pfaller: *Schwellen.* In: Jahresbroschüre Experimentelle Visuelle Gestaltung 1993/94. Linz 1994, S. 29 f., hier S. 29.)

Weitere Literatur

Brecht, Bertold: *Über Politik auf dem Theater.* Hrsg. von W. Hecht. Frankfurt am Main, Suhrkamp 1971.

Freud, Sigmund: *Zur Einführung des Narzißmus* (1914). In: Derselbe, Psychologie des Unbewußten. Studienausgabe, Band III. Frankfurt am Main, Fischer 1989, S. 37–68.

Derselbe: *Fetischismus* (1927). In: Derselbe, Psychologie des Unbewußten. Studienausgabe, Band III. A.a.O. S. 379–388.

Derselbe: *Die Ichspaltung im Abwehrvorgang* (1940) In: Derselbe, Psychologie des Unbewußten. Studienausgabe, Band III. A.a.O. S. 388–394.

Lacan, Jacques: *Das Seminar (1959–1960).* Buch VII – Die Ethik der Psychoanalyse. Weinheim–Berlin, Quadriga, 1966.

Spinoza, Benedictus de : *Die Ethik.* Stuttgart, Reclam 1990.

Geschichte des Schienenverkehrs

Wagen und Spuren – Zur Geschichte der Geleisestrassen

Manfred Kandler

Die Erfindung von Rad und Wagen war eine der revolutionärsten Entwicklungen der Menschheitsgeschichte. Sie fand an der Wende vom 4. zum 3. vorchristlichen Jahrtausend im Bereich der vorderasiatischen Hochkulturen statt; dorther stammen auch die ältesten Darstellungen von mit Scheibenrädern ausgestatteten Wagen. Für den Einsatz der neuen Fahrzeuge war es notwendig, anstelle der alten Pfade, die Mensch und Tier getreten hatten, entsprechende Verkehrswege mit möglichst ebenen bzw. geglätteten Oberflächen zu schaffen. Es dauerte allerdings noch lange, bis das neue Verkehrsmittel auch im Warenverkehr zum Einsatz kam – die Anschirrung der Pferde war bis an die Wende vom 2. zum 1. Jahrtausend v. Chr. noch so mangelhaft, daß die Zugkraft der Tiere nur sehr unzureichend ausgenützt werden konnte. Deshalb dienten die Straßen zunächst in erster Linie machtpolitischen und militärischen Zwecken.

Straßen können auf sehr vielfältige Weise angelegt werden. Ihre Bauweise richtet sich nach den landschaftlichen Gegebenheiten, vor allem aber nach der geologischen Beschaffenheit des Bodens. Sehr häufig war es Fels, über den vor allem in den Gebirgen, aber auch in mediterranen Gebieten die Trassen liefen; wobei die Straßenbauer in verschiedenen geographischen Räumen und zu unterschiedlichen Zeiten eine Lösung fanden, die bis in die Neuzeit hinein in Anwendung blieb: Sie meißelten Spuren für die Wagenräder in den Felsboden, um den Fahrzeugen auf diese Weise Halt zu geben und sie vor dem Rutschen zu bewahren.

Diese künstlich angelegten „Geleise" sind zu unterscheiden von Fahrrillen, wie wir sie beispielsweise in den Pflasterstraßen von Pompeji finden – Eintiefungen, welche die Räder selbst infolge langer Benützung einer Straße hinterlassen haben.

Die modernen Bezeichnungen für die mit handgemeißelten Spuren versehene Straßenform variieren; am häufigsten wird dafür der Terminus „Geleisestraße" gebraucht, weil die Wagenräder in den Spurrillen wie in einem Geleise dahingleiten[1]. Wenn bei diesen Straßen auch keine Schwellen wie bei echten Schienenanlagen vorhanden sind, haben sie vom Aussehen her doch eine große Ähnlichkeit mit dem Gleiskörper eines uns allen wohlbekannten Nahverkehrsmittels: der guten alten Straßenbahn, deren Schienen in die gepflasterte oder asphaltierte Straßenoberfläche eingebettet sind und gegen den Individualverkehr häufig durch die sogenannten „Stuttgarter Schwellen" – in Stuttgart wurde diese Art der Trennung der Schienen vom übrigen Straßenkörper erstmals angewendet – abgegrenzt werden. Nicht von ungefähr wurden jene älteren Geleisestraßen, von denen wir hier berichten wollen, seinerzeit als Vorläufer der Straßenbahnen[2] bezeichnet, und so mag die Aufnahme dieses Beitrags in einem Buch zum Thema Schwelle doch nicht unberechtigt erscheinen.

„Stuttgarter Schwellen". Alser Straße in Wien-Alsergrund, 2002.

Vor allem im gebirgigen Gelände wurden die Geleisestraßen wegen des erhöhten Sicherheitsbedürfnisses der Menschen angelegt. Man wollte verhindern, daß die Wagen auf gefährlichen Streckenabschnitten besonders bei Nässe ins Rutschen kamen, umkippten oder gar abstürzten. Vielmehr sollten die Fahrzeuge in der Spur gehalten und Unfällen vorgebeugt werden. Häufig finden wir diese Geleise bei Steilabstürzen, aber auch im Scheitel scharfer Kurven. Zusätzlich wurden zwischen den Geleisen Trittstufen angelegt, um sowohl den Zugtieren als auch den Fuhrleuten zu einem sicheren Gang zu verhelfen. Dieser war für letztere vor allem beim Bremsen der bergab fahrenden Fahrzeuge wichtig.

Der Bau der Geleisestraßen war mit großem Arbeitsaufwand und erheblichen Kosten verbunden. Dennoch konnte manchmal deren Anlage billiger sein als die Schüttung einer klassischen Dammstraße. So hat man beim Bau der zahlreichen Geleisestraßen, die das zerklüftete Karstgebiet Dalmatiens und Bosniens durchziehen, einfach die quer zur Straße verlaufenden Felsrippen mit Rillen durchschnitten und den tiefer liegenden Bereich mit dem dabei gewonnenen Schottermaterial ausgefüllt[3].

Die angeblich ältesten bekannten Straßengeleise finden sich auf den Inseln Malta und Gozo[4]. Wie ein Spinnennetz verlaufen die dort als „cart ruts“ bezeichneten Spurrillen; an der Oberkante bis zu einem halben Meter breit und – sich nach unten zu verjüngend – bis zu 75 Zentimeter tief, durchziehen sie mit einer Spurweite von 1,20 bis 1,30 Metern ganze Felshänge: teils liegen sie dicht nebeneinander, teils überlagern sie sich, kreuzen einander oder bilden Abzweigungen. Manche enden in einer Bucht im Meer, andere – wie etwa die besonders gut erhaltenen bei Clapham Junction im westlichen Teil von Malta – verlieren sich hoch über dem Meer an einem Steilabbruch.

Spurrillen einer römischen Straße in der Nähe von Popović in Dalmatien.

So alt sie sind, so geheimnisvoll bleiben sie auch. Es ist uns nicht bekannt, ob in den Rillen überhaupt Wagen gefahren sind. Wahrscheinlicher ist die Annahme, daß in ihnen Schlitten gezogen wurden. Wir wissen auch nicht mit Sicherheit, welchem Zweck die Geleisestraßen dienten. Manche meinen, daß die Wagen oder Schlitten die Kalksteinblöcke für den Bau der berühmten Tempelanlagen von Skorba, Mgarr, Tarxien, Hagar Qim und Mnajdara (4500–2500 v. Chr.) zu transportieren hatten. Dagegen wird von anderen ins Treffen geführt, daß gerade in der Umgebung der Tempel solche Geleisespuren überhaupt nicht vorkommen. Eine Datierung in die Bronzezeit wird aus der Tatsache erschlossen, daß die Wege an manchen Stellen durch punische Schachtgräber, die nach 500 v. Chr. angelegt wurden, gestört werden. Andererseits finden sich zahlreiche Spuren in der Umgebung jener Steinbrüche, die das Baumaterial für die bedeutendste römerzeitliche Siedlung auf Malta (Melite = Rabat-Mdina) lieferten, welche in den Klagen Ciceros gegen den früheren Statthalter von Sizilien Caius Verres überliefert wird. Demnach wäre zumindest ein Teil dieser Straßen erst

Zwei ineinander mündende Geleisestraßen (cart ruts) bei Naxxar im Nordteil der Insel Malta.

römischen Ursprungs. Schließlich vermutet eine weitere Theorie, daß die Geleisestraßen dazu dienten, das von den Hügelkuppen durch Wind und Wasser erodierte Erdreich aus den Niederungen wieder in die auf den Hochplateaus liegenden, von Steinmauern eingefaßten Ackerflächen zurückzubringen.

Mesopotamien bietet mit der unter König Sanherib (704–681 v. Chr.) in Assur, der alten Hauptstadt des Assyrerreichs, angelegten „Prozessionsstraße“ das Beispiel einer Anlage, die gänzlich anderen Zwecken diente und wesentlich aufwendiger konstruiert war als die, welche wir eben kennengelernt haben, bzw. jene, auf welche wir noch zu sprechen kommen werden. Die Straße verläuft innerhalb der Stadt und unterscheidet sich schon dadurch grundsätzlich von all jenen, welche durch die offene Landschaft führen. Sie ist auch nicht in den vorhandenen Felsboden geschlagen, sondern aus sorgfältig behauenen Kalksteinblöcken zusammengefügt. Wie schon der Name sagt, diente sie mit ihren Geleisen nicht profanen Zwecken, sondern hatte eine sehr wichtige religiöse Aufgabe zu erfüllen: Ausgehend vom

großen Tempel des Stadtgottes Assur, verband sie nämlich die Heiligtümer, die im nördlichen Teil der Stadt lagen, mit einem nordwestlich außerhalb der Mauern errichteten Festhaus.
Das bedeutendste der hier begangenen Feste war jenes zu Neujahr, das in den Beginn des Frühjahrs fiel und über dessen Rituale zahlreiche Keilschrifttexte Informationen liefern. Die Feierlichkeit begann mit dem Auszug des Gottes Assur aus seinem Tempel. Die schon vorher bei ihm versammelten anderen Götter der Stadt bzw. ihre Bildnisse begleiteten ihn dabei. Die Götterbilder wurden auf Schiffe gebracht, welche zu dem schon genannten Festhaus getreidelt wurden. Dieses lag in einem mit Bäumen und Sträuchern bepflanzten „Heiligen Hain"; dort wurde den Göttern zu Ehren ein mehrtägiges fröhliches Fest abgehalten. „Die Rückkehr der Götterbilder in die Stadt fand am zwölften Tage des Festes statt, wie es der Ritus von Babylon vorschrieb. Er ging mit lauter Musik und lautem Gesang vor sich. Tanzende Männer gingen voran [...], tamburin- und schellenschlagende Frauen folgten und die Menge umgab in fröhlicher Stimmung die Götterbilder, die in ihren, nun auf Räder gesetzten Booten der Stadt und ihren Tempeln zuschwankten"[5].
Das Besondere an der Prozessionsstraße in Assur[6] sind zwei parallel zueinander verlaufende, aus den Steinplatten des Straßenpflasters ausgesparte Falze, in welche für die Prozession Holzbohlen oder wahrscheinlicher noch Schienen aus Metall eingelegt wurden: Darauf konnten die nun auf Wagen gestellten Götterbilder in einer ruhigen, sicheren und möglichst angenehm verlaufenden Fahrt in ihre Tempel zurückkehren.
Prozessionsstraßen sind uns auch aus anderen Städten des Vorderen Orients bekannt[7]. Zu besonderer Berühmtheit ist jene von Babylon gelangt, die unter Nebukadnezar II. (reg. 605–562 v. Chr.) angelegt wurde. Sie führte von dem nördlich der Stadt liegenden Festhaus durch das Ischtar-Tor mit seinen farbenprächtigen Darstellungen von Löwen, Stieren und Drachen aus glasierten Ziegeln (in den Vorderasiatischen Museen zu Berlin wiedererrichtet) zu dem im Zentrum der Stadt liegenden Etemenanki-(„Grundstein von Himmel und Erde"-)Tempel, dem ausgedehnten Heiligtum des Gottes Marduk, aus dem Alten Testament bekannt als Turm zu Babel; in der Bauinschrift steht: „Die Babelstraße habe ich für die Prozession des großen Herrn Marduk mit Schadu-Platten gepflastert". 16 Meter war diese Straße breit, deren Pflaster an den Außenseiten aus kleinen roten und weißen Platten bestand, zwischen denen eine breite Bahn aus großen weißen Kalksteinplatten mit 1,05 Meter Seitenlänge verlegt war. Ihre Oberfläche war blank und glatt poliert.

Auf Wagen verladene Schiffe wurden nicht nur beim Neujahrsfest in Assur, sondern auch auf einer anderen berühmten Geleisestraße transportiert, allerdings nicht aus religiösen, sondern aus militärischen Gründen. Gemeint ist der Diolkos („Schleppbahn"), der die Landenge des Isthmos von Korinth zwischen Saronischem und Korinthischem Golf überwand[8]. Erstmals wird seine Existenz von dem griechischen Geschichtsschreiber Thukydides während des Peloponnesischen Krieges (431–404 v. Chr.) bezeugt. Nach der Schlacht bei Actium (31 v. Chr.) benutzten die Schiffe Octavians den Diolkos[9]. Noch im Jahr 882 n. Chr. ließ der byzantinische Admiral Niketas Oryphas Kriegsschiffe über diese Straße schleppen. Sie hatte allerdings den Nachteil, daß über sie nur kleinere Schiffe transportiert werden konnten, große mußten nach wie vor die Peloponnes umfahren, was eine Teilung der Flotte nach sich zog, wie sie König Philipp III. von Makedonien im Jahr 217 v. Chr. vorzunehmen gezwungen war.
Andere in Griechenland beobachtete Geleisestraßen sind wie jene von Assur und Babylon als Reste von Prozessionsstraßen[10] gedeutet worden, insbesondere, da sich im heiligen Bezirk von Eleusis solche Geleise gefunden hatten: In den kleinen Propyläen (Torbauten) wurden in die erhöhte Anschlagschwelle des Mitteltors Rillen eingeschnitten, um beim Überfah-

Assur: Rückkehr der Götterbilder vom Neujahrsfest. Zeichnerische Rekonstruktion von Walter Andrae, 1938.

Die Geleisestraße in Assur im Bereich der in den Vorhof führenden Toranlage nach der Freilegung Anfang des 20. Jahrhunderts.

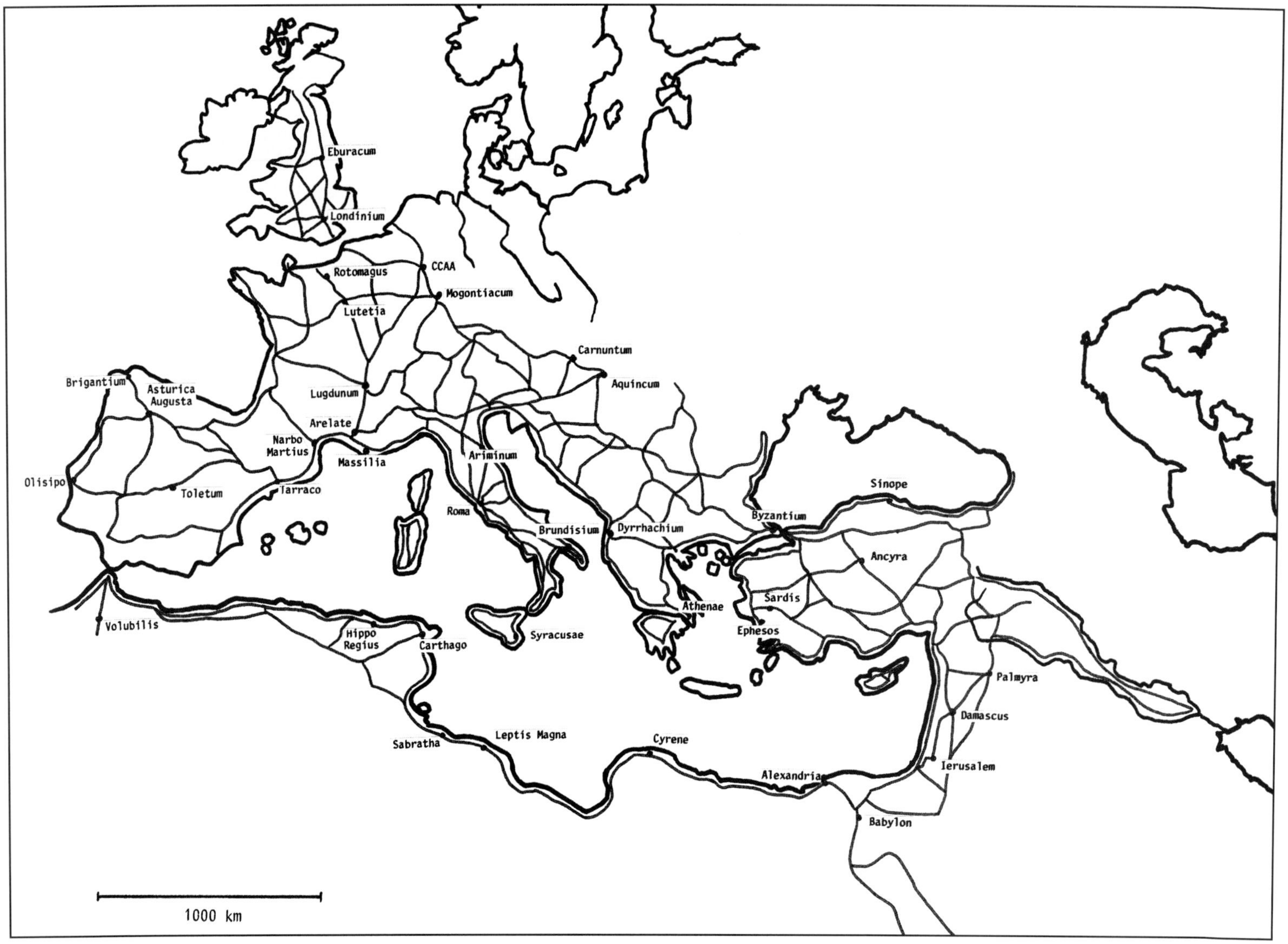

Die wichtigsten Fernstraßen des Römischen Reiches im 2. Jahrhundert n. Chr.

ren einen Stoß zu vermeiden. Solche Rillen sind auch auf der Insel Delos gefunden worden.

Die kurvenreichen Wege des griechischen Berglands der Peloponnes oder die Strecke nach Delphi hingegen boten sich kaum für kultische Zwecke an – anders als in Eleusis oder Assur war hier an eine erschütterungsfreie Fahrt von Götterbildern im Zuge von Prozessionen nicht zu denken. Die engen Bergstraßen[11] dienten vielmehr dem allgemeinen Verkehr und wurden zu dessen Erleichterung angelegt. Sie waren meist einspurig, mit einer Spurweite von 1,40 bis 1,50 Metern; zahlreiche Ausweichen ermöglichten dennoch Fahrten in beide Richtungen. Stärker benützte Strecken konnten auch mit zwei Geleisepaaren ausgestattet sein. Zu diesen zählte beispielsweise die bis zu 5 Meter breite und mit Steinplatten gepflasterte Straße, die Athen mit den Marmorbrüchen am Pentelikon verband[12].

Gut ausgebaute Straßen waren auch die Bindeglieder zwischen den etruskischen Städten. Die teilweise in den anstehenden Tuff gehauenen Trassen weisen verschiedentlich Geleise auf. Etliche dieser Verkehrswege wurden von den Römern weiterverwendet, so vor allem die *Via Cassia* und die *Via Claudia*, die Rom mit Etrurien verbanden. Die Ansicht, die Römer hätten die Kunst des Straßenbaues von den Etruskern gelernt, hat daher viel für sich. Die Systematik aber, mit der Rom den Straßenbau organisierte, und ihr Ergebnis – ein das gesamte Reich dicht überziehendes Verkehrsnetz – gehen weit

über das hinaus, was die Etrusker oder auch die Griechen mit ihren eher lokalen Straßennetzen zuwege gebracht hatten.
Ungefähr 90 000 Kilometer lang war das römische Netz der Reichsstraßen *(viae publicae)*, auf mehr als die doppelte Länge schätzt man die Nebenstraßen *(viae vicinales)*, zu denen noch unzählige kleinere Wege auf Privatgrund *(viae privatae)* zu zählen sind, die alle zusammen das Imperium erschlossen[13]. In dieses System wurden auch ältere Straßen mit einbezogen und dabei wohl durch Umbau den römischen Bedürfnissen angepaßt. Auf den Hauptstraßen konnte das Militär rasch von einem Ort zum anderen verlegt werden. Auch für die Verwaltung des Reiches spielten die Straßen eine wichtige Rolle, wie der Rhetor Aelius Aristides erkennen läßt, der im 2. Jahrhundert n. Chr. bemerkte, die Straßen würden es dem Kaiser ermöglichen, das Reich von Rom aus mit Briefen zu regieren. Erst in zweiter Linie dienten die Straßen dem privaten Handels- und Reiseverkehr.
Von der Hauptstadt des Römischen Reiches nahmen zu dessen Blütezeit 46 Fernstraßen ihren Ausgang. Damit hatte das Imperium ein Verkehrsnetz, wie es Europa erst wieder in der Neuzeit geknüpft hat. Die teilweise noch immer benützten Kunstbauten, aber auch die zahlreichen nur mehr als Ruinen erhaltenen Zeugnisse römischer Straßenbaukunst erwecken bis heute das Staunen des Betrachters. Die technischen Wunderwerke wurden schon in der Antike in Dichtungen gepriesen, wie ein Lobeshymnus des neapolitanischen Dichters Publius Papinius Statius[14] auf Kaiser Domitian (Titus Flavius Domitianus, reg. 81–96 n. Chr.) sehr aufschlußreich zeigt: Das Gedicht beschreibt zunächst den alten Zustand einer nach Neapel führenden Straße und feiert schließlich die Verkürzung und Verbesserung der Wegstrecke durch den von Domitian veranlaßten Neubau.
Die älteste und berühmteste von Appius Claudius Caecus angelegte und nach ihm benannte Straße entstand 312 v. Chr.: die *Via Appia* – eine Militärstraße, die von Rom nach Capua führte. Noch im 6. Jahrhundert n. Chr. war sie so gut erhalten, daß sie das Staunen des byzantinischen Historikers Prokopios (um 500 – nach 562 n. Chr.) erregte.
Straßenbau war auch in römischer Zeit eine kostspielige Angelegenheit und muß die Staatskasse sehr belastet haben. Aus einer in die Zeit Kaiser Hadrians (Publius Aelius Hadrianus, reg. 117–138) zu datierenden Inschrift ist beispielsweise bekannt, daß für den Bau der Straße von Benevent nach Aeclanum pro Meile ein Betrag von 100 000 Sesterzen veranschlagt werden mußte[15].

Die Alpenstraßen sind besonders eindrucksvolle Zeugnisse für das technische Können der römischen Straßenbauingenieure. Sie entstanden in der Folge der siegreichen Feldzüge der beiden Stiefsöhne des Augustus, Drusus und Tiberius, durch welche 15 v. Chr. die Alpenstämme unterworfen worden waren. Damit konnte die Nordgrenze des Reiches bis an die Donau vorgeschoben werden. Aus militärischen Gründen war es notwendig, schnelle und auch im Winter benutzbare Verkehrsverbindungen über den Alpenhauptkamm in das neu eroberte nördliche Alpenvorland zu schaffen. Mit Sicherheit darf angenommen werden, daß dabei auch ältere, bereits in vorrömischer Zeit entstandene Wege weiterverwendet und den römischen Bedürfnissen entsprechend adaptiert worden sind[16].

Römischer Reisewagen (carruca) auf einem Relief in der Pfarrkirche von Maria Saal in Kärnten.

Die Alpen[17] stellten ja schon in vorrömischer Zeit für die hier lebende Bevölkerung kein unüberwindliches Hindernis dar. Dies zeigt besonders eindrucksvoll der Kriegszug des karthagischen Feldherrn Hannibal, der im Jahr 218 mit seinem Heer samt 37 Kriegselefanten Übergänge der einheimischen Kelten benutzte, um die Römer von Norden zu überraschen[18].
Die Kontinuität der Verkehrswege konnte archäologisch sowohl in der Schweiz als auch in Bayern an Holzbohlenwegen, mit deren Hilfe Moore überquert wurden, nachgewiesen werden[19].
Die Kelten waren nicht nur ausgezeichnete Pferdezüchter, sondern müssen auch talentierte Straßenbauer gewesen sein. Für Gallien wurde ein gut ausgebildetes vorrömisches Straßennetz auch unter Einschluß von Geleisestraßen angenommen[20]. Einige der von den Kelten gebauten zwei- bzw. vierrädrigen Wagentypen haben die Römer übernommen, wobei deren keltische Bezeichnung beibehalten wurde: als Beispiel sei für erstere auf das *cisium* hingewiesen, eine offene Kutsche mit ein bis zwei Pferden als Zugtiere, für letztere auf die *carruca*, den üblichen Reisewagen mit Überdachung[21], der von zwei bis vier Pferden gezogen wurde.

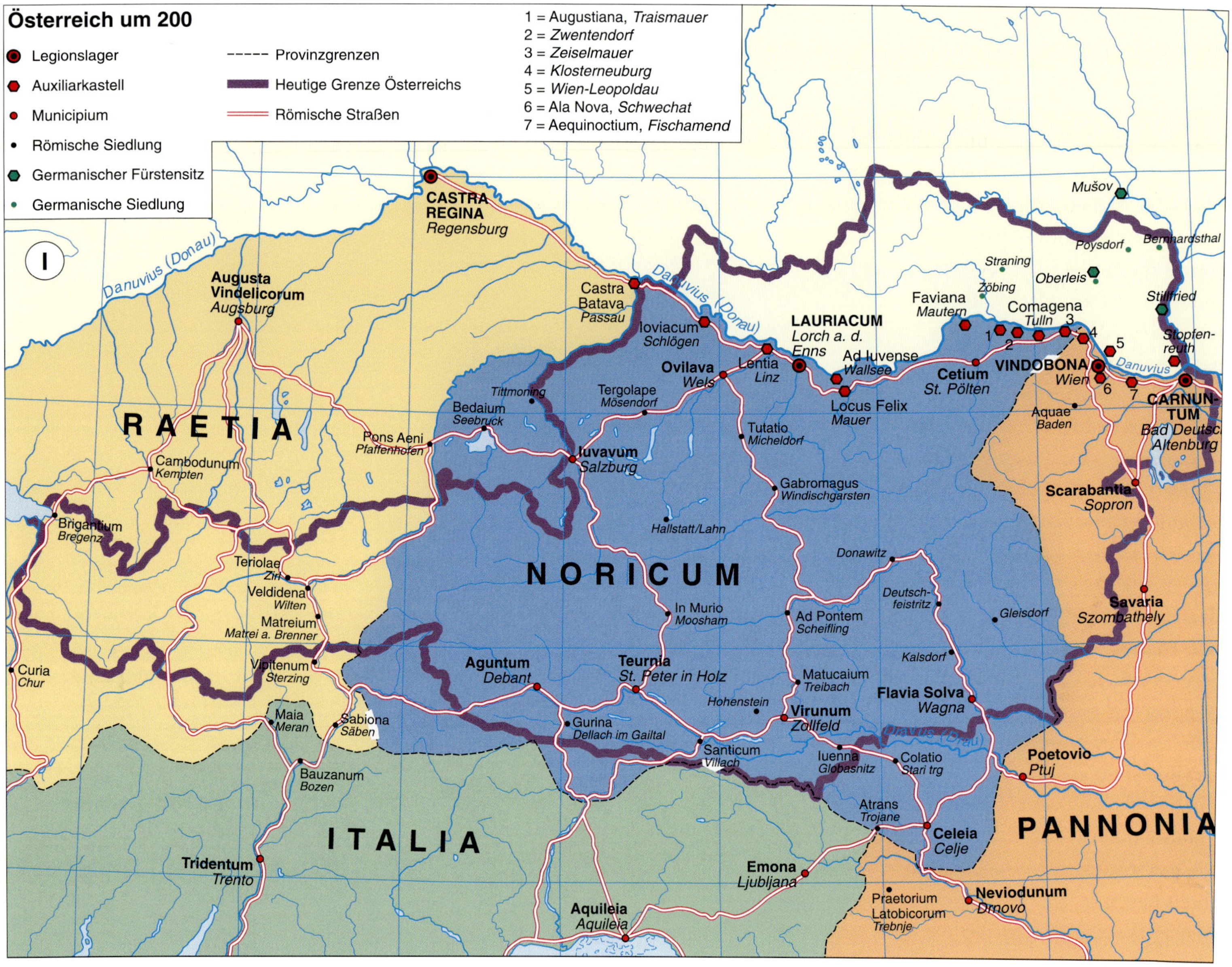

Das römische Straßennetz in Österreich, um 200 n. Chr.

Ihren Ausgang nahmen die Alpenstraßen in der Poebene, vier davon, die alle mit Wagen befahren werden konnten, querten das Gebiet des heutigen Österreich[22]. Im äußersten Westen verlief entlang dem rechten Rheinufer nach Brigantium/Bregenz ein Abschnitt jener Straße (ihr Name ist nicht bekannt), deren Ausgangspunkt nach der Beschreibung des *Itinerarium Antonini*[23] 138 Meilen weiter südlich in Mediolanum/Mailand lag. Ehe die Straße über Curia/Chur das Rheintal erreichte, hatte sie als schwierigsten Abschnitt den Julier-Paß (2287 m) und den Maloja-Paß (1817 m) zu überwinden[24]. Um den Göttern nach gelungenem Aufstieg auf die Höhe danken bzw. sie um eine glückliche Abfahrt bitten zu können, war hier – wie auf anderen Paßübergängen auch – auf dem höheren der beiden Übergänge ein kleines Heiligtum[25] errichtet worden. Beiderseits der modernen Straße sind die beiden „Juliersäulen" aufgestellt, zwei Säulenbruchstücke, die einstmals zusammengehörten und wohl mit dem Heiligtum in Zusammenhang standen[26]. Von der Straßentrasse wurden mehrere Abschnitte untersucht. Sie weist bis zu 45 Zentimeter tiefe, in den Felsen gemeißelte Spurrillen auf. An einem nur einige Meter langen, dafür aber außerordentlich steilen Straßenstück fanden sich zusätzlich Trittstufen und

Hebellöcher zur Sicherung der Fahrzeuge.

Die *Via Claudia Augusta*, die bereits von dem oben erwähnten Feldherrn Drusus (38–9 v. Chr.) benutzt und schließlich von Kaiser Claudius (Tiberius Claudius Nero Germanicus, reg. 41–54 n. Chr.) in den Jahren 46 und 47 n. Chr. ausgebaut wurde, begann in Altinum nahe dem heutigen Venedig[27]. Im weiteren Verlauf führte die Straße durch das Etschtal über das Reschenscheideck (1508 m) ins Inntal und von dort über den Fernpaß (1210 m) und durch das Lechtal in das nördliche Alpenvorland nach Augusta Vindelicum/Augsburg, um schließlich beim Kastell Submuntorium/Burghöfe die Donau zu erreichen.

Der heute so wichtige Übergang über den Brenner (1374 m) spielte in der frühen römischen Kaiserzeit noch eine untergeordnete Rolle, er dürfte erst unter Septimius Severus an der Wende vom 2. zum 3. Jahrhundert n. Chr. ausgebaut worden sein.

Östlich davon nahm in Aquileia, dem Haupthandelsplatz an der oberen Adria, die sogenannte „norische Reichsstraße" ihren Ausgang. Sie erreichte bei Meclaria/Maglern österreichisches Gebiet und führte von hier über Santicum/Villach und die Provinzhauptstadt Virunum (am Zollfeld bei Maria Saal) quer durch die Provinz Noricum über die heutigen Niederen Tauern und den Pyhrn-Paß nach Ovilava/Wels bzw. Lauriacum/Enns[28]. Nach Querung der Gail verlief die Straße über den Federauner Sattel in Richtung Villach. Im Bereich der sogenannten Napoleonwiese westlich von Warmbad Villach ist ein Abschnitt dieser Straße mit in den Felsen eingearbeiteten Gleisrillen ausgestattet[29]. Noch vor etlichen Jahrzehnten sind auch bei Maglern und nördlich des Wörther Sees Reste von Geleisen beobachtet worden.

Eine Abzweigung von der Reichsstraße überwand den Plöckenpaß[30] in den Karnischen Alpen sowie den Kreuzbergsattel und führte durch das obere Drautal (Aguntum/Lienz) nach Südtirol, wo sie auf die Brennerstraße traf. Unterschiedliche Trassenführungen wie auch drei südlich der Paßhöhe erhaltene, in den Felsen gemeißelte Bauinschriften bezeugen mehrfache Reparaturen an der Straße.[31] Diese Straße benutzte im Jahr 565 n. Chr. der damals ungefähr 35jährige Dichter Venantius Fortunatus auf seiner Pilgerfahrt von Ravenna nach Tours, die er in einem zu Ehren des heiligen Martin verfaßten Gedicht ausführlich beschrieb.[32]

Von Santicum/Villach führte eine weitere Verbindung über Teurnia/St. Peter in Holz bei Spittal an der Drau, den Katschberg und die Lausitzhöhe nach Immurium/Moosham im Lungau, wo sie auf die ältere von Virunum kommende Straße traf und von hier aus gemeinsam über den Radstädter Tauern (lat. In Alpe, 1739 m)[33] nach Iuvavum/Salzburg führte. Bei dieser Straße wurden Wagengeleise an verschiedenen Stellen nachgewiesen, so am Radstädter Tauern wie auch am Paß Lueg[34], sogar in der Stadt Salzburg selbst gab es welche[35].

Geleise der Straße auf der Napoleonwiese bei Warmbad Villach in Kärnten.

Zwischen den befahrbaren Paßstraßen gab es auch Übergänge, die nur als Saumpfade angelegt waren. Einer davon wird vom römischen Geographen Strabon (ca. 63 v. bis ca. 25 n. Chr.) bei der Beschreibung der Strecke von Italien nach Gallien über die beiden St.-Bernhard-Pässe genannt: „Von den Übergängen aus Italien in das jenseitige nördliche Gallien führt der eine durch das Land der Salasser nach Lugdunum (Lyon). Er teilt sich aber: der eine kann mit Wagen befahren werden, ist länger und führt durch das Land der Keutronen, der andere ist steil und schmal und führt über den Poeninus"[36].

Der Ausgangspunkt der beiden Routen ist Augusta Praetoria/Aosta, von wo eine von Agrippa, dem Freund und Vertrauten von Kaiser Augustus, 20–18 v. Chr. errichtete Straße weiter nach Süden führt. Diese bildet bei der Ortschaft Donnaz (Aostatal) eines der eindrucksvollsten Straßenstücke mit Gleisrillen: Für die einspurige Straße mußte hier die Trasse auf eine Länge von 200 Metern in einem 14 Meter tiefen Einschnitt aus dem Felsen herausgearbeitet werden[37]. Die Straße wird so bergseitig von einer senkrecht aufragenden Felswand begleitet, während sie auf der anderen steil zum Talboden abfällt. Das Straßenstück wird für den heutigen Betrachter zudem noch reizvoller dadurch, daß gleichzeitig mit der Straße auch ein Meilenstein mit der Entfernungsangabe 36 Meilen von Aosta[38] und ein

Trasse der römischen Straße südöstlich von Aosta bei Donnaz (Aostatal) mit Meilenstein und Tunnel.

kurzer Tunnel aus dem Felsen geschlagen wurden.

Auf österreichischem Boden kann weiters das östlich des Großglockners zwischen Kärnten und Salzburg liegende Hochtor zu diesen auch in römischer Zeit von Säumern und ihren Maultieren wohl nur während der Sommermonate benutzten Übergängen gezählt werden. Beim Bau der Großglockner-Hochalpenstraße vor dem Zweiten Weltkrieg war hier von Arbeitern die Bronzestatuette eines Herkules gefunden worden. Lange wurde der Fundort angezweifelt, bis archäologische Untersuchungen vor einigen Jahren auf der Paßhöhe weitere römische Funde zutage förderten. Zahlreiche Münzen und Fragmente anderer Votivgaben aus Metall belegen nun eindeutig die Benutzung dieses Überganges zur Römerzeit.

Beeindruckende Beispiele von Geleisestraßen finden sich aber nicht nur im Bereich der Alpenübergänge, sondern auch bei den aus dem Fels gemeißelten Straßendurchbrüchen auf den Pässen des Jura in der nordwestlichen Schweiz. Die von Aventicum/Avenches nach Augusta Raurica/Augst führende Straße zeigt in der Nähe von Biel ein solches Straßenstück, über dem in einer Felswand eine Rundbogennische ausgearbeitet ist, in welcher nach einer in der Nähe gefundenen Inschrift zu Ehren des Mars eine Statuette dieses Gottes aufgestellt gewesen sein dürfte. Auch die an der Straße von Salodurum/Solothurn nach Augst liegenden Felsdurchbrüche des Oberen und Unteren Hauenstein (von den Arbeiten abgeleitete Namen) sind durch solche in den Fels gehauene Spurrillen gekennzeichnet. Der Durchstich des Oberen Hauenstein[39] bei Langenbruck ist 20 Meter lang und 2,80 Meter breit. Der Abstand der Spurrillen belief sich, wie bei vielen anderen in der Schweiz angetroffenen „Geleisen", auf ungefähr 1,10 Meter. In unmittelbarer Nähe dieser Stelle wurde eine vermutlich zu einem Paßheiligtum gehörige Weiheinschrift gefunden. Viele Siedlungsreste entlang der Straße weisen auf deren römischen Ursprung hin.

Die von Vindonissa/Windisch nach Augst führende Straße zeigt bei der Querung des Bözberges[40] in der Nähe von Effingen bis zu 40 Zentimeter tiefe in den Felsen gehauene Spurrillen.

Allen römischen Bergstraßen ist also gemeinsam, daß sie an besonders gefährlichen Stellen – insbesondere dort, wo die Trassen über blanken Fels geführt werden mußten, in scharfen Kurven, an Steilstücken oder an jähen Felsabstürzen – zur besseren Führung der Wagenräder mit in den Felsboden eingemeißelten Geleisen ausgestattet wurden. Die Geleiseführung läßt erkennen, daß diese Straßenabschnitte aber nur von zweirädrigen Karren benutzt werden konnten. Die Zugtiere wurden dabei hintereinander eingespannt[41]. Vierrädrige, mit beweglicher Vorderachse ausgestattete Wagen konnten hier nicht verwendet werden, da sich die Vorderräder in den Spurrillen verkeilt hätten und dabei beschädigt worden wären.

Auffallend an den Bergstraßen ist die steile Trassenführung. Ein solches Steilstück wurde bereits beim Julier-Paß erwähnt. Die Fortsetzung der Straße über den benachbarten Maloja-Paß (1815 m) weist nur drei Kurven auf, während die heutige 22 benötigt. Schon aus diesem Grund müssen Fahrten über die Gebirgspässe außerordentlich gefährlich gewesen sein, worauf auch in Inschriften Bezug genommen wird. So berichtet die jüngste Bauinschrift am Plöcken (Kärnten) aus dem Jahr 373 n. Chr. von Verbesserungen an der Straße, „ubi homines et animalia cum periculo commeabant" (wo Menschen und Zugtiere nur mit Gefahr verkehren konnten).

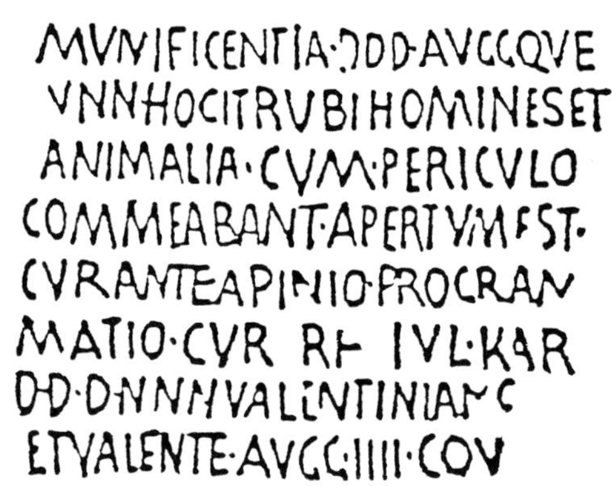

Munificentia d(ominorum) Aug(ustorum) / n(ostrorum) hoc it(e)r ubi homines et / animalia cum periculo / commeabant apertum est / curante Apinio Program- / matio cur(atore) r(ei) p(ublicae) Iul(ii) Kar(nici) / d(ominis) n(ostris) Valentiniano / et Valente Aug(ustis) IIII con(sulibus)[42]. Bauinschrift aus dem Jahr 373 n. Chr. zur Eröffnung einer entschärften Neutrassierung der Plöckenstraße.

Ungefähr um die gleiche Zeit schildert der römische Historiker Ammianus Marcellinus sehr dramatisch, wie gefährlich insbesondere „in der Frühjahrswärme, wenn der Frost nachläßt und der Schnee beim Wehen der lauen Winde schmilzt", die Passage über die Paßstraße der Alpes Cottiae (Mont Genèvre) war: „Dann kann man in den beiderseits zerklüfteten Engen und Schluchten, die durch die Massen von Eis voller Gefahren sind, nur zögernden Schrittes hinabsteigen, und bisweilen stürzen Menschen, Zugtiere und Wagen in einen Abgrund. Das einzige Mittel, das man zur Vermeidung von Unfällen erfunden hat, besteht darin, daß man viele Fahrzeuge mit starken Seilen versieht und sie von hinten durch Männer und Ochsen mit großem Kraftaufwand festhält, um sie so mit kaum schleichenden Schritten wenigstens etwas sicherer hinabrollen zu lassen." Im Winter waren die Straßen aufgrund des Glatteises nicht minder gefährlich, „der Fuß gleitet aus, und man stürzt hin. Weite Schluchten, auf denen das Eis ebene Strecken vortäuscht, verschlingen bisweilen den Wanderer."[43]

Nicht umsonst erhoben sich auf den Paßhöhen die schon erwähnten Heiligtümer, in denen man nach glücklichem Anstieg den Göttern mit Geschenken danken und um einen günstigen Abstieg bitten konnte. Die hohe Zahl der auf dem Großen St. Bernhard gefundenen römischen Votivgaben bezeugt die Furcht der Reisenden vor den Alpen.

Im Unterschied zu den Straßen in der Ebene waren die Gebirgsstraßen verständlicherweise viel schmäler: ihre Fahrdämme sind manchmal nur bis zu 1,50 Meter breit, was lediglich den Bau einer Fahrspur ermöglichte. Der Verkehr konnte also nur in einer Richtung erfolgen, weshalb es notwendig war, in Abständen Ausweichen anzulegen, um Entgegenkommende vorbeizulassen[44]. Bei den Übergängen über die Bündner Pässe hat man aufgrund der Lage der Gleisrillen und deren Tiefe sogar vermutet, daß dort eine Art Einbahnverkehr organisiert war. Die besonders tiefen Gleisrillen an der Nordseite des Julier-Passes und Spurrillen an der Südseite des Septimers gaben Anlaß zu der Vermutung, daß die voll beladenen Karren über den Julier nach Norden gefahren wurden, während der Gegenverkehr über den Septimer geleitet worden sein soll[45].

Noch vor nicht allzu langer Zeit wurden alle Geleisestraßen als römisch bezeichnet, sie waren ein Synonym für römische Straßen schlechthin. Langsam setzte sich aber die Überzeugung durch, daß diese Straßenform auch in vor- bzw. nachrömischer Zeit gebräuchlich war. Vorrömisch darf im gesamten Ostalpenraum mit den Kelten gleichgesetzt werden[46].

Für die nachrömische Zeit läßt sich nachweisen, daß die römischen Straßen noch im Mittelalter weiterverwendet wurden, es aber in der beginnenden Neuzeit, als der Fernverkehr wieder zunehmend an Bedeutung gewann, nicht nur durch Nachschlagen der Spurrillen zu Renovierungen der alten Straßen, sondern durch Veränderungen der Trassenführung auch zu Neuanlagen gekommen ist.

Ein schönes Beispiel für die Weiterverwendung und Restaurierung einer Geleisestraße stellt das schon erwähnte Straßenstück der „norischen Reichsstraße" bei Federaun (Kärnten) dar. Hier konnten Abänderungen von der ursprünglichen Trasse nachgewiesen werden[47]. Dieser durch einen Teil der Kärntner Besitzungen des Stiftes Bamberg führende alte Straßenabschnitt wurde – wie einer auf einer Felswand bei Unterfederaun angebrachten Inschrift zu entnehmen ist – im Jahr 1575 über Veranlassung des Vizedoms des Bistums, Veit von Wirtzburg, vom italienischen Baumeister Kristoff dela Grota renoviert. Die Arbeiten bezogen sich auf die Strecke von Villach bis „hinein an die windisch Pontafel" (Pontebba) und wurden „allen durchraisenden und gemainen nutz (z)u gute gemacht".

Bauinschrift aus dem Jahr 1575 über Reparaturarbeiten an der römischen Straße von Pontebba nach Villach bei Unterfederaun in Kärnten.

Haben sich hier die neuzeitlichen Arbeiten an der Straße trotz des Textes der Bauinschrift allem Anschein nach in Grenzen gehalten, wurde der über den Fernpaß führende Abschnitt der *Via Claudia Augusta* völlig neu trassiert[48]. 1543 wurde dieser Neubau, die „alte Fernstraße", beendet. Darauf nimmt eine von Veit Arnberger gegossene Bronzetafel Bezug, die ursprünglich am Alten Fernwirtshaus angebracht war und sich heute im Tiroler Landes-

museum Ferdinandeum[49] befindet. Die Tafel weist einen lateinischen und einen deutschen Text auf und ist mit den Porträts Kaiser Karls V. und Erzherzog Ferdinands geschmückt. Der deutsche Text endet mit der gleichen Formel wie die Federauner Tafel, daß nämlich „diese Straß ... dem gemainen Nutz zu guet von neuem ...“ angelegt worden sei.
Sowohl die römische Straße als auch die eben genannte waren in diesem Abschnitt mit Gleisen ausgestattet. Oberhalb des Fernsteinschlosses bildet die jüngere einen 3,70 Meter breiten Felsdurchlaß, dessen Sohle Geleise mit einer Spurweite von 99 Zentimetern aufweisen.

Für die zeitliche Einordnung der Geleisestraßen erhoffte man sich früher Hilfe von den unterschiedlichen Spurweiten. Diese Problematik[50] kann hier nur kurz angedeutet werden.
Bei den sicher in die römische Periode zu datierenden Straßenzügen in der Schweiz wurde am häufigsten eine Spurweite zwischen 107 und 110 Zentimetern beobachtet[51]. In Österreich wurde dieses Maß bei der Brennerstraße, deren römerzeitlicher Ausbau in der Zeit um 200 n. Chr. angesetzt wird, festgestellt. 110 Zentimeter ist auch die Spurweite jener Geleisestraße, die westlich von Mauternbach (NÖ) in einem 10 Meter langen und bis zu 6 Meter tiefen Felsdurchbruch den Dunkelsteiner Wald emporführt[52].
Mit 105 Zentimetern ist der Abstand der Geleisepaare in einem Abschnitt der Plöckenstraße wie auch am Paß Lueg nur wenig geringer[53]. Am Plöcken ist aber auch eine Spurweite von 130 Zentimetern festgestellt worden, die wesentlich über das für Bergstraßen übliche Maß hinausgeht. Ob sich hier vielleicht die für die Spätantike inschriftlich gesicherte Reno-

Die von dem Innsbrucker Metallgießer Veit Arnberger gegossene Bronzetafel mit Bauinschrift von der Fernpaßstraße, Tirol, aus dem Jahr 1543.

vierung oder nachantike Umbauten dokumentieren, läßt sich nach unserem bisherigen Wissen nicht klären. Jedenfalls ist diese Spurweite ein Anzeichen dafür, daß über diese Paßstraße einmal nicht nur die üblichen zweirädrigen Karren gefahren sind, sondern auch größere Wagen, die vielleicht Holz in den Süden gebracht haben[54].
Als nachrömisch wird im allgemeinen eine Spurweite von ca. 100 Zentimetern angesehen. Kompliziert wird es, wenn eine Straße unterschiedliche Spurweiten aufweist, wie dies bei der vom Brenner nordwärts führenden Ellbögener Landesstraße der Fall ist. In sechs Abschnitten wurden an dieser Altstraße zwar immer übereinstimmender Aufbau, aber unterschiedlich breite Geleisespuren festgestellt[55]. Da die „römische“ Spurweite von 110 Zentimetern fehlt, hat man für diese Straße also eine nachrömische (mittelalterliche/neuzeitliche) Entstehung angenommen, die durch ensprechendes Fundmaterial gestützt wird. Die römerzeitliche Trasse der Brennerstraße führte von Matrei über Schönberg nach Wilten, während dem Ellbögener Straßenzug in römischer Zeit wohl höchstens eine „untergeordnete Bedeutung“[56] zukam.
Feldarchäologische Untersuchungen, bei denen auch dem Fundmaterial entsprechendes Augenmerk gewidmet wird, sind da schon hilfreicher, um weiterführende Forschungsergebnisse zu erzielen. Sie können auch auf dem Gebiet der Straßenforschung oftmals zur Revidierung traditioneller Forschungsmeinungen beitragen. Als Beispiel sei die jüngst untersuchte Straße über den Präbichl in der Steiermark genannt, bei der nachgewiesen werden konnte, daß es in diesem Bereich keine – wie bisher angenommen[57]– römerzeitlichen Vorläufer gegeben hat[58].
Im Jahr 1798 erschien in Graz der Bericht über eine Reise von Graz nach Steyr, die ein gewisser Cajetan Franz von Leitner (1768–1805) fünf Jahre zuvor unternommen und die ihn auch über den Präbichl geführt hatte[59]. Im Abschnitt von Vordernberg bis zur Paßhöhe fiel ihm eine Besonderheit auf, nämlich daß hier zwei nebeneinander liegende Straßenstücke verliefen, die er ausführlich beschrieb:
„Zur Linken geht in einiger Entfernung von der Poststraße und etwas tiefer als diese der Weg, auf welchem das Erz aus den Gruben in die Vordernberger Schmelzhütten gefahren wird [...] Bald oberhalb dieser Stelle schließt sich der Erzweg an die Poststraße an, wird aber von der letzteren durch einige Marksteine abgesondert, welche die Erzführer nicht überschreiten dürfen; denn man befürchtet nicht ohne Grund den größten Nachteil für die Poststraße, wenn es den unzähligen und schweren Erzfuhren erlaubt wäre, sie zu betreten. Der Erzweg wird von der gänzlichen Zugrunderichtung dadurch gesichert, daß die Geleise, worin die Räder der einander ganz ähnlichen Wagen laufen, mit großen Bruchsteinen ausgelegt sind.“[60]

Transport von Eisenerz auf einer Geleisestraße vom Präbichl nach Vordernberg in der Steiermark, dargestellt auf der Karte „Neue Commercial Strassen von Eisenarzt bis Trofey", 1755.

Der eine Straßenzug (Post- oder *Commercialstraße*) diente also dem allgemeinen Verkehr, während der zweite *(Erzweg)* für den Transport des Eisens vom Erzberg zu den Eisenhämmern nach Vordernberg benutzt wurde.

Bei jüngst durchgeführten archäologischen Untersuchungen wurde festgestellt, daß die Erzstraße mit Spurrillen ausgestattet war, die einen Abstand zwischen 0,90 und 0,96 Metern aufwiesen. Nach Susanne Klemm[61] sind sie aber nicht künstlich eingearbeitet, sondern von den eingebremsten Karrenrändern in die Steinplatten eingeschliffen worden. Diese Spurrillen sind auch auf einer Karte der „Neuen Commercial Strassen von Eisenarzt bis Trofey", die Kaiserin Maria Theresia Ende 1754 in Auftrag gegeben hat, in einer bildlichen Darstellung zu sehen. Auf dem *Erzweg* fährt ein Erzwagen, gezogen von zwei hintereinander gespannten Pferden, in den Spurrillen talwärts, während auf der *Commercialstraße* ein Fuhrwerk bergauf unterwegs ist.

Die Grundlage des modernen europäischen Straßensystems wurde unter den Römern geschaffen. Es gab kaum einen Punkt in dem von Britannien bis an den Euphrat reichenden Imperium, der nicht über eine Straße zu erreichen war.

„Militärischen und politischen Erwägungen verdankt das römische Straßennetz seinen Ursprung, wirtschaftlichen Erwägungen seine dauernde Erweiterung und Vervollkommnung. Die Steinwege sichern in erster Linie dem Beamten und Soldaten rasches Fortkommen, leisten aber auch dem bürgerlichen Verkehr noch größere Dienste"[62].

Zum Bau einer guten Straße gehörten nicht nur eine sorgfältige Trassierung, sondern auch zahlreiche Kunstbauten, mit deren Hilfe die Planung in der Natur umgesetzt werden konnte[63]. Zu diesen besonderen technischen Anlagen zählen auch die aus den beschriebenen fahrtechnischen Gründen künstlich angelegten Geleisestraßen, die nicht nur in dem hier ausführlicher vorgestellten Bereich der europäischen Alpen, sondern auch in anderen Teilen des Imperiums vorkommen. Beispiele dafür finden sich in Nordafrika[64] ebenso wie in Spanien.[65]

Viele dieser Straßen bestanden bis ins Mittelalter und in die beginnende Neuzeit. So wird etwa Kaiser Lothar II. (reg. als König ab 1125, als Kaiser ab 1133), von Rom kommend, vermutlich noch auf der römischen Straße über den Fernpaß gezogen sein, bevor ihn in der Nähe von Reutte (Tirol) der Tod ereilte.[66] Erst mit dem 19. Jahrhundert verloren die alten Geleisestraßen in den Bergen ihre einstige Bedeutung.

Anmerkungen

1 Über eine weitere Bezeichnung konnte der Verfasser vor etwa zwei Jahrzehnten in Dalmatien meditieren, als ihm dort dafür das sehr lateinisch klingende „spurillae" genannt wurde. Dieses Wort wird man allerdings vergeblich in einem lateinischen Wörterbuch suchen, handelt es sich dabei doch schlicht und einfach um das deutsche „Spurrille", das allem Anschein nach als Lehnwort ins Kroatische übernommen wurde.

2 *Meyers Conversations-Lexikon.* Band 16. 5. Auflage. Leipzig, Bibliographisches Institut 1897, S. 502.

3 Philipp Ballif: *Römische Straßen in Bosnien und Hercegovina.* Wien, Carl Gerold's Söhne 1893; Michael Abramić / Anton Colnago: *Untersuchungen in Norddalmatien.* In: Jahreshefte des Österreichischen Archäologischen Instituts 8 / 1905. Beiblatt S. 48 f., S. 50 Fig. 12 (Karte); dieselben: *Untersuchungen in Norddalmatien.* In: Jahreshefte des Österreichischen Archäologischen Instituts 12 / 1909. Beibl. S. 13 f., S. 26, Fig. 4 (Karte).

4 R. J. Forbes: *Notes on the History of Ancient Roads and their Construction.* In:

Archaeologisch-historische Bijdragen 3. Amsterdam, N. V. Noord-hollandsche Uitgevers-Mij 1934, S. 48 ff.; Heinrich Bulle: *Geleisestraßen des Altertums* (mit einem Anhang über die Bronzebleche von Gurina). In: Sitzungsberichte der Bayerischen Akademie der Wissenschaften, phil.-hist. Klasse 1947. Heft 2. München 1948, S. 13 ff.; Anthony Bonanno: *Malta. Ein archäologisches Paradies.* Valletta, M. J. Publications Ltd. 1990; Yves Cali: *The Malta Cart Ruts.* 1996. WWW: http://www. maltaweb.com/ culture/cart_ruts/ cart_ruts1. html [Zugriff am 08/02/2001]

5 Walter Andrae: *Das wiedererstandene Assur.* Leipzig, J. C. Hinrichs 1938, S. 41.

6 Ebd. S. 154.

7 Walter Andrae: *Alte Feststraßen im Osten.* Leipzig, J. C. Hinrichs 1941.

8 Ludwig Bürchner: *Isthmos.* In: Paulys Real-Enzyclopädie der classischen Altertumswissenschaft (1894–1978). Band 9. Stuttgart, J. B. Metzler 1916, Sp. 2258 f. Bei Ausgrabungen in den späten 1950er Jahren wurden größere Abschnitte des Diolkos aufgedeckt. Demnach war die Bahn mit Platten gepflastert und wies eine Breite zwischen 3,60 und 4,20 m auf. In die Pflasterung waren künstliche Geleise in einem Abstand von 1,50 m eingetieft, vgl. dazu Nikolaos Verdelis: *Die Ausgrabung des Diolkos während der Jahre 1957–1959.* In: Mitteilungen des Deutschen Archäologischen Instituts, Athenische Abteilung 73, 1958. Berlin, Mann 1962, S. 140 ff.

9 Cassius Dio: *Römische Geschichte.* LI 5,2. Übersetzt von Otto Veh. Zürich, Artemis 1986, Band 4 (Bücher 51–60). Zum Autor vgl. Anthony Birley: *L. Cl(audius) C. Dio Cocceianus.* In: Hubert Caucig / Helmuth Schneider (Hrsg.), Der neue Pauly. Band 2. Stuttgart–Weimar, J. B. Metzler 1997, Sp. 1014 f.

10 R. J. Forbes: *Notes on the History of Ancient Roads and their Construction.* A. a. O. S. 101 ff.

11 Zu den Straßen im alten Griechenland vgl. Ernst Curtius: *Zur Geschichte des Wegebaues bei den Griechen.* Abhandlungen der Akademie der Wissenschaften. Berlin 1854, S. 211 ff. (= Ernst Curtius: *Gesammelte Abhandlungen.* Berlin, Wilhelm Hertz 1894, S. 1 ff.).

12 Lionel Casson: *Reisen in der Alten Welt.* München, Prestel 1976, S. 78 f.; Hans-Christian Schneider: *Altstraßenforschung.* Darmstadt, Wissenschaftliche Buchgesellschaft 1982, S. 9.; R. J. Forbes: *Notes on the History of Ancient Roads and their Construction.* A. a. O. S. 106, erwähnt eine weitere Geleisestraße bei einem Steinbruch. Zum Straßensystem in und um Athen vgl. Ernst Curtius / Johann August Kaupert: *Atlas von Athen.* Berlin, Verlag von Dietrich Reimers 1878, S. 14 f., Taf. II (auf felsigem Grund sind Straßen „an alten Geleisen in ganzer Länge" nachzuweisen).

13 Gerhard Radke: *Viae Publicae Romanae.* In: Paulys Real-Enzyclopädie der classischen Altertumswissenschaft (1894–1978). Supplementband XIII. München, Alfred Druckenmüller 1973, S. 1417 ff.; Thomas Pekáry: *Untersuchungen zu den römischen Reichsstraßen.* Bonn, Habelt 1968 (= Antiquitas Reihe 1, Band 17.); Werner Heinz: *Straßen und Brücken im Römischen Reich.* Jona, Raggi 1988 (= Antike Welt. Zeitschrift für Archäologie und Kulturgeschichte, 19. Sondernummer).

14 Silvae IV, 3; zur Vollendung des Neubaus im Jahr 95 n. Chr. vgl. Ludwig Friedlaender / Georg Wissowa: *Darstellung aus der Sittengeschichte Roms.* Band 4. 9./10. Auflage. Leipzig, S. Hirzel 1921, S. 295. Zu den Dichtungen der Silvae vgl. Martin Schanz / Carl Hosius: *Geschichte der römischen Literatur.* Teil 2. S. 539 ff. In: Walter Otto (Hrsg.), Handbuch der Altertumswissenschaft. Band VIII/2. München, C. H. Beck 1935.

15 *Corpus Inscriptionum Latinarum* (CIL) IX 6072, 6075 = Hermann Dessau: *Inscriptiones Latinae selectae.* Berlin, Weidman 1892–1916, 5875 (aus dem Jahr 123 n. Chr.). Dazu als Vergleich: Nach der Inschrift CIL IV 5380 aus Pompeji beliefen sich die Ausgaben einer etwas wohlhabenderen Familie für die täglich benötigten Lebensmittel auf 2 Sesterze pro Person, vgl. Robert Etienne: *Pompeji.* 3. Auflage. Stuttgart, Reclam 1982, S. 216 ff.

16 Heinrich Bulle: *Geleisestraßen des Altertums.* A. a. O. S. 123 f.; Leonhard Franz: *Alte Geleisestraßen in Tirol.* In: Veröffentlichungen des Museums Ferdinandeum. Band 31. Innsbruck, Verein Tiroler Landesmuseum Ferdinandeum 1951, S. 133 ff.

17 René Wyss: *Der Goldschatz von Erstfeld.* In: Helvetia archaeologica. Band 7 / Heft 25 / 1975, S. 12 ff.; Ludwig Pauli: *Die Geschichte der Alpen. Die archäologische Entdeckung einer Kulturlandschaft.* München, C. H. Beck 1980, S. 219 ff.

18 Ludwig Pauli: *Die Geschichte der Alpen. Die archäologische Entdeckung einer Kulturlandschaft.* A.a.O. S. 233 ff.

19 Jochen Garbsch: *Mann und Roß und Wagen. Transport und Verkehr im antiken Bayern.* Katalog der Prähistorischen Staatssammlung München. München, Museum für Vor- und Frühgeschichte 1986, S. 33.

20 Heinrich Bulle: *Geleisestraßen des Altertums.* A. a. O. S. 120.

21 Christoph Wilhelm Röring: *Untersuchungen zum römischen Reisewagen.* Koblenz, Forneck 1983.

22 Gerold Walser: *Die römischen Straßen und Meilensteine in Raetien.* Limesmuseum Aalen. In: Kleine Schriften zur Kenntnis der römischen Besetzungsgeschichte Südwestdeutschlands. Heft 29. Stuttgart, Gesellschaft für Vor- und Frühgeschichte 1983; Gerhard Winkler: *Die römischen Straßen und Meilensteine in Noricum – Österreich.* Limesmuseum Aalen. In: Kleine Schriften zur Kenntnis der römischen Besetzungsgeschichte Südwestdeutschlands. Heft 35. Stuttgart, Gesellschaft für Vor- und Frühgeschichte 1985.

23 Das *Itinerarium Antonini* ist ein Verzeichnis der wichtigsten Fernstraßen des Römischen Reiches aus der Zeit des Kaisers Caracalla (reg. 211–217 n. Chr.), das um 300 n. Chr. neu redigiert wurde; es ist eine der wichtigsten Quellen für die Topographie des Römischen Reiches. Vgl. *Itineraria Romana I*, Edition E. Cuntz 1929, S. 1 ff.

24 Franz E. Koenig: *Der Julierpaß in römischer Zeit*. In: Jahrbuch der Schweizerischen Gesellschaft für Ur- und Frühgeschichte. Band 62. Frauenfeld, Huber & Co. 1979, S. 77 ff.

25 H. Conrad: *Das römische Paßheiligtum auf dem Julier.* In: Bündner Monatsblatt. Chur, Gasser und Eggerling 1936, S. 119 ff., und 1938, S. 87 ff. Besonders aufwendige Dankadressen in Form von Bronzetafeln sind aus dem Heiligtum am Großen St. Bernhard bekannt, die dem Iuppiter Poeninus geweiht wurden. Eine davon stiftete C. Iulius Primus „pro itu et reditu" (für die Reise und Rückreise).

26 Conrad Ferdinand Meyer hat diesen beiden Säulen in seinem 1876 erstmals in Buchform erschienenen Roman *Jürg Jenatsch* ein literarisches Denkmal gesetzt. Die Darstellung dieser während des Dreißigjährigen Krieges in Graubünden spielenden Geschichte beruht auch auf eigenen topographischen Studien des Dichters, vgl. H. E. Pappenheim: *Die Säulen auf dem Julierpaß. Ein Beitrag zu den Untersuchungen über C. F. Meyers „Jürg Jenatsch"*. In: Bündner Monatsblatt. A.a.O. 1931, S. 33 ff.

27 Johannes Pöll: *Die Via Claudia Augusta – Bemerkungen zur Chronologie einer römischen Reichsstraße*. In: Elisabeth Walde (Hrsg.), Via Claudia. Neue Forschungen. Innsbruck, Institut für klassische Archäologie 1998, S. 56 ff.

28 Hans Deringer: *Die römische Reichsstraße Aquileia–Lauriacum. Ein Beitrag zur Verkehrsgeschichte Österreichs in der Römerzeit.* In: Carinthia I / Jg. 139. Klagenfurt, Verlag des Geschichtsvereins für Kärnten 1949, S. 193 ff., und Jg. 140 / 1950, S. 171 ff.

29 Heinrich Bulle: *Geleisestraßen des Altertums*. A.a.O. S. 40 ff.

30 Olivier Klose: *Die Römerstraße über den Plöckenpaß*. In: Jahrbuch für Altertumskunde. Band 4. Wien, Schroll 1910, S. 124 ff.; Walther Cartellieri: *Die römischen Alpenstraßen über den Brenner, Reschen-Scheideck und Plöckenpaß mit ihren Nebenlinien*. In: Philologus. Supplementband XVIII / Heft 1. Leipzig, Dieterich 1926, S. 23 ff.; Heinrich Koban: *Die alten Straßen auf der Südseite des Plöckenpasses*. In: Carinthia I / Jg. 144. Klagenfurt, Verlag des Geschichtsvereins für Kärnten 1954, S. 126 ff.

31 Rudolf Egger: *Die Felsinschriften der Plöckenalpe*. In: Archiv für vaterländische Geschichte und Topographie. Band XXIV / XXV (= Festgabe für Martin Wutte). Klagenfurt, Verlag des Geschichtsvereins für Kärnten 1936, S. 15 ff. (= *Antike und frühes Christentum. Ausgewählte Schriften von Rudolf Egger zur Vollendung seines 80. Lebensjahres*. Band I. Klagenfurt, Verlag des Geschichtsvereins für Kärnten 1962, S. 197 ff.).

32 Hermann Wopfner: *Die Reise des Venantius Fortunatus durch die Ostalpen. Ein Beitrag zur frühmittelalterlichen Verkehrs- und Siedlungsgeschichte*. In: Festschrift zu Ehren Emil von Ottenhals. Innsbruck, Wagner 1925, S. 362 ff. (= Schlern-Schriften 9).

33 Franz Narobe: *Die Römerstraße über den Radstädter Tauern*. In: Mitteilungen der Gesellschaft für Salzburger Landeskunde. Band 100. Salzburg, Verlag der Gesellschaft 1960, S. 15 ff.; Norbert Heger: *Salzburg in römischer Zeit*. In: Jahresschrift des Salzburger Museums Carolino Augusteum 19 / 1973. Salzburg, Verlag des Museums 1974, S. 60 f.

34 Martin Hell: *Spuren von Altstraßen am Paß Lueg in Salzburg*. In: Archaeologia Austriaca. Band 51. Wien, Deuticke 1972, S. 97 ff.

35 Unter dem Pflaster der Steingasse, vgl. Norbert Heger: *Salzburg in römischer Zeit*. A.a.O. S. 60.

36 Ersterer ist der Kleine, letzterer der Große St. Bernhard. Zu den beiden Pässen vgl. Gerold Walser: *Summus Poeninus. Beiträge zur Geschichte des Großen St. Bernhard-Passes in römischer Zeit*. In: Historia, Einzelschriften. Band 46. Stuttgart, Steiner 1984; derselbe: *Via per Alpes Graias. Beiträge zur Geschichte des Kleinen St. Bernhard-Passes in römischer Zeit*. In: Historia, Einzelschriften. Band 48. Stuttgart, Steiner 1986.

37 Gerold Walser: *Summus Poeninus*. A.a.O. S. 26, S. 66 f., Taf. 3 f.; Günther E. Thüry: *Die Wurzeln unserer Umweltkrise*. Salzburg, Otto Müller 1995, Abb. 18.

38 CIL (s. Anm. 15) V 8074.

39 Walter Drack / Rudolf Fellmann: *Die Römer in der Schweiz*. Stuttgart [u.a.], Theiss [u.a.] 1988, S. 419, Abb. 390; dieselben: *Die Schweiz in der Römerzeit: Führer zu den Denkmälern*. Zürich [u.a.], Artemis & Winkler 1991, S. 152 f.

40 Walter Drack / Rudolf Fellmann: *Die Römer in der Schweiz*. A.a.O. S. 390, Abb. 365; dieselben: *Die Schweiz in der Römerzeit: Führer zu den Denkmälern*. A.a.O. S. 111 f.

41 Walter Drack / Rudolf Fellmann: *Die Römer in der Schweiz*. A.a.O. S. 91.

42 Übersetzung: Durch die Freigebigkeit unserer Herren und Kaiser wurde dieser Weg, wo Menschen und Tiere nur unter Gefahr zogen, unter der Leitung des Apinius Programmatius, Kurators [=Vertreters] der Stadtgemeinde *Iulium Karnicum*, während des 4. Konsulates unserer Herren, der Kaiser Valentinianus und Valens, eröffnet.

43 Wolfgang Seyfarth: *Römische Geschichte*. Berlin, Akademie Verlag 1978.

44 Nachhaltig hatten sich diese Gebirgsstraßen dem Gedächtnis des Kaisers Iulianus

Apostata eingeprägt, als er in der zweiten Dezemberhälfte des Jahres 355 vermutlich über den Mont Cenis nach Gallien reiste, um dort sein Amt als Caesar anzutreten, wenn er in seiner zweiten 356 oder 357 entstandenen Rede schreibt: „[...] nur einem Wagen und einem Maultiergespann gestatten die schroffen Felswände den Übergang zu erzwingen" (Orationes 2, 72). Kaiser Iulianus (reg. 361–363) verfaßte mehrere literarische Werke, darunter acht teilweise erhaltene Reden, die *Orationes*. Zu Iulianus vgl. Emil von Borries: *Flavius Claudius Iulianus*. In: Paulys Real-Encyclopädie der classischen Altertumswissenschaft. Band 10/1. Stuttgart, J. B. Metzler 1918, S. 26 ff. Nr. 26; Joseph Bidez: *Kaiser Julian*. Hamburg, Rowohlt 1956. Werkausgabe: Joseph Bidez / Franz Cumont: *Imperatoris Caesaris Flavii Claudii Juliani epistulae, leges, poematia, fragmenta varia*. Paris, Collection des Universités de France. 1922.

45 Armon Planta: *Die römische Julierroute*. In: Helvetia Archaeologica. Band 7 / Heft 25. Zürich, Verlag Helvetia archaeologica 1976, S. 21.

46 Heinrich Bulle: *Geleisestraßen des Altertums*. A.a.O.

47 Ebd. S. 58 ff.

48 Ebd. S. 111 ff.; Leonhard Franz: *Beiträge zur Altstraßen-Forschung in den Alpenländern*. In: Carinthia I / Jg. 146. Klagenfurt, Verlag des Geschichtsvereins für Kärnten 1956, 465 ff.

49 Inv. Nr. B 203. Vgl. dazu *Ruhm und Sinnlichkeit. Innsbrucker Bronzeguß 1500–1650. Von Kaiser Maximilian I. bis Erzherzog Ferdinand Karl*. Ausstellungskatalog Innsbruck 1996, S. 216 f. Herrn Mag. Anton Höck vom Tiroler Landesmuseum bin ich für seine vielfältige Hilfe sehr zu Dank verpflichtet.

50 Gerald Grabherr: Die „*Via Decia*". *Eine postulierte römische Reichsstraße*. Innsbruck, Diplomarbeit 1994, S. 82 ff.; derselbe: *Zur sogenannten Via Decia*. In: Bayerische Vorgeschichtsblätter. Band 61. München, C. H. Beck 1996, S. 229 ff.

51 Ludwig Pauli: *Die Geschichte der Alpen. Die archäologische Entdeckung einer Kulturlandschaft*. A.a.O. S. 24.

52 J. Joppich / Franz Kainz: *Beiträge zur Altstraßenforschung im Dunkelsteiner Wald*. In: Unsere Heimat. Jg. 40. Wien, Verein für Landeskunde von Niederösterreich 1969, S. 88 ff.

53 Bislang wurden Straßen dieser Spurweite immer als römisch bezeichnet. Wie vorsichtig man mit solchen Zuweisungen umgehen muß, zeigt der Fund einer Geleisestraße dieser Spurweite bei Pfarrwerfen in Salzburg, bei welcher im Bereich einer sumpfigen Stelle der Unterbau aus Holzbohlen errichtet worden war. Eine 14-C-Untersuchung ergab überraschend eine Datierung der Hölzer in die Zeit um 1650, vgl. Friedrich Moosleitner: *Auffindung einer Geleisestraße bei Pfarrwerfen*. In: Pro Austria Romana. Jg. 19. Wien, Österreichische Gesellschaft für Ur- und Frühgeschichte 1979, S. 22.

54 Heinrich Bulle: *Geleisestraßen des Altertums*. A.a.O. S. 74.

55 80, 100, 115, 118 und 129 cm. Vgl. Wilhelm Sydow: *Eine gepflasterte Altstraße in Häusern, Gemeinde Ampaß*. In: Tiroler Heimatblätter. Band 65. Innsbruck, Verlagsanstalt Tyrolia 1990, S. 135 ff.; Johannes Pöll: *Reste einer Steinplattenstraße in Patsch*. In: Tiroler Heimatblätter. Band 70. Innsbruck, Verlagsanstalt Tyrolia 1995, S. 56 ff.

56 Ebd. S. 58.

57 Walter Modrijan: *Verkehrswege der Vorgeschichte und Römerzeit*. In: Blätter der Heimatkunde. Band 35 / Heft 4. Graz, Styria 1961, S. 110 f.

58 Susanne Klemm: *Altstraßenforschung in der Steiermark. Neueste archäologische Untersuchungen von Altstraßen in den Bezirken Leoben und Liezen in den Jahren 1997–1999*. In: Manfred Hainzmann (Hrsg.), Votis XX solutis. Jubiläumsschrift der Archäologischen Gesellschaft Steiermark. Graz, Archäologische Gesellschaft Steiermark 1999, S. 145 ff.

59 Cajetan Franz von Leitner: *Vaterländische Reise von Grätz über Eisenerz nach Steyer*. Wien, Rötzel 1798. Neu herausgegeben von Hubert Fussy, Wien, Österreichischer Bundesverlag 1983.

60 Cajetan Franz von Leitner: *Vaterländische Reise von Grätz über Eisenerz nach Steyer*. A.a.O. S. 126, zitiert nach Susanne Klemm: *Altstraßenforschung in der Steiermark*. A.a.O. S. 145.

61 Susanne Klemm: *Altstraßenforschung in der Steiermark*. A.a.O. S. 155.

62 Heinrich Nissen: *Italische Landeskunde*. Band II. Berlin, Weidmann 1902, S. 55.

63 Helmut Bender: *Verkehrs- und Transportwesen in der römischen Kaiserzeit*. In: Herbert Jankuhn / Wolfgang Kimmig / Else Elbel (Hrsg.), Untersuchungen zu Handel und Verkehr der vor- und frühgeschichtlichen Zeit in Mittel- und Nordeuropa. IV: Der Verkehr – Verkehrswege, Verkehrsmittel, Organisation. Bericht über die Kolloquien der Kommission für die Altertumskunde Mittel- und Nordeuropas in den Jahren 1980 bis 1983. Abhandlungen der Akademie der Wissenschaften in Göttingen, philolog.-hist. Klasse 3, Folge Nr. 180. Göttingen, Vandenhoeck und Ruprecht 1989, S. 110.

64 Pol Trousset: *Les bornes du Bled Segui. Nouveaux aperçus sur la centuriation romaine du Sud Tunesien*. In: Antiquités africaines. Band 12. Paris, Éditions du Centre national de la recherche scientifique 1978, S. 152, Abb. 12.

65 Helmut Bender: *Verkehrs- und Transportwesen in der römischen Kaiserzeit*. A.a.O. S. 125, Anm. 81.

66 Leonhard Franz: *Beiträge zur Altstraßen-Forschung in den Alpenländern*. In: Carinthia I / Jg. 146. Klagenfurt, Verlag des Geschichtsvereins für Kärnten 1956, S. 468.

Das Schienenzeitalter

Zur Entwicklung des Oberbaus am Beispiel der österreichischen Eisenbahnen

Christian Hager

Die Eisenbahn scheint ein ganzheitliches Verkehrssystem zu sein, in dem Fahrzeuge und Fahrbahn eine unzertrennliche Einheit bilden. Tatsächlich war diese Verbindung ursprünglich weder geplant noch vorhersehbar.

In den Vorläufern der Eisenbahnen sah man die verbesserte Form eines Weges, und nicht umsonst war lange Zeit die Bezeichnung „Schienenstraße" für dieses Beförderungsmittel üblich, das in Bergwerken und Hüttenbetrieben – vorwiegend in England – die Transportvorgänge erleichterte. Gerade dort waren später die Dampfmaschinen zu finden, die anfänglich Pumpen anzutreiben hatten, aber schließlich nach vielen Versuchen und Verbesserungen in der Lage waren, als Lokomotiven die Wagen auf den Schienenwegen zu bewegen.

Wenn es gilt, eine Übersicht der Geschichte der Schwelle als wesentlichen Bestandteil des Oberbaus nachzuzeichnen und Hinweise auf die Entwicklung der Schienenwege in Österreich zu geben, kann dies nicht geschehen, ohne kurz die Funktion der Schwelle zu erläutern.

Unterbau und Oberbau nennt der Fachmann die beiden Komponenten, die eine Eisenbahnlinie ergeben.

Der *Unterbau* gleicht die Unebenheiten des Geländes aus und leitet die aus dem Oberbau kommenden Kräfte in den gewachsenen Boden ab. Je nach Geländeformation tritt er uns in Dämmen oder Einschnitten entgegen, im erweiterten Sinn zählen zum Unterbau Kunstbauten wie Durchlässe, Böschungen, Gräben, Stützmauern, Brücken oder Tunnels.

Oberbau ist der Sammelbegriff für das Gleis und seine Bettung. Er soll die auf ihm spurgeführt rollenden Fahrzeuge sicher tragen und die bei Befahrung entstehenden Kraftwirkungen auf den Unterbau abgeben. Das *Planum* (oder Unterbaukrone) grenzt Ober- und Unterbau voneinander ab. Der Oberbau, schlechthin als „Gleis" bezeichnet, besteht aus den Schienen, die auf Schwellen ruhen, und aus der Bettung. Diese verteilt den Druck der Schwellen auf eine größere Fläche des Unterbaus, verleiht den Schwellen eine feste Lage und hält sie durch schnelles Abführen des Wassers möglichst trocken; die Bettung besteht daher zum großen Teil aus Schotter, der eine bestimmte Mindestgröße aufweisen muß, im allgemeinen etwa 2,5 bis 8 Zentimeter (siehe auch S. 116 ff., Anm. d. Red.). Kies und Sand eignen sich weniger, da nur ausreichende Korngröße die Anforderungen der Entwässerung erfüllt.

Den Urgedanken spurgeführter Bahnen finden wir bereits am Beginn der Neuzeit in den „Bohlenbahnen" für Grubenhunte verwirklicht. Im 16. Jahrhundert treffen wir in England für den Transport von Kohle ähnliche Bahnen mit zwei Bohlenstreifen an, auf denen die Karrenräder liefen. Die Last der relativ schweren Fahrzeuge, die durchwegs von Pferden, seltener von anderen Tieren gezogen wurden, drückte die Hölzer bald in den weichen Boden, sodaß die Einhaltung der Spurweite nicht mehr gegeben war. In der Grafschaft Northumberland unternahm um 1630 der Bergwerksbesitzer Beaumont die ersten Versuche, den Holzbohlen einen festen Verband zu geben, indem er unter die Längshölzer in regelmäßigen Abständen Querhölzer legen ließ – die Querschwelle war geboren! Um ein Abgleiten der Wagenräder von der Bahn zu verhindern, wurden außen Spurränder bzw. Führungsleisten angebracht.

Holz war zwar wegen seiner begrenzten Festigkeit nicht immer ideal für diese frühen Werksbahnen, stand jedoch ausreichend und preisgünstig zur Verfügung. Erst als während einer Absatzkrise der Hüttenbetriebe in England Eisen auf Halde lag, kam 1767 ein Mitbesitzer der großen Eisenwerke in Colebrooke-Dale, Richard Reynolds, auf die Idee, unverkäufliches Roheisen in flache Barren zu gießen und damit die hölzernen Bohlen der Industriebahnen zu verstärken. Der Band-

Kohlenbahn in den Middletown-Gruben bei Leeds mit einer Dampflokomotive (Baujahr 1812) von John Blenkinsops.

eisenbelag verringerte nicht nur die Abnützung der Bohlen, sondern reduzierte auch den Laufwiderstand der Wagen beträchtlich. Nach wie vor lag allerdings die Spurführung allein im Fahrweg, da es durchaus üblich war, daß die Transporte die hölzernen oder eisernen Schienen verließen, um ihren Weg auf herkömmlichen Straßen fortzusetzen.

1789 verlegte William Jessop in Loughborough gußeiserne Schienen mit hohem Steg und kopfartiger Verdickung, auf denen erstmals Fahrzeuge mit Spurkränzen an den Rädern liefen. Durch diese Spurführung konnte die Breite der eigentlichen „Fahrbahn" sehr gering gehalten werden. Räder und Schienen waren bald derart aufeinander abgestimmt, daß die Wagen einigermaßen stoßfrei und mit geringer Reibung fortzubewegen waren.

Eine nicht unwesentliche Frage bei der Ausführung des Gleises war die *Spurweite*, also der Abstand zwischen den Schienen (heute allgemein an den Schieneninnenkanten gemessen). In England hatte sich zu Beginn des Eisenbahnzeitalters das von Straßenfahrzeugen stammende Maß von 4 Fuß 8 Inch = 1435 Millimetern eingebürgert. Es wurde von den frühen europäischen Bahnen, die auf Lokomotivlieferungen aus England angewiesen waren, übernommen und gilt seit einem 1886 in Bern geschlossenen internationalen Übereinkommen als Norm für Normal-, Regel- oder Vollspurbahnen.

Mit der Projektierung und dem Bau einer Schienenverbindung zwischen den Salzgewinnungsstätten des „Kammerguts" und Böhmen, einem wichtigen Absatzgebiet für dieses unentbehrliche Würz- und Konservierungsmittel, setzte das Eisenbahnzeitalter in Österreich ein (siehe auch S. 81 ff., Anm. d. Red.). 1820 wurde der am Wiener Polytechnikum als Professor für „praktische Geometrie" wirkende Franz Anton von Gerstner beauftragt, die Studien seines Vaters über eine Kanalverbindung von der Donau zur Moldau fortzusetzen und den neuen Gedanken eines Schienenwegs zu untersuchen. Schließlich fiel die Entscheidung zugunsten einer „Holz- und Eisenbahn", wie es in der Privilegiumsurkunde heißt, und Gerstner konnte 1825 im Auftrag der „k. k. privil. ersten Eisenbahn-Gesellschaft" mit dem Bau der Linie Budweis–Linz (ursprüngliche Planungen hatten den Endpunkt in Mauthausen festgelegt) beginnen. 1828 mußte er jedoch wegen Kostenüberschreitung nach Fertigstellung der Nordrampe die Bauführung an Matthias Schönerer abgeben. Der junge Ingenieur stellte die 129 Kilometer lange Strecke bis Linz im Jahr 1832 fertig; eine Fortsetzung nach Gmunden (68 km) konnte 1836 dem Verkehr übergeben werden.

Die Pferdeeisenbahn war, wie gesagt, eine „Holz- und Eisenbahn", wobei freilich der Anteil an eisernen Bestandteilen sowohl beim Oberbau als auch bei den eingesetzten Fahrzeugen vergleichsweise gering war. Gerstner hatte für den Oberbau das System hölzerner Längsschwellen, sogenannter „Geleisebäume", übernommen, auf welche die schmiedeeisernen, schmalen Flachschienen genagelt waren. Die Verbindung zwischen den Längsschwellen bildeten quer zur Gleisachse verlegte hölzerne „Grundschwellen" oder „Polster", die später teilweise durch steinerne Querschwellen ersetzt wurden. Das Gleis war in Kleinschotter verlegt und mit Sand überzogen, um den Zugpferden das Fortkommen zwischen den Schienen zu ermöglichen; die Spurweite betrug 43,54 Zoll = 1106 Millimeter.

Auch bei Österreichs erster Lokomotiveisenbahn dachte man an Salz als Transportgut, sollten doch von Wien über Brünn Anschlüsse zu den Salzlagern bei Bochnia, Dwory und Wieliczka in Galizien hergestellt werden. Allerdings erkannten Planer und Investoren, daß die Zukunft der Eisenindustrie gehörte, die als Brennstoff zunehmend Kohle benötigte, welche in reichen Flözen um Mährisch-Ostrau und Karwin zu gewinnen war.

So selbstverständlich, ja geradezu banal uns heute die Tatsache erscheint, daß gute Verkehrsverbindungen Handel und Industrie fördern, so revolutionär war dieser Ansatz in einem politisch und wirtschaftlich weitgehend abgeschlossenen Österreich, in dem man Neuerungen eher ab-

Pferdeeisenbahn Budweis–Gmunden–Linz: Oberbau aus Holzlangschwellen mit Flachschienen, 1832.

Anselm Salomon Freiherr von Rothschild (1803–1874), Begründer der „Kaiser Ferdinands-Nordbahn", der ersten Dampfeisenbahngesellschaft Österreichs, welche die rohstoffreichen Kronländer Böhmen, Mähren, Schlesien und Galizien erschloß. Die Nordbahn war bis zum Ende der Monarchie 1918 eine der bedeutendsten Verkehrsadern des Staates.

lehnend gegenüberstand. Der bedeutende Bankier Anselm Salomon Freiherr von Rothschild, der sich schon beim Bau der Linz–Budweiser Pferdeeisenbahn engagiert hatte, griff die Bahnbaupläne auf und suchte 1830 erstmals um die Bewilligung zum Bau einer von Wien ausgehenden Dampfeisenbahn nach Galizien an. Wie zu erwarten war, wurde das Gesuch von Franz I. (reg. 1782–1835) abgelehnt. Erst bei einem neuen Kaiser, Ferdinand I. (reg. 1835–1848), hatte Rothschild Erfolg und erhielt am 4. März 1836 das Privileg zur Errichtung einer Eisenbahn von Wien nach Bochnia mit Nebenlinien nach Brünn, Olmütz und Troppau. Einen Monat später wurde bewilligt, die neue Linie „Kaiser Ferdinands-Nordbahn" nennen zu dürfen.

Ein Jahr nach Erteilung des Privilegiums setzten die Bauarbeiten an der Strecke Wien–Lundenburg ein, und Anfang November 1837 war der erste Gleisabschnitt von Floridsdorf nach Wagram (heute: Deutsch-Wagram) fertiggestellt. Unter großer Anteilnahme der Bevölkerung begannen ab 13. November 1837 Probefahrten auf der ersten österreichischen Dampfeisenbahn. Nach Fertigstellung der hölzernen Donaubrücken konnte am 6. Jänner 1838 die Lokomotive „Moravia" den ersten fahrplanmäßigen Zug von Wien nach Wagram bringen. Ohne Unterbrechung ging der Bahnbau weiter, und bereits im nächsten Jahr wurden drei Abschnitte in Betrieb genommen: Gänserndorf–Dürnkrut am 9. Mai, Dürnkrut–Lundenburg am 6. Juni und Lundenburg–Brünn am 7. Juli 1839.

Die Nordbahn war wegen Lieferschwierigkeiten der in England bestellten Schienen darauf angewiesen, den Oberbau zunächst nach dem Muster der Gerstner'schen Pferdeeisenbahn aus hölzernen Quer- und Längsschwellen mit aufgenagelten Flachschienen herzustellen, die jedoch dem rauhen Lokomotivbetrieb nicht standhielten. Nach Eintreffen der Oberbaustoffe konnte die Gleiskonstruktion auf die englische Bauart umgestellt werden. Die gußeisernen Schienen mit pilzförmigem Querschnitt wogen 19,5 Kilogramm per Laufmeter und waren in gleichfalls gußeisernen, auf den Querschwellen aufgenagelten, U-förmigen Befestigungselementen, sogenannten „Stühlen", gelagert und mit Hölzern verkeilt („Stuhlschienenoberbau"). Diese Oberbauform wurde von anderen, in jener Epoche errichteten österreichischen Eisenbahnen übernommen. Auf der Linie Monza–Mailand kamen 1839 statt der Holzschwellen Steinwürfel zur Anwendung.

Ein wesentlicher Parameter für die Qualität eines Oberbausystems ist die zulässige Achskraft (Achsfahrmasse, früher „Achs-

Die Konzessionsurkunde für das Bankhaus Rothschild zur Errichtung der Eisenbahnlinie von Wien nach Galizien, 4. März 1836.

13. November 1837: Offizielle Fahrt der ersten österreichischen Dampfeisenbahn auf dem ersten Teilstück Wien–Wagram. Die Fahrzeit für die 13 km lange Strecke betrug hin 26 Minuten, zurück 24 Minuten. In acht Wagen hatten 164 Personen Platz genommen. An den Feierlichkeiten nahmen Vertreter des Hofes, der Regierung und eine unübersehbare Menschenmenge teil; die Eröffnungsfahrten wurden zweimal wiederholt.

druck“), also jener Schwerkraftanteil der Fahrzeugmasse, der von den Rädern eines Radsatzes (Achse) auf das Gleis übertragen wird. Zu beachten ist die Achskraft in erster Linie bei den auf der Bahn verkehrenden Lokomotiven, die in der Regel weit schwerer gebaut sind als die Waggons. Die für heutige Verhältnisse kleinen Dampfmaschinen der Kaiser Ferdinands-Nordbahn übten auf die Schienen eine Achskraft von nur 6 Tonnen aus. Als das Verkehrsaufkommen stieg und für längere Züge kräftigere Lokomotiven in Dienst gestellt wurden, zeigten sich die Grenzen der Belastbarkeit des gewählten englischen Oberbaus. Das Problem lag allerdings nicht im Konstruktionsprinzip, das sich, entsprechend fortentwickelt, bis in unsere Tage bewährt hat, sondern in der mangelnden Festigkeit der eher leichten Schienen, die den Rädern nicht genug Widerstand boten.

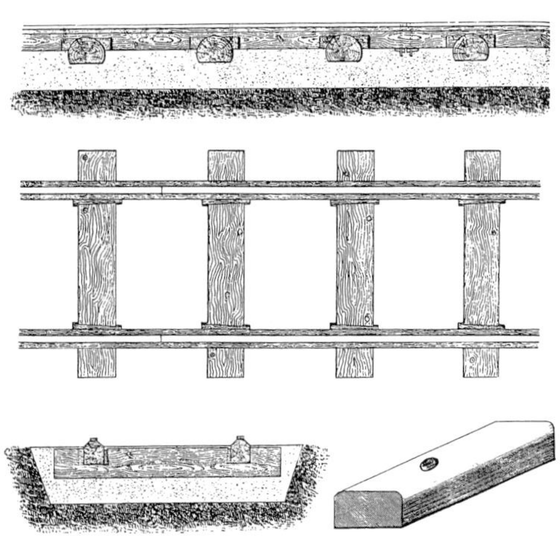

Kaiser Ferdinands-Nordbahn: Oberbau mit Flachschienen, 1837.

Abhilfe brachte eine neue Schienenform, die als „Breitfußschiene“ bezeichnet wurde und noch heute Verwendung findet. Ihren Ursprung hat sie auf der ersten Gebirgsbahn der Welt, der Semmeringbahn, bzw. den ihr vorangehenden Streckenbauten. Zur selben Zeit, da Anselm Salomon Rothschild dabei war, den nördlich der Donau liegenden Teil des Kaiserreichs mit der Eisenbahn zu erschließen, erhielt der Bankier Georg Simon Freiherr von Sina 1836 die Bewilligungen zum Bau von Schienenstrecken Richtung Süden. Eine Linie sollte von Wien über Bruck an der Leitha nach Raab (Györ), eine zweite von Wien über Wiener Neustadt nach Ödenburg (Sopron) führen. Mit der Bauausführung wurde Matthias Schönerer beauftragt, der durch sein Engagement bei der Linz–Budweiser Pferdeeisenbahn, der „k. k. privil. ersten Eisenbahn-Gesellschaft“, aufgefallen war.

Die „k. k. privilegierte Wien–Raaber Eisenbahn-Gesellschaft“ (ab 1842 „Wien–Gloggnitzer Bahn“) konnte am 20. Juni 1841 die Strecke von Wien nach Wiener Neustadt feierlich eröffnen, noch im gleichen Jahr erfolgte die Erweiterung bis

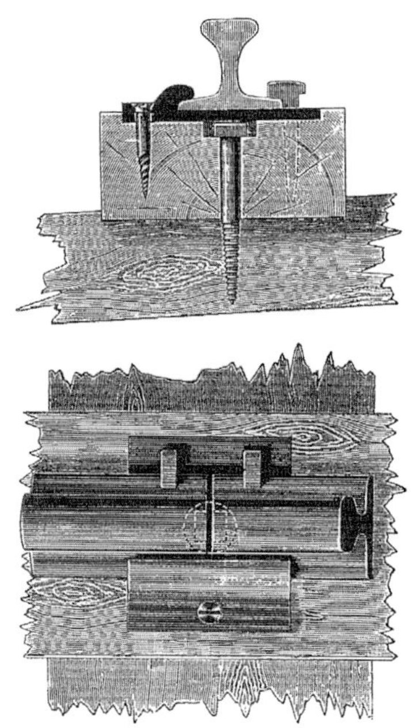

Wien–Raaber Eisenbahn (später: Wien–Gloggnitzer Bahn): Oberbau mit Breitfußschienen, 1841.

Scheuende Pferde, *1847 – eine der ersten „temporeichen" Darstellungen aus der österrreichischen Eisenbahngeschichte. Das Aquarell von Leander Russ (1809–1864) zeigt einen Zug der Südbahn zwischen Perchtoldsdorf und Mödling. Die Lokomotive „Wien", Baujahr 1840, stammte aus Manchester und stand bis 1860 in Betrieb. Die ebene Bahntrasse symbolisiert die Überlegenheit der Schiene im Kontrast zur holprigen Landstraße. Ganz rechts ist ein Telegraphenmast als weiteres Symbol der schnellen Kommunikation zu sehen. Links im Bild: ein salutierender Bahnwärter mit Signaltafel.*

Neunkirchen, und 1842 hatte man in Gloggnitz die Ausläufer der Ostalpen erreicht. Am 12. September 1846 ging die Strecke Wien–Bruck an der Leitha in Betrieb. Die Stichbahnen Mödling–Laxenburg (1845) und Wiener Neustadt–Katzelsdorf (1847) vervollständigten das Netz dieser frühen österreichischen „Süd"-Bahngesellschaft.

Das wichtigste Bauvorhaben jener Epoche war zweifellos die Herstellung einer Verbindung zur Adria und die damit einhergehende erstmalige Überschienung der Alpen. Der aus Venedig stammende Bautechniker Carl Ritter von Ghega übernahm nach seiner Berufung in die neu gegründete „Generaldirektion der Staatseisenbahnen" die Projektierung und Bauausführung einer Bahn über den Semmering. Ein Hauptproblem war die Überwindung des Höhenunterschieds: Ghega löste dies durch den relativ langen, langsamen Anstieg der Trasse zum Scheitelpunkt. Es entstand eine grandiose Linie mit zahlreichen Viadukten, Galerien und Tunnels – eine technische Großleistung, die im Zusammenspiel mit der entlang der Bahnstrecke entstandenen Kulturlandschaft und der oft noch unberührt erhaltenen einzigartigen Umgebung die UNESCO 1998 veranlaßte, die Semmeringbahn als erste Eisenbahnstrecke der Welt in die Liste der Stätten des Weltkulturerbes aufzunehmen. Die Strecke Gloggnitz–Mürzzuschlag wurde am 17. Juli 1854 eröffnet, drei Jahre später war die Verbindung mit Triest und damit zum Meer hergestellt.
Die schon erwähnte, auf der Semmeringbahn verlegte *Breitfußschiene* geht auf eine Entwicklung des Amerikaners Robert L. Stevens zurück, der diese Schienenform 1830 zunächst auf der Eisenbahn Camden–Amboy anwendete. Sie besteht aus dem breiten Schienenfuß, einem schmalen Steg und einem abgerundeten Schienenkopf. Nach dem englischen Ingenieur Charles Blacker Vignole, der diese Schienenform weiterentwickelte, wurde sie in der älteren Fachliteratur als „Vignole-Schiene" bezeichnet. Der breite Fuß (daher der Name) lag zunächst direkt auf der Schwelle auf und wurde von Hakennägeln festgehalten. Diese unmittelbare Befestigung hatte den Nachteil, daß sich

Carl Ritter von Ghega (1802–1860), Techniker aus Venedig, war der Erbauer der 41 km langen Semmeringbahn, der ersten dampfbetriebenen Alpenbahn Europas, die trotz heftiger Gegnerschaft 1854 eröffnet werden konnte. Die Bahn mit ihren durchgehenden, langen Steilrampen blieb bis heute Vorbild für alle Gebirgsbahnen der Welt. 1855 bis 1857 baute Ghega auch das letzte Teilstück der Südbahn Laibach–Triest.

Bauarbeiten am Bahnviadukt „Kalte Rinne". Lithographie von Imre Benkert, 1853.

bei höherer Belastung die Schiene in die Holzschwelle eindrückte, weshalb man zur Verteilung des Schienendrucks eine Unterlagsplatte zwischen Schienenfuß und Schwelle einlegte. Schiene und Unterlagsplatte werden gemeinsam mit Nägeln oder Schrauben an der Schwelle befestigt. Bei der Semmeringbahn lagerten die Querschwellen, welche die Schienen trugen, auf einer Langschwellen-Konstruktion, sodaß ein hölzerner Rost entstand, der zwar sehr widerstandsfähig gegen Verschiebungen, aber aufwendig in der Konstruktion war. Die Unterstützung durch Langschwellen wurde deshalb später aufgegeben, in Österreich erstmals in den 1840er Jahren beim Bau der erwähnten Linie Wien–Bruck an der Leitha der Wien–Gloggnitzer Bahn.

Nicht nur die Schienenform erfuhr eine ständige Entwicklung, auch dem verwendeten Material schenkte man mit den Fortschritten in der Hüttentechnik verstärktes Augenmerk. So vollzog sich der Übergang vom Gußeisen zum bedeutend festeren Stahl – aus der Eisenbahn wurde eine „Stahlbahn". Nach Versuchen mit stählernen Schienenköpfen auf Eisenschienen (Buschtêhrader Bahn, Böhmen, 1855) begann die Nordbahn ab 1865 Schienen aus Puddelstahl mit einem Metergewicht von 37,2 Kilogramm walzen zu lassen. Diese bewährten sich gut, allerdings war ihr Preis zunächst noch hoch, weshalb die Umstellung langsamer als gewünscht voranging. Durch die von Henry Bessemer und Pierre Martin erreichten Verbesserungen in der Stahlerzeugung konnte nicht nur die Qualität des Stahls gehoben, sondern die Massenproduktion zu günstigen Konditionen aufgenommen werden (siehe auch S. 169, Anm. d. Red.).

Für die Schwellen verwendete man fast ausschließlich Holz, das in Österreich überall zur Verfügung stand. Wegen seiner Festigkeit und Widerstandsfähigkeit war Eichenholz besonders begehrt; mußte gespart werden, verlegte man Schwellen aus dem Holz anderer heimischer Baumarten wie Kiefern, Tannen, Fichten, Lärchen oder Buchen. Breiten und Längen der Schwellen wichen, ebenso wie der Abstand zwischen den Hölzern, bei den einzelnen Bahnverwaltungen erheblich voneinander ab. Erst in den letzten beiden Dezennien des 19. Jahrhunderts wurden Normalien erstellt, die Schwellenform und -abstand regelten. Gegenüber den anfänglich trapezförmigen, seltener halbrunden oder dreieckigen Querschnitten der Schwellen setzte sich schließlich der rechteckige Querschnitt mit abgeschrägten oberen Ecken durch.

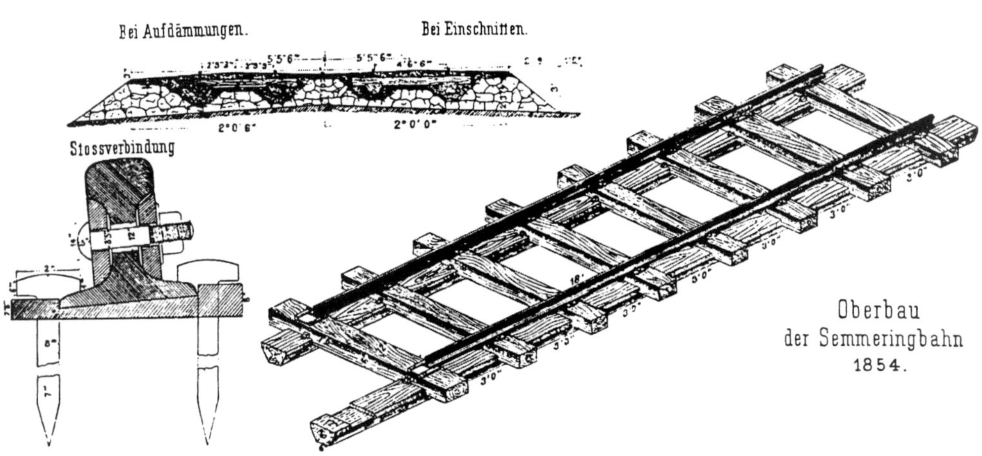

Oberbau der Semmeringbahn, 1854.

Das Hüttenwerk Prävali. Lithographie von J. Wagner, 1844. Das Eisenwerk im damaligen Unterkärnten (heute Slowenien) war das bedeutendste Schienenwalzwerk der Donaumonarchie. 1836 präsentierte es in Klagenfurt die ersten in Österreich erzeugten Eisenbahnschienen und belieferte in der Folge die Kaiser Ferdinands-Nordbahn, die Semmeringbahn, italienische Bahnen u.a. Im Jahr 1869 wurde hier der erste Kokshochofen der österreichischen Alpenländer errichtet – eine bedeutende technische Neuerung.

Um die Gebrauchsdauer der Schwellen zu verlängern, begann man, mit Imprägnierungsmitteln zu experimentieren. Von der Kaiser Ferdinands-Nordbahn sind Versuche mit Eisenvitriol, Schwefelbaryum und Zinkchlorid bereits für 1852 belegt. Später vollzog sich der Übergang zu öligen Stoffen wie Holzteer, Erdölen und diversen Braunkohlen- und Steinkohlenerzeugnissen, von denen sich Steinkohlenteeröl am besten bewährte.

Der Oberbau der ersten Eisenbahnen war trotz mühevoller Herstellung sehr anfällig für Beschädigungen und mußte immer wieder kontrolliert und ausgebessert werden. Zentrale Figur für diese Tätigkeit war der *Bahnwärter*, auch *Bahnwächter* oder *Bahn-Aufseher* genannt, ohne den keine Strecke auskam. Er lebte mit seiner Familie in einem kleinen Haus direkt am Gleis, betreute einen Garten und hielt Kleinvieh, um das magere Salär aufzubessern. Er hatte den zugewiesenen Streckenabschnitt regelmäßig zu begehen und kleinere Schäden zu beheben. Daneben war er häufig als Schrankenwärter tätig und wirkte bei der Regelung des Zugverkehrs mit. Zunächst mit Signalfahnen oder -scheiben, bei Dunkelheit mit Laternen und Pechfackeln, später mit mechanischen Mastsignalen, übernahm er die Zugsdeckung, also die Gewährleistung eines gewissen Mindestabstands zwischen den einzelnen Zügen. In der *Instruction für die Bahn=Aufseher* der k.k. priv. ersten Eisenbahn-Gesellschaft hieß es 1854 dazu unter Paragraph 3: „Das Geschäft eines jeden Bahnwächters beginnt täglich damit, daß er in den Morgenstunden, und jedenfalls eine Stunde vor der Ankunft des ersten Wagenzuges, die ihm zugewiesene Bahnstrecke, unter Mitnahme eines Hammers, einiger Nägel, der Signalscheibe, und bei Nachtzeit der Laterne abgeht und den Zustand des Oberbaues untersucht, wobei er seine Aufmerksamkeit insbesondere auf folgende Umstände zu richten hat: auf die allenfalls dem Verkehre im Wege liegenden Hindernisse, auf den Zustand der Schienen und Unterlagsplatten, dann ob die Nägel fest halten, ob nicht etwa Bahnhölzer unterwaschen, oder überhaupt verrückt, verfault oder gesprungen, und dadurch Schienen aus der Richtung oder aus dem Niveau gewichen sind, oder die feste Lage gefährdet ist; endlich ob die vertieften Spuren bei den Wegübersetzungen rein, und ob alle Wegabsperrungs=Schranken in Ordnung sind."

Trotz wesentlicher Bahnbauten in den 1850er und 1860er Jahren – erwähnt seien die Kaiserin Elisabeth-Bahn (Westbahn) Wien–Salzburg mit Zweig- und Fortsetzungslinien (1860), die Kaiser Franz Joseph-Bahn von Wien nach Pilsen und Prag (1870/71) oder die Kronprinz Rudolf-Bahn, welche die Westbahn über Selzthal mit Villach und Laibach verband (1873) – erreichte das österreichische Schienennetz nur allmählich jene Dichte und Leistungsfähigkeit, wie sie damals in Europa, vorzugsweise in England, Frankreich und Deutschland, Standard war. Die ersten Bahnbauten waren in Österreich privater Initiative überlassen geblieben, zwischen 1842 und 1854 war es zu einer Verstaatlichung der Bahnen und zum staatlichen Bahnbau gekommen, bis der politische Wille sich wieder dem Privatbahnsystem zuwandte, wobei der Staat als Förderer weniger ertragreicher Linien auftrat.

Der Westbahnhof im Jahre 1869. *Aquarell von Max Neubauer, 1869. Mit der „k. k. priv. Kaiserin Elisabeth-Bahn" (Westbahn) von Wien nach München wurde 1860 zum letztenmal in Wien eine Bahn fürstlich und mit einem gewaltigen Fest im Augarten (musikalische Leitung: Johann Strauß) eröffnet. Der Bahnhof im damaligen Monumentalstil galt als Inbegriff der Eleganz, wenngleich die Wiener wie schon beim Südbahnhof monierten, er sei zu entlegen. Er bestand mit nur wenig Änderungen noch 1945, als er am 9. April schwer beschädigt und danach abgetragen wurde; der neue Bahnhof war 1954 fertiggestellt.*

Die Wirtschaftskrise des Jahres 1873 setzte in Österreich der Beteiligung des Privatkapitals an weiteren Eisenbahnunternehmungen ein schmerzliches Ende, und es ergaben sich zahlreiche Stockungen bei den im Bau begriffenen Linien. Die Regierung kehrte abermals zum Staatsbahnsystem zurück und übernahm zunächst schwer defizitäre Bahnen, wie die Kronprinz Rudolf-Bahn, es folgten die Kaiserin Elisabeth-Bahn und die Kaiser Franz Joseph-Bahn. Gleichzeitig errichtete der Staat auf eigene Rechnung neue Strecken, wobei hier vor allem die eindrucksvolle Gebirgslinie über den Arlberg (1884) zu erwähnen ist. Bis Ende 1884 wuchs das staatliche Betriebsnetz, das von den „k. k. Staatsbahnen" verwaltet wurde, auf 5103 Kilometer.

Für die Geschichte des österreichischen Schienenwegs seien aus diesem Zeitabschnitt zwei Aspekte herausgegriffen: neue Impulse auf dem Oberbausektor und die Erschließung vieler Landstriche durch Regionalbahnen.

Im Bereich Oberbau erkennen wir mit der Einführung der Eisenschwelle und Versuchen mit Betonschwellen einen wesentlichen Entwicklungsschub. Die Forcierung genormter Oberbauformen führte zu einer für die Zukunft wichtigen Vereinheitlichung auf diesem Gebiet.

Zur Vervollkommnung des Liniennetzes entstanden in den beiden letzten Dezennien vor der Jahrhundertwende *Lokal-* oder *Nebenbahnen* und stellten wichtige Anschlüsse zu den Hauptstrecken her.

Die hohe Akzeptanz, welche die Holzschwelle bei österreichischen Bahnbauten erreicht hatte, verhinderte lange die Verwendung anderer Materialien für diese Zwecke. Einzelne Anstrengungen in Richtung Eisenschwellen verschiedener Form kamen über das Versuchsstadium nicht

hinaus. Erst das Oberbausystem mit eisernen Querschwellen, das ab 1883 auf mehreren Strecken der k. k. Staatsbahnen, der Nordbahn, der Aussig–Teplitzer und der Dux–Bodenbacher Bahn verlegt wurde, konnte einige Verbreitung finden. Bis Ende 1897 waren 80 Kilometer Gleis und 5146 Weichen mit eisernen Schwellen ausgerüstet; in Deutschland hatte man zu diesem Zeitpunkt bereits 1270 Kilometer dieser Gleisbauart in Verwendung.
1881 meldete der französische Gärtner Joseph Monier, der zunächst mit Blumenkübeln aus Stahlbeton hervorgetreten war, eine Betonschwelle für den Eisenbahnbau erfolgreich zum Patent an. In den nächsten Jahren wurden zahlreiche Schwellenformen aus Stahlbeton entwickelt, die als Einblock-, Zweiblock- und Gelenkschwellen von vielen Bahnen angewendet wurden. Österreich blieb diesem Fortschritt zunächst weitgehend fern, abgesehen von dem ersten versuchsweisen Einbau von Einblockschwellen nach dem System Jaußner 1897 in Linz.

Viele Gebiete der alten österreichischen Monarchie drohten im ausgehenden 19. Jahrhundert ohne Bahnanschluß ins wirtschaftliche Abseits zu geraten. Der Gesetzgeber erkannte, daß Bahnbau nicht allein von Gewinnstreben bestimmt sein dürfe, sondern Teil einer verantwortungsvollen Verkehrspolitik zu sein hatte. Auch dorthin sollten Anschlüsse errichtet werden, wo kein oder nur sehr geringer Ertrag zu erwarten war. Eine wesentliche Maßnahme zur Förderung solcher Nebenstrecken war das 1880 erlassene *Lokalbahngesetz*, das Erleichterungen in den Staatsabgaben sowie in der Bau- und Betriebsweise vorsah – es konnten etwa die auf Hauptstrecken zahlreichen Bahnwärterposten entfallen, und das Planum der Reichsstraßen durfte für den Bahnkörper mitbenützt werden.
Eine typische Lokalbahn aus jenen Jahren war die 1888 eröffnete *Mühlkreisbahn* von Linz-Urfahr nach Aigen-Schlägl. Den Oberbau der Strecke beschreibt Jordan K. Markus in seinem Führer *Mühlkreisbahn* (S. 19/20): „Es sind dreierlei Oberbausysteme hergestellt und zwar in Steigungen bis inclusive 30‰ im eigenen Unterbau das Lokalbahnsystem mit 23 kg Schienengewicht und bei Steigungen über 30‰ das System für Bahnen II. Ranges mit 31,72 kg per laufenden Meter. Die ersteren stammen aus dem Martin-Stahlwerke der Südbahngesellschaft Graz und die letzteren aus dem Werke zu Zeltweg. Außerdem wurde ein Hartwich-Oberbau auf den mitbenützten Straßenbanketten in der Länge von 8000 m verlegt, welcher bei laufendem Meter Geleise samt Kleinmateriale circa 67 kg wiegt und von dem Werke Prävali geliefert wurde. Die Länge der Nebengleise beträgt 3600 m.
Der Querschwellen-Oberbau ist mit schwebendem Stosse und Winkellaschen hergestellt. Die Schwellen sind größtenteils aus Föhrenholz hergestellt, 2,3 m lang und bei leichtem Oberbau 14, bei schwerem 15 cm stark. Die obere Breite beträgt 15, die untere 20 bis 25 cm. Die Bettung besteht durchwegs aus Schläglschotter, Flußschotter und Grubenkies."
Eine besondere Gattung unter den Lokalbahnen sind die Schmalspurbahnen (siehe auch S. 99 ff., Anm. d. Red.), die mit geringeren Kosten für Trassierung und Oberbau auskommen. Sie wurden vorzugsweise in Gebirgsgegenden errichtet, wo eine Normalspurbahn keine Aussicht auf Realisierung gehabt hätte. In Österreich bürgerte sich als Schmalspur-Maß die Spurweite 760 Millimeter ein, einige Verbreitung fanden weiters 1000-Millimeter-Bahnen. Die älteste Schmalspurbahn Österreichs ist die *Steyrtalbahn*, die heute noch in einem von Steyr (OÖ) ausgehenden Reststück als Museumsbahn betrieben wird.

Im August 1889 nahm die Steyrtalbahn als erste Schmalspurbahn Österreichs in 760-mm-Spur ihren Betrieb auf. Sie fuhr bis 1982; als Reminiszenz wurde 1989 auf Privatinitiative eine 17 km lange Museumsstrecke zwischen Steyr-Lokalbahnhof und Grünburg eröffnet, der übrige Teil der Strecke dient als Radweg. Im Bild: das Viadukt bei Steyrdurchbruch.

Schon im Jahr 1883 hatte das Handelsministerium, ausgehend von den Nordbahn-Schienenprofilen „A" und „B", Normalien für einen Holzquerschwellen-Oberbau für Hauptbahnen I. und II. Ranges sowie für Nebenbahnen herausgegeben. Es entstanden die Schienenformen X (35,4 kg/m), XI (31,72 kg/m) und XX (23 kg/m), die von den k. k. Staatsbahnen konsequent verlegt wurden. In den Jahren 1903 bis 1905 ersetzte man diese Formen durch die stärkeren Schienen der Typen A (44,35 kg/ m), Xa (35,65 kg/m) und XXIVa (26,15 kg/m). Die alten österreichischen Oberbauformen ließen nur eine Achskraft von 14,5 Tonnen zu, was durchaus strategische Rücksichten gehabt haben mag, denn die schweren Maschinen der Nachbarverwaltungen konnten nicht auf das Netz der Monarchie übergehen. Hierzulande waren die Lokomotivkonstrukteure immer wieder herausgefordert, stärkere Bauarten für schweren Traktionsdienst zu entwickeln, ohne die zulässige höchste Achskraft zu überschreiten.

Nach 1900 nahm das Staatsbahnnetz durch große Verstaatlichungsaktionen um mehr als 6000 Kilometer zu. Ein Politikum war die 1906 erfolgte Einlösung der Kaiser Ferdinands-Nordbahn, leichter waren die Eingliederung der böhmischen Nordbahn, der Staats-Eisenbahngesellschaft, der Nordwestbahn und der Süd-Norddeutschen Verbindungsbahn in Böhmen (1908) in das Netz der k. k. Staatsbahnen. Das wichtigste staatliche Bauvorhaben jener Epoche ist die zwischen 1905 und 1910 geschaffene Verbindung mit Triest über Pyhrn-, Tauern-, Karawanken- und Wocheinerbahn. Damit hatte das österreichische Eisenbahnnetz – von einigen späteren Lokalstrecken abgesehen – seine größte Ausdehnung erreicht. Der Erste Weltkrieg machte alle weiteren Ausbaupläne zunichte, und nach 1918, in der jungen Republik, war die Eisenbahn nicht mehr konkurrenzlos: Während des Krieges hatte die Kraftfahrzeugtechnik entscheidende Entwicklungsschübe erfahren, Autobus und LKW waren fortan ernstzunehmende Mitbewerber auf dem Verkehrsmarkt.

Die 1923 geschaffenen Österreichischen Bundesbahnen (ÖBB) waren bestrebt, zumindest auf den Hauptstrecken die Schienen der Form Xa durch solche der Form A mit 44 kg/m laufender Masse zu ersetzen. Als neuer Schienentyp kam ab 1928 die Form „B" zur Einführung, eine von der Deutschen Reichsbahn entwickelte und als „S 49" bezeichnete Schiene mit einer Metermasse von 49,05 Kilogramm. Die politische Unsicherheit der Zwischenkriegszeit und die angespannte wirtschaftliche Lage verhinderten einen nennenswerten Bahnausbau in Österreich, ja es kam sogar zur Schließung von Bahnhöfen und zum Rückbau von Streckengleisen. 1925 wurde die 15,6 Kilometer lange Lokalbahnstrecke zwischen Friedberg (Steiermark) und Alt Pinkafeld (Burgenland) eröffnet, 1927 auch das letzte Teilstück der von Obergrafendorf (NÖ) ausgehenden Schmalspurbahn nach Gresten (NÖ; die Teilstücke Obergrafendorf–Mank waren 1898 bzw. Mank–Ruprechtshofen 1905 vollendet worden).

Mit dem „Anschluß" Österreichs an Deutschland im Jahr 1938 begann eine Entwicklung, welche die Angleichung des österreichischen Oberbaus an die deutschen Normen anstrebte. Stahl war damals in erster Linie der Rüstungsindustrie vorbehalten, weshalb nicht nur neue Reichsbahnschienen und -weichen ihren Weg in die „Ostmark" nahmen, sondern auch brauchbare Schienentypen der früheren deutschen Ländereisenbahnen. Während des Krieges wurden Schienen aus praktisch allen besetzten Ländern Europas in Österreich verwendet, wenn auch nur für Gleise untergeordneter Bedeutung; als man nach 1945 die Gleisbestände untersuchte, stellte man nicht weniger als 62 verschiedene Schienenprofile fest!

Die Deutsche Reichsbahn begann 1938 sofort, das österreichische Eisenbahnnetz zu modernisieren, um es für Kriegserfordernisse tauglich zu machen. Zahlreiche Bahnhöfe wurden erweitert, Verschiebebahnhöfe entstanden, auf eingleisigen Abschnitten erhöhte ein zweites Gleis die Durchlaßfähigkeit. Zuwachs an neuen Strecken gab es keinen, sieht man von einigen Verbindungs- und Schleifengleisen ab,

Mitten im Zweiten Weltkrieg, nach der Niederlage von Stalingrad, ordnete Adolf Hitler die Weiterplanung einer gigantomanen Breitspureisenbahn an. Die luxuriös ausgestattete Bahn – die bis in die letzten Kriegstage projektiert wurde – sollte die geplanten „Neugestaltungsstädte" Hamburg, Berlin, Nürnberg, München und Linz verbinden und das „Großgermanische Imperium" erschließen. Geplante Spurweite des transkontinentalen Verkehrsnetzes: 3 m (Normalspurweite: 1,4 m). Die grafische Rekonstruktion aus 1981 illustriert im Vergleich von Normalspurbahn und Breitspurbahn Hitlers grausame Realitätsferne – und den nationalsozialistischen Größenwahn, der Millionen Menschen Heimat, Familie und Leben kostete.

welche einer flexiblen Betriebsabwicklung mit Umleitung von Zügen dienten.
1944 schrieb Karl Pfahnl, Dezernent für Oberbau bei der Reichsbahndirektion in Linz, in seinem Buch *Die Bahnerhaltung in bildlichen Darstellungen* (Anhang, S. 9): „Die unbeugbaren Gesetze des Krieges lassen jedoch auch die Bahnunterhaltung nicht unberührt. Die Kriegswirtschaft kann vielfach nicht altgewohnte Wege gehen, sie muß sich beweglich den häufig wechselnden Anforderungen des Krieges anpassen. [...] Personell steht die Bahnerhaltung infolge Einberufungen zur Wehrmacht, Entzuges betriebsdiensttauglicher Bediensteter und Erschließung der Arbeits- und Leistungsreserven schon seit Kriegsbeginn mehr oder weniger im Zeichen der Kriegsverpflichtungen. Mit der verstärkten kriegswirtschaftlichen Anspannung veränderte sich das Verhältnis zwischen geschulten und ungeschulten Arbeitskräften immer mehr zu ungunsten der ersteren. Jetzt überwiegen schon weitaus die landfremden und ungeschulten Arbeitskräfte und die Kriegsgefangenen."

Das Erbe des „Dritten Reiches" war, wie überall, so auch auf dem Eisenbahnsektor katastrophal. Im Jahr 1945 waren zirka 2510 Kilometer Strecken (rund 40 % des Netzes), 381 Brücken und 5,1 Kilometer umbauten Raums (= „Rauminhalt" eines Gebäudes) von Hochbauten aller Art (rund 25 % des ursprünglichen Bestands) entweder zerstört oder schwer beschädigt. Nach der kurzfristig angestrebten Wiederherstellung der Anlagen begannen die Österreichischen Bundesbahnen (Neugründung: 1947), die zulässige Achskraft und Höchstgeschwindigkeit auf den wichtigen Strecken schrittweise zu erhöhen und die Oberbautypen zu reduzieren. Dieses Programm ist auch in Zusammenhang

Rund 1000 km, also 16,6 % des gesamten österreichischen Bahnnetzes, waren bei Kriegesende unter Strom. Ab 1949 kamen kontinuierlich neue Strecken hinzu. Im Bild: Ankunft des Festzuges im Linzer Hauptbahnhof anläßlich der Aufnahme des elektrischen Betriebes auf der Strecke Linz–Amstetten am 28. Juni 1951.

mit der Fortsetzung der Elektrifizierung des Hauptbahnnetzes zu sehen.
Im Lauf der folgenden Jahrzehnte verwendeten die ÖBB nur noch drei verschiedene, neue Schienenformen: Schienen der Form B mit einer Metermasse von 49,4 Kilogramm, die je nach verwendeten Schwellen und Befestigungen für Geschwindigkeiten von 80 bis 140 Stundenkilometern zugelassen sind, Schienen der Form C (UIC 54 E; 53,8 kg/m) für Geschwindigkeiten bis 160 Stundenkilometern und als neueste Entwicklung Schienen der Form UIC 60 mit Metermasse 60,3 Kilogramm, die mit 250 Stundenkilometern befahren werden dürfen. Auf Nebenstrecken bzw. -gleisen sind allerdings weiterhin ältere Oberbauformen anzutreffen.
Die Fortschritte im Oberbauwesen, die nach 1945 erzielt werden konnten, sind untrennbar mit dem Siegeszug der Betonschwelle verbunden. Durch die Spannbetontechnik konnte die Einblockschwelle zu einem unschlagbaren Konkurrenten für die traditionelle Eichenschwelle werden. Die Entwicklung der unterschiedlichen Schwellenbauformen und der Anteil des *Stahlbetonschwellenwerks Linz (SSL)* an

Zugleich mit der Elektrifizierung erfolgte auf vielen Strecken die Erneuerung des Oberbaus. Im Bild: Verlegung von Betonschwellen des Typs „11" auf der Westbahnstrecke im Raum Linz, 1957.

diesem Prozeß wird an anderer Stelle des Buches zu untersuchen sein. Hier sei nur erwähnt, daß die erfolgreichste Schwelle der ersten Generation der aus Linz stammende Typ „12" war, von dem 1957 bis 1964 insgesamt 690 000 Stück eingebaut wurden. Den unterschiedlichen Ansprüchen entsprechend, entstanden verschiedene Schwellentypen, von denen die Bauart „19a" mit einer Länge von 2,60 Metern von 1986 bis 1998 gemeinsam mit der Schiene UIC 60 die schwerste bei den ÖBB verwendete Oberbauform darstellte.
Erweiterungen des Streckennetzes gab es in der zweiten Hälfte des 20. Jahrhunderts nur in beschränktem Umfang, eher mußten die ÖBB wenig ertragreiche Nebenbahnen einstellen. Hervorgehoben sei der Bau der Strecke Bleiburg–St. Paul im Lavanttal (Kärnten) 1964 und der „Trauner Schleife" Marchtrenk–Traun (OÖ) 1994. In jüngerer Zeit kam es zu einer neuen Grenzverbindung Richtung Slowakei von Kittsee (Burgenland) nach Petřzalka im Jahr 1999 und zur Wiederbelebung der Hochbahn Leopoldau–Jedlersdorf für den Güterverkehr in Wien-Floridsdorf ebenfalls 1999. Für die Öffentlichkeit weniger sichtbar, aber für die Betriebsabwicklung im Güterverkehr umso wichtiger war die Inbetriebnahme

neuer Verschiebebahnhöfe in Wien-Kledering (1986) und Villach Süd (1990). Für Österreich als Land im Zentrum Europas und wichtigem Bindeglied der Europäischen Union im Nord-Süd- und Ost-West-Verkehr ist eine zukunftsorientierte Verkehrsplanung von besonderer Bedeutung. Die österreichische Verkehrspolitik der letzten Jahre setzte auf eine Stärkung der Bahn. Das Augenmerk gilt vor allem dem hochwertigen Hauptstreckennetz (A-Netz), das kontinuierlich ausgebaut und verbessert wird. An erster Stelle steht die Ausgestaltung der Westbahn zwischen Wien und Salzburg, die als viergleisige „Donauachse" geeignet sein wird, die Verkehrsströme des 21. Jahrhunderts aufzunehmen. Immer dann aber, wenn auf einer neuen Trasse Züge der Zukunft entgegenfahren sollen, wird es zunächst eines soliden Oberbaus und hier einer guten Schwelle bedürfen, um leistungsfähige und schnelle Verbindungen nachhaltig zu realisieren.

Schienen in die Zukunft: Im Zuge der „Bahnhofsoffensive" soll die ÖBB-Infrastruktur modernisiert werden. So erfolgte am 26. Februar 2002 der Spatenstich zur Neugestaltung des Linzer Hauptbahnhofs nach Plänen von Wilhelm Holzbauer. Fertigstellungstermin des hellen, funktionalen Bahnhofsneubaus: 2005 (im Bild: Modell der Anlage). Zugleich mit dem Bau der modernen Verkehrsdrehscheibe, die auch den Nahverkehr integrieren wird, ist ein dazugehöriges neues Stadtviertel im Entstehen.

Literatur

Adler, Gerhard u.a. (Hrsg.): *Lexikon der Eisenbahn.* 8. Auflage. Berlin, transpress und Stuttgart, Motorbuch-Verlag 1990.

Fürst, Artur: *Die hundertjährige Eisenbahn.* Berlin, Deutsche Buchgemeinschaft 1925.

Geschichte der Eisenbahnen der Österreichisch-Ungarischen Monarchie. Wien, Verlag der k. u. k. Hofbuchhandlung und Hofbuchdruckerei 1898.

Hager, Christian: *Die Mühlkreisbahn. Strecke Linz/Urfahr–Aigen/Schlägl und Linzer Verbindungsbahn.* Steyr, Ennsthaler 1988.

Hager, Christian / Wegenstein, Peter: *Steyrtalbahn. Schmalspurstrecken Garsten – Steyr – Klaus und Pergern – Bad Hall.* Linz, Denkmayr 1998.

Horn, Alfred u.a.: *Die Eisenbahnen in Österreich.* Offizielles Jubiläumsbuch zum 150-jährigen Bestehen. Wien, Bohmann 1986.

Horn, Alfred: *Eisenbahn Bilderalbum 4. Die Zeit von 1918 bis 1938.* Wien, Bohmann 1998.

Derselbe: *ÖBB Handbuch 1999.* Wien, Bohmann 1999.

Karner, Fritz (Red.): *Österreichische Bundesbahnen: XV Jahre Wiederaufbau, Modernisierung und Rationalisierung.* Wien, Bohmann 1960.

Königl. Eisenbahn-Zentralamt (Hrsg.): *Das Eisenbahnwesen der Gegenwart. Dargestellt auf Grund der Verhältnisse der Deutschen Bahnen.* Berlin, Reimar Hobbing 1911.

Markus, Jordan Kajetan: *Mühlkreisbahn. Führer von Urfahr-Linz nach Otensheim, Neufelden, Haslach, Rohrbach, Aigen-Schlägl und Umgebung bis an die Marken des Böhmerwaldes.* Linz, Druck und Verlag von Joseph Wimmer 1888.

Österreichisches Eisenbahnmuseum in Wien: Führer durch die Sammlung Oberbau. Wien, Selbstverlag 1964.

Pfahnl, Karl: *Die Bahnerhaltung in bildlichen Darstellungen.* Herausgegeben von der Reichsbahndirektion Linz. Linz 1944.

Pfeffer, Franz / Kleinhanns, Günther: *Budweis – Linz – Gmunden. Pferdeeisenbahn und Dampfbetrieb auf 1106 mm Spurweite.* Wien, J. O. Slezak 1982.

Röll, Victor Frh. von (Hrsg.): *Enzyklopädie des Eisenbahnwesens.* 2., bearb. Auflage. Berlin–Wien, Urban und Schwarzenberg 1915.

Rossberg, Ralf Roman: *Geschichte der Eisenbahn.* Künzelsau, Sigloch Service Edition 1977.

Stahlbetonschwellenwerk Linz (Hrsg.): *Wege in die Zukunft.* Linz, Eigenverlag der Hollitzer Baustoffwerke 1997.

Die „animalische“ Traktion
Pferdeeisenbahn Budweis–Gmunden–Linz

Elisabeth Loisch

Rund 350 Salzwägen pro Tag transportierten zu Beginn des 19. Jahrhunderts das uralte Handelsgut aus den Sudhütten des Salzkammerguts in das industrie- und bevölkerungsreiche Böhmen – ein starkes Verkehrsaufkommen angesichts der nicht eben guten Straßenverhältnisse. Auf Abhilfe bedacht, griff der österreichische Techniker und Mathematiker Franz Joseph Ritter von Gerstner bereits lange bestehende Pläne auf, Donau und Moldau durch einen Kanal zu verbinden, erwog aber bald schon aus Kostengründen die Bildung einer Landbrücke mittels Bau einer „Eisenstraße“: Sein Entwurf aus dem Jahr 1811 für einen Schienenweg ist das erste Eisenbahnprojekt des Kontinents.

Gerstners Plan sah zunächst eine gemischte Verbindung vor, wobei die Moldau auf einer Länge von rund 90 Kilometern schiffbar gemacht, der Rest der Strecke per Eisenbahn zurückgelegt werden sollte. Was den Trassenbau betrifft,

Franz Joseph Ritter von Gerstner (1756–1832) war Techniker und Professor für Mathematik und Mechanik in Prag. 1806 wurde er erster Direktor des Polytechnischen Instituts in Prag, an dessen Gründung er mitgewirkt hatte. Gerstner legte das erste Projekt für einen Schienenweg zwischen Moldau und Donau vor; er zählt, wie sein Sohn Franz Anton, zu den Pionieren der Eisenbahn in Österreich.

Salz Transport auf der Eisenbahn. *Diese Zeichnung von Franz Anton Ritter von Gerstner illustriert ein aktuelles Thema: die Vorteile der Bahn gegenüber dem Gütertransport auf der Straße. Gerstner wollte zeigen, daß ein Pferd auf dem Schienenweg acht- bis zehnmal mehr ziehen könne als auf der Straße, was infolge technischer Mängel jedoch nicht ganz eintraf. Salz war seit je kostbares Handelsgut, das auf der uralten Salzstraße Mauthausen/Enns–Pregarten–Freistadt und Kerschbaumer Sattel nach Böhmen und weiter verfrachtet wurde. Kein Wunder, daß die erste Schienenbahn Kontinentaleuropas auf dieser Route fuhr. Das weiße Gold, eine bedeutende Einnahmequelle für den Staat, war ein wichtiges Transportgut der Pferdebahn: Allein 1843 beförderte sie 350 000 t Salz Richtung Budweis.*

Franz Anton Ritter von Gerstner (1796–1840), Professor am Wiener Polytechnikum, übernahm den von seinem Vater, F. J. Gerstner, angeregten Bau der Pferdeeisenbahn Gmunden–Linz–Budweis; es war die erste öffentliche Eisenbahn auf dem europäischen Kontinent und die damals höchst gelegene Bahn der Welt. 1828 vollendete er die Strecke Budweis–Kerschbaum (62,2 km). Der Eisenbahnfachmann ging nach Meinungsverschiedenheiten mit den Aktionären 1829 nach England, 1834 nach Rußland und 1838 in die USA.

war der Österreicher sogar dem Land der Dampfmaschine, nämlich England, voraus, wo Steilstufen vorwiegend mit dampfgetriebenen Seilzügen überwunden wurden. Gerstner schlug statt dessen vor, Höhenunterschiede durch eine gleichmäßige, leichte Steigung auf einer durchlaufenden Trasse auszugleichen (wie dies seit dem Bau der Semmeringbahn bis heute erfolgt).
1820 übernahm Gerstners Sohn, Franz Anton, Professor am Wiener Polytechnikum, die Fortsetzung dieser verkehrstechnischen Studien. Nur wenig später wurde sein Projekt einer von Pferden gezogenen Eisenbahn zwischen Budweis und Linz angenommen. 1824 baute Gerstner eine 227 Meter lange Versuchsstrecke für eine Pferdeeisenbahn „nach englischem Vorbild" im Wiener Prater, worauf er noch im selben Jahr ein Privileg zur Errichtung einer „Holz- und Eisenbahn von Budweis nach Mauthausen in Oberösterreich" erhielt. Da er jedoch selbst nicht die nötigen Mittel dafür besaß, überließ er seine Konzession einer 1825 eigens dafür gegründeten Gesellschaft: der „k. k. privil. ersten Eisenbahn-Gesellschaft".

Franz Zola (1795–1847), Vater des Schriftstellers Emile Zola (1840–1902; rechts im Bild), war auf Initiative von F. A. Gerstner Bauleiter der Pferdeeisenbahn Linz–Budweis. 1829 erwarb er ein kaiserliches Privileg für den Bau einer Bahn von Linz nach Gmunden, verkaufte es aber und übersiedelte 1831 nach Frankreich, wo er Festungsbauten entwarf. Sein Privileg ging 1834 an die „k. k. privil. erste Eisenbahn-Gesellschaft".

Bauverlauf

Noch im selben Jahr, 1825, als George Stephensons *Locomotion* bereits einen Zug mit 29 Wagen von Stockton nach Darlington zog, wurde in Österreich mit der Errichtung der Pferdeeisenbahn begonnen – der ersten Überlandbahn auf dem Kontinent. Die Bauleitung übernahm Franz Anton Ritter von Gerstner, dessen zukunftsweisende Planungen auch den Betrieb von Dampfmaschinen ermöglicht hätten. In anderen Bereichen hingegen verschätzte er sich: Frachtvolumen, Leistungsfähigkeit und Geschwindigkeit der Bahn setzte er zu hoch, Bauzeit (zwei Jahre!) und Kostenrahmen zu gering an, was zu argen finanziellen Problemen und Schwierigkeiten mit den Aktionären führte. 1828 war die Strecke noch immer nicht durchgehend befahrbar, und Gerstner wurde seiner Funktion enthoben. Er verließ Österreich, blieb aber weiterhin im Bahnbau tätig – zunächst in England, dann in Rußland und schließlich in den USA, wo er 1840 in Philadelphia (Pennsylvania) starb.
Die Bauleitung der Linz–Budweiser Bahn übernahm sein Schüler und Kritiker, der junge Ingenieur Matthias Schönerer. Sein Ziel: Verringerung der Kosten durch eine vereinfachte Bauweise (steilere Strecken, engere Krümmungsradien), wodurch allerdings die spätere Umstellung auf Dampfbetrieb ohne teuren Umbau und damit eine überregionale Wettbewerbsfähigkeit der Bahn unmöglich geworden war.
Am 21. Juli 1832 wurde die Pferdeeisenbahn mit einer Besichtigungsfahrt von Kaiser Franz I. und seiner Gemahlin, Karoline Auguste Charlotte von Bayern, eröffnet; am 1. August desselben Jahres wurde auf der Strecke Linz–Budweis der durchgehende Güterverkehr, 1834 der Personenverkehr aufgenommen. Die Züge wurden von Norica-Pferden gezogen und

Matthias Ritter von Schönerer (1807–1881) kam durch seinen Lehrer am Wiener Polytechnikum, F. A. Gerstner, 1824 zur Linz–Budweiser Pferdeeisenbahn, deren Bau er 1828–1832 leitete. 1834–1836 errichtete er die Fortsetzung nach Gmunden. 1839–1855 arbeitete er bei der Wien–Gloggnitzer Bahn und der Südlichen Staatsbahn; 1839 führte er erste Vermessungen einer Bahnlinie über den Semmering durch. Sein Sohn Georg Ritter von Schönerer (1842–1921) wurde als deutschnationaler Eiferer im Reichsrat und Inspirator Adolf Hitlers unrühmlich bekannt.

Am 21. Juli 1832 wird die erste Schienenbahn des europäischen Festlands feierlich eröffnet: Mit einer kurzen Besichtigungsfahrt von Urfahr bei Linz nach St. Magdalena weihen Kaiser Franz I. und seine Gemahlin die Pferdeeisenbahn Linz–Budweis ein. Das Gemälde von Anton Bayer, 1832, zeigt die Ankunft des Hofzugs in St. Magdalena; hinter dem Kaiserpaar sitzt der Bauleiter Matthias Schönerer, Erklärungen gebend. Es ist übrigens die erste „Hofzugreise" mit der Eisenbahn und die erste bildliche Darstellung einer solchen Fahrt.

waren etwa dreimal schneller als die Gespanne auf den Sandstraßen. Die Bahn hatte eine Gesamtstreckenlänge von 128,8 Kilometern, drei Umspannstationen, sieben Stationen und 46 Wächterhäuschen. 1836 erfolgte eine Streckenerweiterung um 68 Kilometer nach Süden bis zur Salz-Stadt Gmunden.

Unter- und Oberbau

Die Spurweite der Linz–Budweiser Bahn betrug 1106 Millimeter. Der Bahnkörper, die sogenannte *Straße*, war 2,84 Meter breit, sodaß beiderseits der Gleise ein Straßen- oder Bahnbankett von je 87 Zentimeter Breite blieb. Die Dämme der Nordrampe (Budweis–Kerschbaum) wiesen einen seitlichen Böschungswinkel von 45 Grad auf; wo überflüssiger Erdaushub vorhanden war, wurden die Böschungen sanfter und die Straße breiter angelegt. Auf der Südrampe (Kerschbaum–Linz) gab Schönerer den Dämmen eine Böschung von 60 Grad.

Das *Bahngerippe* bestand aus den Längsschwellen (Straßen- oder Bahnhölzer, Geleisebäume) und den Querschwellen (Grundschwellen, Polster). Die Längsschwellen aus Fichten-, Tannen- oder Föhrenholz waren 3,80 bis 7,60 Meter lang und viereckig behauen, mit einem Querschnitt von 15,80 mal 18,40 Zentimetern; später wurden auch Lärchen- und Eichenholzschwellen verwendet, die durch Zapfen mit den runden, nur oben behauenen Querschwellen aus Föhrenholz – Durchmesser 21 bis 23,50 Zentimeter – verbunden wurden; die Abstände zwischen den Querschwellen betrugen 1,89 Meter. Auf die Längsschwellen wurden 2,80 bis 3,80 Meter lange, an der inneren Schienenkante abgerundete schmiedeeiserne Flachschienen aufgenagelt.

KARTE
DER EISENBAHN ZWISCHEN BUDWEIS UND LINZ
Herausgegeben vom Bauführer
Der Bau dieser Bahn wurde durch eine privilegirte Actien Gesellschaft in dem Zeitraume der Jahre von 1825 bis 1832 ausgeführt, erforderte 320000 Kubik
wand von 1,654,322 Conventions Gulden. Die Bahn wird seit 1ten August 1832 in ihrer ganzen Länge ununterbrochen zum Transporte des Salzes und
gelten Geleisen. Ein Pferd zieht im Durchschn. der ganzen Strecke 70 W. Zentner reine Ladung, auf der bestehenden k: k: Chaussée dagegen höchstens 10 Zentner,
dem 3¾ Meilen unterhalb Linz liegenden Markte Mauthausen; nach Vollendung dieser Bahn Strecke war man, der eingetretenen, veränderten Kommerz Verhältnisse
was nur durch eine minder vollkommene Trace
Rudolphstadt
Budweis
Welleschin
Kaplitz
Krumau
Längen Profil der 67940 Wiener Klafter oder beinahe
Längen Profil der 50540 Wiener Klafter oder 12⅝ M.
Lithographirt von Franz Weiß

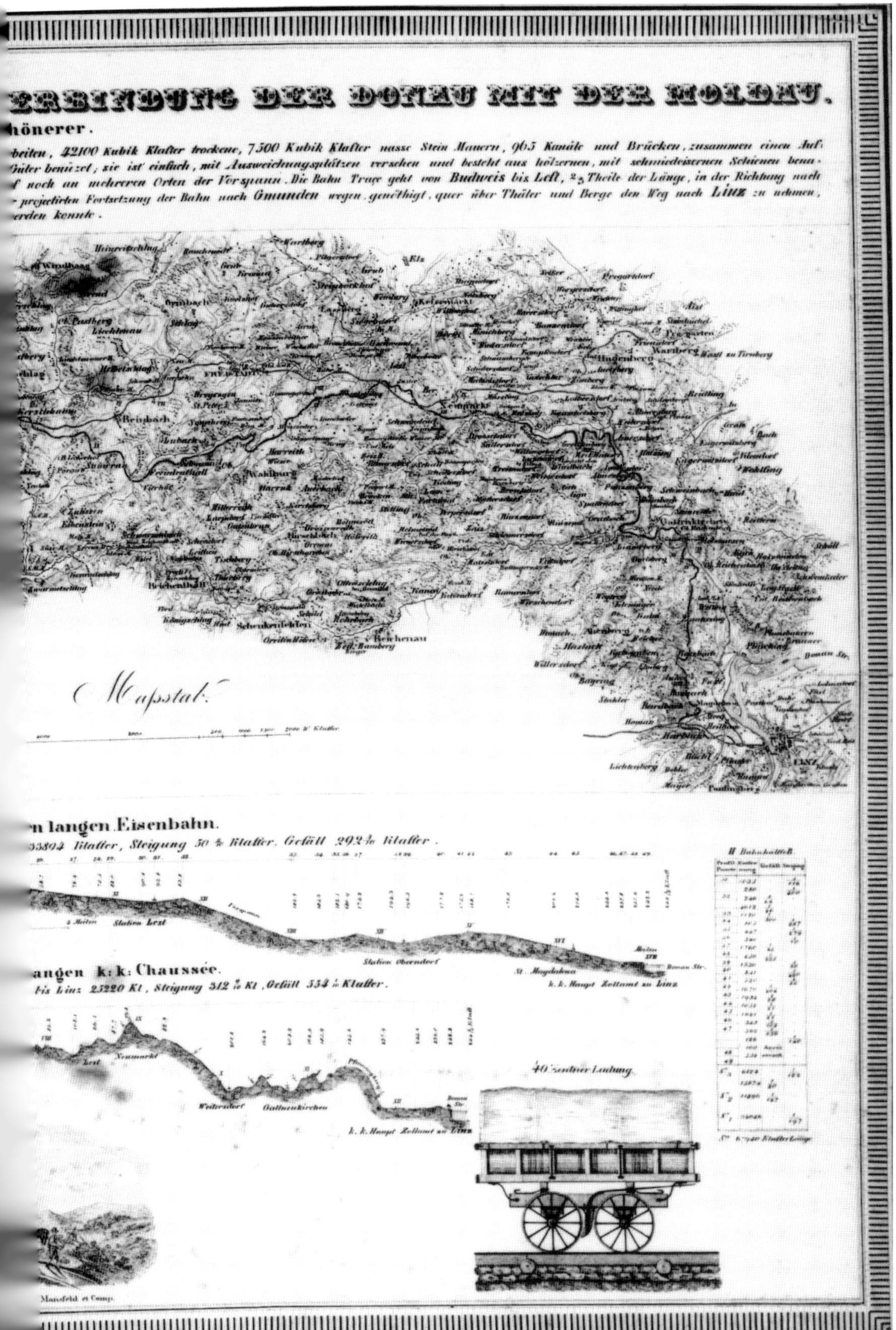

Karte der Eisenbahn zwischen Budweis und Linz zur Verbindung der Eisenbahn mit der Moldau. Herausgegeben vom Bauführer M. Schönerer. *Die Karte, lithographiert von Franz Weiss, zeigt den Streckenverlauf der Pferdeeisenbahn Gmunden–Linz–Budweis, der ersten „Schienenstraße" auf dem europäischen Kontinent; die Gesamtstrecke war mit 197 km damals die längste Eisenbahnstrecke der Welt. Darunter: Längenprofile der Eisenbahn und der „k. k. Chaussee", die Ansicht eines Zuges auf der Strecke (Mitte) sowie beladener Frachtwagen.*

Urfahr & Pöslingberg Linz am 26.ten Juli 837. *Die Zeichnung (Künstler unbekannt) zeigt einen Bezug der Pferdeeisenbahn mit zwei gedeckten Personenwagen unweit der Donaubrücke.*

1843 begann man die hölzernen durch steinerne Querschwellen *(Steinblöckchen)* zu ersetzen. Es waren roh behauene Steinwürfel, in denen ein Falz zur Aufnahme der Längsschwellen ausgestemmt war. 1843 wurden auf der Budweiser Strecke 6,20 Kilometer, auf der Gmundner Strecke 14,80 Kilometer mit den steinernen Querschwellen versehen, 1845 waren bereits rund 50 Kilometer der Strecke damit ausgestattet.

Güterverkehr

Ein Güterzug (*Transport*, später *Lasttrain* genannt) bestand 1832 aus 32, 1836 aus 36 Waggons. Mit zunehmender Frachtmenge wuchs die Zuglänge; auf der Strecke Lambach–Linz/Gleisdreieck verkehrten schließlich Güterzüge mit 90 Waggons (insgesamt 250–300 t Beladung). Der Transport setzte sich aus einzelnen *Bezügen* (1 bis 6 Wagen) mit je einem Kutscher zusammen. Auf den Strecken mit geringem Gefälle bestanden die Bezüge aus zwei hintereinander gespannten Pferden mit vier Wagen oder drei Pferden mit fünf bis sechs Wagen.

Die Geschwindigkeit betrug 3 bis 4,50 Kilometer in der Stunde, die Fahrtzeit für den Güterverkehr Linz–Budweis belief sich somit auf drei Tage. *Der Kondukteur*, der jeden Transport begleitete, mußte des Lesens und Schreibens kundig sein; er hatte Zugstränge und mindestens zwei große Fuhrmannswinden mit sich zu führen und ging zu Fuß neben dem letzten Bezug des Transports. Ab 1835 erhielt er dann einen Sitz auf einem Wagen, und 1857, schon in der Zeit des Dampfbetriebs, gab es schließlich einen eigenen Kondukteurwagen.

Natürlich trabten die Pferde nicht die ganze Strecke von Linz nach Budweis in einem. Entlang der Bahnlinie gab es, wie gesagt, drei Stationsplätze, bei denen die Zugtiere gewechselt wurden. Ein Güterzugpferd mußte pro Tag 42 Kilometer, ein Personenzugpferd 30 Kilometer als Pensum schaffen.

Befördert wurde wie seit je vor allem Salz, das den Hauptanteil an Einnahmen der Bahn ausmachte, aber auch verschiedene Kaufmannsgüter und böhmische Steinkohle.

Personenverkehr

Die Personenwagen verkehrten ab 1834 einzeln oder in Bezügen zu zwei Wagen und waren mit einem oder zwei Pferden bespannt. Die zulässige Belastung je Wagen betrug einschließlich Kutscher auf der Budweiser Strecke 10 bis 12, auf der Gmundner Strecke 20 Personen. Die Personenwagen erreichten auf der Bergfahrt eine Geschwindigkeit von 12, auf der Talfahrt ein Tempo von 15 Stundenkilometern – das war damals so rasant, daß viele Passagiere ihre Angst mit Haferschnaps bekämpften. Die Fahrt zwischen Linz und Budweis dauerte 14 Stunden und war nur von April bis Oktober möglich, in den Wintermonaten wurde der Personenverkehr auf dieser Strecke eingestellt.

Endpunkte waren auf der Budweiser Strecke der Stationsplatz Urfahr bzw. Budweis, auf der Gmundner Strecke die Plätze Linz bzw. Gmunden/Traundorf. Zwischen Linz und Urfahr (über die Donaubrücke) verkehrten keine Personenwagen.

Das Ende

Als die Bahn mit „animalischer" Traktion so richtig ins Laufen kam, fuhren freilich in England bereits die ersten Dampfeisen-

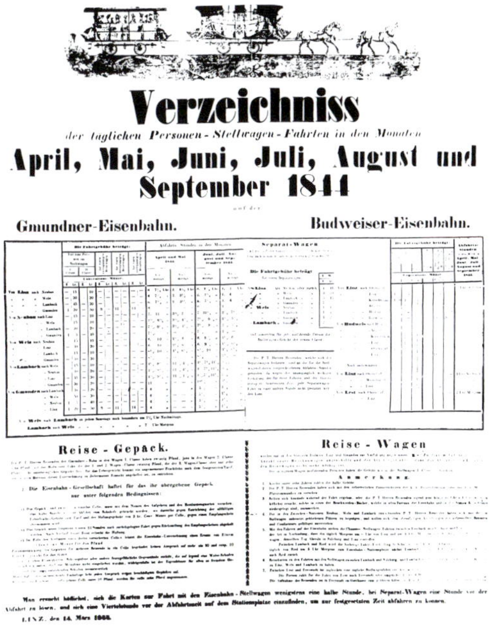
Verzeichniss
der täglichen Personen-Stellwagen-Fahrten in den Monaten
April, Mai, Juni, Juli, August und September 1844
auf der
Gmundner-Eisenbahn. Budweiser-Eisenbahn.

Reise - Gepäck.

Reise - Wagen

Fahrplan und Fahrpreise der Gmundner und Budweiser Linie, April bis September 1844.

bahnen. Auch in Österreich begannen sich ab 1837 die „Dampfrösser" durchzusetzen. Man war also bald bestrebt, den Linz–Budweiser Betrieb umzurüsten. Probefahrten mit einer eigens gebauten Maschine – der Lokomotive „Linz" (25 PS) aus der Maschinenfabrik Günther in Wiener Neustadt – mißlangen jedoch zunächst aufgrund der einstigen Planungseingriffe Schönerers. Der Umbau war kostspielig und erfolgte daher durch die „k. k. privil. erste Eisenbahn-Gesellschaft" ab 1854 zwischen Linz und Budweis nur allmählich; als erstes wurde 1856 der Pferdebetrieb auf der Gmundner Linie ganz eingestellt und durch die „Dampftraktion" ersetzt – es war nach der 50 Kilometer langen Linie Antwerpen–Gent (Spurweite 1150 mm) die zweite dampfbetriebene Schmalspurbahn auf dem Festland.
Diese späte und aufwendige Einführung des Dampfbetriebs beschleunigte das Ende: 1857 ging die „k. k. privil. erste Eisenbahn-Gesellschaft" mit ihren Konzessionen, den Bahnanlagen und dem Betrieb des Salzgeschäfts in den Besitz der neugegründeten Kaiserin Elisabeth-Westbahngesellschaft über, die in Teilstrecken die Auflösung der ersten österreichischen Eisenbahnlinie begann, ein Prozeß, der sich über 15 Jahre hinzog: 1872 war die Einstellung der Pferdebahnstrecken abgeschlossen, nur das Teilstück Lambach–Gmunden/Traundorf blieb im Verkehr; 1903 als Normalspurbahn eröffnet, wird sie heute noch für den Güterverkehr benützt, der Personenverkehr wurde 1988 eingestellt.
Das Schicksal der ersten und zugleich letzten Pferdeeisenbahn Österreichs war damit erfüllt. Obzwar schon während ihres Baues überholt, gilt sie bei allen Schwierigkeiten als beispielhaft für den technischen Pioniergeist des frühen 19. Jahrhunderts: Sie war nicht nur die erste öffentliche Schienenbahn des Kontinents, sondern mit der Strecke Linz–Gmunden – ebenfalls eine technische Leistung Gerstners und Schönerers – auch Vorreiterin der österreichischen Gebirgsbahnen.

Der Personenwagen „Hannibal", für die Pferdeeisenbahn 1841 in Urfahr gebaut, mit innen und außen je vier Sitzen. Heute bietet das „Pferde-Eisenbahn-Museum" in Kerschbaum eine Kostprobe der ehemals 14stündigen Fahrt von Linz nach Budweis.

Die Personenzug-Lokomotive „Gmunden" (Herstellung: Lokomotivfabrik W. Günther, Wiener Neustadt, Baujahr: 1854, Gewicht: 11 t), die seit dem 1854 einsetzenden Dampfeisenbahnbetrieb der Strecke Linz–Gmunden von der „k. k. privil. ersten Eisenbahn-Gellschaft" verwendet wurde. Bis 1884 in Betrieb, ist sie als einzige jener Serie von insgesamt 10 Dampfloks erhalten geblieben und kann als Zeugnis früher österreichischer Eisenbahngeschichte im Technischen Museum Wien besichtigt werden.

Die Entwicklung der Eisenbahn in der Donaumonarchie

Elisabeth Loisch

Die Eisenbahn als Wirtschaftsfaktor

Mit dem interkontinentalen Transportsystem der Dampfeisenbahn wurden die Voraussetzungen für das Entstehen der modernen Wirtschaft geschaffen. Die Bahn revolutionierte vor allem die Güter- und Rohstoffbeförderung, konnten doch auf dem Schienenweg im Vergleich zum alten Pferdefuhrwerksverkehr große Frachtmengen mit geringem Aufwand auch über weite Strecken konkurrenzlos rasch und preiswert befördert werden.

In Österreich-Ungarn fehlten aufgrund mangelnder Industrialisierung zunächst noch die entsprechenden wirtschaftlichen Voraussetzungen für einen florierenden Güterverkehr, sodaß hier die Bahn den Personenverkehr von Anfang an stark einbezog. Erst im letzten Drittel des 19. Jahrhunderts entstanden vermehrt neue Industriestandorte, die entweder durch die Bahn verkehrsmäßig eingebunden werden konnten oder – was häufiger der Fall war – entlang der Bahnstrecken angelegt wurden, wobei private Werksbahnen und Gleisanschlüsse für die Massengutproduzenten direkte Anbindungen an das Streckennetz schufen.

Neben Salz und Erzen war vor allem der industrielle Brennstoff Kohle, insbesondere in den nördlichen Kronländern der Monarchie, eines der wichtigsten Frachtgüter der Bahn. So transportierte beispielsweise die durch Westböhmen dampfende Aussig–Teplitzer Eisenbahn auf einem Streckennetz von lediglich 253 Kilometern 8 Millionen Tonnen Kohle pro Jahr – rund 800 000 Waggonladungen. Zum Vergleich: Die Stadt Wien benötigte im Jahr 1911 für die Stromerzeugung täglich etwa 1000 Tonnen Kohle, das waren rund 100 Waggons. 15 Prozent der gesamten Kohlenförderung dienten als Brennstoff für die Lokomotiven, Großabnehmer aber war die aufstrebende Eisenindustrie. Auch der gründerzeitliche Bauboom profitierte von der Schiene: So hatte die Fertigstellung der Linie Wien–Triest im Jahr 1857 wesentlichen Einfluß auf die Bau- und Dekorsteinversorgung Wiens während der Ringstraßen-Epoche, als etwa ge-

Eisenbahnbrücke bei Brünn. Aquarell von Eduard Gurk, o. J. Die Kaiser Ferdinands-Nordbahn, nach Plänen von Franz Xaver Riepl (1790–1857) erbaut und am 13. November 1837 eröffnet, befuhr seit 7. Juli 1839 die Strecke Wien–Brünn.

Eisenbahn Entfernungskarte. *Mehrfarbendruck, 1887. Die Karte gibt an, in wieviel Stunden mit der schnellsten täglichen Zugverbindung Orte der Monarchie von Wien aus erreicht werden konnten.*

waltige Mengen an „Karstmarmoren" aus Istrien und Dalmatien in Wien und im übrigen Österreich gefragt waren.

Schon um die Jahrhundertwende gab es die „Huckepack"-Beförderung von Straßenfahrzeugen oder Containern sowie die Spezialisierung von Güterwaggons auf bestimmte Erzeugnisse und Aufgaben. Auch das „Aufschemeln" von Normalspurwagen zwecks umladefreier Direktzustellung an Anschlußnehmer von Schmalspurbahnen war bereits üblich. Bedeutung hatte außerdem die temporäre Einrichtung von Schmalspurstrecken im Zuge verschiedener Großbauvorhaben.

Das Eisenbahnnetz am Beispiel einiger Kronländer und Ungarns

Die Einführung der Dampfeisenbahn – mit der nach Heinrich Heine ein „neuer Abschnitt in der Weltgeschichte" begann – erfolgte in Österreich 1838 mit der Inbetriebnahme der „k. k. priv. Kaiser Ferdinands-Nordbahn", die Wien mit den Bergbau- und Industriegebieten in Böhmen, Mähren, Schlesien und Galizien verbinden sollte. Von da an entwickelte sich die Haupt- und Residenzstadt zum Eisenbahnmittelpunkt des Reiches, wenngleich das Bahnnetz der Habsburgermonarchie insgesamt an Dichte und Leistungsfähigkeit mit erheblichen Verzögerungen europäischen Standard erreichte.

1835/36, als in England, Frankreich und Deutschland schon Lokomotiven dampften, waren die Konzessionen für die von Wien ausgehenden Zentralbahnen vergeben worden. Damals setzte Erzherzog Johann durch, daß die Trassenführung der Südbahn nicht, wie geplant, durch Westungarn, sondern über die Steiermark ging,

Der Bahnhof in Gratz. *Kolorierter Stich von J. Vinzenz Reim, um 1845. Es war einer Initiative Erzherzog Johanns zu verdanken, daß die Südbahnstrecke durch die Steiermark führte. Am 1. Oktober 1844 eröffnete er die zweite große Teilstrecke Mürzzuschlag–Graz in Vertretung Kaiser Ferdinands. Die Fahrzeit betrug damals drei Stunden und 41 Minuten samt Aufenthalt in den insgesamt 14 Stationen – das war dreimal so schnell wie die Postkutsche.*

Bahnhof von Triest. *Blatt 13 in: „Zur Erinnerung an die Eröffnung der Staats-Eisenbahn von Laibach bis Triest (o.O., 1857)". Die Farblithographie von Giovanni Varoni aus dem Jahr1857, als die Südbahn erstmals durchgehend von Wien bis an die Adria fuhr, zeigt die umfangreichen Triestiner Bahnhofsanlagen mit Blick zum Hafen; das Areal mußte zum Teil durch Anschüttungen aus dem Meer gewonnen werden.*

Ankunft eines Zuges am Nordwestbahnhof in Wien. *Gemälde von Karl Karger, 1875. Die Privatbahngesellschaft „Österreichische Nordwestbahn" wurde 1868 gegründet. Sie übernahm die 1841 erbaute Nordbahnstrecke Floridsdorf–Stockerau und verlängerte sie 1871 über Hollabrunn–Retz–Znaim nach Mähren. 1908 wurde sie verstaatlicht. Nach 1918 verlor sie an Bedeutung. Der Bahnhof am Tabor, wie der Nordbahnhof für viele Einwanderer einst wichtige Ankunftsstelle in der Residenzstadt, wurde 1924 stillgelegt und der alte Bau 1959 abgebrochen; das Gelände dient heute als Frachtenbahnhof. Die Bahn selbst war bis 1960 in Betrieb; an ihrer Stelle verkehrt seit 1962 die Schnellbahn.*

was für dessen Aufschwung von entscheidender Bedeutung war. 1841 eröffnete die „Wien–Raaber Eisenbahngesellschaft" des Bankiers Simon Georg Freiherr von Sina die Strecke Wien–Wiener Neustadt, die über Ödenburg (Sopron) bis Raab (Györ) verlängert werden sollte. Da der ungarische Landtag aber gegen letztere Linienführung Einspruch erhob, wurde die Bahn 1842 bis Gloggnitz weitergeführt. So entstand die Wien–Gloggnitzer Bahn, die zum Keim der späteren Südbahn wurde. 1844 eröffnete Erzherzog Johann die Strecke Mürzzuschlag–Graz – damals mußten noch alle Personen und Güter zwischen den Bahnhöfen Gloggnitz und Mürzzuschlag mit Pferdefuhrwerken über den Semmering gebracht werden. 1849 erreichte die Südbahn Cilli und Laibach in Krain (Celje und Ljubljana, Slowenien). 1854 wurde mit der Eröffnung der Semmeringbahn die Strecke komplettiert, und 1857, nach insgesamt 17jähriger Bauzeit, erreichte sie schließlich Triest, den bei weitem bedeutendsten Hafen des damaligen Österreich. So entstand mit der Zeit ein Eisenbahnnetz, das die großen Wirtschaftszentren im Wiener Raum, in der Steiermark und in den nördlichen Kronländern wie Böhmen und Mähren miteinander verband, wobei jede der zunächst privaten Bahngesellschaften ihre eigenen Bahnhöfe und eine weitgehend autarke Infrastruktur unterhielt.

Böhmens reiche Bodenschätze und die damit verbundene Industrieentwicklung hatten zur Folge, daß sich in dem bevölkerungsstarken Kronland das dichteste Eisenbahnnetz der Monarchie entwickelte – bestehend aus Staatsbahnen sowie mehreren großen Privatlinien. Infolge günstiger Infrastruktur sowie einer dem Bau von Nebenbahnen förderlichen Gesetzgebung gab es eine Vielfalt an Lokalbahnen, und mit dem Elbehafen Aussig verfügte Böhmen über eine durchgehende Transportkette vom Schienen- zum Wasser-

Aus den vielen Zechen der westböhmischen Kohlenreviere wurden die beladenen Kohlenwagen von der Aussig–Teplitzer Eisenbahngesellschaft nach Aussig an der Elbe, einem der größten Binnenhäfen der Monarchie, transportiert. Im Bild: die „k. k. Schachtanlage Julius II" bei Brüx, 1889; rechts die ATE-Lokomotive 26 (oder 28) beim Verschub von Kohlenwagen in der Verladeanlage.

weg Richtung Sachsen und norddeutsche Seehäfen.
Eines der reichsten Kronländer war *Mähren* mit seinen Kohlerevieren. Seine Wirtschaftsstruktur war von ergiebiger Landwirtschaft (Getreide, Zuckerrübenbau usw.) und Industrie bestimmt, wobei naturgemäß der Abbau von Kohle und die Verhüttung von Eisen eine bedeutende Rolle spielten. Die erste Bahn in Mähren war die Hauptlinie der Nordbahn mit ihrem Streckenabschnitt Lundenburg–Brünn (fertiggestellt 1839), worauf rasch Ausbauten Richtung Prag, Schlesien und Galizien sowie von zahlreichen Nebenstrecken folgten.

Nach Mähren wurde *Österreich-Schlesien* – hochindustrialisiert und nach Niederösterreich das dichtest besiedelte Kronland der Monarchie – durch die Nordbahn erschlossen. Berg- und Hüttenwerke, Metall- und Maschinenindustrie sowie Textilherstellung waren die Säulen der schlesischen Wirtschaft. Den ersten Rang nahm die Steinkohlengewinnung im Ostrau-Karwiner Becken und die angeschlossene Hüttenindustrie ein.
Galizien mit seinem Vielvölkergemisch und seinen reichen Salzlagern wurde von mehreren wichtigen Bahnlinien durchzogen, darunter der Nordbahnstrecke Wien–Krakau mit der anschließenden Galizischen Carl Ludwig-Bahn nach Lemberg (Lwow, heute Rußland) bzw. Czernovitz in der Bukowina (heute Ukraine). Vier wichtige Schienenwege führten über die Karpaten nach Ungarn, die alle für den transkontinentalen Güterverkehr Deutschland–Schwarzes Meer, Ungarn–Deutschland und Österreich–Rußland große Bedeutung besaßen.

Für *Ungarn* – samt Kroatien und Slawonien – hatte bereits 1846 ein erster Vorschlag des ungarischen Politikers István Graf Széchenyi die Verbindung von Buda mit dem Adriahafen Fiume vorgesehen. Die Idee konnte aber erst 1873 verwirklicht werden, da zunächst die technischen Möglichkeiten zur Errichtung einer Gebirgsbahn als notwendige Streckenfüh-

Schlesische Nordbahnindustrie des Fin de siècle in Bielitz (Bielsko). Der Kapitalismus florierte, doch Arbeit und Brot wurden für viele mit 60-Stunden-Woche, Staublunge und Tbc erkauft.

rung über den Kroatischen Karst fehlten. Erst nachdem Carl Ritter von Ghega seine spektakuläre Bahn über den Semmering, das Laibacher Moor und den Karst nach Triest fertiggestellt hatte, konnte die Fiumaner Bahn realisiert werden. 1883 erreichte die für den Balkan wichtige Bahnverbindung Budapest–Belgrad die Staatsgrenze bei Zimony, wo 1884 die Save-Brücke eröffnet wurde.

Schon um 1836 hatte in Ungarn der Streit begonnen, ob die Eisenbahnlinie Wien–Pest bzw. –Ofen (Buda) am linken oder am rechten Donauufer erbaut werden solle. Es setzte sich die Rothschild'sche Konzeption der linksufrigen Streckenführung durch, und am 15. Juli 1846 konnte der erste, 34 Kilometer lange Abschnitt Pest–Vác (Waitzen) und kurz darauf der erste Bahnhof in Pest, jener der Ungarischen Central-Bahn, eröffnet werden; die Strecke nach Wien wurde 1851 fertiggestellt (erst 14 Jahre darauf folgte ein weiterer Bahnhof, diesmal auf der Ofner Seite: der Südbahnhof hinter der Burg). Mit dieser ebenfalls Rothschild gehörenden Bahn erhielt Ungarn über den Südbahnknoten Pragerhof (Pragersko) und die Karstbahn eine Verbindung zum Adriahafen Triest.

Ein folgenreicher Zwischenfall ereignete sich in *Siebenbürgen*, das damals zu Ungarn (heute Rumänien) gehörte: Im Zuge der Errichtung der Ungarischen Ostbahn von Nagyvárad (Großwardein, heute Rumänien) bis Brassó (Kronstadt, heute ebenfalls Rumänien), mit deren – 1873 vollendeten – Bau der britische Unternehmer Charles Waring beauftragt war, kam es zu Unterschlagungen, die zu einem Skandal führten. Als Folge leitete die energische ungarische Regierung umgehend die Verstaatlichung der Privatbahnen sowie den Ausbau staatseigener Eisenbahnstrecken

Der Hauptbahnhof von Lemberg, der Hauptstadt Galiziens. Der Prachtbau mit neobarocker Fassade wurde 1903 eröffnet. Die zweischiffige Bahnhofshalle aus Stahl – eine der größten Bahnhofshallen der Monarchie – überspannte acht durchgehende Gleise; sie besteht bis heute – freilich ohne Doppeladler am Giebel.

1874–1877 ließ die Österreichisch-Ungarische Staatseisenbahn-Gesellschaft anstelle des alten Pester Bahnhofs im Einklang mit den neuen Stadtbauregulierungsplänen für Budapest einen imposanten neuen Bahnhof nach Vorentwürfen von Auguste de Serres errichten. Die endgültigen Entwürfe und die Ausarbeitung der Hallenkonstruktion erfolgten durch das Pariser Büro von Gustave Eiffel. Der Budapester Westbahnhof gilt heute als Kunstdenkmal.

ein, womit sie vielen europäischen Ländern voraus war. Auch die Erste Siebenbürger Eisenbahn war darunter, an deren Strecke bei Petroszény (heute Rumänien) die größten Kohlenvorkommen Ungarns lagen; nach der Verstaatlichung bereitete man noch vor dem Ersten Weltkrieg die Elektrifizierung dieser wichtigen Linie vor und machte bereits Versuche mit Betonschwellen.

Um diese Zeit erfolgte das bedeutendste staatliche Bauvorhaben jener Epoche: die zweite Eisenbahnverbindung nach Triest, dem wichtigsten Handelshafen der Monarchie. Die große Alpenbahn der „k. k. Südlichen Staatsbahn", beginnend in Linz und bestehend aus Pyhrn-, Tauern-, Karawanken-, Wocheiner- und Karstbahn (1905–1910), sollte das nahezu 50jährige Transportmonopol der privaten Südbahn (Wien–Graz–Marburg–Laibach–Triest) durchbrechen. Das Eisenbahnnetz der Donaumonarchie hatte damit seine größte Ausdehnung erreicht.

Per Bahn ins Kurbad

Neben der Industrie erhielt noch ein aufstrebender Wirtschaftszweig wichtige Impulse durch die Eisenbahn: der Fremdenverkehr, zu dem schon damals neben der „Sommerfrische" vor allem der Kurbetrieb gehörte.

Heilbad- und Luftkurorte besaßen zur Zeit der Monarchie noch einen etwas anderen Rang als heute. Man suchte sie nicht nur der Heilung bzw. Linderung von Krankheiten oder der Erholung und Ruhe wegen auf, sondern bevorzugt aus gesellschaftlichen Gründen. Der Kuraufenthalt diente Bürgertum und Aristokratie zu mondäner Unterhaltung. Man traf einander, fand Zerstreuung auf Promenaden und Landpartien, machte Bekanntschaften und knüpfte Verbindungen.

So verschieden sie sein mochten, eines hatten alle Bäder im 19. Jahrhundert gemeinsam: Man mußte sie mit der Eisenbahn erreichen können. Der Verlauf so mancher Bahnstrecke und besonders der Bahnstationen wurde daher nicht zuletzt von der Lage der Kurorte bestimmt. So ließ 1842 die Wien–Gloggnitzer Bahn selbstredend in der Kurstadt Baden, wo der Wiener Hof aus alter Tradition sommers Aufenthalt nahm, ihr bedeutendstes „Aufnahmsgebäude" errichten. Herkulesbad (heute Baile Herculan, Rumänien), in der Nähe der Porta Orientalis, stach mit einer herausragenden Baukomposition seines Wartegebäudes der Österreichisch-Ungarischen Staatseisenbahn-Gesellschaft hervor. Auch Teplitz-Schönau (Teplice Šanov, Böhmen) bekam ein stattliches Gebäude, ebenso Marienbad (Mariánské Lázně, Böhmen). Nach Abbazia (Opatija, heute Kroatien) führte zur guten Erreichbarkeit vom Städtchen Matuglie bei Fiume eine eigens errichtete Straßenbahn. Auch Palics (Serbien) und Trentschin-Teplitz (Ungarn, heute Trenčianské Teplice, Slowakei) wurden mittels Überlandstraßenbahnen bequem erreichbar. Die Königlich Ungarischen Staatsbahnen (MÁV) erschlossen kurz vor dem Ersten Weltkrieg das Nordufer des Plattensees mit einer direkten Bahnverbindung. Und der Streckenverlauf der Tauernbahn, 1901–1909 als Teil der großen Alpenbahn (Südliche Staatsbahn) nach Triest erbaut, wurde so gewählt, daß Badgastein Anschluß an das Bahnnetz erhielt, was zum Wandel des alten Salzburger Heilbads in einen Kurort von bis heute internationalem Ruf entscheidend beigetragen hat.

Ob Luftkurorte oder Heilbäder: Die Bahn belebte traditionsreiche Tourismusgebiete und gab selbst wichtige Impulse. So baute die Südbahn-Gesellschaft eigene Luxushotels in reizvollen Gegenden wie am Semmering oder in Abbazia und förderte so nicht nur den Fremdenverkehr, sondern auch die Frequenz ihrer Züge, die als Zubringer dienten. Im Bild: Das Südbahnhotel am Semmering, damals „Semmering-Hôtel" genannt. Foto, 1887.

Die Tauernbahn: Empfang Kaiser Franz Josephs I. in Hofgastein anläßlich der Eröffnung der Nordrampe am 20. September 1905.

Hofsalonwagen Hz 0011 (Hersteller: F. Ringhoffer, Prag-Smichov; Baujahr: 1873; Länge: 9,70 m, Breite: 2,93 m, Höhe: 3,93 m; Gewicht: 18 t). Als Huldigung an Kaiserin Elisabeth ließen die Bahngesellschaften zwei Wagen für die Reisen der Monarchin anfertigen. Die aufwendige Garnitur, bestehend aus Salon- und Schlafwagen samt Faltenbalg-Übergang (damals eine Rarität), wurde 1873 übergeben. Der Schlafwagen wurde 1895 als „Hz 0011" in den ersten kaiserlichen „Hofzug" eingereiht. Schon 1905 dem Österreichischen Eisenbahnmuseum gewidmet, mußte der Wagen 1918 nicht mit dem übrigen Kaiserzug den Siegermächten übergeben werden; er besteht deshalb noch als einziger des Hofzuges und kann im Technischen Museum Wien besichtigt werden.

EISENBAHN IM WIENER BIEDERMEIER

KÄTHE SPRINGER

„Die G'schwindigkeit und folglich die Eisenbahn soll leben"
Johann Nestroy

Die Dampfeisenbahn fand von Anfang an Eingang in die Wiener Kultur. Musik und Literatur widerspiegelten die veränderten Lebensgewohnheiten als „Vergnügen" und „Abenteuer" – komödiantische Zeichen einer tieferen Verunsicherung und beginnenden Entfremdung unter dem Einfluß des technischen Fortschritts. Lust und Angst vermengten sich; im biedermeierlichen Vergnügungstaumel verschwammen die Grenzen zwischen Theatralik und Realität: Die Eisenbahnfahrt galt als sensationelle Lustbarkeit, als Spektakel sondergleichen, und „Lustreisen" – arrangierte Rundreisen der Eisenbahngesellschaften – entwickelten sich zu Publikumsmagneten. „Mit Liebe und Dampf geht Alles." Nicht immer mit Nestroy'scher Schärfe reflektierten Bühne wie Ballsaal die neue Zeit. Josef Lanner widmete – noch ehe die erste Eisenbahn von Floridsdorf gen Norden dampfte – der aufkommenden Technologie 1835 einen „Dampf-Walzer", Johann Strauß Vater konterte auf die Eröffnung der Nordbahn mit dem „Eisenbahn-Lust-Walzer", und Johann Strauß Sohn schrieb „Schwungräder" (1859) sowie „Train de Plaisir" (bekannter als „Vergnügungszug", 1864). Auch die Brüder des Walzerkönigs, Joseph und Eduard, schufen einschlägige Kompositionen wie „Bahn frei", „Tour und retour", „Reiselust" oder „Feuerfunken". Carl Michael Ziehrer und viele andere Tanz-, Kur- und Militärkapellmeister schufen weitere Eisenbahnpiècen; und für die Kleinsten schließlich entstand ein eigenes Liederbuch namens „Eisenbahnfahrt".

Auch die biedermeierliche Bühne widmete sich dem allseits beliebten „Train". Bereits am 2. März 1838 reagierte man im Theater an der Wien auf die Eröffnung der Nordbahn mit „Die Fahrt mit der Eisenbahn nach Wagram oder der Bräutigam von Ödenburg" von Louis Grois (Musik: Adolph Müller), gefolgt von weiteren Possen auf Wiener Bühnen; 1844 erschien „Eisenbahnheirathen oder Wien, Neustadt, Brünn" von Johann Nestroy, Musik von Andreas Scutta, mit dem Paradekomiker Wenzel Scholz in einer der Hauptrollen, der nicht zuletzt mit seinem damaligen Couplet „Die Gschwindigkeit macht mi verruckt" im Theater an der Wien Lachsalven erntete. Das Stück wurde 1960 im Theater in der Josefstadt in einer Neubearbeitung von Gerhard Bronner, Carl Merz und Helmut Qualtinger wiederaufgeführt; neben Publikumslieblingen wie Alfred Böhm, Heinz Conrads, Fritz Imhof oder Elfriede Ott spielte auch Qualtinger, der überdies einen Eisenbahn-Song – den „Bundesbahn-Blues" – unsterblich machen sollte.

Tunnels – Tummelplatz erotischer Fantasien: Der Gumpoldskirchner Tunnel der Gloggnitzer Bahn war der erste Eisenbahntunnel in Österreich. 165 m lang, erregte das sensationelle Bauwerk im Süden Wiens (hier nach einer Originalzeichnung aus dem Jahr 1840) naturgemäß die Gemüter. Der „Busserltunnel", um den sich rasch anzügliche Witze und Anekdoten rankten, krönte insbesondere die „Lustfahrten" – organisierte Vergnügungsbahnreisen, die im Biedermeier hoch im Kurs standen. „Recta Sequi!" (Folge der Geraden) wählten die Erbauer als Motto über der 1841 eröffneten Einfahrt.

Auf schmalen Spuren

Schmalspurbahnen in Österreich

ELISABETH LOISCH

Die großen Eisenbahnprojekte Europas um die Mitte des 19. Jahrhunderts waren fast ausnahmslos Normalspurbahnen. Die Ursache für ihr einheitliches Spurmaß von 1435 Millimeter lag darin, daß die ersten Lokomotiven in Europa alle aus der Fabrik George Stephensons stammten, gebaut nach der Spurweite seiner ersten Bahn zwischen Stockton und Darlington. Kleinere Spurweiten blieben, wie schon zuvor, auf den privaten Bahnbetrieb von Bergwerken und Fabriksanlagen beschränkt; öffentliche Schmalspurbahnen zählten lange Zeit zu den Ausnahmen.

In Österreich hat die Schmalspur Tradition: Die Pferdebahn zwischen Linz und Budweis – die erste öffentliche Eisenbahn Europas, die 1827–1832 abschnittsweise eröffnet wurde (siehe S. 81 f., Anm. d. Red.) – besaß eine Spur mit dem ungewöhnlichen Maß von 1106 Millimeter (= 3,50 österreichische Fuß) und war damit genaugenommen Österreichs erste Schmalspurbahn.
Verbreitung fand die Schmalspur in Österreich-Ungarn nach der Besetzung der bis dahin türkischen Grenzprovinzen Bosnien und Herzegowina entsprechend den Beschlüssen des Berliner Kongresses, der vom 13. Juni bis 13. Juli 1878 zur Regelung orientalischer Fragen stattfand. Am 29. Juli 1878 überschritten die ersten

Personenwagen I. II. Classe der k. und k. Bosnabahn (76 cm Spur, 8·00 m lang). Gebaut von der Wagenfabrik Freiherr von Ringhoffer, Prag-Smichow. *Foto, um 1890. Das ausgedehnte Schmalspur-Bahnnetz in Bosnien und Herzegowina, aus dem die 760-mm-Spurweite der österreichischen Schmalspurbahnen hervorging, gibt es heute nicht mehr, doch noch in den 1970er Jahren kamen bosnische Loks für Gleise dieser Spurweite zur Verwendung nach Österreich.*

Truppen die bosnische Grenze. Doch primitive Verkehrswege erschwerten den militärischen Vormarsch und verursachten massive Nachschubprobleme. Daher beauftragte die k.u.k. Heeresverwaltung die Firma Hügel & Sager, die gerade den Bau der Temesvár–Orsova-Bahn beendet hatte, mit der Errichtung einer 145 Kilometer langen Rollbahn für den Heeresnachschub ab Bosnisch Brod (Bosanski Brod), wo bis 1878 die Grenze zwischen der Habsburgermonarchie und dem Osmanischen Reich verlief. Die Baufirma verwendete dazu von ihren Baustellen Gleise und Baufahrzeuge mit einer Spurweite von 760 Millimetern, die als „Bosnienspur" in die Eisenbahngeschichte eingehen sollte. Eher zufällig entstanden, wurde sie – auf Wunsch der Militärbehörden – zur Einheitsschmalspur der Donaumonarchie.

Was zunächst als Provisorium für militärische Zwecke gedacht war, stand am Beginn eines ausgedehnten, mehr als 1000 Kilometer langen staatlichen Schmalspurnetzes samt ebensoviel privaten schmalspurigen Zubringer- und Waldbahnen im Okkupationsgebiet, das sich auch im zivilen Einsatz bewährte.
Heute besteht das verzweigte Schmalspurnetz nicht mehr, doch seinerzeit hat dieses vollwertige 760-mm-Verkehrssystem großes internationales Aufsehen erregt.

Begünstigt durch eine Reihe von Lokalbahngesetzen (1880–1910), entstanden in Österreich-Ungarn weitere, meist private Schmalspurbahnen, die sich besonders im gebirgigen Terrain und als Zubringer-Stichbahnen bewährten: Bis 1896 waren es 3785 Kilometer, davon 291 Kilometer mit 760 Millimeter, 30 Kilometer mit 1000 Millimeter und die übrigen mit verschiedenen anderen Spurweiten. Den Anfang

Ein mit Holz beladener Zug der Putna–Oglinde-Waldbahn in den Karpaten um 1900. Federzeichnung von Robert Russ, o. J. Die Waldbahnen, eine Variante der Schmalspurbahnen, dienten überwiegend zum Holzabtransport aus entlegenen Waldgebieten; ihre Strecken (Spurweite: 600 und 760 mm) lagen vor allem in den inneralpinen Gebieten Österreichs sowie in der Bukowina, Nordungarn, Slawonien, Bosnien und im waldreichen Siebenbürgen.

machten die Steyrtalbahn (1889) und die 67-km-Strecke der Salzkammergut-Lokalbahn (1890), denen bald zahlreiche weitere Schmalspurlinien in Österreich und Ungarn, weniger in Böhmen, Mähren und Schlesien folgten.

Der Erste Weltkrieg hat diese Entwicklung, die viele, auch entlegene Orte mit der Welt verband und wirtschaftlich förderte, abgebrochen. Der Kohlenmangel nach 1918 und die Inflation der zwanziger Jahre brachten die Lokalbahnen zusätzlich in Schwierigkeiten, und der kurze Aufschwung in der Ersten Republik zwischen 1925 und 1929 konnte die entstandenen Versäumnisse nicht wiedergutmachen.

Die Zeit anhaltender Wirtschaftskrisen (1930–1938) brachte den Schmalspurbahnen erneut Probleme; für große Erneuerungen waren damals, als die Eisenbahner ihre Monatslöhne nur ratenweise erhielten, keine Mittel verfügbar. Auch begann sich allmählich der Autobus-Verkehr als Konkurrent bemerkbar zu machen. Die verbliebenen Schmalspurbahnen kamen im Zweiten Weltkrieg zum Einsatz. Auch danach, als der allgemeine Wiederaufbau höchste Anforderungen an die Wirtschaft stellte, der Autoverkehr aber praktisch zum Erliegen gekommen war, bewiesen sie ihre Leistungsfähigkeit. Die Personen- und Güterfrequenz war oft doppelt so groß wie in den besten Vorkriegsjahren, und doch haben die Schmalspurbahnen sie ohne wesentliche Erweiterung der Anlagen, des Personalstands und des Fuhrparks bewältigt.
Dennoch: Viele dieser tüchtigen Lokalbahnen, die sich aufgrund ihrer Wendigkeit auf kurvenreichen Bergstrecken bewährten und zahlreiche Gebiete weitab von den Hauptstrecken erschlossen, gibt es heute nicht mehr; sie wurden als „unrentabel" eingestellt oder bestehen nur noch als nostalgische Museumsbahnen auf kurzen Teilstrecken.

Die übrigen Schmalspurbahnen Österreichs benützen bis heute überwiegend Gleise mit 760 Millimeter Spurweite – die Maße der alten „Bosnienspur". Die Technik ist jedoch auf dem letzten Stand; so wurde eine eigene Spannbetonschwelle für Schmalspurstrecken – das Modell „S 1" – entwickelt, die seit 1981 im Stahlbetonschwellenwerk Linz produziert wird, um die herkömmlichen Holzschwellen auch in diesem Bereich zu ersetzen.

1890 wurde die Salzkammergut-Lokalbahn (SKGLB) mit ihrer Teilstrecke Bad Ischl-Lokalbahnhof nach Strobl eröffnet, 1891 war ein weiterer Abschnitt Salzburg Lokalbahnhof–St. Lorenz–Mondsee fertig. Im Bild: Blombergwände am Wolfgangsee mit einem Zug der SKGLB. Zeichnung von Robert Assmus, wiedergegeben in einer Xylographie, o. J.

ÖSTEREICHISCHE SCHMALSPURBAHNEN
(Stand: November 2002)

Spurweite: 760 mm

BREGENZERWALDBAHN (Vbg., 8 km, BWB): Bezau – Bersbuch
FEISTRITZTALBAHN (Stmk., 24 km, StLB/FB): StLB: Weiz – Oberfeistritz; FB: Oberfeistritz – Birkfeld
GURKTALBAHN (Ktn., 3 km, VGB): Treibach Althofen – Pöckstein
HÖLLENTALBAHN (NÖ, 4,9 km, ÖGLB): Payerbach – Hirschwang
MARIAZELLERBAHN (NÖ, 91 km, ÖBB): St. Pölten – Ober Grafendorf – Mariazell – Gußwerk
MARIAZELLERBAHN / GRESTNER AST (NÖ, 28 km, ÖBB): Ober Grafendorf – Ruprechtshofen
MIXNITZ-LOKALBAHN (Stmk., 11 km, StLB): Mixnitz – St. Erhard
MURTALBAHN / TAURACHBAHN (Stmk., 76 km, StLB/TGmbH): StLB: Unzmarkt – Tamsweg; TGmbH: Tamsweg/St. Andrä Andlwirt – Mauterndorf
PINZGAUERBAHN (Sbg., 54 km, ÖBB): Zell am See – Krimml
STAINZER LOKALBAHNEN (Stmk., 12 km, GStZ): Preding Wieselsdorf – Stainz
STEYRTALBAHN (OÖ, 17 km, ÖGEG): Steyr-Lokalbahnhof – Grünburg
WALDVIERTLER SCHMALSPURBAHN / NORDAST (NÖ, 25 km, NöVG): Gmünd – Alt Nagelberg – Litschau
WALDVIERTLER SCHMALSPURBAHN / SÜDAST (NÖ, 42 km, NöVG): Gmünd – Groß Gerungs
WALDVIERTLER SCHMALSPURBAHN (NÖ, 13 km, WSV): Alt Nagelberg – Heidenreichstein
YBBSTALBAHN (NÖ, 71 km, ÖBB/NöLB): ÖBB: Waidhofen an der Ybbs – Gstadt – Lunz am See; NöLB: Lunz am See – Kienberg-Gaming
ZILLERTALBAHN (Tirol, 32 km, ZVB): Jenbach – Mayrhofen

Spurweite: 900 mm

FLORIANERBAHN (OÖ, 4,6 km, CFB): St. Florian – Pichling See

Spurweite: 1000 mm

MITTELGEBIRGSBAHN (Tirol, 8 km, IVB): Bergisel – Iglis
STUBAITALBAHN (Tirol, 18 km, IVB): Innsbruck-Stubaitalbahnhof – Fulpmes
VORCHDORFERBAHN (OÖ, 15 km, S&H): Lambach – Vorchdorf-Eggenberg

BWB:	Verein Bregenzerwaldbahn-Museumsbahn
CFB:	Club Florianerbahn
FB:	Feistritztalbahn-Betriebsges.m.b.H.
GStZ:	Gemeinde Stainz
IVB:	Innsbrucker Verkehrsbetriebe
NöLB:	Niederösterreichische Lokalbahnen Betriebsges.m.b.H.
NöVG:	Niederösterreichische Verkehrsorganisation Ges.m.b.H.
ÖBB:	Österreichische Bundesbahnen
ÖGEG:	Österreichische Gesellschaft für Eisenbahngeschichte Ges.m.b.H.
ÖGLB:	Österreichische Gesellschaft für Lokalbahnen
S&H:	Stern & Hafferl Holding
StLB:	Steiermärkische Landesbahnen
TGmbH:	Taurachbahn Ges.m.b.H.
VGB:	Verein Gurktalbahn
WSV:	Waldviertler Schmalspurverein
ZVB:	Zillertaler Verkehrsbetriebe AG

Mariazellerbahn-Brücke über den Saugraben; im Hintergrund der Ötscher. Die Mariazellerbahn, gebaut 1898–1907 von St. Pölten bis Gußwerk (92 km), ist bis heute die bedeutendste der österreichischen Schmalspurbahnen. Die „Wallfahrerbahn" zählt nicht zuletzt infolge ihrer kühnen Trassierung durch eindrucksvolle alpine Landschaft zu den bekanntesten Gebirgsbahnen Europas. Schon 1911 wurde sie – auf Betreiben des Baubeauftragten Eduard Engelmann jun., einem Wiener Industriellen und Besitzer des weltweit ersten, bis heute bestehenden Kunsteislaufplatzes in Wien – als eine der ersten Bahnen Österreichs elektrifiziert; heute wird sie als einzige 760-mm-Schmalspurbahn des Landes mit E-Loks auch im Reisezugverkehr betrieben.

Technik

Vom Steinquader zur Spannbetonschwelle

Ein Streifzug durch die Geschichte der Schwellentechnik

PETER PLICA

Eisenbahn – schon allein das Wort weckt Bilder von fauchenden Lokomotiven, lärmerfüllten Bahnhofshallen, vom Dahingleiten in eleganten Zügen. Weit weniger Beachtung findet hingegen der den Lokomotiven und Waggons als Fahrweg dienende Schienenstrang: die „Eiserne Bahn", die immerhin einem ganzen Zeitalter den Namen gab.

Der aus den beiden Schienen, den darunterliegenden Schwellen und einer Schotterbettung bestehende Gleiskörper – von den Fachleuten *Oberbau* genannt – erscheint dem Betrachter fürs erste als einfache und zugleich ausgereifte Konstruktion. Tatsächlich war er aber, ebenso wie die Fahrzeuge und Bauwerke, seit seinen Anfängen einem ständigen Anpassungsprozeß an schwerere Lasten, höhere Geschwindigkeiten und größeren Fahrkomfort unterworfen; eine Entwicklung, die langwierig und voller Rückschläge war und, wie sich zeigen wird, mit immer wieder wechselnden Schwellenarten und verschiedenen Schwellenbaustoffen nur allmählich den heutigen Stand erreichte.

Die Anfänge: Holz und Stein

Erste Vorläufer der heutigen Eisenbahnen finden sich bereits im 16. Jahrhundert in den Spurbahnen deutscher Erzbergwerke. So beschreibt Georg Agricola aus Chemnitz in seinem 1537 in Basel erschienenen *Bergwerksbuch* hölzerne Förderwagen, die, von Hand geschoben, auf hölzernen Bohlen rollten. Auch in den berühmten Erzgruben von Schwaz in Tirol sollen derartige Gleise bereits vor 1556 in Gebrauch gewesen sein.

In den englischen Bergwerken gab es zur Zeit der Königin Elisabeth I. (reg. 1558–1603) erstmals Förderwagen für den Kohlentransport. Begünstigt durch den anwachsenden Bedarf, wurden auch die Spurbahnen verbessert und vor allem verstärkt. An die Stelle der gebräuchlichen Bohlen traten um 1730 kräftige Kanthölzer, die in Abständen durch Querhölzer verbunden wurden und somit ein zusammenhängendes Gleis bildeten.

Mitte des 18. Jahrhunderts erhielten die hölzernen Längsbalken wegen des hohen Verschleißes durch die darüberrollenden Räder schließlich einen eisernen Belag aus Flacheisen oder Winkelschienen, die zugleich als Führung der Wagenräder dienten. Ein eindrucksvolles Zeugnis dieser frühen Holzbahnen liefert die erste österreichische Personen- und Güterbahn von Budweis nach Linz (siehe S. 81 f., Anm. d. Red.), die – betrieben mit Pferden – bei ihrer Errichtung 1832 einen Oberbau aus Holzlangschwellen mit darunterliegenden Querhölzern und Schienenbeläge aus Flacheisen erhielt. Derartige „Holz- und Eisenbahnen" wurden bis ins späte 19. Jahrhundert hinein benutzt und schließlich durch den technisch besseren Querschwellenoberbau ersetzt.

Verbreitung fanden auch gußeiserne Winkelschienen, die nur noch an ihren Enden durch Steinblöcke unterstützt wurden. Bei der im Jahr 1800 eröffneten und mit Pferden betriebenen Hüttenwerksbahn von Merthyr-Tydfil nach Aberdare-Junction in Wales spannten sich die Schienen

Die ersten Steinunterlagen kamen um 1793 als Einzelschwellen von ca. 300 x 300 mm Fläche und 203–228 mm Dicke anstelle der schnell vergänglichen Holzschienen in Gebrauch. Die Steine erhielten keine regelmäßigen Formen, sondern wurden roh, so wie sie aus den Brüchen kamen, verlegt.

mit einer Länge von 91 Zentimetern von Stoß zu Stoß freitragend auf Steinquadern, die eine Dicke von rund 20 Zentimetern und Seitenabmessungen von etwa 30 Zentimetern besaßen. Die Schienen waren auf den Quadern mit Nägeln in Holzdübeln befestigt.

Ein nächster Entwicklungsschritt war die Einführung der in den englischen Bergwerken bereits seit längerer Zeit bekannten Schiene mit einer kopfartigen Verdickung, die ebenfalls auf Steinquadern auflag. Dieser pilzkopfartige Schienentyp wurde zum erstenmal 1824 in England erwähnt, wo er für den Bau der Clarence-Bahn bei Durham und für den Bau der Bahn von Wigan Verwendung fand; zwischen 1830 und 1840 erfolgte dann seine größere Verbreitung im Bahnbau. Der Wechsel von der Winkelschiene zur Pilzkopfschiene erforderte auch den Einbau von Spurkränzen an den Rädern der Fahrzeuge, die somit ausschließlich auf Schienenwegen verkehren konnten: Der Übergang vom Straßenverkehr zur Eisenbahn war vollzogen. Gleichzeitig entstand damit der noch heute übliche Oberbau, bestehend aus Schienen und Schwellen auf einem tragenden Schotterbett.

Die Entwicklung der Dampflokomotive führte ab 1814 rasch zu weiteren Verbesserungen dieser ursprünglichen Formen des Oberbaus. Beim Gleis der ersten Personeneisenbahn, erbaut 1825 von George Stephenson, die in England zwischen Stockton und Darlington verkehrte, ruhten die wegen ihrer Form so genannten gußeisernen *Fischbauchschienen* auf sorgfältig behauenen verstärkten Steinquadern von rund 30 Zentimeter Dicke und Seitenabmessungen von 45 Zentimetern, wobei die Verbindung zwischen den Schienen und Steinquadern durch *Stoßstühle* (eiserne Auflagerplatten, befestigt mit Hilfe zweier Nägel auf den Steinquadern) geschaffen wurde.

Als im Jahr 1835 die erste deutsche Bahnlinie zwischen Nürnberg und Fürth eröffnet wurde, kam nicht nur die Lokomotive aus der Stephenson'schen Lokomotivfabrik in Newcastle, auch die englischen Erfahrungen im Oberbau wurden nach Deutschland exportiert. So verwundert es nicht, daß die Gleise dieser Strecke eine Weiterentwicklung der Stockton–Darlington-Bahn darstellten. Die stützenden Steinquader waren nun 34 Zentimeter hoch und hatten Seitenabmessungen von 51 Zentimetern. Ihr gegenseitiger Abstand war auf 73 Zentimeter gesunken. Auch spannten die Schienen nicht mehr von Quader zu Quader, sondern erreichten jetzt zur Vermeidung der Stöße eine Länge von 4,38 Metern und liefen damit über fünf Quader hinweg. Im Abstand von 87 Metern erfolgte auch der Einbau sogenannter Normalsteine (Querschwellen) mit einer Länge von 2,04 Metern, um die Spurweite des Gleises zu erhalten.

Die Bauweise mit Steinquadern wurde auch bei den frühen deutschen Bahnbauten verwendet. Dabei mangelte es zuweilen an geeigneten Steinen, wie bei der Württembergischen Staatsbahn, wo man deshalb 1867 erstmals den Einbau von Zementschwellen versuchte. Diese Zementquader, hergestellt von der Firma Gebrüder Leube in Ulm, waren 286 Millimeter dick und besaßen eingegossene eiserne Hülsen zur Aufnahme der Holzdübel für die Schienenbefestigung. Auch kam hier eine hölzerne Zwischenlage von 14 Millimeter Dicke zwischen Schiene und Quader zur Anwendung. Dieser Oberbau war zweieinhalb Jahre in Betrieb; er soll sich gut bewährt haben, war aber offensichtlich kostenungünstig.

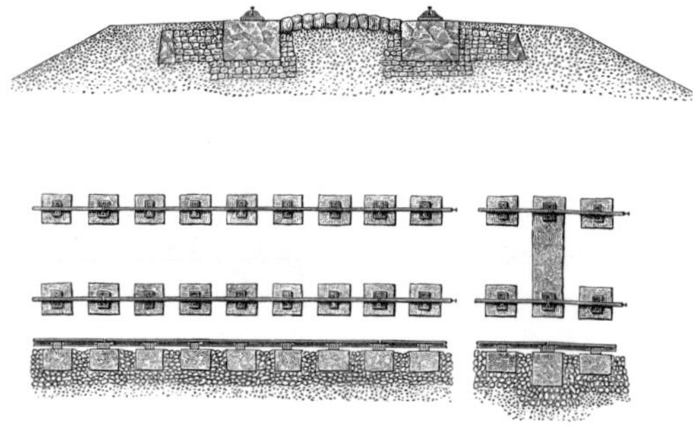

Oberbauweise mit Steinquadern auf der Bahnstrecke Nürnberg–Fürth, 1835.

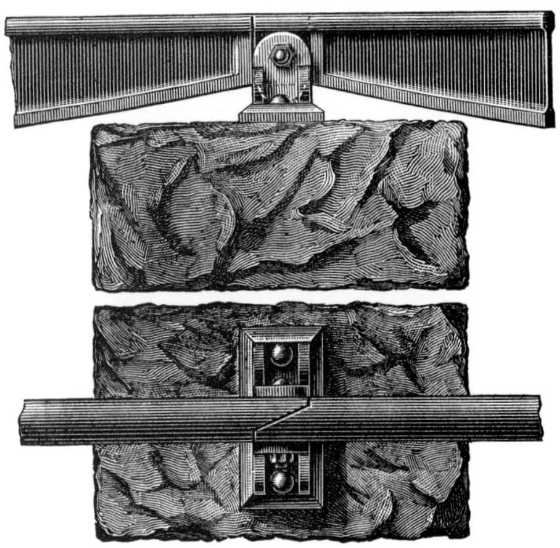

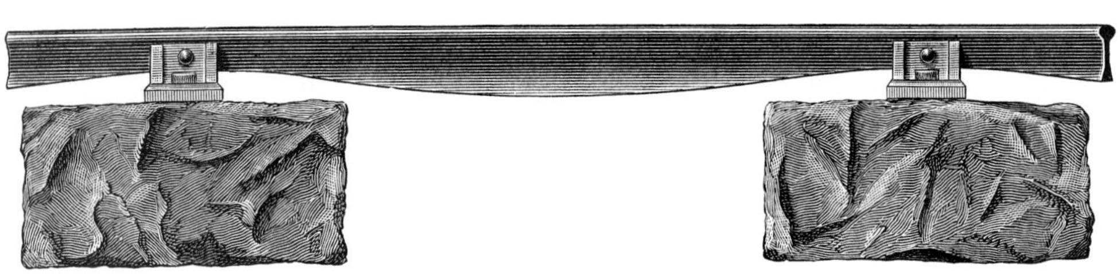

Oberbau aus Steineinzelschwellen und gußeisernen Fischbauchschienen der Eisenbahn von Stockton nach Darlington, erbaut 1825 von George Stephenson. Die Steine erhielten regelmäßige Formen und waren sorgfältig bearbeitet.

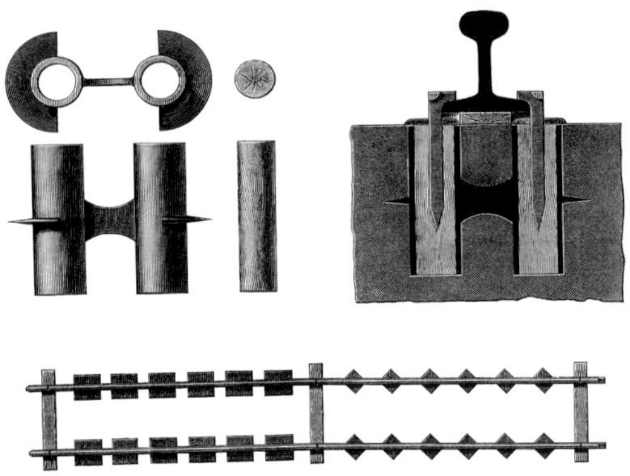

Erste Steinquaderschwelle aus Zement, hergestellt von der Firma Gebrüder Leube in Ulm für die Württembergische Staatsbahn 1867. Die Zementquader besaßen eingegossene eiserne Hülsen zur Aufnahme der Holzdübel für die Schienenbefestigung.

Ungefähr ab 1850 wurden die Steinquader allmählich durch die technisch bessere Holzquerschwelle ersetzt. In seinem 1894 erschienenen populärwissenschaftlichen Buch *Vom rollenden Flügelrad* beschreibt der österreichische Publizist Amand von Schweiger-Lerchenfeld die Nachteile des Steinquader-Oberbaus:

„Die steinernen Unterlagen sind diejenigen, welche in der Anwendung am weitesten zurückreichen und theilweise bis auf den Tag sich erhalten haben. Selbst zu einer Zeit, wo sie längst aufgegeben waren, wurde ihre Wiederanwendung bedingungsweise angeregt, und zwar vornehmlich unter dem Einflusse hoher örtlicher Holzpreise, welche die Holzschwellen sehr vertheuerten. Am längsten haben sich auf dem Continent die steinernen Unterlagen auf den bayerischen Staatsbahnen und auf der Taunusbahn erhalten, doch wird auf ersteren schon seit einiger Zeit ein planmäßiges Auswechseln dieser Unterlagen gegen Holzschwellen vorgenommen.

Die Gründe gegen die Steinunterlagen sind mancherlei; zunächst ihre geringe Elasticität, welche ein sehr ‚hartes Fahren' bedingt und dadurch indirect die Abnützung von Schienen und Radreifen erhöht; alsdann die Zerbrechlichkeit der für die Unterlagen benützten würfelförmigen Quader und die Schwierigkeit der Befestigung; schließlich der Mangel eines Verbundes der Auflagepunkte der beiden Schienenstränge eines Geleises untereinander, was insbesondere an den Stößen ein schwerwiegender Nachtheil ist. Um speciell diesem letzteren entgegenzutreten, hat man die Stoßverbindungen mit Zuhilfenahme zweier Holzschwellen bewirkt und andererseits den Verbund der parallelen Gestänge durch sogenannte ‚Spurstangen' erzielt. Durch die Anordnung der Steinwürfel mit der Diagonale in der Richtung der Schienenachse glaubte man zugleich mit der Erzielung der größeren Auflagefläche ein wirksames Mittel gegen das Umkanten der Würfel gefunden zu haben. Es hat sich aber ergeben, daß durch diese Anordnung jeder Würfel als Keil wirke, wodurch die Widerstandskraft des Gestänges in der Fahrrichtung nothwendigerweise leiden müsse."[1]

Der neue Schwellenbaustoff: Stahlbeton

Mit der Industrialisierung stieg im 19. Jahrhundert die Bautätigkeit lebhaft an und führte im traditionellen Mauerwerksbau mit Steinen und Kalkmörtel zu einer technischen Revolution: dem künstlichen, hydraulischen Bindemittel Zement (von lat. cementum, d. h. Bruchstein), einem gebrannten und dann gemahlenen Mergel in geeigneter Zusammensetzung. Durch Zugabe von Wasser und einem Sand-Kies-Gemisch ließ sich ein hochfestes und wasserbeständiges Gußmauerwerk herstellen, das als Beton (von lat. bitumen, d. h. Erdharz) bezeichnet wurde. Dieser neue Baustoff verdrängte ab 1850 mit dem Produktionsbeginn der ersten Zementfabriken allmählich den klassischen Mauerwerksbau vor allem im Wasser-, Hafen- und Brückenbau.

Einen weiteren Fortschritt brachte der Stahlbeton, eine Kombination von Beton mit darin eingebetteten Eisendrähten, welche – je nach Zusammensetzung – die Herstellung nahezu feuerfester und rostfreier Bauteile erlaubte. Der spanische Ingenieur Eduardo Torroja (1899–1961), bekannt durch seine ungewöhnlichen Brückenbauten, charakterisierte diesen neuen Baustoff folgenderweise:

„Der Stahlbeton stellt ein ganz neues Material mit Eigenschaften dar, die von denen des Betons und des Stahls *allein* vollständig verschieden sind, obwohl oder gerade weil diese Stoffe als Bestandteile des Stahlbetons ganz neue Eigenschaften erhalten. Treffend ist einmal gesagt worden, daß im Stahlbeton der Stahl dem Steine seine Faser verleiht und der Beton dem Stahl seine Masse. Der Stahlbeton ist *ein organisch zusammengesetzter Stein*, in dessen Innerem sich der sehnenartige Komplex der Bewehrung in der zweckmäßigsten Lage befindet und der so bemessen ist, daß er dem Beton *die in jedem Punkte notwendige Zugfestigkeit* verleiht, die darüber hinaus den Anforderungen des vorgesehenen Spannungsnetzes gemäß gerichtet und verstärkt wird. *Der Stahlbeton stellt aus diesem Grunde den technisch zweckmäßigsten aller Baustoffe dar.* Er ist der einzige Werkstoff, dessen tragwerkmäßiges Verhalten nicht allein durch die in seinem äußeren Bilde in Erscheinung tretenden Werte beurteilt werden kann; denn die festigkeitsverleihende Seele, die Bewehrung, verbirgt sich in seinem Inneren. Wir können sie uns nur als etwas vorstellen, das dem klassischen Baustoff ‚Stein' eine in den Schöpfungen der anorganischen Natur nicht vorhandenen Kraft und Zähigkeit verleiht.“ [2]

Die ungewöhnlichen Eigenschaften des Stahlbetons führten im Eisenbahnoberbau dazu, daß man die Querschwellen aus Holz durch solche aus Stahlbeton ersetzte. Den ersten Vorschlag zur Konstruktion einer *Stahlbetonschwelle* machte der französische Stahlbetonpionier Joseph Monier (1823–1906) in einem Patent, das am 4. August 1881 auch in Deutschland erteilt wurde (Nr. 14673). Die dort beschriebene keulenartige Form der Schwelle weicht deutlich von der bisher bekannten Holzschwelle und ihrer prismatischen Form ab, und das aus gutem Grund. Eine balkenartige Betonschwelle neigt nämlich im Bereich der Schienenauflage zu Rissen an der Schwellenunterseite. Ebenso gefürchtet sind Risse an der Schwellenoberseite im Bereich der Schwellenmitte, die deshalb möglichst elastisch, das heißt dünn, ausgebildet wurde. Das Konstruktionsprinzip Moniers zeigt deutlich, daß diese Probleme dem Erfinder bereits bekannt waren. Der Entwurf demonstriert auch die hervorragende Anpassungsfähigkeit des neuen Baustoffs Stahlbeton an bisher unbekannte, aber zweckmäßige Bauformen.

Die erste Schwelle aus Stahlbeton wurde 1897 im Bahnhof Linz verlegt. Die 2,40 Meter lange *Jaußner-Schwelle* hatte eine den Beanspruchungen bereits gut angepaßte Form mit breitem Fuß unter der Schiene und einem schmalen überhöhten Mittelteil, um eine Belastung der Schwelle in der Mitte durch den Schotter zu vermeiden. Die Bewehrung dieser Einblockschwelle bestand aus quadratischen schmiedeeisernen Stäben von etwa 5 Millimeter Stärke. Zu vermuten ist, daß die geringe Festigkeit des verwendeten Schmiedeeisens zu Rissen im Beton führte und der geringe Zementgehalt des Betons (120 kg/m^3) vorzeitige Rostbildung und damit Abplatzungen und schließlich die Zerstörung der Schwelle bewirkte.

Die nach langen Versuchen von der Ungarischen Staatsbahn ab 1916 eingebaute Eisenbetonschwelle von 2,60 Meter Länge zeigt eine sehr einfache prismatische Form mit einer dem Stand der Technik entsprechenden Längs- und Schubbewehrung. Ihre Liegedauer soll bereits wesentlich länger als bei damals vergleichbaren Schwellen

JOSEPH MONIER
(1823–1906)

Der Erfinder des Stahlbetons betrieb zunächst das Geschäft eines Handelsgärtners in Paris. Im Alter von 25 Jahren begann er, Blumenkübel aus Zementmörtel mit einem innenliegenden Drahtgeflecht zu verstärken und erkannte sehr schnell die günstigen Eigenschaften des neuen Produkts. Weitere bewehrte Stahlbetonkonstruktionen folgten und führten ab 1867 zu mehreren Patenten für eisenarmierte Brückenträger, Stege und Gewölbe. Vor allem in Deutschland und in der Donaumonarchie fand er Lizenznehmer, die seine Entwicklung erfolgreich umsetzten. Die damals in diesen Ländern übliche Bezeichnung „Monierbau“ für Stahlbetonbauwerke spiegelt seinen Einfluß auf die damalige Bautechnik wider. Stahlbeton wurde für Wände, Decken, Säulen, Treppen, Dacheindeckungen, Masten, Zaunpfähle und Gebäude verwendet, wobei man sich die hohe Zugfestigkeit des Eisens (3500 kg auf 1 cm^2) und die hohe Druckfestigkeit des Betons (160 kg auf 1 cm^2) zunutze machte. Das eingebettete Eisen rostete auch nicht, solange keine Luft durch Risse eindrang.

Joseph Monier, Gärtner und Stahlbetonpionier, neben einem seiner Blumenkübel aus Stahlbeton, 1863.

Monier entwarf als erster eine Stahlbetonschwelle, die er 1881 in Deutschland patentieren ließ; allerdings sollte es noch Jahrzehnte dauern, bis sich diese Idee im Bahnbau allgemein durchsetzte. Seine letzten Jahre verbrachte der Erfinder trotz unbestreitbarer Erfolge überschattet von finanziellen Sorgen. 1906 starb er 83jährig verarmt in einer Pariser Dachkammer.

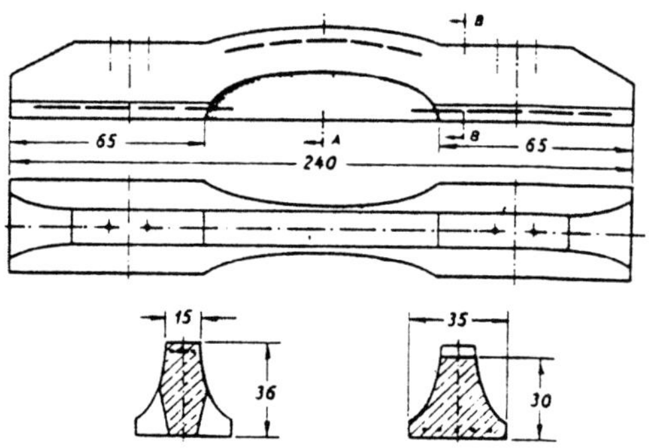

Die Jaußner-Schwelle, *die erste ausgeführte Stahlbetonschwelle Europas, wurde in Österreich entwickelt und 1897 probeweise im Bahnhof Linz verlegt.*

Kaiserliches Patentamt. Ausgegeben den 4. Aug. 1881.

PATENTSCHRIFT
Nr. 14673
Klasse 80: Ton- und Steinwarenindustrie.

JOSEPH MONIER IN PARIS

Verfahren zur Herstellung von Gegenständen verschiedener Art aus einer Verbindung von Metallgerippen mit Zement.

Patentiert im Deutschen Reiche vom 22. Dezember 1880 ab.

Nach diesem Verfahren werden Gefäße aller Art aus mit Zement umgossenen Metallgerippen hergestellt, wodurch größere Haltbarkeit, Ersparnis an Zement und Arbeit bezweckt wird.

Fig. 1 bis 4 zeigen die Anwendung des Verfahrens zur Herstellung von Eisenbahnschwellen.

Fig. 1 ist eine Ansicht,
Fig. 2 ein Schnitt nach M-N,
Fig. 3 ein Schnitt nach P-Q,
Fig. 4 eine Ansicht der Enden der Schwelle.

Die Schwelle in unregelmäßiger Form besteht aus zwei nebeneinanderliegenden Ovalen, die an derjenigen Stelle ihre größte Weite haben, an welcher die Schienen aufliegen.

Die Schwelle ist somit an den Enden schmal auslaufend und in der Mitte zusammengezogen und ist in der Gegend der größten Belastung unten flach und oben rund, wie der Schnitt Fig. 2 zeigt.

Diese Schwellen werden aus Querringen a hergestellt, die durch eiserne Längsstäbe b und Verbindungen c c miteinander verbunden sind; das Ganze wird noch mit einem starken Bandeisen d schraubenförmig umwickelt.

Die Schienenlager oder auch die Schienen selbst ruhen an der breitesten Stelle der Schwellen auf Platten e, welche von unten durch Stehbolzenrahmen f f geschützt werden.

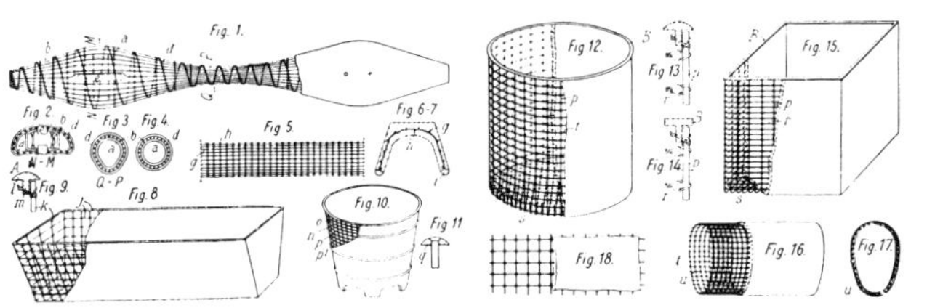

Patent Monier.

Wenn das eiserne Gerippe fertig ist, so wird es in Zement eingehüllt, wie bei Fig. 1 rechts gezeigt ist. Der Zement haftet am Metallgerippe und füllt das Innere desselben aus.

Fig. 5 und 6 stellen in Ansicht und Querschnitt eine Schwelle von gleichmäßigem Längsprofil dar.

Diese Schwelle besteht aus einem gebogenen Gitter, das aus Längsstäben g und gebogenen Stäben h, die durch Eisendraht miteinander verbunden sind, hergestellt worden ist. Da, wo das Gitter aufliegt, befinden sich halbrunde oder flache Längseisen i von genügender Breite. Das Ganze ist mit Zement umgeben (siehe Fig. 6 und in größerem Maßstabe Fig. 7); unten bleibt die Schwelle hohl.

Fig. 8 zeigt einen Wasser- oder Futtertrog. Wie man an dem linken Teil desselben sehen kann, besteht das Metallgerippe aus ringsherumgehenden, horizontalen Eisenstäben j und vertikalen Stäben k, die durch Eisendraht miteinander verbunden sind.

Der Boden wird von den vertikalen Stäben k, die an dieser Stelle horizontal gebogen sind, gebildet. Auf den Enden der Stäbe k wird ein oben abgerundetes T-Eisen A, Fig. 9, befestigt. An den Stellen, wo die Stäbe mit dem eisernen Rand A verbunden werden, sind Löcher für den Bindedraht m angeordnet. Sobald das Gerippe so hergerichtet ist, wird es mit Zement (siehe Fig. 8 rechts) umgeben.

Fig. 10 zeigt die Herstellung eines Blumen- oder Gewächstopfes; dieselbe ist analog der des Troges.

Zwischen den Stäben n und den Ringen o sind hier außerdem vertikale wie horizontale, schmälere Eisenstäbe p p[1] in Anwendung gebracht. Die vertikalen Stäbe n gehen durch den obersten Ring q, Fig. 11, und werden dort vernietet.

Fig. 12 bis 15 stellen die Benutzung des Verfahrens zur Herstellung eines Bottichs aus Eisen und Zement für Aufnahme von Flüssigkeiten aller Art dar.

Man bildet den oberen Rand aus einem besonderen Eisen, gewöhnlich T-Eisen, das abgerundet sein kann (siehe Fig. 13 und 14). Die Rippe dieses Eisens ist mit Löchern versehen, welche zur Aufnahme der Verbindungsdrähte für die Stangen p dienen.

Die vorher in der gewünschten Form hergerichteten horizontalen Eisenstäbe r werden an die vertikalen Stäbe t vermittelst Draht gebunden.

Die horizontal umgebogenen vertikalen Stäbe p bilden den Boden, der noch durch andere Stäbe s, die sich an der Kante des Bodens ein wenig über denselben erheben, verstärkt ist.

Sind die Gerippe mit Zement umhüllt, so haben sie das Aussehen, wie bei den Fig. 12 und 15 rechts gezeigt ist.

Die Fig. 16 und 17 zeigen in Ansicht und Schnitt einen Kanal aus Metall und Zement.

Das Gerippe ist aus Ringen t und Längsstäben u gebildet, die untereinander durch Eisendraht verbunden sind.

Nach diesem Verfahren können auch noch gerade Platten zu Füllungen, Scheidewänden, Fliesenbelag, Pflasterungen etc. hergestellt werden, wie es Fig. 18 zeigt.

PATENTANSPRUCH.

Verfahren zur Herstellung von Gegenständen aller Art durch Umgießen eines den Wandungen des Gegenstandes entsprechenden Gerippes aus Eisen mit Zement und insbesondere die Herstellung von Eisenbahnschwellen nach diesem Verfahren.

Die Patentschrift Nr. 14673 des deutschen Patentamts vom 4. August 1881 für Joseph Moniers „Verfahren zur Herstellung von Gegenständen verschiedener Art aus einer Verbindung von Metallgerippen mit Zement" mit der ersten Darstellung einer Betonschwelle.

gewesen sein (seit der Jahrhundertwende gab es eine Vielzahl von Schwellenentwicklungen bei den einzelnen Bahnverwaltungen, z.B. die Von-Moné-Schwelle in Österreich, die Betonschwelle von 1906 der Bayrischen Staatsbahn, die Schwelle von Dyckerhoff & Widmann 1912 bei Dresden, die Schwelle Rete Adriatica in verschiedenen Typen ab 1900, die Sarda-Schwelle von 1900 in Frankreich und viele andere).

Weitere Fortschritte in der Schwellentechnik sind in der von M. Lefranc in Frankreich entwickelten *Orion-Schwelle* zu erkennen. Ihre äußere Form ähnelt der Jaußner-Schwelle, die Bewehrung aus tordierten (gewundenen) quadratischen Eisenstäben ist jedoch erheblich verbessert. Außerdem hatte die Orion-Schwelle zur Halterung der Schienen solide Schienenstühle (stuhlartige eiserne Stützkörper in Fortbildung der erwähnten Stevenson'schen Stoßstühle in England aus dem Jahr 1825) sowie zwischen Schiene und Schwelle angeordnete Holzzwischenlagen von 8 Millimeter Stärke zur besseren Abfederung der Schiene auf dem Schwellenbeton. In der Zeit von 1928 bis 1932 wurden rund 200 000 Stück der Orion-Schwelle in Südfrankreich eingebaut. Die Liegedauer dieser Schwellen erreichte immerhin 25 Jahre, wobei lediglich Schäden an der Schienenbefestigung (Holzdübel im Beton) zur Auswechslung von Schwellen führten. Eine weitere technisch und wirtschaftlich erfolgreiche Stahlbetonkonstruktion entwickelte sich mit der *Zweiblockschwelle.* Der Grundgedanke dieser Konstruktion leitet sich vom früheren Steinquader her. Verbindet man nämlich zwei aus Beton hergestellte Steinquader durch eine Metallzugstange zur Einhaltung der Spurweite, so ergibt sich eine Konstruktion, deren Stahlbetonblöcke wegen ihrer geringen Länge kaum zur Rißbildung neigen; eine Überbeanspruchung in der Schwellenmitte wird von vornherein vermieden. Wegen ihrer doppelten Stirnfläche in Schwellenlängsrichtung hat die Schwelle außerdem den Vorteil eines erhöhten Querverschiebewiderstands, das heißt, sie weicht unter den Seitenstößen der Räder nur in geringem Maß nach rechts und links im Schotter aus. Die Zweiblockschwelle fand vor allem in Frankreich Verbreitung, wo sie von Vagneux ab 1922 eingeführt wurde. Zwischen 1927 und 1934 verlegten die französischen Staatsbahnen bereits rund 700 000 Stück in ihren Gleisen. Schäden zeigten sich auch bei dieser Schwelle im wesentlichen an der Schienenbefestigung, wo die ursprünglich eingebauten Holzdübel für die Schienenschrauben im Verlauf der weiteren Entwicklung durch metallische Schraubenhalterungen ersetzt und erstmals auch Schienenzwischenlagen aus Gummi verwendet wurden. Bei ausreichender Unterhaltung erreichten diese Schwellen ebenfalls eine Liegedauer von rund 25 Jahren.

Weitere Verbesserungen erfuhr die Zweiblockschwelle durch den französischen Eisenbahningenieur Roger Sonneville, der ab 1947 Konstruktion und Fertigung weiterentwickelte. Im Oktober 1961 beschrieb er in einem Vortrag seine damaligen Überlegungen:

„Man wird deshalb leicht verstehen können, daß ich, nachdem ich seit Jahren Spannbetonschwellen verschiedenen Typs in Frankreich, den Niederlanden und sogar Mexiko entworfen oder mitzuentwickeln geholfen hatte, mich schließlich entschloß, im Mittelteil auf Beton und überhaupt jegliche Vorspannung zu verzichten [...], da eine Vorspannung in kurzen Blöcken, die mehr Scherkräften als Biegekräften unterliegen, zwecklos wird. Ich hatte das Glück, in Frankreich an Eisenbahnnebenstrecken ein veraltetes Schwellensystem beobachten zu können, eine Art Mischsystem (2 Blöcke verbunden durch einen ungehärteten Stahlstab), von dem fast 1 Million Stück während eines Zeitraumes von etwa 30 Jahren hergestellt worden waren.

Die Untersuchung der noch vorhandenen Exemplare führte zu einigen grundlegenden Änderungen, nach welchen klar war, daß eine moderne Zweiblockschwelle für die Bedingungen des Verkehrs auf den französischen Hauptbahnlinien geeignet wäre. Für den Entwurf waren Forschungsarbeiten (durchgeführt in der französischen Forschungsstelle für Eisenbahnbau) in folgenden Punkten notwendig:

– Entwurf der ‚doppelflexiblen Befestigung' der Schiene auf der Schwelle (elastisches Schwellenpolster aus gefurchtem Gummi), die Schienenerschütterungen auffängt und dämpft, um den Beton und die elastische Spange (clip) zu schützen, die Schiene dauernd auf der Schwelle zu befestigen mit einer nichtlinearen Elastizitätskurve, wodurch die Spannung so weit erhöht wird, daß die Schiene nicht von dem Schwellenpolster wegspringen kann.

Orion-Schwellen, *verlegt in Fankreich 1928–1932, auf der Strecke Toulouse–Bayonne.*

Die Zweiblockschwellen vom Typ „Vagneux", eine Weiterentwicklung des alten Steinquader-Systems, wurden in Frankreich 1922 eingeführt.

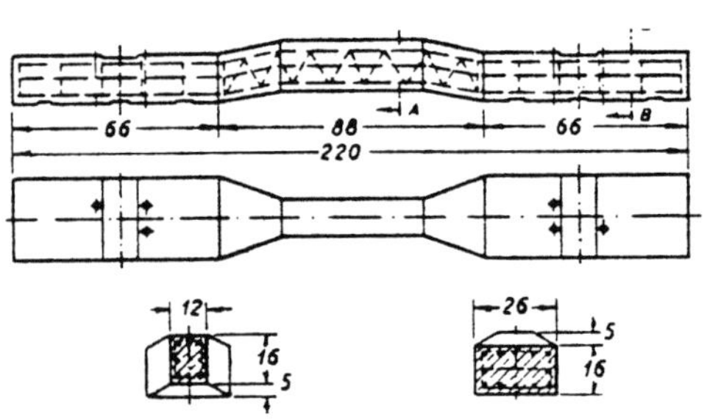

Die Orion-Schwelle *(Baujahr 1926) mit einer Länge von 2,20 m.*

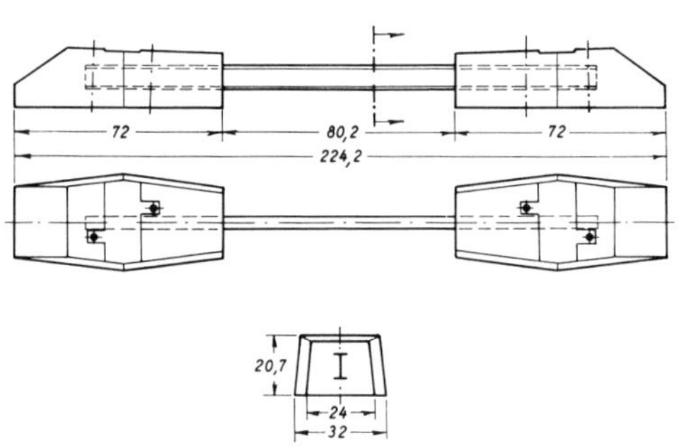

Schematische Darstellung der Vagneux-Schwelle.

- Verankerung der Befestigungsbolzen in der Stange selbst und nicht im Beton, um die verschiedenen Fehlerquellen der jeweiligen Schraubensysteme der unter Beobachtung genommenen veralteten Schwellentypen auszumerzen.
- Entwurf eines geeigneten Abschnittes von Walzstangen (gehärtetem Stahl) für die Schwelle als:
  - Sicheres Verbindungsstück zwischen den Blöcken
  - Hauptbewehrung der Blöcke
  - Genügend biegsam, um Handhabung, Verlegungs- und Instandhaltungsarbeiten zu erleichtern und gleichzeitig das Übertragen von Biegemomenten von Block zu Block zu erschweren.
- Entwurf der sekundären Bewehrung der Blöcke sowie Zusammensetzung und Gießen des Betons mit dem Ziel, eine hohe Festigkeit gegen Zug, Alterung und Stoß zu erreichen.

Die ersten patentierten RS-Schwellen wurden 1949 hergestellt. Sie wurden zuerst in Frankreich verwendet. Eisenbahnverwaltungen sind ziemlich konservativ, die Staatliche Französische Eisenbahnverwaltung hat z. B. bis letztes Frühjahr gewartet, nachdem 12 Jahre lang etwa eine Million RS-Schwellen mit Erfolg verlegt waren, bis sie diese auf der Strecke Paris–Lyon (gegenwärtig die schnellste Strecke der Welt) für einen ersten Abschnitt verwendete. Diese Entscheidung beruht offensichtlich auf befriedigenden Erfahrungen."[3]

Die ab 1949 produzierte *RS-Schwelle* (nach den Initialen von Roger Sonneville) mit der Typbezeichnung A wurde bereits zwei Jahre später durch einen verbesserten Typ B abgelöst. Die zunächst in einem Trapez geformten Blöcke wurden durch Rechtecke ersetzt, um das Stopfen zu erleichtern. Zur Erhöhung des Querverschiebewiderstands verschwanden die schrägen Seitenflächen an den Schwellenköpfen. Auch wurde die Fertigung der Schwelle verbessert, indem die ursprüngliche Technik, jede Schwelle in ihrer Form aushärten zu lassen, durch die Sofortentschalung abgelöst wurde, für die weit weniger Formen notwendig waren.

Wegen ihrer technischen und wirtschaftlichen Vorteile setzte sich die RS-Zweiblockschwelle in Frankreich schnell durch und wurde bald als Regelschwelle bei der SNCF (Société Nationale des Chemins de fer Français) eingeführt. Weitere Detailverbesserungen paßten sie dem modernen Stand der Technik an. Auch die superschnellen TGV-Züge (TGV = train à grande vitesse, das heißt Zug mit hoher Geschwindigkeit) rollen über Zweiblockschwellen.

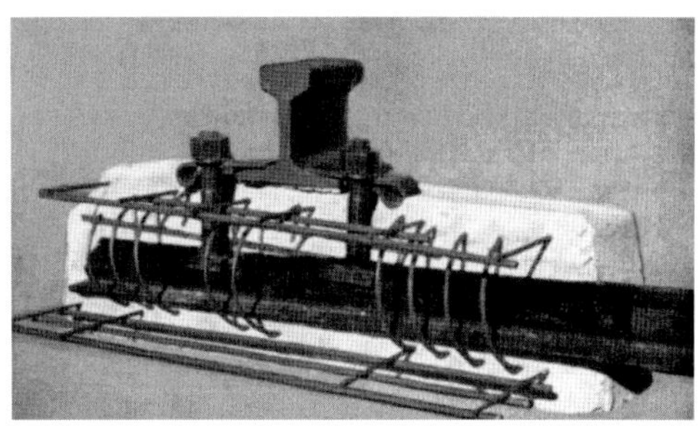

Die verbesserte Zweiblockschwelle der Bauart „Roger Sonneville", Schwellendetail, 1949.

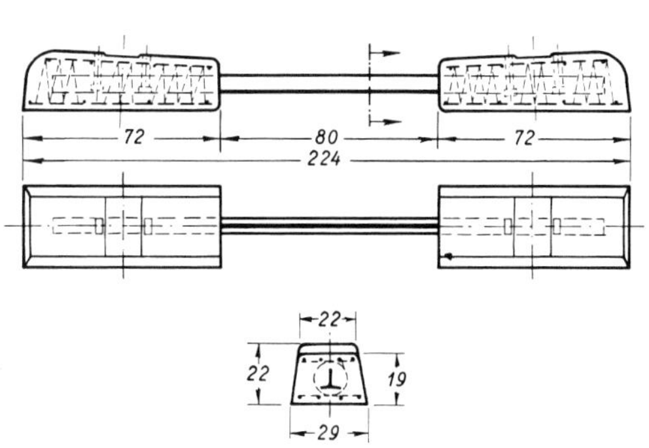

Schematische Darstellung der RS-Schwelle, Typ E, 1952.

Heute wird diese Schwelle in allen Erdteilen gefertigt und bildet neben den später aufkommenden Spannbetonschwellen die zweite wichtige Gruppe der modernen Betonschwellen.

Der Durchbruch: Spannbeton

Zu Beginn des Zweiten Weltkriegs führten Holzmangel und die kriegsbedingte Unmöglichkeit, Holz aus Übersee zu importieren, sowohl in Deutschland als auch in England und Frankreich zu verstärkten Anstrengungen, die vorherrschenden Holzschwellen durch weiter verbesserte Betonschwellen zu ersetzen. Die neue Spannbetontechnik versprach damals Fortschritte in Richtung auf rissefreie, dynamisch hochbelastbare Schwellen und wurde deshalb von den Eisenbahningenieuren sofort aufgegriffen.

Die Innovation: Im Unterschied zum Stahlbeton, dessen Bewehrung zunächst schlaff im Beton liegt und erst bei Belastung unter Verformung und Rißbildung des Bauteils zu wirken beginnt, werden die hochfesten Drähte einer Spannbewehrung bereits bei der Herstellung des Bauteils unter Zug gesetzt. Nach dem Erhärten des Betons drückt die Kraft der Bewehrung den Beton zusammen, sie *spannt* ihn *vor*, wie es in der Sprache der Bauingenieure heißt, und verschafft dem Beton damit eine erhöhte, künstliche Zugfestigkeit. Eine auf diese Weise gefertigte Schwelle kann deshalb große und oft wiederholte Biegebeanspruchungen rissefrei aufnehmen.

In bezug auf die Fertigungstechnik sind beim Spannbeton zwei wesentliche Verfahren zu unterscheiden:

- Beim Vorspannen mit *nachträglichem Verbund* hat der vorweg hergestellte und ausgehärtete Betonkörper durch-

EUGÈNE FREYSSINET (1879–1962)

Der Ingenieur kühner Brücken, der große Wissenschafter und ideenreiche Erfinder zählt zu den Pionieren des Spannbetons. Er wurde mit seinen Studien zum Schwinden und Kriechen des Betons und mit der Einführung hochfester Spannstähle international bekannt und erhielt dafür zahlreiche Auszeichnungen.
Freyssinet erkannte als erster die Vorteile des Spannbetons für die Konstruktion von Eisenbahnschwellen. Sein Entwurf aus dem Jahr 1940 spiegelt seine Konstruktionsgrundsätze deutlich wider: schlanke Formen mit geringen Abmessungen und sparsamem Materialverbrauch; hochwertige Qualität des gerüttelten Betons und des hochfesten Spannstahls; ungewöhnliche, möglichst einfache Herstellverfahren.
Freyssinet mißtraute dem damals noch wenig erprobten Haftverbund der Spanndrähte mit dem Schwellenbeton. Er lenkte die Drahtenden an den Schwellenköpfen durch Schlaufen um und schuf damit auch dynamisch hochbeanspruchbare Endverankerungen. Für das Vorspannen der Drähte diente eine Spannfuge in Schwellenmitte, die nach dem Erhärten des Betons aufgeweitet wurde und damit das Anspannen der Drähte bewirkte.

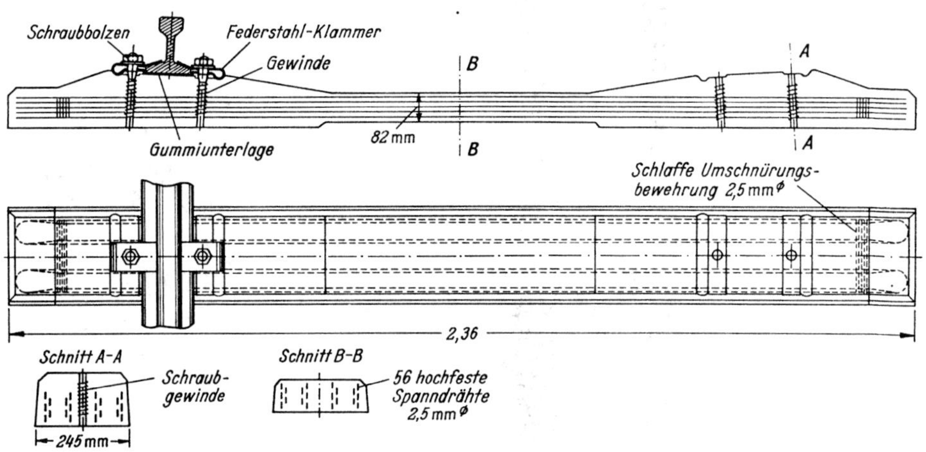

Schematische Darstellung einer Spannbetonschwelle mit schlaufenverankerten Spanndrähten nach Freyssinet, Frankreich 1940.

gehende Spannkanäle, in die nachträglich Spannstangen eingeführt und gegen den Beton gespannt werden. Durch Verfüllen der Spannkanäle mit Injiziermörtel erhalten die Spannstangen einen nachträglichen Verbund.

- Beim Vorspannen mit *sofortigem Verbund* werden die Drähte zunächst in einzelnen Formen oder in langen Spannbetten mit Widerlagern auf beiden Seiten gespannt und dann einbetoniert. Auf diese Weise wird der Beton mit den Spanndrähten sofort fest verbunden und übernimmt nach dem Erhärten die Zugkräfte der Drähte als „Druckvorspannung".

In ihrer Tragwirkung unterscheiden sich beide Verfahren nur unwesentlich.

In Frankreich, England und Deutschland verlief die technische Entwicklung der Spannbetonschwelle mit erheblichen Unterschieden. In Frankreich begann Eugène Freyssinet bereits ab 1940 mit dem Entwurf der ersten Spannbetonschwelle. Dieser für die damalige Zeit umwälzende High-Tech-Entwurf ging nach mehreren Verbesserungen in der Versuchsphase ab 1948 unter der Bezeichnung *Valette-Weinberg-Schwelle* (abgekürzt: VW-Schwelle) in Produktion. Risse infolge von Eigenschwingungen der Schwelle und hohe dynamische Belastung aus der rollenden Last führten zu einer Erhöhung der Vorspannkraft von 320 auf 400 Kilonewton (1 Newton = ca. 0,1 kg, 1 Kilonewton = 100 N, also ca. 0,1 t). Doch trotz ihrer schließlich guten technischen Eignung konnte sich die VW-Schwelle im Lauf der Jahre nur bedingt gegen die preisgünstigere RS-Zweiblockschwelle durchsetzen. Die günstigen Erfahrungen mit der Zweiblockschwelle führten dazu, daß auch Nachbarländer wie Belgien, die Niederlande und Spanien sowie die ehemaligen Kolonien Frankreichs in Nordafrika, wie Tunesien und Algerien, aber auch überseeische Staaten wie Brasilien und Indien die Zweiblockschwelle übernahmen.
In England gingen die eher pragmatisch denkenden Eisenbahningenieure bei der Entwicklung der Spannbetonschwelle 1943 von den vorhandenen Holzschwellen, deren Abmessungen und Tragvermögen, aus. Als Ergebnis entstand ein massiver, steifer Schwellenkörper, dessen Vorspannung empirisch den Notwendigkeiten und Erfahrungen angepaßt wurde. Die Fertigung dieser Schwelle, die den Namen *Dow-Mac-Schwelle* erhielt, lief noch wäh-

Die Dow-Mac-Schwelle der British Railways mit Schienenstühlen.

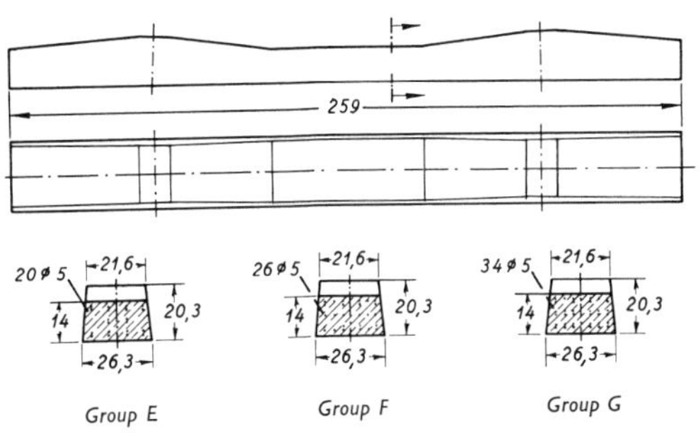

Die Spannbetonschwelle vom Typ „Dow-Mac" wurde ab 1943 entwickelt.

rend des Zweiten Weltkriegs an, zunächst in Einzelformen und später im Spannbett. Die anfänglich auftretenden Risse in Schwellenmitte konnten ab 1951 durch die Einführung profilierter Spanndrähte mit besseren Verbundeigenschaften und durch Erhöhung der Vorspannkraft von 400 auf zuletzt 600 Kilonewton beseitigt werden. Die Dow-Mac-Schwelle mit der bei den British Railways (BR) eingeführten Gruppeneinteilung E, F und G fand im Verlauf der letzten Jahrzehnte weltweite Verbreitung und gehört zu den am häufigsten produzierten Schwellentypen.

In Deutschland begannen ebenfalls ab 1943 erste Probefertigungen einer Spannbetonschwelle (Typ „B 2"), deren weitere Entwicklung aber zugunsten eines von der Deutschen Bundesbahn vorgenommenen Großversuchs in den Jahren 1949–1953 aufgegeben wurde. Ziel dieses Versuchs war die Herstellung einer preiswerten, mit wenigen kräftigen Spannstäben vorgespannten Schwelle. Um die Fertigung in den vorhandenen Werksanlagen mit geringen Investitionen durchführen zu können, wurde die Produktion im langen Spannbett von vornherein ausgeschlossen und die Verwendung von Einzelformen vorgeschrieben.

In einer ersten Entwicklungsrichtung entstanden so die Schwellentypen „B 9" bis „B 53" mit zwei ohne Verbund vorgespannten Stäben von 18,6 Millimeter Durchmesser mit Endverankerungen und einer Spannkraft von 240 Kilonewton. Eine zweite Entwicklungsrichtung umfaßte die Typen „B 6" bis „BV 53" unter Verwendung von vier Spannstäben unterschiedlicher Art mit sofortigem Ver-

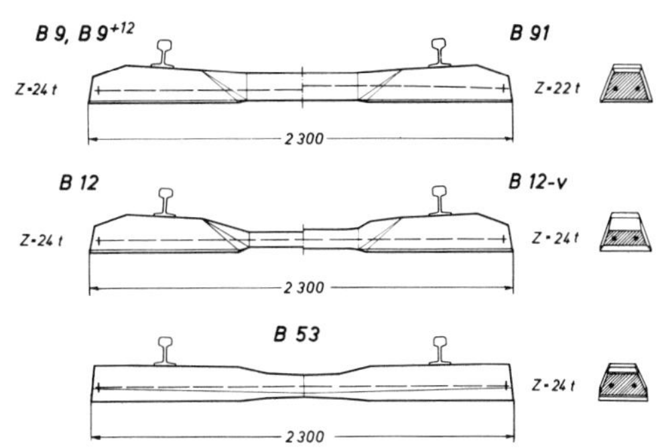

Spannbetonschwellen der Deutschen Bahn: Die Typen „B 9" bis „B 53" wurden 1949–1953 entwickelt. Vor allem die Schwellenmitte wurde mehrfach verändert.

bund. Diese Entwicklung mündete schließlich 1958 in den für alle Bewehrungsarten gleichen Schwellentyp „B 58" mit 2,40 Meter Länge und einer Vorspannkraft von 320 Kilonewton. 1970 folgte eine letzte Entwicklungsstufe mit der auf 2,60 Meter Länge vergrößerten „B 70", der bis heute meist eingesetzten Schwelle in Deutschland.

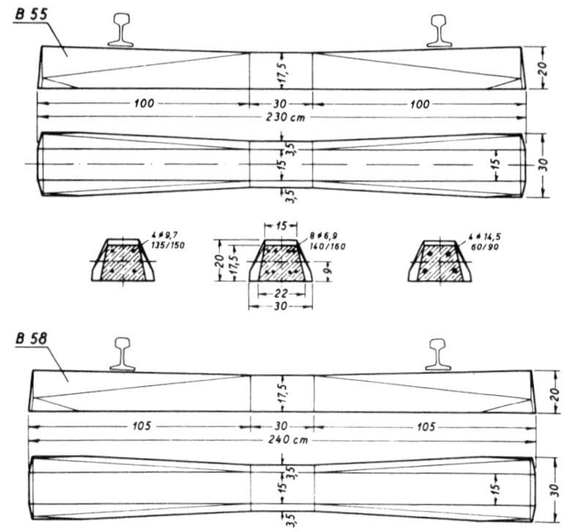

Die ausgereiften deutschen Typen „B 55" und „B 58", ab 1955.

Eine Besonderheit unter den deutschen Schwellen bildet die von der Firma Dyckerhoff & Widmann ab 1953 eingeführte *Sofortentschalung* (im Langbett nicht möglich, weil dort die Spannbewehrung direkt einbetoniert wird und deshalb ein Drehen und Sofortentschalen der Schwelle nicht mehr möglich ist) für Spannbetonschwellen mit *nachträglichem Verbund;* unter Einsatz von nur wenigen Schwellenformen ermöglicht sie die Herstellung beliebig vieler Schwellen mit vorgeformten Spannkanälen, in die nach dem Erhärten des Betons die Spannstäbe eingeführt, vorgespannt und verpreßt* werden. Die verhältnismäßig geringen Anlagekosten dieser Fertigungsart im Vergleich zu jenen der Produktion im langen Spannbett oder mit

* Die *Verpressung* ist ein Fachbegriff für das Injizieren von Spannkanälen mit Zementmörtel, wie er bei den Schwellen von Dyckerhoff & Widmann ausgeführt wurde. Es gab aber auch Schwellentypen mit Vorspannung ohne Verbund, bei denen die in der Schwelle liegenden Spannstähle nicht verpreßt wurden, sondern ohne Verbindung zum umliegenden Beton blieben und damit natürlich eine geringere Wirkung hatten als verpreßte Stäbe.

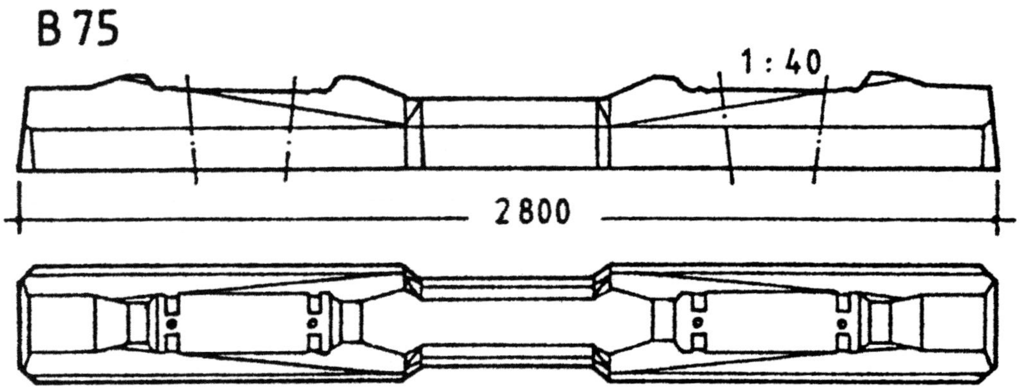

Die deutsche Schwelle „B 70" krönt die Entwicklungsphase bis 1970.

Einzelformen sicherten der Sofortentschalung eine schnelle Verbreitung, vor allem in Ländern mit schwieriger Metallbeschaffung und mit wechselndem Bedarf an Schwellentypen und Schwellenstückzahl.

Die Entwicklung in Österreich ab 1951

Die Österreichischen Bundesbahnen (ÖBB) entwickelten bereits vor 1948 eine Zweiblockschwelle, aus der ab 1953 die Typen „22" und „23" mit unterschiedlichen Schienenbefestigungen hervorgingen.

Die günstigen Erfahrungen der Nachbarländer mit Spannbetonschwellen führten nach eigenen Vorversuchen zur Aufnahme einer Spannbetonschwellenfertigung nach dem Dyckerhoff & Widmann-Verfahren im *Stahlbetonschwellenwerk Linz (SSL)*, wo zunächst die Einstab-(Einanker-) Spannbetonschwelle ohne Verbund mit der Typenbezeichnung „10" im Jahr 1954 hergestellt wurde. Bereits 1957 wurde dann das Dyckerhoff & Widmann-Sofortentschalungsverfahren eingeführt, mit dem in der Folge der jeweils modernste Schwellentyp produziert wurde, bis hin zum Typ „19a", der mit 2,60 Meter Länge und einer Vorspannkraft von 320 Kilonewton weitgehend der deutschen „B 70" entspricht (siehe auch S. 200 ff., Anm. d. Red.)

1991 wurde zusätzlich die Fertigung von Spannbetonschwellen mit einer Spannkraft von 450 Kilonewton nach dem schwedischen ABETONG-Verfahren (im Langbett) durch die Firma *Arge Spannbetonschwellenwerk Wöllersdorf* bei Wien (heute *MABA Fertigteilindustrie GmbH*, Sollenau bei Wien) aufgenommen.
Das SSL wiederum ersetzte ab 1997 den Schwellentyp „19a" durch den neuen Typ „K 1" mit 450 Kilonewton Vorspannkraft; diese Schwelle wird nach dem Sofortentschalungsverfahren im kurzen Spannbett (DSR-Verfahren, siehe S. 204 f., Anm. d. Red.) gefertigt.

Ausblick

Steigende technische Anforderungen an den Oberbau und eine über ein halbes Jahrhundert andauernde technische Entwicklung haben der Betonschwelle einen festen Platz im Eisenbahnoberbau gesichert.

Bereits Ende der 1980er Jahre lagen weltweit rund 400 Millionen Betonschwellen in einem Streckennetz, das rund 3 Milliarden Schwellen umfaßt. Jährlich kommen etwa 20 Millionen neue Betonschwellen dazu. Da die Entwicklung hin zu größeren Achslasten und höheren Geschwindigkeiten noch weiter anhalten wird, ist auch mit einer Zunahme der für diese Betriebsverhältnisse günstigen Betonschwellen zu rechnen. Die Möglichkeiten einer weiteren technischen Entwicklung dürften allerdings für die vorhandene Querschwelle nach so langer Entwicklungszeit

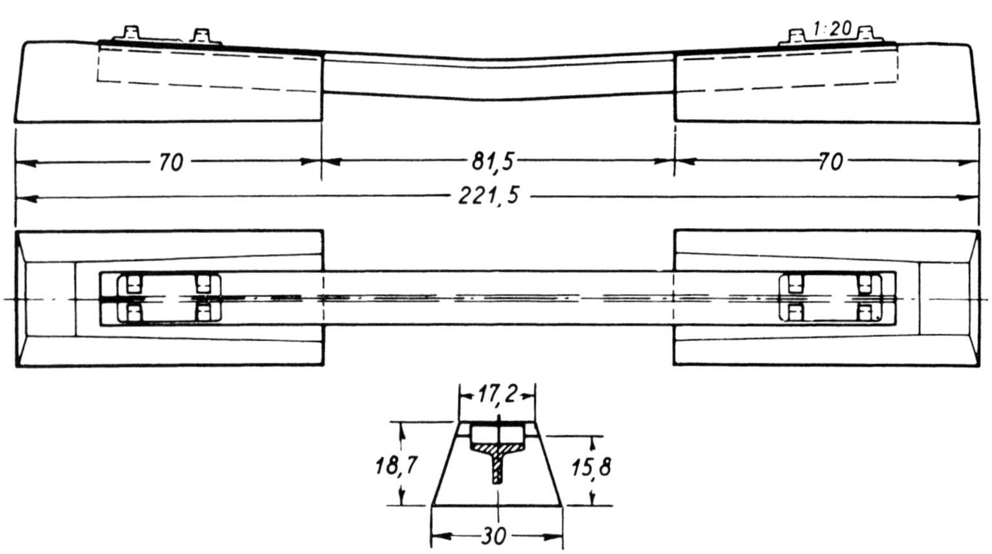

Die Zweiblockschwelle vom Typ „22" der ÖBB, produziert ab 1953.

nahezu ausgereizt sein. Umwälzende Neuerungen sind deshalb in diesem Bereich nicht mehr zu erwarten.
Ist damit die Betonschwelle am Ende ihrer Entwicklung angekommen? In einem Aufsatz über die Möglichkeiten des Spannbetons äußerte sich der schon erwähnte französische Ingenieur Eugène Freyssinet bereits 1949 nach mehrjähriger intensiver Arbeit in der Schwellenentwicklung:
„Ich glaube jedoch, daß die Querschwelle nur eine Übergangsform in der Anwendung des Spannbetons unter Bahngleisen darstellt. Die Kenntnis, unterschiedliche Tragelemente miteinander zu verbinden, schafft vielmehr die Möglichkeit, das Gleisauflager in Form von Trägerrosten, von Längsträgern mit integrierten Querschwellen, herzustellen, die sich über alle Gleise eines Bahnkörpers erstrecken und tief genug im Boden oder im Schotter verankert sind, um den schädlichen Auswirkungen von Temperaturwechseln zu entgehen. Das Problem der Gleisunterhaltung und der durchgehenden Schienenlauffläche könnte damit erheblich besser als zur Zeit gelöst werden.“[4]

Ein Teil dieser visionären Ideen wurde inzwischen durch die Einführung der durchgehend verschweißten Schiene in Verbindung mit den schweren Spannbetonschwellen verwirklicht. Das Gleis als Trägerrost zu gestalten, ist jedoch bis heute eine Wunschvorstellung der Ingenieure geblieben.
Die Entwicklung der Schwellentechnik in diese Richtung voranzutreiben, stellt daher die große Herausforderung für die Zukunft dar.

Anmerkungen

1 Amand von Schweiger-Lerchenfeld: *Vom rollenden Flügelrad. Darstellung der Technik des heutigen Eisenbahnwesens.* Erstmaliger Reprint der Ausgabe Wien–Pest–Leipzig, Hartleben 1894. Düsseldorf, VDI 1985, S. 168–169.

2 Zitiert nach Günter Huberti (Hrsg.): *Vom Cæmentum zum Spannbeton.* Wiesbaden–Berlin 1964, Band 1, Teil B, S. 10.

3 Roger Sonneville: *Modernisierung von Schienenanlagen in der ganzen Welt.* Vortrag, gehalten im „Maintenance of Way Club“ am 26. 10. 1961 (eine Kopie aus dem Jahr 1962 befindet sich im Archiv des Autors).

4 Eugène Freyssinet: *Exposé d'ensemble de l'idée de Précontrainte.* Annales de ITBTP, Paris, juin 1949, Chapitre III b – Traverses de Chemin de Fer, erschienen in: Travaux, Paris, April 1966, S. 348.

Weitere Literatur

Czuba, Werner: *Betonschwellen. Betrachtungen zum Stand der Entwicklung als Entscheidungshilfe bei der Einführung.* Unveröffentlichter Bericht. Wien, Oktober 1974.

Doll, Adalbert: *Die Betonschwelle.* In: ETR (Eisenbahntechnische Rundschau), Sonderausgabe 8, März 1957.

Derselbe: *10 Jahre Betonschwellen bei der Deutschen Bundesbahn.* In: Die Bundesbahn, Heft 11, 1961. Darmstadt, Karl Röhrig.

Gylltoft, Kent R.: *FIP-Sachstandsbericht Eisenbahnschwellen aus Beton.* Betonwerk + Fertigteiltechnik. Heft 7/1987, S. 488 ff.

Haarmann, August: *Das Eisenbahngeleise.* Leipzig, Wilhelm Engelmann 1891, Geschichtlicher Teil.

La Traverse de Chemin de Fer en Béton. Centre d'Information de l'Industrie Cimentière Belge, Bruxelles, ca. 1954 (Schrift aus dem Archiv des Autors).

Leonhardt, Fritz: *Spannbeton für die Praxis.* Berlin, Wilhelm Ernst & Sohn 1955.

Neumann, Bruno: *Concrete Railway Sleepers.* Malmö, Cembureau The Cement Statistical and Technical Association 1963.

Rossberg, Ralf Roman: *Geschichte der Eisenbahn.* Kunzelsau, Sigloch Service Edition 1977.

Schultheiß, Hans / Schulz, Georg: *Schwellen für die Deutsche Bundesbahn.* In: ETR, Jahrgang 34 (1985), Nr. 10.

Das steinerne Bett

Ein Exkurs über den Eisenbahnschotter

Johann Fischer

Der Eisenbahnschotter fungiert als *steinernes* Bett für die Lagerung des aus Schienen, Kleineisenteilen und Schwellen bestehenden Gleisrostes und stellt ein wichtiges Konstruktionselement des „klassischen Oberbaus" dar, wie ihn bereits George Stephenson 1825 beim Bau der Strecke Stockton–Darlington – in den Anfängen der Eisenbahn also – angewendet hat.

Dem Schotter kommt im Gleisbau die Aufgabe zu,

- vom Verkehr über die Schienen und Schwellen eingeleitete große dynamische Kräfte,
- durch Unregelmäßigkeiten der Fahrbahn (Gleislagefehler, Riffel, Schienenstöße) bedingte Störungen,
- aus Schlagwirkungen unrunder Räder (Flachstellen) entstehende Beanspruchungsgrößen bzw.
- die aus Eigen- und Temperaturspannungen resultierenden Einwirkungen

elastisch aufzunehmen und möglichst gleichmäßig verteilt auf den Unterbau zu übertragen.

Bedingt durch die spitzen bzw. scharfkantigen Kontaktstellen zwischen Schwellensohle und den Schottersteinen lagert die Schwelle wie ein Fakir auf dem Nagelbett. Dadurch entstehen außerordentlich hohe örtliche Spannungen, die eine Umstrukturierung des anfänglich vorliegenden Schottergefüges (des „Skelettkorngerüstes") durch Absplittern und Abrieb zur Folge haben; dies führt zur Einschließung von zunächst noch größeren Distanz- bzw. später zu bereits kleineren Füllkörnern mit einer daraus resultierenden verminderten Bettungselastizität.

Experimentelle Untersuchungen im Labor und auf ÖBB-Strecken[1] haben ergeben, daß die gesamte Kontaktfläche zwischen Schwellenunterseite und Schottersteinen selbst nach längerer Liegedauer nur etwa 3 bis 5 Prozent der wirksamen Schwellengrundfläche ausmacht. Das Schotterbett stellt unter diesen harten Bedingungen einen äußerst stark beanspruchten Oberbauteil dar und bedarf als schwächstes Glied größtmöglicher Beachtung und Schonung.

Zugleich bildet das Schotterbett beim konventionellen Querschwellengleis die fehlende Diagonalverstrebung für den „schwimmend gelagerten" Gleisrost; dieser bewirkt eine Lastverteilung der Radlasten über

- die Schienen in Längsrichtung des Gleises und
- die Schwellen in Querrichtung des Gleises.

Zur sicheren Aufnahme der horizontal einwirkenden Kräfte – hervorgerufen durch betriebsbedingte Fliehkräfte und Seitenstöße, temperaturbedingte Einwirkungen und Windkräfte sowie vom Herstellungsprozeß herrührende Eigenspannungen von Schienen und Schwellen – muß das Schotterbett einen ausreichenden Querverschiebewiderstand aufweisen. Dieser wird durch die im Schotterbett integrierte *schwimmende* Lagerung des Gleisrostes begünstigt und kann durch entsprechende Ausführung und Formgebung sowie durch den Einbau innovativer Schwellensysteme noch beträchtlich erhöht werden.

Um diesen großen technischen Erfordernissen gerecht zu werden, müssen die zur Anwendung gelangenden Bettungsstoffe genau den vorgegebenen hohen Anforderungen genügen; diese waren bisher in nationalen Normvorgaben bzw. Abnahmekriterien der einzelnen Eisenbahnunternehmen festgelegt (bei den ÖBB war dies die *Technische Lieferbedingung für Oberbauschotter – BH 700 / Ausgabe 1998*).

Unterdessen gibt es aber einen vom CEN/TC (Europäisches Technisches Komitee für Normung) erstellten Schlußentwurf *EN 13450 – Gesteinskörnungen für Gleisschotter / Ausgabe Juni 2002* mit ergänzenden normativen Verweisen auf grundlegende, die Europäische Union betreffende Anforderungen und Vorgaben bzw. einen *Entwurf der ÖNORM B 3133* über *Gleisschotter* mit *Regeln zur Umsetzung der ÖNORM EN 13450 / Ausgabe 2003-04-01.*

Dabei kommt folgenden Faktoren große Bedeutung zu:

1. Einhaltung der Korngröße (nach vor-

gegebener Siebkurve, wobei nur ein Anteil von 5 Prozent an kleinerem Unter- bzw. größerem Überkorn toleriert wird);

2. Einhaltung der Kornform (möglichst kubisch);

3. Gewährleistung einer sehr hohen Druck-, Schlag- und Abriebfestigkeit;

4. Gewährleistung einer sehr hohen Verwitterungsbeständigkeit (Frost-Tau-Versuche);

5. Vorliegen eines scharfkantigen, mit hoher innerer Reibung und guter Dämpfung versehenen Schotterbetts zur Reduktion der Erschütterungen und Verminderung der Körperschallemission bzw. zur Bewerkstelligung eines ausreichenden Querverschiebewiderstands; dieser hat die Verhinderung von Gleisverwerfungen bei kontinuierlich verschweißten Gleisen in engen Bögen sicherzustellen, um fahrdynamisch günstigere, komfortmäßig bessere und verschleißmindernde Verhältnisse zu erhalten;

6. gute Verdichtung (Dichte);

7. Zustand eines *reinen*, also durch internen Abrieb und Absplitterung (aus Verkehrslast, durch Stopfen), durch aufsteigendes Feinmaterial aus dem Untergrund, durch abfallendes Transportgut (z. B. Kohle, Erz) oder durch Windzutrag angehäufte Stoffe *nicht verunreinigten* Gleisschotters;*

8. verläßliche Ableitung des anfallenden Niederschlagswassers zur Ausschließung von Frostgefährdung;

9. elastisch verformbares Schottergerüst zur Gewährleistung der lastverteilenden Wirkung des Gleisrostes.

Als Gleisschottermaterialien eignen sich am besten Hartgesteine (Basalt, Diabas, Granit), die den vorgegebenen Anforderungen entsprechen. Weichgesteine (Kalk, Dolomit und Sedimente) sind bis auf wenige Ausnahmen nur für untergeordnete Zwecke (kleinere Achslasten) anwendbar.

Für die Wahl des Bettungsquerschnitts ist hinsichtlich der Schotterbettstärke (= Abstand der Schwellenunterseite vom Unterbau) zu beachten, daß sich die über die Schwelle eingeleiteten Kräfte entsprechend den vorgefundenen Kontaktstellen zwischen den Schottersteinen und deren Elastizitäten in Form von „Kraftpfaden" verteilen. Diese „Kraftpfade" – sie dürfen im Boden nur eine geringfügige Überschneidung aufweisen – werden durch eine molekulardynamische Simulationsrechnung[2, 3] ermittelt und können auch experimentell im Labor nachvollzogen werden.[4] Dadurch soll einerseits ein Hochpressen des Bodens unterbunden und andererseits die Entstehung einer Sutte (Mulde, Vertiefung) vermieden werden, was bei eindringendem Wasser zur Frostgefährdung bzw. zur Bildung von Eislinsen und damit zwangsläufig zur Zerstörung der Gleisgeometrie führt.

Die Bestimmung der daraus resultierenden Bettungsstärke ist abhängig

- vom Schwellenabstand,
- von der Schwellenbreite sowie
- vom Winkel der inneren Reibung des Schotters.

Zur Erzielung einer qualitativ hochstehenden, beständigen Gleislage als Voraussetzung für einen funktionsgerechten, betriebssicheren Oberbauzustand mit einer hohen Verfügbarkeit der Strecke bedarf es der Einbeziehung aller aus der Forschung wie aus der Praxis kommenden Erkenntnisse technisch relevanter Zusammenhänge. Neben zahlreichen und intensiven Forschungstätigkeiten und Veröffentlichungen im Ausland zur *Gleislage* – unter anderem durch Teams unter Leitung von Josef Eisenmann (Technische Universität München), Andreas Lopez-Pita (Technische Universität Barcelona), Holger Kruse und Karsten Popp (Technische Universität Hannover), Hans-Georg Matuttis (Universität Tokio) und Alexander Schinner (Universität Magdeburg) – sind insbesondere die auf diesem Gebiet durchgeführten vielfältigen Arbeiten von Professor Karl Klugar am Institut für Eisenbahnwesen der Technischen Universität Graz anzuführen; er hat sich damit als „Mister Ballast" (englisch *ballast* = Schotter) großes Ansehen in der internationalen Fachwelt erworben.

Klugar war als Bauingenieur ein fundiert ausgebildeter Bodenmechaniker; zu seinen akademischen Lehrern auf diesem Fachgebiet an der Technischen Hochschule Wien zählte Karl Terzaghi, der Begründer der wissenschaftlich fundierten Bodenmechanik.[5] Klugar hat noch vor seiner Berufung an die Technische Universität Graz (1969) während seiner leitenden Tätigkeiten bei den ÖBB erstmals einen *Scherapparat* (= Prüfgerät zur Messung der Scherfestigkeit des Schotters) für grobkörnige Tragschichten gebaut, der sich vom aktuell verfügbaren Gerät nach Krey-Casagrande durch die Größe der beiden Scherbüchsen (je 50 cm x 50 cm x 8 cm) und die Anordnung von zwei hydraulischen Pressen unterschied, die in lot- bzw. waagrechter Richtung wirkten und dadurch die erforderlichen Druck- und Schubspannungen erzeugten. Die im Rahmen seiner Dissertation[6] mit diesem Gerät durchgeführten Versuchsreihen er-

* Die Bedeutung des Verschmutzungsgrads kann im Zuge einer routinemäßigen Meßwagenfahrt mit dem von der Firma *Plasser & Theurer* entwickelten Computerprogramm „ADA 2" erfolgen, das die Einsenkung einer belasteten Achse auswertet: eine größere Einsenkung bei kleinerer Reibung hat nämlich ihre Ursache in einer größeren Verschmutzung der Bettung.

möglichten erstmals die Bestimmung des Winkels der inneren Reibung (= des Scherwiderstands) innerhalb grobkörniger Tragschichten als wichtigen Parameter zur Valuierung des Querverschiebewiderstands des Gleisrostes im Schotterbett.

Heimo-Heinz Profanter[7] hat in Anlehnung an die Arbeiten von Klugar in seiner Dissertation den Einfluß von prozentuellen Beimengungen von Bahnschotter der Körnung II (15–30 mm) zur Schotterkörnung I (30–60 mm) hinsichtlich des Steigerungsvermögens des Reibungswiderstands in der Scherfläche innerhalb des Oberbauschotters untersucht. Dabei zeigte sich, daß bis zu einer 15prozentigen Zugabe von kleineren Korngrößen eine signifikante Zunahme des Winkels der inneren Reibung und damit eine Erhöhung des Widerstands in der Scherfläche des Bahnschotters zwischen den beiden Scherbüchsen erzielt werden kann.

Wie in Laborversuchen[8] experimentell nachgewiesen werden konnte, beträgt der Hohlraumanteil selbst in einem dicht eingeschlichteten Schotterkörper bis zu 40 Prozent. Bei dieser Untersuchung wurde – um einen Einblick in das Innenleben des Gleisschotters zu erhalten – ein Würfel von 20 Zentimeter Kantenlänge unter Einpassung mittig durchgeschnittener Schottersteine an den Begrenzungsflächen mit einem rißfrei aushärtenden Spezialharz aufgefüllt und nach dessen Aushärtung mittels einer diamantbestückten Kreissäge in den drei Symmetrieebenen durchgeschnitten. Nach planimetrischer Bestimmung der aufscheinenden Hohlraumflächen konnte damit – bezogen auf die Würfelquerschnittfläche – der Hohlraumanteil berechnet werden. Die dosierte Beigabe von Gleisschotter der Körnung II bewirkt, wie angeführt, eine Verringerung dieses Hohlraums und manifestiert sich im Anstieg des Winkels der inneren Reibung und somit in der Erhöhung des Scherbzw. Querverschiebewiderstands.

Dabei konnten in den drei Schnittflächen nur wenige Kontaktpunkte (jeweils 6, 6 und 9) zwischen den Schottersteinen festgestellt werden, an denen unter Belastung große Spannungsspitzen auftreten, welche zwangsläufig zu Abplatzungen und somit zu Änderungen der ursprünglichen Kornstruktur führen.

Ein weiteres interessantes Forschungsgebiet hat Rudolf Schilder im Rahmen seiner Dissertation *Das kunststoffbewehrte Schotterbett*[9] beschritten. Hier wurde ein innovatives Oberbausystem entwickelt, das bei einer höheren Belastung einen geringeren Erhaltungsaufwand erfordert und auch in Gegenden eingesetzt werden kann, wo qualitativ hochwertiger Gleisschotter ganz fehlt oder nur begrenzt verfügbar ist.

Als Füllstoffe für den aus Gründen der Verrottungssicherheit aus synthetischem Material gestalteten Tragkörper standen zunächst vier verschiedene Materialien zur Auswahl:

- konventioneller Oberbauschotter (Körnung I, 30–63 mm) sowie
- Rundkiese verschiedener Provenienz und Korngrößen (16/50, 4/32 und 2/4 mm).

Diese wurden in Versuchsreihen zunächst auf ihre Tauglichkeit hin untersucht, wobei sich der Rundkies mit 16/50 Millimeter im Ergebnis als geeigneter Füllstoff erwies. Er wurde in ein hochfestes Polyestergewebe (PES-Diolen 164 S) der holländischen Firma ENKA mit hoher Belastbarkeit (Vorspannung), guter Elastizität sowie mit mechanischer und chemischer Beständigkeit eingebracht und gut verdichtet. Im Verbund mit dem vorgespannten Gewebe, welches sowohl innen als auch außen noch zusätzlich durch ein Polyester-Vlies vor Beschädigungen wirksam geschützt wurde, und unter Einbeziehung von darauf mittels Kunststoffgurten befestigten Holzschwellen sollte damit ein elastisch nachgiebiger, lärmarmer und lagestabiler Oberbau mit geringem Erhaltungsaufwand geschaffen werden. Zu Testzwecken erfolgten damit Einbauten in einem Gleis am Grazer Ostbahnhof bzw. in zwei Gleisabschnitten (zu je 500 m Länge) im Bereich des ÖBB-Zentralverschiebebahnhofs in Wien-Kledering.

Als besonders positiv und für alle Seiten befruchtend erwies sich die gute Zusammenarbeit zwischen dem Institut für Eisenbahnwesen der Technischen Universität Graz, anderen Hochschulinstituten, der Industrie, den ÖBB und privaten Institutionen, die umfangreiche Untersuchungen im Labor und auf der Strecke zwecks Verifizierung vorhandener bzw. Findung von neuen Erkenntnissen ermöglichte.

So konnte in Zusammenarbeit mit der Forschungsabteilung der Firma *Plasser & Theurer* zwecks Schaffung einer dichten Lagerung der Schottersteine nach Durchführung von Schotterreinigungsarbeiten, nach Stopfungen bei Gleisum- oder Neubauten, Erhöhung des dabei reduzierten Querverschiebewiderstands sowie Vorwegnahme der sonst aus dem Betrieb herrührenden anfänglichen großen Setzungen die Wirkungsweise des *Dynamischen Gleisstabilisators* (DGS) an Modellversuchen mit und ohne Einwirkung eines Schwingers an einer mit Panzerglasplatten ausgestatteten Küvette an markierten Schottersteinen fotografisch festgehalten und mittels Aufnahme von Druck-Setzungsdiagrammen (= Registrierung der sich bei Be- und Entlastung einstellenden elastischen Einsenkungen bzw. der verbleibenden Setzungen) eindrucksvoll bestätigt werden: Unter einer aufgebrachten vertikalen Belastung erfolgt bei gleichzeitiger Einwirkung eines Vibrators eine optimale Verdichtung im Schotterbett und somit eine Stabilisierung hinsichtlich des Setzungsverhalten bzw. eine Erhöhung des Querverschiebewiderstands zur Gewährleistung der Verwerfungssicherheit des Gleisrostes.

Beispielhaft anzuführen ist ferner die Kooperation mit den Österreichischen Bundesbahnen, der französischen Bahn (SNCF) und verschiedenen Universitätsinstituten bei der Durchführung von:

1. Gleisverwerfungsversuchen bei künstlich erhöhten Schienentemperaturen auf der Semmeringstrecke,
2. Versuchen zur Beurteilung der Gleisstabilität bei gezielt eingesetzten Kornabstufungen bzw. bei verschiedenen Schottereinbau- und Verdichtungsmodalitäten zwischen Kraubath und St. Michael (Steiermark) sowie
3. Versuchen hinsichtlich Lärm-, Erschütterungs-, Einsenkungs-, Setzungs-, Schienenspannungs- und Bodenspannungsmessungen an den Teststrecken der ÖBB mit konventionellen und innovativen Rahmenschwellen.

Die vergrößerte Auflagerfläche und die bereits bei der Produktion bewerkstelligte Einbringung einer Besohlung mit variierbaren Steifigkeitswerten an der Schwellenunterseite bewirkt bei der Rahmenschwelle eine deutliche Verringerung der Pressung, eine vergrößerte Kontaktfläche zwischen Schotter und Schwelle und damit eine Schonung des Gleisschotters, was sich in signifikant kleineren Setzungen und in dem daraus resultierenden bedeutend geringerem Erhaltungsaufwand niederschlägt.

Basierend auf den bisher – ohne Anspruch auf Vollständigkeit – dargelegten Überlegungen zur Bedeutung des Gleisschotters lassen sich folgende Schlußfolgerungen ableiten: Die Anwendung des Eisenbahnschotters als „steinernes Bett“ im „klassischen Oberbau“ kann – unter Beachtung der angeführten Grundsätze – auf die Verwendung hochwertigen Oberbaumaterials mit innovativen Schwellensystemen und auf die Möglichkeiten der heute weitestgehend mechanisierten Herstellungs- und Durcharbeitungsverfahren zur Sicherstellung größtmöglicher Gleichmäßigkeit zurückgreifen. Daher stellen Schottergleise aus heutiger wie zukünftiger Sicht sehr taugliche, im Gegensatz zur Festen Fahrbahn flexible, verwerfungssichere, lärmarme und kostengünstige Fahrwege für die angestrebten größeren Achslasten bei höheren Geschwindigkeiten der modernen Bahn dar.

Anmerkungen

1 Johann Jani: *Experimentelle Ermittlung der Kraftübertragungsflächen zwischen Schwellen und Oberbauschotter*. Diplomarbeit, Technische Universität Graz, Mai 1993.

2 Holger Kruse / Karsten Popp / Hans-Georg Matuttis / Alexander Schinner: *Behandlung des Schotters als Vielkörpersystem mit wechselnden Bindungen*. In: Der Eisenbahningenieur, 52. Jahrgang, Nr. 2, 2001, S. 30–34.

3 Klaus Rießberger: *Festere Fahrbahn auf Schotter*. In: Eisenbahntechnische Rundschau, 51. Jahrgang, Nr. 4, 2002, S. 183–192.

4 Johann Fischer: *Einfluß von Frequenz und Amplitude auf die Stabilisierung von Oberbauschotter*. Dissertation, Technische Universität Graz, Juni 1983. Derselbe: *Seminar über Gleiserhaltung*. Borlänge (Schweden), 18.–19. April 1989.

5 Karl Terzaghi (1883–1963) studierte an der Technischen Universität Graz Maschinenbau und erhielt 1918 eine Lehrbefugnis am amerikanischen Robert-College in Istanbul; davor hatte er in Istanbul am „Kaiserlich Ottomanischen Institut“ Grund- und Straßenbau unterrichtet. Mit einfachsten Behelfsmitteln stellte er erfolgreich Versuche an: Er erkannte das Drei-Phasen-System des Tones, entdeckte den wichtigen Einfluß des Porenwasserdrucks auf die Scherfestigkeit des Bodens, führte erstmals exakte Setzungsberechnungen durch, verfaßte zahlreiche Publikationen und veröffentlichte sein erstes, zum Standardwerk der technischen Literatur gewordenes Buch *Erdbaumechanik auf bodenphysikalischer Grundlage* (1925), dem später zwei weitere Standardwerke, nämlich *Die theoretische Bodenmechanik* (1943) und *Die Bodenmechanik in der Baupraxis* (1948), folgten. Terzaghi wurde zum ersten Vorstand des 1929 gegründeten Instituts an der TU Wien, 1937 erfolgte die Berufung an die Harvard-Universität (Cambridge, MA.). Als „Vater der Bodenmechanik“ erhielt er weltweit zahlreiche Ehrungen.

6 Karl Klugar: *Beschreibung und Auswertung der Versuche zur Bestimmung des Winkels der inneren Reibung für Kiesböden bis 50 mm Korndurchmesser*. Dissertation, Technische Hochschule Wien, 1956. Derselbe: *Die Bestimmung des Winkels der inneren Reibung von grobkörnigen Böden und Schüttungen bis 50 mm Korndurchmesser*. In: Der Bauingenieur, 34. Jahrgang, Nr. 7, Juli 1959, S. 255–258.

7 Heimo-Heinz Profanter: *Untersuchungen zu grobkörnigen Tragschichten*. Dissertation, Technische Universität Graz, Juni 1971.

8 Johann Fischer: *Einfluß von Frequenz und Amplitude auf die Stabilisierung von Oberbauschotter*. A.a.O. Derselbe: *Seminar über Gleiserhaltung*. A.a.O.

9 Rudolf Schilder: *Das kunststoffbewehrte Schotterbett*. Dissertation, Technische Universität Graz, Mai 1983.

Neue Wege – neue Schwellen

Zur Entwicklung von Spannbetonschwellen für schnellere und schwerere Züge

PETER PLICA

Mit dem Erscheinen der schnellen Hochgeschwindigkeitszüge in Europa – wie dem „train à grande vitesse“ (TGV) in Frankreich, dem „Pendolino“ in Italien oder dem „Inter City Express“ (ICE) in Deutschland – begann vor etwa 20 Jahren ein neuer Abschnitt der Eisenbahntechnik. Statt der bis dahin üblichen Reisegeschwindigkeit von maximal 160 Stundenkilometern erreichten die neuen Züge jetzt Geschwindigkeiten von 250, in der Spitze sogar bis zu 300 Stundenkilometern. Allerdings: die modernen Züge rollen zum Teil noch auf alten Schienenwegen. Das vorhandene Streckennetz besteht nämlich seit 30 Jahren aus einem Schotteroberbau mit Betonschwellen und durchgehend verschweißten Schienen. Diese Bauweise hatte sich für Geschwindigkeiten bis zu 200 Stundenkilometern über Jahrzehnte bewährt. Auch einige Neubaustrecken der letzten 20 Jahre sind nach diesem Prinzip errichtet worden. Mit der höheren Zuggeschwindigkeit jedoch wurden bereits im Lauf weniger Jahre die technischen Grenzen des vorhandenen Schotteroberbaus deutlich:

1. Höhere Geschwindigkeiten und die damit verbundenen stärkeren Schwingungen im Oberbau zerrütten das Schotterbett erheblich schneller als bisher und verschlechtern damit die Gleislage, also den Komfort und die Sicherheit des Fahrwegs. Die rasche Verschlechterung der Gleislage erfordert entsprechend mehr Stopf- und Inspektionsarbeiten. Damit steigt der Aufwand für die Gleisunterhaltung erheblich an. Die Verfügbarkeit des Fahrwegs nimmt jedoch wegen der notwendigen Sperrzeiten ab.
2. Bei „harter“ Auflagerung des Gleisrosts auf felsigem oder stark verdichtetem Untergrund nimmt die Schotterzerstörung infolge der höheren Geschwindigkeiten nochmals deutlich zu.
3. Die durchgehend verschweißten Schienen müssen wegen ihrer Temperaturspannungen und wegen der Seitenkräfte der Räder (= Radkräfte, welche die Schienen bei Kurvenfahrt quer belasten) zuverlässig durch die Schwellen im Schotterbett gehalten werden, um ein seitliches Ausweichen des Gleises – vom Fachmann *Gleisverwerfung* genannt – zu verhindern. Diese als *Querverschiebewiderstand* der Schwelle bezeichnete Eigenschaft wird in engen Kurven und in langen Gefällstrecken bereits bis zur Grenze des Zulässigen genutzt.

Die nach dem Magnetprinzip berührungsfrei arbeitenden *Wirbelstrombremsen* der modernen Züge erwärmen jedoch beim Bremsen die Schienen noch zusätzlich. Der vorhandene Querverschiebewiderstand der Schwellen reicht zur Aufnahme der Kräfte nicht mehr aus.

Die genaue Analyse der mit den modernen Zügen verbundenen technischen Probleme führt zu einem Katalog erhöhter Anforderungen an den zukünftigen Fahrweg:

1. Größere Auflageflächen der Schwellen müssen die Beanspruchung des Schotters vermindern.
2. Der Querverschiebewiderstand des Gleises muß erhöht werden.
3. Die bisherige Konstruktionsbreite des Oberbaus von 2,60 Metern sollte nicht überschritten werden, um auch den Umbau bestehender Strecken zu ermöglichen.
4. Der vorhandene Maschinenpark zur Verlegung und Unterhaltung der Gleise soll auch weiterhin uneingeschränkt genutzt werden können.

Die erhöhten Anforderungen an den Oberbau führten schon seit mehreren Jahren zu zahlreichen Vorschlägen und Neuentwicklungen für die Verbesserung der heutigen Konstruktionen. Dieser Entwicklungsschub ist derzeit in vollem Gange und wird noch einige Jahre andauern. Schon jetzt lassen sich aber zwei Tendenzen deutlich erkennen: Einerseits wird der vorhandene Schotteroberbau in Hinsicht auf vergrößerte Schwellenauflagerflächen, auf höheren Querverschiebe-

widerstand der Schwellen, auf elastische Schwellenbesohlungen und hochelastische Schienenbefestigungen im Detail verbessert. Auf der anderen Seite versuchten die Eisenbahningenieure, den Gleisschotter als schwächstes Glied des derzeitigen Schotteroberbaus grundsätzlich zu vermeiden und durch eine durchgehende Betonplatte als Auflager für die Schwellen zu ersetzen.
Diese schon seit drei Jahrzehnten bekannte Feste Fahrbahn wurde zuletzt vor allem in Deutschland stark gefördert und in zahlreichen Probestrecken auf ihre Tauglichkeit untersucht. Die folgenden Ausführungen sollen diese interessanten Entwicklungen näher beleuchten.

Innovationen im Oberbau

Der heutige Schotteroberbau ist das empirische Ergebnis aus etwa 150 Jahren Erfahrung mit dem Baustoff Schotter. Im Prinzip ist der Schotter als langgestreckter, loser Steinhaufen unter den Schwellen ziemlich ungeeignet zur Übertragung hoher dynamischer Belastungen aus den Fahrzeugen. Bei geeigneter Korngröße und scharfkantigem, hartem Gestein kann er jedoch begrenzte Lasten so lange aufnehmen, bis anwachsende Setzungen des Oberbaus oder Kornzerstörung eine Durcharbeitung des Schotterbetts (= eine Wiederherstellung der ursprünglichen Gleishöhenlage mit Hilfe von Gleisstopfmaschinen) oder gar einen Ersatz des Schotters notwendig machen.
Diesem Nachteil des Schotters stehen jedoch wesentliche Vorteile gegenüber:

1. Durch „Stopfen" des Schotters unter den Schwellen läßt sich die ursprüngliche Höhenlage des Gleises wiederherstellen. Ebenso können Bodensetzungen, also ein Nachgeben des Untergrunds, auf einfache Weise ausgeglichen werden.
2. Die seitliche Einbettung der Schwellen im Schotter schafft zudem eine Lagesicherung des Gleisrosts gegen Seitenkräfte ohne weitere konstruktive Zusatzmaßnahmen.
3. Regenwasser fließt zwischen den Steinen sofort ab.
4. Der Schotter wirkt als ausgezeichneter Lärmabsorber für die Rollgeräusche der Räder.
5. Gleisumbauten sind auf einfache Weise und sehr schnell durchführbar.

Will man also den Schotter durch Beton ersetzen, dürfen sich die Überlegungen nicht nur auf die bessere Tragfähigkeit des Betons beschränken, sondern müssen auch alle weiteren Gesichtspunkte berücksichtigen.

Feste Fahrbahn: Das Gleis ohne Schotter

Zu den ersten planmäßigen Ausführungen einer Festen Fahrbahn zählt die Versuchsstrecke in Redcliffe on Trent in England aus dem Jahr 1967. Auf einer durchlaufenden Betonplatte von 15 Zentimeter Dicke wurden in mehreren Abschnitten verschiedene Schienenbefestigungen montiert oder sogar ganze Betonschwellen einbetoniert. Die damalige Deutsche Bundesbahn errichtete im Bahnhof Rheda im Jahr 1972 eine erste Versuchsstrecke von 640 Meter Länge, bei der ein Gleisrost aus Spannbetonschwellen und Schienen in eine *Ortbetonplatte* einbetoniert wurde (mit „Ortbeton" bezeichnen Fachleute den „am Ort des Gebrauchs" hergestellten Beton). Um eine gute Verbindung zwischen den bestehenden Schwellen und dem Ortbeton her-

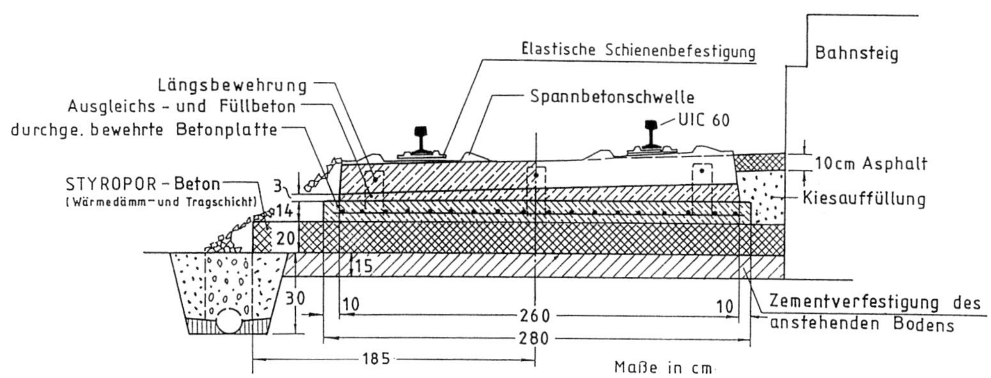

Feste Fahrbahn, Bauart Rheda: Querschnitt eines Gleises im Bahnhof Rheda, 1972.

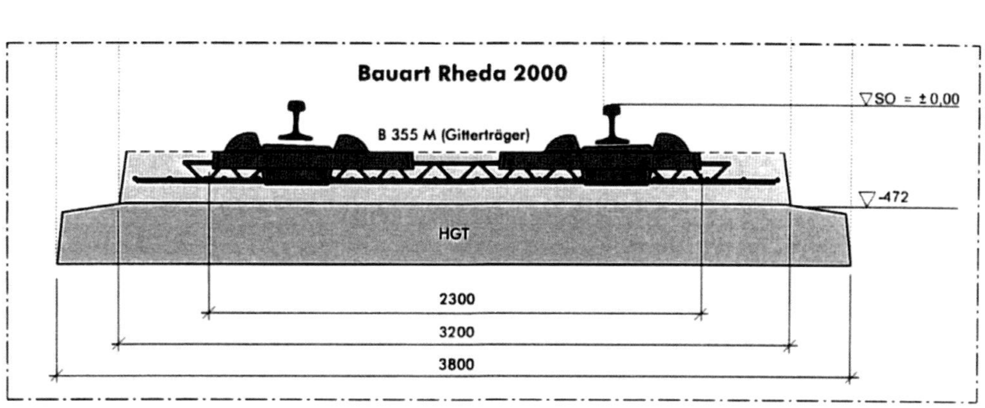

Zweiblockschwellen mit Gitterträgern: die Rheda-Schwelle, 2000.

zustellen, erhielten die Schwellen Löcher zum Durchführen einer Längsbewegung. Diese Bauweise bewährte sich so gut, daß mehrere Streckenabschnitte – allerdings nur im Tunnel – in den darauffolgenden Jahren ausgeführt wurden. In Österreich entstand 1993 im Zuge des Ausbaus der Westbahn der etwa 4,60 Kilometer lange Säusenstein-Tunnel, dessen Feste Fahrbahn mit den 2,40 Meter langen Spannbetonschwellen „B 301" und „B 302" aus dem Werk Linz ausgestattet wurde.

Mit steigender Erfahrung wurde die Feste Fahrbahn Typ Rheda auch in der freien Strecke eingebaut. Bei den späteren Ausführungen erhielt die Ortbetonplatte die Form eines oben offenen Betontrogs, in welchen die Schwellen eingelegt und mit einem Füllbeton gegen Verrutschen gesichert wurden.

In den letzten Jahren wurde der klassische Rheda-Oberbau nochmals weiterentwikkelt. Zur besseren Verbindung zwischen den Fertigteilschwellen und der Ortbetonplatte wurde die Spannbetonschwelle durch eine Zweiblockschwelle ersetzt. Mit der Verwendung von Gitterträgern als Schwellenbewehrung gelang es, den Verbund zwischen Schwellenteilen und der Ortbetonplatte weiter zu verbessern. Schließlich wurde der beim klassischen Rheda-Oberbau vorhandene Stahlbetontrog mit dem Füllbeton durch eine einzige Betonplatte ersetzt, in welche die Schwellenteile direkt einbetoniert werden. Die Vorteile dieser Lösung bestehen vor allem darin, daß die

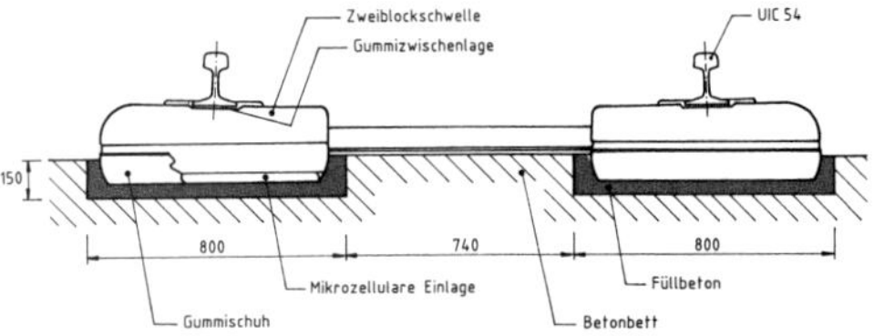

Gummischuhe für RS-Zweiblockschwellen im Bözberg-Tunnel (Schweiz), 1966.

Bewehrung sehr viel schneller und einfacher eingebaut und zugleich die Höhe der Gesamtkonstruktion von früher 65 Zentimetern auf jetzt 47 Zentimeter verringert werden kann.

Ein anderer Weg zur Festen Fahrbahn eröffnete sich in Frankreich mit der Entwicklung des sogenannten *Gummischuhs*, mit dem die Schwellen in die Ortbeton-Fahrbahnplatte eingebettet werden. Dabei erzeugt die Sohle des Gummischuhs die notwendige elastische Einsenkung der Schwelle unter den Radlasten. Diese von der französischen Firma STEDEF vorangetriebene Entwicklung wurde erstmalig in der Schweiz im Bözberg-Tunnel 1966 erprobt. Aufgrund der guten Erfahrungen wurden in der Schweiz bisher mehrere Tunnelstrecken nach diesem Prinzip errichtet.

Die weitere Entwicklung führte zum Verzicht auf die Zweiblockschwelle und zur Einführung von Einzelstützpunkten aus Beton, die ihrerseits mit Gummischuhen in die Fahrbahnplatte eingebettet wurden. Ein spektakuläres Beispiel für diese Bauweise ist der Kanal-Tunnel zwischen England und Frankreich, der auf seine gesamte Länge Gleise mit Einzelstützpunkten nach dem System Sonneville erhielt (zu Roger Sonneville siehe auch S. 110 f., Anm. d. Red.).

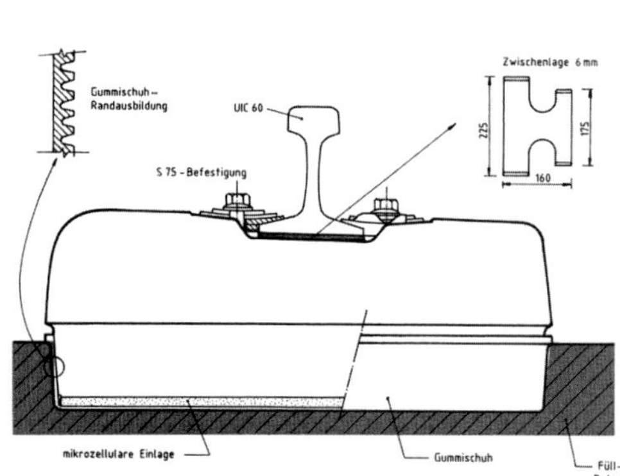

Elastisch gelagerte Einzelblöcke (System Sonneville) im Kanal-Tunnel, 1994.

Der Wunsch nach einer Festen Fahrbahn ohne Verwendung von Ortbeton führte zur Entwicklung von *Fertigteilplatten* für den Oberbau. Die Vorteile dieser Lösung liegen vor allen Dingen in der größeren Herstellgenauigkeit der Fertigteile und in der schnelleren Verlegung im Gleis.

In die Shinkansen-Strecke zwischen Tokio und Osaka werden derartige Fertigteilplatten seit 1972 in großem Umfang eingebaut. Die im Lauf der Zeit verbesserten Ausführungen bestehen jetzt aus 5 Meter langen und 2,30 Meter breiten Fertigteilen von 19 Zentimeter Dicke, die in Längs- und Querrichtung vorgespannt sind. Zur gleichmäßigen Auflagerung der Platten auf dem Untergrund werden alle Elemente mit einem Bitumen-Zement-Mörtel untergossen. Um die Horizontalkräfte aus dem Oberbau in den Untergrund abzulei-

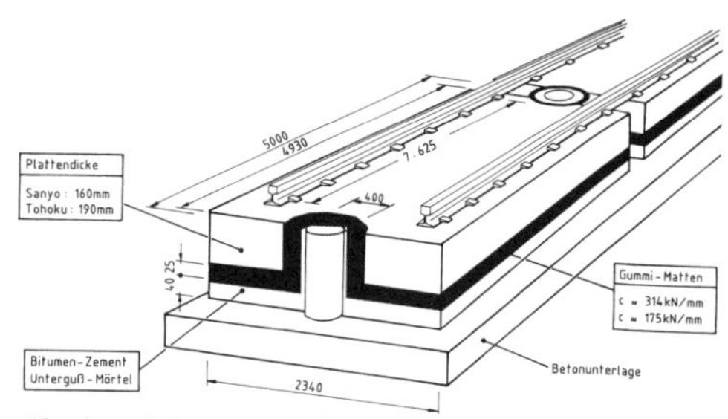

Fertigteilplatten-Oberbau mit elastischen Matten auf der Shinkansen-Linie (Typ VA, Japan), 1972.

ten, erhält jede Platte zwei pollerartige Fortsätze in den Untergrund hinein, die eine Verbindung zwischen Untergrund und Fertigteilplatte sichern. Schwachpunkte dieser Fertigteilkonstruktion sind die Fugen zwischen den einzelnen Platten, die eine Störstelle für die gleichmäßige Auflagerung der Schienen bilden und deshalb zu gegenseitigen Verschiebungen der Fugenränder und daraus folgenden Punktbewegungen neigen.

In Österreich verfügen die ÖBB mit dem Plattenoberbausystem ÖBB-Porr seit 1989

Gleisbau im Tauern-Tunnel (Salzburg–Kärnten) mit Fertigteilplatten des Systems ÖBB-Porr, 1992.

über eine eigene Bauweise, bei der schlaff bewehrte Fertigteilplatten durch entsprechende Stützkörper gegen den Untergrund verankert werden und auf einer Ausgleichsschicht von modifiziertem Betonmörtel auf dem Untergrund aufliegen. In dieser Bauweise, die bereits bei mehreren Tunnelbauwerken angewendet wurde, erfolgte 1992 auch die Erneuerung des Tauern-Tunnels in einer Länge von 8,60 Kilometern.

Der verbesserte Schotteroberbau: Weiter mit Schotter

Das allmähliche Absinken des im Schotter „schwimmenden" Gleisrosts hat schon früh Gedanken entstehen lassen, die hohen, zur Materialzerstörung führenden Schotterpressungen unter den Schwellen durch größere Auflagerflächen zu vermindern und damit die Lage des Gleises zu stabilisieren. Gleichzeitig versuchten die Konstrukteure, das seitliche Ausweichen des Gleises durch einen erhöhten Querverschiebewiderstand der Schwellen oder durch Verbindung der Schwellen zu einem trägerartigen Rost auszuschalten.

Bereits im Jahr 1908 machte August Hühne in seinem Schweizer Patent Nr. 40591 den Vorschlag, die Auflagerfläche der normalen Querschwelle durch längsschwellenartige Fortsätze zu vergrößern und so ein Doppel-T-Auflager zu schaffen. Die von ihm vorgesehene Ausführung in Stahlbeton war jedoch mit den damaligen Kenntnissen der Betoneigenschaften und der Bewehrungstechnik nicht zu verwirklichen.

Einen Schritt weiter in der Entwicklung eines Gleisrosts mit trägerartigem Aufbau ging Joseph Victor Forestier 1930 mit seinem Schwellenentwurf (belgisches Patent Nr. BE 369933), der Fertigteile mit zwei durchgehenden Längsschwellen unter den Schienen vorsah. Um die Trägerwirkung zu erreichen, bildete Forestier die abstandhaltenden Spurstangen zwischen den Langschwellen als Fachwerk aus. Aber auch diese in Stahlbeton geplante Lösung war mit den damaligen Mitteln nicht herzustellen.

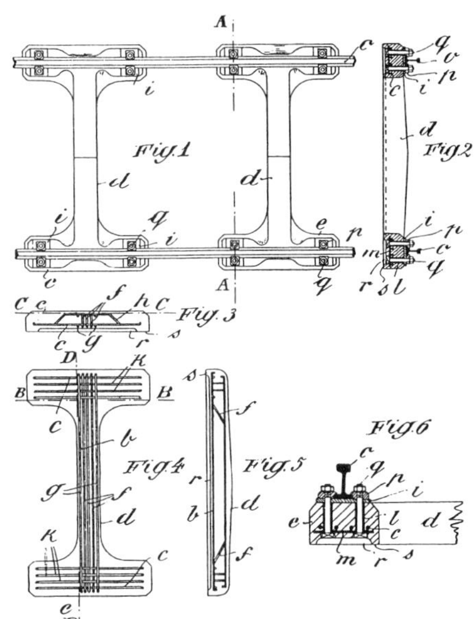

Ein Vorläufer der Ohrenschwelle bereits 1908: Blatt aus dem Schweizer Patent Nr. 40491 von August Hühne.

Die Idee, das Gleis horizontal auszusteifen, wurde dann fast drei Jahrzehnte später in den Niederlanden mit dem Bau des Zickzack-Gleises wiederaufgegriffen, hier allerdings mit Zweiblockschwellen und mit Stahlrohren für den Dreiecksverband der Spurstangen. Bis 1961 wurden nach diesem Prinzip rund 66 Kilometer Gleis im Streckennetz der niederländischen Bahn verlegt.

Die Erstausführung eines Längsschwellengleises in Beton mit abstandhaltenden Spurstangen entstand vor 1963 im Streckennetz der französischen SNCF mit der *Laval-Schwelle*. Mehrere Versuchsabschnitte mit einer Schwellenbreite von 0,70 Metern wurden einerseits mit Stahlbetonelementen von 1,30 Meter Länge, zum anderen bereits mit Spannbetonbauteilen von 2,80 Meter Länge verlegt.

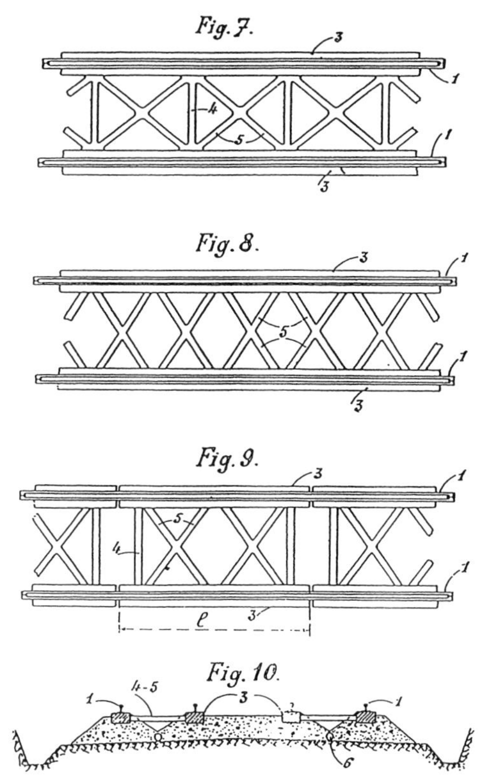

Entwurf eines Gleisrahmens mit Längsschwellen und Dreiecksaussteifung im belgischen Patent von Joseph Victor Forestier, 30. April 1930.

Betonschwellen mit Zickzack-Verbindung, Niederlande 1961.

Die Laval-Schwelle der SNCF: Längsschwellen mit abstandhaltenden Spurstangen, vor 1963.

Das für eine stabile Gleislage so gefährliche seitliche Ausweichen der Schwellen im Schotterbett hängt weitgehend von der Reibung zwischen Schwelle und Schotter und noch mehr von der Größe der Schwellenstirnfläche in Gleisquerrichtung ab. Die Bemühungen zur Vergrößerung des Querverschiebewiderstands richten sich deshalb vor allem auf eine Reibungserhöhung und eine Stirnflächenvergrößerung aus.

So entwickelte Egon Schubert im Rahmen seiner Tätigkeit bei den ÖBB eine Spannbetonschwelle mit seitlichen Fortsätzen im Schienenbereich, die einerseits die Stirnfläche der Schwelle mehr als verdoppelten und daneben auch die Auflagerfläche der Schwelle vergrößerten. Diese *Ohrenschwelle* (österreichisches Patent Nr. AT A34/71) wurde vom *Stahlbetonschwellenwerk Linz (SSL)* gefertigt und von den ÖBB zwischen 1972 und 1980 in sechs gebirgigen Probestrecken mit engen Radien und durchgehend geschweißten Schienen eingebaut. Sie zeigte auch zunächst die erwarteten Verbesserungen der Gleislage. Die unbewehrten bzw. nur mit schwacher Bewehrung verstärkten „Ohren" der Schwellen waren jedoch der dynamischen Beanspruchung durch die Züge auf Dauer nicht gewachsen und zeigten Risse. Die zukunftsweisende Idee zur Schaffung einer maximalen Auflagerfläche zusammen mit einer erheblichen Vergrößerung des Querverschiebewiderstands blieb in der Folge daher unverwirklicht. Schubert schlug außerdem den Bau eines Schwellenrostes vor, der aus Längs- und Querschwellen bestand.

Einen anderen Weg, die Auflagerfläche der bekannten Querschwellen zu vergrößern, beschritt Josef Eisenmann in Deutschland mit der Verlängerung der Schwellen auf 2,80 Meter, die allerdings nur bei Neutrassierungen eingesetzt werden kann.

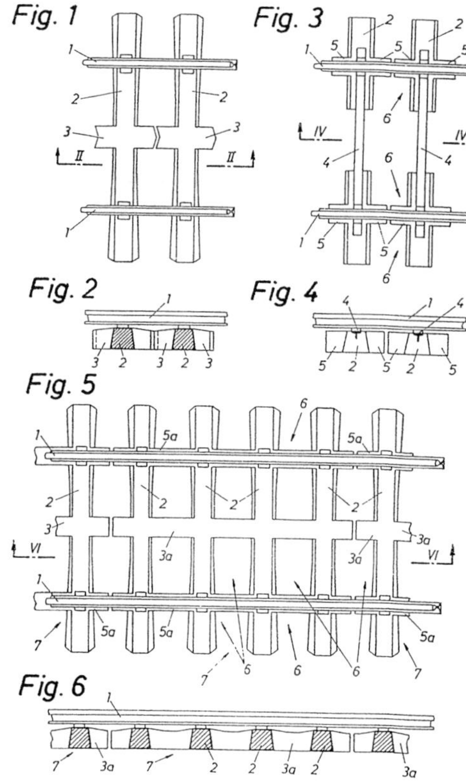

Schwellenrost-Vorschläge aus dem Patent von Egon Schubert, 1975.

Ein Besuch im russischen Oberbau-Versuchsfeld in Schtscherbinka, wo auf Schotter verlegte Spannbetonrahmen in unter-

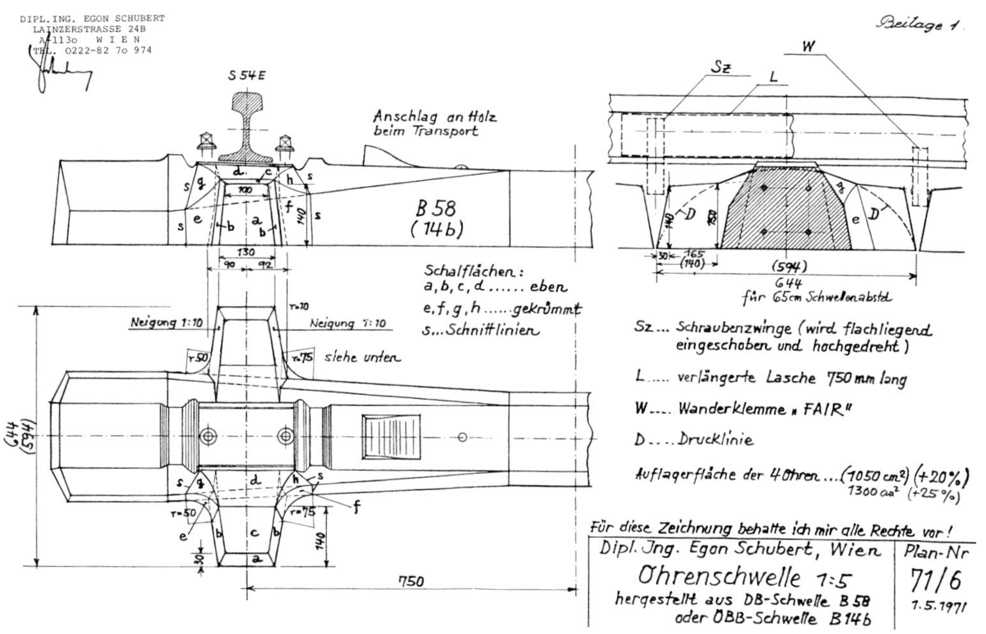

Die Ohrenschwelle. Zeichnung im Maßstab 1:5 von Egon Schubert, 1971.

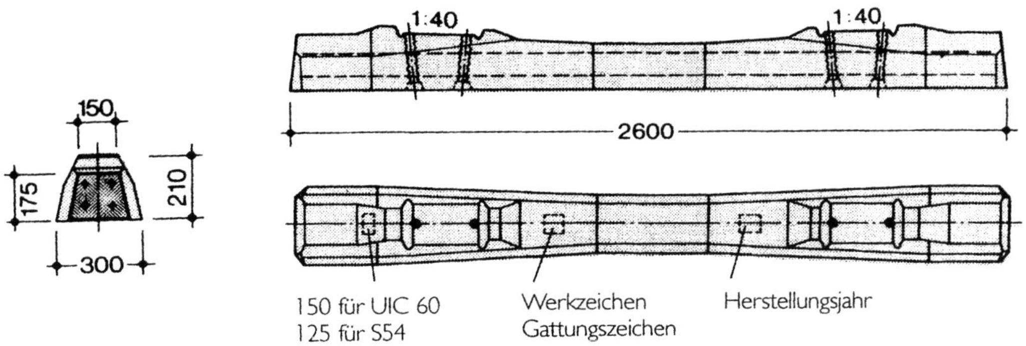

Verlängerte Spannbetonschwelle von Josef Eisenmann: die „B 75" der Deutschen Bundesbahn, 1975.

schiedlicher Ausführung erprobt wurden, führte bei den ÖBB zu Überlegungen, einen *Schwellenrahmen* zu schaffen, mit dem das gefährliche „Pumpen" – eine Vertikalbewegung an den Querfugen zwischen den einzelnen Rahmenteilen – vermieden wird. Die immer wieder beobachtete gegenseitige Verschiebung der Fugenränder unter der rollenden Last führt nämlich zu Setzungen im Fugenbereich und damit zu immer stärkeren dynamischen Beanspruchungen, die letztlich den gesamten Oberbau unbrauchbar machen.
Die von Dipl.-Ing. Dr. techn. Gerhard Schwarz (lange Zeit geschäftsführender Prokurist im SSL) vorgeschlagene Konstruktion (österreichisches Patent Nr. AT A1375/80) zeigt zwei kurze Beischienenstücke, die einerseits die Fuge überbrükken und andererseits eine unterschiedliche Bewegung der Fugenränder durch Befestigungen der Schiene dicht am Fugenrand weitgehend verhindern. Die einzelnen Rahmen sind bei 2,40 Meter Länge und einer Breite von 2,20 Metern in Längs- und Querrichtung mit einem Netz gerader Stäbe und Endverankerungen vorgespannt. Da wegen der stark verringerten Schotterpressungen auch die Einsenkungen des Rahmens unter den Radlasten klein bleiben, müssen die Schienenauflager die für einen komfortablen Radlauf notwendige Einsenkung ermöglichen. Es wurden deshalb hochelastische Schienenbefestigungen des Typs Ioarv 207 der deutschen Firma Vossloh wie bei einer Festen Fahrbahn eingesetzt. Eine Probestrecke mit den im SSL produzierten Schwellenrahmen wurde 1981 im Bereich des Bahnhofs Sankt Egyden der Südbahn verlegt. Der Oberbau ist auch heute noch ohne wesentliche Änderungen in Betrieb.
Die Erhöhung des seitlichen Schwellenwiderstands im Schotterbett setzte sich der Linzer Baumeister und Ingenieur Alois Eder zum Ziel. Die von ihm 1989 entwickelte und bis 1991 im SSL gefertigte *Eder-Schwelle* (österreichisches Patent Nr. 389131B) verklammert sich mit ihren kräftig profilierten Seitenflächen besser im Schotterbett. Bis heute wurden mehrere Kilometer Gleis mit dieser Schwelle verlegt.

ÖBB-Schwellenrahmen des SSL auf der Probestrecke der Südbahn im Bereich des Bahnhofs St. Egyden (NÖ), 1981.

Eine plattenartige Querschwelle stellte der deutsche Bahnfachmann Olaf Unbehaun mit der Breitschwelle im Jahr 1996 vor (deutsches Patent Nr. DE 196 064 69 A1), die mit dicht aneinandergelegten, 0,60 Meter breiten Elementen von 2,40 Meter Länge nahezu die ganze Schotteroberfläche überdeckt. Das Stopfen dieser Schwelle ist an den Außenseiten vorgesehen. Drei Probeabschnitte von rund 12 Kilometer Gesamtlänge wurden bisher im Streckenbereich der Deutschen Bahn verlegt.
In Japan wird gegenwärtig eine neue Längsschwellenkonstruktion in Form des „Leitergleises" erprobt. Die über 12 Meter Länge durchlaufenden Langschwellen aus Beton sind mit Litzen vorgespannt. Im Abstand von 3 Metern sorgen Spurstangen in Form von gummibeschichteten Stahlrohren für den genauen Schienenabstand. Die einzelnen Elemente des Leitergleises sind an den Querfugen durch kräftige Laschen und Schrauben biegefest miteinander verbunden. Die Schienen liegen auf einer durchgehenden Gummizwischenlage und werden im Abstand von 62,5 Zentimetern durch übliche Schienenbefestigungen in ihrer Lage gehalten.

Die Erfahrungen mit der *Ohrenschwelle* von Egon Schubert und dem *Schwellenrahmen* von Gerhard Schwarz flossen ein in die seit 1998 laufende Entwicklung der Projektgruppe „Innovativer Schotteroberbau" – unter Mitwirkung der ÖBB, der Technischen Universität Graz, dem *Stahlbetonschwellenwerk (SSL)* und weiteren vier angesehenen Firmen (Getzner Chemie, Vossloh, Semperit, Porr).

Die Eder-Schwelle, entwickelt 1989 vom Linzer Baumeister und Ingenieur Alois Eder, wird vom SSL als Typ „19ae“ gefertigt und seit 1990 in mehreren österreichischen Anschlußbahnen verlegt.

Die schottergelagerte „Leiterschwelle“, entwickelt 1997 vom japanischen Konstrukteur Hajime Wakui, ist eine Art Langschwelle aus Betonlängsbalken und Stahlrohren in Querrichtung. Abstand der Schienenbefestigungen: 75 cm; Abstand der Stahlrohrverbindungen: 3 m; Bauteillänge der Leiterschwelle: 6, 9, 12 m.

SSL-Rahmenschwellen „RS 95“ auf der Probestrecke der Ostbahn bei Grammatneusiedl (NÖ), 1999.

Resultat: die 1999 vorgestellte *Rahmenschwelle* „RS 95“ (siehe auch S. 205, Anm. d. Red.); sie vermittelt mit einer Länge von nur 0,95 Meter in Gleislängsrichtung und 2,60 Meter Breite in Gleisquerrichtung das Bild einer durch Längsträger verbundenen Doppelschwelle. Jede Schiene ist durch zwei übliche Schienenbefestigungen „W 14“ und ein mittleres Auflager mit der Rahmenschwelle verbunden. Die notwendige Schieneneinsenkung von etwa 1,50 Millimetern wird durch eine elastische Besohlung der Schwellenunterseite gesichert. Die an drei Teststrecken in Österreich gewonnenen Erfahrungen führten einerseits zu einem Wechsel von der ursprünglich gekrümmt über Querschwellen und Längsträger geführten Spannbewehrung auf gerade, sich kreuzende Stäbe in Querschwellen und Längsträgern. Aus wirtschaftlichen Gründen wurde außerdem die Schwellenlänge in Gleislängsrichtung auf 1,15 Meter vergrößert. Die Querschwellenlänge wurde hingegen wegen unerwarteter Schwingungen in den Schwellenköpfen auf 2,50 Meter verringert. Die Serienfertigung dieser verbesserten Rahmenschwelle ist geplant und soll bei verschiedenen Projekten in Österreich, Italien und den USA zum Einsatz kommen.

Breitschwelle der Deutschen Bahn von Olaf Unbehaun, 1996.

Entwicklungstendenzen

Betrachtet man den gegenwärtigen Stand der Entwicklung im Oberbau, so fällt die Vielfalt der zur Zeit laufenden Vorschläge und Erprobungen ins Auge – ein Zeichen für einen noch andauernden Entwicklungsprozeß, der erst in einigen Jahren mit wenigen und dann ausgereiften Regelbauarten auslaufen wird. Eine ähnliche Entwicklung von etwa 20 Jahren Dauer war auch bei der Einführung der Spannbetonschwelle und der durchgehend geschweißten Schiene nach dem Zweiten Weltkrieg ab etwa 1950 zu beobachten.

Es ist derzeit noch nicht absehbar, in welchem Umfang sich die beiden einleitend genannten Tendenzen – der Übergang auf die schotterlose Feste Fahrbahn bzw. die Weiterentwicklung des Schotteroberbaus – durchsetzen werden. Die wesentlichen Bewertungskriterien – wie Investition und Wartungskosten, Betriebsbedingungen, Verfügbarkeit des Fahrwegs, Flexibilität bei Umbauten, geologische Bedingungen und nationale Eigenheiten – verweben sich so komplex ineinander, daß eine gesicherte Beurteilung nahezu unmöglich erscheint. Allein die Tatsache, daß in Deutschland und Japan die Feste Fahrbahn im Vordergrund steht, während alle übrigen Länder mehr oder weniger deutlich den Schotteroberbau bevorzugen,

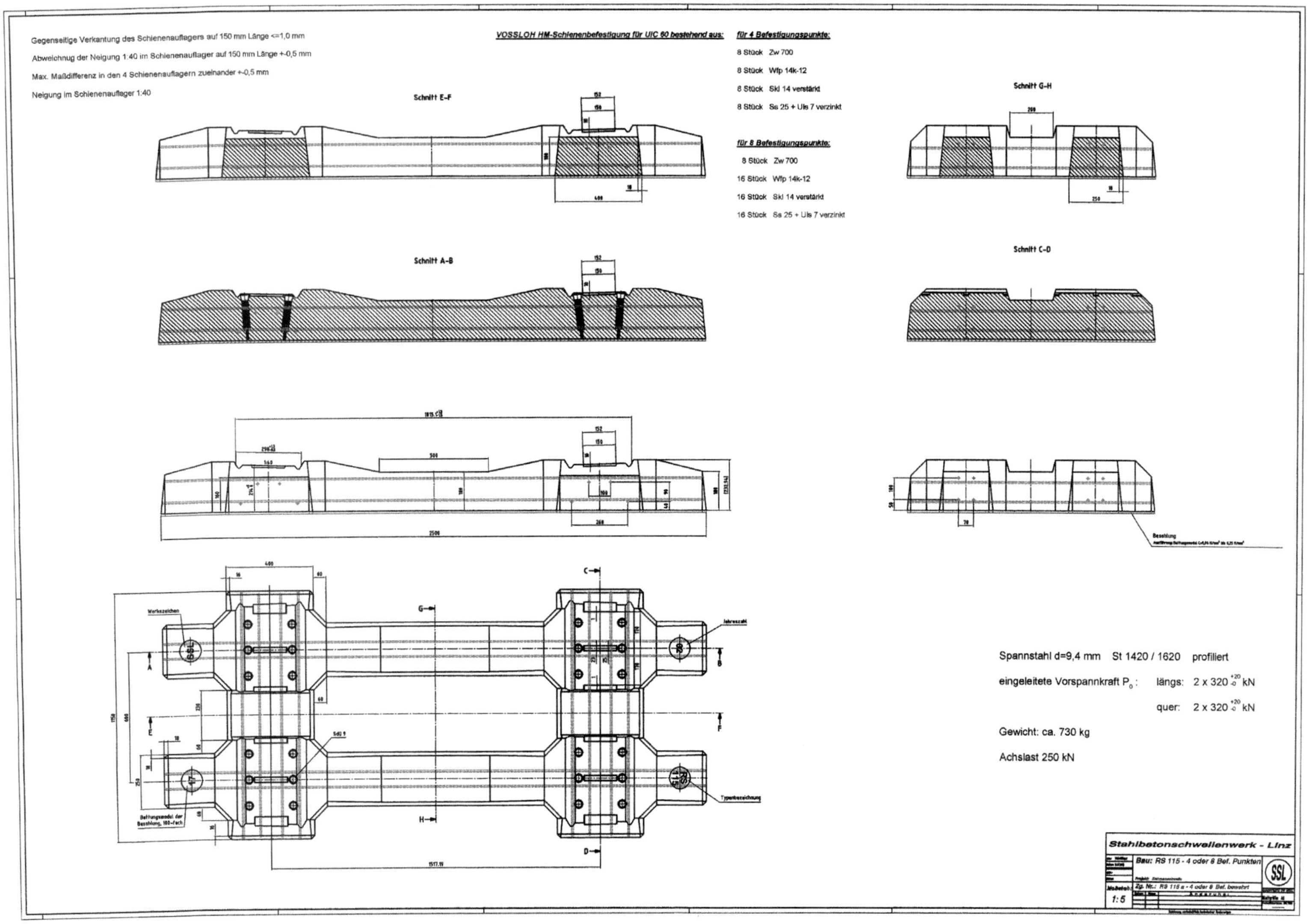

In Entwicklung: die Rahmenschwelle „RS 115" des SSL.

zeigt, wie unterschiedlich die Entwicklung in den einzelnen Ländern verlaufen kann. Allerdings ist erkennbar, daß für alle schwach- und mittelbelasteten Strecken der klassische Schotteroberbau mit Querschwellen weiterhin die wirtschaftlichste Lösung darstellen wird. Hochbelastete Strecken werden jedoch auf einen leistungsfähigeren und wartungsarmen Oberbau in Zukunft nicht verzichten können, wobei sowohl die Feste Fahrbahn wie auch verbesserte Systeme des Schotteroberbaus je nach Gegebenheit eingesetzt werden dürften.

Literatur

Eisenmann, Josef / Rump, Reinhold: *Ein Schotteroberbau für hohe Geschwindigkeiten.* ETR (Eisenbahntechnische Rundschau) 46 (1997), Nr. 3, S. 99.

Münchschwander, Peter u.a.: *Feste Fahrbahn.* Sonderveröffentlichung der ETR. Darmstadt, Hestra 1997.

Neumann, Bruno: *Concrete Railway Sleepers.* Malmö, Cembureau The Cement Statistical and Technical Association 1963.

Pfleiderer AG (Hrsg.): *Rheda 2000. Die monolithische Feste Fahrbahn mit Direktaufbau.* Neumarkt/Oberpfalz 2000.

Porr AG (Hrsg.): *Eine Tunnelsanierung von Porr-Gleisbau im Tauerntunnel Salzburg–Kärnten.* ABAP Ref. 108/05.93/2m.

Schwarz, Gerhard: *Studie über Schwellenrahmen-Oberbau, Konstruktion und Anwendungsmöglichkeit für die Neubaustrecken der ÖBB.* Unveröffentlichter Bericht, Wien 1980.

Wakui, Hajime: *Die schottergelagerte Leiterschwelle und Perspektiven.* In: ETR, 48 (1999), Nr. 5, S. 275.

Der Einsatz von Betonschwellen im Netz der ÖBB

Ein Beitrag zur aktuellen Situation

Rudolf Schilder

Die Geschichte der Einführung von Betonschwellen in Österreich wurde in diesem Buch bereits behandelt – beginnend mit der Verlegung der ersten Schwelle aus Stahlbeton 1897 im Bahnhof Linz (siehe S. 108, Anm. d. Red.). Diese Entwicklung soll also hier nur gestreift werden. Vielmehr liegt der Schwerpunkt der folgenden Betrachtung auf dem Zeitraum von Mitte der 1980er Jahre bis heute.

Der Beginn dieser Periode wird durch entscheidende Veränderungen markiert: Erstmals lag 1988 die Anzahl der von den Österreichischen Bundesbahnen (ÖBB) eingebauten Betonschwellen über jener der gleichzeitig verwendeten Holzschwellen, ein Trend, der seither anhielt, wie die Aufstellung über den Schwellenverbrauch in Österreich 1945–2001 auf der folgenden Seite zeigt; der Wettbewerb der Schwellenmaterialien war entschieden, und der Werkstoff Beton ging eindeutig als Gewinner daraus hervor.

Im folgenden soll auf die Entwicklung, die Einbaubedingungen, die Veränderungen der Vorschriften sowie die Zukunftsperspektiven der Betonschwellen eingegangen werden; wobei sich alle hier getroffenen Aussagen ausschließlich auf Erfahrungen mit Betonschwellen im Netz der ÖBB beziehen.

Die Entwicklung der Betonschwellen

Nach dem Ende des Zweiten Weltkriegs wurde eine großzügige Erneuerung der Schienenwege notwendig: Ein Großteil der Strecken, Bauten und Brücken war zerstört bzw. schwer beschädigt, zudem mußte eine geeignete Infrastruktur für den Wiederaufbau des Landes geschaffen werden. Ab 1952 setzten die ÖBB Betonschwellen ein. Diese wurden in zwei unterschiedlichen Bauarten hergestellt: als *Monoblock-Spannbetonschwellen* und als *Zweiblockschwellen*.

Ohne hier des näheren auf Details dieser Schwellenarten eingehen zu können, soll gleichwohl festgehalten werden, daß ihre Entwicklung stark von den vorherrschenden wirtschaftlichen Bedingungen beeinflußt war: Das Land war arm und zerstört, Materialimporte kamen teuer, und es gab keine hochentwickelte Bauindustrie. Strategische Überlegungen standen zu einer Zeit, als es um einen raschen Wiederaufbau des Landes ging, nicht im Vordergrund. Auch Geschwindigkeits- und Achslasterhöhungen wurden nicht im heutigen Ausmaß thematisiert. Zudem darf nicht vergessen werden, daß das damalige Wissen über das Gleis und seine Komponenten noch aus der Zeit der Holzschwellengleise stammte. Erst in den 1950er und 1960er Jahren wurden detailliertere Kenntnisse über Betonschwellengleise entwickelt. Es ist daher nicht verwunderlich, daß sich die österreichische Betonindustrie in technologischen Fragen am deutschen Eisenbahnsystem orientierte, mit dem es noch vor kurzem – politisch bedingt – eng verbunden war. Zwar gab es immer wieder Modifikationen, doch diese betrafen hauptsächlich die Schienenbefestigung und besaßen zudem meist nur regionale Bedeutung.

Die Nomenklatur der ÖBB-Schwellen war bis Ende der 1980er Jahre sehr einfach: Monoblockschwellen hatten eine „1", Zweiblockschwellen eine „2" als erste Ziffer der Typenbezeichnungen. Die Zweiblockschwelle der ÖBB gibt für die schwierigen Bedingungen der Nachkriegszeit ein beredtes Zeugnis. Niedrige Lohnkosten und reichlich vorhandene Altstoffe begünstigten die Entwicklung dieser Schwellenart, deren Spurhalter ein Stegfußteil aus Altschienen war. Die ersten jener Zweiblockschwellen wurden 1948 verlegt. Ab 1953 kam es an der Schwelle selbst zu keinen Veränderungen mehr.

Der Hauptvorteil dieser Schwellenart war die Möglichkeit, das Gleis bis auf Radien

Schwellenverbrauch in Österreich 1945–2001

Schwellenverbrauch				
Jahr	Stahl	Beton	Holz	Gesamt
	0	0	0	0
1945	0	0	110.000	110.000
1946	0	0	120.000	120.000
1947	0	0	170.000	170.000
1948	13.200	0	430.000	443.200
1949	24.000	0	892.000	916.000
1950	4.500	0	809.000	813.500
1951	6.750	0	934.000	940.750
1952	2.100	950	675.000	678.050
1953	150	2.500	806.239	808.889
1954	5.640	14.285	831.399	851.324
1955	23.169	56.941	921.619	1.001.729
1956	13.951	88.888	688.305	791.144
1957	13.727	91.240	752.259	857.226
1958	1.341	111.670	764.534	877.545
1959	209	147.154	750.344	897.707
1960	162	150.870	668.073	819.105
1961	10.357	93.621	413.013	516.991
1962	2.875	113.735	373.367	489.977
1963	0	161.163	358.318	519.481
1964	0	150.727	332.716	483.443
1965	288	107.422	364.116	471.826
1966	22	84.100	279.234	363.356
1967	32	88.887	303.247	392.166
1968	456	127.489	301.873	429.818
1969	13	91.782	255.681	347.476
1970	0	96.262	245.316	341.578
1971	0	107.475	198.444	305.919
1972	0	100.760	191.064	291.824
1973	0	103.451	275.348	378.799
1974	0	121.624	171.834	293.458
1975	0	121.703	231.271	352.974
1976	0	141.053	370.564	511.617
1977	0	127.978	306.613	434.591
1978	0	175.808	334.592	510.400
1979	0	188.198	314.028	502.226
1980	0	164.902	274.413	439.315
1981	0	131.839	333.372	465.211
1982	0	146.573	327.730	474.303
1983	0	145.133	371.285	516.418
1984	0	173.466	325.874	499.340
1985	0	155.631	251.821	407.452
1986	0	203.856	226.687	430.543
1987	0	166.079	167.032	333.111
1988	0	209.765	146.024	355.789
1989	0	188.727	123.792	312.519
1990	0	248.259	214.695	462.954
1991	0	194.178	104.063	298.241
1992	0	231.225	150.503	381.728
1993	0	419.991	133.630	553.621
1994	0	356.956	98.018	454.974
1995	0	170.150	108.000	278.150
1996	0	282.488	94.818	377.306
1997	0	309.822	89.874	399.696
1998	0	405.680	105.249	510.929
1999	0	329.555	104.856	434.411
2000	0	349.525	88.347	437.872
2001	0	252.842	118.356	371.198

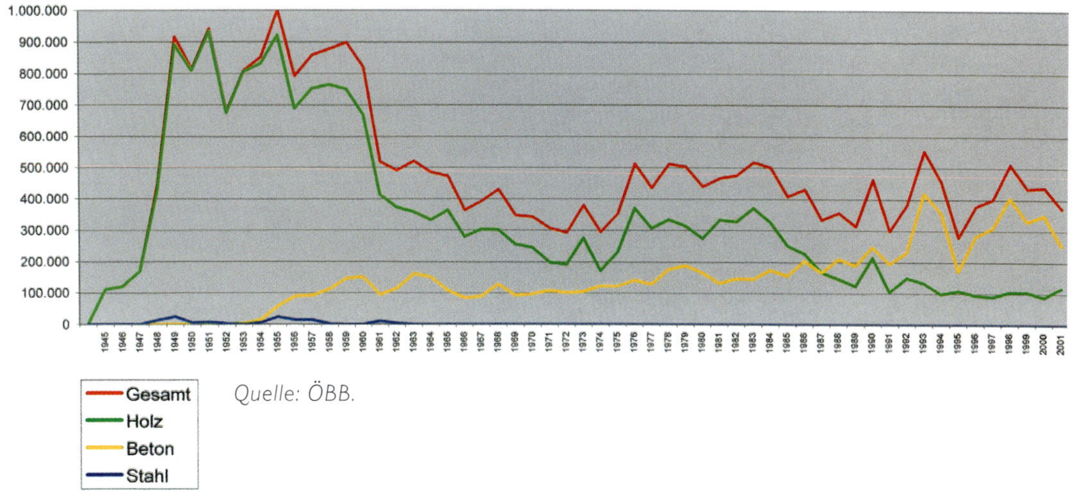

Quelle: ÖBB.

mit R=180 m lückenlos zu verschweißen. Die fünf mit „20“, „21“, „22“, „23“ und „24“ bezeichneten Typen unterschieden sich nur durch die Art ihrer Schienenbefestigung: Die Schwellen „20“, „21“ und „22“ hatten eine unmittelbare Klemmplattenbefestigung, die Schwelle „23“ Rippenplattenbefestigung und die Schwelle „24“ Pandrolbefestigung (zu den Schienenbefestigungen siehe auch S. 201, Anm. d. Red.). Zufriedenstellend war jedoch nur die Rippenplattenausführung.

Der entscheidende Nachteil der Zweiblockschwelle lag darin, daß bei Einsätzen in Gleisabschnitten, die mit Geschwindigkeiten von mehr als 100 Stundenkilometern befahren wurden, immer wieder Schäden an der Verbindung Stegfußteil–Schwellenkörper auftraten. Dies führte zur Einbaubeschränkung und letztlich zur Einstellung dieser Schwellenart im Jahr 1986. Monoblockschwellen hingegen sind bei den ÖBB bis heute in Verwendung. Sie werden von ihrem ersten Produktionsjahr 1954 an vollständig mit allen charakteristischen Daten auf der folgenden Seite aufgelistet. Für ihre Herstellung wurde damals das von Dyckerhoff & Widmann bekannte Verfahren der Sofortentschalung mit nachträglicher Vorspannung und haarnadelförmiger Bewehrung eingesetzt. Schwellen dieser Art wurden bis 1998 in Linz produziert. Seit 1990 werden auch Monoblock-Spannbetonschwellen in Wöllersdorf bzw. in Sollenau (NÖ) hergestellt, jedoch nach einem anderen Herstellungsverfahren als in Linz.

Ab Mitte der 1980er Jahre vollzog sich ein Modernisierungsschub. Die ÖBB veranlaßten im Bereich Spannbetonschwellen eine neue, vertiefte Untersuchung, in deren Verlauf die aktuellen Einbauzahlen dem noch im Gleis befindlichen Anteil von Holz- und Betonschwellen gegenübergestellt wurden. Von den erstverlegten Schwellen in Gleisen mit einem Alter über 30 Jahren waren noch 64 Prozent der Betonschwellen (Monoblock), aber nur

Liegedauer	Holzschwellen	Betonschwellen
> 25 Jahre	46 %	79 %
> 30 Jahre	30 %	64 %

Jeweiliger Anteil der eingebauten Holz- und Betonschwellen nach einer Liegedauer von 25 bzw. 30 Jahren im Gleis (Erstverlegung). Quelle: ÖBB.

Monoblock-Spannbetonschwellen der ÖBB seit 1954

Regelzeichnung	Type	Schiene	Länge mm	Breite mm	Querschnitt	F=Sohlfläche Fw=wirksame Sohlfläche (40cm Auflagefrei)	Masse kg	Befestigung	Herstellungs-zeitraum	Anzahl	Bemerkungen
16638	B 10 10a	A, XA	2300	280	185 195 280	2 x 2058 (2 x 2523)	185	Klemmplatten	1954-1955(10a)	10 003	1 Spannstange
16691	11	S49, B	2300	280	140 210 280	2 x 2580 (2 x 3120)	220	Rippenplatten (K)	1955-1958	166 828	2 Spannstange Z=2x13t = 26t
16870	12	S49, B	2300	298	150 200 298	2 x 2560 (2 x 3005)	225	K	1957-1964	684 323	2 Haarnadel Z=4x6t = 24t Starke Stirnaus-bildung !
16926	12a								1959-1961	4 987	Schwellenschraube verkehrt ! Gummihülse Type 12 S Stoß-schwelle RZ 1698
16999	13	A,B	2300	280	140 195 280	2 x 2200 (2 x 2600)	195	Federschräg-nagel	1962-1967	31 570	Z = 15,4 t
16918	13a							Federnagel-befestigung			
17113 17108 17115 17117	14 14a b c	B	2400	298	122 195 298	2 x 2685 (2 x 3125)	-235	K Springlock] Epsilon(W,HM)] Pandrol	1964-1976 1968-1990	562 967 2 000 254 205	verbl. Z = 240 kN
17146	d			298 (644)			310	K	1973	1 900	Ohrenschwelle
16989	15	B	2400	298	145 200 298	2 x 2565 (2 x 3005)	230	Pandrol	1966-1969	6 645	Z = 240 kN
17061	16	B	2300	277	140 189 277	2 x 2320 (2 x 2714)	207	Pandrol	1967-1990	731 752	Z = 200 kN
17147	17	B,C	2600	300	171 210 300	2 x 2980 (2 x 3380)	302	K	1973	1 920	Z = 270 kN
17201	18	B,C	2400	298 (550)	150 194,5 298	2 x 3028 (2 x 3470)	~300	K	1974	8 983	Z = 270 kN
17203	18a			(500)			~275	W		1 803	Ohren bewehrt
17202	19	B,C	2500	300	171 210 300	2 x 2644 (2 x 3084)	280	W	1976-1990	1 068 392	Z = 270 kN
17205	19a-125 19a-150	B,C UIC 60	2600	300	171 210 300	2 x 2962 (2 x 3362)	290	W	1986-1999	1 700 006	Z = 270 kN
17206	L1	B,C	2500	300	161 210 300	2 x 3063 (2 x 3583)	290	W	1990-	647 575	16 Drähte ø 5 mm Z = 277 kN
17207	K1	B,C UIC 60	2600	300	214 300	2 x 3165 (2 x 3525)	290	W	1999-	623 637	8 Drähte ø 7,5 mm Z=320 kN
17208	L2	B,C UIC 60	2600	300	215 300	2 x 3159 (2 x 3700)	290	W	1999-	231 340	14 Drähte ø 6,0 mm Z=328 kN

Quelle: ÖBB.

noch 30 Prozent der Holzschwellen im Gleis in Verwendung.

Die längere Lebensdauer, der Fortschritt der mechanisierten Gleisverlegung (siehe auch S. 138 ff., Anm. d. Red.) und nicht zuletzt die Weiterentwicklung der Herstellungsverfahren haben zu einer Neubewertung der Monoblock-Spannbetonschwellen geführt. Die ÖBB veröffentlichten 1988 eine internationale Ausschreibung betreffend den Ankauf von Betonschwellen, die eine Freigabe der Herstellungsverfahren – unabhängig vom bis dahin einzigen Lizenzgeber Dyckerhoff & Widmann – vorsah; so konnten den ÖBB nunmehr von weiteren Produzenten modernste Technologien angeboten werden. Auch waren die zuständigen Stellen der Österrei-

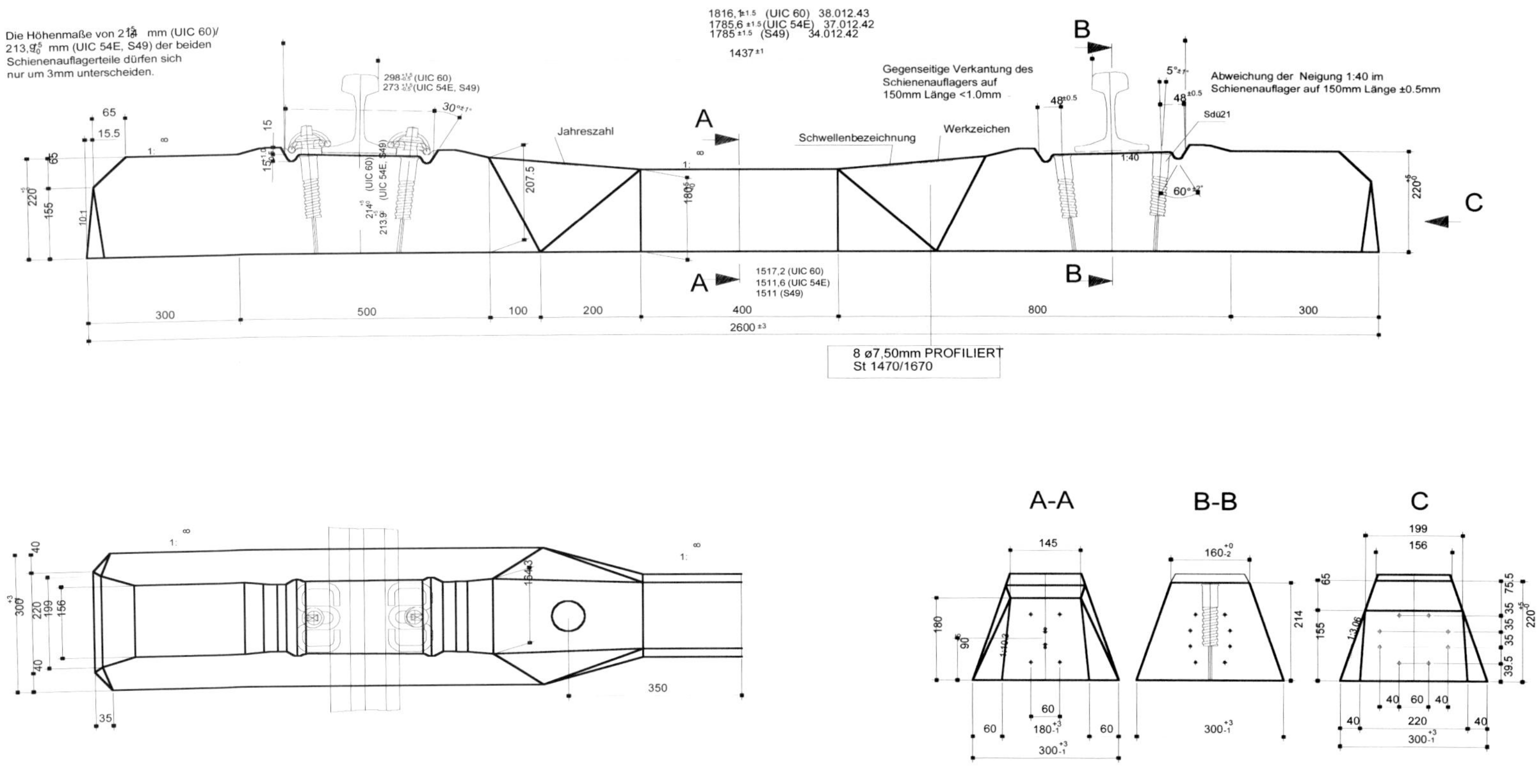

Masse = 282 kg
Stahl 8 x 7,5 mm
Achslast: 250 kN

Die Spannbetonschwelle „K 1“. Quelle: ÖBB.

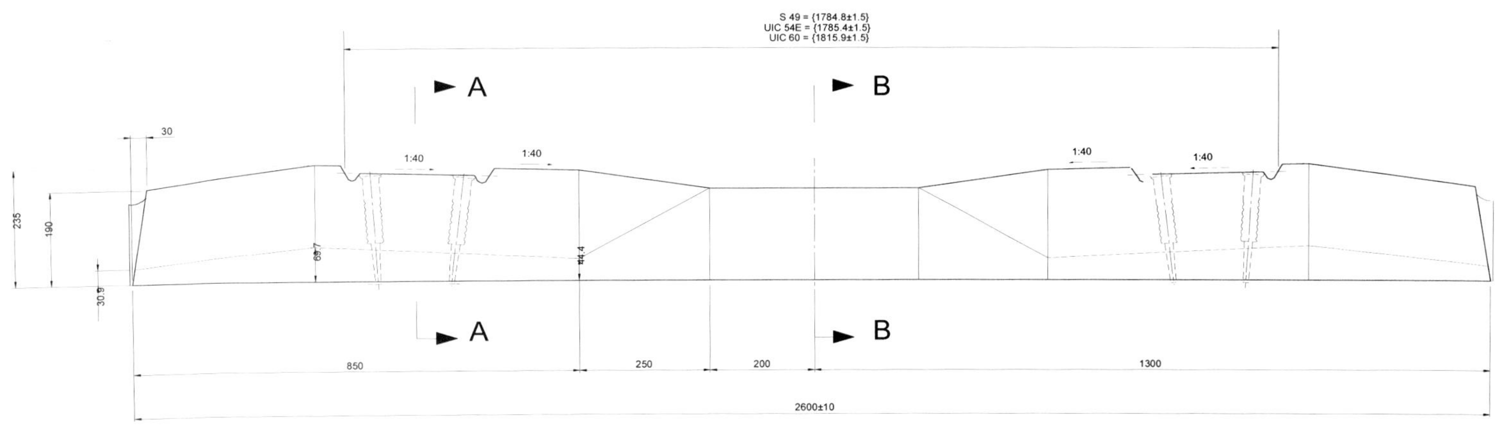

Masse = 291 kg
Stahl 14 x 6 mm
Achslast: 250 kN

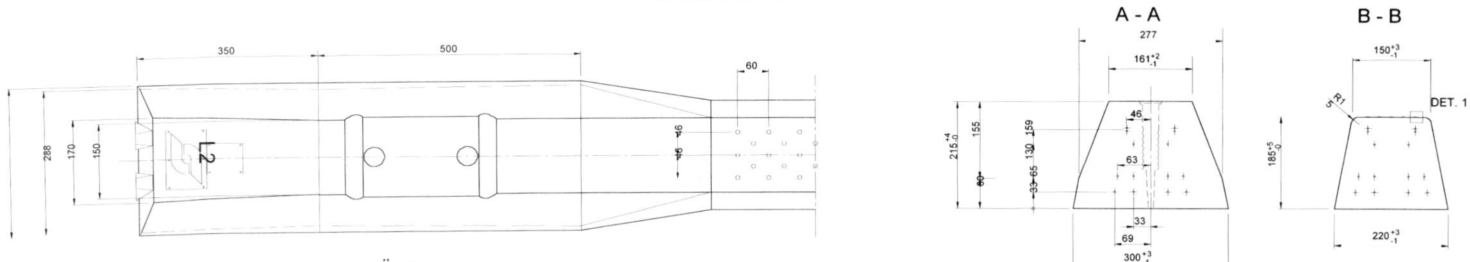

Die Spannbetonschwelle „L 2“. Quelle: ÖBB.

Vergleich der wirksamen Auflagerflächen von „Be 19a“ und „K 1“

$A_{19a} = 5700\ cm^2$

$A_{K1} = 6330\ cm^2$

$\kappa = (A_{19a} / A_{K1})^{3/4}$

$\kappa = (5700 / 6330)^{3/4}$

$\kappa = (0{,}9)^{3/4} = 0{,}924$

gemäß AASHO-Road –Test:

$\kappa^2 = 0{,}92^2 = 0{,}85 \rightarrow 1/0{,}85 = 1{,}17$

$\kappa^4 = 0{,}92^4 = 0{,}72 \rightarrow 1/0{,}72 = 1{,}40$

Quelle: ÖBB.

Technische Parameter der Schwellen „K 1“ und „L 1“ im Vergleich

	K 1	L 2
Länge	2600 +/- 3 mm	2600 +/- 10 mm
Breite im Querschnitt r	300 + 3/ -1 mm	300 +3/ -1 mm
Breite im Querschnitt c	180 + 3/ -1 mm	220 +3/ -1 mm
Höhe im Querschnitt r	214 +5 -0 mm	215 +4/ -0 mm
Auflagerfläche	705 000 mm²	718 400 mm²
Auflagerfläche wirksam	633 000 mm²	631 800 mm²
Spannbewehrung	8∅ 7,5 mm St 1470/1670	14∅ 6 mm St 1670/1870
Spannkraft nach Abzug aller Verluste	320 kN	328 kN
Betonfestigkeitsklasse	C 50/60	C 50/60

Quelle: ÖBB.

chischen Bundesbahnen zur Überzeugung gelangt, daß der Bedarf auf dem Gebiet der Betonschwellen groß genug sei für einen zweiten heimischen Lieferanten von Monoblockschwellen neben dem bisher einzigen Hersteller in Linz.

Das Ergebnis der Ausschreibung war eindeutig: Auf den ersten beiden Rängen der Bewertung lagen Schwellen, die im Langbettverfahren hergestellt worden waren. Das bislang einzig verwendete Sofortentschalverfahren mit späterer Vorspannung (siehe auch S. 203, Anm. d. Red.) fand sich nun erst auf dem dritten Rang.

Die Planung der ÖBB sah daraufhin eine neue, in Wöllersdorf produzierte Schwelle mit Haupteinsatz auf Nebenstrecken mit einer 2,50 Meter langen Monoblockschwelle und erhöhten Tragmomenten vor, die mit Pandrolschienenbefestigung erzeugt werden sollte. Just zu dieser Zeit kam es jedoch im Gleis verstärkt zu Problemen mit dieser Schienenbefestigungsart. Letztere kam in einer Konstruktion zur Anwendung, die als Verbindung zur Betonschwelle ein Preßstahlelement verwendete; genau bei diesem Element traten Brüche auf, deren Ursachen auf den Herstellungsprozeß zurückgeführt werden konnten. Änderungen an dem Preßstahlelement wurden notwendig und ihre Auswirkungen analysiert, wobei man den Austausch gegen die häufig verwendeten Gußkloben ebenso untersuchte wie den Einsatz einer alternativen Schienenbefestigung.

Letztlich fiel die Entscheidung aus technischen und wirtschaftlichen Gründen zugunsten der Schienenbefestigung System „W“ der Deutschen Bundesbahn (DB). Die Schwelle aus Wöllersdorf wurde entsprechend geändert und kam mit der Bezeichnung „L 1“ erstmals Ende 1989 zum Einsatz. Der Name „L“ steht dabei für das Langbettverfahren, mit dem diese Schwelle erzeugt wird, die „1“ steht für die erste Schwelle dieser Art bei den ÖBB.

Die „L 1“ hatte großen Erfolg. Sie setzte einen neuen qualitativen Standard und lag zugleich deutlich unter dem damals üblichen Preis. Sie war der Beweis, daß mit neuen Verfahren eine Qualitätssteigerung erreicht werden kann, aber gleichzeitig diese Verbesserungen nicht zwangsläufig zu höheren Preisen führen.

Einige Jahre später wurde auch vom Linzer Hersteller gemeinsam mit den ÖBB eine neue Schwelle entworfen und im Jahr 1997 erstmals eingesetzt – die „K 1“ („K“ steht für das Kurzbett, die „1“ für die erste Schwelle nach diesem Verfahren). Die „K 1“ stellt heute den Letztstand in der Entwicklung der ÖBB-Spannbetonschwellen dar (siehe auch S. 208 ff., Anm. d. Red.). Sie ist eine Universalschwelle mit einer Länge von 2,60 Metern und einer „W 14“-Schienenbefestigung. Das Herstellverfahren ist das DSR-(=Dyckerhoff-Spannrahmen-) Verfahren der Firma Dyckerhoff & Widmann. Sie wird in einer Mehrlingsform in einem kurzen Spannbett als Sofortentschaler mit sofortigem Verbund erzeugt. Die Tragmomente sind gegenüber dem Vorgängermodell „19a“ (entspricht der deutschen „B 70“) um rund 20 Prozent erhöht, die Auflagerfläche ist vergrößert (siehe Tabelle links oben).

Mit der „L 2“ folgte 1998 die Einführung einer weiteren Spannbetonschwelle aus dem Werk in Sollenau, die im Langbett erzeugt wird und in ihrer Technik der „K 1“ gleichwertig ist. In der Tabelle rechts oben werden die technischen Para-

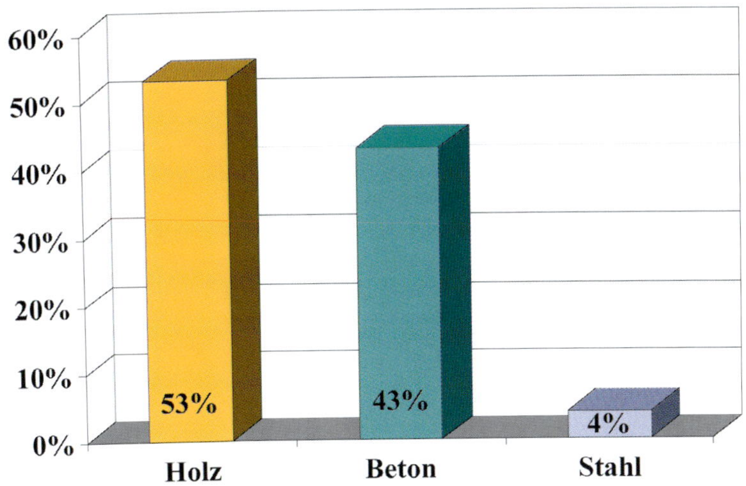

Verteilung der Schwellenmaterialien Holz, Beton und Stahl in den ÖBB-Streckengleisen im Jahr 2000. Quelle: ÖBB.

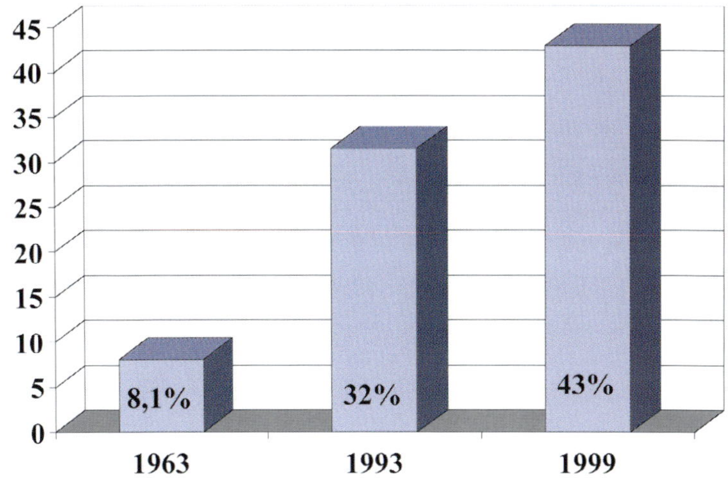

Anteil der Betonschwellen in den ÖBB-Streckengleisen im Jahr 2000. Quelle: ÖBB.

meter der beiden Schwellenarten „K 1" und „L 1" einander gegenübergestellt. Abschließend sei vermerkt, daß auch für Schmalspurstrecken mit 760 Millimeter Spurweite eine Spannbetonschwelle – die Type „S 1" – entwickelt wurde, die in Linz produziert wird und seit 1986 in Österreich zur Verfügung steht.

Die Einbaubedingungen von Betonschwellen

Die Verteilung der Schwellenmaterialien in den ÖBB-Streckengleisen, wie sie die Grafik links oben schematisch darstellt, läßt klar erkennen, daß der Hauptanteil der Gleise nicht auf Betonschwellen verlegt ist. Wie in der Grafik rechts oben gezeigt wird, ist in den letzten Jahren jedoch ein rascher Zuwachs an Betonschwellen zu verzeichnen, der sich durch die spezielle Einbausituation in Österreich erklärt.
Das Streckennetz der ÖBB besteht im groben aus einer Ost-West-Verbindung und mehreren Nord-Süd-Verbindungen. Zugleich erstrecken sich die Ostalpen über die gesamte Länge Österreichs; folglich müssen alle Hauptstrecken die Alpen durchqueren, was in der Regel enge Kurvenradien und größere Steigungen wie auch zum Teil äußerst schwierige Baubedingungen zur Folge hat. Zwar waren, infolge der geographischen Lage und politischen Erfordernisse der riesigen Doppelmonarchie, die Eisenbahnverbindungen bereits Ende des 19. Jahrhunderts im wesentlichen ausgebaut; doch die seither zum Teil veralteten Anlagen und die äußerst schwierigen Verhältnisse im gebirgigen Österreich führten dazu, daß häufig erst in den letzten Jahrzehnten, als man anfing, das Streckennetz zu renovieren, Möglichkeiten für den Einbau von Betonschwellen geschaffen wurden.
Zur Zeit gelten folgende Voraussetzungen für den Einbau von Betonschwellen:

1. Das Schotterbett muß unmittelbar auf einem tragfähigen, wasserdurchlässigen Boden aufliegen.

2. Bei einem bindigen Untergrund muß eine Tragschichte ausreichender Stärke und mit geeigneter Sieblinie unter dem Schotterbett eingebaut werden.

3. Die Richtungsverhältnisse müssen das lückenlose Verschweißen der Schienen gestatten.

4. In Streckengleisen muß die Verlegung maschinell (mechanisiert) durchführbar sein.

Betonschwellen dürfen *nicht* eingebaut werden:

1. in Gleisabschnitten, in denen größere Setzungen (= bleibende vertikale Verschiebungen) oder Frostaufzüge auftreten, sowie

2. in Gleisabschnitten, in denen regelmäßig Hemmschuhe (= Vorrichtungen zum Abbremsen und Fixieren der Wagen) aufgelegt werden.

Spannbetonschwellen werden heute für alle von den ÖBB eingesetzten neuen Schienenformen gefertigt. Diese sind im einzelnen:
für Normalspurgleise UIC 60,
C (UIC 54 E) und B (S 49),
für Schmalspurgleise: Xa.

Wichtige Voraussetzung für den Einbau der Schwellen: Der Mindesthalbmesser für die lückenlose Verschweißung der Eisenbahnschienen beträgt im Regelfall 250 Meter.

Änderungen der Vorschriften für Betonschwellen

Im letzten Jahrzehnt haben sich in den internationalen wie in den für die ÖBB gültigen Vorschriften für Betonschwellen und ihren Rahmenbedingungen innerhalb der Europäischen Union einige Änderungen ergeben. Zunächst gilt es zu klären, welche der neuen Vorgaben unbedingt einzuhalten sind bzw. welche nur Leitfunktion besitzen sowie welche Institutionen sie erlassen.

Unbedingt einzuhalten sind die *Technical Specifications for Interoperability* (TSI), die den Rang eines Gesetzes besitzen. Die europäischen Normen, also die CEN-Standards, die vom europäischen Normungsinstitut *Comité Européen de Normalisation* (CEN) herausgegeben werden, treten über die ÖNORM als ÖNORM EN in Kraft und gelten daher als Vorgabe. Der internationale Eisenbahnverband (Union International des Chemins de Fer, UIC) veröffentlicht zudem Merkblätter, die jeweils entweder eine verpflichtende oder eine empfehlende Anwendung vorsehen.

Mit 1. Dezember 2002 wurde die Vorschrift *TSI-Infrastruktur für das Hochgeschwindigkeits-Eisenbahnsystem* entsprechend der EU-Richtlinie 96/48 gültig, von der große Teile des Hochleistungsstreckennetzes der ÖBB betroffen sind. In bezug auf die Schwellen wird darin folgendes festgelegt:

„Die im Schottergleis verwendeten Schwellen müssen eine Masse von mindestens 220 kg aufweisen. Die Länge muß mindestens 2,25 m betragen. Die Hauptgleise des Hochgeschwindigkeitsnetzes sind über die gesamte Länge mit Betonschwellen auszurüsten, ausgenommen auf kurzen Abschnitten, die nicht länger als 10 m sind und mindestens 50 m voneinander entfernt sein müssen. Mindestens 1600 Stützpunkte sind je Schienenstrang per km Gleislänge anzuordnen.“

Gegenwärtig ist das Regelwerk *TSI-Infrastruktur für das Normal-Eisenbahnsystem (Conventional Rail)* durch die *Association Europiéenne pour l'Intéroperabilité Feroviaire* (AEIF) in Ausarbeitung. Die Österreichischen Bundesbahnen sind Mitglied der für die Erarbeitung dieses Gesetzes zuständigen Arbeitsgruppe. Inwieweit das Thema Betonschwellen darin behandelt wird, kann noch nicht abgeschätzt werden.

Bereits im Jahr 1998 legte das österreichische Normungsinstitut folgende *Gründrucke* (= ÖNORM-Entwürfe zur Informationen und Stellungnahme) als Konzept für ein europäisches Normendokument vor:

Bahnanwendungen, Oberbau, Betongleisschwellen und Betonweichenschwellen

Teil 1	Allgemeine Anforderungen ÖNORM EN 13230-1
Teil 2	Spannbeton-Monoblockschwellen ÖNORM EN 13230-2
Teil 3	Stahlbeton-Zweiblockschwellen ÖNORM EN 13230-3
Teil 4	Spannbetonschwellen für Weichen und Kreuzungen ÖNORM EN 13230-4

Diese Normen definieren die technischen Kriterien und Prüfverfahren, denen Basismaterialien und Fertigerzeugnisse, etwa vorgefertigte Betonschwellen, Betonschwellen für Weichen und Kreuzungen und spezielle Schwellen für Eisenbahngleise, genügen müssen. Ferner regeln sie, welche Vorgaben vom Käufer und welche vom Hersteller zu erbringen sind. Auch enthalten sie Angaben über die Werkstoffe, wie Zement, Zuschlagstoffe und Anmachwasser, über Spannstähle oder Einbauteile der Schienenbefestigung ebenso wie allgemeine Bestimmungen hinsichtlich Entwurf, Fertigungsverfahren, Oberflächenzustand, elektrische Isolation und Kennzeichnung sowie Produktprüfung und Qualitätskontrolle.

Es ist jedoch anzumerken, daß diese europäische Norm (EN) Mindeststandards beschreibt, die Anbietern grundsätzlich den Zugang zum europäischen Markt sichern sollen. Es bleibt dem Käufer aber vorbehalten, weiterführende Untersuchungen und Nachweise einzufordern. So müssen im Fall der ÖBB Anbieter Nachweise zusätzlicher Untersuchungen betreffend Einzug der Spannstähle bei sofortigem Verbund und Simulationstests von Entgleisungen beibringen.

Was die Betonschwelle selbst betrifft, so gründen diese europäischen Normen (CEN-Standards) auf Dokumente von UIC-Arbeitsgruppen, ja, sie sind eine direkte Fortführung von deren Arbeit. Die UIC hat sich zudem nach Vorlage und Kenntnis der CEN-Standards entschlossen, ihren Mitgliedern auch Hilfestellungen im Hinblick auf Wahl und Einsatz von Betonschwellen zu bieten. Eine Spezialistengruppe arbeitete – unter Mitwirkung der ÖBB – an einem diesbezüglichen Bericht, der in ein Merkblatt mündete. Es wurde ein *state of art report* erhoben, und das Merkblatt selbst enthält Berechnungsbeispiele für die Dimensionierung von Spannbetonschwellen. Erstmals wird darin auch die Wirkung von elastischen Schienenzwischenlagen für die Berechnung festgeschrieben. Dieses Merkblatt UIC 713 E wurde mit 1. Jänner 2003 in Kraft gesetzt.

Zukunftsperspektiven

Die Betonschwelle, und speziell die Spannbetonschwelle, hat in den letzten Jahrzehnten einen Siegeszug angetreten – es scheint also, als sei das Ziel dieser Technologie erreicht. Doch es gibt durchaus noch genügend Entwicklungspotential. Denn im laufenden Gleis hat sich die Betonschwelle zwar durchgesetzt, in den Weichen steigt die Anwendungsrate jedoch noch.
So wurde bei den ÖBB im Jahr 2002 eine neue C-Weichengeneration (UIC 54E) auf Spannbetonschwellen eingeführt. *Hohlschwelle*, *Hydrostar* und nicht zuletzt in weiten Bereichen eine *direkte Schienenbefestigung* markieren den Letztstand der technischen Entwicklung auf diesem Gebiet. Diese Weichengeneration könnte als Vorläuferin der dann zu erwartenden Überarbeitung der *UIC-60-Weichen* (ebenfalls auf Spannbetonschwellen) angesehen werden.
Im Weichenbereich wird sich aber auch künftig der Einsatz von Betonschwellen auf Streckengleise und durchgehende Hauptgleise (das sind rund 70 % des Gesamtgleisnetzes) beschränken.

Wie sieht die Zukunft im Hinblick auf das Gleis aus? Hier sei an das komplexe Zusammenwirken der einzelnen Gleiskomponenten erinnert.
Zwei Elemente haben direkt mit der Schwelle zu tun: zum einen die Schienenbefestigung, zum anderen die Bettung (also das Schotterbett).
Vor allem in engeren Bögen wird die Schienenbefestigung besonders stark beansprucht, denn gleichzeitig mit der erhöhten Vertikalkraft wirkt horizontal eine deutlich höhere Führungskraft. Dieser Umstand hat, verbunden mit den Folgen der daraus entstehenden schlechteren Lagerung der Schwellen im Gleisschotter, bei manchen Bahnen eine Einbaubeschränkung von Spannbetonschwellen in engen Bögen zur Folge. Dazu kommt, daß in engen Bögen eine deutlich höhere Schlupfwellenbildung (periodische Wellenbildung der Schienenoberfläche auf der Innenschiene) bei Betonschwellengleisen besteht.

Um Lösungen zu finden, führen die ÖBB auf diesem Gebiet seit mehr als einem Jahrzehnt Forschungen durch, aber bis heute sind die Ursachen für die genannten Probleme analytisch noch nicht restlos geklärt. Zugleich wurden in der Praxis jedoch Lösungsansätze entwickelt, die in Großversuchen im Gleis ihre Tauglichkeit bewiesen haben.
So wurde im Bereich Schienenbefestigung mit einem Hersteller eine spezielle *Spannklemme* entwickelt, die auch den Belastungen enger Bögen standhält. Ferner kann – nicht nur in engen Bögen – mit einer *Schwellenbesohlung* eine verbesserte Lagerung der Betonschwelle im Schotterbett erzielt werden, indem die Schwelle an ihrer Unterseite mit einer speziellen elastischen Matte versehen wird. Die Wirksamkeit dieser Maßnahme erklärt sich einerseits durch die Vergrößerung der Kontaktflächen zwischen den Schottersteinen und der Betonschwelle sowie andererseits durch eine höhere Dämpfung, verbunden mit einem Energieabbau. Durch die Schwellenbesohlung ergeben sich weitere Vorteile, wie verbesserter Fahrzeuglauf und verringerter Instandhaltungsaufwand. Man könnte also sagen, daß durch die Besohlung von Betonschwellen die Vorteile der Werkstoffe Holz und Beton in der Spannbetonschwelle vereint werden.
Will man die Instandhaltungszyklen verlängern, muß die Auflagerfläche der Schwellen vergrößert werden. Eine Möglichkeit dafür entstand mit der *Rahmenschwelle*, einer Innovation aus Linz, mit welcher die ÖBB ebenfalls sehr positive Erfahrungen gemacht haben (siehe S. 205, Anm. d. Red.). Diese Weiterentwicklung des klassischen Querschwellengleises vereinigt die Vorteile der Festen Fahrbahn hinsichtlich Lagebeständigkeit mit den Vorteilen des Schottergleises, nämlich der einfachen Veränderung und Anpassung der Gleisgeometrie.

Die Beispiele der Schwellenbesohlung und der Rahmenschwelle verdeutlichen das Entwicklungspotential, das im Werkstoff Beton für Eisenbahngleise vorhanden ist. Vor allem verdeutlichen sie eines aufs anschaulichste: Auch in Zukunft wird der Betonschwelle eine – in mehrfacher Hinsicht – „tragende“ Rolle im Eisenbahnwesen zukommen.

Das gesamte Bahnschienennetz Österreichs für den Personen- und Güterverkehr. Stand: März 2003. © Freytag & Berndt, 1231 Wien.

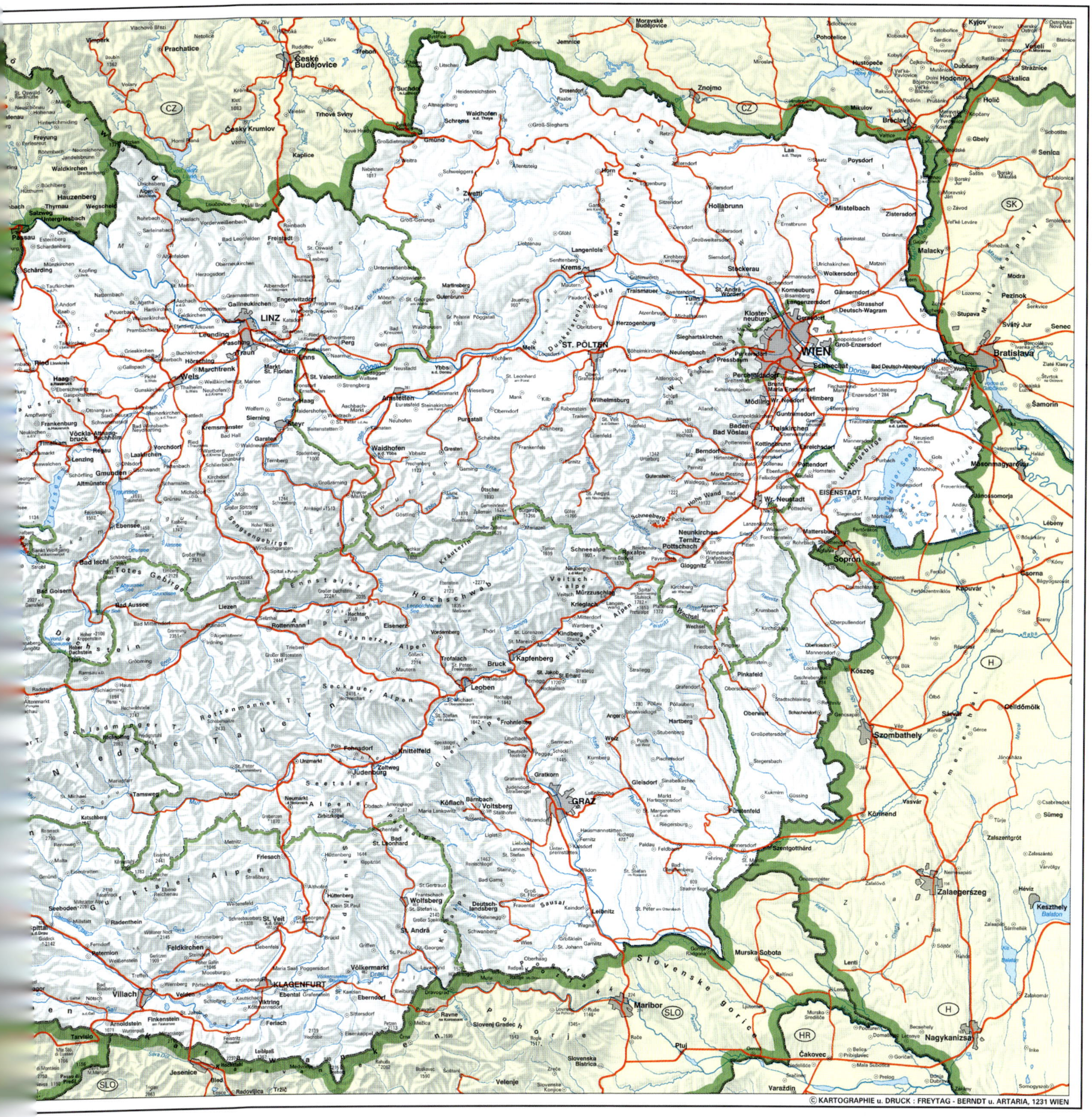
WIEN
LINZ
ST. PÖLTEN
GRAZ
KLAGENFURT
EISENSTADT
Bratislava
České Budějovice
Český Krumlov
Znojmo
Břeclav
Sopron
Szombathely
Zalaegerszeg
Nagykanizsa
Maribor
Ptuj
Villach
Wels
Steyr
Krems
Leoben
Bruck
Kapfenberg
Wr. Neustadt
Hollabrunn
Mistelbach
Donau
Hochschwab
Dachstein
Seckauer Alpen
Niedere Tauern
Gurktaler Alpen
Seetaler Alpen
Totes Gebirge
Ennstaler Alpen
Eisenerzer Alpen
Fischbacher Alpen
CZ
SK
H
SLO
HR
© KARTOGRAPHIE u. DRUCK : FREYTAG - BERNDT u. ARTARIA, 1231 WIEN

Verlegetechniken für Betonschwellen

Klaus Riessberger

Betonschwellen sind schwer. – Das Gewicht einer Betonschwelle beträgt je nach Type 300 bis 400 Kilogramm, also etwa das Drei- bis Vierfache einer Holzschwelle. Konnte man letztere durch vier Mann mit dem üblichen Kraftaufwand manipulieren, so stieß die Betonschwelle seit Beginn an die physischen Grenzen der Gleisarbeiter. Eine Mechanisierung der Verlegearbeiten war daher ein unbedingtes Erfordernis, sollte die Betonschwelle eine positive Zukunft haben.
Wie alle Mechanisierungen entstand auch jene der Schwellenverlegung aus kleinen Anfängen, doch war aus den genannten „schwergewichtigen" Gründen ersichtlich, daß die Probleme der Zulieferung *und* die eigentliche Verlegung der Betonschwellen gleichzeitig zu lösen waren.

Der erste gebrauchstaugliche Mechanismus dieser Art war das sogenannte *K1-Gerät*, das – ausgehend von der Deutschen Bundesbahn (heute: Deutsche Bahn, DB) – in mehreren Ländern, darunter auch in Österreich, zum Einsatz kam. Üblicherweise begann der Gleisumbau mit einer Bettungsreinigung. Danach wurden seitlich des Gleises die künftigen Neuschienen als *Lehrschienen* (Hilfsfahrbahn außerhalb des eigentlichen Gleisbereichs) mit einer Spurweite von 3,28 Metern verlegt und gesichert.
Die Lehrschienen erfüllten mehrere Zwecke: Sie dienten als Fahrbahn für die Portalkrane zum Abtrag des alten Gleises und der Zubringung der Neuschwellen zum Verlegegerät. Sie führten auch die *Bettungsbandfertiger* genannte Maschine (Bettungsband oder Planum = Schotterbett, auf dem die Schwelle aufliegt) und gaben für alle Arbeitsgänge wie Einebnen und Abgleichen des Schotters, Höhenabgleich der Bettungsbänder, Schwellenabstand und Gleisrichtung die geometrische Referenz vor.
Für den Abbau von 30 Meter langen Gleisabschnitten wurden fünf leichte Portalkrane gekuppelt, welche das Gleisjoch anhoben und auf Wagen verluden, die in geringer Entfernung auf dem noch vorhandenen Gleis standen. Zur definierten Auflagerung der Betonschwellen stellte der Bettungsbandfertiger zwei Längsbänder von 1 Meter Breite und 5 bis 8 Zentimeter Höhe her. Die Schwellen wurden mit Hilfe von Portalkranen von den Transportwagen zum Verlegegerät K1 transportiert, von diesem abgesenkt und manuell abstandsgenau abgelegt. Dies ermöglichte eine schonende Verlegung der Schwellen. Der nachfolgende Einbau der Lehrschienen als neue Fahrschienen, das Einschottern von Schotterzügen und das „Durchheben" des Gleises durch das Schotterbett mit Fixierung der Gleislage durch händische und maschinelle Stopfung in mehreren Phasen war schon damals die übliche Arbeitsweise. Das K1-Gerät brachte es in einer Zehn-Stunden-Schicht (ohne An- und Abfahrt) auf etwa 1440 Meter neuen Gleises, machte aber aus Gründen der Wirtschaftlichkeit größere Dauersperren des Gleises erforderlich. Mit zunehmender Betriebsdichte und daher abnehmender Umbauzeit ging die Anwendung dieses Verfahrens immer mehr zurück.

Die „Erfindung" der Lehrschienen regte eine Vielzahl von Entwicklungen an, die unter dem Begriff *Portalkranverfahren* zusammengefaßt werden können. Darunter sind leichte, mit eigener Kraft auf den Lehrschienen verfahrbare Hebegerüste zu verstehen, die so dimensioniert sind, daß sie gleisgebundene Transportwagen umgreifen und gleichzeitig die von den Wagen gehobenen Lasten bis auf Schwellenniveau absenken können. Eine Reihe von Ausführungen ist mit Firmennamen wie *Donelli*, *Geismar* und *Robel* verbunden.
Mit Portalkranen sind unterschiedliche Arbeitsweisen möglich. Wird eine *Lasttraverse* verwendet, so können damit Einzelschwellen verlegt werden. Aus Effektivitätsgründen werden diese meist „Mann an Mann" an Ketten angehängt: Beim ersten Absenken werden die „ungeraden" Schwellen abgehängt, der Lastbalken wird

Portalkran der Firma Donelli beim Aufnehmen von Gleisjochen.

werden, bei dem in langen Wintermonaten vorgefertigte Gleisjoche von 25 Meter Länge mit Hilfe eines gleisfahrbaren Vorbaukrans aufgenommen bzw. verlegt werden.
Ein Altmaterialzug nimmt die Altjoche auf, während der Neumaterialzug nach dem Einebnen des Schotters die Neujoche nacheinander auflegt und auf diesen vorfährt. Verlegeleistungen bis 800 Meter pro Stunde sind damit möglich, allerdings ist ein späterer Schienenwechsel zur Herstellung einer kontinuierlich verschweißten Fahrbahn – mit entsprechenden Sperrpausen und Zugsbehinderungen – die Regel.

nochmals gehoben, und beim zweiten Senken werden die „geraden" Schwellen verlegt. Solcherart ist eine Verlegeleistung von etwa 100 bis 160 Metern pro Stunde zu erreichen.
Portalkransysteme können aber auch dazu verwendet werden, vorgefertigte Gleisjoche, bestehend aus Schienen und daran bereits befestigten Schwellen, auf das geebnete Schotterbett abzulegen. Hierbei werden die Jochlängen mit Rücksicht auf die Beanspruchung der Schiene auf etwa 20 Meter zu beschränken sein. Dieses Verfahren ist vor allem in Ländern mit großem Anteil an geraden Gleisstrecken verbreitet; wegen der großen Zahl von Schienenstößen bedarf es entweder ebenso zahlreicher Schienen oder eines nachträglichen Schienentausches, meist gegen die als Lehrschienen dienenden künftigen Fahrschienen.

Jochverfahren werden häufig dann angewendet, wenn das Nachbargleis für die Bauführung unbeschränkt zur Verfügung steht. In diesem Fall können Spezialkrane wie Doppel-Ausleger-Krane (British Rail, Railtrack) ähnlich wie Portalkransysteme zum Einsatz kommen, ohne daß dabei Lehrschienen verlegt werden müssen.
Der Abbau von Gleisjochen legt es nahe, auch die Verlegung mit Hilfe von Gleisjochen auszuführen, die vorlaufend zusammengebaut werden können: Hiefür bieten sich neben den Portalkranen auch *Gleis-Vorbaukrane* an; diese weisen weit nach vorne und hinten ausladende Ausleger auf, unter denen – durch das Fahrzeug hindurch – Gleisjoche in Längsrichtung vorgebracht und positioniert werden können. Derartige Gleisbaukrane für 15 Meter lange Joche und 12 Tonnen Jochgewicht waren als *NIEMAG-Krane* bekannt. Sie schafften bis zu 1500 Meter in neun Stunden. Zur Steigerung der Leistung wurden jeweils zwei Maschinensätze, einer für den Abbau (Altmaterialteil) und einer für den Neubau (Neumaterialteil), eingesetzt. Dadurch wurde eine klare Trennung der Teilaufgaben und ein übersichtlicher und einfacher Materialfluß erreicht.
Als besondere Spielart soll des weiteren das noch in der UdSSR entwickelte Verfahren *YK 25 (Platow-Kran)* erwähnt

Mitte der 1960er Jahre wurde klar, daß die Konzentration des Schienenverkehrs der Deutschen Bundesbahn auf die Hauptabfuhrstrecken zu einer Überlastung des damals gebräuchlichen Oberbaus mit Schienen der Bauart S 49 führte. Schienenschäden, deren Ursache in der Überschreitung der Dauerfestigkeiten lag, nahmen stark zu. Die Entscheidung, eine neue, größere Schiene – UIC 60 – netzweit einzuführen, bedeutete die Neukonzeption von Schwellen und Befestigungen für eine Schienenfußbreite von 150 Millimetern, machte aber auch die Entwicklung eines hochmechanisierten, kostengünstigen Umbauverfahrens notwendig. Aufgrund von Vorschlägen der Linzer Firma *Plasser & Theurer* entschloß sich die DB zu einem Entwicklungsauftrag für einen *Schnellumbauzug* (SUZ), deren erster 1968 zum Einsatz kam.
Dieser Zug hatte ähnlich den Arbeitsmethoden der *NIEMAG-Krane* oder des *Platow-Verfahrens* zwei Teile:

1. Einen *Altmaterialteil* aus mehreren Transportwagen, der auf dem Altgleis ge-

Gleis-Vorbaukran Platow YK 25 zur Aufnahme und Verlegung von 25 m langen Gleisjochen.

schoben wurde und auf den die aufgenommenen Altschwellen entgegen der Fahrtrichtung verladen wurden. Unter dem Arbeitsteil wurden die Altschienen seitlich ausgespreizt und abgelegt, sodaß die Schwellen aufgenommen werden konnten. Die Abstützung des Arbeitsteils erfolgte mit dem vorlaufenden Drehgestell noch auf dem Altgleis, das nachlaufende Ende wurde durch ein Luftreifenfahrwerk unterstützt. Zwischen diesem Altmaterialteil und dem im wesentlichen symmetrisch dazu aufgebauten Neumaterialteil war eine Schotterfräse zur Einebnung der unebenen Schotteroberfläche angeordnet.

2. Mit dem *Neumaterialteil* wurden die Neuschwellen angeliefert, mit auf den Transportwagen fahrenden Portalkranen zum Verlegeteil gebracht und über Fördermechanismen der Verlegeeinrichtung zugeführt. Die vorgelagerten Neuschienen wurden mit Speziallaschen verbunden und kontinuierlich so eingespreizt, daß der Neumaterialzug mit seinen nachlaufenden Teilen auf dem fertig verlegten Gleis fahren konnte.

Weitere drei Züge dieses Typs, bei denen die Luftreifen durch Raupenfahrwerke ersetzt wurden, bildeten das Rückgrat für die Umbauarbeiten der DB in den 1970er und 1980er Jahren, als alle Hauptabfuhrstrecken auf die Schiene UIC 60 mit Betonschwellen der Bauart B 70 W umgerüstet wurden.

Seit 1974 war ein Umbauzug dieses Typs auch in Österreich (und wiederholt in Ungarn) im Einsatz.

Der dominierende Vorteil dieser Neuentwicklungen lag in der Auswechselbarkeit der Materialzüge: Es war möglich, sowohl eine laufende Entsorgung als auch die Versorgung der Baustelle zu organisieren, ohne dabei den eigentlichen Umbauvorgang wesentlich unterbrechen zu müssen. Viele baubetriebliche und eisenbahnbetriebliche Probleme wurden mit dem großräumigen Einsatz der Umbauzüge gelöst. Die Frage der bestmöglichen Integration der Schotterbettreinigung – nämlich entweder vorlaufend mit einem „verlorenen“ Zwischen-Stopfgang oder nachlaufend mit einem größeren Aufwand zur Herstellung der Befahrbarkeit des Gleises für Züge – ist bis heute nicht endgültig beantwortet.

Der erste Schnellumbauzug, SUZ 2000, hergestellt von Plasser & Theurer 1968: Der Altmaterialteil beim Abbau der alten Gleise.

Gleisumbau mit dem Schnellumbauzug SUZ 350.

Durch die Zusammenlegung von Baustellen, sogenannten *Baustellen-Serien*, wurde eine erhebliche Leistungssteigerung erreicht, die 1978 zu einer jährlichen Maximalleistung von 272 Kilometer Umbau durch einen einzigen Zug führte. Der kontinuierliche Gleisumbau „in Fließband-Technik", die (langjährige) Durchschnittsleistung von 220 Metern pro Stunde, die enorme Kostensenkung im Vergleich zu konkurrierenden Methoden und die drastische Erhöhung der Sicherheit für die Arbeitskräfte trotz nur geringer Geschwindigkeitsverminderung der Züge auf dem voll befahrenen Nachbargleis sind herausragende Errungenschaften dieser Technologie.

Doch die Aufgaben änderten sich: Einerseits nahm der Schienenverkehr derart zu, daß die notwendigen langen Gleissperren immer weniger organisiert werden konnten, andererseits waren in Deutschland vollkommen neue Gleise auf den Neubaustrecken zu verlegen.
Für erstere Anforderung entwickelten sich kleinere Züge, die eher *Umbaumaschinen* genannt werden sollten. Das Ziel war nicht mehr ein kontinuierlicher Gleisumbau, sondern die Nutzung kurzer Sperrpausen durch flexiblere Einrichtungen mit hoher Arbeitsgeschwindigkeit. Als Kapazitätsgrenze für den einmaligen Einsatz, bedingt durch die Aufnahmefähigkeit der Materialwagen, können rund 2000 Meter angegeben werden, was etwa der Leistung einer Arbeitsschicht von acht Stunden entspricht.

Seit 1994 in Österreich in Betrieb: die Gleisumbaumaschine der Firma Swietelsky, Modell SUM 1000.

Gekennzeichnet sind diese Umbaumaschinen durch die Verwendung nur eines einzigen Materialzugs, auf dem der durch die Verlegung der Neuschwellen frei werdende Platz für das Ablegen der zurückgewonnenen Altschwellen verwendet wird. Dies bedeutet prinzipiell gegenläufige Materialflüsse innerhalb der Maschine, aber auch eine hohe Auslastung der Transportkrane über den Materialwagen, die nun in beiden Richtungen Lastfahrten durchzuführen haben.
Umbaumaschinen nach diesem Grundprinzip gibt es heute in zahlreichen Varianten in vielen Ländern der Welt, wobei spezielle Wünsche und jeweilige Traditionen Berücksichtigung gefunden haben. Auch Österreich ist in den letzten Jahren dieser Entwicklung gefolgt. Die Firma *Swietelsky* deckt seit 1994 mit der Gleisumbaumaschine SUM 1000, die eine Jahresumbauleistung von 50 bis 70 Kilometern hat, einen Großteil der Erfordernisse der ÖBB.

Für die zweite oben erwähnte Aufgabe, die Verlegung von neuen Gleisen auf den Neubaustrecken, wurden angepaßte Verfahren entwickelt. Von diesen seien drei angeführt:

1. Die französische Bahn (SNCF) verlegt zunächst ein Hilfsgleis aus Gleisjochen mit Holzschwellen auf dem fertiggestellten Unterbauplanum und verwendet dafür den Verlegekran YK 25 ehemals sowjetischer Bauart.
Von diesem Hilfsgleis wird die Verlegung der Betonschwellen für das Nachbargleis vorgenommen. Die Schienen werden von einem auf dem Hilfsgleis fahrenden Schienenladezug auf die Schwellen gespreizt. Nach dem Rückbau des Hilfsgleises wird das zweite Gleis in gleicher Weise vom bereits verlegten ersten gebaut, worauf die Einschotterung und Stopfung beider Gleise folgt.

2. Die Deutsche Bahn hat zwei Methoden im Einsatz:
Eine bedient sich des Verlegeteils des Schnellumbauzugs SUZ 350. Nachdem zunächst eine Schotterschicht per LKW aufgebracht und die Schienen mit Hilfe von Raupenfahrzeugen vorgezogen werden, können die Schwellen wie bekannt verlegt und die Gleise hergestellt werden.
Die andere Methode ist das *Verfahren Karlsruhe*. 120 bis 180 Meter lange, an einem Montageplatz vorgefertigte Gleisjoche werden auf gleisfahrbaren Transportschemeln antransportiert. Die im Bereich der Verlegung fehlende Schienenfahrbahn wird durch eine leichte Gliederkette ersetzt. Nach dem Einfahren und dem korrekten Positionieren werden die Transportschemel durch hydraulische Zylinder angehoben und die Hilfsfahrbahn mit einem Raupenfahrzeug nach vorne gezogen. Mit dem Absenken ist ein neues Stück Gleis entstanden.

3. Moderne Einrichtungen variieren im Prinzip die dargestellten Baumethoden. So sind auch Einzelschwellenverleger im Einsatz, die sich auf Raupenfahrwerken oder auf Lehrschienen vorwärts bewegen. Sie werden auf unterschiedliche Weise mit den zu verlegenden Schwellen versorgt, meistens sind auch heute Portalkransysteme im Einsatz, wobei die konstruktive Ausbildung die Genauigkeitsanforderungen an die Spurweite und Höhenlage der Lehrschienen sehr reduziert hat.

Abschließend bleibt zu erwähnen, daß auch für die Verlegung von Weichenschwellen und vorgefertigten Weichen zahlreiche Methoden und Systeme entwickelt wurden, die sich sowohl aus den Portalkransystemen als auch aus den Umbaumaschinen ableiten lassen.
Dabei spielen auch die gleisgebundenen Krane eine bedeutende Rolle, die eine neben dem Gleis zusammengebaute Weiche mit Teilen bis zu 50 Tonnen aufzunehmen und ortsgenau zu verlegen in der Lage sind. In neuerer Zeit müssen derartige Krane für ein Arbeiten unter der Fahrleitung ausgelegt sein.

Diese kurze Übersicht zeigt, wie weit der hohe Kostendruck und die Forderungen nach Sicherheit am Arbeitsplatz die technischen Entwicklungen im Bereich der Gleis- und Weichenverlegung vorangetrieben haben.
Der Auslöser für diese Innovationen war jedoch unbestritten – wie schon eingangs erwähnt – das Gewicht der Betonschwellen.

In Bewegung: Ein Exkurs zur Spurführungstechnik

Gedanken über die Führung des fahrenden Zuges im Gleis

Michael Petz

Seit mehr als 100 Jahren übt der spurgebundene Verkehr eine besondere Faszination auf uns aus.
Der ursprünglichen Idee zufolge sollten pferdebespannte Wagen entlang eines Gleises geführt werden, um schneller voranzukommen. Durch die Trennung vom übrigen Verkehr und die Energieersparnis konnten die Pferde weitere Distanzen in kürzerer Zeit bewältigen. Die erhöhten Fahrgeschwindigkeiten trugen dazu bei, dieses System auch für „Dampfrösser" beizubehalten.

Die Form des Oberbaus hat sich im letzten Jahrhundert stark weiterentwickelt. Die ausgeführten Bauformen haben ein äußerst hohes Maß an Zuverlässigkeit für den Betrieb und an geringer Instandhaltung erreicht. Trotzdem wird immer wieder zur Diskussion gestellt, warum man am klassischen System „Stahlrad auf Stahlschiene" festhält und nicht neuen Formen des spurgebundenen Verkehrs den Vorzug gibt.
Dieser Beitrag will nicht zu tief in diese Fragen eindringen, sondern in den beiden nächsten Abschnitten nur kurz zwei mechanische Vorgänge streifen. Beide erfolgen in der näheren Umgebung des Berührungspunktes zwischen Rad und Schiene – also der Schnittstelle von Maschinenbau und Bauwesen.

Die Spurführung der Schienenfahrzeuge

In den Anfängen der Spurführung stellte man Überlegungen an, welche Materialien und welche geometrische Form für Räder und Schiene idealerweise verwendet werden sollen. Die Räder waren aus Holz und hatten, wie bei den Straßenfahrzeugen, einen Stahlreifen als Lauffläche. Die Führung erfolgte zunächst durch Holzschienen in einfacher L-Form. Später stieg man auf Stahlschienen ähnlicher Profilgebung um, weil der Verschleiß des Holzes zu stark war. Diese Art der Spurführung – außenliegende Führungsschiene und innenlaufendes Rad – besaß den Nachteil der fehlenden Zentrierung. Es kam immer wieder zu hohem Verschleiß, aber auch zu Verklemmungen wegen erreichbarer kleiner Toleranzen zwischen Radsätzen und Gleis. Erst die Wahl eines Rades mit innenliegendem Spurkranz hat diese schlechten Eigenschaften verhindert. Die Ausbildung des Rades war anfänglich zylindrisch. Später kam es zur Einführung kegeliger Radprofile.

Das Phänomen des Sinuslaufs

Vereinfacht, könnte man jeden Radsatz durch einen sogenannten „Doppelkegel" ersetzen (siehe nebenstehende Grafik). Setzt man nun einen solchen Doppelkegel auf zwei längslaufende Schienen mit näherungsweise kreisförmigem Profil auf, so wird dieser Modellradsatz nie geradlinig laufen, sondern eine Wendebewegung durchführen; nämlich so, daß er zuerst auf einer Seite, z. B. in Fahrtrichtung links, aufklettert. Dadurch wird auf dieser Seite der Laufkreisradius in der Kontaktebene Rad/Schiene größer und auf der gegenüberliegenden Seite kleiner. Aus der schlupffreien Rollbewegung versucht nun der Doppelkegel zur Gleismitte auszuweichen.

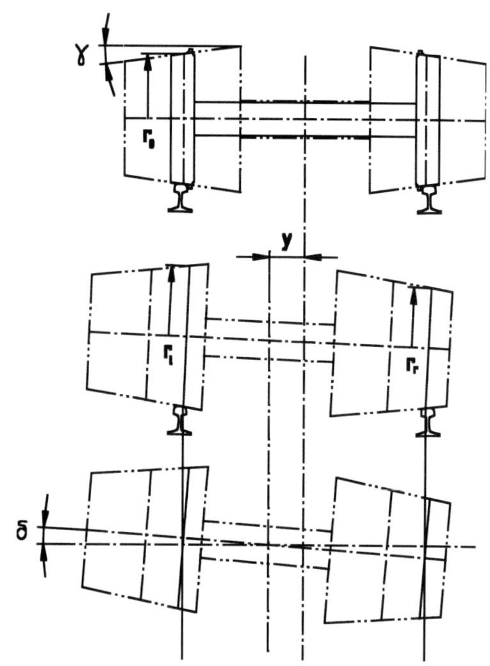

Querversatz und Verdrehung eines Radsatzes im Gleis.

Dort nimmt er die maximale Verdrehung zur Gleisachse ein und läuft mit Schwung der rechten Schiene entgegen, wo er eine maximale Querverschiebung einnimmt, aber exakt rechtwinklig zur Gleisachse steht. Setzt der Doppelkegel diesen Vorgang fort, so stellt sich der sogenannte „Sinuslauf" ein (siehe nebenstehende Grafik). Dieser wurde erstmals von Professor Klingel mathematisch erfaßt:

$$f_R = \frac{v}{2\pi}\sqrt{\frac{\gamma}{r * s}}$$

f_R = Radsatzfrequenz [s^{-1}]
v = Fahrgeschwindigkeit [m/s]
γ = Kegelwinkel des Profils [rad]
r = Radhalbmesser [m]
s = halbe Stützweite zwischen beiden Radaufstandspunkten [m]

Diese Frequenz des Radsatzes steigt mit stärker geneigtem Kegelwinkel des Radprofils, sinkt aber mit größerem Radhalbmesser und größerer Spurweite.
Kann der Radsatz nun ungehindert diese Wendebewegung ausführen – wenn also genügend seitlicher Platz zum Spurkranz vorhanden ist –, dann benötigt er für die Zentrierung keine Spurkränze. Natürlich gibt es Bögen, Kreuzungen und Weichen, die ein erhöhtes Maß an Querkraftaufnahme fordern. Dort wird es für das bogenäußere Rad des Radsatzes nötig, in die Hohlkehle des Spurkranzes zu laufen und eine stabile Lage an der Spurkranzflanke einzunehmen.
Wie man schon sieht, ist es ratsam, die Spurkränze innen anzuordnen, um eine Progression bei der Radsatz-Rückstellung zu erreichen.
Schlimm wäre die Kegelneigung nach außen: Die Destabilisierung läßt mit einer sofortigen Entgleisung rechnen. Nur die Spurkränze allein auf der Außenseite liefern keine Progression bei der Zentrierung und führen zu unmotiviertem Kontakt mit dem Schienenkopf. Als Beispiel sei hier die Standseilbahn erwähnt, die mit einseitigen Doppelbordrädern und Tonnenrädern auf der gegenüberliegenden Seite ausgestattet ist. Die Laufflächen sind zylindrisch. Bei der Verwendung eines Außenspurkranzes stellt sich überdies die Frage nach einer praktikablen Lösung für die beweglichen Weichen.
Die Ausführung des Rad- und Schienenprofils, die Neigung der kegeligen Lauffläche, der Spurkranzwinkel und die Schrägstellung der Schienen waren für jeden Betreiber individuell verschieden. Manche haben über viele Betriebsjahre sehr gute, andere schlechtere Erfahrungen gemacht. Generell ist der Wechsel zu einem neuen Radprofil sehr problematisch, weil sich sein Einfluß immer auf die gesamte Fahrzeugflotte erstreckt. Eine schrittweise Umstellung kann zwischenzeitlich zu schlechten Ergebnissen führen, die in der Theorie nicht nachvollziehbar sind. Der Einlaufzeitraum beider Profile ist meist bedeutend länger als erwartet, kann sich also über Jahre hinziehen und verlangt ein großes Maß an Geduld von den Verkehrsunternehmen.
Werden nun zwei Radsätze der oben erwähnten Bauart in einem Drehgestell starr gekoppelt, dann verschiebt sich die Lauffrequenz des Radsatzes (Wellenbewegung) zu niedrigeren Werten.

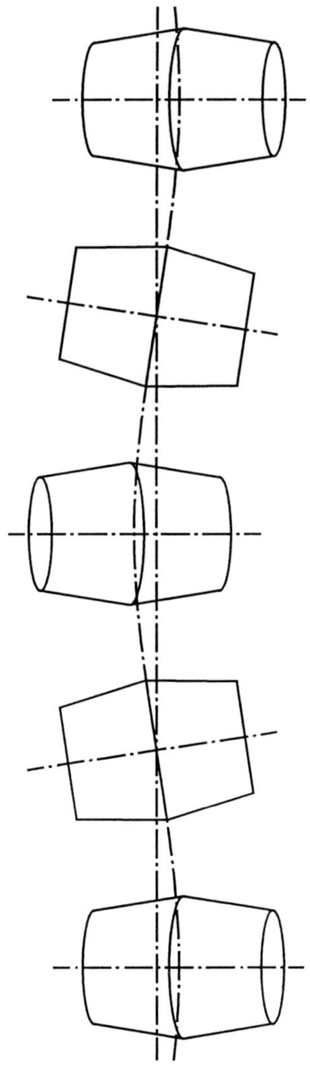

Sinuslauf des Radsatzes; modelliert als Doppelkegel.

$$f_{DG} = f_R * \sqrt{\frac{s^2}{s^2 + a^2}}$$

f_{DG} = Eigenfrequenz der Drehgestelle [s^{-1}]
a = halber Achsstand [m]

Damit verhält sich das Drehgestell bei gleichem Radprofil wie ein Einzelradsatz mit flacherem Kegelwinkel. Da aber die Radsätze eines Drehgestells nie ganz starr im Rahmen geführt werden, liegt diese Frequenz etwas näher zum Einzelradsatz. Diese primäre Erregerfrequenz der Radsätze oder Drehgestelle wirkt sich störend auf den Wagenkasten aus. Problematisch wird dies jedoch erst, wenn die Erregerfrequenz die Resonanzfrequenz aus Wagenkasten und Federung in einem länger andauernden Geschwindigkeitsbereich trifft. Dann machen sich überaus unangenehme, ja sogar unzumutbare Querbewegungen

im Wagenkasten bemerkbar. Diese treten vorrangig bei den leichten Nahverkehrsfahrzeugen wie Straßen- und Stadtbahnen auf, wo einerseits durch die gemischte Verwendung von zweiachsigen Drehgestellen und Einzelachsfahrwerken unterschiedliche Erregerfrequenzen erreicht werden, andererseits durch die hohe Zuladung zur Eigengewichtsrate die Resonanzfrequenz je Beladungszustand im hohen Maße verschoben wird.
Damit wird ein Überschneiden von Erreger- und Resonanzfrequenz quasi erzwungen. Da wegen der eingeschränkten Einbauverhältnisse – zumeist handelt es sich heute um Niederflur-Fahrzeuge – nicht genügend Raum für eine komfortablere Federung gegeben ist, kann nur durch das Vermeiden verschiedenartiger Fahrwerke und eine zusätzliche Bedämpfung der Wagenkästen gegeneinander Abhilfe geschaffen werden.
Wie schon erwähnt, wird der Spurkranz nur im Falle höherer Querkraft benötigt. Der allgemein gebräuchliche Satz „Ein schmales Spurspiel ergibt eine bessere Führung" wird eben durch die fehlende Möglichkeit der Radsatz-Wendebewegung ad absurdum geführt. Hier darf man nicht dem Irrtum „Geringe Toleranz bedeutet besseren Fahrkomfort" unterliegen, sondern man soll sich ruhig trauen, ein großzügigeres Spurspiel zuzulassen. Als Dank wird man mit erhöhtem Fahrkomfort belohnt. Dies gilt aber nur für Fahrzeuge mit konischen Radreifen, nicht jedoch für solche mit zylindrischen Rädern oder gar Losrädern.* Auch hier können Nahverkehrsbetriebe als Beispiel genannt werden: Brüssel und Linz hatten bis vor einigen Jahren zylindrische Radprofile. Ebenso weisen sämtliche Standseilbahnen, ähnlich wie auch fahrbare Krananlagen, derartige Profile auf.

Erfahrungen beim konventionellen Stahlrad/Stahlschiene-System

Interessante Erfahrungen werden mit dem konventionellen Rad/Schiene-System in zwei konträren Einsatzgebieten gemacht – dem Hochgeschwindigkeitsverkehr und dem innerstädtischen Nahverkehr.
Im Hochgeschwindigkeitsverkehr konnten mit konventionellen Radsätzen erstaunliche Geschwindigkeiten erreicht werden. Mit über 500 km/h wurde bewiesen, daß dieses alte Spurführungssystem immer noch zeitgemäß ist. Damit kann man sich gegenüber der Magnetschwebetechnik mehr als gut behaupten, sind doch Geschwindigkeiten von über 500 km/h für ein landgebundenes Transportmittel als nicht zielführend anzusehen.
Die zweite Erkenntnis kommt aus dem Bereich der Niederflur-Straßenbahn. Anfang der 1990er Jahre begann man, Losrad-Fahrwerke zu verwenden, um Niederflur-Fahrzeuge zu realisieren. Man erwartete durch die gegebene Drehzahlanpassung des kurveninneren und -äußeren Rades einen wesentlich geringeren Radreifenverschleiß als mit starren Radsätzen.
Dadurch, daß der Anteil von tatsächlich „engen Bögen" bei innerstädtischen Netzen klein und die Zentrierung der Losrad-Fahrwerke auf gerader Strecke nicht gegeben ist, erhöht sich der Spurkranzflankenverschleiß eklatant. Neuprofilierungen erfolgen nicht wegen unzulässig abgefahrener Laufflächen, sondern wegen zu rasch verschleißender Spurkränze. Die Laufleistung zwischen zwei Überdrehungen sinkt, je nach Einsatzfall, meist auf die Hälfte, ja sogar bis auf ein Viertel. Dies führte zur Renaissance des konventionellen Radsatzes bei den Triebdrehgestellen niederfluriger Straßen- und Stadtbahnen. Aber immer öfter werden auch schon „echte Radsätze" bei den Laufdrehgestellen gewünscht.

* Losräder sind auf Achsen montierte Einzelräder, die nicht durch eine starre Radsatzwelle gekoppelt sind.

Alternative Spurführungssysteme

Als letztes Thema dieses Abschnitts sei der Einsatz von alternativen spurgebundenen Systemen erwähnt. Diese reichen von spurgebundenen Trolleybussystemen in niedrigen Geschwindigkeitsbereichen über die verschiedenen Seil- und Monorailbahnen bis zu den Systemen mit Magnetantrieb und letztendlich zur Magnetschwebetechnik im Hochgeschwindigkeitsbereich.
Alle diese Systeme haben meist den Nachteil aufwendigerer und damit noch teurerer Infrastruktur. Hinzu kommen noch die Probleme der Gleisverzweigung und -zusammenführung mittels beweglicher Weichen. Dies scheinen die Hauptursachen dafür zu sein, daß sich der konventionelle spurgebundene Verkehr bis heute behaupten konnte. Da das System eine große Geschwindigkeitsspanne aufweist, die vom innerstädtischen Nahverkehr bis zum Hochgeschwindigkeitsverkehr zwischen großen Ballungsräumen reicht, kann heute ein weiterer Vorteil genutzt werden. Voraussetzung ist eine durchgehende Spurweite, vorzugsweise die Normalspur von 1435 Millimetern. Dann nämlich ist es möglich, bei Verwendung von Mehrsystemfahrzeugen, aus der Stadt in die Region zu fahren und damit neue Verkehrsverbindungen ohne notwendiges Umsteigen herzustellen. Als Beispiele für dieses System seien Karlsruhe und Saarbrücken genannt. Es eignet sich vorrangig für kleinere und mittelgroße Städte, wo eine Vielzahl verschiedener Transportmittel aus wirtschaftlichen Grün-

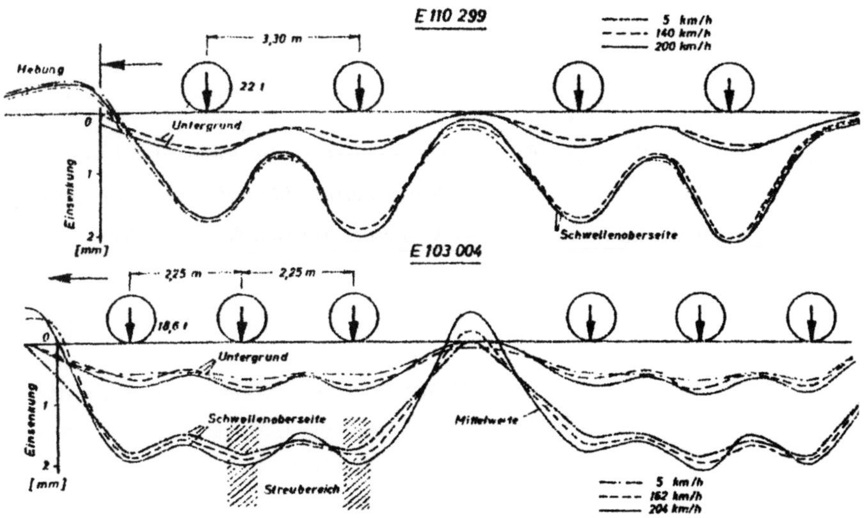

Dynamische Einsenkung unter elektrischen Lokomotiven der Baureihe 103 und 110 bei Geschwindigkeiten bis 200 km/h nach Birmann.

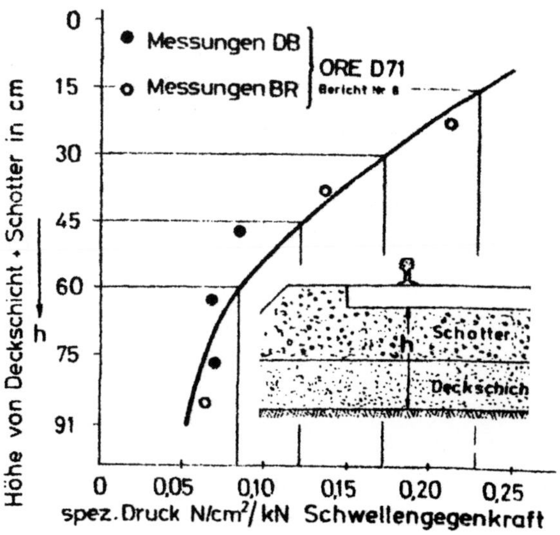

Bodendruck (nach Cottam-Boussineso).
Quelle: Eisenmann.

den nicht vertretbar ist. Das Spurführungssystem ist nahezu das gleiche und kann mit gewissen Adaptionen am Radprofil sowohl in der Stadt auf Rillenschiene als auch in der Region auf Vollbahngleis genutzt werden.

Durch den Zug hervorgerufene Gleisbewegungen

Haben wir uns im vorigen Abschnitt über die Spurführung mit der Bewegung des Schienenfahrzeuges (Radsatzes) beschäftigt und so getan, als wäre das Gleis ein in sich völlig starres Gebilde, so handelt dieser Teil von der Bewegung des Gleises unterhalb des Kontaktpunktes Rad/Schiene. Diese Bewegungen sind bei weitem nicht so gering, wie man gern annimmt. Bei der Überfahrt eines jeden Zuges wird der Oberbau, bestehend aus Schiene, Schienenbefestigung, Schwelle und Schotter, zusammengedrückt und entspannt sich danach wieder selbsttätig. Auch bei diesem Bewegungsvorgang läuft eine Welle durch den Oberbau (siehe obenstehende Grafik). Symmetrisch zum Radaufsatzpunkt wird das Gleis eingedrückt und davor wie dahinter durch die Entlastung sogar angehoben. Sind mehrere Radsätze im Einsatz, z. B. bei sechsachsigen Lokomotiven (siehe untenstehende Grafik), dann wird vor allem die vorauslaufende Welle stark ausgeprägt. Man spricht dann von der sogenannten „Bugwelle“. Die Folge ist das Herauswandern mehrerer Schwellen aus dem Schotter, wodurch automatisch der Querverschiebewiderstand*, der sich auf

* Widerstand von Unterbau gegenüber Oberbau bei Aufbringen von Querkräften.

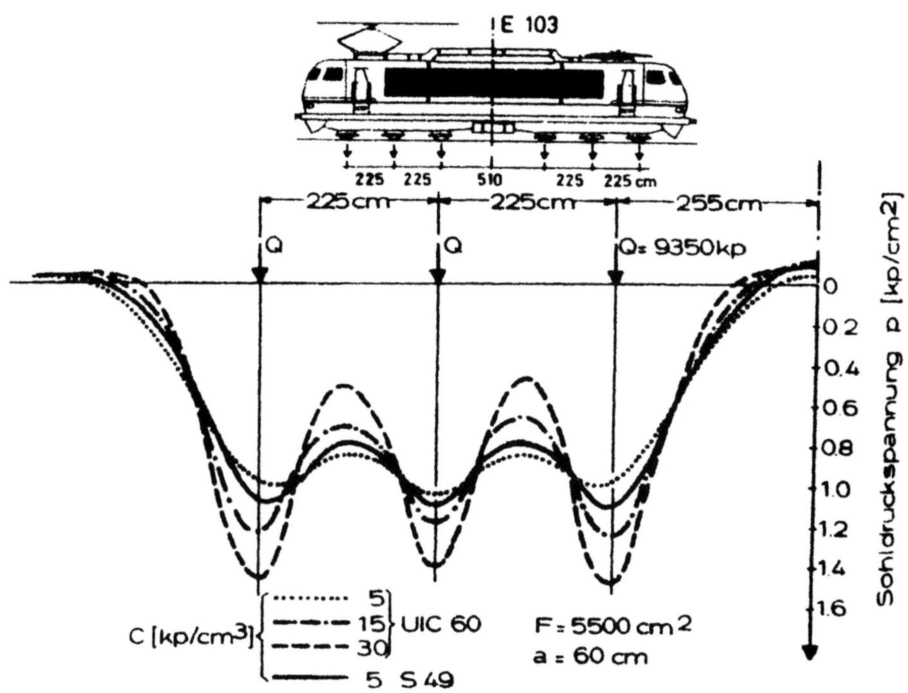

Verlauf der Schotterpressung unter der elektrischen Lokomotive der Deutschen Bahn E103.
Quelle: Eisenmann.

der Schwellenunterseite und an den Schwellenköpfen aufbaut, reduziert wird. Tritt noch eine zusätzliche Querbelastung auf, was in Bögen möglich ist, dann kann es zu einem Querausweichen des Gleises kommen.
Dies ist unter dem fahrenden Zug als gefährlich anzusehen. Bis heute kämpft man damit in langen Hochgeschwindigkeits-Gefällestrecken und naturgemäß während der warmen Jahreszeit, weil dann durch die höhere Temperatur eine Längsdruckkraft in den fix verschweißten Schienenträgern vorherrscht.
Diesem Problem kann man durch gezielte Maßnahmen begegnen, insbesondere durch geeignete Oberbauformen.
Bis heute hat sich der klassische Schotteroberbau besonders bei den Kriterien elastisches Verhalten und Erzielen eines geringen Geräuschniveaus durch hohe Absorption bewährt. Schotterlose Oberbauformen erreichen vergleichbare Eigenschaften überhaupt erst mit wesentlich höherem Aufwand.
Die klassischen Holzschwellen sind wegen ihrer Beständigkeit sehr beliebt. Diese kommt insbesondere dann zum Tragen, wenn es zu ungewünschter mittiger Auflage am Schotter kommt: Während die Holzschwellen hierbei nicht zu Bruch gehen, haben Betonschwellen in diesem Fall größere Probleme. Allerdings können die Holzschwellen durch ihre geringe Eigenmasse schlecht der Gleisverwerfung entgegenwirken. Hier „siegt" deshalb die Betonschwelle mit dem rund dreifachen Eigengewicht.
Immer wieder wird überlegt, am Oberbau Verbesserungen vorzunehmen. Diese betreffen vor allem die Schwellenform, die Schienenbefestigung und von beiden die jeweilige Auflage. Eine sicherlich sehr erfolgversprechende Lösung ist das Rahmenschwellengleis, das ein sehr gutes vertikales Biegeverhalten mit hohem Querverschiebewiderstand verbindet. Tests auf kurzen Streckenabschnitten gaben Anlaß zu Optimismus.
Ein großflächigerer Einsatz kann aber erst erfolgen, wenn der wirtschaftliche Gesamtnutzen durch Hochrechnen des Ergebnisses aus Kurzstreckenversuchen erwiesen ist.

Schlussbemerkung

Sowohl der konventionelle starre Radsatz als auch der klassische Schotteroberbau haben sich bis heute bewährt. Zahlreiche Versuche, das System „Stahlrad auf Stahlschiene" durch andere Systeme zu ersetzen, haben nur relativ geringe Erfolge gezeitigt. Sowohl im Hochgeschwindigkeitsverkehr wie auch im Nahverkehr mit niedriger Geschwindigkeit sind die eher konservativ anmutenden Drehgestelle nach wie vor zu favorisieren. Selbst die Magnetschwebetechnik kann die klassische Spurführung nicht überzeugend ersetzen – eines Tages vielleicht ergänzen. Somit werden wir dem starren Radsatz samt seinen beiden konischen Rädern auch weiterhin treu bleiben. Selbstverständlich wurden zahlreiche Details im Vergleich zu früher wesentlich verbessert, etwa die Radialsteuerung der Radsätze oder die aktive Querfederung. Das spurführungstechnische Grundprinzip blieb aber das gleiche. Dasselbe gilt für den Oberbau mit Querschwellen im Schotterbett. Alle Verbesserungen bauen im weiteren Sinne auf dem ursprünglichen Oberbausystem auf.

Literatur

Birmann, F.: *Forschungen zur Erhöhung der Lagebeständigkeit des Eisenbahngleises – ein wichtiger Beitrag für Fahrweg und Fahrzeug.* ZEV Glasers Annalen 98 (1974) 7/8.

Eisenmann, J.: *Fahrzeug – Gleisrost – Schotterbeanspruchung.* Der Eisenbahningenieur 28 (1977) 3.

Friedrich, F.: *Die Gleislage – aus fahrzeugtechnischer Sicht.* ZEV Glasers Annalen 108 (1984) 12.

Heumann, H.: *Grundzüge der Führung der Schienenfahrzeuge.* Elektrische Bahnen – Zentralblatt für elektrischen Zugbetrieb und alle Arten von Triebfahrzeugen mit elektrischem Antrieb, 21. Jahrgang (1950) 4 und 11, 22. Jahrgang (1951) 5 und 6, 23. Jahrgang (1952) 7.

Kalker, J.: *Über die Mechanik des Kontaktes zwischen Rad und Schiene.* ZEV Glasers Annalen Nr. 102 (1978) 7/8.

Petz, M.: *Vergleichende Übersicht über Arbeiten betreffend den Lauf von Eisenbahnfahrzeugen; unter besonderer Berücksichtigung der Querstabilität.* Diplomarbeit, Technische Universität Wien (1980).

Petz, M.: *Die durch den fahrenden Zug verursachte horizontale Gleisbewegung.* Dissertation, Technische Universität Wien (1985).

Presle, G. / Mittermayr, P.: *Beurteilung der Zuverlässigkeit des Fahrweges durch Messung und Simulation.* ZEV + DET Glasers Annalen 124 (2000).

Rießberger, K. / Schilder, R. / Plica, P.: *Das Rahmenschwellengleis – Stand der Entwicklung.* ZEV + DET Glasers Annalen 124 (2000) 6.

Walenta, R. / Haigermoser, A.: *Berührungsgeometrie von Rad und Schiene – Neue Methoden zur Untersuchung und Optimierung.* ZEV + DET Glasers Annalen 121 (1997) 2/3.

Weber, H. H.: *Prof. Heumanns Arbeiten auf dem Gebiet der Spurführung im Zeichen der heutigen Rad/Schiene-Technik.* ZEV Glasers Annalen 102 (1978) 7/8.

Der Klima-Wind-Kanal

Europas Schienenfahrzeuge auf dem Prüfstand in Wien

Elisabeth Loisch

Seit 1960 besteht in Wien ein weltweit einzigartiges Forschungs- und Prüfzentrum, in dem Schienenfahrzeuge aus ganz Europa unter extremen Klimabedingungen getestet werden. Zu den „Prüflingen", die sich hier Zertifizierungstests nach internationalen Normen unterziehen, zählen alle wichtigen technischen Innovationen der letzten Jahrzehnte, wie der britische Eurostar, der französische TGV, der deutsche ICE oder der italienische Pendolino. Zunächst im Arsenal, seit Jänner 2003 in Wien-Floridsdorf untergebracht, werden im Klima-Wind-Kanal neben dem Prüfangebot für Schienenfahrzeuge auch Funktionstests für Flugzeugelemente, Sessellifte, Bauteile für Windkraftanlagen und anderem durchgeführt. Hersteller von LKWs und Baumaschinen, die ihre Produkte bis ins kalte Sibirien liefern, lassen das Startverhalten von Dieselmotoren oder die hydraulischen Einrichtungen bei tiefsten Temperaturen überprüfen. Aber auch Skispringer, Rodler oder Abfahr-Asse absolvieren Windkanaltests zur Steigerung ihrer Leistung und Prüfung der Materialien.

In den 1990er Jahren stieß die bewährte Anlage im Wiener Arsenal angesichts der großen Nachfrage an die Kapazitätsgrenze. Da sie sich zudem mit knapp 40 Betriebsjahren dem Ende ihrer geplanten technischen Nutzungsdauer näherte, fiel die Entscheidung zum Neubau: eine Weichenstellung, welche die erworbene Forschungs- und Technologiekompetenz des Klima-Wind-Kanals in Wien erhielt und seine Position als international einzigartiges Zentrum für spezifische Prüfungen von Schienenfahrzeugen auch in Zukunft sicherstellt.

Am 8. März 2001 erfolgte auf den ehemaligen „Pauker-Gründen" in Wien-Floridsdorf (heute: Technologiepark der Stadt Wien) die Grundsteinlegung des neuen Testzentrums – weltweit die einzige Anlage, die das Prüfen auch großer Schienenfahrzeuge unter extremen klimatischen Bedingungen ermöglicht.

Initiiert vom Bundesministerium für Verkehr, Innovation und Technologie sowie der Stadt Wien, ist der Klima-Wind-Kanal im Besitz der Rail Test & Research GmbH (RTR); den Betrieb übernimmt die Rail Tec Arsenal Fahrzeugsversuchsanlage GmbH (RTA), an der die wichtigsten europäischen Schienenfahrzeughersteller beteiligt sind. Hauptaufgabe der Anlage ist die Durchführung von Zertifizierungstests nach UIC-Richtlinien und CE-Norm für Lokomotiven, Triebfahrzeuge und Waggons, aber auch Straßenbahnen, U-Bahnen, Autobusse und neue Verkehrsmittel wie Magnetschwebebahnen oder People

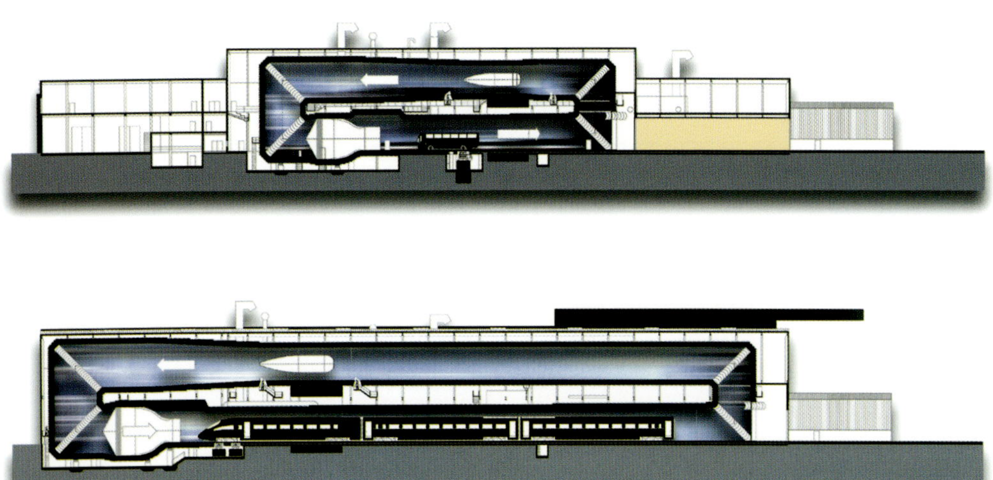

Der Klima-Wind-Kanal hat zwei Prüfkammern, die gleichzeitig mit unterschiedlichen Testparametern betreibbar sind; fast alle möglichen Umweltbedingungen können darin simuliert werden. Zwei getrennte Vorbereitungshallen und ausreichend Stellfläche verringern die Vorlauf- und Wartezeiten.

Mover absolvieren hier Tests im Rahmen der Produktentwicklung.

Der neue Klima-Wind-Kanal, der seit seiner Eröffnung im Dezember 2002 die bisherige Anlage im Arsenal ersetzt, verfügt über zwei parallel betreibbare Testkammern mit Längen von 31 und 100 Metern. So können Tests von Lokomotiven, einzelnen bzw. mehreren Waggons und ganzen Zugsverbänden gleichzeitig durchgeführt werden. Zwei getrennte Vorbereitungshallen und ausreichend Stellfläche sollen die raschere Abwicklung der Prüfungen erleichtern.
Die extremen klimatischen und aerodynamischen Bedingungen der Tests lassen genaue Aussagen über das Systemverhalten von Komponenten und Bauteilen der Fahrzeuge zu: Windgeschwindigkeiten bis 300 Stundenkilometer sowie Temperaturen von minus 50 bis plus 60 Grad Celsius können im Klima-Wind-Kanal simuliert werden, wobei die Modulierbarkeit der Klimaverhältnisse von individuell einstellbaren Windgeschwindigkeiten bis hin zu stufenlos regulierbaren Sonnenfeldern, Luftfeuchtigkeitswerten sowie Beregnungs- und Beschneiungseinrichtungen reicht. Wechselklimatests, für deren Vorbereitung eine spezielle Vorwärmkammer besteht, überprüfen weitere Umweltbedingungen.
Das erwartete Prüfvolumen beläuft sich auf über 22 Objekte pro Jahr. Für einen Standard-Klimatest nach UIC-Richtlinien und CE-Norm sind durchschnittlich 12,5 Prüftage erforderlich.

Der Klima-Wind-Kanal trägt wesentlich zur Entwicklung von neuen Schienenfahrzeugen und Systemkomponenten unter Einhaltung der EU-Sicherheits- und Komfortstandards bei. Gleichzeitig schafft er wichtige Grundlagen für die weitere Forschung und Entwicklung im Bereich der Verkehrs- und Infrastrukturtechnologien. Dies gilt vor allem für Hochgeschwindigkeitsfahrzeuge sowie für die Weiterentwicklung der technischen und betrieblichen europäischen Normen. Zudem erhält die weltweit operierende Eisenbahnindustrie entscheidende Impulse für neue Entwicklungen im Bereich der Computersimulation, der Aerodynamik und der thermodynamischen Simulation.

Seit 1960 werden im Klima-Wind-Kanal in Wien Schienenfahrzeuge aus ganz Europa unter klimatischen Extrembedingungen auf ihre Funktionstüchtigkeit getestet.

Wirtschaft

Die österreichische Verkehrswirtschaft

Rainald Löscher

Der Begriff der Verkehrswirtschaft hat verschiedene Bedeutungen. So umfaßt er einerseits die Betriebswirtschaft der Verkehrsbetriebe, während andererseits zur ingenieurmäßigen Verkehrswirtschaft die Bewertung des Verkehrs nach volkswirtschaftlichen Grundsätzen gehört. Im folgenden wird Verkehrswirtschaft unter letzterem Aspekt behandelt, also jenem, der sich mit der gesamtwirtschaftlichen Bedeutung von Unternehmen, die im Verkehrsbereich tätig sind, befaßt. Und es werden Probleme zur Diskussion gestellt, die der Verkehr mit sich bringt. Dabei wird unter anderem auf die zuletzt im Jahr 2002 veröffentlichten Daten des Statistischen Jahrbuchs, herausgegeben von Statistik Austria, zurückgegriffen.

Wirtschaftsleistung des Verkehrs

Die Österreicher geben pro Kopf 15 Prozent ihres gesamten Haushaltseinkommens für Verkehrsleistungen aus.[1] In dieser Zahl sind die Aufwendungen für den öffentlichen Verkehr sowie für den Kauf und Betrieb der privaten Kraftfahrzeuge enthalten. Betrachtet man den Anteil der Verkehrswirtschaft am gesamten Bruttoinlandsprodukt (BIP), so erhält man für Österreich im Jahr 2000 einen Wert von EUR 13,2 Mrd. – das sind 6,5 Prozent bei einem gesamten BIP von EUR 204,8 Mrd.[2] Darin ist auch die Nachrichtenübermittlung, also der Bereich der rasant wachsenden Telekommunikation, enthalten. Einen nicht unwesentlichen Anteil am BIP haben, nach Angaben der Bundeswirtschaftskammer Österreich, auch der Fahrzeugbau, der 1999 mit EUR 2,4 Mrd., das sind 1,1 Prozent, zum BIP beiträgt, und die Zulieferindustrie, die jedoch auf verschiedene Industriezweige aufgeteilt ist. Weiters ist noch zu berücksichtigen, daß auch das Dienstleistungsgewerbe (Reparaturwerkstätten, Tankstellen, Handel) sowie der Bau und die Erhaltung von Verkehrswegen direkt mit dem Verkehr in Beziehung stehen; je nachdem also, welche Bereiche man dazu zählt, liegt der Anteil des Verkehrs am BIP zwischen 10 und 14 Prozent.

Auch die Kraftfahrzeugindustrie hat ihre Position innerhalb der österreichischen Wirtschaft vor allem während der letzten Jahre ausgebaut. Erfolgreiche Ansiedelung ausländischer Autoproduzenten – z. B. *General Motors* in Wien oder das Motorenwerk von *BMW* in Steyr – haben zu einem Aufschwung der Kfz-Industrie in Österreich geführt. Bemerkenswert ist die Entstehung des „Automobil-Clusters“ um Steyr und Graz; durch gezielte Standortpolitik ist es hier gelungen, neue Betriebe anzusiedeln *(Magna)* und bestehende Betriebe zu erweitern *(Steyr)*.

Die Schienenfahrzeug- und Bahnbauindustrie, vertreten durch einheimische Unternehmen wie auch durch Niederlassungen internationaler Konzerne, ist ebenfalls von Bedeutung, allen voran die österreichische Firma *Plasser & Theurer*, die als internationaler Marktführer in der Herstellung von Gleisbaumaschinen gilt.

Die Verkehrswirtschaft beschäftigte im Jahr 1999 insgesamt rund 300 000 Personen, das entspricht einem Anteil von zirka 8 Prozent aller Erwerbstätigen (siehe Tabelle auf der folgenden Seite).

Verkehrsinfrastruktur

Das Verkehrswegenetz im Bereich des heutigen Österreich war seit alters durch die Donauachse und die Alpenpässe geprägt und besaß schon für die Römer große wirtschaftliche und vor allem militärische Bedeutung. Insbesondere die Donau und ihre Nebenflüsse sind uralte Handelswege, wobei heute nur mehr die Donau Bedeutung im Güterverkehr hat.

Das derzeitige, moderne Straßennetz ent-

Daten zur Verkehrswirtschaft (1999)

Fachgruppe	Anzahl der Unternehmen	Anzahl der Beschäftigten	Umsatzerlöse in Mrd. €	Produktionswert in Mrd. €
Schiene und Rohrleitungen	19	55 043	1,73	1,87
Straße	8 938	83 061	6,11	5,16
Schiffahrt	78	324	0,09	0,08
Luftfahrt	78	7 988	2,04	1,40
Hilfs- und Nebengewerbe	2 206	33 878	9,83	2,79
Verkehrswegebau	149	13 351	2,07	2,04
Kfz-Handel, Reparatur, Tankstellen	8 082	77 290	20,19	5,77
Kfz-Produktion	206	28 173	7,29	6,86
Summe	19 757	299 108	49,35	25,97

Quelle: Statistisches Jahrbuch 2002, Statistik Austria.

stand erst im 20. Jahrhundert; ja, der Autobahnbau begann in Österreich überhaupt erst nennenswert nach der Mitte des 20. Jahrhunderts. Die ersten Eisenbahnlinien dagegen wurden schon vor Mitte des 19. Jahrhunderts erbaut, und bereits um 1900 war das österreichische Eisenbahnnetz vollendet. Es wurde in der Folge nur mehr durch wenige neue Strecken ergänzt; in letzter Zeit verkleinerte sich sogar die Streckenlänge des Eisenbahnnetzes durch die Stillegung etlicher Nebenbahnen. Der Eisenbahn liegt also heute eine zum Teil veraltete Infrastruktur zugrunde, die vor rund 150 Jahren entworfen und gebaut wurde; das Straßennetz hingegen ist wesentlich jünger – was aber nicht bedeutet, daß es nicht auch schon durchaus sanierungsbedürftig wäre. Beide Verkehrsträger, Bahn wie Straße, brauchen daher große Teile ihrer Budgets für die Erhaltung und Sanierung bestehender Netze, während für den Neu- und Umbau immer weniger Mittel zur Verfügung stehen.
Wasserstraßen hatten in Österreich einst große Bedeutung, man denke an den Salztransport in alten Zeiten sowie an die Holzbringung durch Klausen in den Waldgebieten und die Flößung über die Donau nach Wien. Durch den Eisernen Vorhang verlor der Strom als wichtigster Wassertransportweg seine Bedeutung als Verkehrsweg. Die Anbindung an das deutsche Wasserstraßennetz über den Rhein-Main-Donau-Kanal hat jedoch Zukunftsperspektiven eröffnet, welche die Beförderung von Massengütern wieder attraktiv werden lassen; selbst Autos werden schon mit dem Schiff nach Österreich transportiert. Die politische Situation führt jedoch bis heute immer wieder zu Schwierigkeiten im Schiffsverkehr zum Schwarzen Meer, wie die zerstörten Donaubrücken in Serbien zeigten.

Die großen Verkehrsachsen in Österreich sind einst wie heute die Donauachse als Verbindung des westeuropäischen Raumes mit Zentraleuropa und die Alpenpässe für den Nord-Süd-Verkehr. Besonders letztere sind Nadelöhre im Transitverkehr zwischen den Wirtschaftsräumen beiderseits der Alpen, und die Menschen empfinden die Folgen – Lärm, Abgase, Staus, Landschaftsveränderungen usw. – als mehr und mehr belastend. Dies zeigen die öffentlichen Diskussionen etwa zur Wiener Südumfahrung und anderen Bauvorhaben.
Vor allem in den Alpentälern, die infolge des dichten Nebeneinanders von Siedlungsräumen und Verkehrswegen von den negativen Auswirkungen des Verkehrs besonders betroffen sind, verschärft sich diese Problematik. Auch in anderen Teilen Österreichs wird es immer schwieriger, geeignete Möglichkeiten für Verkehrstrassen zu finden bzw. mit Anrainern und anderen Betroffenen sinnvolle Lösungen zu erarbeiten – man denke etwa an die Widerstände gegen den geplanten viergleisigen Ausbau der Westbahn. Interessant ist in diesem Zusammenhang, daß beispielsweise der Widerstand der Bevölkerung gegen den geplanten Bau des Semmering-Straßentunnels wesentlich geringer ist als gegen den Eisenbahntunnel. Einer der Gründe liegt vielleicht darin, daß viele Verkehrsteilnehmer Autos haben, aber nur wenige mit der Bahn fahren.

Verkehrswegenetz in Österreich im Jahr 2001

Schiene			6 464 km
	Eisenbahn		6 150 km
	Straßenbahn		314 km
Straßen			106 630 km
	Überregionales Straßennetz		11 913 km
		Davon: Autobahnen	1 633 km
		Schnellstraßen	300 km
		Bundesstraßen	9 980 km
	Regionales Straßennetz		94 717 km
		Davon: Landesstraßen	23 658 km
		Gemeindestraßen	71 059 km
Rohrleitungen (Erdöl, Erdgas)			1 686 km
Wasserstraße (Donau)			350 km

Quellen: Österreichs Verkehrswirtschaft in Zahlen, Ausgabe 2002; Wirtschaftskammer Österreich.

Personen- und Güterverkehr

Die Verkehrsstatistik teilt den Verkehr in zwei Gruppen: den Personenverkehr und den Güterverkehr.

Personenverkehr

Der Personenverkehr wird meist auf die einzelnen Verkehrsträger *(Modal Split)* aufgeteilt: Straße, Bahn, Flugzeug (manchmal auch Fahrrad). In der Praxis werden jedoch die meisten Wege in der Mehrzahl immer noch zu Fuß zurückgelegt. Selbst wer das Auto benützt, um von Ort A zu Ort B zu gelangen, muß in den meisten Fällen vor der Fahrt einen Fußweg zum Auto und nach der Fahrt meist einen ebensolchen vom Auto zum Fahrtziel zurücklegen. Diese gebrochenen „Wegeketten", die noch viel komplexer sein können – durch Fahrgemeinschaften oder Park-and-ride-Angebote etwa –, werden in der Verkehrsstatistik nicht erfaßt. Weiters ist zu beachten, worauf sich der angegebene *Modal Split* bezieht, ob auf die Anzahl der Wege oder auf die Transportleistung (Personen-Kilometer = Pkm).

Die Transportleistungen fehlen in dieser Statistik. Vergleichen wir etwa die Beförderungszahlen der Eisenbahnen und Seilbahnen in Österreich für das Jahr 2000 laut Angaben des Bundesministeriums für Verkehr, Innovation und Technologie, so beförderten die Eisenbahnen (ÖBB und Privatbahnen) in Summe 202 Millionen, die Seilbahnen 516 Millionen Fahrgäste. Als Verkehrsleistung – also Personen-Kilometer (Pkm) – ergibt sich für die Eisenbahnen ein Wert von 8,3 Mrd. Pkm, für die Seilbahnen (wenn man die durchschnittliche Seilbahnlänge mit 800 m annimmt) hingegen 0,4 Mrd. Pkm. Wir erkennen deutlich, daß je nach zugrunde gelegter Zahl in dem einen Fall den Eisenbahnen, im anderen den Seilbahnen eine „größere" Bedeutung zugesprochen werden kann. – Das Beispiel zeigt, was mit Statistiken alles zu beweisen ist.

Welche Verkehrsmittel bevorzugt werden, hängt wesentlich vom Motorisierungsgrad der Wohnbevölkerung ab, das heißt von der Anzahl der Pkws bezogen auf die Wohnbevölkerung. Vor 30 Jahren wurde angenommen, daß der Bedarf bei rund 500 Pkws pro 1000 Einwohnern gesättigt wäre. 2000 wurden laut Statistik Austria bereits 505 Pkws pro 1000 Einwohnern erreicht, und für 2015 werden 625 Pkws pro 1000 Einwohnern prognostiziert. Der Sättigungsgrad wird gegenwärtig mit rund 750 Pkws pro 1000 Einwohnern angenommen – das bedeutet, daß jeder erwachsene Österreicher voraussichtlich ein Kraftfahrzeug besitzen wird.

Der Motorisierungsgrad der Bevölkerung bestimmt auch weitgehend den *Modal Split*. Wer ein Auto hat, fährt es auch.

Verteilung der Verkehrswege in Österreich

Verkehrsmittel	Milliarden Wege pro Jahr	Modal Split [%]
Fußgänger	1,97	25,9
Fahrrad	4,06	53,4
Motorisierter Individualverkehr	0,42	5,5
Öffentlicher Verkehr	1,16	15,2
Summe	7,61	100,0

Quelle: Verkehr in Zahlen, 2002. Bundesministerium für Verkehr, Innovation und Technologie.

Meist wird nicht lange überlegt, ob eine Benützung wirklich sinnvoll ist oder ob die Transportaufgabe anders und besser gelöst werden könnte. Falls doch einmal wirtschaftliche Überlegungen ins Spiel kommen, so stellt man nur selten die *Vollkosten* (alle Kosten für Anschaffung und Betrieb eines Fahrzeugs samt Abschreibung, Versicherung, Steuern, Parkgebühren, Treibstoff, Wartung, Reparaturen usw.) für die Fahrt in Rechnung, sondern meist nur die *Grenzkosten* (die unmittelbaren Kosten, also im wesentlichen Treibstoff), die jedoch bloß einen geringen Anteil am Gesamtaufwand ausmachen. Da mag es dann scheinen, daß Autofahren gar nicht teuer sei.

Güterverkehr

Für jede arbeitsteilige Gesellschaft ist Güterbeförderung eine notwendige Voraussetzung. Selbstversorger, die alles, was zum Leben notwendig ist, selbst herstellen, gibt es heute nicht mehr. Je arbeitsteiliger eine Gesellschaft, desto umfangreicher wird der Güter- und Leistungsaustausch – und damit der Verkehr.

Gütertransportleistungen in Österreich 2001

Verkehrsmittel	Milliarden Tonnenkilometer pro Jahr	Modal Split [%]
Straße	17,6	35,4
Eisenbahn	16,9	34,1
Schiff	0,5	1,1
Pipeline	14,6	29,4
Summe	49,6	100,0

Quelle: Österreichs Verkehrswirtschaft in Zahlen, Ausgabe 2002.

Zeit, Kosten und Energie

Zeit und Verkehr

Zeit spielt im Verkehr eine große Rolle, jedoch anders, als im allgemeinen angenommen. Nach wie vor glauben viele, daß durch höhere Verkehrsgeschwindigkeit Zeit gespart werden kann. Dies stimmt nur auf den ersten Blick.
Bereits im 19. Jahrhundert gab es Untersuchungen über das „Zeitbudget“, das für den Verkehr zur Verfügung steht.[3] Der Mensch verwendet pro Tag etwa 60 Minuten für Ortsveränderungen – ein Wert, der praktisch konstant ist, wenn man ihn auf die Bevölkerung verteilt betrachtet. Untersuchungen haben zwar ergeben, daß Einkommen, Wohnort und benütztes Verkehrsmittel das „Reisezeitbudget“ beeinflussen, doch sind die Schwankungen nicht sehr groß.
Verwendet man ein Verkehrsmittel mit größerer Geschwindigkeit, braucht man für diese eine Fahrt weniger Zeit, doch werden, um das Zeitbudget auszunützen, weitere Strecken zurückgelegt. Dieser Effekt tritt nicht sofort ein, sondern ist ein langsam ablaufender Prozeß, der aber zu guter Letzt mehr Verkehr erzeugt. Resultat: Geschwindigkeitserhöhung führt zu vermehrtem Verkehrsaufkommen.

Wegekosten

Um Kostenwahrheit zwischen den einzelnen Verkehrsmitteln herzustellen, ist es notwendig, die einzelnen Verkehrsträger mit ihren tatsächlichen Wegekosten zu belasten.
Will man das Verkehrssystem effizient nutzen, so ist eine vollständige Kosten-Nutzen-Rechnung anzustreben, in der alle privaten und öffentlichen Kosten und Nutzen berücksichtigt sind; die Kosten sollten sich in den Endpreisen für die Betreiber und Nutzer des Verkehrssystems niederschlagen. In der Realität ist dies jedoch nicht der Fall. In vielen Staaten, darunter auch Österreich, werden Steuern und Abgaben auf den Verkehr ohne jeglichen Kostenbezug eingehoben, deren Höhe richtet sich also nicht nach den tatsächlichen Kosten, sondern nach dem politisch gerade noch Durchsetzbaren. Dadurch kommt es sowohl unter den Staaten als auch unter den einzelnen Verkehrsträgern zu Wettbewerbsverzerrungen, ferner zur Vernachlässigung sozialer und ökologischer Aspekte des Verkehrs sowie zu Schwierigkeiten bei der Finanzierung von Infrastrukturinvestitionen. Dies führt zu einer unausgewogenen Nutzung der Verkehrsträger (übermäßige Nutzung des Straßenverkehrs und Nichtauslastung des Schienen- und Schiffsverkehrs), zu Überlastungen und Staus, vor allem in Ballungsräumen, sowie zu vermeidbaren Umweltbelastungen.

Schwierig ist die Zurechnung „externer“ Kosten des Verkehrs auf die einzelnen Verkehrsträger, besonders was die Um-

Einteilung der Wegekosten

Festkosten*		Variable Kosten**	
Interne Kosten	Externe Kosten / Nutzen	Interne Kosten	Andere externe Kosten
Kapitalkosten:	Kosten:	Variable Betriebskosten:	Luft- und Wasserverschmutzung:
-Tilgung -Zins -Verlorene Rendite	-Trennwirkung -Landschaftsverbrauch -Sichtbelästigung	-Betriebskosten (Verkehrslenkung, Polizei, Hilfsdienste) -Nutzungsabhängige Erneuerung (neue Fahrbahnbeläge, Ersetzen von Schienen, Instandsetzung)	-Lokale Schadstoffe (Partikel) -Regionale Schadstoffe (NO_x) -Globale Schadstoffe (CO_2)
Betriebskosten:	Nutzen:		
-Instandhaltungskosten -Betriebskosten (Beleuchtung, Verkehrsführung, Information) -Verwaltungskosten	-Bessere Erschließung -Netzvorteile -Produktivitätssteigerung		-Unfälle (tlw.) -Lärm, Erschütterung -Überlastung / Stau (tlw.)

** Fallen unabhängig vom Verkehrsvolumen an. ** Sind mit dem Verkehrsvolumen gekoppelt.*
Quelle: Faire Preise für die Infrastrukturbenutzung. Weißbuch der Europäischen Kommission 1998.

weltverschmutzung betrifft. Eine Teillösung könnte beispielsweise darin bestehen, ein Gebührensystem, gestaffelt nach Emissionen, einzuführen – für die Nutzer des Verkehrssystems ein Anreiz, auf andere, besser verträgliche Verkehrsträger, die mit geringeren Gebühren die gleiche Leistung erbringen, umzusteigen oder auch technische Entwicklungen rascher einzubeziehen, etwa verstärkt emissionsärmere Fahrzeuge zu erwerben.

Ein typisches Beispiel für die Wettbewerbsverzerrung ist der Anteil der dieselbetriebenen Kraftfahrzeuge an der Pkw-Flotte Österreichs. Wegen der geringeren Belastung durch die Mineralölsteuer ist Dieseltreibstoff in Österreich um EUR 0,15 bis 0,22 billiger als Vergasertreibstoff. Durch diesen Effekt ist der Anteil der Diesel-Pkws in den vergangenen Jahren rasant gestiegen (auf derzeit zirka 60 % der Neuzulassungen). Nun sind verschiedene Wissenschafter der Meinung, die höhere Umweltbelastung durch die Dieselabgase überwiege bei weitem den Vorteil des geringeren Treibstoffverbrauchs. Die Einführung der Katalysatoren hat beim Benzinmotor zu einer großen Schadstoffreduktion geführt, während beim Dieselmotor die Partikelbelastung und der Ausstoß von Stickoxiden sich nicht stark verringert haben; die Einführung von Partikelfiltern vermindert hier zwar den Ausstoß von großen Rußpartikeln, doch verbleiben die kleinen, lungengängigen und daher kanzerogenen Teilchen weiterhin im Dieselabgas und entschärfen also das Rußproblem nicht entscheidend. Der billigere, steuerlich begünstigte Treibstoff verursacht also die größere Umweltbelastung, ohne für deren Kosten aufkommen zu müssen.

Um den Verkehr mit den tatsächlichen Kosten zu belasten und somit die externen Kosten mit einzubeziehen, werden europaweit verschiedene Systeme diskutiert. Eine Lösungsmöglichkeit ist die Einführung einer kilometer- und fahrzeugabhängigen Maut; diese dürfte sich jedoch nicht nur, wie derzeit in Österreich geplant, auf die Autobahnen beschränken, sondern müßte das gesamte Straßennetz umfassen. Weiters sollten in diesem Mautsystem nicht nur die Lastkraftwagen, sondern alle Kraftfahrzeuge berücksichtigt werden. Überdies ist es nicht sinnvoll, diese Maßnahme nur in einem Land einzuführen – hier sind internationale Vereinbarungen notwendig, um Wettbewerbsnachteile zu verhindern.

Wie schwierig die Bemautung in Europa ist, wird allein daran erkenntlich, wie heftig der Streit zwischen Österreich und der Europäischen Union bezüglich der Brennermaut ist, die von der einen Seite als zu hoch und von der anderen Seite als zu niedrig empfunden wird. Heftig waren zum Teil auch die Reaktionen von Pkw-Besitzern und deren Interessenvertretern auf die Preiserhöhung bei der Autobahnvignette in Österreich.

Energiebedarf

In Österreich werden rund 30 Prozent des gesamten Energiebedarfs für Verkehrszwecke benötigt; davon wiederum entfallen 81 Prozent auf den Straßenverkehr und nur 4 Prozent auf den Eisenbahnverkehr.

70 Prozent des gesamten Energiebedarfs des Verkehrs werden für den Personenverkehr aufgewendet, die restlichen 30 Prozent für den Güterverkehr.

70 Prozent des österreichischen Erdölbedarfs werden laut Energieverwertungsagentur (EVA; 2000) für Verkehrszwecke benötigt.

Spezifischer Primärenergiebedarf 1996 für Deutschland im Personenverkehr

Verkehrsmittel	Spez. Primärenergiebedarf [kJ/Pkm]
Motorisierter Individualverkehr	2 208
Schiene	1 235
Öffentlicher Straßenverkehr	711
Luftverkehr	1 837

Das Deutsche Institut für Wirtschaftsforschung hat den primären Energiebedarf der einzelnen Verkehrsmittel bezogen auf die Verkehrsleistung für das Jahr 1996 ermittelt (siehe die untenstehenden Tabellen).

Die Tabellen-Werte für den Personenverkehr (links unten) zeigen, daß der motorisierte Individualverkehr (Pkw) die höchsten Werte für den spezifischen Primärenergiebedarf aufweist. Dies ist einerseits auf den ungünstigen Wirkungsgrad der Motoren, andererseits auf den geringen Besetzungsgrad der einzelnen Fahrzeuge zurückzuführen. Der öffentliche Straßenverkehr, also der Autobus, hat den geringsten Verbrauch an Energie, was – im Vergleich zum motorisierten Individualverkehr (MIV) – auf den guten Auslastungsgrad der Fahrzeuge zurückzuführen ist.

Im Personenverkehr auf der Schiene treten große Unterschiede in den einzelnen Entfernungsbereichen auf: Im Nahverkehr sind infolge kürzerer Züge, kürzerer Haltestellenabstände und geringerer Auslastung die Werte etwas höher als im Fernverkehr. Im Schnellbahnverkehr wirkt sich die höhere Auslastung positiv aus. Umgelegt auf Österreich, liegt der Primärenergieverbrauch der Eisenbahn noch unter den in der Tabelle angeführten Werten, da ein Großteil der elektrischen Traktionsenergie durch Wasserkraftwerke mit hohem Wirkungsgrad gewonnen wird.

Spezifischer Primärenergiebedarf 1996 für Deutschland im Güterverkehr

Verkehrsmittel	Spez. Primärenergiebedarf [kJ/tokm]
Straßengüterverkehr	14 698
Schiene	408
Binnenschiffahrt	561
Luftverkehr	11 536

Übrigens fällt in der untenstehenden Übersicht auch auf, daß der Luftverkehr im Vergleich zum motorisierten Individualverkehr einen geringeren Energiebedarf aufweist; dies ist auf die hohe Auslastung der Flugzeuge zurückzuführen, die nicht zuletzt durch gezielte Marketingmaßnahmen der Fluglinien erreicht wird.

Der Schienengüterverkehr hat in Deutschland gegenüber dem Straßenverkehr einen um 70 Prozent geringeren spezifischen Energiebedarf, ja sogar geringere Werte als die Binnenschiffahrt, was auf deren Struktur zurückzuführen ist, denn Schiffe weisen eine große Lebenserwartung auf, sodaß Erneuerungen im Bestand nur langsam vor sich gehen.

Bei dieser Gegenüberstellung der spezifischen Energieverbrauchswerte ist zu beachten, daß die verschiedenen Formen des Personen- oder Güterverkehrs nicht restlos miteinander vergleichbar sind. Sie unterscheiden sich zum Teil erheblich in den Entfernungsbereichen, der Geschwindigkeit, den Transportkosten und Beförderungszeiten, dem Komfort, der Pünktlichkeit usw.

Auch ist zu beachten, daß der Straßenverkehr in vielen Fällen eine Zubringerfunktion für andere Verkehrsarten erfüllt.

In Zukunft wird der *spezifische* Energiebedarf bei allen Verkehrsarten – wenn auch in unterschiedlichem Ausmaß – sinken, während der *absolute* Energiebedarf bei unveränderten politischen und wirtschaftlichen Rahmenbedingungen auch weiterhin steigen wird.

Auswirkungen

Luftschadstoff-Emissionen

Kohlendioxid (CO_2)

Den Großteil der im Verkehr verbrauchten Energie, nämlich 98 Prozent, liefern Erdölprodukte, deren Verbrennung der Hauptverursacher von CO_2-Emissionen ist. Seit Beginn der industriellen Revolution im 19. Jahrhundert steigt durch die Verbrennung fossiler Energieträger (Kohle, Erdöl und Erdgas) der Kohlendioxidgehalt der Atmosphäre ständig an. Kohlendioxid ist ein „Treibhausgas" – eine Wirkung, die in der Fachwelt mittlerweile unbestritten ist. Allerdings tobt ein erbitterter Streit, wie groß dieser Treibhauseffekt ist und welche Auswirkungen er hat oder haben wird.
Weltweit betrachtet, ist der Verkehrssektor derzeit für 50 Prozent des Welt-Erdölverbrauchs verantwortlich, und dieser Anteil wird sich bei gleichbleibenden Rahmenbedingungen bis 2010 auf 60 Prozent erhöhen. Weiters wird prognostiziert, daß der Zuwachs des Erdölverbrauchs – und damit auch der CO_2-Emissionen – fast zur Gänze durch den Verkehr verursacht wird. Mit dem 1997 ausgehandelten „Kioto-Protokoll" zum UN-Rahmenübereinkommen über Klimaänderungen haben sich die Industriestaaten verpflichtet, die Emissionen von sechs Treibhausgasen (CH_4 – Methan, N_2O – Distickstoffoxid, HFC – halogenierte Fluorkohlenwasserstoffe, PFC – perfluorierte Kohlenwasserstoffe, SF_6 – Schwefelhexafluorid) innerhalb des Zeitraums 2008–2012 um mindestens 5 Prozent gegenüber dem Niveau von 1990 zu senken. Im Jahr 1990 wurden in Österreich insgesamt 62,3 Mio. Tonnen CO_2 emittiert, was eine Verringerung auf 59,2 Mio. Tonnen CO_2 im Jahr 2008 bedeuten würde. Der Verkehr emittierte 1990 14,7 Mio. Tonnen CO_2, das ist ein Anteil von 24 Prozent.
Bis zum Jahr 2000 stiegen die Werte für die Gesamtemission von CO_2 auf 66,1 Mio. Tonnen (+6 %) und für den Verkehr auf 19,8 Mio. Tonnen (+35 %). Daraus geht klar hervor, daß der Anteil des Verkehrs überproportional gestiegen ist. Den Hochrechnungen zufolge wird man also das Kioto-Ziel, zu dessen Einhaltung sich auch die österreichische Bundesregierung bekennt, kaum erreichen. Die Fahrzeugindustrie versucht, durch Entwicklung von effizienteren Motoren, Gewicht sparenden Bauweisen und ähnlichen Maßnahmen den Kraftstoffverbrauch zu senken. Diesen Verbesserungen wirken jedoch andere Trends und Entwicklungen entgegen: So werden heute häufig größere Autos mit vielen energieintensiven Zusatzausstattungen wie Servolenkung oder Klimaanlage gekauft, sodaß der Flottenverbrauch nicht so stark sinkt, wie dies die Entwicklung der Fahrzeugtechnik vermuten lassen würde. Dazu kommt ein zunehmendes Bedürfnis nach individueller Mobilität, das sich in einem steten Anstieg der pro Jahr zurückgelegten Personen-Kilometer und damit in steigendem Energieverbrauch niederschlägt.

Stickoxide (NO_x)

Vor allem in den Sommermonaten kommt es immer wieder zu erhöhten Konzentrationen von bodennahem Ozon. Eine der Vorläufersubstanzen für Ozon sind die Stickoxide. In Österreich wurden im Jahr 2000 insgesamt rund 184 000 Tonnen Stickoxide emittiert.[4] Der Hauptverursacher der NO_x-Emissionen ist der Kfz-Verkehr mit einem Anteil von 65 Prozent. Der Gesamtausstoß an Stickoxiden konnte seit den 1980er Jahren um 19 Prozent gesenkt werden, wobei ein Großteil dieser Verminderung durch die Industrie und Energiewirtschaft bewerkstelligt wurde. Mitte der 1980er Jahre wurde der Einbau von Abgaskatalysatoren zwingend für Ottomotoren vorgeschrieben, sodaß auch im Verkehr eine Reduktion der Stickoxid-Emissionen erzielt werden konnte. Der vermehrte Einsatz von Dieselmotoren im Pkw-Bereich, der Trend zu immer schwereren Nutzfahrzeugen und das größere Mobilitätsbedürfnis führten jedoch in den letzten Jahren wieder zu einem Anstieg der NO_x-Emissionen, der auch durch den vermehrten Einsatz von umweltfreundlicheren Kraftfahrzeugen nicht aufgefangen werden konnte.

Kohlenmonoxid (CO)

Kohlenmonoxid entsteht bei der unvollständigen Verbrennung von Brenn- und Treibstoffen. In den letzten Jahren kam es zu einem starken Rückgang der CO-Emissionen aus dem Verkehrsbereich: Ihr Anteil an der gesamten Emission sank um 50 Prozent (1980) auf 31 Prozent (2000) bzw. in Zahlen: von 862 000 Tonnen im Jahr 1980 auf 279 000 Tonnen im Jahr 2000. Diese Verringerung der CO-Emissionen im Verkehr um mehr als zwei Drittel (69 %) erklärt sich einerseits durch die Einführung des Katalysators, der CO zu ungiftigem CO_2 oxidiert, und andererseits durch die Motorentechnologie, die den Anteil des unvollständig verbrannten Treibstoffs verringert. Derzeit jedoch stagniert der Rückgang der CO-Emission: Die Verkehrsleistung nimmt laufend zu und hebt – ähnlich wie bei der bereits beschriebenen CO_2-Emission – die positiven Effekte der verbesserten Technologie wieder auf.

Kohlenwasserstoffe

Kohlenwasserstoffe werden durch die unvollständige Verbrennung von Treibstoffen, durch Tankvorgänge und durch das Verdunsten von Lösemitteln freigesetzt. 1980 wurden durch Verkehrsaktivitäten 130 600 Tonnen Kohlenwasserstoffe in die Umwelt emittiert, das war ein Anteil von 27 Prozent an der Gesamtemission. Bis 2000 konnte die Menge der durch Verkehr freigesetzten Kohlenwasserstoffe auf 53 300 Tonnen bzw. einen Anteil von 14 Prozent an der gesamten Menge verringert werden. Diese Verringerung ist auf die Einführung strengerer Abgasgrenzwerte für Pkws und den dadurch bedingten Einbau geregelter Katalysatoren, den Einbau von Gaspendeleinrichtungen bei Tankstellen und den immer größeren Anteil an Diesel-Pkws der österreichischen Autoflotte zurückzuführen.

Distickstoffoxid (N_2O)

Distickstoffoxid entsteht durch Bodenbakterien, hauptsächlich beim Abbau von stickstoffhaltigem (natürlichen und künstlichen) Dünger sowie als Reaktionsprodukt beim Abgaskatalysator. Auf ein Molekül bezogen, ist die Treibhauswirkung 220mal höher als die von Kohlendioxid. Den größten Anteil an der Distickstoffoxid-Emission hat die Landwirtschaft, der Anteil des Verkehrs ist allerdings im Wachsen. So wurden 1980 erst 480 Tonnen N_2O durch den Verkehr verursacht, das entspricht einem Anteil von 6 Prozent an der Gesamtmenge, diese Werte haben sich bis zum Jahr 2000 sehr stark verschlechtert. In diesem Jahr wurden 2700 Tonnen N_2O durch den Verkehr erzeugt, das entspricht einem Anteil von bereits 28 Prozent. Fast der gesamte Zuwachs ist auf den Verkehr zurückzuführen.

Blei

Blei bewirkt bei Kindern eine Behinderung der Blutbildung und schädigt im allgemeinen das Nervensystem des Menschen. Der größte Teil an Blei-Emission gelangt durch den Verkehr in die Umwelt, wobei in den letzten Jahren durch die Einführung von bleifreiem Benzin eine wesentliche Verbesserung dieser Situation eingetreten ist. Noch im Jahr 1985 wurden 229 Tonnen Blei (72 % der gesamten Blei-Emissionen) durch den Verkehr verursacht. Bis 2000 ist dieser Wert auf 100 Kilogramm (unter 1 % des Gesamtausstoßes) gesunken.

Neben den angeführten Luftschadstoffen gibt es noch eine Reihe anderer Schadstoffe, darunter Schwefeldioxid, Ammoniak, Kadmium, Quecksilber und Dioxine. Die gesundheitliche wie umweltbezogene Bewertung der toxischen Auswirkungen all dieser Stoffe ist umstritten, ebenso wie die Frage, wer für die verursachten Schäden aufkommen soll. Hier müßte verbindlich festgelegt werden, welchen Schaden und welche Kosten die Emission einer bestimmten Menge eines Stoffes hervorruft, um so – gemäß dem Verursacherprinzip – zu einem sinnvollen Berechnungsansatz für die externen Kosten zu kommen.

Wasser – saurer Regen

Luftschadstoffe lösen sich in Wasser und bilden dadurch den „sauren Regen", ebenso werden sie durch den Regen in den Boden und das Grundwasser eingeschwemmt, die Wasserverschmutzung ist also eine Folge der Verunreinigung der Luft.

Ein weiteres Gefährdungspotential für das Wasser ist durch den Ausfluß von Treibstoffen bei Unfällen gegeben. Schon ein Liter Benzin kann eine Million Liter Trinkwasser ungenießbar machen. Und jeder, der die Berichterstattung über Tankerunfälle auf den Weltmeeren verfolgt, weiß, welche Auswirkungen diese auf die Ozeane haben.

Lärm und Erschütterungen

Viele Österreicher leiden unter Lärmbelästigungen durch den Verkehr. Nach Erhebungen des österreichischen Mikrozensus war im Jahr 1998 etwas mehr als ein Fünftel (22,4 %) der österreichischen Bevölkerung betroffen. In den letzten Jahren wurden deshalb die erlaubten Fahrgeräuschgrenzwerte sowohl für Personen- als auch Lastkraftwagen um zirka 10 Dezibel (dB) in Österreich herabgesetzt, was bedeutet, daß ein heute neuzugelassenes Kraftfahrzeug nur mehr halb so laut ist bzw. sein darf wie ein vor 20 Jahren zugelassenes. Die rasante Verkehrszunahme hat dies jedoch eingeholt, und auch die immer größer werdende Sensibilität der Bevölkerung bezüglich Lärmbelästigung zeigt, daß in Zukunft weiterhin Anstrengungen unternommen werden müssen, um Lärm zu vermeiden oder, falls das nicht möglich ist, den Lärmschutz zu verbessern.

Auch die Eisenbahn verursacht Lärm, der bei gleicher Lautstärke oft unangenehmer wirkt als jener von Autos. An einen regelmäßigen Geräuschfluß wie beim ständigen Straßenverkehr gewöhnt man sich, während ein fahrender Zug nur zeitweise und in wechselnder Lautstärke zu hören ist. Weiters spielt hier der subjektive Faktor eine große Rolle – Zuschauer eines Autorennens empfinden den zugehörigen

Fahrzeuglärm kaum als störend, im Unterschied etwa zu den Anrainern der Rennstrecke.
Um die externen Kosten von störendem oder gesundheitsschädigendem Lärm zu ermitteln, sind verschiedene Methoden gebräuchlich; meist wird die Wertminderung der durch Lärmeinwirkungen betroffenen Grundstücke und Gebäude errechnet. Sinnvoll wäre es, dabei auch die Gesundheitsschädigung der betroffenen Menschen zu berücksichtigen. Allerdings stellt sich hier erneut die Frage, auf welche Weise die daraus resultierenden Kosten berechnet werden.

Trennwirkungen und Landschaftsverbrauch

Durch Verkehrswege wird Boden verbraucht, werden Landschaften getrennt oder zerstört.
Die *Trennwirkung* von Verkehrswegen wird besonders am Beispiel der Autobahn deutlich. So befinden sich links und rechts der Autobahn kilometerlange Zäune, die den Wildwechsel und daraus bedingte Unfälle verhindern sollen. Solche Maßnahmen – ebenso wie auch die sogenannten Krötenzäune – engen den Lebensraum vieler Tiere ein und trennen die Populationen auf beiden Seiten der Autobahn.
Auch der *Landschaftsverbrauch* durch Verkehrswege ist hier zu erwähnen. Die ständig wachsenden Geschwindigkeiten machen die Verkehrswege immer unflexibler, die Bogenradien müssen größer werden, die Steigungen flacher. Vereinfacht kann man sagen, daß die Trasse zunehmend steifer und es daher schwieriger wird, diese in das Gelände einzupassen. Sie weicht immer stärker vom Gelände ab: Die Folgen sind größere Dämme und Einschnitte, längere Tunnel und Brücken. Der Flächenverbrauch nimmt mit der Entwurfsgeschwindigkeit des Verkehrswegs stark zu.

Tier- und Pflanzenwelt

Ein weiteres Problem ist die Zerstörung des Lebensraums von Tieren und Pflanzen sowie ihre kostenmäßige Bewertung. Nur jene Flächen haben heute wirtschaftlichen Wert, die genutzt werden können. Eine Ackerfläche der Intensivlandwirtschaft, auf der nur eine hochgezüchtete Nutzpflanze unter Anwendung aller Tricks der Biotechnologie gedeihen kann, ist für die Wirtschaft mehr wert als ein Hochmoorgebiet, das landwirtschaftlich nicht genutzt wird. In der wirtschaftlichen Bewertung von Verkehrsflächen, aber auch bei anderen Vorhaben ist die Zerstörung von artenreichen Naturflächen meist kein Faktor. Lediglich den Initiativen von Bürgern und Naturschützern verdanken wir, daß bei der Kostenberechnung von Verkehrsbauten auch Aspekte wie diese in Betracht gezogen werden, etwa: Wie ist der Schaden zu errechnen, den die Trennwirkung eines Verkehrswegs verursacht? Wieviel kostet das Aussterben einer Tier- oder Pflanzenart?

Verkehrsüberlastungen

Die Überlastung der Verkehrswege gehört heute zum Alltag. Die Lösung dieses Problems erfolgt jedoch meist nicht dadurch, daß man es an der Wurzel packt – sondern oft verschärft die „Lösung“ das Problem sogar noch. Staus auf der Autobahn könnten etwa durch eine Verringerung des Verkehrsaufkommens vermieden werden. Die Praxis hingegen sieht so aus, daß neue Autobahnen gebaut werden. Der Stau wird so zwar eine Zeitlang verhindert, längerfristig jedoch wird dadurch neuer Verkehr erzeugt: Jemand, der vorher nicht gefahren ist, weil er eben nicht im Stau steckenbleiben wollte, wird sich nun vielleicht überlegen, doch das Auto zu nehmen.
Diese Änderung des Verkehrsverhaltens wird nicht sofort sichtbar, sondern kommt schleichend zur Wirkung. Und sie verändert die Strukturen. So lag im Dorf der Arbeitsplatz in vielen Fällen in bequemer Fußweg-Entfernung. Die immer schnelleren Verkehrsmittel erlaubten es, in der gleichen Zeit weitaus größere Entfernungen zum Arbeitsplatz zurückzulegen – die Funktionen Arbeit und Wohnen wurden räumlich getrennt, eine Strukturveränderung trat ein. Heute pendelt man im Auto oder mit der Bahn vom Wohnsitz auf dem Land zum Arbeitsplatz in die Stadt, und auch hier gilt die Regel: Je höher die Geschwindigkeit des verwendeten Verkehrsmittels, desto größer die damit zurückgelegten Entfernungen.
Verkehr und Mobilität sind heute noch großteils positiv besetzte Begriffe. Die Steigerung der Verkehrsleistung löst zwar bei der Wirtschaft Zustimmung aus, schafft jedoch den durch den Verkehr geschädigten Menschen Probleme. Ein Transportunternehmen ist gewiß stolz darauf, seine Beförderungsleistung im Vergleich zum Vorjahr gesteigert zu haben, aber die durch die Umweltauswirkungen des Verkehrs Betroffenen werden darüber weniger erfreut sein.
Die Verkehrswirtschaft lebt von der Zunahme der Personen- und Güterbeförderung. Je mehr die Verkehrsleistung steigt, desto größer ist der volkswirtschaftliche Anteil der Verkehrswirtschaft. Umgekehrt jedoch ist eine Lösung der anstehenden Verkehrsprobleme ausschließlich mit einer Verringerung des Verkehrs verbunden – was wiederum ein Umdenken der Gesell-

schaft voraussetzt. Der Verkehr muß auf ein für Mensch und Umwelt erträgliches Maß beschränkt werden, doch dies erfordert die radikale Veränderung einer Verkehrspolitik, die sich in der Vergangenheit allzuoft mit dem Bau neuer Verkehrswege begnügt hat. Eine sinnvolle Steuerung des Verkehrs nach einer gesamtwirtschaftlichen Betrachtung unter Einbeziehung aller Kosten und des Nutzens unterblieb. Ein Schritt zur Lösung liegt in der Anlastung der tatsächlichen Kosten, die durch den Verkehr verursacht werden, nach dem Verursacherprinzip. Bisher wurden, wie dargelegt, die externen Kosten von der Allgemeinheit getragen, nicht vom Verursacher derselben, das heißt vom einzelnen Verkehrsteilnehmer. Auch die Umweltschäden, die aus dem Verkehr resultieren, sind den Verursachern anzulasten und sollten nicht von anderen bezahlt werden müssen. Gerade beim Straßenverkehr fallen viele weitere Kosten an, etwa für die Überwachung und den Betrieb der Straßen, die bisher von allen Steuerzahlern beglichen wurden. Bei der Bahn kommen dafür seit je die Betreiber auf, die sie an die Benützer des Verkehrsmittels weitergeben – ein weiterer Kostenvorteil der Straße gegenüber der Bahn. Rechnet man freilich die externen Kosten in die Gesamtkosten des Straßenverkehrs ein, so verteuert sich auch dieser stark. Die Folge wäre eine (anstrebenswerte) Verlagerung des Verkehrs von der Straße auf die Schiene; das Ziel eines geänderten *Modal Splits* wäre damit bald erreicht.

Ziel ist es jedoch nicht, den Straßenverkehr zu unterbinden, sondern vielmehr zu einer sinnvollen Verteilung der Transportaufgaben zu gelangen. Ein ausschließlicher Bahnverkehr ist schon aufgrund der mangelnden Dichte des Eisenbahnnetzes nicht denkbar, sodaß in jedem Fall die Straße weiterhin benötigt wird. Für ein sinnvolles Zusammenwirken der beiden Verkehrssysteme sind vor allem die Verknüpfungen, die „Schnittstellen“ zwischen den beiden Verkehrsträgern, zu verbessern. Ein Ausbau der Bahnhöfe und Güterterminals könnte den Übergang der Güter und Personen von einem System in das andere erleichtern und die Transportweiten auf der Straße stark verringern. Eine Verteuerung des Verkehrs (nicht nur der Straßen-, auch der Schienenverkehr wird durch die Einrechnung externer Kosten teurer) hätte den Nebeneffekt, daß sich möglicherweise die Produktionsweisen ändern würden, um weniger Transporte zu brauchen: Konzerne würden dann etwa ihre Produktionen nicht mehr an wenigen, billigen Standorten konzentrieren und von dort die ganze Welt beliefern, sondern wegen hoher Transportkosten wieder dezentralisieren. Die Erzeugung der Güter könnte damit – trotz Globalisierung der Wirtschaft – in vielen Fällen wieder näher an die Verbraucher rücken.

Wirtschaftlichkeit

Vergleich der Wirtschaftlichkeit der einzelnen Verkehrsträger

Die Wirtschaftlichkeit der einzelnen Verkehrsträger miteinander zu vergleichen, ist aus den oben angeführten Gründen schwierig. Vor allem: Was bedeutet Wirtschaftlichkeit? Vom Standpunkt der Kunden ist diese Frage einfach zu beantworten: Wer kann mein Transportbedürfnis unter den von mir aufgestellten Bedingungen mit möglichst geringen Kosten befriedigen, also: Wer schafft den billigsten Transport im gegebenen Zeitraum? Von volkswirtschaftlichen Gesichtspunkten aus kann diese Frage zu ganz anderen Ergebnissen führen.

Seit einiger Zeit spielt der Begriff des „nachhaltigen Verkehrs“ in dieser Diskussion eine wichtige Rolle. Gemeint ist ein Verkehr, der die Bedürfnisse der heutigen Generation befriedigen kann, ohne die Möglichkeiten künftiger Generationen zu beschneiden. Diese Vorgabe stellt ganz neue Aspekte in den Vordergrund: Die Auswirkungen der klimarelevanten Schadstoff-Emissionen, die Bedrohung von Tier- und Pflanzenarten, aber auch die Umweltverschmutzung und die daraus entstehenden Folgen erhalten so einen weit höheren Stellenwert als bisher.

Schwierig bleibt die Definition der Ziele und die Bewertung bzw. Gewichtung der einzelnen Indikatoren. Ein Wirtschaftlichkeitsvergleich der einzelnen Verkehrsträger ist daher auch aus dieser Sicht schwer möglich, da die Güter, die es zu transportieren gilt, unterschiedliche Anforderungen an Qualität und Quantität des Transportmittels stellen; ähnliches gilt für den Personenverkehr. Entscheidend ist also, weniger die Wirtschaftlichkeit eines Verkehrsträgers als die einer Transportkette zu bewerten, also das Zusammenspiel aller Verkehrsträger. Wie gelange ich oder wie gelangen meine Waren am preisgünstigsten von A nach B? Nicht diese Frage sollte heute oberste Priorität haben, sondern: Wie schaffe ich es, mein Transportbedürfnis unter der Berücksichtigung des Prinzips der Nachhaltigkeit zu befriedigen?

Die Bewertung neuer Verkehrswege

Es gibt verschiedene Verfahren, um die Wirtschaftlichkeit und Rentabilität neuer Verkehrswege zu beurteilen. Eines davon ist die Kosten-Nutzen-Analyse, bei der die Kosten berechnet und dem Nutzen gegenübergestellt werden. Wie schon erwähnt, gibt es hier das Problem, wie die tatsächlichen Kosten und der tatsächliche Nutzen, die der neue Verkehrsweg hervorruft, ermittelt werden können. Häufig werden nur die örtlich begrenzten Kosten und der Nutzen in Rechnung gestellt; doch auch jede Umfahrungsstraße beispielsweise ist zugleich Teil eines ganzen Systems von Verkehrswegen – ihre Auswirkungen darauf werden selten berücksichtigt: Für die Benützer der Umfahrungsstraße kommt es zwar zur Fahrzeitverkürzung, doch diese Zeitersparnis bewirkt, wie bereits ausgeführt, daß neuer Verkehr erzeugt wird. Dieser belastet in der Folge weitere Straßen und führt daher zu den nächsten Baumaßnahmen – das Spiel setzt sich fort. Das Problem der Kosten-Nutzen-Analyse besteht also nicht nur darin, daß die tatsächlichen externen Kosten eines neuen Verkehrswegs schwer zu ermitteln sind, sondern zudem die Auswirkungen auf das gesamte Verkehrssystem meist nicht berücksichtigt werden.

Anders bei der *Nutzwertanalyse*. Hier werden keine Kosten berechnet, sondern es wird ein Zielwertkatalog erstellt, aus dem verschiedene Indikatoren abgeleitet werden. Diese Indikatoren werden gewichtet und schließlich miteinander verknüpft. Der Nachteil: Diese Gewichtung der einzelnen Indikatoren erfolgt meist nicht nach dem Prinzip der Nachhaltigkeit des Verkehrs. Man kann also durch unterschiedliche Gewichtung der Indikatoren ganz unterschiedliche Ergebnisse in der Bewertung erhalten.

Blick in die Zukunft

Seit Jahrtausenden gibt es die Schiffahrt, vor rund 200 Jahren entstand die Eisenbahn, vor etwa 100 Jahren begann das Automobil seine rasante Entwicklung, ebenso das Flugzeug. Andere Verkehrsmittel – der Ochsenwagen, die Pferdekutsche, das Luftschiff – verloren an Bedeutung oder verschwanden. Auch die heutigen Verkehrsträger werden wohl eines Tages ersetzt werden. Eine solche Entwicklung langfristig abzusehen, ist allerdings kaum möglich: Prognosen scheitern oft schon daran, Trends für zehn Jahre vorherzusagen – 100 Jahre oder noch mehr abzuschätzen bedeutet, zu spekulieren, und fällt eher in den Bereich der *Science-fiction.*

Eine Tendenz ist jedoch zu erkennen, nämlich jene zur Kommunikation. Auch der Transport von Information ist eine Form des Verkehrs, und wie die rasanten Zuwachsraten der vergangenen Jahrzehnte im Bereich der Telekommunikation beweisen, liegt hier die eigentliche Zukunft des Verkehrs.

Viele Arbeitsplätze sind bereits heute nicht mehr an einen bestimmten Ort gebunden. Die rasche Entwicklung der Computer- und Telekommunikationstechnologien ermöglichen es, Bildschirm-Arbeitsplätze überall, auch daheim, einzurichten. Tele-Arbeiter ersparen sich die Fahrt zu weit entfernten Arbeitsstätten: Der Weg der Beschäftigten wird durch den Transport von Information ersetzt.

Nicht alle Neuerungen auf diesem Gebiet sind allerdings so zielführend, wie sie vielleicht auf den ersten Blick erscheinen. So wird derzeit versucht, durch den Einsatz von Verkehrsinformationssystemen den Verkehrsfluß in Gang zu halten, das heißt, die staugefährdeten Strecken durch gezielte Verkehrslenkung zu entlasten und den Autoverkehr auf andere Straßen und Wege umzuleiten.

Dies ist, wie schon gezeigt wurde, in Wahrheit jedoch nur eine Scheinlösung des Problems: Auf der früher verstauten Strecke ist jetzt wieder Platz, es geht schneller voran, die Strecke wird im Endeffekt vermehrt benutzt, und es kommt zur Erzeugung von neuem Verkehr. Schließlich ist nicht nur die ursprüngliche Staustrecke, sondern auch die Umleitung überlastet.

Ziel sollte es daher sein, Strukturen zu schaffen, die das Mobilitätsbedürfnis nicht steigern, sondern es vielmehr verringern. Bietet man leistungsfähige Verkehrsnetze an, die es erlauben, mit hohen Geschwindigkeiten in kurzer Zeit große Entfernungen zu überwinden, so werden diese auch genutzt und verändern die Strukturen. Erhält ein Einkaufszentrum eine eigene Autobahnabfahrt, um schneller erreichbar zu sein, so werden mehr Konsumenten dorthin fahren: Die Staus auf der Anreisestrecke werden – wie die Erfahrung lehrt – auf diese Weise nicht beseitigt, sondern vermehrt.

Sinken allerdings die Geschwindigkeiten im Verkehrssystem und finden sich in der Nähe des Wohnorts genügend Arbeitsplätze, Einkaufsmöglichkeiten, Freizeitaktivitäten und Natur, dann muß man, um diese Bedürfnisse zu befriedigen, nirgends hinfahren. Das Reisezeitbudget bleibt gleich; Wege wie Ausflüge ins Grüne, die bisher mit dem Auto zurückgelegt wurden, sind – bei vorhandenem Angebot in der Nähe – zu Fuß oder mit dem Fahrrad zu bewältigen. Die Geschwindigkeiten verringern sich, die Entfernungen werden kleiner, der Zeitaufwand bleibt der gleiche. Die Lebensqualität steigt, das Mobilitätsbedürfnis wird im Sinn der Nachhaltigkeit befriedigt. Ähnliches gilt auch für den Güterverkehr, wobei hier vor allem die Kosten die ausschlaggebenden Faktoren sind.

Der Schienenverkehr befindet sich derzeit in einer strukturellen Umbruchphase. Die Bahngesellschaften werden in Infrastruktur- und Betreibergesellschaften geteilt, um wie bei der Straße die organisatorische Trennung von Bau und Betrieb einer Strecke einerseits und den Benützern andererseits zu erreichen.

Dabei wird meistens übersehen, daß der Betrieb eines spurgeführten Verkehrsmittels wie der Eisenbahn nach wesentlich anderen Grundsätzen erfolgt als der Betrieb einer Straße. Der Eisenbahnbetrieb unterliegt einem Fahrplan, die Fahrgäste können über Beginn und Ende also nicht selbständig entscheiden, sondern müssen sich einem vorgegebenen Zeit- und Streckengefüge anpassen. Wie sich unter diesen Rahmenbedingungen ein Wettbewerb mehrerer Anbieter entwickeln kann, ist offen.

Die Trennung von Güter- und Personenverkehr, um zwei voneinander gesonderte Verkehre zu schaffen, wurde besonders in Frankreich vorangetrieben, man denke hier an den Erfolg des Hochgeschwindigkeitszugs TGV, der im Mittelstreckenbereich des *Personenverkehrs* (300 bis 500 km) das Flugzeug verdrängen konnte. Dieses Konzept ist dort möglich, wo entsprechende Strukturen (dichtbesiedelte Ballungsräume in entsprechender Entfernung) vorhanden sind. Im gebirgigen, kleinräumigen Österreich ist dieser Weg nicht gangbar, weshalb der Bau von Hochleistungsstrecken (im Gegensatz zu Hochgeschwindigkeitsstrecken) forciert wird; diese ermöglichen durch die Trennung des schnellen vom langsamen Verkehr entsprechend höhere Verkehrsleistungen.

Im *Güterverkehr* sind Bestrebungen im Gange, von der herkömmlichen Zugbildung abzugehen und auf völlig andere Konzepte umzusteigen. Der Einbau von Motoren in Güterwagen sowie eine Ausstattung mit entsprechenden Steuer- und Überwachungseinrichtungen sollen es ermöglichen, daß sich das Fahrzeug selbständig und selbstorganisierend im Schienennetz bewegt und sein Ziel ohne Eingriff von außen ansteuert. Diese Neuerung, die sich bereits im Versuchsstadium befindet, könnte durch die Abkehr von den herkömmlichen Prinzipien der Zugbildung und des Fahrplans künftig die Bahnbetriebstechnik revolutionieren und so die Attraktivität und Wettbewerbsfähigkeit des spurgeführten Verkehrs entscheidend erhöhen.

Anmerkungen

1 Statistik Austria (Hrsg.): *Statistisches Jahrbuch 2002, Konsumerhebung 1999/2000.* Wien 2001.

2 Ebd.

3 Eduard Lill: *Die Grundgesetze des Personenverkehrs.* In: Zeitschrift für Eisenbahnen und Dampfschiffahrt, Wien 1889.

4 Umweltbundesamt Ges.m.b.H.: *Luftschadstoff-Trends in Österreich 1980–2000.* Wien, Eigenvervielfältigung des Umweltbundesamts 2002.

Österreichs Beitrag zum modernen Eisenbahnoberbau

Klaus Riessberger

Die erste Fernbahn der Welt wurde in Österreich erbaut: Es war dies die Pferdeeisenbahn, die 1824–1832 zwischen Budweis und Linz errichtet und ab 1834 nach Gmunden verlängert wurde, sodaß sie ab 1. Mai 1836 in ihrer gesamten Länge zur Verfügung stand. Ihr Fahrweg bestand aus *hölzernen Längsbalken*, welche die Lastverteilung vom Radaufstandspunkt zum Erdkörper unter dem Gleis besorgten; *aufgenagelte Eisenplatten* wirkten einer Beschädigung des Tragbalkens durch die Fahrwerke entgegen. Diese Konstruktion gab in der Konzessionsurkunde 1824 auch den Ausschlag zur Namensgebung „Holz- und Eisenbahn"; sie diente lange Zeit als Grundkonzept für den Eisenbahnoberbau: So wurde das Gleis der ersten Dampfeisenbahn in Österreich, 1837 zwischen Floridsdorf und Wagram fertiggestellt, nach diesen Prinzipien gebaut.

Als die Achslasten schwerer wurden, ersetzte man die einfachen Holzbalken durch einen hölzernen Trägerrost aus Längsbalken und darunterliegenden Querschwellen, auf den verhältnismäßig leichte Schienen befestigt waren. Das Gleis der Semmeringbahn etwa sah zur Zeit ihrer Eröffnung im Jahr 1854 so aus. Die Haltbarkeit des Holzes betrug lediglich drei Jahre, die laufende Instandhaltung war mit viel mühevoller Arbeit und hohen Kosten verbunden.

Schwellen

Die Imprägnierung der *Holzschwellen* mit Teeröl ist zwar keine österreichische Erfindung, aber der Holzreichtum unseres Landes erlaubte eine intensive Weiterentwicklung dieser Methode zur besseren Haltbarmachung und erlangte durch die lokale Produktion von Holzschwellen wirtschaftliche Bedeutung. Besonders mit den Holzarten Eiche und Buche konnte die Lebensdauer auf 35 Jahre in einer ersten Liegephase gesteigert werden; die selektive Weiterverwendung ausreichend tauglicher Schwellen erzielt für manche Holzschwellen sogar eine Lebensdauer von insgesamt 60 bis 70 Jahren.

Eine noch längere Lebensdauer versprachen Eisenbahnschwellen aus Beton, da sie nicht wie Holzschwellen dem biologischen Verfall unterliegen. Doch es dauerte längere Zeit, bis nach vielen Versuchen eine ausreichend standfeste Konstruktion gefunden war. Dabei wurde klar, daß *Betonschwellen*, deren Betonkörper in einem Stück (Monoblockschwellen) gefertigt werden soll, nur in Spannbeton ausgeführt werden können.

Zwei Verfahren haben sich in österreichischen Produktionen herausgebildet:

1. mit nachträglichem Verbund;
2. mit sofortigem Verbund, um eine noch widerstandsfähigere Schwelle zu produzieren, die auch bei einer leichten Entgleisung ihre Gebrauchsfähigkeit behält.

Die Technik des nachträglichen Verbunds, wie sie im *Stahlbetonschwellenwerk Linz (SSL)* viele Jahre verwendet wurde, erwies sich als sehr flexibel bei der Produktion von Schwellen-Sonderformen: Vor bald 30 Jahren wurden Prototypen von *Ohrenschwellen* nach Ideen des österreichischen Oberbau-Fachmanns Egon Schubert gefertigt, die in den 1970er Jahren in einigen Strecken der ÖBB erprobt, aber schließlich in Österreich nicht verwendet wurden (siehe S. 124, Anm. d. Red.); in Südafrika und Italien jedoch kommen sie in Spezialfällen, in denen das Gleis einen besonders hohen Widerstand gegen seitliche Verschiebung aufweisen muß, nach wie vor zum Einsatz.

Vor 20 Jahren wurden auf Anregung von Baudirektor Dipl.-Ing. Franz Pröll, Dipl.-Ing. Dr. techn. Gerhard Schwarz und Dipl.-Ing. Walter Mayerl *Schwellenrahmen* nach einer Probeausführung der sowjetischen Bahn konstruiert, gefertigt und im Bahnhof St. Egyden bei Wiener Neustadt eingebaut (siehe auch S. 125, Anm. d. Red.). Diese Probestrecke hat in der langen Zeit bewiesen, daß durch eine innovative Ausbildung der Schwellen, insbesondere durch eine deutliche Vergrö-

ßerung der Berührungsfläche zwischen Schwelle und Schotter und eine Erhöhung des Gewichts, eine drastische Reduzierung der Erhaltungsnotwendigkeiten erreicht werden kann. Diese Erfahrung war eine wesentliche Motivation für die Entwicklung der *Rahmenschwelle*, dem neuesten Forschungs- und Entwicklungsprojekt des SSL (siehe S. 205, Anm. d. Red.).
Betonschwellen werden auch von der Firma *MABA Fertigteilindustrie Ges.m.b.H.* in Sollenau bei Wien gefertigt, allerdings im Langbett-Verfahren (24 Stück Schwellen in einem Spannbett hintereinander angeordnet) mit sofortigem Verbund – dem zweiten obgenannten Verfahrensprinzip zur Herstellung von Stahlbetonschwellen in Österreich neben den beiden vom SSL angewendeten Methoden DSA mit nachträglichem Verbund und DSR-K1 mit sofortigem Verbund. Bei letzterem Verfahren werden acht vorgespannte Bewehrungsdrähte in einem Rahmen verankert („Kurzspannverfahren K1") und in die Schwellenformen gesenkt; nach dem Betonieren werden Form und Spannrahmen gewendet und die Schwellen sofort entschalt. Nach dem Erhärten des Betons und dem Durchtrennen der Spanndrähte kann die fertige Schwelle zur Auslieferung kommen.

Schienen und Weichen

Nicht nur im Schwellenbau, auch auf dem Gebiet der Schienen- und Weichenerzeugung haben österreichische Unternehmen seit jeher einen hervorragenden Ruf. Die *voestalpine Schienen Ges.m.b.H.* in Donawitz (Steiermark) etwa ist derzeit der weltweit größte Schienenproduzent (siehe auch S. 169, Anm. d. Red.). Rund 320 000 Tonnen *Schienen* wurden hier in der letzten Zeit jährlich produziert, etwa 90 Prozent davon für den Export. Der Schlüssel zu diesem Erfolg liegt nicht nur in der hervorragenden Güte und Reinheit des Schienenstahls, sondern auch in drei Entwicklungen, die sich aus der Konzentration auf das Produkt Schiene ergeben haben: erstens in der Entwicklung einer wesentlich verschleißfesteren (dabei kaum teureren), sehr feinkörnigen Stahlstruktur im Bereich der Schienenfahrfläche durch das patentierte HSH-(Head-Specially-Hardened-)Verfahren – eine Methode, bei der die Köpfe der direkt aus der Walzung kommenden, glühenden Schienen in ein spezielles Kühlbad getaucht werden; zweitens in der erstmaligen Herstellung von ultralangen Schienen mit einer Länge von 120 Metern und der daraus folgenden deutlichen Senkung der Anzahl notwendiger Schweißverbindungen für die Herstellung eines *durchgehend verschweißten Gleises* sowie drittens in der Organisation von zuverlässigen Just-in-time-Lieferungen direkt auf die Baustelle ohne weitere Zwischenlagerungen. Der in jüngster Zeit erfolgte Ersatz des alten Donawitzer Stahlwerks durch ein modernes Kompaktstahlwerk unter Beachtung strengster Umweltauflagen und die beabsichtigte umfassende Modernisierung des Schienenwalzwerks sollen die führende Rolle der Schienenproduktion in Donawitz auch für die Zukunft absichern.
Der international bedeutendste Hersteller von Weichen findet sich ebenfalls in Österreich: Die *VAE Eisenbahnsysteme Ges.m.b.H.* in Zeltweg (Steiermark), die in derzeit 22 Produktionsstätten weltweit etwa 40 Prozent des Weltbedarfs deckt. Alle Standardweichen in den verschiedensten Spurweiten und Schienenformen, aber auch zahlreiche Spezialweichen für die unterschiedlichsten Anwendungszwecke werden hier gefertigt.
Ein besonderes Projekt war der Bau der größten längsbeweglichen Schienenverbindung der Welt – für die Tsing-Ma-Brücke der Flughafenbahn Hongkong –, bei der sich die Schienen über einem Brückenauflager um ±1100 Millimeter verlängern und verkürzen können.
Ein Beispiel aus der jüngsten Vergangenheit stellt die Beschäftigung mit *Schnellfahrweichen* dar, wobei das ablenkende Gleis in einer Geometrie gestaltet wurde, die Fahrkomfort, wirksame Kräfte und Verschleiß optimiert. Dazu wird nicht mehr ein Kreisbogen verwendet, sondern eine Linie mit einer zunächst stetig zunehmenden und dann stetig abnehmenden Krümmung, die als *Scheitelklothoide* bezeichnet wird.
Besondere Aufmerksamkeit verdient dabei auch die Entwicklung innovativer Herzstücke:

- mit beweglichen Teilen und ohne Radlenker bzw.
- unter Verwendung von Mangan-Hartstahl im Überlaufbereich mit der Möglichkeit des Einschweißens im durchgehend verschweißten Gleis; da das direkte Verschweißen von Schienenstahl und Hart-Mangan-Stahl nicht möglich ist, wurde eine Technologie patentiert, die durch Zwischenschalten eines mit beiden Materialien schweißbaren Werkstoffes die Herstellung einer lückenlosen Gleisanlage dennoch erlaubt.

Schließlich soll noch auf die Sonderentwicklung der *Kurzzungenweichen* für Verschiebebahnhöfe hingewiesen werden, die neben der verkürzten Gleisentwicklung auch sehr kurze Umstellzeiten von weniger als 0,8 Sekunden erlaubt.
Kleinere österreichische Unternehmen konnten ihre Ideen ebenfalls in Exporte umsetzen:

Mit besonders weiterentwickelten Schienenverbindungen, welche die elektrische Unterbrechung der Schienenstränge ermöglichen (sogenannte *Isolierstöße*), sowie *Weichenheizungen* konnte die Firma *P. C. Wagner* Exporterfolge erzielen. Bei den geklebten und in der Werkstatt hergestellten Isolierstößen werden die Schienenenden zusätzlich in einem Ölbad gehärtet, was einer Verquetschung der Schienenenden wirksam vorbeugt. Weitere Verfeinerungen betreffen beispielsweise die Laschenvorbereitung durch Vorbeschichtung für Baustellenstöße.
Weichenheizungen haben in den Alpenländern eine besondere Bedeutung. Die Bauart ET-Wien ist auf die tatsächliche jährliche Betriebszeit – etwa 90 bis 105 Betriebsstunden – entwickelt, wodurch der Energieverbrauch niedrig bleibt. Solche Systeme sind nicht nur in Österreich, sondern auch in Ungarn, Italien und den Ländern des ehemaligen Jugoslawien im Einsatz.
Die Firma *Gmundner Fertigteile GmbH* ist Entwickler und Patentinhaber der unter der Bezeichnung „BODAN“ bekannten Konstruktion für *Eisenbahnkreuzungen*. Diese Wegübergangssysteme werden in viele Staaten geliefert; aufgrund von Lizenzverträgen bestehen auch lokale Erzeugungen im Ausland.

Gleisbau

Der nachhaltigste Beitrag Österreichs zum modernen Eisenbahnoberbau besteht wohl in der Entwicklung der mechanischen Hilfsmittel zum Ersatz der Handarbeit im Gleisbau. Das erste Patent für eine derartige Maschine wurde schon 1896 in den USA angemeldet, doch beruht die heute weltweit eingesetzte Technik weitestgehend auf österreichischen Ideen und Entwicklungen. 1950 erforderte der manuelle Gleisumbau noch wochenlange Streckensperrungen; heute ist es möglich, Gleisumbauten – also das Auswechseln des gesamten Gleises (Schotter, Schwellen, Schienen und Befestigungsmittel) – mit einer Arbeitsgeschwindigkeit von bis zu 550 Metern pro Stunde auszuführen.
Österreichs Pionier auf dem Gebiet maschineller Gleisarbeiten ist die Firma *Plasser & Theurer*, Linz–Wien; sie hat bis heute insgesamt rund 11 000 Maschinen für den Oberbau in 98 Länder geliefert und damit österreichische Technologie weltweit verbreitet.
Die ersten *Reinigungsmaschinen* entstanden 1950; sie räumten bereits das Schotterbett mit Hilfe einer Gliederkette mit Reißfingern (Schrapperkette) unter dem Gleis aus, förderten den Schotter zu einer Siebanlage hoch und bauten den gereinigten Schotter wieder ein. Diese Mechanismen wurden an Seilen gezogen und erreichten eine Arbeitsgeschwindigkeit von etwa 40 Metern pro Stunde – heute sind es je nach Maschinentype und Umfang der erforderlichen Reinigungsarbeiten 350 bis 600 Meter pro Stunde.
Die erste hydraulische *Stopfmaschine* von *Plasser & Theurer* aus dem Jahr 1955 war ein primitives Gerät mit einer Arbeitsleistung von etwa 80 Metern pro Stunde. Eine größere Anzahl von Arbeitern mußte dabei vor der Maschine die durch den Verkehr verformte Gleislage in Höhe und Seite ausrichten, die Maschine fixierte diese Lage durch die Unterstopfung der Schwellen mit Schotter und ersetzte damit die mühevolle Handarbeit früherer Jahre. Mittlerweile kann die Wiederherstellung der Gleisgeometrie mit einer Arbeitsgeschwindigkeit bis zu 2000 Metern pro Stunde mit wenigen Arbeitskräften und weitgehend vollautomatisch durchgeführt werden, ganz ohne nachfolgende Geschwindigkeitseinschränkung der Züge – dies auch bei den heute weltweit höchsten planmäßig gefahrenen Geschwindigkeiten.
Diese Ideen zur Mechanisierung wurden zu einer Zeit geboren, die für Veränderungen bereit war:

- Die körperliche Schwerarbeit am Oberbau wurde in der Zeit der Hochkonjunktur der 1950er und 1960er Jahre zunehmend weniger akzeptiert.
- Das höhere Lohnniveau in der Industrie bewirkte ein Abwandern der Arbeitskräfte und hinterließ den Bahnen ein ungelöstes Personalproblem.
- Die für den Oberbau Verantwortlichen waren bereit, alte Zöpfe abzuschneiden und lang bestehende Vorschriften zu modifizieren: Sie schufen damit taugliche Rahmenbedingungen für die Erprobung, vor allem aber für den planmäßigen Einsatz der Maschinen.
- Von den Oberbau-Ingenieuren wurden unzählige neue Ideen geboren, Vorgangsweisen und Arbeitsverfahren erprobt. Die Aufbruchstimmung erfaßte den gesamten Oberbau-Dienst; ein Strukturwandel, gekennzeichnet durch das Aufgeben händischer Baumethoden und die zunehmende Mechanisierung der Arbeiten, war die Folge, und dies nicht nur in Österreich. In vielen Ländern erkannte man die Vorteile der neuen Technologien noch schneller – oder hatte die Möglichkeit, rascher zu handeln. Von Beginn an wurden daher die österreichischen Ideen – in Form von Maschinen – ins Ausland getragen. In Deutschland, Kanada, Großbritannien fanden sich die ersten Partner österreichischer Ingenieure.

Technische Entwicklung und wirtschaftliche Ergebnisse

Die technische Entwicklung führte auch zu nachhaltigen wirtschaftlichen Resultaten, vor allem im Bereich der Rationalisierung: So wurde die Zahl der am Oberbau Beschäftigten in manchen Fällen auf einen Bruchteil des früheren Standes verringert, bei gleichzeitiger Erhöhung der Produktivität – was eine enorme Kostenreduzierung bedeutete. Bei der Deutschen Bahn (DB; vormals: Deutsche Bundesbahn) verbilligte sich der Umbau von Betonschwellengleisen innerhalb von 15 Jahren um etwa 60 Prozent, die Durcharbeitung (wiederkehrende Verbesserung der Gleisgeometrie) sogar um rund 90 Prozent.

Setzt man den Wert eines (verlegten) neuen Gleises mit 100 Prozent an, und zählt man die im Laufe einer voraussehbaren Gleis-Lebensdauer von 30 Jahren aufzuwendenden Erhaltungskosten hinzu, so erhält man

- bei traditioneller Handarbeit: 215 Prozent,
- bei heutiger Maschinenarbeit: 113 Prozent.

Dies ist noch nicht das Ende der Rationalisierung: Weitere Entwicklungen lassen auch für die Zukunft Kostensenkungen erwarten, wenngleich nicht mehr im bisherigen Ausmaß.

Die entwickelten Technologien – komplexe, aufeinander in technisch korrekter Weise und in der Arbeitsgeschwindigkeit abgestimmte Gruppen von Maschinen – wurden und werden bei allen Hochleistungsstrecken der Welt angewendet, seien es Schwerlastlinien, seien es Hochgeschwindigkeitsbahnen für Personen- bzw. gemischten Verkehr.

Moderne Oberbauarten mit ausreichend starkem Schotterbett, schweren Betonschwellen und schweren, durchgehend verschweißten Schienen bieten nach heutigem Kenntnisstand einen zuverlässigen, über seine gesamte voraussehbare Lebensdauer kostengünstigen Fahrweg für Hochleistungsstrecken. Die von der Firma *Stahlbetonschwellenwerk Linz (SSL)*, den *Österreichischen Bundesbahnen (ÖBB)* und der *Technischen Universität Graz (TUG)* vorangetriebene Entwicklung des Rahmenschwellengleises soll eine nochmals höhere Haltbarkeit eines auf Schotter gelagerten Gleises zu geringen Investitionskosten erzielen. Die voraussehbaren Lebenszykluskosten (Life-Cycle-Cost, LCC) sind deutlich günstiger als jene der heutigen Standardgleis-Bauarten. Voraussetzung ist allerdings, daß solche Gleise nach den heute zur Verfügung stehenden wissenschaftlichen Kriterien hergestellt werden, doch schon in Hinblick auf die zukünftigen betrieblichen Anforderungen, um zu verhindern, daß Dimensionierungsfehler durch laufende, unnötig hohe Erhaltungsaufwendungen ausgeglichen werden müssen.

Unter all diesen technischen Leistungen und Vorteilen scheint eine besondere Eigenschaft der Mechanisierung von Oberbauarbeiten zu sein, die dem österreichischen Beitrag zur Entwicklung des modernen Eisenbahnoberbaus besonderes Gewicht gibt: nämlich jene der Vermenschlichung der Arbeit. Aus schwerer körperlicher Arbeit wurde die Tätigkeit qualifizierter Spezialisten, die in geschützten Kabinen nicht nur vor Wind und Wetter, sondern auch vor den Gefahren des Zugbetriebs sicher sind. Eine massive soziale Veränderung hat sich vollzogen: das Heer der „Schottersklaven" wurde vom Gleispflegepersonal abgelöst. Vielleicht hat diese humane Dimension der technischen Entwicklung weltweit eine neue Motivation zur Erhaltung der Eisenbahn-Fahrbahn geschaffen: Sie drückt sich im Stolz der Beschäftigten auf die geleistete Arbeit aus, in der Verbundenheit mit dem Ergebnis sowie in der Bereitschaft, sich weiterzubilden und bei unvermeidlichen Härtefällen mit vollem Einsatz zuzupacken.

Diese Entwicklung hat auch das alte Bild vom Schotteroberbau als dem eines „eindimensionalen" Ingenieurbauwerks verändert. Seine mechanisierte Erhaltung erlaubt es heute, eine bisher nicht für möglich gehaltene Gleichmäßigkeit des Gleises zu erreichen, wodurch die in der Gleiskonstruktion wirksamen Beanspruchungen und die daraus resultierenden Verformungen zuverlässig berechenbar und kontrollierbar werden. Es lassen sich Toleranzen der Gleisgeometrie erreichen und einhalten, die noch vor wenigen Jahren als utopisch abgetan wurden. Dies ist das Ergebnis der gemeinsamen Bemühungen der Spezialisten für Gleisbau in den Bahnverwaltungen, den für die Durchführung von Gleisarbeiten zuständigen Firmen, den Forschungseinrichtungen und den Zulassungsbehörden, die erkannt haben, daß die für den Hochleistungsverkehr notwendigen Eigenschaften der Fahrbahn auch herstellbar sind.

Die neue Motivation in der täglichen Beschäftigung mit dem Gleis war eine zentrale Voraussetzung der technischen und wirtschaftlichen Verbesserung des Fahrwegs der Eisenbahn – sie bleibt eine Voraussetzung für das Weiterbestehen der Bahn als modernes Verkehrssystem insgesamt.

Freuen wir uns, daß österreichische Unternehmen und ihre Ingenieure daran einen wesentlichen Anteil haben.

Zur Schienenproduktion in Österreich

Elisabeth Loisch

Die ersten in Österreich erzeugten Eisenbahnschienen wurden 1836 vom Hüttenwerk Prävali in Unterkärnten (heute: Slowenien; siehe auch S. 75, Anm. d. Red.) in Klagenfurt präsentiert. Seither hat sich das Walzprodukt Schiene zu einem High-Tech-Produkt für höchste Ansprüche entwickelt: Steigende Achslasten, höhere Geschwindigkeit, immer bessere Transportleistungen im Personen- und Güterverkehr, maximaler Reisekomfort und Sicherheitsstandard sowie gleichzeitig größte Wirtschaftlichkeit des Bahnsystems im Wettbewerb mit Flugzeug und Straßenverkehr bringen hohe Qualitätsanforderungen an die Schiene mit sich.
Letzter Stand der Technik sind ultralange, ungeschweißte Schienen bis 120 Meter Länge, die in Österreich erzeugt werden; diese derzeit längsten Schienen der Welt setzen völlig neue Maßstäbe im Bahnbau, vor allem bei der Vermeidung von Schweißstößen, was eine Verbesserung in technischer und wirtschaftlicher Hinsicht bedeutet, aber auch erhöhten Reisekomfort durch größere Laufruhe bei höchstmöglicher Sicherheit garantiert.
Erzeuger ist die Firma *voestalpine Schienen Ges.m.b.H.* mit ihrem Standort Donawitz (Steiermark), wo mit der Eröffnung der weltweit modernsten Schienenfließadjustage 1990 ein neues Kapitel in der Geschichte der Eisenbahntechnik begann: Erstmals wurde die Vision verwirklicht, den Bahnbetreibern ultralange Schienen nach modernsten technischen Maßstäben zur Verfügung zu stellen. Als „revolutionär" gilt dabei das patentierte HSH-(= Head Specially Hardened-)*Kopfvergütungsverfahren*, das diese Sensation ermöglichte.

Für die Qualität von Schienen gelten drei Grundkriterien: Sicherheit, Wirtschaftlichkeit und fahrtechnischer Komfort. Eine wesentliche Voraussetzung dafür ist die hochqualitative Stahlherstellung, die deshalb – ebenso wie der Walzprozeß – ständigen Verbesserungen und Entwicklungen unterliegt.
Stahl zu erzeugen heißt heute, aus den genannten Ausgangsstoffen einen Werkstoff herzustellen, der in seiner Zusammensetzung und Reinheit modernsten Anforderungen optimal entspricht. Ausgangsstoff ist Roheisen, das im Hochofen durch Ausschmelzen des Eisens aus den Erzen gewonnen wird und hohe Anteile an Kohlenstoff, Silicium, Mangan, Phosphor, Schwefel und anderen enthält.
Die Stahlgewinnung beruht im wesentlichen auf der Entfernung dieser unerwünschten Begleitelemente, wobei das legendäre LD-(= Linz-Donawitzer-)Verfahren seit den 1950er Jahren unangefochten ist. Dieser Prozeß der Oxygenstahlerzeugung wurde um 1970 optimiert und zu einem kombinierten Verfahren weiterentwickelt, das heute in allen modernen Stahlwerken der Welt zum Einsatz kommt.
Am Beginn der Stahlerzeugung standen bis etwa 1860 *Puddel-* und *Tiegelstahl*; die Kaiser Ferdinands-Nordbahn etwa begann ab 1865, Schienen aus Puddelstahl mit einem Metergewicht von 37,2 Kilogramm walzen zu lassen, die sich gut bewährten, aber zunächst teuer waren. Diese Technik wurde durch das *Bessemer-Verfahren* abgelöst, das innerhalb kürzester Zeit Verbreitung fand.
Der Nachteil war, daß eine Reihe europäischer Erze aufgrund ihres reichen Phosphorgehalts damit nicht verarbeitet werden konnte. Eine basische Prozeßführung machte gegen Ende des 19. Jahrhunderts die Entphosphorisierung und Entschwefelung möglich: Mit dem sogenannten *Thomas-Verfahren* konnte so über Jahrzehnte Stahl auf billigste Weise erzeugt werden.
Das *Siemens-Martin-Verfahren* ermöglichte es, vorhandene Schrottanteile bis zu 100 Prozent aufzuschmelzen; aufgrund der flexiblen Prozeßmöglichkeiten und der überzeugenden Stahlqualität dominierte dieses sogenannte „Herdfrischverfahren" die erste Hälfte des 20. Jahrhunderts. Wichtigstes „Sauerstoffblasverfahren" seit-

her wurde das LD-Verfahren in allen seinen Variationen, bei dem die unerwünschten Begleitstoffe im Eisen durch Oxydation, also Verbrennen mit Sauerstoff, auf das gewünschte Maß reduziert werden.

Als Vormaterial für die Donawitzer Schienenproduktion werden ausschließlich Strangguß-Blooms verwendet. Die Stahlherstellung nach dem LD-Verfahren erfolgt in drei bodenspülenden Konvertern. Für die Herstellung der Schmelze werden Roheisen, Schrott und Zuschlagstoffe verwendet. Die Temperatur (1300 – 1380° C) und die chemische Zusammensetzung des Roheisens bestimmen die Menge der Schrottzugaben, die auch zur Kühlung notwendig ist. Zuschlagstoffe sind frischer Kalk sowie Eisenerz und Quarz.

Der Schienenstahl wird in einer dreisträngigen Anlage mit geraden Kokollen und der anschließenden Biegezone hergestellt. Der Radius des Strangguß-Bogens beträgt 9 Meter, die Gießgeschwindigkeit zirka 0,8 Meter pro Minute. Die drei Stränge haben einen Querschnitt von 270 x 360 Millimetern und werden mit Brennschneidern auf die geforderte Bloomlänge geschnitten. Die Strangguß-Blöcke werden in einem Hubbalken-Ofen auf Walztemperatur erwärmt. Die fertiggewalzten Schienen kühlen auf einem 125 Meter langen Hubbalken-Kühlbett aus, wobei sichergestellt ist, daß Kopf und Schienenfuß beim Transport nicht verletzt werden.

Unmittelbar vor dem Kühlbett ist die bereits erwähnte, in Donawitz entwickelte Kopfhärteanlage installiert, mit der Schienen in der vollen Walzlänge einer Wärmebehandlung unterzogen werden können. Bei dieser Methode werden nur die Köpfe der direkt aus der Walzung kommenden, glühenden Schienen „kopfüber“ in ein spezielles, polymeres Kühlbad getaucht. Dadurch entsteht im Schienenkopf die gewünschte, extrem feste und gegen Verschleiß widerstandsfähige feinperlitische Stahlstruktur.

Nach dem Ablängen der gerichteten Schienen durchläuft jede einzelne Schiene das Prüfzentrum, wo eine Reihe von zerstörungsfreien Werkstofftests durchgeführt wird. Hohen Prüfanforderungen unterliegt etwa die Reinheit des Werkstoffs. Darüber hinaus gibt es Tests wie Zugversuch oder Härteprüfung bei wärmebehandelten Schienen. Die automatische Kontrolle der wichtigsten Teilbereiche der Schienenoberfläche erfolgt mit Hilfe einer Wirbelstromanlage, welche die Oberfläche des Schienenkopfs und die Unterseite des Schienenfußes, samt Schienenfußseitenflächen, auf Risse untersucht, um mögliche Ursachen für Schienenbrüche auszuschalten. Für den Einsatz der Schiene auf Hochgeschwindigkeitsstrecken ist eine maximale Abweichung von einer idealen Geraden von nur 0,3 Millimetern zulässig, und das auf einer Meßlänge von 3 Metern. Damit auch sichergestellt ist, daß die gelieferten Schienen den an sie gestellten Anforderungen hinsichtlich der Ebenheit der Fahrfläche entsprechen, wurde eine eigene Meßanlage entwickelt, die jede Schiene berührungslos vermißt. Das Verfahren ist eine relativ junge Disziplin der zerstörungsfreien Werkstoffprüfung, und die in Donawitz installierte Anlage gilt als eine der modernsten ihrer Art.

Am Ende der Testreihe steht die Ultraschallanlage zum Erkennen von Fehlern im Schieneninneren – potentielle Auslöser von Rissen und möglichen Schienenbrüchen. Die fertigen Schienen können in verlegefähigen Längen direkt auf jede Einbaustelle gebracht werden – ohne Umwege über ein Schweißwerk. Neben dem Einsatz von Schienenladezügen wird die Transportlogistik mittels vierachsiger Standardwaggons technisch gelöst. So kann „just in time“ auf jede Baustelle Europas geliefert werden.

Im Schienenwalzprozeß wurden in den letzten Jahren wesentliche Verfahrensverbesserungen und -entwicklungen vorgenommen. Zudem entstand in Donawitz anstelle des alten Stahlwerks ein hochmodernes Kompaktstahlwerk. Weitere umfassende Modernisierungen der Produktion und Erweiterungen der Anlagen sollen optimale Kapazitäten für die Schienenerzeugung schaffen. Resultat dieser Maßnahmen: Die *voestalpine Schienen Ges.m.b.H.* ist bislang als einziges Unternehmen in der Lage, ultralange Schienen zu produzieren. Insgesamt umfaßt ihr Produktionsprogramm mehr als 100 verschiedene Schienen- und Oberbauprofile.

Das Donawitzer Schienenwerk gehört heute zur Bahnsysteme-Division des heimischen Stahl- und Verarbeitungskonzerns *voestalpine*, ebenso wie der international bedeutendste Weichenhersteller: die steirische *VAE Eisenbahnsysteme Ges. m.b.H.* (vormals: Voest Alpine Eisenbahngesellschaft) in Zeltweg, die mit ihren in- und ausländischen Produktionsstätten insgesamt etwa 40 Prozent des Weltbedarfs deckt; sie ist – zusammen mit den ÖBB – auch Eigentümerin eines weiteren österreichischen Weichenherstellers: des Gemeinschaftsunternehmens *Weichenwerk Wörth Ges.m.b.H.* in St. Georgen am Steinfeld (NÖ). Über 6500 Mitarbeiter weltweit beschäftigt die *voestalpine Bahnsysteme*-Gruppe, die mit ihren zukunftsweisenden Produkten einen wesentlichen Erfolgsfaktor der österreichischen Bahnindustrie darstellt.

High-Tech im Schienenwalzwerk Donawitz (Steiermark): das längste Kühlbett der Welt für 120 Meter lange Schienen.

Österreichische Eisenbahn-Oberbaufirmen

FRANZ KUHN · GABRIELE PFEIFFER · SYLVIA BURIAN

GLEISBAU

Alpine·Mayreder Bau GmbH
5070 Salzburg, Reichenhaller Straße 7
Postfach 75
Tel. +43 - 662 - 8582-0
Fax +43 - 662 - 8582-31
www.alpine.at

Bahnbau Petri
Hoch- und Tiefbau GmbH und Co. KG
2351 Wiener Neudorf, Lindenweg 28
Tel. +43 - 2236 - 623 06-0
Fax +43 - 2236 - 623 06-44
www.bahnbau-petri.com

Bahnbau Wels GmbH
4600 Wels, Grünbachplatz 1c
Tel. +43 - 7242 - 470 45-0
Fax +43 - 7242 - 470 45-01
www.bbw.at

Bittner Bahn- und Gleisbau GmbH
4600 Wels, Grünbachplatz 1c
Tel. +43 - 7242 - 584 01-0
Fax +43 - 7242 - 584 01-40

Dinstl & Resinger und Co. GmbH
1060 Wien, Lehárgasse 1
Tel. +43 - 1 - 587 57 07
Fax +43 - 1 - 587 57 07-58

LogServ – Logistik Service GmbH
4031 Linz, Lunzer Straße 41
Tel. +43 - 732 - 6598-0
Fax +43 - 732 - 6980-3974
www.logserv.at

ÖBB Österreichische Bundesbahnen Gleisbauzug 201
4020 Linz, Landstraße 92
Tel. +43 - 7242 - 930 00-7006
Fax +43 - 7242 - 930 00-7004
manfred.sommer@fw.oebb.at

Porr Technobau und Umwelt AG
1100 Wien, Absberggasse 47
Tel. +43 - 1 - 608 86-0
Fax +43 - 1 - 608 86-1651
www.porr.at

Rhomberg Bau GmbH
6900 Bregenz, Belruptstraße 59
Tel. +43 - 5574 - 403-0
Fax +43 - 5574 - 403-309
www.rhombergbau.at

Schauer Eisenbahnbau GmbH
4050 Traun, Industriestraße 60
Tel. +43 - 732 - 38 45 43-0
Fax +43 - 732 - 38 63 05-75
www.schauer-bau.at

Strabag AG – Bereich Bahnbau
1160 Wien, Herbststraße 6–10
Tel. +43 - 1 - 491 12-0
Fax +43 - 1 - 491 12-1000
www.strabag.com

Swietelsky Bau GmbH
Zentrale Bahnbau
1130 Wien, Hietzinger Kai 131A
Tel. + 43 - 1 - 877 93 03
Fax + 43 - 1 - 877 93 03-37
www.swietelsky.at

Universale Bau GmbH und Co. KG
1130 Wien, Hietzinger Kai 133
Tel. +43 - 1 - 878 17-0
Fax +43 - 1 - 876 67-00
www.universalebau.at

voestalpine Bahnsysteme GmbH
8700 Leoben, Kerpelystraße 199
Tel. +43 - 3842 - 202-0
www.voestalpine.com

GLEISBAUMASCHINEN

Plasser & Theurer Export von Bahnbaumaschinen GmbH
1010 Wien, Johannesgasse 3
Tel. +43 - 1 - 515 72-0
Fax +43 - 1 - 513 1801
export@plassertheurer.co.at

SCHIENEN UND WEICHEN

Gmundner Fertigteile GmbH und Co. KG
4694 Ohlsdorf, Unterthalhamstraße 1
Tel. +43 - 7612 - 630 65-0
Fax +43 - 7612 - 630 65-31
www.gmundner-ft.at

P.C. Wagner Elektrothermit Schweissgesellschaft
1230 Wien, Erlaaer Straße 118
Tel. +43 - 1 - 667 75 31-0
Fax +43 - 1 - 667 75 31-55
www.pcwagner.at

VAE Eisenbahnsysteme GmbH
8740 Zeltweg, Alpinestraße 1
Tel. +43 - 3577 - 750-306
Fax +43 - 3577 - 751-306
www.vae.co.at

voestalpine Schienen GmbH
8700 Leoben, Kerpelystraße 199
Tel. +43 - 3842 - 202-0
www.voestalpine.com

Weichenwerk Wörth GmbH
3151 St. Georgen am Steinfelde
Tel. +43 - 2742 - 263 32
Fax +43 - 2742 - 263 32-51
www.wwg.co.at

SCHOTTER

Diabaswerk Saalfelden GmbH
5760 Saalfelden, Kehlbach 19
Tel. +43 - 6582 - 723 73-0
Fax +43 - 6582 - 730 95
www.diabas.at

Hartsteinwerk Kitzbühel GmbH
6372 Oberndorf – Tirol, Franz-Cervinka-Weg 3
Tel. +43 - 5356 - 643 33-0
Fax +43 - 5356 - 643 33 28
www.hwk.at

Hengl Schotter-Asphalt-Recycling GmbH
3721 Limberg, Hauptstraße 39
Tel. +43 - 2958 - 882 23
Fax +43 - 2958 - 882 23-55
www.hengl.at

Hollitzer Baustoffwerke Betriebs GmbH
2405 Bad Deutsch-Altenburg, Am Pfaffenberg 1
Tel. +43 - 2165 - 622 42
Fax +43 - 2165 - 622 42-28
johannes.leithner@hollitzer.at

Pronat Steinbruch Preg GmbH
8715 St. Lorenzen bei Knittelfeld, Preg 14
Tel. +43 - 3832 - 2215
Fax +43 - 3832 - 2215-23
pronat@koenig.at

Schärdinger Granit Industrie AG
4780 St. Florian am Inn, Gopperding 17
Tel. +43 - 7712 - 3116-0
Fax +43 - 7712 - 3116-50
www.schaerdingergranit.at

SK Beton und Kies
Karl Schwarzl Betriebsges.m.b.H.
8141 Unterpremstätttten, Thalerhofstraße 86
Tel. +43 - 3135 - 520 72-3370
Fax +43 - 3135 - 520 72-3422
www.schotter-betonwerk-schwarzl.at

Steirische Basalt- und Hartgesteinwerk Appel Steinbruch GmbH und Co. KG
8330 Feldbach, Mühldorf 158
Tel. +43 - 3152 - 2474-0
Fax +43 - 3152 - 2474-33
www.basalt.at

SCHWELLEN

MABA Fertigteilindustrie GmbH
2601 Sollenau, Industriestraße 28
Tel. +43 - 2628 - 410
Fax +43 - 2628 - 410-540
www.maba.at

SSL
Stahlbetonschwellenwerk Linz
Hollitzer Baustoffwerke Graz GmbH und Co.
4030 Linz, Salzburger Straße 305
Tel. +43 - 732 - 38 14 22
Fax +43 - 732 - 38 14 22-50
ssl-linz@a1.net

ZULIEFERER VON KUNSTSTOFFTEILEN

Getzner Werkstoffe GmbH
6706 Bürs, Herrenau 5
Tel. +43 - 5552 - 201
Fax +43 - 5552 - 201-999
www.getzner.at

Phoenix Elastomerprodukte Vertriebsgesellschaft m.b.H.
1217 Wien, Rieglgasse 75
Tel. +43 - 1 - 259 56 24-0
Fax +43 - 1 - 259 56 24-15
www.phoenix-ag.com

Polyfelt GmbH Geotextilien
4020 Linz, Schachermayerstraße 18
Tel. +43 - 732 - 6983-0
Fax +43 - 732 - 6983-5353
www.polyfelt.at

Semperit Technische Produkte GmbH
2632 Wimpassing, Triester Bundesstraße 26
Tel. +43 - 2630 - 310-0
Fax +43 - 2630 - 310-488
www.semperit.at

(Stand: April 2003)

Produktion

Vom Stein zum Beton

Zur Geschichte des Linzer Schwellenwerks SSL

ELISABETH LOISCH · KÄTHE SPRINGER

An der Westbahnstrecke der Österreichischen Bundesbahnen, nahe dem Beginn der Pyhrnstrecke, liegt in Linz-Wegscheid das *Stahlbetonschwellenwerk Linz (SSL)*. Gegründet 1953 von den *Hollitzer Baustoffwerken*, einem traditionsreichen österreichischen Steinbruchunternehmen, gemeinsam mit der *Allgemeinen Baugesellschaft – A. Porr AG*, ist das Werk heute einer der führenden Schwellenproduzenten Europas. An die 7 Millionen Betonschwellen hat das SSL in den 50 Jahren seit seiner Gründung produziert und auf den Markt gebracht. Zu seinen Kunden zählen die *Österreichischen Bundesbahnen (ÖBB)*, aber auch viele kleinere Bahnbetreiber (siehe S. 204, Anm. d. Red.).
Die Anfänge des Linzer Werks liegen im Osten Österreichs, genauer gesagt in Bad Deutsch-Altenburg (NÖ), einem Bade- und Steinbruchort an der Donau im Grenzgebiet von Österreich, Ungarn und der Slowakei. Hier, am Pfaffenberg, im Raum des antiken Carnuntum, führten und führen die Hollitzer Baustoffwerke (gegründet als *Bauunternehmung F. & E. Hollitzer*) seit 1906 einen der erfolgreichsten Bergbaubetriebe Österreichs.
Schon bei dieser Gründung spielte, wie wir noch sehen werden, die Eisenbahn eine Rolle. Von der alten ostösterreichischen Steinbruch-Region spannt sich also der Bogen zum heutigen Werk für Eisenbahnschwellen aus Spannbeton in Linz.

Die Hollitzer Baustoffwerke

Am Anfang war der Stein – Tagbau in der Region Bad Deutsch-Altenburg

Auf die lange Tradition des Gesteinsabbaus in dieser Region verweist schon der Name des römischen Militärstützpunkts *Carnuntum*, der von einer in der Nähe gelegenen Keltensiedlung übernommen wurde: Er bedeutet *Stadt aus Stein* oder *Stadt am Steinberg*. Die „Steinberge" in Bad Deutsch-Altenburg – der Kirchenberg, besonders aber der Pfaffenberg, auf dem sich zur Römerzeit ein Heiligtum des Kaiserkults befand – tragen heute noch sichtbare Spuren antiker Steingewinnung. Der Stein vom Pfaffenberg – Kalk und dolomitischer Kalk – zeichnet sich durch hohe Druckfestigkeit aus und eignet sich besonders für stark belastete Bauelemente. Diese Eigenschaft des Altenburger Steins wurde von Steinmetzmeistern aller Epochen geschätzt. So fand Kalkstein aus dem *Weißen Bruch* am Pfaffenberg bei der Errichtung des Schlosses Neugebäude (im heutigen Wien-Simmering) um das Jahr 1570 Verwendung. Die Steinteile dieser Anlage wurden um 1770 zur damaligen Residenz Schönbrunn transferiert und

Das Stahlbetonschwellenwerk Linz, 1997.

beim Bau der Gloriette, der Römischen Ruine und der Freitreppen am Corps de Logis wieder eingesetzt. Rund 100 Jahre später, während der Ringstraßen-Ära, wurden Pfeiler und Säulen für das Wiener Rathaus, den Justizpalast und die Universität aus dem Altenburger Stein geschlagen.

Hollitzer – eine Steinbruch-Dynastie

Nicht nur *Werkstein*, auch *Massenstein* wurde in Deutsch Altenburg gewonnen – seit dem ersten Viertel des 19. Jahrhunderts in den am Kirchenberg zum Donauufer hin gelegenen Brüchen *Am Stein*. Die kleineren Steine wurden zur Straßenbeschotterung der Umgebung eingesetzt, größere fanden beim Wasserschutz Verwendung. Besonderer Bedarf bestand im Zuge der großen Donauregulierung, die 1883 begonnen wurde. Hier fällt auch zum ersten Mal der Name „Hollitzer" in Zu-

Carl Hollitzer (1831–1917).

Carl Leopold Hollitzer (1874–1942). Der Sohn von Carl Hollitzer gilt als der letzte Schlachten- und Historienmaler der Monarchie und Europas größter Militaria-Sammler seiner Zeit; mit spitzer Feder porträtierte er zudem die Wiener Boheme des Fin de siècle – seine Karikaturen von Zeitgenossen wie Peter Altenberg oder Karl Kraus werden bis heute in Bad Deutsch-Altenburg aufbewahrt.

sammenhang mit der örtlichen Steingewinnung.
Carl Hollitzer (1831–1917), Bauunternehmer sowie zwischen 1876 und 1884 Bürgermeister von Deutsch Altenburg, besaß die Brüche *Am Stein*, aus denen Material für die Donauregulierungsbauten gewonnen wurde. Er entstammte einer angesehenen Deutsch Altenburger Familie: Schon sein Vater Anton hatte sich als Bauunternehmer betätigt, war 1838–1850 Ortsrichter und anschließend bis zu seinem Tod 1866 Deutsch Altenburgs erster Bürgermeister.
Zur weitblickenden Sicherung der Rohstoffbasis des Steinabbaus kaufte Carl Hollitzer 1886 von der Hainburger Pfarre den Pfaffenberg; an dessen Westhang eröffneten seine Großneffen – die Brüder Franz und Emil Hollitzer – 20 Jahre später jenen Steinbruch, in dem heute noch abgebaut wird. Anlaß der Betriebsgründung

Blick vom nördlichen Donauufer auf die Hundsheimer (oder Hainburger) Berge; links der Hainburger Schloßberg, in der Mitte der Hexenberg, rechts der Pfaffenberg, noch ohne den Hollitzer-Steinbruch; im Vordergrund der Kirchenberg von Bad Deutsch-Altenburg mit dem einstigen, donauseitig vorgelagerten Felsstock, genannt „Stein", 1896.

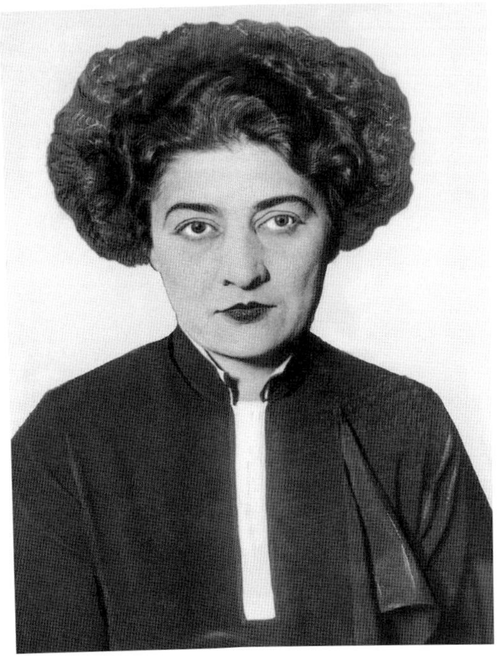

Lilly Hollitzer, die Tochter von Carl Leopold, um 1930. Die Malerin (1895–1964) machte in den 1930er Jahren – wenige Jahre nach Lindberghs Atlantik-Überquerung (1927) – mit einem Flug über die Azoren Furore; wie die Gazetten berichteten, wurde ihr Flugzeug von einer Konkurrentin gekidnappt. Mit ihrem Mann, dem Künstler Richard Dillenz, gründete sie in den 1950er Jahren die „Filmproduktion Wien".

Franz Hollitzer (1878–1941).

Emil Hollitzer (1880–1951).

war der Bedarf der österreichischen Staatseisenbahnverwaltung an Gleisbettungsschotter für den Ausbau der 1879 begonnenen (und bis heute bestehenden) Raab–Oedenburg–Ebenfurter Bahn sowie für die geplante Preßburger Bahn (errichtet 1911–1914).

Der dolomitische Kalk des Pfaffenbergs erwies sich aufgrund seiner Verwitterungsbeständigkeit und Zähigkeit als bestens geeignet für die Gleisbettung. Der Betrieb – direkt an der Bahn gelegen – florierte. Als nach dem Ersten Weltkrieg im Straßenbau neue Techniken entwickelt wurden, ergaben sich für den dolomitischen Kalk des Pfaffenbergs weitere Verwendungsmöglichkeiten: In neuen Betriebsanlagen begann man mit der Erzeugung von Spezialsanden, Edelsplitten und Korngemischen für die Asphalt- und Betonherstellung im Straßenbau – heute der wichtigste Produktionszweig des Werkes. Seit Anfang der 1920er Jahre stellte man Asphalt auch selbst her und gründete 1925 die Asphaltwerke AG, die bis 1937 bestand.

In jene Zeit datieren auch die ersten Geschäftskontakte zur Firma *Porr*. So kam es zur gemeinsamen Gründung der *Allbau* (Allgemeine Straßenbau-Aktiengesellschaft) – anfänglich eine Arbeitsgemeinschaft zum Zweck der „Herstellung neuzeitlicher Asphaltbeläge", bestehend aus der *Bauunternehmung Franz und Emil Hollitzer* (ab 1928: Hollitzer Baustoffwerke AG; ab 1936: Hollitzer Baustoffwerke GmbH), der *Allgemeinen österreichischen Baugesellschaft*, der *Betonbauunternehmung*

Die Nähe zur Bahntrasse war und ist von großer Bedeutung bei Verladung und Transport der verschiedenen Erzeugnisse des Hollitzer-Steinbruchs.

Artur Porr sowie der *Bank für Petroleum und Bergbau AG* (Vorgängerin der Shell Austria AG). Die *Allbau* expandierte rasch. Ihr prominentestes Bauvorhaben war die Großglockner-Hochalpenstraße 1930–1935. Während des Zweiten Weltkriegs war das Unternehmen an Straßenbauarbeiten in der Slowakei, in Jugoslawien, Bulgarien, Griechenland und in der Sowjetunion beteiligt. Um diese Zeit waren die *Allgemeine österreichische Baugesellschaft* und *Porr* bereits fusioniert sowie seit Juni 1943 auch alleiniger Aktionär der Asphaltfirma, die noch heute im Porr-Konzern als *Allgemeine Straßenbau GmbH* besteht.
Diese alte Verbindung mit Porr sollte für die Hollitzer Baustoffwerke später eine wichtige Rolle spielen, als Anfang der 1950er Jahre Firmenchef Hans Wertanek einen Partner für sein geplantes Schwellenwerk in Oberösterreich suchte.

Der Bau der Großglockner-Hochalpenstraße (1930–1935) durch die Firma Allbau gilt als Pionierleistung im hochalpinen Straßenbau. Links: Direktor Hans Wertanek von den Hollitzer Baustoffwerken, 1932.

Neue Baustofftechnologien: Voraussetzungen des SSL

Hans Wertanek (1886–1967) stammte aus Bad Deutsch-Altenburg. Im Herzen des Ortes, gegenüber der kleinen Elisabethkapelle, steht noch heute sein Geburtshaus, und der Platz davor trägt seinen Namen. Der gelernte Kaufmann war 1912 in das Steinbruchunternehmen der Brüder Hollitzer eingetreten und hatte so nahezu von Anfang an den Aufstieg des Werks mitvollzogen: als Verwalter, als Prokurist und schließlich als Direktor. 1941 starb der ältere der Brüder Hollitzer, Kommerzialrat Franz Hollitzer, kinderlos, und das Unternehmen wurde als Vermächtnis Direktor Hans Wertanek übertragen.
Nach dem „Anschluß" Österreichs an Hitler-Deutschland hatte der Steinbruchbetrieb (1938 unter „Kommissarische Verwaltung" gestellt) infolge des gesteigerten Straßenbaus einen kurzen Aufschwung erlebt, doch nach Kriegsbeginn begann sich die Lage auch für das Werk am Pfaffenberg zu verschlechtern, zumal der Betrieb nicht zur Kriegsindustrie zählte.
Bei Kriegsende lagen – wie die meisten Industriebetriebe – auch die Hollitzer-Werke darnieder. Die Anlagen waren infolge des Krieges zerstört, und was übrig war, wurde in der Folge (nicht nur) von der russischen Besatzungsmacht demontiert.
In dieser Zeit – der österreichischen Nachkriegs-Ära mit ihrem wirtschaftlichen Wiederaufbau – beginnt die unmittelbare Vorgeschichte des *Stahlbetonschwellenwerks Linz (SSL)*.

Zunächst jedoch war das Werk instand zu setzen und der Steinbruch wieder in Betrieb zu nehmen. Zeitgemäße Produktionsanlagen mußten errichtet werden.

Kommerzialrat Ing. h. c. Hans Wertanek (1886–1967). Porträtzeichnung von Josef Fuchs, 1961.

Erst danach gewannen Forschung und Entwicklung vermehrt an Bedeutung. Das hieß, die technischen Möglichkeiten des Baustoffs Schotter zu erkennen und sich wirtschaftlich auf den zu erwartenden Bedarf einzurichten.
Man befaßte sich bei Hollitzer auch schon mit der Betonschwelle, gewissermaßen als einem Veredelungsprodukt des Schotters. 1947 wurden mit dem benachbarten Ungarn, wo Betonschwellen seit 1916 in Verwendung standen, Kontakte geknüpft, die jedoch durch die Errichtung des Eisernen Vorhangs 1949 gewaltsam beendet wurden.
Damals stieß ein junger Mann zum Hollitzer-Team, der bis 1966 die Unternehmensentwicklung mitgestalten sollte: Dipl.-Ing. Dr. techn. Gerhard Schwarz. Eine neue Ära kündigte sich an – erstmals gewannen hochqualifizierte Techniker im Unternehmen an Einfluß und machten deutlich, daß „Forschung & Entwicklung" im Wettbewerb immer wichtiger werden sollten. Schwarz interessierten vor allem Betonexperimente und die Entwicklung

betontechnologischen Know-hows im Zuge der Veredelungsmöglichkeiten von Schotter.
In jenen Jahren wurde von den Hollitzer Baustoffwerken im Steinbruch eine Qualitätsoptimierung der Brechsande angestrebt: durch Anpassung der Produktion wollte man einen „idealen" Kornaufbau der Feinstteile der Zuschlagstoffe für Asphalt- und Betongemische – damals vorzugsweise für den Straßenbau – finden und soweit wie möglich standardisieren. So sollte eine gleichmäßig erzielbare Qualität der Straßendecken, ob aus Beton oder Asphalt, gesichert werden. In Zusammenarbeit mit der Prüfanstalt der Gemeinde Wien wählte man schließlich eine spezielle Betonmischung (bestehend aus Sand der Korngröße 0/4 sowie Splitt 4/8, 8/16 und 16/32) – eine Entscheidung, die von der späteren internationalen Entwicklung bestätigt wurde. Gedacht für den Betonstraßenbau, wurden vom Werk Gemische vorgeschlagen, welche Beton der Qualität B 600 – die in den 1950er Jahren dann zur Normvorschrift wurde – garantierten. Die Möglichkeit, Beton dieser hochfesten Güteklasse herzustellen, wie sie etwa auch von der Deutschen Bundesbahn verlangt wurde, ebnete zugleich den Weg zur Einführung von Spannbetonschwellen. Damit waren die Voraussetzungen für die Gründung eines Schwellenwerks in Österreich geschaffen. Hans Wertanek war bereit, diese Aufgabe zu übernehmen, doch sein bestehender Betrieb lag im russisch besetzten Teil des Landes; die Grenze zu den Nachbarn war undurchlässig geworden, und Bad Deutsch-Altenburg befand sich in einer Randlage. Für Expansionsmöglichkeiten mußte sich der Blick nach Westen richten.
Dabei war die Frage nach dem Standort des neuen Unternehmens bald geklärt: auf Initiative der ÖBB entschied man sich für Linz, das sich in der amerikanisch besetzten Zone befand, zudem in zentraler Lage für das Streckennetz der ÖBB. Schwieriger gestaltete sich die Suche nach einem geeigneten Partner. Die Hollitzer Baustoffwerke konnten ihr technisches Know-how einbringen, doch was sie dringend brauchten, war ein Grundstück für die künftige Fabrik. Eine Kooperation mit der Firma Bergmann aus Linz zerschlug sich. Schließlich konnte man eine alte Bekannte für das Projekt interessieren: Nach anfänglicher Zurückhaltung fand sich 1952 die Firma Porr bereit, den gesuchten Grund zur Verfügung zu stellen und mit Hollitzer in eine Arbeitsgemeinschaft einzutreten. In jenem Jahr 1952 feierte Hans Wertanek das 40. Jubiläum seiner Tätigkeit für die Hollitzer Baustoffwerke. Unter seiner Ägide hatte die Modernisierung und Expansion des Unternehmens eingesetzt. Neue Verfahren und Technologien wurden entwickelt bzw. eingeführt, was später zwecks allgemeiner Qualitätshebung der Steinbrecherzeugnisse die Gründung des Güteschutzverbands der Österreichischen Splitt- und Schotterwerke zur Folge hatte. Zudem stellte man die Abbautechnik auf Stufen- oder Etagenabbau um, was Betriebssicherheit und Wirtschaftlichkeit des Werkes bedeutend erhöhte und die Gestalt des Berges prägte: sie präsentiert sich seither als eine nach Westen weithin sichtbare, über 500 Meter lange und in sechs Stufen etwa 120 Meter hoch aufsteigende Bruchwand.

Beton statt Holz – Schwellen für die ÖBB

Die ÖBB haben ein Gleisnetz zu betreuen, in dem etwa 15 Millionen Schwellen verlegt sind – bis in die Nachkriegszeit fast

Der Etagenabbau der Hollitzer Baustoffwerke am Pfaffenberg, 1994.

ausschließlich aus Holz. Um die Betriebssicherheit zu gewährleisten, mußten jährlich etwa 4 bis 6 Prozent dieser Schwellen erneuert werden, wobei man während des Zweiten Weltkriegs überwiegend salzgetränkte Holzschwellen (Teeröl als Tränkung war in den Kriegsjahren knapp und daher bei der Deutschen Reichsbahn verboten), fallweise auch Stahlschwellen verwendete.
Seit der Erfindung des Stahlbetons durch Joseph Monier (1823–1906) und dessen erstem Patent auf Eisenbetonschwellen 1881 (siehe S. 108, Anm. d. Red.) waren – zögernd, aber doch – in vielen Ländern Europas, in den USA und in Indien Versuchsstrecken errichtet worden; in Österreich baute man 1890 mit der sogenannten *Jaußner-Schwelle* die erste Betonschwelle im Linzer Hauptbahnhof ein.

Im wesentlichen zeichneten sich damals zwei Entwicklungen ab: Die eine befaßte sich mit der massiven Stahlbetonschwelle (Einblockschwelle, ausgehend von der Holzschwelle), die andere mit der Anwendung von zwei durch einen Stahlträger miteinander verbundenen Betonklötzen unter den Schienenauflagern (Zweiblockschwelle, ausgehend von der Steinschwelle). So führte die Firma *Dyckerhoff & Widmann* in München in den 1930er Jahren Schwellen nach der erstgenannten Bauart für die Bayerischen Staatsbahnen aus. In Österreich gab es Anfang der 1930er Jahre Versuchsstrecken nach der zweiten Bauart (System Emperger) am Ostbahnhof in Wien, in der Station Marchtrenk (OÖ) und im Gmundner Zementwerk der Hans Hatschek Aktiengesellschaft; die seinerzeitigen Versuche zum Einsatz von Betonschwellen mit schlaffer Bewehrung schlugen jedoch fehl.
Nach dem Ende des Zweiten Weltkriegs herrschte aufgrund von Überschlägerungen und anderen Kriegsfolgen akute Holzknappheit, die sich auf die Herstellung von Holzschwellen äußerst kritisch auswirkte: Ausfälle konnten kaum ersetzt werden – dabei hatten die salzgetränkten Holzschwellen der Kriegsjahre besonders wenig Bestand. Der Holzmangel sowie die Fortschritte in der Betontechnologie führten dazu, daß der Einsatz langlebiger Betonschwellen ins Auge gefaßt wurde, um den im Zuge der betriebssicheren Instandhaltung des Gleisnetzes rapide wachsenden Bedarf in wirtschaftlicher und qualitativer Hinsicht decken zu können.
Die ÖBB begannen daraufhin in Zusammenarbeit mit Baufirmen und unter Berücksichtigung vorliegender Erfahrungen ab 1949 mit Entwicklungsarbeiten und der Errichtung von Versuchsstrecken. Verschiedene Schwellentypen und Produktionsverfahren wurden getestet. Schließlich entschied Baudirektor Dipl.-Ing. Joseph Kautz von den ÖBB, daß eine vorgespannte Betonschwelle den Anforderungen am besten entsprach.
In der Folge prüfte man bei den Hollitzer Baustoffwerken geeignete technische Entwicklungen im Ausland und empfahl daraufhin das System Karig (siehe S. 192, Anm. d. Red.), so benannt nach dem Techniker Dr.-Ing. Werner Karig von der Münchner Baufirma Dyckerhoff & Widmann, die auch über die notwendigen Schutzrechte und gute Kontakte zur Deutschen Bundesbahn verfügte. Die ÖBB entschieden sich daraufhin für die Ausführung einer Monoblock-Spannbetonschwelle, deren Dimensionierung größtenteils der Entwicklung von Dyckerhoff & Widmann folgte. Diese Schwelle besaß mehrere technische und wirtschaftliche Vorteile, die sich bereits bewährt hatten: in der Bundesrepublik Deutschland waren davon bereits fast drei Millionen Stück mit zufriedenstellendem Erfolg in Verwendung.
Im Zuge dieser Entwicklung förderten die ÖBB die Errichtung zweier Werke zur Erzeugung von Spannbetonschwellen in Österreich: eines im Osten – im Rahmen der Wiener Betriebs- und Baugesellschaft GmbH (WBBG), einem Unternehmen der Gemeinde Wien – und eines im Westen, in Linz. Zu diesem Zweck schloß Kommerzialrat Hans Wertanek 1952 einen Lizenzvertrag mit Dyckerhoff & Widmann, woraus in der Folge eine enge Zusammenarbeit entstand.
Im Jahr darauf kam es zur Gründung der *Arbeitsgemeinschaft Stahlbetonschwellenwerk Linz (Arge SSL)*: „Gründungseltern" waren zu gleichen Teilen die *Hollitzer Baustoffwerke AG* und die *Allgemeine Baugesellschaft – A. Porr AG*. Im Gesellschaftsvertrag vom 20. April 1953 war unter Punkt 2 das gemeinsame Ziel der Partner festgelegt: „Die Arbeitsgemeinschaft bezweckt die Herstellung von Stahlbetonschwellen jeder Art und Größe aus vorgespanntem Beton nach den Patenten der Firma Dyckerhoff & Widmann KG., München, und die Verwertung dieser Erzeugnisse auf gemeinsame Rechnung und Gefahr". Am 27. Juli 1953 wurde auf einem von Porr laut Punkt 8 des Gründungsdokuments „gegen ein zu vereinbarendes Entgelt zur Verfügung zu stellenden Platz", nämlich einem 14182 Quadratmeter großen Grundstück in Linz-Wegscheid, mit dem Bau des Schwellenwerks begonnen. Es lag in unmittelbarer Nachbarschaft des Bahnhofs Wegscheid, des großen Oberbaulagers der ÖBB und des Lagerplatzes der Porr-Niederlassung Linz mit direktem Bahnanschluß für die Zulieferung der Baustoffe und für die Auslieferung der Schwellen.
Schon im April 1954 konnte die neue

PORR – PARTNER DER HOLLITZER BAUSTOFFWERKE 1953–1997

Die *Allgemeine Baugesellschaft – A. Porr AG*, allgemein bekannt unter dem Begriff *Porr*, zählt zu den ältesten und größten Baukonzernen Österreichs. Das Unternehmen entstand 1927 aus einer der erfolgreichsten Fusionierungen der österreichischen Wirtschaftsgeschichte: der Verbindung zwischen der *Allgemeinen österreichischen Baugesellschaft AG* (gegr. 1869) und der *A. Porr Betonbauunternehmung GmbH* (gegr. 1908).
Seit der Gründung wurden zahlreiche Bahnbauvorhaben ausgeführt – vor allem Brücken, Tunnels, Bahnhöfe und Gleisanlagen. Dabei kam der Fahrweggestaltung besondere Aufmerksamkeit zu, vor allem war und ist Porr an der Entwicklung des Trägers der Schienenbefestigung und dessen Unterlage maßgeblich beteiligt.

Einige markante Bahnbauprojekte

1869 Ausbau der Linz–Budweiser Pferdeeisenbahn, Umgestaltung der 150 km langen Strecke in eine „Lokomotivbahn".

1896 Bau der Wiener Stadtbahn.

1904 Vintschgaubahn (Meran–Mals), Übernahme von vier Baulosen mit 31,8 km Länge.

1926 Eisenbahnlinie Feldbach–Gleichenberg, eine der letzten größeren Bahnbauten in der Zwischenkriegszeit.

1942/43 Bahnbau bei Bor in Südserbien, Bau einer 50 km langen Strecke.

1967/69 Eisenbahnlinie Charafkhaneh–Gatour (Iran), 9 km langer Eisenbahnabschnitt nordwestlich von Täbris im schwierigsten Berggelände.

1972/75 Güterbahnhof Wolfurt, Vorarlberg, Anlagenfläche 350 000 m^2.

1979/84 Zentralverschiebebahnhof Wien, Anlagenfläche 710 000 m^2.

1981 Erste Feste Fahrbahn in Österreich, „Bauart Rheda" auf der Verbindungsbahn in Wien.

1982 Erster Rahmenoberbau in Österreich, Versuchsstrecke St. Egyden.

1983/89 Bahnbau El Harrach–Thenia (Algerien), zweigleisiger Streckenausbau, Streckenlänge 43 km, Gleislänge 108 km.

1989 Erster Plattenoberbau in Österreich, Gleistragplatten in Langenlebarn, System Porr.

1990/91 Feste Fahrbahn im Arlbergtunnel, System „ÖBB-Porr", 3,9 km.

Fabrik ihre Produktion aufnehmen. Tatkräftige Mitglieder des ersten Linzer Teams waren Betriebsleiter Eduard Harrer und Baukaufmann Stephan Tichy, der kaufmännische Leiter, sowie etwas später Werkmeister Stefan Kunst.

Das Stahlbetonschwellenwerk Linz (SSL)

Infolge des notorischen Geldmangels im Ministerium für Verkehr und verstaatlichte Betriebe war es nicht leicht gewesen, Schwellenaufträge zu erhalten; erst durch das Angebot des Hollitzer-Steinbruchs, auf bereits genehmigte Schotterlieferungen zu verzichten, konnte Hans Wertanek den damaligen Minister Karl Waldbrunner zur Vergabe des ersten Auftrags bewegen. Am 7. Juli 1954 schließlich wurden mit dem *Einanker*-Schwellentyp „10" (siehe auch S. 200, Anm. d. Red.) die ersten Spannbetonschwellen des SSL – und zugleich die ersten Spannbetonschwellen in Österreich – ausgeliefert. Noch im selben Jahr wurden sie vom Modell „10a" abgelöst, das ein stärker ausgeführtes Mittelstück zwischen den Schienen besaß und bis 1957 im Programm blieb.
Insgesamt wurden im ersten Produktions-

Das Stahlbetonschwellenwerk Linz, 1954.

Das erste Produkt des SSL: die Spannbetonschwelle „10". Neulage im Gailtal, 1954.

Verlegen der Schwelle „12" in Handarbeit, 1961.

Blick in die Produktionshalle: Verfüllen der Spannkanäle mit Injiziermörtel bei der Herstellung der Schwelle „14", ca. 1966.

jahr 23 000 Schwellen erzeugt. Das Werk zählte damals 45 Beschäftigte; im Jahr darauf, 1955, als die ÖBB einen Jahresauftrag über 75 000 Schwellen erteilten und der Betrieb erstmals erweitert werden mußte, stieg die Zahl der Mitarbeiter auf 70. In jenem Jahr kam die Schwelle „11" auf den Markt, erstmals als *Zweianker*-Spannbetonschwelle, aber wie zuvor ohne Verbund konzipiert, war sie der erste „Serienerfolg": 166 856 Stück wurden bis 1957 verkauft.

Typ „11", die zweite Schwelle des SSL, mit noch unverstopften Spannlöchern am Stapelplatz, 1955. Links im Bild die kleine Diesellok des Werks, die damals zum werkinternen Schwellentransport eingesetzt wurde.

1957 präsentierte das Werk eine Neukonstruktion: den *Vieranker*-Spannbetonschwellentyp „12", erstmals mit nachträglichem Verbund. Die neue Fertigungsmethode wurde als DSA-System (siehe S. 203, Anm. d. Red.) bezeichnet. Dieser Typ war mit 686107 im Gleis verlegten Schwellen bis 1964 die erfolgreichste Schwelle jener Generation. Für private Industriegleisanlagen entstanden die von den ÖBB zugelassenen Typen „12p" und „12pu", die unterschiedliche Schienenbefestigungen erhielten (siehe S. 201, Anm. d. Red.); die „12pu" wird bis heute produziert.
Mit Typ „13" – einer Nebenbahnschwelle, die 1962–1966 im Programm war – wurde erstmals in Österreich die Federschrägnagelbefestigung eingeführt. 1964 folgte Schwellentyp „14"; der statt der bisher üblichen Länge von 2,30 Meter erstmals 2,40 Meter aufwies und schwerer war als seine Vorgänger; dieser Schwellentyp, von dem es drei verschiedene Ausführungen – je nach Schienenbefestigung – gab (siehe S. 201, Anm. d. Red.), wurde mit einer Stückzahl von 567 361 bis 1976 produziert und im Gleis verlegt.
Typ „15" aus dem Jahr 1966 war eine Adaptierung der Schwelle „12" für Pandrolbefestigung. Die 1967 eingeführte Schwelle „16" war der leichtergewichtige Ableger von Typ „14" und für weniger frequentierte Nebenbahnstrecken bestimmt; sie wurde bis 1990 hergestellt.

Technische Verbesserungen und Produktentwicklung

Die wirtschaftliche Situation zur Zeit der Firmengründung erforderte es, daß das SSL auf dem Gebiet der Materialtechnik selbständig handelte, da Importe teuer waren und es zudem an Devisen mangelte. Doch auch später war es für das Werk von großer Wichtigkeit, zur Erzeugung seines Hauptprodukts alle Einzelteile gesichert zu haben, also in dieser Hinsicht autark zu sein, wie die werkseigene Erzeugung sämtlicher Kunststoffteile, die für den Einbau in die Schwellen erforderlich waren, zeigt. Dazu kam, daß die Monoblockschwelle aus Spannbeton von Beginn an in scharfem Wettbewerb mit der Holzschwelle wie mit der Zweiblockschwelle stand, weshalb erhöhte Produktionskosten und damit Preiserhöhungen weitestgehend zu vermeiden waren.
Die technischen Verbesserungen standen daher auch im Zeichen der Rationalisierung einzelner Arbeitsgänge und Senkung der Produktionskosten. Die technologi-

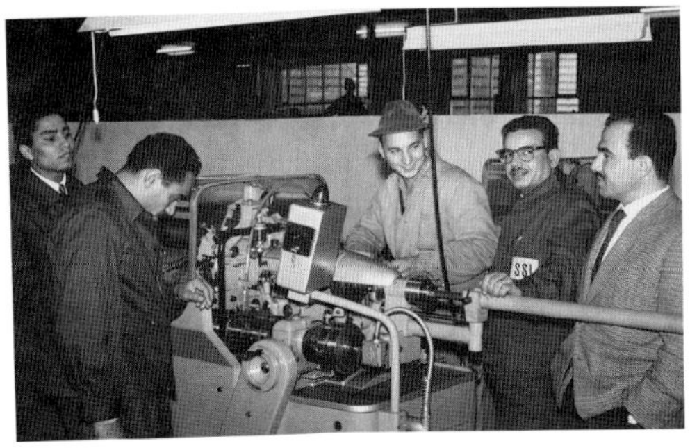

Facharbeiter aus Ägypten werden im SSL auf Mutternautomaten eingeschult, 1962.

sche Entwicklungsarbeit im Werk selbst und die exakte Überwachung im betriebseigenen Labor ermöglichten unter anderem den unvermeidlichen Ausschuß bei der Schwellenerzeugung von anfänglich fast 5 Prozent im Lauf jener Jahre auf unter 1 Prozent (heute: unter 0,3 %) zu senken. Zudem entstanden auf diese Weise Ideen, die bald zusätzliche Exportaufträge über die Spezialmaschinen, etwa für Ägypten und die Türkei, einbrachten.

Die erfolgreichen Eigenentwicklungen betrafen vor allem die Betonqualität und die Hochwertigkeit des Spannstahls sowie Verbesserungen beim Spannvorgang und bei den Befestigungsarten:

1. So wurden etwa zur Erreichung der hochwertigen Betonqualität die schon erwähnten klassierten Brechsande aus dem Hollitzer-Steinbruch am Pfaffenberg erfolgreich eingesetzt.
2. Anstelle des aus Deutschland importierten Spannstahls gelang es der Firma Schoeller-Bleckmann in Mürzzuschlag – nach gemeinsamen Einsatztests des Materials – einen gleichwertigen Spannstahl in Österreich herzustellen.
3. Zur Übertragung der Vorspannkraft von den Spannstäben auf die Betonkörper waren Gewinde nicht zu schneiden, sondern aufzurollen, wofür es Ende der 1950er Jahre in Österreich kein Know-how und keine Maschinentechnik gab. Die geeigneten Stahlstäbe mit ausgewalzten Gewindeenden aus Deutschland zu importieren, scheiterte an den hohen Importzöllen. Um die Produktion nicht einstellen zu müssen, entschied das SSL, die vorgeschriebenen Gewinde selbst herzustellen. Ein mühsames und riskantes Unterfangen, denn das Verfahren dafür mußte erst erarbeitet werden, und es dauerte einige Zeit, bis Maschinentechnik, Material und Form der Walzen, Walzdruck, Qualität des verwendeten Gleitöls und Walzgeschwindigkeit zufriedenstellend aufeinander abgestimmt waren. Auch heute noch kommt diese Anlage in der Schwellenproduktion (etwa für Schmalspurbahnen) zum Einsatz.
4. Ein besonderer Erfolg zur gleichen Zeit war auch die Entwicklung eines Geräts für die gleichzeitige Eintragung der Vorspannkräfte in jeden der vier Vorspannstähle *(Anker)* einer Schwelle. Dieses sogenannte Vierlingsspanngerät, das Vorteile für die Qualität des Verbundkörpers und Erleichterungen bei diesem Arbeitsvorgang brachte, fand in allen Spannbetonschwellenwerken, die nach dem System Karig arbeiteten, Verwendung (siehe auch S. 194, Anm. d. Red.).
5. Bis 1965 wurden für die Schienenbefestigung teerölgetränkte Buchenholz-Wellendübel verwendet: Wegen ihrer kurzen Lebensdauer mußten die Holzdübel an den bereits eingebauten Schwellen jedoch oft ausgewechselt werden, was technisch unbefriedigend, arbeitsaufwendig und kostenintensiv war. Ein Kunststoffprodukt aus Lupolen (einem Niederdruckpolyäthylen der Firma BASF) schien weitaus geeigneter, doch konnte damals kein Hersteller für ein solches Spezialprodukt gefunden werden. Man griff also zur Selbsthilfe und kaufte bei der Firma Engel in Schwertberg (OÖ) eine Spritzgußmaschine, die sich für diesen Zweck als passend erwies. Der Versuch hatte Erfolg, sodaß von da an auf Holzdübel verzichtet werden konnte. Bis 1995 wurden die Kunststoffdübel vom SSL selbst erzeugt. Die sich ändernden Vorschriften zur Qualitätssicherung seitens der ÖBB machten es jedoch sinnvoll, ein günstiges Angebot der Firma Semperit zur Herstellung der Dübel anzunehmen und diese ab nun von dort zuzukaufen.

Die werkseigene Erzeugung von Kunststoffteilen war nicht das einzige Produktangebot des SSL, das über die Schwellenherstellung hinausging. So wurden ab 1964 massive, maßgefertigte *Stahlbeton-Großflächenplatten für Bahnkreuzungen, Bauart „Linz“*, für niveaugleiche Schienen-Straßen-Kreuzungen der ÖBB und für Industrieanlagen entwickelt und bis 1999 produziert.

1965–1982 folgten unbewehrte Beton-Gras-Platten (bg-Platten) des Systems Schraudenbach. Die mit begrünbaren Öffnungen versehenen Betonplatten dienten zur umweltfreundlichen Befestigung von Parkplätzen, Straßen- und Pistenbanketten, erosionsgefährdeten Böschungen und dergleichen.

Hier sind wir jedoch der Chronik laufender Ereignisse um ein gutes Vierteljahrhundert vorausgeeilt und kehren also in die 1960er Jahre der Werksgeschichte zurück.

Aufschwung

Der ersten technischen Entwicklungsphase, die in den Jahren 1960–1965 im wesentlichen abgeschlossen war, folgten weitere Veränderungen. Im Jahr 1966 wechselte einer der „Väter“ des Werks,

Prokurist Dipl.-Ing. Dr. techn. Gerhard Schwarz, von den Hollitzer Baustoffwerken in die Leitung der Ebenseer Betonwerke.

Im Jahr darauf – 15 Jahre nach Entstehung der *Arge SSL* – starb der Firmengründer, Kommerzialrat Ing. h. c. Hans Wertanek. Daß er die Zeichen der Zeit zu erkennen wußte, zeigen nicht nur seine Beiträge zur technologischen Entwicklung der Steinbruchindustrie, sondern gerade sein Einstieg in die aufstrebende Bahnbauindustrie. Hier leistete er Pionierarbeit in der Überwindung der vielfach gehegten Zweifel an den Vorteilen der neu aufkommenden Betonschwellen. Der Erfolg gab ihm recht: Als er mit 81 Jahren starb, kamen – aller anfänglicher Skepsis zum Trotz – bereits acht Schwellentypen aus Linz.

Nach dem Tod von Hans Wertanek 1967 übernahm Erna Weidinger (geb. Wertanek) die Firma ihres Vaters in Bad Deutsch-Altenburg wie den Unternehmensanteil in Linz und führte beides in seinem Sinne fort. Sie hatte im Jahr 1948 den Juristen Dr. Ernst Weidinger (1921–1955) geheiratet, der aus der oberösterreichischen Region Hausruck stammte und 1950 in das Unternehmen am Pfaffenberg eintrat, wo er bis zu seinem frühen Tod tätig war. Ein Jahr später, 1951, begann der junge Kaufmann Kurt Trimmel seine Laufbahn im Steinbruch, den er von Grund auf kennenlernte und schließlich 1978–1998 als Geschäftsführer leitete. Kurt Trimmel hat – wie einst Hans Wertanek – die technische Entwicklung vehement vorangetrieben; 1972–1987 wirkte er zudem als Bürgermeister von Bad Deutsch-Altenburg.

Für das Schwellenwerk in Linz konnte Erna Weidinger 1967 Dipl.-Ing. Walter Mayerl, bis dahin tätig bei der Bauunternehmung Rella, gewinnen. Drei Jahre später, 1970, erzeugte das Werk mit 145 Mitarbeitern – dem Höchstand seiner Belegschaft – 77 253 Spannbetonschwellen; seit Werksgründung waren es damals insgesamt rund 1,3 Millionen Stück. Walter Mayerl leitete das SSL mit großer Umsicht bis 1987.

Auch auf seiten des Partners Porr kam es zu personellen Veränderungen. Durch Ruhestandsantritte folgten auf Generaldirektor Baurat h. c. Dipl.-Ing. Siegfried Pick (1954–1961 im SSL) als Gesellschaftervertreter für die Generaldirektoren und Bauräte h. c. Dipl.-Ing. Franz Witzmann (1962–1972) und Dipl.-Ing. Hans Herbeck (1973–1982), sodann der für die Porr-Spezialbetonwerke zuständige Vorstandsdirektor Dipl.-Ing. Dr. techn. Ernst Roubin (1982–1987). Auf den geschäftsführenden Prokuristen Dipl.-Ing. Dr. techn. Ottokar Rakosnik (1954–1964 im SSL) folgten die Direktoren Baurat h. c. Dipl.-Ing. Dr. techn. Ludwig H. Komoli (1965–1977) und Dipl.-Ing. Herbert Köhler (1977–1985).

In den beginnenden 1970er Jahren war abzusehen, daß sich die Betonschwelle durchsetzen würde. Die Zweifel über ihre Vorteile schwanden. Die „neue Generation“ im Management schätzte die Zusammenarbeit auf dem Sektor Bahnschwellen als etwas Beständiges ein: Am 1. Januar 1973 wurde daher aus der *Arbeitsgemeinschaft SSL* – nach bald 20 Jahren gewissermaßen großjährig – eine offene Handelsgesellschaft (OHG) mit dem Firmenwortlaut *SSL Stahlbetonschwellenwerk Linz Hollitzer Baustoffwerke und Allgemeine Baugesellschaft – A. Porr Aktiengesellschaft*, und 1975 übertrugen die Gesellschafter

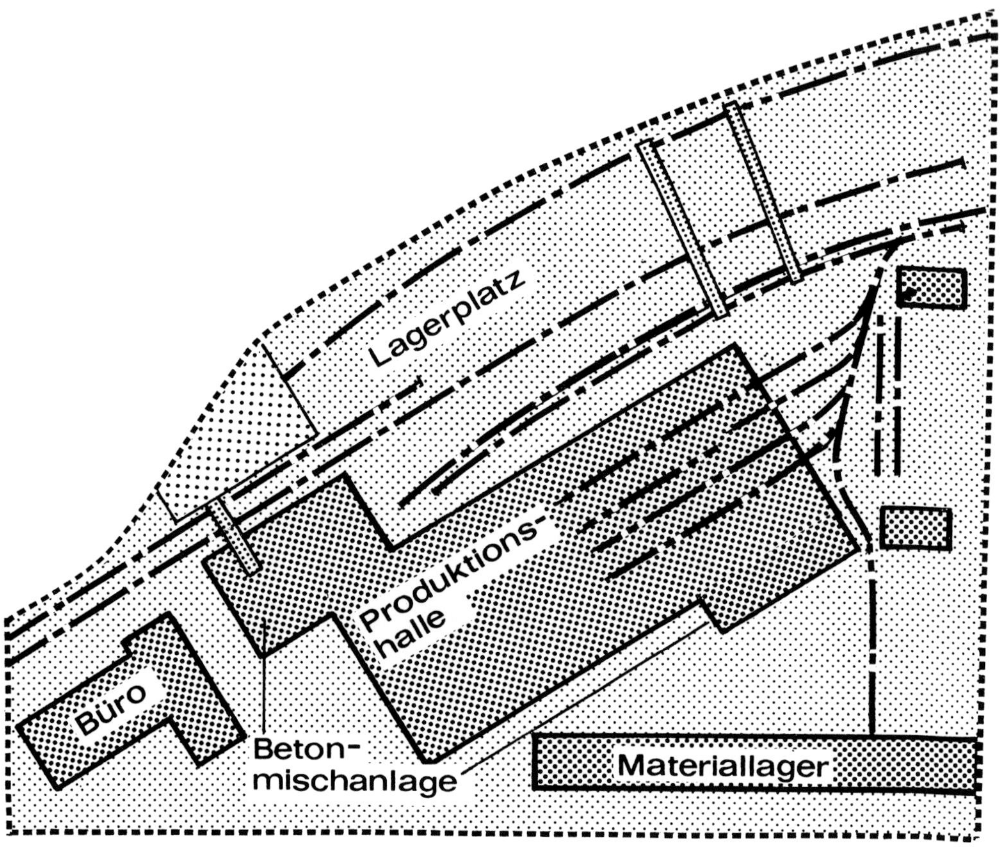

Das Werk in Linz-Wegscheid, Übersichtslageplan, 1970.

dem SSL das Eigentum am Werksgrundstück. Auf Eduard Harrer und Stefan Tichy, beides Männer der ersten Stunde, folgten 1978 der Ingenieur Kurt Reichart als Betriebsleiter und 1980 Franz Kuhn als kaufmännischer Leiter. Im selben Jahr 1980 wurde das Anteilsverhältnis Hollitzer–Porr in 60 : 40 umgewandelt.

Während der 1970er und 1980er Jahre stieg die Nachfrage nach Betonerzeugnissen enorm, und in Linz weitete sich nicht nur die Schwellenproduktion aus, sondern auch – soweit es die Kapizitäten zuließen – die Palette an Zusatzprodukten. So wurden 1970–1987 transportable Stahlbeton-*Fertiggaragen* produziert: schachtelförmige, geschlossene Betonkörper, die mit einer schweren Tunnelschalung aus Stahl in einem Guß angefertigt wurden. Die Garagen wurden schlüsselfertig geliefert, mit dem werkeigenen Spezialfahrzeug zum Aufstellplatz gebracht und auf die vorbereiteten einfachen Fundamente betriebsbereit abgesetzt.

Die Verarbeitungseigenschaften des hochwertigen Schwellenbetons des SSL boten auch vorteilhafte Voraussetzungen für die Produktion spezieller *Betonfertigteile*. So wurden 1975 für den Innenausbau von Katschberg- und Flachau-Tunnel Randsteine erzeugt und 1976 für die Stadt Salzburg Tunnelauskleidungselemente (Sohltübbings) zum mechanischen Stollenvortrieb bzw. Fertigteile zur Sohlausbildung mit Wassergraben, die während des konventionellen Vortriebs im Salzach-Tunnel eingebaut wurden.

1976–1999 wurden Betonbehältnisse für Grünpflanzen und Blumenschmuck oder als Brunnenelement hergestellt, die in Siedlungs- und Industrieanlagen sowie städtischen Bereichen zur Aufstellung kamen. Die Pflanzschalen wurden in drei Typen (Standard, Midi und Mini) ausgeführt; alle hatten die gleiche Höhe und eine sechseckige Form, sodaß sie einzeln wie auch als Gruppen verwendet werden konnten.

Für Erdbahnsteige wurde vom SSL eine *Bahnsteigkante* entwickelt, die vielfach Verwendung fand. Die Erzeugung, die 1976–2000 lief, erfolgte wie bei den Betonschwellen nach dem Prinzip der Sofortentschalung.

Der Aufschwung machte 1979 ein eigenes Areal („Werk II") für die Erzeugung der Zusatzprodukte notwendig; es lag in St. Martin, an der südwestlichen Linzer Stadtgrenze unweit vom ersten Werk in Linz-Wegscheid. Erst als der Boom Ende der 1980er Jahre abebbte, wurde dieses Werk 1988 geschlossen.

Auch die Schwellenproduktion experimentierte und expandierte in jenen Jahren. So wurde 1973 der Schwellentyp „17" erzeugt, der länger und schwerer war als Typ „14", jedoch dieselbe Befestigung aufwies; für eine Probestrecke wurden davon rund 120 Stück verlegt. Eine Schwelle besonderer Bauart war die 1972–1980 gefertigte „Ohrenschwelle" (1972–1976 als Typ „14d", 1977–1980 als Typ „18a"), die sich aber letztlich nicht bewährte (siehe S. 124, Anm. d. Red.). Dennoch, die Erfahrungen mit diesem Versuch, die Auflagerfläche der Schwelle zu vergrößern, flossen in spätere Entwicklungen wie den *Schwellenrahmen*, die *Eder-Schwelle* oder die *Rahmenschwelle* ein (siehe S. 125 f., Anm. d. Red.).

1976 kam Schwellentyp „19" auf den Markt, welcher erstmals die preisgünstige HM-Schienenbefestigung (siehe Abb. S. 202, Anm. d. Red.) aufwies; mit 1 069 806 erzeugten Stück bis 1991 war er der bis dahin erfolgreichste Typ seiner Generation.

Modernisierung und Ausbau des Werks

In den 1980er Jahren setzte eine Renaissance des Schienenverkehrs ein. Die Zug-

SSL-Werbeprospekt aus dem Jahr 1970 über die transportablen Stahlbeton-Fertiggaragen, die bis 1988 erzeugt wurden.

1976–1999 stellte das SSL Betonbehältnisse her, die als Pflanzschalen oder Brunnenelemente Verwendung fanden. Verkaufsprospekt, 1976.

geschwindigkeiten stiegen; Hochleistungsstrecken entstanden, und die Ansprüche an den Fahrkomfort nahmen zu. Der Oberbau mußte die Lasten immer schnellerer und schwererer Züge aufnehmen bei gleichzeitig verbesserter Gleislage. Die Schwellenproduktion stand vor neuen Aufgaben.

Im SSL erfolgte deshalb eine aufwendige Modernisierung und Vergrößerung der Anlagen. Die Fertigungshalle wurde ausgebaut und die Produktion automatisiert. Dies ermöglichte 1986 die Herstellung der Hauptstrecken-Schwelle „19a", der längsten und schwersten jener Serie, welche den Erfolg von Typ „19" übertreffen sollte: mit 1 998 331 Stück zwischen 1986 und 1998 wurde sie zum bis dahin meistverlegten Modell im Streckennetz der ÖBB. Mit ihr fand zugleich die Entwicklung des DSA-Verfahrens (siehe S. 203, Anm. d. Red.) ihren Höhepunkt und Abschluß.

Die „goldene Schwelle" von Alois Wohlmuther: Die „19a"-Schwelle diente Studierenden der damaligen Meisterklasse für Experimentelle Gestaltung der Linzer Hochschule für künstlerische und industrielle Gestaltung (heute: Institut für Bildende Kunst und Kulturwissenschaften der Universität für Gestaltung Linz) 1994 als Thema einer Ausstellung im Linzer Hauptbahnhof. Ein Foto des Objekts ziert heute den Speisesaal des SSL.

1988 lag erstmals die Anzahl der im ÖBB-Netz eingebauten Betonschwellen über jener der gleichzeitig verwendeten Holzschwellen (siehe auch Tabelle S. 129, Anm. d. Red.). Die Spannbetonschwelle hatte sich gegenüber der Holzschwelle endgültig durchgesetzt. Das SSL erzeugte zahlreiche bewährte Schwellentypen für Haupt- und Nebenstrecken, daneben auch Sonderanfertigungen wie die Schwelle „S 1" für Schmalspurbahnen, von der seit 1986 rund 100 000 Stück gefertigt wurden, sowie für ÖBB-Tunnelstrecken mit Fester Fahrbahn: so 1990/91 für den Arlberg-Tunnel („System ÖBB-Porr"), 1992 für die Erneuerung des Tauern-Tunnels oder 1993 im Zuge des Ausbaus der Westbahn für den Säusenstein-Eisenbahntunnel.

Zugleich gab es Bewegung in der Branche der Schwellenhersteller: Der Mitbewerber in Wien, welcher Zweiblockschwellen bei einer Jahreskapazität von maximal 46 000 Stück erzeugt hatte (zuletzt: rund 3000 bis 7000 pro Jahr), stellte 1986 die Produktion ein. Im selben Jahr sah sich das Linzer Werk bereits anderer Konkurrenz gegenüber: Das erfolgsverwöhnte SSL verlor 1989 die Ausschreibung um die neue Schwelle „L 1", hergestellt im Langbettverfahren mit sofortigem Verbund (siehe S. 132, Anm. d. Red.), gegen das neu errichtete Schwellenwerk *Hoffmann & Maculan – MABA* in Wöllersdorf bei Wien (heute: *MABA Fertigteilindustrie GesmbH* in Sollenau, NÖ).

Im SSL kam es in diesen Jahren der Herausforderung und des Aufschwungs erneut zu personellem Wechsel. Auf der Seite von Porr wechselte der Gesellschaftervertreter Vorstandsdirektor Dipl.-Ing. Dr. techn. Ernst Roubin (1982–1987 im SSL) in den Vorstand des *Vereins Österreichischer Zementwerke*, und Generaldirektor Baurat h. c. Dipl.-Ing. Horst Pöchhacker übernahm persönlich die Linzer Agenden (1987–1997). Als geschäftsführender Prokurist folgte auf Direktor Dipl.-Ing. Herbert Köhler (1977–1985 im SSL) der Leiter der Abteilung für strategische Planung, Direktor Dipl.-Ing. Helmut Raschendorfer, der 1993 in den Vorstand der Neuen Reform-Bau wechselte, sowie zuletzt der Leiter der Porr-Niederlassung Oberösterreich, Direktor Dipl.-Ing. Herbert Neumüller (1993–1997).

Auch auf Hollitzer-Seite kam es zu Veränderungen: Im Sommer 1987 übergab Kommerzialrat Erna Weidinger ihrem Sohn Hans Ernst die Gesellschaftervertretung im SSL. Als geschäftsführende Prokuristen folgten auf den im selben Jahr verstorbenen Dipl.-Ing. Walter Mayerl (1970–1987 im SSL) zunächst Georg Subal (1988–1995) und danach Mag. Margit Knipp (1995–1999).

Die Anforderungen des modernen Schienenverkehrs sowie die Wettbewerbssituation auf dem Schwellenmarkt machten im SSL Neuerungen notwendig. Die bestehende Technik der „Sofortentschalung mit nachträglicher Vorspannung" war an die Grenzen ihrer Leistungsfähigkeit gelangt. Der Wechsel auf ein neues Produktionsverfahren war unausweichlich. Nach kritischer Prüfung bestehender Systeme im Ausland entschieden sich die Techniker in Linz für das „DSR"-(= Dyckerhoff-Spannrahmen-)Verfahren des bisherigen Lizenzgebers Dywidag: ein „Kurzbett-Verfahren" mit einer Kombination von „Sofortentschalung" und „Vorspannung mit sofortigem Verbund", das bereits auf dem Markt erprobt worden war. Als Konsulent für die Einführung der neuen Technik konnte im Sommer 1993 der Münchner „Schwellentechniker" Dr.-Ing. Plica gewonnen werden, der in der Folge ge-

Der Umbau des Werks 1995–1997. In der Mitte die neue Fertigungshalle für die Produktion der „K 1" nach dem DSR-Verfahren.

schäftsführender Prokurist im SSL werden sollte.
Dieser Modernisierungsschub in der Linzer Spannbetonschwellen-Technologie brachte auch neue bauliche Erfordernisse mit sich. Noch immer befanden sich die Büros im SSL in den Behelfsbauten der 1950er Jahre. Als Porr 1992 ihre Niederlassung Oberösterreich in die Nähe des Linzer Hafens verlegte, wurde ihr alter Lagerplatz neben dem SSL aufgegeben, und 1993 konnte das Schwellenwerk dieses für seinen Ausbau notwendige Areal erwerben. 1995, nach breiter Diskussion, beschlossen die Gesellschafter des SSL die dringende Erneuerung der Anlagen im Zuge der Einführung eines neuen Systems: Im Lauf von drei Jahren entstanden auf insgesamt 6409 Quadratmetern verbauter Fläche eine neue Produktionshalle, Werkstätten, ein Lager, ein Sozialtrakt mit Werksküche und ein neues Bürogebäude. Der oberösterreichische Architekt Dipl.-Ing. Alois Kienesberger hat die Neubauten entworfen, geplant und betreut, die *Allgemeine Baugesellschaft – A. Porr AG* hat sie ausgeführt.

Perspektiven

1997 – knapp 30 Jahre nach dem Tod des Firmengründers Hans Wertanek und dem Geschäftseintritt seiner Tochter, Erna Weidinger – vollzog sich die Lösung einer bewegten, äußerst produktiven, wenngleich nicht unkomplizierten Verbindung, die mehr als vier Jahrzehnte bestanden hatte: Umworben von Hans Wertanek, hatte die Firma *Porr* erst nach längerem Überlegen ihr Jawort in Form einer Beteiligung 50 : 50 in der *Arge SSL* gegeben und als ersehnte Mitgift ein Werksgrundstück für das Betriebsgelände in Linz eingebracht. Als sich die Betonschwellenproduktion konsolidiert hatte, wurde – wie erwähnt – 1973, schon unter Erna Weidinger, die anfängliche Arbeitsgemeinschaft in eine offene Handelsgesellschaft (OHG) umgewandelt. 1980 übernahm Hollitzer die Mehrheit.
Mitte der 1990er Jahre schien, nach einigen weiteren strukturellen Veränderungen, die Trennung der in die Jahre gekommenen Beziehung unausweichlich. Schließlich löste 1997 die dritte SSL-Generation der Hollitzer-Werke, Gewerke Hans

Die „K 1" auf dem Stapelplatz, 2001.

Ernst Weidinger, zusammen mit Porr-Generaldirektor Horst Pöchhacker in freundschaftlichem Handschlag das Gesellschaftsverhältnis. Die *Hollitzer Baustoffwerke Graz Ges.m.b.H.* übernahm die Geschäftsanteile der alten Partnerin; zudem trat sie anstelle von Porr als Gesellschafterin ein, vertreten durch Kurt Trimmel (1997–2002 im SSL) und Mag. Brigitte Felderer (seit 2002). Der Firmenname lautet seither: *SSL Stahlbetonschwellenwerk Linz, Hollitzer Baustoffwerke Graz Gesellschaft m.b.H. und Co.*

Die neue Schwellengeneration

Der Ausbau der Anlagen, 1995 begonnen, wurde zügig beendet – 83 Beschäftigte zählte das Werk, dessen gesamtes Areal mit Bahnanschluß nunmehr 29 403 Quadratmeter umfaßt. Parallel dazu erfolgte 1997 nach einer Versuchsphase die Einführung der Schwelle „K 1" nach dem neuen, vollautomatisierten DSR-Verfahrens (siehe S. 204 f., Anm. d. Red.), anläßlich dessen von Studenten der Linzer Hochschule (heute: Universität) für künstlerische und industrielle Gestaltung ein Werksvideo gedreht wurde, das als Dokumentation bis heute Aktualität besitzt. Diese Arbeit stand – ebenso wie die *Schwellen*-Ausstellung der Kunststudenten 1994 am Linzer Hauptbahnhof und vieles mehr – im Zeichen langjähriger Unterstützung der damaligen Meisterklasse für Experimentelle Gestaltung durch das SSL, die als Exempel für modernes Mäzenatentum und die produktive Zusammenarbeit zwischen Industrie und Kunst gilt (siehe S. 231 ff., Anm. d. Red.).
Am 19. Juni 1997 lief mit der Produktion der „K 1" die elektronisch gesteuerte Fertigung einer modernen Schwellengeneration an: Der neue schlanke Schwellentyp mit einer optimierten Spannkraft von 450 Kilonewton bietet mehr Bruch- und Rißsicherheit bei größerer Belastbarkeit und entspricht den gesteigerten Anforderungen der Hochleistungsstrecken (siehe S. 205, Anm. d. Red.). Die neue Schwelle entspricht zudem den Normen für Güterzüge in den USA, wo die Anforderungen bezüglich Gewicht und Geschwindigkeit höher sind.

Die Verlegung der Rahmenschwelle „RS 95" bei Grammatneusiedl (NÖ), 1999.

Als die ÖBB im Jahr 1999 einen europäischen Wettbewerb um die Auftragsvergabe einer Hochleistungs-Gleisschwelle durchführten, konnte sich die „K 1" durchsetzen. Hergestellt bis 1999 nach dem DSR-35-System (35 Schwellen pro Stunde), sodann nach dem DSR-70-System (70 Schwellen pro Stunde), wurden davon bisher mehr als eine halbe Million Stück verlegt.

In die Zukunft

Spannbetonschwellen gelten infolge der an sie gestellten qualitativen Anforderungen als Spitzenprodukte der Betonfertigung. Im SSL wurden seit der Firmengründung im Jahr 1954 bis heute 28 verschiedene Schwellentypen für die ÖBB und private Auftraggeber produziert, darunter viele Sonderanfertigungen – für Schmalspur, Klein- und Kleinstbahnen (darunter die Liliputbahn im Wiener Prater) ebenso wie für die obengenannten Tunnelstrecken mit Fester Fahrbahn.
1999 begann die Versuchsproduktion der SSL-Rahmenschwelle „RS 95" (siehe S. 205, Anm. d. Red.), einer in Linz entwickelten Novität, welche das Prinzip der Querschwellen mit jenem der Längsschwellen verbindet. Forschungen und Probestrecken ergaben in der Folge eine optimale Länge der Rahmenschwelle von 115 Zentimetern: die in weiterer Entwicklung befindliche „RS 115".
Seit 2002 erzeugt das SSL auch Weichenschwellen; diese werden in einem Langbett von 54 Metern Länge gefertigt, im Ganzen aus der Schalung gehoben und danach entsprechend zugeschnitten (siehe S. 206, Anm. d. Red.).

Das SSL zählt heute 65 Beschäftigte; in drei Schichten wird rund um die Uhr produziert. Im Bild: Schichtwechsel am Nachmittag, 2002.

Neue Weichen in die Zukunft des Werkes werden von einem neuen Team gestellt: Walter Justus, seit 1970 im SSL, sorgt als Leiter des Rechnungwesens für Kontinuität und Neuerung zugleich; die Fortführung der guten Traditionen wird aber auch durch neu hinzugekommene Mitarbeiter gewährleistet, so durch Dipl.-Ing. (FH) Hermann Gruber, der – ein gutes Omen – im SSL-Jubiläumsjahr 2003 in die Betriebsführung des Unternehmens eintrat. 65 Mitarbeiterinnen und Mitarbeiter sind insgesamt im SSL beschäftigt (Stand: Frühjahr 2003), die in dem vollautomatisierten Werk eine Jahreskapazität von 300 000 Schwellen bewältigen. Ein halbes Jahrhundert ist seit der Einführung der Betonschwellen vergangen. In enger Zusammenarbeit mit österreichischen und ausländischen technischen Universitäten und Instituten, darunter dem Institut für Eisenbahnwesen an der Technischen Universität Graz, dem Institut für Eisenbahnwesen und Öffentlichen Verkehr an der Technischen Universität Innsbruck und dem Institut für Landwegebau an der Technischen Universität München entstanden Innovationen im Bereich der Schwellentechnologie, von denen manche weltweit Anwendung gefunden haben. Zur Intensivierung dieser Kooperation zwischen Industrie und Wissenschaft richtet das SSL künftig eine „Schwellen-Akademie“ ein.

In Anerkennung seiner Leistungen wurde dem *Stahlbetonschwellenwerk Linz* am 20. März 1998 vom Technischen Überwachungsverein (TÜV) Wels das Qualitätszertifikat ISO 9002 verliehen. Kein Wunder, daß man im SSL im Jahr 2003 mit Stolz auf sein 50jähriges Bestehen blickt. Das Werk, heute ein stabiles Privatunternehmen, hat – wie zu zeigen war – eine reiche Geschichte, eine erfolgreiche Gegenwart und vielversprechende Perspektiven. Die Erfahrungen eines halben Jahrhunderts lassen mit Optimismus in die Zukunft blicken: unabhängig, vorausschauend und innovativ, ist das *Stahlbetonschwellenwerk Linz* bereit, neue Herausforderungen anzunehmen.

Die Einführung der Spannbetonschwelle in Österreich

Ein Zeitzeuge erinnert sich

Horst Wutzler

Die erste Querschwelle aus Beton, die in Deutschland zum Einsatz kam, wurde probeweise 1906 auf der zweigleisigen Strecke Nürnberg–Bamberg verlegt; 1908/09 folgten hier weitere Versuche. Die schlaffbewehrten Eisenbetonschwellen, wie man sie damals nannte, stammten von der Firma *Dyckerhoff & Widmann*. Bis zum Zweiten Weltkrieg hat sich jedoch die Deutsche Reichsbahn nur am Rande mit Stahlbetonschwellen befaßt, weil der Schwellenbedarf durch Holz und Stahl gedeckt werden konnte. Erst im Krieg, als die Holzbeschaffung immer schwieriger wurde, prüfte man eingehend die technischen Möglichkeiten der Stahlbetonschwelle mit dem Resultat, daß ab 1942 mehrere Bauarten vorlagen, die den Holz- und Stahlschwellen technisch und wirtschaftlich nicht nur gleichwertig, sondern sogar überlegen zu sein schienen. Dennoch: Bis Anfang 1950 lagen im Bereich der Bizone (vereinte britische und amerikanische Besatzungszone 1946–1949) nur etwa 100 Kilometer Gleis mit Stahlbetonschwellen. Die Deutsche Reichsbahn hat ihre Bemühungen ohne ersichtlichen Erfolg fortgesetzt.

Den entscheidenden Fortschritt sollte nach 1945 die Technik des vorgespannten Betons ermöglichen: Das Verkehrsministerium bzw. die Hauptverwaltung der Deutschen Reichsbahn unter Ministerialdirigent Dr. Gerhard Schramm wiesen das Zentralamt der Deutschen Bundesbahn (BZA, die 1949 eingeführte Bezeichnung „Deutsche Bundesbahn" vorwegnehmend) an, eine technisch und wirtschaftlich brauchbare Betonschwelle zu schaffen. Konstruktionsziel war eine Querschwelle aus Spannbeton. Zwar hatte sich schon zuvor sein Vorgänger, das Reichsbahnzentralamt, um die Entwicklung einer Spannbetonschwelle bemüht, konnte sich jedoch nicht entschließen, diese zum Einheitstyp zu erklären und produzieren zu lassen.

Die Aufgabe, die nunmehr gestellt wurde, richtete sich gleichermaßen an die Wissenschaft, die maßgebenden Oberbauingenieure des BZA und an die Industrie und war nur durch eine intensive Zusammenarbeit dieser drei Gruppen zu bewältigen. Nichts Geringeres als ein neuer Industriezweig sollte geschaffen werden.

Die Wissenschaft sorgte zunächst für die Erschließung der bereits in bisherigen Versuchen gesammelten Erfahrungen. Ihre Auswertung mündete in Dimensionierungs- und Herstellungsvorschriften. Prüfungskriterien und -einrichtungen waren zu entwerfen. Die Oberbauingenieure des Zentralamts Minden unter Abteilungspräsident Dr. Hans Meier legten im Februar 1949 die ersten, vorläufigen „Reichsbahn-Bedingungen für vorgespannte Stahlbetonschwellen" vor: die *Herstellungs- und technischen Lieferbedingungen für vorgespannte Stahlbetonschwellen Ausgabe 1948*. Sie waren das Ergebnis vieler Vorversuche und eingehender Beratungen mit deutschen Fachleuten der Betontechnik und Stahlindustrie.

Die einschlägigen Unternehmen waren aufgerufen, dem Zentralamt Minden Vorschläge über Spannverfahren und Herstellungsmethoden vorzulegen. Unter den in Frage kommenden Unternehmen war auch die Firma Dyckerhoff & Widmann KG, die 1865 aus dem Betonwerk Karlsruhe hervorgegangen war und diesen Geschäftszweig stets besonders pflegte. Es war daher naheliegend, daß sie der Spannbetonschwelle als Betonwerksprodukt größtes Interesse schenkte. Dr. Eugen Schulz, damals persönlich haftender Gesellschafter der Firma, schloß mit Dr. Werner Karig aus Hamburg (später: Starnberg) einen Generallizenzvertrag für das In- und Ausland ab. Ihr Vorschlag: eine Schwelle mit zwei Spannstäben und aufgerolltem Gewinde; die Stäbe waren mit Bitumen umhüllt, hatten keinen Verbund mit dem Beton und wurden nachträglich vorgespannt. Die Formen für diese Schwellen waren deshalb leichter und billiger.

Nachdem die von der Industrie vorgeschlagenen Schwellentypen die Zulassungsprüfungen bestanden hatten, beschloß die Deutsche Bundesbahn, den Fortschritt dieser neuen technischen Entwicklung zu nutzen und im Zeitraum 1950–1953 Spannbetonschwellen in großer Zahl im Gleis einzubauen. Das Zentralamt der Deutschen Bundesbahn empfahl, die notwendigen Spezialwerke zu errichten, zumal das damit verbundene Risiko von den Herstellern übernommen wurde. Gleichzeitig sollte die Einführung der Betonschwellen in großem Maßstab als Marktregulativ gegen die damals hohen Holzschwellenpreise dienen.

Langjährige Erprobungen im Gleis konnten nicht abgewartet werden, und die Tatsache, daß sich erst nach wenigstens 20jähriger Liegezeit zeigen würde, wie hoch der bauwirtschaftliche Wert der Spannbetonschwelle letztendlich war, mußte als ihr unvermeidliches Handicap in Kauf genommen werden.

Es war der Vertrauensvorschuß der verantwortlichen Eisenbahningenieure in das neue Produkt, der die Voraussetzung dafür bot, daß die Beschaffung in großen Mengen erfolgen konnte.

Inzwischen hatte Dr. Hans Meier die Deutsche Bundesbahn verlassen und als ordentlicher Universitätsprofessor den Lehrstuhl für Bau von Landverkehrswegen (früher: Lehrstuhl für Eisenbahn- und Straßenbau) an der Technischen Hochschule München übernommen. Er gründete am 1. September 1953 das Institut für Eisenbahn- und Straßenbau in München-Pasing, das er bis zu seinem Tod 1968 leitete und dem er weit über die Grenzen Deutschlands hinaus Anerkennung zu verschaffen wußte. Sein Nachfolger war o. Univ. Prof. Dr.-Ing. Josef Eisenmann, der die anstehenden Aufgaben mit großem Erfolg weiter bearbeitete und Lösungen zuführte.

Zum damaligen Zeitpunkt war die Forschung bei labormäßigen Prüfverfahren für Oberbaukonstruktionen und systematische Meßmethoden am Gleis noch nicht weit fortgeschritten. Es mußten also zunächst Prüfmethoden entwickelt werden, die den besonderen Bedingungen im Gleis entsprachen. Deshalb wurden im Institut für Eisenbahn- und Straßenbau Prüfanlagen für Betonschwellen sowie Testmethoden entwickelt, die eine Beurteilung der neuen Schwellen ermöglichten, etwa indem die Schwelle statischen wie auch Dauerschwellbeanspruchungen ausgesetzt wurde. Um das Verhalten der Betonschwelle bei Entgleisungen beurteilen zu können, wurde eine Schlagversuchseinrichtung geschaffen. Für das wichtige Problem der Schienenbefestigung fand Hans Meier mit dem nach ihm benannten HM-System (bei der Deutschen Bundesbahn W-Schienenbefestigung genannt) eine technisch und wirtschaftlich sehr gute Lösung. Auch für Schienenbefestigungen entstanden am Institut Prüfeinrichtungen.

Die Entwicklung auf dem neuen Spezialgebiet der Spannbetonschwelle wurde von den Bahnverwaltungen ebenso wie von der Industrie anderer Länder sehr genau beobachtet. So zeigte auch Kommerzialrat Hans Wertanek, Gesellschafter der *Hollitzer Baustoffwerke* im Osten Österreichs, bald Interesse und beauftragte seinen technischen Direktor Dipl.-Ing. Dr. techn. Gerhard Schwarz schon Ende 1951, mit der Firma Dyckerhoff & Widmann in München Verbindung aufzunehmen. Das Ziel war, eine Lizenz zur Fertigung von Spannbetonschwellen zu erhalten.

Das Münchner Unternehmen war grundsätzlich bestrebt, von ihm entwickelte, patentrechtlich geschützte Produkte zur Lizenzfertigung Dritten anzubieten bzw. solche Produkte von Dritten zur Lizenzfertigung zu erwerben. Ausgehend von den im deutschen Schwellengeschäft gewonnenen Erfahrungen, sollte die Dyckerhoff-Spannbetonschwelle weltweit eingeführt werden.

Erste Lizenzen waren bereits an zwei deutsche Firmen vergeben worden, als am 28. Mai 1952 die Hollitzer Baustoffwerke AG einen Lizenzvertrag über das „alleinige Ausführungsrecht für die Herstellung und den Vertrieb der vorgespannten Stahlbetonschwellen" im „Gebiet des Bundesstaates Österreich" mit der Dyckerhoff & Widmann KG in München abschloß. Für die Hollitzer Baustoffwerke war Dipl.-Ing. Dr. techn. Gerhard Schwarz nach München gekommen und brachte als Partnerin im künftigen Linzer Werk die *Allgemeine Baugesellschaft – A. Porr AG* mit, vertreten durch Dipl.-Ing. Dr. Ottokar Rakosnik; auf seiten Dyckerhoff & Widmann KG waren Fritz Kluge, Willy Mergler und der Verfasser dieser Zeilen anwesend. Auf dem Programm jenes Treffens standen ferner die Planung des Werkes, die erforderliche Werkkapazität, die gewünschte Erweiterungsmöglichkeit, der Kapitalbedarf und die Festlegung des Schwellentyps. Zu letzterem Punkt waren auch die zuständigen Herren der ÖBB eingeladen.

Vertreter der ÖBB nahmen zudem, gemeinsam mit Herren der Deutschen Bundesbahn, zwecks Erfahrungsaustausch an den fünf Monate später organisierten Besichtigungen teil. Unter den Teilnehmern jener beiden Exkursionen, die am 22. und 23. Oktober 1952 stattfanden, waren: Direktionsrat Dipl.-Ing. Kautz (ÖBB),

Dipl.-Ing. Dr. Schwarz (Hollitzer Baustoffwerke), Dipl.-Ing. Dr. Rakosnik (Porr), Abteilungspräsident Dr. Hans Meier, der Kautz aus der russischen Kriegsgefangenschaft gut kannte, Oberrat Kuhn und Baurat Gasser (Bundesbahnzentralamt Minden), Abteilungspräsident Weig (Bundesbahndirektion München) sowie Ing. Kluge und der Verfasser (Dyckerhoff & Widmann). Auf dem Besichtigungsprogramm standen die Betonschwelleneinbauten auf der Isartalbahn (Einbau mit dem Gerät K2), Gleiserhaltungsmethoden und die Betonschwellenherstellung im Werk Dyckerhoff & Widmann in Utting (22. Oktober) sowie die Besichtigung der Großumbaustelle auf dem Gleis Ingolstadt–München (23. Oktober).

Die nach den Besichtigungen erfolgten Besprechungen mündeten, unter Berücksichtigung der speziellen Situation in Österreich, in ein konkretes Resultat: den Schwellentyp „10". Es war die erste Schwelle, die im künftigen Schwellenwerk in Linz erzeugt werden sollte.

Am 20. April 1953 gründeten die Hollitzer Baustoffwerke AG und die Allgemeine Baugesellschaft – A. Porr AG die *Arbeitsgemeinschaft Stahlbetonschwellenwerk Linz (Arge SSL)* zur Herstellung von Schwellen jeder Art und Größe aus vorgespanntem Beton. Es war die Geburtsstunde der Spannbetonschwelle in Österreich.

Bei Dyckerhoff & Widmann in München wurden spezielle Pläne für das Werk in Linz gefertigt. Am 27. Juli 1953 begann der Bau des Betriebes und die Herstellung der Fertigungseinrichtungen. Die Zusammenarbeit der beteiligten Firmen – dem SSL in Linz, insbesondere Betriebsleiter Eduard Harrer und Baukaufmann Stefan Tichy, sowie Dyckerhoff & Widmann in München mit seinen zuständigen Abteilungen „Betonwerke" (Leiter: Ing. Fritz Kluge) und „Spannbetonschwellen" (Leiter: der Verfasser) – funktionierte gut. Alle zur Verfügung stehenden Erfahrungen wurden eingebracht und die Termine eingehalten. Ein modernes Werk entstand, das im Juni 1954 die Produktion aufnahm. Einen Monat später, am 7. Juli, wurden die ersten Spannbetonschwellen vom Typ „10", eine Einanker-Schwelle ohne Verbund, ausgeliefert.

Wie erwartet, wehrten sich die Holzschwellenlieferanten (Holzindustrie, Forstverwaltung) mit allen Mitteln gegen die Einführung der Betonschwelle. Der Holzschwellenpreis fiel und wurde zu einem „Kampfpreis", der freilich auf die Dauer nicht gehalten werden konnte. Dieselben Probleme ergaben sich auch in Deutschland, wo sich die Betonschwellenhersteller zum Zusammenschluß gezwungen sahen, um gegen die Kampfansage der Holzschwellenindustrie besser auftreten zu können. So wurde am 12. Dezember 1954 in Bonn die „Gesellschaft zur Förderung der Spannbetonschwelle e. V." gegründet, deren Vorsitzender 1967–1990 der Verfasser dieser Zeilen war. Alle in diesem Rahmen erarbeiteten Argumente, die für die Verwendung der Betonschwelle sprachen, standen auch den ÖBB zur Verfügung.

Im selben Jahr entwickelten die Techniker Werner Karig, Fritz Kluge und Horst Wutzler für die Firma Dyckerhoff & Widmann in München das Sofort-Entschalungsverfahren, das von zwei deutschen Holzschwellenfirmen in Lizenz für die Herstellung von Betonschwellen angewandt wurde.

Im Jahr 1955 wurde der Zweianker-Schwellentyp „11" in Linz eingeführt. Treibende Kraft war Betriebsleiter Eduard Harrer, der sich zusammen mit Werkmeister Stefan Kunst bei der Umstellung des Verfahrens große Verdienste erworben hat. Dabei konnten die Erfahrungen aus der Montage des dritten Dyckerhoff-Werkes 1952/53 in Wiesbaden-Erbenheim und der beiden schon erwähnten deutschen Lizenzwerke – vermittelt durch Hermann Bormann, Maschineningenieur bei Dyckerhoff & Widmann – verwertet und wesentliche Einsparungen erzielt werden. 1955 nahmen zwei weitere Dyckerhoff & Widmann-Lizenzwerke – die deutschen Firmen Pfleiderer (Neumarkt) und Katzwerke (Gernsbach) – die Spannbetonschwellenfertigung auf.

Was die weitere Entwicklung in Österreich anlangte, so sorgte Dipl.-Ing. Dr. techn. Gerhard Schwarz, Geschäftsführer des SSL, dafür, daß die Aufträge der ÖBB eine gute Auslastung des Werkes garantierten. Seitens der ÖBB wurde Baurat Dipl.-Ing. Karl Glatzer für die Überwachung der Produktion abgestellt.

1957 ermöglichten die Erfahrungen mit dem Schwellentyp „11" und die inzwischen eingetretene Wettbewerbssituation mit den drei anderen Monoblock-Schwellenarten in Deutschland die Einführung des Vieranker-Schwellentyps „12". Die Vorspannung der Vierankerschwellen erfolgte mit einem Zwillingsvorspanngerät, was drei Arbeitsgänge erforderte. Bis das erste Vierlingsspanngerät entwickelt wurde – damals eine besonders erfolgreiche Innovation aus Linz, die eine Reduktion auf nur mehr einen Arbeitsgang für die Vorspannung ermöglichte und in der Folge weltweit in alle Dyckerhoff-Lizenzwerke übernommen wurde.

Überhaupt war der Erfahrungsaustausch unter den Schwellenwerken, die nach dem Dyckerhoff-Verfahren arbeiteten, intensiv. So berief Dyckerhoff & Widmann vom

Nach Einführung der Spannbetonschwellen in Österreich stieg rasch die Nachfrage: Stapelplatz des SSL in Linz-Wegscheid mit Schwellen vom Typ „11", einem „Verkaufshit" jener Jahre. Foto, 1956.

21. bis 23. März 1957 in München eine „Schwellen"-Tagung ein: ein internes Treffen mit den Lizenznehmern im Bereich „Schwelle", an dem auch Vertreter der ÖBB teilnahmen; das SSL war durch seine Geschäftsführer Dr. Schwarz (Hollitzer) und Dr. Rakosnik (Porr) vertreten. Es bestanden auch enge Verbindungen zwischen den ÖBB und der Deutschen Bundesbahn sowie der Technischen Universität München. Die Betonschwelle hatte – allen Zweiflern zum Trotz – ihren Siegeszug angetreten. Bis Ende 1954 hatte die Deutsche Bundesbahn 3 Millionen Stück verlegt.

Bereits ein Jahr später schrieb Dipl.-Ing. Adalbert Doll, Leiter der Abteilung für Oberbautechnik beim BZA Minden in der Nachfolge von Dr. Hans Meier, im Beitrag *Fünf Jahre Betonschwellenoberbau*, der 1955 im Organ der Hauptverwaltung der Deutschen Bundesbahn „DB" erschien und auch für die kommenden Jahre Geltung haben sollte:

„Die technische und wirtschaftliche Bedeutung der Betonschwelle für die DB ist nach einer erst fünfjährigen Bewährung jedenfalls überzeugend genug. Nach menschlichem Ermessen kann, wie die vorliegende kritische Betrachtung zeigen soll, die endgültige Bewährung der Betonschwelle als sicher gelten. Die Betonschwelle hat sich als Bauglied im Oberbau durchgesetzt."

Die Anfänge des SSL: Erinnerungen und Anekdoten

Betriebsleben und Unternehmenskultur in den 1950er Jahren

Käthe Springer · Stefan Tichy

1953/54 wurde das *Stahlbetonschwellenwerk Linz (SSL)* errichtet, und am 7. Juli 1954 begann die Erzeugung der Spannbetonschwellen – einem völlig neuen Produkt für den Bahnoberbau; noch im selben Jahr wurden 25 000 Stück hergestellt. Die Einführung der Betonschwelle ging keineswegs ohne Widerstände und Skepsis vor sich. Vor allem mußten die künftigen Geschäftspartner und Verwender mit der Novität erst näher bekannt gemacht werden. Also gab es im Werk gerade während der ersten Jahre zahlreiche Besuche und Exkursionen, die von der Wiener Firmenzentrale des SSL eingeladen waren und vor Ort betreut wurden. Baukaufmann Stefan Tichy, von Anfang an dabei und viele Jahre kaufmännischer Leiter der Firma, erinnert sich in diesem Zusammenhang an einige Begebenheiten, die zeigen, daß bei der regen Besuchstätigkeit im noch jungen Werk nicht immer alles ganz glatt ablief, aber dank Humor und Verständnis aller Beteiligter doch meist ein Happy-End möglich war.

Bahnmeister der ÖBB auf Exkursion im Werk, 1954.

So wurde, wie Herr Tichy erzählt, einmal aus Wien Besuch von Beamten des Verkehrsministeriums angekündigt. Betriebsleiter Eduard Harrer fuhr zum Linzer Hauptbahnhof, um die Gäste zu empfangen und zum Mittagessen in ein Restaurant einzuladen; anschließend sollte er sie ins Werk begleiten. Der Zug kam fahrplanmäßig an, und eine Gruppe, offensichtlich Besucher, stieg aus. Der Mann aus dem Werk erkundigte sich, ob die Herren aus dem Ministerium wären, und als sie freundlich bejahten, lud er sie, wie vorgesehen, zum Essen ein. Erst bei Tisch stellte sich heraus, daß die Gäste nicht vom Verkehrs-, sondern vom Finanzministerium waren, die von ihrer Landesdirektion erwartet wurden. Der Betriebsleiter wurde blaß: Wo waren die Besucher aus dem Verkehrsministerium geblieben? Wie sollte er die Zeche der „falschen“ Gäste erklären? Schließlich wurde der Irrtum aufgeklärt: Das Verkehrsministerium hatte kurzfristig den Besuch abgesagt, und die Finanzbeamten bezahlten natürlich ihr Mittagessen selbst. Von da an hatte ihr „Empfangschef“ eine deutlich gemilderte Einstellung zum Finanzamt.

Ein andermal kam ein Universitätsprofessor für Straßen- und Eisenbahnbau mit Studenten zu Besuch. Die Gruppe, zu der auch eine Dame gehörte, traf kurz vor Betriebsschluß ein, sodaß die Werkführung auf den nächsten Tag verschoben wurde. Die Büroangestellten erhielten die Aufgabe, Nachtquartiere für die Gäste zu besorgen, was damals – man schrieb das

Opel Caravan: der erste Firmenwagen, Oktober 1959.

Jahr 1954 – gar nicht so einfach war. Die Studenten gaben zu verstehen, daß die sie begleitende Dame die Gemahlin des Herrn Professor wäre. Mit Mühe konnte man die 20 Studenten in einem Hotel unterbringen, und für das vermeintliche Ehepaar fand sich gerade noch ein Doppelzimmer. Am nächsten Morgen zeigte sich, daß sich die Studenten einen Jux gemacht hatten: Die Dame war Studentin und hatte, wie von ihren Kollegen eingefädelt, die Nacht im Doppelbett verbracht – der Professor aber höflicherweise in einem Notquartier. Er war dem Betrieb jedoch wegen dieser „Zumutung" nicht böse.

An einem heißen Sommertag – man verzeichnete über 30 Grad Celsius – war Stefan Tichy während der Mittagspause allein im Büro geblieben. Zur Abkühlung hatte er seine Füße unter dem Schreibtisch in ein Schaff mit kaltem Wasser gestellt. Da standen unversehens einige Herren der Technischen Universität München in seinem Büro. Er sprang überrascht auf, wobei er auf sein Fußbad vergaß und das Schaff umwarf – das Wasser ergoß sich über das Schuhwerk der Besucher. Diese lachten schallend über den nassen Empfang.

Ob nun eher Humor oder Sachwissen überwog – die rege Aufklärungsarbeit des SSL machte sich bezahlt: 1955 begann sich die Spannbetonschwelle unaufhaltsam durchzusetzen. Ihre Vorteile lagen auf der Hand und widerlegten ihre Kritiker. Das Werk in Linz-Wegscheid stand im zweiten Produktionsjahr, als die Österreichischen Bundesbahnen einen Jahresauftrag über 75 000 Schwellen erteilten und die Anlagen daraufhin erweitert werden mußten.

Von Anfang an bemühten sich die Eigentümer des SSL um die Schaffung sozialer Einrichtungen und ein Betriebsklima, das zwar durchaus dem patriarchalen Stil jener Zeit, aber zugleich auch dem humanen Selbstverständnis des Hauses Hollitzer/Wertanek entsprach. Für die Belegschaft gab (und gibt) es eine Betriebsküche. Milch und Tee – zehn Jahre nach dem Krieg wertvolle Nahrungsmittel – wurden kostenlos abgegeben. Anläßlich ihrer Pensionierung erhalten Betriebsangehörige bis heute eine Zuwendung der Firma. Zu den identitätsstiftenden Traditionen gehörten unter anderem sommers ein Betriebsausflug für die Beschäftigten und ihre Familien sowie im Dezember die gemeinsame Weihnachts- bzw. Jahresabschlußfeier. Herr Tichy erinnert sich: Für die Jahresabschlußfeier wurden von der Betriebsleitung Musiker und manchmal auch Kabarettisten oder andere Kleinkünstler gebucht. Einmal trat ein Zauberer auf, der darauf spezialisiert war, Armbanduhren, Hosenträger und andere verborgene Besitztümer der Zuschauer verschwinden zu

Besuch aus der Technischen Hochschule Graz, 1954.

Die Belegschaft des SSL, 1955.

lassen. Dies sollte verhängnisvoll werden: Im Publikum befand sich auch der Geschäftsführer der Firma, Dipl.-Ing. Dr. Gerhard Schwarz, der aus der Wiener Zentrale gekommen war, um wie jedes Jahr den in Frage kommenden Angestellten persönlich und in aller Form Kuverts mit Prämien zu überreichen. Ein geschätzter Brauch – nur verlief er diesmal etwas anders. Der Zauberer suchte sich für seine Kunststücke von allen Anwesenden ausgerechnet Dr. Schwarz aus und leerte ahnungslos dessen Taschen. Dabei zog er auch die vorbereiteten Briefumschläge heraus und verlas laut die darauf stehenden Namen. Mit der feierlichen Übergabe war es natürlich vorbei. Der Geschäftsführer, dem alle sehr zugetan waren, warf den Organisatoren des Festes verärgert vor, den Zauberer entsprechend instruiert zu haben. Das stimmte nicht, doch man steckte zerknirscht den Rüffel ein – zusammen mit den Kuverts und ihrem begehrten Inhalt.

Auch die folgende Geschichte illustriert das damalige Verhältnis von Belegschaft und Unternehmensführung: Eines Tages im Sommer 1954, kurz nach der Produktionsaufnahme, wollte ein unbekannter älterer Mann unter Umgehung der Büros die Werkshalle betreten, was ihm der Werkmeister Stefan Kunst untersagte; Fremde durften nämlich ohne Bewilligung der Zentrale nicht in den Bereich der Schwellenproduktion vorgelassen werden, und zwar wegen möglicher Werksspionage. Der Mann nannte daraufhin seinen Namen und bemerkte, er sei der Eigentümer des Betriebes und wolle die laufende Produktion besichtigen. Der Meister blieb unerschüttert: Erst müsse er überprüfen, ob es mit der Aussage des ihm Unbekannten auch seine Richtigkeit habe. Als er mit dem „Eindringling" ins Büro kam, fuhr allen der Schreck in die Glieder: Es war tatsächlich der Firmenchef aus Wien, „der Herr Kommerzialrat" persönlich, der vor verschlossenen Türen gestanden war. Man bemühte sich raschest um Aplanierung, nichts Gutes erwartend. Es kam jedoch anders als gedacht: Für die korrekte, kompromißlose Haltung erhielt der Meister von seinem Chef eine Belobigung und am nächsten Tag einen Golddukaten.

Jahresabschlußfeier im Linzer Stadtkeller, Dezember 1958. Werkmeister Stefan Kunst (links) mit Conférencier.

Was ein Zeitzeuge in diesen Anekdoten aus dem Firmenleben so launig erzählt, widerspiegelt Betriebsalltag, Atmosphäre und Führungsstil, wie sie der Aufbruchstimmung, den Kriegsnachwehen und den wirtschaftlichen wie kulturellen Strukturen der österreichischen Nachkriegsepoche entsprechen.

Unternehmenskultur ist keine neue Erfindung. Während des konjunkturellen Aufschwungs der 1950er und 1960er Jahre mit seinen Vorstellungen von Aufstieg, Stabilität und langfristigen Arbeitsplatz-Perspektiven hatte sie auf ihre Art ebenso, wenn nicht mehr identitätsstiftende Funktionen als das, was heute „Corporate identity" heißt und als Teil von Verkaufsstrategien und Marketing bewußt kreiert wird. Zur Unternehmenskultur gehören das Verhältnis von Geschäftsführung und Belegschaft ebenso wie soziale Einrichtungen und Inszenierungen mit dem Ziel, Identifikation und Zusammengehörigkeitsgefühl langfristig zu stärken und in die produktive Tätigkeit einzubinden; zu ihr gehören aber auch Selbstdarstellungen der Mitarbeiter, Erinnerungen, Erfahrungen und Zeugnisse betrieblicher Alltagskultur. Diese belegen keine strategisch *verordnete*, sondern vielmehr eine *gelebte* Unternehmenskultur – und sind zugleich ein Zeitdokument, das nicht nur die konkreten Anfänge eines Schwellenwerks in Linz illustriert, sondern bei näherer Betrachtung ein Kapitel österreichischer Arbeitsgeschichte enthüllt.

Ein Tag im Stahlbeton-Schwellenwerk Linz. *Seite aus einem Fotoalbum des SSL, gestaltet von Betriebsleiter Eduard Harrer, 1956.*

Die Schwellenproduktion des SSL im Wandel der technischen Entwicklung

Kurt Reichart

Die erste Schwelle, die 1954 das Werk in Linz verließ, war Typ „10“, eine *Einanker*-Spannbetonschwelle ohne Verbund von 2,30 Meter Länge. Dieser Schwellentyp (eingebaute Stück: 9944) hatte ein schwaches Mittelstück, das sich unter den Schienen zu starken Blöcken erweiterte (ab Typ „10a“ wurde der Mittelteil der Schwelle verstärkt); er kam auf Strecken von Nebenbahnen zum Einsatz. Das Gewicht betrug ohne Befestigung 185 Kilogramm, die Bewehrung bestand aus einem Spannstahl mit 20 Millimeter Durchmesser (St 95/105), der vor dem Einbau in die Schwelle in Heißbitumen getaucht wurde. Die Gesamtvorspannung erfolgte mit 13 Tonnen (130 Kilonewton, kN). Die Schienenbefestigung bestand aus Bundschrauben und Klemmplatten.

Noch im selben Jahr wurde diese Schwelle von der „10a“ abgelöst, deren Mittelstück, wie erwähnt, bereits stärker ausgeführt war und die ebenfalls auf Nebenstrecken zum Einsatz kam (eingebaute Stück: 10 886). Ihr Gewicht betrug ohne Befestigung 190 Kilogramm, die Bewehrung bestand aus Spannstahl von 22 Millimeter Durchmesser (St 95/105). Die Gesamtvorspannung erfolgte mit 13 Tonnen (130 kN). Beide Typen, „10“ und „10a“, haben sich von der Konstruktion her nicht optimal bewährt, weshalb 1954/55 eine Schwelle folgte, die der heutigen schon sehr ähnlich war: der Schwellentyp „11“, der erstmals als *Zweianker*-Spannbetonschwelle, ebenfalls ohne Verbund, produziert wurde. Diese Schwelle zeichnete sich durch eine durchgehend große Auflagefläche aus und verjüngte sich in der Mitte nur wenig. Es war der erste Typ, der in schwerbelastete Hauptgleise eingebaut wurde. Das Gewicht betrug 231 Kilogramm ohne Befestigung; verwendet wurde Spannstahl mit einem Durchmesser von 20 Millimetern (St 95/105), der mit Heißbitumen getränkt wurde. Die Gesamtvorspannung erfolgte mit 26 Tonnen (260 kN), wobei die Schwelle nach dem ersten Tag mit 80 Kilonewton teilvorgespannt und erst nach 28 Tagen, bereits auf dem Stapelplatz liegend, endvorgespannt werden konnte. Als Schienenbefestigung dienten Rippenplatten; bei dieser Befestigungsart wurden zwei Schwellenschrauben je Rippenplatte in Holzdübel, die im Schwellenkörper einbetoniert waren, eingeschraubt. (Holzdübel hatten trotz Imprägnierung eine erheblich kürzere Lebensdauer als die Betonschwelle und mußten an den eingebauten Schwellen ausgewechselt werden, was einen hohen Aufwand erforderte; ab 1965 wurde daher allgemein auf Kunststoffdübel übergegangen.) 166 856 Stück wurden bis 1957 von Typ „11“ eingebaut.

Die nächste Schwelle, Typ „12“, stellte als *Vieranker*-Spannbetonschwelle mit Haarnadelbewehrung und nachträglichem Verbund eine völlige Neukonstruktion dar. Der Stahl wurde im Werk haarnadelförmig gebogen; auf der Ankerseite überkreuzten sich die Bögen. Die Schwelle war 2,30 Meter lang, und ihre Vorspannung betrug 32 Tonnen (320 kN). Erstmals wurde die gesamte Vorspannung auf dem Rollgang bereits nach 48 Stunden aufgebracht. Nach anschließendem Auspressen der Spannkanäle mit Injektionsmörtel, Montieren der Rippenplatten und Aufbringen eines kalten Bitumenanstrichs an den Stirnseiten war die Schwelle versandfertig. 1957–1964 erzeugt, wurde Typ „12“ mit 686 107 eingebauten Stück zum er-

Schwellentyp „11“ mit Rippenplattenbefestigung am Stapelplatz, 1955.

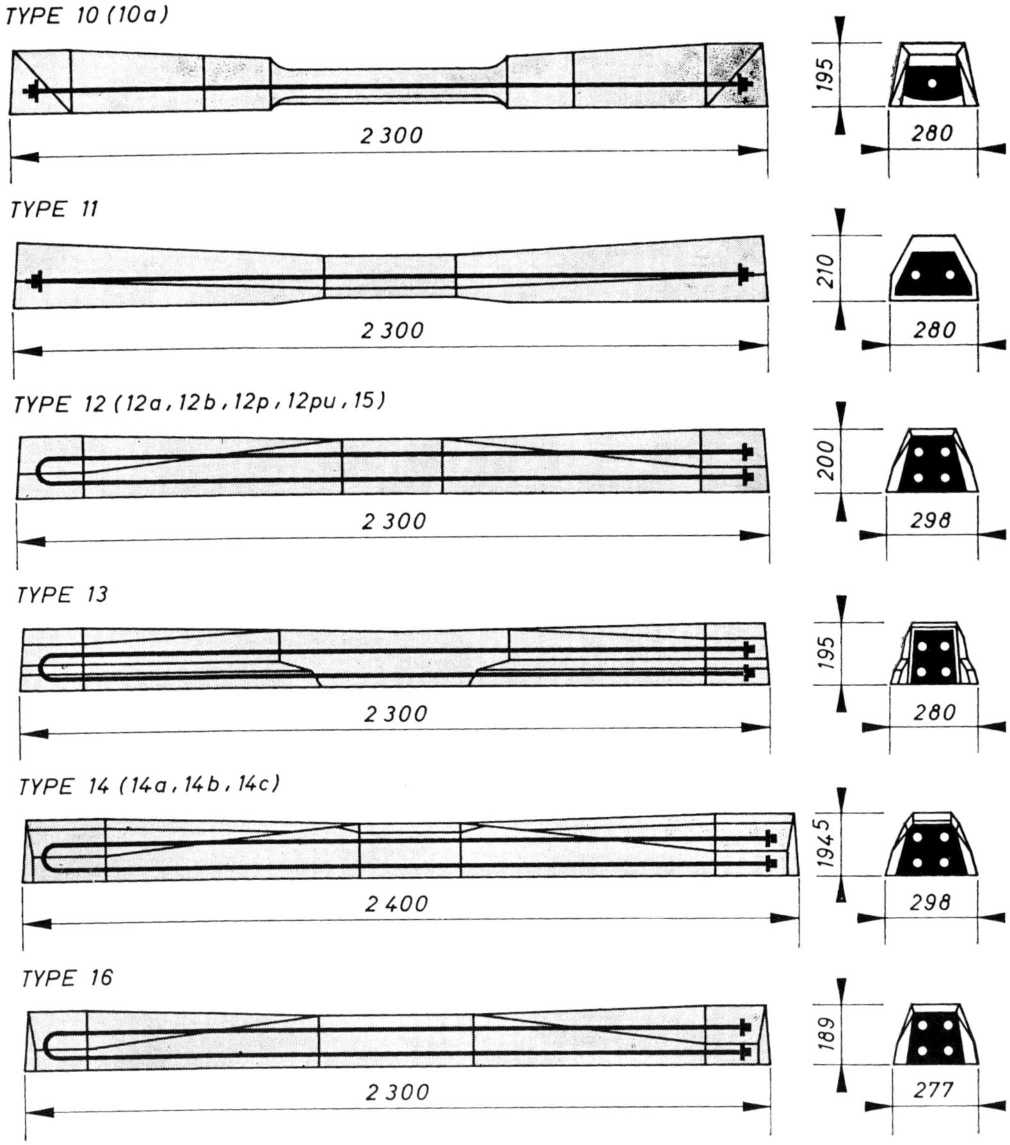

Die ersten Schwellen des SSL: Typen „10"–„16".

folgreichsten Produkt jener Generation aus Linz. Die nachfolgenden Schwellen – 12p, 12pu, 13, 14, 14a, b, c, 15, 16, 19 und 19a – unterschieden sich nur in ihren Maßen und der Art der Schienenbefestigung voneinander, wurden jedoch weiterhin alle nach derselben Fertigungsmethode, dem DSA-(= Dyckerhoff-Spannanker-)Verfahren, erzeugt.

Für schwerst beanspruchte Industriebahnen sowie Schleppbahnen und Werksgleise wurden die Typen „12p" und „12pu" hergestellt: „12p" hatte eine einfache Befestigung aus Schwellenschrauben mit vergrößertem Kopf, die in Kunststoffdübel eingeschraubt waren und auf den Schienenfuß drückten; „12 pu" wurde mit einer Universalbefestigung ausgestattet, welche die Montage sämtlicher Schienenformen einschließlich Schutzschienen zuließ.

Für Gleise zweiter Ordnung (Nebenbahnen) entstand der Schwellentyp „13", wie alle bisherigen Typen 2,30 Meter lang, mit einer Bewehrung aus vier Spannstählen Delta 100 A (Durchmesser: 7 mm) sowie – erstmals in Österreich – einer Federschrägnagelbefestigung für die Schienen. 31 653 Stück wurden 1962–1966 eingebaut.

1964 kam der Schwellentyp „14" auf den Markt, eine bekannte und für viele Jahre bewährte Konstruktion (eingebaute Stück: 567 361). Er war 2,40 Meter lang, Bewehrung und Schienenbefestigung glichen jedoch den bisherigen Typen. Für die Produktion wurde gezogener Spannstahl mit einem Durchmesser von 9,4 Millimetern, Delta 100 A von der Güte 150/170 kg/mm^2 von Felten & Guilleaume, Bruck/Mur (anstatt des früheren gewalzten Sigma-Stahls 135/150, 9,7 Millimeter Durchmesser, von Rheinhausen), mit einem Sondergewinde M 10 x 1,5 Millimeter, verwendet; die Gewinde wurden seit Beginn der Betonschwellenerzeugung unter hohem Rolldruck aufgewalzt. Das Gewicht der Schwelle betrug 235 Kilogramm ohne Oberbaubefestigung, die Vorspannkraft 32 Tonnen (320 kN). Untergruppen, die sich durch die verschiedenen Befestigungen voneinander unterschieden, waren: „14a" mit Springblockbefestigung (eingebaute Stück: 1000); „14b" mit HM-Schienenbefestigung (benannt nach den Initialen des Erfinders Dr. Hans Meier, Professor an der Technischen Universität München), diese Befestigungsart, bestehend aus Spannklemmen, die mit Schwellenschrauben auf den Schienenfuß gedrückt werden (eingebaute Stück: 1000), fand ab dem Typ „19" allgemeine Verbreitung; „14c" mit Pandrolbefestigung (ersetzte die kurzlebigen Holzdübel durch stählerne, zur Isolierung mit Kunststoff überzogene Anker, an denen Federbügel als Schienenbefestigung sitzen). Eingebaute Stück der „14c": 259 454.

Typ „15" wurde in den Formen der „12er" als Versuchsausführung für rationellere Befestigungsarten produziert, wobei Platten mit Verankerungen für die Pandrolbefestigung einbetoniert wurden (eingebaute Stück: 6645). Für Gleise zweiter Ordnung entstand 1967 Typ „16“ (eingebaute Stück: 759 082; erzeugt bis 1990). Er war ebenfalls mit einer Pandrolbefestigung ausgestattet und fand wegen seiner leichten Montierbarkeit großen Anklang. Seine Länge betrug 2,30 Meter, sein Gewicht 197 Kilogramm. Die Konstruktion glich der von Typ „14“, der Durchmesser des Spannstahls maß jedoch 8 Millimeter, Delta 100 A 150/170, die Gesamtvorspannung erfolgte mit 26 Tonnen (260 kN). Innerhalb von 13 Jahren war damit die Typenserie „11“ bis „16“ entstanden, in deren Verlauf die Schwellengrundflächen mehrmals vergrößert wurden, um die Schotterpressung zu verringern; gleichzeitig wurde die Tragfähigkeit der Schwelle durch Erhöhung der Spannkraft zunächst auf 240, dann auf 320 Kilonewton (24 bzw. 32 t) gesteigert. Typ „17“ (eingebaute Stück: 120) hatte dieselbe Befestigung wie die Schwelle „14“, war jedoch 2,60 Meter lang; die Vorspannkraft betrug 32 Tonnen, das Gewicht 302 Kilogramm.

1972 ging in Linz eine Schwelle besonderer Bauart in Produktion: die sogenannte „Ohrenschwelle“ (Typ „14d“ bzw. „18a“), die mit seitlichen Anhängen im Schienenbereich die Stirnfläche der Schwelle mehr als verdoppelte sowie eine größere Auflagefläche und einen größeren Querverschiebewiderstand bot. Dieser Typ (eingebaute Stück: 8983) wog 300 Kilogramm, die Vorspannung erfolgte mit 32 Tonnen (320 kN). Die Ohrenschwelle, deren Schwellenkörper ansonsten dem Typ „14“ glich, wurde in mehreren gebirgigen Probestrecken mit engen Krümmungsradien und durchgehend geschweißten Schienen eingebaut, wo sie zunächst zur erwarteten Verbesserung der Gleislage führte. Die unbewehrten bzw. mit nur schwacher Bewehrung verstärkten „Ohren“ waren jedoch auf Dauer der Beanspruchung nicht gewachsen und zeigten Risse; die Produktion wurde daher 1980 eingestellt.

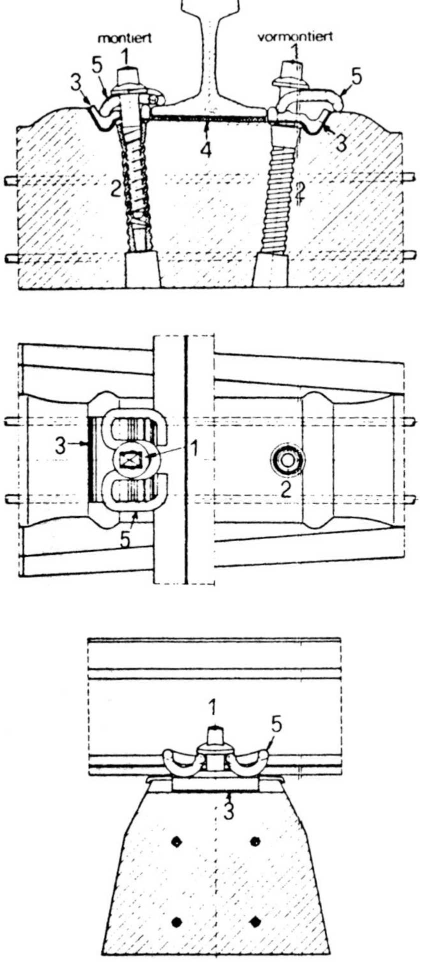

Bei der „HM-Schienenbefestigung“ sitzt die Schiene unter Zwischenschaltung einer Kunststoffzwischenlage mit dem Schienenfuß auf der Schwelle auf. Die Lage der Schiene wird durch zwei seitliche Winkelführungsplatten aus Kunststoff gesichert. Zwei Schwellenschrauben in Kunststoffdübeln drücken über je eine epsilonförmige Spannklemme den Schienenfuß gegen die Schwelle. Die von der Schiene kommenden Seitenkräfte werden über die Winkelführungsplatte auf den Schwellenkörper übertragen, ohne die Schwellenschraube auf Biegung oder Abscheren zu beanspruchen. Diese Befestigung wurde in Österreich bei den Schienentypen „14b“, „19“, „19a“, „K 1“ und „RS 95“ eingeführt.

Mit der Nebenbahnschwelle „19“ kam 1976 wieder eine Neuheit auf den Markt. Zur Verbesserung der Gleislage wurde die Schwellenlänge auf 2,50 Meter vergrößert, aber an der Konstruktion der Bewehrung nichts geändert und die Schwellenform nach Möglichkeit den Erfordernissen angepaßt (Gewicht: 280 kg, Vorspannung: 32 t, eingebaute Stück: 1 069 806, erzeugt bis 1991). Mit dieser Schwelle wurde, wie erwähnt, gleichzeitig der teure K-Oberbau (= Rippenplattenoberbau) abgelöst und durch die technisch ausgereiftere HM-Schienenbefestigung ersetzt, die bis heute verwendet wird. Eine Erhebung im Beton übernahm anstatt der Schwellenschraube die Aufnahme der Horizontalkräfte.

1986 folgte der für Hauptstrecken entwickelte Typ „19a“, das längste (2,60 m) und schwerste Produkt (285 kg) der Serie, jedoch mit gleichbleibender Konstruktion der Bewehrung (eingebaute Stück: 1 998 331, erzeugt bis 1998).

Fertigungstechnik

Das Prinzip „Sofortentschalung“

Das *Stahlbetonschwellenwerk Linz (SSL)* produziert seit 1954 nach dem *Prinzip der Sofortentschalung*. Dieses Fertigungsverfahren in Lizenz der deutschen Firma Dyckerhoff & Widmann unterscheidet sich von allen anderen Systemen dadurch, daß der verdichtete Beton nicht in der Form erhärten muß, sondern *sofort entschalt* wird; er bleibt zu diesem Zeitpunkt bereits formgerecht und kann sogar, ohne Eindrücke zu erleiden, begangen werden – eine erfolgreiche Technik, nach der bis heute in Linz produziert wird.

Das DSA-Verfahren

Die Schwellenherstellung erfolgte seit dem Schwellentyp „12“ (produziert ab 1957) nach dem Prinzip der *Sofortentschalung mit nachträglicher Vorspannung*, dem sogenannten DSA-Verfahren (= Dyckerhoff-Spannanker-Verfahren), bei dem drei Zwillingsschalungsformen in Umlauf sind. Für die nachträglich einzubauende Spannbewehrung müssen im Betonkörper der Schwelle die Spannkanäle ausgespart werden, was durch den Einbau von Matrizen geschieht. Dabei werden auch die Kunststoffdübel für die Schwellenschrauben und die Ankerglocken für die Endverankerung der Spannbewehrung eingebaut.
Die Formen werden gereinigt, mit einem Trennmittel eingesprüht und dann paarweise auf den Rütteltisch gefahren. Dort werden sie hydraulisch mit zwei Rüttelblöcken verspannt und unter dauerndem Rütteln schichtenweise durch Überfahren mit dem Verteilerwagen mit Beton gefüllt. Sind die Formen voll, wird eine Auflastbohle mit Außenrüttlern aufgesetzt, die eine zusätzliche Verdichtung des Betons, ein Abgleichen des Schwellenbodens und eine Einprägung von kassettenförmigen Vertiefungen in die Schwellenunterseite bewirkt.
Nach dem Hochfahren der Auflastbohle wird ein Unterlagsblech auf die gefüllte Form gelegt und mit der Form verspannt. Dann werden die Formen maschinell vom Rütteltisch abgehoben, unter gleichzeitigem Drehen um 180 Grad seitlich abgelegt und anschließend die Matrizen für die Spannkanäle und die Halterungen der Dübel für die Schwellenschrauben entfernt. Zur Erhärtung des Betons werden die frischen Schwellen in „Klimastapeln“ gelagert; hier erreichen sie bereits nach 30 Stunden die erforderliche Festigkeit. Zum Zeitpunkt der Vorspannung müssen die Schwellen eine Druckfestigkeit von mindestens 450 kp/cm^2 aufweisen, um die notwendigen Vorspannkräfte aufnehmen zu können.
Die erhärteten Schwellen werden in Lagen von den Stapeln abgehoben, durch eine Spezialzange von den Unterlagsblechen getrennt und auf das Vorspann- und Montageband gelegt. Hier werden die haarnadelförmig gebogenen Spannstäbe eingeschoben, die Schlitzmuttern aufgedreht und die Befestigungsmittel aufgelegt. Die vier Spannstäbe der Schwellen werden gleichzeitig und gleichmäßig mit je 8 Megapond (80 kN), also insgesamt 32 Megapond (320 kN), vorgespannt und unter gleichzeitigem Andrehen der Schlitzmuttern am Schwellenende verankert.
Die Spannstähle werden durch das Vorspannen um etwa 15 Millimeter gedehnt. Die Spannkanäle müssen sodann mit Injiziermörtel ausgepreßt und die Schwellen am Kreuz- und Spannkopf zum Zweck des Rostschutzes der Bewehrung mit Mörtel verschlossen werden.

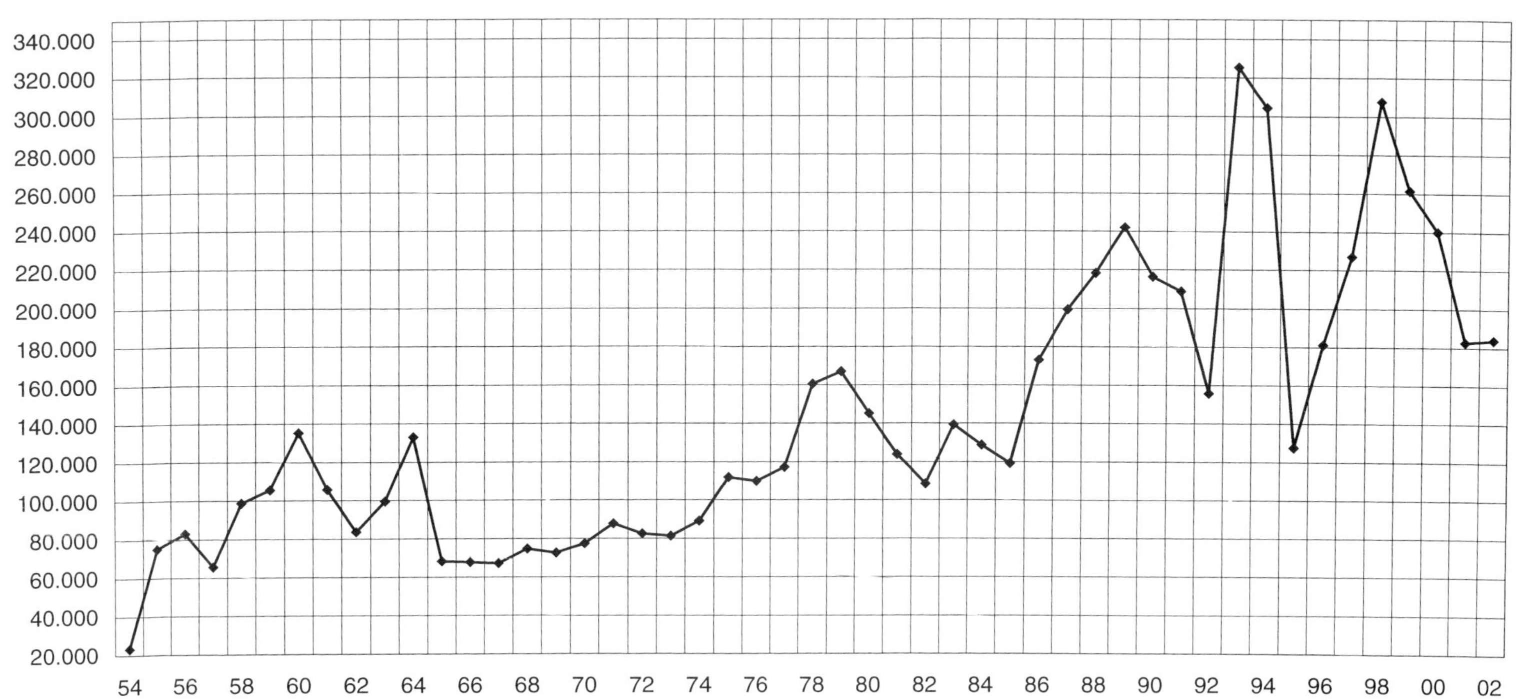

Schwellenproduktion des SSL 1954–2002.

Österreichische Bahnbetreiber – Kunden des SSL

Stand: September 2002

Neben Österreichs größtem Bahnbetreiber und Auftraggeber für Schwellen, den ÖBB, zählen folgende private Bahngesellschaften zu den Kunden des SSL:

Graz-Köflacher Eisenbahn Ges.m.b.H.
A-8020 Graz, Köflacher Gasse 35–41
Tel. +43/316/59 87-0
Fax +43/316/59 87-16
info@gke.at
www.gke.at

Steiermärkische Landesbahnen
A-8010 Graz, Radetzkystraße 31
Postfach 893
Tel. +43/316/81 25 81-0
Fax +43/316/81 25 81-25
office@stlb.at
www.stlb.at

Salzburger Lokalbahn
A-5020 Salzburg, Plainstraße 70
Tel. +43/662/88 84-86 61 00
Fax +43/662/44 80-61 15
salzburger.lokalbahn@salzburg-ag.at
www.lokalbahn.info

AG der Wiener Lokalbahnen
A-1120 Wien, Eichenstraße 1
Tel. +43/1/904 44
Fax +43/1/904 44-350
office@wlb.at
www.wlb.at

Zillertaler Verkehrsbetriebe AG
Zillertalbahn
A-6200 Jenbach, Austraße 1
Tel. +43/52 44/606-0
Fax +43/52 44/606-39
office@zillertalbahn.at
www.zillertalbahn.at

Weitere Bahnbetreiber

Stern & Hafferl
Verkehrsgesellschaft m.b.H.
A-4810 Gmunden, Kuferzeile 32
Tel. +43/76 12/795-200
Fax +43/76 12/795-202
sekretariat@stern-verkehr.at
www.stern-verkehr.at

Raab–Oedenburg–Ebenfurter
Eisenbahn AG
A-7041 Wulkaprodersdorf, Bahnhofplatz 5
Tel. +43/26 87/62 224-0
Fax +43/26 87/62 224-190
office@raaberbahn.com
www.raaberbahn.com

Das DSR-Verfahren

In den 1980er Jahren stieg die Bedeutung des Schienenverkehrs. Die Zuggeschwindigkeiten erreichten mehr als 200 Stundenkilometer. Hochleistungsstrecken entstanden, und die größere Belastung der Schwellen erforderte deren höhere Spannkraft. Die Ansprüche an den Fahrkomfort nahmen zu, und eine bessere Gleislage wurde notwendig. Diesen Anforderungen mußte auch in der Entwicklung der Schwellen entsprochen werden.
Das mittlerweile bald 40 Jahre alte DSA-Verfahren war an die Grenzen seiner Leistungsfähigkeit gelangt. Bemühungen um Verbesserungen zeigten wenig Erfolg, sodaß die Einführung eines neuen Produktionsverfahrens zwingend notwendig wurde. Zur Auswahl standen Systeme aus England, Frankreich, Italien, Schweden und Deutschland. Nach eingehender Prüfung und Besichtigung verschiedener Erzeugungsstätten fiel die Wahl auf ein Verfahren im kurzen Spannbett *(Kurzbett-Verfahren)* mit einer Kombination von *Sofortentschalung* und *Vorspannung mit sofortigem Verbund*, wie es vom bisherigen Lizenzgeber Dywidag als DSR (= Dyckerhoff-Spannrahmen)-Verfahren entwickelt und auf dem Markt erprobt worden war. Kernstück des Kurzbett-Verfahrens sind die stählernen Spannrahmen für je sechs (2 x 3) Schwellen. In einem einzigen Arbeitsgang werden die Bewehrungsdrähte maschinell eingeschoben und vorgespannt. Danach wird der Spannrahmen gemeinsam mit der Bewehrung auf eine Gruppe von sechs Formen gesetzt; diese werden mit Beton gefüllt und gerüttelt. Anschließend wird die Betonoberfläche mit einer Blechtafel – der „Palette“ – abgedeckt und nochmals gerüttelt. Spannrahmen, Formen und Palette werden als Paket gewendet und die Formen nach oben abgezogen. Der noch frische Beton bleibt als „sofortentschalte“ Schwelle erhalten.
Nun erhärtet der Beton in geschlossenen Klimakammern, die durch Stapelung mehrerer Spannrahmen und Paletten übereinander von selbst entstehen. Nach dem Erhärten des Betons werden die Drahtverankerungen vom Spannrahmen gelöst.

Dabei überträgt sich die Vorspannung „mit sofortigem Verbund“ auf den Beton. Zuletzt werden die Schwellen mittels Diamantscheiben vom Spannrahmen getrennt. Im Unterschied zum DSA-Verfahren entfallen alle Verankerungsteile, damit auch das bisher erforderliche nachträgliche Verfüllen der Spannkanäle mit Zementmörtel und das Verschließen der Verankerungsöffnungen. Außerdem versteift die in der frischen Schwelle liegende Bewehrung den Betonkörper und erhöht dadurch dessen Maßhaltigkeit erheblich.

Für Hochleistungsstrecken – die Schwelle „K 1“

Das Resultat des neuen Produktionsverfahrens war 1997 die Schwelle „K 1“ (siehe S. 208 ff., Anm. d. Red.), die sich vom Typ „19a“ augenfällig durch ihre schlankere Mitte und die kräftigeren Auflagebereiche für die Schienen unterscheidet. Bei gleicher Länge von 2,60 Metern und gleicher Breite von 30 Zentimetern ist die Schwellengrundfläche größer und somit die Schotterpressung geringer, wodurch die Schwelle beständiger im Schotterbett liegt.

Die schlankere Mitte wird durch „gekreuzte Bewehrung“ ermöglicht: Anstelle der vier parallel geführten Vorspannstäbe (Durchmesser: 9,40 mm) mit Gewinden und Verankerungsteilen besitzt die „K 1“ acht profilierte Drähte (Durchmesser: 7,50 mm), die sich in der Schwellenmitte kreuzen und strahlenförmig zu den Schwellenenden hin verlaufen.
Durch die „Taille“ ist die „K 1“ in der Mitte elastischer und nimmt unvorhergesehene Lastverteilungen im Schotterbett besser auf.
Die taillierte Mitte erhöht den Querverschiebewiderstand der Schwelle im frischgestopften Gleis. Die gleichmäßige – im Idealfall kreisförmige – Verteilung der Spanndrahtenden in den Schwellenstirnflächen minimiert die Rißgefahr in den Schwellenenden.
Statt der bisher maximalen Spannkraft von 320 Kilonewton erreicht die „K 1“ eine Spannkraft von 450 Kilonewton, wobei ohne weiteres auch eine Höchstspannkraft von 540 Kilonewton, wie beispielsweise nach den strengeren Regeln in den USA vorgeschrieben, möglich ist. Dadurch erhöht sich die Bruch- und Rißsicherheit der Schwelle.

Ins neue Jahrtausend – die Rahmenschwelle „RS 95“

Die Suche nach einem dämpfenden Schotteroberbau, der in der Lage ist, die Lasten immer schnellerer und schwererer Züge aufzunehmen, hat 1999 zur Entwicklung der Rahmenschwelle geführt. Diese als „H“ ausgeführten, vorgespannten Betonelemente tragen endlos verschweißte Schienen mit elastischen Befestigungen. Die Auflagerfläche im Schotterbett wird durch die beiden Längsträger um rund 50 Prozent erhöht, wodurch sich die Schotterpressung verringert. Die Längsträger erhöhen den Querverschiebewiderstand. Die elastische Basis aus Polyurethan-(PU-)Material hilft, die Dämpfungseigenschaften über die Länge des Gleises zu verteilen, und reduziert gleichzeitig den Druck auf den Schotter und die Spannungsgradienten im Schotterbett. Dadurch kann die Dichte des Schotterbetts verringert und die Spanne für den vertikalen Ausgleich von Setzungen beibehalten werden. Die durchgehende Lagerung der Schiene garantiert eine optimale Schwingungsdämpfung der Schienen. Weiche Zwischenlagen (ZW 700) im Befestigungspunkt verringern die Schwingungsübertragung von Schiene und Schwelle auf den Schotter. Die kontinuierliche Lagerung reduziert die Schallemission der Schiene. Die Rahmenschwelle „RS 95“ besteht aus zwei Querschwellen von je 2,50 Meter Länge und dazwischen angeordneten Längsträgern, die eine Breite von 0,95 Metern ergeben; dazu kommt ein Abstand von 0,05 Metern zwischen den Rahmenschwellen.
Die „RS 95“ wird als Spannbeton-Bauteil nach dem Prinzip der *Sofortentschalung mit Vorspannung und sofortigem Verbund* in Längs- und Querrichtung hergestellt.

Die Schwelle „K 1“ mit HM-Schienenbefestigung.

Betonqualität, Spannbewehrung und HM-Schienenbefestigungen entsprechen dem Standard des bisherigen Schwellentyps „K 1“.

Die Rahmenschwelle „RS 95" – die erste Eigenentwicklung des SSL.

Seit September 2002 erzeugt das SSL auch Weichenschwellen. In einem Langbett von 54 m Länge gefertigt, werden die Schwellen anschließend im Ganzen hydraulisch aus der Schalung gehoben und die entsprechenden Längen in der Trennanlage zugeschnitten. Im Bild: die ersten Weichenschwellen aus Linz, die an die ÖBB für die Baustelle Bahnhof Obernberg/Altheim, Strecke Neumarkt–Simbach (OÖ), ausgeliefert wurden. Konzipiert für den Weichentyp C-500-1:12 Psch, ergaben 110 Stück verschiedene Schwellentypen einen Gesamtlaufmeterbedarf von 328,5 lfm.

Neben der Spannbetonschwelle „K 1" und der Rahmenschwelle „RS 95", den modernsten Produkten zur Verlegung im Gleis, erzeugt das SSL seit 2002 auch *Weichenschwellen*. Bis 1990 wurden in Österreich ausschließlich Holzschwellen verwendet, erst danach erfolgte auch in diesem Bereich eine Erprobung in Beton. Positive Ergebnisse ließen die Nachfrage steigen.

Die SSL-Fertigung erfolgt im Langbettverfahren. Ein Zwillingsspannbett von etwa 54 Meter Länge ermöglicht die tägliche Produktion von 108 Laufmetern Weichenschwellen. Diese sind 300 Millimeter breit, 220 Millimeter hoch und wiegen rund 165 Kilogramm pro Laufmeter. 16 Spanndrähte mit je 6,50 Millimeter Durchmesser und einer Vorspannkraft von 700 kN übernehmen die geforderten Belastungskriterien.

Nach dem Erhärten des Betons wird der gesamte Schwellenstrang hydraulisch aus der Schalung gehoben und mit Diamantsägen in einzelne Schwellen geschnitten. Je nach Weichentyp gibt es zwischen 50 und 150 verschiedene Schwellen, wobei die Schwellenlänge zwischen 2,30 und 4,80 Meter Länge variiert. Der Gesamtlaufmeterbedarf je Weiche liegt zwischen 200 und 500 Laufmetern.

Schwellen*

H. E. Weidinger

Da wir, wie man sagt, an der Schwelle zu einem neuen Jahrtausend stehen, mag es naheliegen, auch das Produkt von Schwellenwerken einem prüfenden Blick zu unterziehen und seine Eigenart zu überdenken.

Bei einer solchen Betrachtung scheint jene Schwelle, welche eine Zeit von einer anderen oder einen Raum von einem anderen trennt, uns kaum Hinweise für unsere Schwellen zu bieten. Denn Schwelle im Singular – die Schwelle also, die als Markierung eine Grenze hervorhebt – ist von eitlem Wesen: Sie will auffallen, sie hat einen eigenen Gott, Ianus, der seinerseits durch zwei Gesichter auffällt und zugleich nach vorne wie nach hinten blickt – vielleicht um Ausschau zu halten, ob auch genug Publikum da sei. Die Schwelle im Singular ist melodramatisch wie ein Schauspieler, der an die Rampe tritt und Luft holt – sie will, daß auch wir ihrem Gestus folgen und ahnungsvoll innehalten, oder aber wie Barbaren über sie buchstäblich mit der Tür ins Haus fallen.

Nichts von alldem kennzeichnet unsere Schwellen. Sie treten nur als Mehrzahl auf und reihen sich diszipliniert aneinander, nicht allein am Ort ihrer Herstellung, sondern ebenso am Ort ihres Gebrauchs; ihr ganzer Ehrgeiz scheint darin zu bestehen, nicht aufzufallen. Als diskrete Unterstützer üben sie sich wie gute Butler in Unauffälligkeit und in der Kunst, das Nein- oder Aber-Sagen zu vermeiden. Darum zeigt sich ihr Nutzen – wie bei allem Dienenden – fast immer nur dann, wenn er einmal ausbleibt: fürs fahrende Publikum ein kurzer Ruck, den die Sitzpolsterung sogleich auffängt.

Deutlich mehr Unauffälligkeit wird jene Schwellen kennzeichnen, welche aus unserer neuen Erzeugung hervorgehen: noch gleichförmiger aufgrund reduzierter Toleranzen werden sie höhere Geschwindigkeiten ermöglichen, ohne daß dabei Sicherheit oder Komfort beeinträchtigt würden. Sie werden aufgrund ihrer flexiblen Herstellungsweise der technischen Weiterentwicklung kein Nein und Aber entgegensetzen und aufgrund ihrer erhöhten Belastbarkeit wesentlich länger im Gleis liegen können. So werden sie mit bewirken, daß Baustellen, welche die Erhaltung des Gleiskörpers notwendig mit sich bringt, seltener die Fahrt verzögern. Und schließlich werden sie sich als vollkommen recyclebare Produkte ohne Holpern auch in den ökologischen Kreislauf einfügen.

Mögen diese neuen Schwellen sicher und ruhig zur Schwelle des neuen Jahrtausends geleiten – und weit in es hineinführen.

Glück auf und Bahn frei!

* Rede anläßlich der Produktionsaufnahme der Schwelle „K 1" am 17. Juni 1997 im Stahlbetonschwellenwerk Linz (SSL); erstmals erschienen in der Broschüre: *Stahlbetonschwellenwerk Linz: Wege in die Zukunft.* Linz 1997, S. 2.

Die Herstellung der Schwelle „K I"

KURT REICHART · KÄTHE SPRINGER
FOTOS MANFRED RAHS

Vorbereitung

Das Bindemittel Zement ist zusammen mit den Zuschlagstoffen Sand und Splitt sowie Wasser das Grundmaterial für Beton, den wichtigsten Bestandteil der modernen Eisenbahnschwellen. Der Zement wird in LKWs angeliefert und in vier Silos gelagert, von denen jeder 60 Tonnen faßt, jeweils ebensoviel, wie täglich für die Betonherstellung benötigt wird. Verwendet wird Perlmooser-Zement der Güteklasse 375, also PZ 375, wie die ÖNORM-Bezeichnung nach ÖN B 3310 lautet; zukünftig wird dieser Zement CEM II/A-42,5 R nach EURONORM EN 197-1 heißen.

Sand und Splitt machen mit rund 80 % den Hauptanteil der Betongrundstoffe – also eigentlich mehr als einen „Zu"-Schlag – aus; der Anteil von Zement beträgt rund 15 %, von Wasser 5 %. Drei Fraktionen (Korngrößen) an Zuschlagstoffen werden im Linzer Schwellenwerk benötigt: Sand 0/4 KK (Fraktion 1), Splitt 8/16 KK (Fraktion 2) und Splitt 16/22 KK (Fraktion 3), wobei die dritte Fraktion als „Stützkorn" dient, damit nach der Sofortentschalung dem Schwellenkörper die Maßhaltigkeit im Toleranzbereich erhalten bleibt.

Die Ladung, die jeweils 28 Tonnen Sand oder Splitt umfaßt, wird durch Gitterroste direkt in die Bodenöffnungen gekippt.
Binnen zehn Minuten wird die Ladung in die dafür bestimmten Silos des Werks eingebracht. Jeweils zwei Silos von 170 und 260 Tonnen Fassungsvermögen stehen für den Sand sowie für den Splitt beider Korngrößen zur Verfügung.

Die Ladung wird über Förderbänder in die Silos hinaufbefördert,

zu den vorgesehenen Behältern transportiert und darin gelagert.

Förderbänder bringen die Zuschlagstoffe, die zuvor elektronisch verwogen wurden, zum Betonmischer.

Sand der Korngröße 0/4 KK,

Splitt der Korngröße 8/16 KK,

Splitt der Korngröße 16/22 KK.

Der Zement wird mittels Zementschnecke, die sich in der Röhre (Bildmitte) befindet, zur elektronischen Waage befördert, von wo er nach dem Wiegevorgang in den Betonmischer (links im Bild) fällt.

Zuschlagstoffe, Zement und Wasser werden im Betonmischer zu Beton vermengt, wobei der „Wasserzementwert" (= Wasser-Zement-Verhältnis) zwischen 0,38 und 0,40 liegt. Rund 300 Tonnen Beton werden täglich hergestellt und zu Schwellen verarbeitet.

Qualitätskontrolle der Bau- und Zuschlagstoffe

Die für die Herstellung verwendeten Baustoffe, Materialien und Produkte müssen höchsten Anforderungen entsprechen. Ein gut eingerichtetes Labor ermöglicht daher stetige Kontrolle. Die Prüfung der Zuschlagstoffe Sand und Splitt erfolgt im Siebstapel laut ÖNORM B 3304: Mit sieben bzw. acht gestapelten Sieben wird unter Rütteln die Richtigkeit der „Sieblinie" geprüft: die Siebegrößen betragen für Sand 0,063/0,125, 0,125/0,25, 0,50/1/2/3/4, für Splitt 4/8, 10/11, 14/16, 18/22.

Die Prüfung des Zements erfolgt laut ÖNORM B 3310 bzw. EURONORM EN 197-1. Im Bild: Druckprüfung eines Zementprismas (4 x 4 x 16 cm).

Zur Prüfung der Betongüte laut ÖNORM B 3303 bzw. EURONORM EN 206 werden Probekörper aus Beton hergestellt.

Druckfestigkeitsprüfung am Betonwürfel (Seitenlänge: 15 cm): Der erzeugte Beton muß einem Druck von mindestens 60 N/mm^2 (N = Newton; 1 N = ca. 0,1 kg) standhalten.

Biegezugfestigkeitsprüfung am Betonbalken (12 x 12 x 36 cm).

Vorspannen

Beton zeichnet sich durch hohe Druckfestigkeit (bei geringer Zug- und Biegefestigkeit) aus, durch Feuer- und Witterungsbeständigkeit sowie Haftfähigkeit an Stahl. Stahlbeton, also ein mit Stahleinlagen („Bewehrung“) versehener Beton, ist tragfähiger und vor allem auf Zug und Biegung beanspruchbarer. Wird der Stahl vorgespannt, *spricht man von* Spannbeton; *er weist eine erhöhte Zugfestigkeit auf, weshalb eine auf diese Weise gefertigte Schwelle große und oftmalige Biegebeanspruchung rissefrei übernehmen kann. Als Stahlbewehrung der Schwelle werden acht Stück profilierte Spannstähle von je 6 m Länge und der Stahlgüte St 1470/1670 verwendet. Ihr Durchmesser beträgt 7,50 mm. Die Anlieferung erfolgt in Coils (Drahtrollen).*

In der Spannanlage *werden die Spannstäbe zunächst* vorgespannt, *also noch vor Verbindung mit dem Beton gedehnt. Von den acht Stäben sind jeweils vier Stück gekreuzt – dies ermöglicht eine stärkere „Taillierung“ der Schwelle. Die „K 1“ wird dadurch in der Mitte elastischer und nimmt unvorhergesehene Lastverteilungen im Schotterbett besser auf, außerdem erhöht die „taillierte“ Mitte den Querverschiebewiderstand der Schwelle im frischgestopften Gleis.*

Die Coils werden zu acht Stück liegend angeordnet (im Hintergrund des Fotos), der Stahldraht wird mittels elektronischer Steuerung jeweils von seinem Coil heruntergespult und in die Spannanlage eingeführt.

In einem einzigen Arbeitsgang werden die acht Bewehrungsdrähte pro Schwelle maschinell in den Spannrahmen eingeschoben und unter großer Zugkraft langgezogen (= vorgespannt*); die Vorspannkraft beträgt 450 kN (kN = Kilonewton). Bei diesem* Spannvorgang *werden die Drähte um ca. 35–40 mm „gestreckt“ – bei einer Länge von 6000 mm also um 6 bis 7 ‰. Im Bild: Detail mit bereits vorgespannten Stäben.*

Vor Einfüllen des Betons in das Formenmodul werden Kunststoffdübel für die spätere Schienenbefestigung angebracht.

Anschließend wird der Spannrahmen gemeinsam mit der Spannbewehrung in das Modul gesetzt. Dieses umfaßt sechs Formen, die „kopfüber" angeordnet sind: den Fuß nach oben, geöffnet zum Befüllen mit Beton. Formenmodul und Spannrahmen ergeben ein Paket. Dieses wird mittels Laufkatze (oberer Teil des Fotos) auf einen fahrbaren Hubtisch befördert, der sich anschließend in die Rüttelstation bewegt.

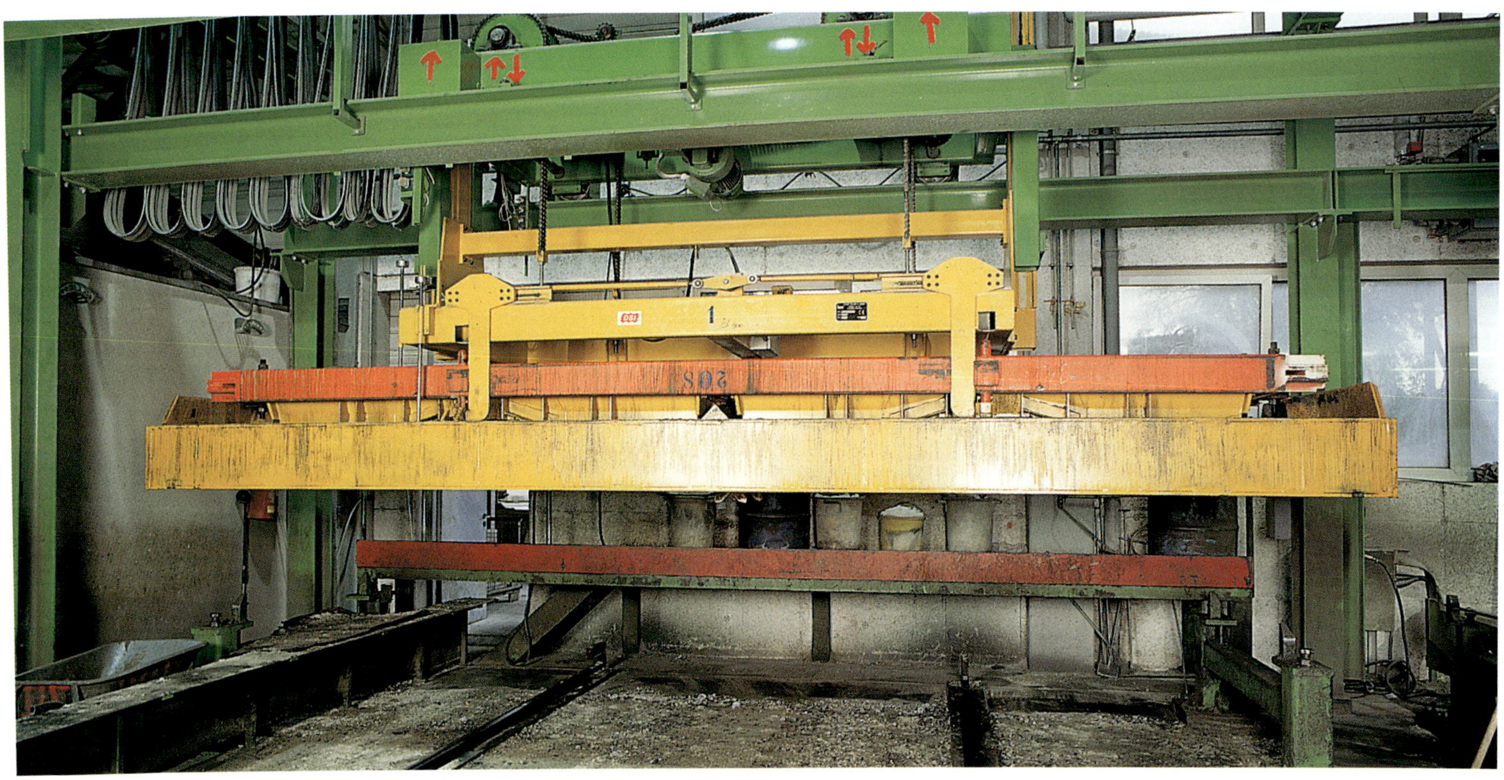

Betonieren

Sobald der Beton auf diese Weise vorverdichtet worden ist, wird das Paket vollautomatisiert in die Oberrüttelstation befördert. Hier werden Auflastbleche unter gleichzeitigem Rütteln darüber gelegt, um die Schwellenunterseite plan zu bekommen.

Wie die meisten Produktionsschritte wird auch das Befüllen der Schwellenformen mit Beton („Betonieren") in der Rüttelstation elektronisch gesteuert. Zum Betonieren füllt der Betonverteilerwagen den Beton, den er inzwischen vom Mischer geholt hat, über Verteilerbänder in die Schwellenformen; diese werden dabei ständig gerüttelt, damit der Beton möglichst gleichmäßig und dicht in die Formen gelangt – man nennt diesen Vorgang „vorverdichten".

Entschalen

Der fahrbare Hubtisch hebt das Paket – also den Spannrahmen, das Formenmodul mit den sechs betongefüllten Schwellenformen samt Auflastblechen – in die gleichfalls fahrbare Entschalmaschine.

Diese fährt nun mit dem Paket in die Entschalstation. *Dort wird die Einheit gewendet und auf eigens installierten* Entschalböcken *abgesetzt.*

Während der Spannrahmen mit den entschalten Schwellen (im Vordergrund) auf den Entschalböcken liegt, dreht die Entschalmaschine das nun leere Formenmodul in die Ausgangslage zurück; ein fahrbarer Hubtisch holt es ab und führt es wieder der Produktion zu, womit ein neuer Arbeitszyklus beginnen kann.

Der Spannrahmen mit den entschalten Schwellen (Detail) wird mit einem vollautomatisierten Stapelkran auf den Lagerplatz zur Erhärtung gebracht.

Erhärten

Der Kran stapelt die entschalten Schwellen samt Palette und Spannrahmen übereinander, dadurch entstehen „automatisch" geschlossene „Klimakammern" für die Trocknung. In diesem Rahmenstapel erhärtet der Beton und erhält die zum Entspannen und Entrahmen notwendige Festigkeit. Das „Aushärten" erfolgt allein durch Hydratationswärme, also durch Eigenwärmeabgabe der Schwellenkörper bei der Trocknung; Nachhärtung oder zusätzliche Wärmezufuhr sind nicht erforderlich.

Entspannen

Nach dem Trocknen und Erhärten des Betons erreicht die Schwelle am nächsten Tag eine Druckfestigkeit von rund 35–40 N/mm²; jetzt kann sie entspannt *werden: Mittels hydraulischer* Entspannpressen *werden die Drahtverankerungen im Spannrahmen gelöst; die Vorspannung der Spanndrähte überträgt sich mit* sofortigem Verbund *auf den Beton, d. h., die gesamte Vorspannkraft wird nun vom Beton übernommen. Erst dadurch wird er zum bruch- und rissefreien, dynamisch hochbelastbaren Schwellenbaustoff.*

Trennen

Nach dem Entspannen der Schwellen wird der Spannrahmen mit den Schwellen mittels Kettenförderer zur Trennstation *bewegt. Hier werden die Schwellen mittels elektronischer Steuerung aus dem Spannrahmen gelöst (entrahmt), indem die im Spannrahmen verankerten Spannstäbe von Diamanttrennscheiben durchschnitten werden. Der Trennschnitt erfolgt bündig an den Schwellenenden.*

Auf jeder Schwelle wird ihr Produktionsdatum angegeben.

Anschließend werden die notwendigen Oberbaumaterialien für die Montage der Schienenbefestigungen angebracht – hier Spannklemmen (oben) und Schwellenschrauben (unten).

Zum Schluß erfolgt die Montage der Schienenbefestigungen.

Nun ist die Schwelle fertig.

Prüfen

Alle Bestandteile sowie das Endprodukt der Fertigung werden genauesten Prüfungen unterzogen: etwa die Maßtoleranzen der Schwelle (Sickenmaße [Spurweite] ± 1 mm, Schwellenhöhe + 5 mm, Schienenauflagerneigung ≤ 0,5 mm, Verwindung der Auflager ≤ 1 mm, Mindestanrißlast unter dem Schienenauflager 160 kN, Mindestanrißlast in Schwellenmitte 39 kN).

Die Schwellenprüfung (Biegeprüfung in der Schwellenmitte und unter dem Schienenauflager) erfolgt laut den Vorschriften des CEN (Comité Européen de Normalisation) ITC 256. Fotos Mitte und rechts: Testen des Sickenmaßes (Belastbarkeit der Schwelle über dem Schienenauflager).

Für die Stahlqualität und die Bestandteile aus Kunststoff erhält das SSL Prüfatteste von den Lieferfirmen und führt selbst lediglich Maßkontrollen durch; alle Lieferanten sind QS-qualifiziert, d. h., sie haben das „Qualitätsmanagementsystem"-Gütesiegel.

Lagern

22 Stunden hat der gesamte Produktionsprozeß gedauert: vom Mischen des Betons bis zur Montage der Schienenbefestigung. Die fertigen Schwellen werden aus der Produktionshalle befördert und auf dem Freigelände in Stapeln von max. 28 Lagen aufbewahrt. Jeder der Schwellenstapel umfaßt rund 1600 Stück (schmälerer Stapelplatz) bzw. 3000 Stück (breiterer Stapelplatz). Zum Vergleich: Für 1 km Schwellengleis benötigt man ca. 1650 Schwellen; das entspricht also etwa einem der schmäleren Schwellenstapel, wobei das SSL über etwa 30 schmale und 20 breite Stapelplätze verfügt. Insgesamt können ca. 110 000 Schwellen gelagert werden, was einer Gleislänge von rund 66 km entspricht.

Verladen

Portalkräne von 10 Tonnen (100 kN) Tragkraft dienen zum Verladen der Schwellen auf entsprechende Eisenbahnwaggons: zwei- und vierachsige Schwellenwagen, die je ca. 180 Schwellen aufnehmen können.

Transport zur Baustelle

Die Schwellen werden ohne weitere Zwischenlagerung vom Herstellwerk zur Baustelle und weiter an ihren endgültigen Bestimmungsort im Gleis befördert.

Einbau ins Gleis

Der Transport der Schwelle zur Baustelle: Auf jedem Waggon steht der Name des „Heimatbahnhofs" Linz-Wegscheid.

Die Schwellenumbaumaschine SUM 500, davor das Oberbauplanum, noch ohne Schwellen.

Der Portalkran schiebt die Paletten mit den Schwellen nach vor.

Danach transportieren raupenartige Förderketten die Schwellen ins Innere der Umbaumaschine.

Von hier werden die Schwellen einzeln der Reihe nach auf das Oberbauplanum gelegt.

Die frisch verlegten Schwellen; links davon die Führungsvorrichtung zum Hochhalten der Schienen.

Zum Schluß wird die Schiene auf die Schwelle montiert.

Kultur

Wohlverstandenes Mäzenatentum als Zukunftsperspektive für die Universität

Herbert Lachmayer

Neue Anforderungen an Bildung und Ausbildung

Die moderne Informationsgesellschaft und der globale Technologieschub brachten für Forschungsinstitutionen, Universitäten und Kunstakademien einen radikalen Wechsel der Voraussetzungen und Paradigmen mit sich; mehr noch: die traditionelle *Schule der Bildung* wurde durch ein System von *Ausbildungen* abgelöst. Die Organisation von *Wissensvermittlung*, durch die Trägerschaft der althergebrachten Universität und Akademie mit dem Signum der Lehr- und Lernfreiheit versehen, hat sich zunehmend dezentralisiert und auf eine Vielfalt von Trägermedien verteilt. Diese sind nicht mehr ausschließlich akademisch verortet, sondern haben zum Beispiel in der digitalen Informations- und Kommunikationswelt des Internets eine „virtuelle Heimat" gefunden.
Studierende von heute, ob in Wissenschaft oder Kunst, erwerben ihr Wissen nicht mehr *nur* über das universitäre Angebot, für das eine Hierarchie von Prüfungsetappen – mit letztlich initiatorischem „Schwellencharakter" – verbindlich war. Vielmehr existieren heute enorme *Wissensräume* bzw. Informationsvolumina als privat abrufbares Erkenntnis- und Wissenspotential, welches nicht durch schulische Kontrolle reglementiert ist. Der althergebrachte Anspruch, „akademische Freiheit" an Universitäten zu verwirklichen, ist durch eine Verdichtung bürokratischer Maßnahmen zunehmend abstrakt geworden – und in Österreich seit kurzem durch die Einführung außeruniversitärer Entscheidungsträger in die Gremien auch weitgehend obsolet. Statt dessen ist mit der Auflösung der früheren Bildungsstrukturen tendenziell ein Prozeß der Verschulung in den akademischen Ausbildungsstätten in Gang gesetzt worden. Dieser Prozeß wirkt *de facto* gerade jener postulierten Lehr- und Lernfreiheit entgegen, welche mit dem Konzept der individualistischen Bildungs- und Selbstverwirklichungskarrieren an den alten Universitäten und Akademien verbunden war.

Zum Verständnis und zur Verdeutlichung dieser Überlegungen sollen einige der unseres Erachtens wichtigsten Kritikpunkte am aktuellen Universitätsgesetz 2002 (kundgemacht im Bundesgesetzblatt 1/120/2002, in Österreich in Kraft getreten 2002) nicht unerwähnt bleiben:

1. Tendenzieller Verlust der Autonomie; Entscheidungen liegen bei einem externen, teilweise regierungsabhängigen Gremium – dem „Universitätsrat".
Dies steht übrigens im Widerspruch zur berühmten „Bologna-Deklaration" der EU-Bildungsminister aus dem Jahr 1999, worin die Autonomie der Universitäten ausdrücklich betont und gefordert wird.

2. Weitgehender Verlust an Mitbestimmung innerhalb der Universität, womit auch das Wegfallen beschluß- und somit handlungsfähiger Organe gemeint ist. Die verbleibenden, nahezu machtlosen Organe (wie etwa der „Senat") sind – ohne weitere sachliche Begründung – eher „professorenlastig".
Dies ist von großem Nachteil, da beim derzeitigen Personalschwund die Lehre ohne einen hochqualifizierten „Mittelbau", der auch die Nähe zu den Studierenden garantieren sollte, nur äußerst schwer durchführbar ist.

3. Das Dienstrecht hat sich nicht zum Vorteil für die kontinuierlichen Karrieren junger Wissenschafterinnen und Wissenschafter sowie Lehrenden entwickelt. Ihre jeweiligen Verdienste werden in einem System der qualitativen Karrieren keinesfalls so berücksichtigt, daß man darauf langfristige Entwicklungen aufbauen könnte. In der häufig als Vergleich bemühten Welt der Unternehmen, die von Politikern gern als Beispiel für Organisationsoptimierung

der Universitäten angeführt wird, wäre es unbegreiflich, daß man die Verträge von Mitarbeiterinnen und Mitarbeitern nicht verlängern darf, wenn sie sich bewährt haben.

4. Die starke Tendenz zur Verschulung verdankt sich nicht allein dem Universitätsgesetz 2002, sondern bereits früheren Reformen im Studienrecht. Nur einige marginale Hinweise: Es gibt zunehmend mehr „Kurse“ als „Vorlesungen“; Wissenserwerb wird meist sofort abgeprüft, was dann als „praxisnaher“ Unterricht gilt. Nicht, daß projektorientiertes Studium *weniger* wichtig wäre als Vorlesungen – allein, es scheint mir wesentlich, daß Studierende im Vortrag mit komplexen Wissensmengen konfrontiert werden, mit denen sie sich dann in der Folge (Seminare, Praktika usw.) im *kritischen Diskurs* auseinandersetzen können. Schülerinnen und Schüler einer 8. Gymnasium-Klasse, die an der Aktion „Schüler an der Universität“ teilnehmen, berichten übrigens, daß es an der Universität „schulischer“ zugeht als in der AHS.

5. Das ECTS („European Credit Transfer System“) wurde 1989/90 von der Europäischen Gemeinschaft entwickelt, um eine einheitliche Vorgehensweise für die akademische Anerkennung von im Ausland erbrachten Studienleistungen zu garantieren. Trotz aller Vorteile der angestrebten Mobilität und Internationalisierung des Studiums kann dieses System dennoch die oben erwähnte Tendenz zur Verschulung nicht verhindern – nicht zuletzt, weil es in so mancher Studienordnung keine prüfungsfreien Perioden während der Studienzeit mehr gibt und die Studenten deshalb bisweilen Probleme mit der Anrechnung von Auslandsaufenthalten haben. Dennoch fördert das ECTS entschieden die Fluktuation der Studierenden innerhalb Europas und muß schon allein wegen seiner zeitgemäßen Intention als positiv bewertet werden.

Generell besteht das Hauptargument gegen Verschulungstendenzen jedoch darin, daß damit jene Fähigkeiten nicht gerade gefördert werden, die zur Zeit in der Wirtschaft gefragt sind: Eigeninitiative, selbständiges Denken und Handeln, theorie- und praxisorientierte Neugier sowie Improvisationsfähigkeit und Problemlösungs-Kompetenz angesichts neuer Situationen.

Der Begriff der Vernunft hat sich in der Vielfalt seiner neuzeitlichen modernen Gestalt, die auf ein *imaginiertes Ganzes* abzielt, gewandelt und ist – was den Überblick in der ungeheuren Fülle und Vielschichtigkeit an Informationen anlangt – einer gewissen Orientierungslosigkeit gewichen. Nicht daß die gegenwärtigen Wissensformen etwa „unvernünftig“ wären, doch sind die wesentlichen Erkenntnisprozesse durch interdisziplinäre Verflechtung der Einzelwissenschaften wie durch intermediäre Durchdringung der Künste wesentlich *komplexer* geworden.

Die generalistische Sicht universaler Zusammenhänge gerät tendenziell aus dem Blick – darin drückt sich unter anderem der Strukturwandel der Forschungs-, Lehr- und Lernstrategien von heute aus; dennoch liegt im umfassenden Begreifen komplexer Zusammenhänge zwischen unterschiedlichsten Wissens- und Erfahrungsbereichen jene „universalistische Kompetenz“, die wir für unsere Zeit neu definieren müssen: nicht mehr als „zentralistische“ Betrachtungsweise, sondern gleichsam als *kreative Erkenntnisform*, die ein Phänomen im Wechsel unterschiedlicher Gesichtspunkte erfassen und begreifen kann – vom hierarchischen zum vernetzten Denken.

Gleichermaßen grundlegend haben sich – wie oben im Detail schon kritisch betrachtet – auch die Institutionen selbst geändert, in denen Wissen, philosophische Erfahrung und künstlerische Fertigkeit wie Konzeptualität akademisch vermittelt und zugänglich gemacht wird. Entgegen dem Hang zur Spezialisierung werden Lehren und Lernen hier – interdisziplinär und projektorientiert – mehr und mehr miteinander verwoben und an neuen Perspektiven ausgerichtet, die nicht mehr an „lebenslängliche“ Berufsrollen gebunden sind. Zeitgemäße Ausbildungsformen müssen genau diese innovativen Entwicklungen antizipieren können: Praxisorientierung sowie ein ausbaufähiges Grundlagenwissen sind die unumgängliche Basis, um die Arbeitswelt von morgen bewältigen und in ihr international bestehen zu können. *Monosequentielle Karrieren* – Kindheit, Schule, Ausbildung, Beruf, Ruhestand – als großes, durchgängiges Lebensprojekt gehören einer unwiederholbaren Vergangenheit an.

Gefragt sind heute vor allem kommunikative und soziale Kompetenzen, kombiniert mit spezialisierten *skills* und einer fächerübergreifenden wie intermediären Umsetzungsintelligenz. Die propagierte Leistungsgesellschaft zwingt die Universitäten, die Ambiguität zwischen elitärer Bildungsinstitution und marginalisierter Ausbildungsstätte auf den Boden des Pragmatismus zu bringen. Schon allein diese Tendenz der praktischen Berufsrealität in Verbindung mit individuellen Lebenskonzepten fördert die Annäherung an die Wirtschaft.

Verbindung zur Wirtschaft

Im Bereich der akademischen Einrichtungen für Forschung und Lehre bzw. für Kunstausbildung und ästhetische Kreativität sind tiefgreifende Umstrukturierungen im Gange: vor allem die *Ausgliederung* der Universitäten aus einer allein staatlichen Finanzierung schafft eine weitere Verbindung zwischen Wirtschaft und akademischen Ausbildungsinstitutionen. Der erste Schritt war die *Teilrechtsfähigkeit*, und „Drittmittelbeschaffung" lautete das Schlagwort, mit dem Universitätsangehörige aufgefordert wurden, sich dem Unternehmertum zu nähern, nachdem die „öffentliche Hand" signalisierte, daß sie nicht mehr in der Lage sei, einen effizienten und international konkurrenzfähigen Studienbetrieb ausschließlich allein zu finanzieren. Mit dem nächsten Schritt der *Vollrechtsfähigkeit* wurde dieses Signal zum Programm und veränderte mit dem Ruf nach notwendigen Strukturreformen nachhaltig und durchgehend das Funktionsgefüge des akademischen Alltagsgeschäfts. Die gleichzeitige Erwartung von Sparmaßnahmen wie Steigerung des sogenannten *Outputs* begünstigte eine Dynamik, die bei allen positiven Seiten dieser ebenso erzwungenen wie notwendigen Erneuerung auch problematische Entwicklungen mit sich brachte: Denn bei allen sinnvollen Forderungen nach schulisch verbindlichen Organisationsstrukturen der Lehre sollte das ursprüngliche Ideal der *individualistischen Freiheit* im Ausbildungsprozeß sowie die Chance *experimenteller Freiräume* nicht vergessen werden. Wenn diese dem „Effizienzfieber" einer möglichst schnellen Berufseinschulung geopfert werden, wird die Universität auf eine Art „Ausbildungsschleuse" im *Turbokapitalismus* reduziert.

Individuelle Umwege, produktive Verirrungen sowie Erfahrungsgewinn durch Probeetappen müssen möglich sein, damit Prozesse der Individuation und der Ausbildung zu einer Einheit von Profession und Persönlichkeit zusammengeführt werden können: Wissenserwerb muß mit der Konsolidierung eines kritischen Selbstbewußtseins, einer belastbaren Weltsicht sowie mit der Entwicklung eines persönlichen Lebensgefühls in Einklang gebracht werden. Solchermaßen *gebildete* wie *ausgebildete* Absolventinnen und Absolventen werden dadurch befähigt sein, einen umfassend produktiven Beitrag für unsere Gesellschaft zu leisten – mit der Haltung sozialer wie politischer Verantwortlichkeit, mit dem Ausdruck selbstverständlicher Souveränität.

Gerade Führungskräfte sollten heute auf unterschiedlichsten Ebenen des ökonomischen, politischen wie kulturellen Lebens über soziale und psychologische Kompetenz verfügen, um mit Sensibilität, Entschiedenheit und sozialer Phantasie die gesellschaftlichen Probleme von morgen bewältigen zu können. „Kultur ist ein Umweg, der sich lohnt", könnte ein Motto für die Universitäten im Gespräch mit der Wirtschaft sein, wenn man einem *erweiterten Kulturbegriff*, der auch alltägliche Phänomene der Arbeits- und Freizeitwelt mit einbezieht, den Vorzug gibt.

In der sogenannten Reform der Universität wird versucht, die Wirtschaft direkt in die Universitätsarbeit einzubinden, indem man Unternehmerpersönlichkeiten in hohe Entscheidungsgremien der Universität integriert. Dies *kann* ein Schritt in die richtige Richtung sein, doch es besteht die Gefahr, daß ein Wirtschaftstreibender *eins zu eins* seine unternehmerische Logik auch auf die inhaltliche Struktur der Universität anwendet – dies wäre verhängnisvoll: eine Universität ist und soll keine „Firma" sein.

Das spricht nicht gegen Effizienz und Leistungsstreben, sondern bedeutet, daß eine zeitgemäße Ausbildung auch bestimmter Freiräume und der Möglichkeit *experimentellen Verhaltens* und Lernens bedarf, um die Studierenden nicht bloß mit Lehrinhalten „abzufüllen", sondern ihnen Wissenserweiterung wie Bildung (auch die der eigenen Persönlichkeit) zu ermöglichen. Dieser Wechsel der Sichtweise von unternehmerischer Logistik zu experimentellen, projektbezogenen Lehr- und Lernstrategien (und *vice versa*) ist für beide Seiten erforderlich: für die Universität wie für die Wirtschaft. Beiden gereicht er zum Vorteil.

Sponsoring und Mäzenatentum

Der herzustellende *Support* durch die Wirtschaft sollte keinem Rezept folgen – deren Verhältnis zur vollrechtsfähigen Universität befindet sich hierzulande derzeit noch in einer Phase, in welcher erst Grundlagen zu schaffen sind, auf die hin eine Unterstützung der Universitäten erfolgen kann – zur Wahrnehmung der Interessen im Sinne von Synergie.

Im Amerika der Pierpont, Carnegie, Mellon, Fips oder Rockefeller stellte der Mäzenatengestus gleichsam eine soziale Symmetrie zu den gewaltigen Profiten her und fand darin eine Art ideeller Entsprechung. Im Unterschied zu diesen US-amerikanischen Verhältnissen ist in Europa jenes philanthropische Verantwortungsbewußtsein noch nicht voll entwickelt, welches Unternehmer veranlaßt, zivilisatorisch kulturelle Einrichtungen im großen Stil zu unterstützen. Gleichwohl sind seit geraumer Zeit auch in Europa Wirtschaftsstiftungen und Sponsorabteilungen nicht weniger Unternehmen für ihre Verdienste um die Förderung der Universitäten, der Forschung und der Kunst zu loben und zu würdigen – sie haben gerade in den letzten Jahrzehnten wesentlich dazu beigetragen, enorme Potentiale an wissenschaftlicher, technischer, aber auch künstlerischer Kreativität freizusetzen.

Unter *Sponsoring* versteht man gemeinhin die Gewährung finanzieller Zuwendungen seitens eines Unternehmens an Universitäten, welche zugleich auch mehr oder weniger an die unmittelbare Verwirklichung der Unternehmensinteressen gebunden ist – und sei es zur Vermehrung der *Credits* bzw. des *Images* einer Firma, die zu der Umsetzung der jeweiligen Werbestrategie beitragen. *De facto* ist beispielsweise Sport als Sponsoring-Träger oft attraktiver als Kunst und Kultur.

Auf Sponsoring, das sich auf einzelne Produktentwicklungen, Wettbewerbe und Preiszuweisungen konzentriert, kann heute nicht mehr verzichtet werden, doch sollte der österreichische Staat darüber hinaus durch die Schaffung gesetzlicher Grundlagen für steuerliche Begünstigungen bei sponsorwilligen Unternehmen deutliche Signale setzen und dadurch das Sponsoring insgesamt für die Wirtschaft attraktiver machen.

Jenseits des *Mainstream* finden sich auch in Europa vereinzelt echte *Mäzene*, die als Ausdruck ihrer Souveränität – sozusagen selbstlos – Bildungsinstitutionen beachtliche Geldmittel *auf Dauer* zur Verfügung stellen. Aneignungsprozesse bedürfen des Spielraums und der *innovativen Wiederholung*. Ein weltoffener Mäzen von heute versteht dies und weiß, daß eine Förderung für Bildungs- und Ausbildungsinstitutionen *langfristig* sein muß, um mit Nachhaltigkeit wirken zu können.

In vorbildlicher Weise hat das *Stahlbetonschwellenwerk Linz (SSL)* diese umfassende und weitblickende Rolle des mäzenatischen Förderers für die Linzer *Universität* (früher: *Hochschule) für künstlerische und industrielle Gestaltung* wahrgenommen, indem es die damalige *Meisterklasse für Experimentelle Gestaltung* (an der heutigen Universität ein Teilbereich des *Instituts für Bildende Kunst und Kulturwissenschaften*) sowie das *Art & Tek Institute Linz* in großzügiger Weise mehr als ein Jahrzehnt lang unterstützt hat.

Die Großzügigkeit bestand nicht allein in der Zuwendung von Geldmitteln, sondern vor allem darin, daß diese über einen langen Zeitraum hindurch gewährt wurden. Weder bestand ein Zwang zu inhaltlichen Kompromissen in der Arbeit, noch wurden den Geförderten Zielsetzungen von außen oktroyiert; Verlängerungen erforderten keine zeitraubenden Evaluierungsverfahren. Die begünstigten Institute erbrachten jährlich den gebotenen Leistungsnachweis; unvorhersehbare Änderungen, die sich durch den Entwicklungsprozeß eines *work in progress* bzw. die rasante Technologieentwicklung ergaben, fanden beim SSL Verständnis.

Diese unternehmerische Aufgeschlossenheit ermöglichte die Verwirklichung zweier – wie sich zeigte – gelungener Konzepte, die im folgenden kurz dargelegt werden sollen: Die ehemalige *Meisterklasse für Experimentelle Gestaltung* und das *Art & Tek Institute* der nunmehrigen Universität für künstlerische und industrielle Gestaltung Linz.

So ziemlich am Anfang dieser produktiven Zusammenarbeit des SSL mit der Kunstuniversität Linz stand 1994 eine Ausstellung in der ehemaligen Lehrwerkhalle des Linzer Hauptbahnhofs zum Thema „Die Schwelle“: Studierende der damaligen *Hochschule für künstlerische und industrielle Gestaltung* haben in der sorgfältig restaurierten alten Industriearchitektur mit einfallsreichen und innovativen Beiträgen unter Beweis gestellt, daß die damalige Kunsthochschule, die Österreichischen Bundesbahnen und das Linzer Schwellenwerk mit kreativer Geste ein Zeichen gesetzt haben – nämlich jenes eines gelungenen Zusammenwirkens von Wirtschaft und Kunst im Zeichen eines gemeinsamen modernen Verständnisses von Kultur.

Ehemalige Meisterklasse für Experimentelle Gestaltung

Der erste Entwicklungsbereich, der sich durch die kontinuierlichen Zuwendungen des SSL entfalten konnte, war die *Meisterklasse für Experimentelle Gestaltung*, seit Universitätswerdung der ehemaligen Kunsthochschule (1. 10. 1998) eine Studienrichtung am *Institut für Bildende Kunst und Kulturwissenschaften*. Durch jahrelange Förderung konnte sich dieser Linzer Ausbildungsschwerpunkt – neben schon bestehenden Studienrichtungen wie Malerei, Bildhauerei oder Architektur – österreichweit als eigene Studienrichtung etablieren und in der Folge für die Reform des Kunsthochschul-Studiengesetzes eine vorbildgebende Rolle spielen.

Innovativ ist dabei die konzeptuelle, projektorientierte Ausbildung, die den kreativen Prozeß ins Zentrum rückt – interdisziplinär wie intermediär: was bedeutet, daß eine künstlerische Idee in unterschiedlichen ästhetischen Umsetzungsformen verwirklicht wird und nicht nur in einem einzigen, von vornherein feststehenden Medium. Man kann beispielsweise mit einem Foto beginnen, ein Video und später eine Rauminstallation als angemessene Darstellung der Anfangsidee folgen lassen, um zuletzt in einer interaktiven Computerinstallation die beste Lösung zu finden.

Desgleichen ist es sinnvoll, die künstlerische Projektarbeit parallel mit wissenschaftlichen und technologischen Informationen interdisziplinär zu bereichern – frei nach dem Motto „Man braucht Theorie in der Kunstausbildung, damit die Kunst nicht theorielastig wird". Das Konzept dieser sehr zeitgemäßen Studienform hat sich inzwischen nicht nur bewährt, sondern findet auch in der Diskussion um die Kunstuniversitätsreform inhaltlich seinen produktiven Niederschlag.

Erst an der inhaltlich detaillierten Darstellung der Bedeutsamkeit dieses Studienkonzepts läßt sich die Wertschöpfung ablesen, die durch das Linzer Schwellenwerk ermöglicht wurde. Denn nur durch die umfangreich einsetzbaren Drittmittel war es möglich, gerade jenen Erfordernissen zu genügen, welche durch Firmenzuwendungen, die an verwertbares Projektsponsoring gebunden sind, üblicherweise nicht abgedeckt werden können, wie beispielsweise langfristige Investitionen in Geräte und vor allem Personalkosten für Lehre und praktische Ausbildung.

Im folgenden sollen einige Positionen angeführt werden, die sich als Ausbildungsschwerpunkte ohne die Förderung durch das SSL nicht so nachhaltig hätten entwickeln können.

Lehre

Mit einem hochqualifizierten Angebot an Lehrenden aus kulturwissenschaftlichen, medientheoretischen und computerkünstlerischen Bereichen – darunter Ursula Pasterk, Ferdinand Schmatz, Christa Sommerer, Laurent Mignonneau, Silvia Eiblmayr, Paul Sermon und anderen – konnte die *Meisterklasse/Studienrichtung für Experimentelle Gestaltung* ihren Studierenden eine inhaltliche Orientierung bieten, wodurch das *generalistische Studienziel* konkret erreichbar wurde.

Darüber hinaus war es möglich, fallweise Spezialistinnen und Spezialisten für Einzelprojekte einzustellen, was im normalen Personalbudget nicht vorgesehen ist.

Projekte

Schon in der Grundstruktur der ehemaligen *Meisterklasse* war der konzeptionelle Projektunterricht Schwerpunkt der interdisziplinären und intermediären Ausbildung. Mit Projekten wie *Steyrermühl* (Workshop zum Thema „Barock" in der ehemaligen Papierfabrik Steyrermühl), der vielfältigen und vielbeachteten *Meisterklassenausstellung* der *Experimentellen* in Wien (Herbst 2000), dem Aids-Fest und anderen Veranstaltungen hat die *Studienrichtung für Experimentelle Gestaltung* über Oberösterreich hinaus Öffentlichkeitswirkung erreicht.

Ferner wurden – etwa in Rotterdam – studentische Projekte verwirklicht, die mit dem Sockelbudget nie hätten durchgeführt werden können.

Infrastruktur

Dieser weitere Fixpunkt des Budgets in der *Studienrichtung für Experimentelle Gestaltung* betrifft notwendige Posten zur Gewährleistung des Unterrichtsbetriebs am Institut – Wohnmöglichkeiten für Assistentinnen und Assistenten, Lehrbeauftragte und Gäste, Kosten für Steuerberater, Kopien und Büromaterial usw. All das sind Ausgaben, die in der Erstellung des üblichen Universitätsbudgets in dieser Form nicht vorkommen dürfen, obgleich erst diese Sonderleistungen einen hochqualitativen Lehrbetrieb ermöglichen. Durch die abrundende Finanzierung wurden Effizienzsteigerungen erreicht, wie etwa die Bereitstellung eines zweiköpfigen Programmteams bei unserer ausgezeichnet bewerteten Exkursion nach Kalifornien (USA) im Frühjahr 1999.

Öffentlichkeitsarbeit

Für das internationale Renommee der *Experimentellen* waren Publikationen und Veranstaltungen wichtiger Bestandteil der Öffentlichkeitsarbeit, darunter Semesterpräsentationen, der jährliche Meisterklassenkatalog, der „Tag der offenen Tür", Kooperationen mit der *Universität für angewandte Kunst* in Wien, wie etwa die Ausstellung „Sentimentale Favoriten" von Andrea van der Straeten.

Die Experimentelle konnte sich durch Kontinuität und Qualitätssteigerung über Jahre einen „guten Namen" erarbeiten. Dieser Bekanntheitsgrad, erreicht vor allem durch die Publizierung der inhaltlichen Arbeit, hat der *Experimentellen* nicht nur *Credits*, sondern auch einige Aufträge eingebracht. Gerade in der Zeit der vollrechtsfähigen Universität gedeiht ein Studienzweig durch den Grad seiner öffentlichen Präsenz und durch seinen Status im Kunstdiskurs – dies sind heute wesentliche Kriterien für eine erstklassige Evaluierung. Im Rahmen der universitätsinternen Evaluierung hat das *Institut für Bildende Kunst und Kulturwissenschaften* – in welchem die *Experimentelle* seit 2000 als Teilbereich integriert ist – ein hervorragendes Ergebnis erzielt.

Internationale Beziehungen

Durch Gastvorträge und Kooperationseinladungen konnten Netzwerke etabliert werden, wie sie für die mehr und mehr geforderte europäische Verflechtung der Studien- und Lehrangebote unerläßlich sind. Zu nennen ist ein Netzwerk zwischen maßgeblichen Kunsthochschulen – der *Universität für künstlerische und industrielle Gestaltung* Linz mit der *Willem de Kooning Academie* Rotterdam, der *Medienhochschule* Köln, der *Hochschule für Gestaltung* Zürich sowie der *Humboldt-Universität* und ihrem *Helmholtz-Zentrum* Berlin. Durch dieses Netzwerk könnte es gelingen, für die Linzer Kunstuniversität – erstmalig in Österreich – das Recht zu erlangen, den *European Master of Art* verleihen zu können.

Art & Tek Institute Linz

1993 gegründet, war das Institut zunächst als *Art & Tech Institute* im *Softwarepark Hagenberg* beheimatet und in der Gründungsphase ausschließlich durch die Zuwendungen des SSL finanziert. Erst nachdem es seine Arbeit aufgenommen hatte, kamen Subventionen seitens des Landes Oberösterreich und des Bundes hinzu. Nach der Berufung von Dipl.-Ing. Christian Möller zum Leiter des Instituts sowie der Umbenennung in *Archimedia Institute* (1995) wurde der Standort nach Linz verlegt, und das Institut fand in den heute noch bestehenden Räumlichkeiten direkt neben dem *Ars Electronica Center* in Urfahr seine neue Heimat. Nach Christian Möllers Abschied von Linz infolge Übernahme einer Professur am *Zentrum für Kunst und Medientechnologie* Karlsruhe (ZKM) wurde das Institut seit Anfang 1998 unter seinem jetzigen Namen *Art & Tek Institute* weitergeführt.

Das Medieninstitut etablierte sich rasch als eine Projektplattform für Studierende, Absolventinnen und Absolventen sowie Lehrende der Kunsthochschule und heutigen Kunstuniversität, bot aber auch externen Medienkünstlerinnen und -künstlern eine willkommene Stätte der Projektverwirklichung. In Linz wie im Land Oberösterreich entwickelte es sich zu einer kooperationsbereiten wie produktiven Einrichtung, die immer wieder internationale Anerkennung fand.

So gesehen spiegelt die Entwicklung des *Art & Tek Institute* ein Stück Hochschulbzw. Universitätsgeschichte wider – und dokumentiert gleichermaßen den radikalen Paradigmenwechsel zu einer digitalen Informations- und Kommunikationsgesellschaft. Die wesentlichsten Stationen dieses Wandels sind unten angeführt – ein reichhaltiges Spektrum digitaler Umsetzungsformen künstlerischer wie wissenschaftlicher Konzepte, die im ganzen ein repräsentatives Bild des Einsatzes neuer Technologien und Medien in Wissenschaft und Kunst der 1990er Jahre geben.

Geförderte Projekte des Art & Tek Institute Linz

Von den zahlreichen Projekten und Veranstaltungen der ersten zehn Jahre (1993–2003) des *Art & Tek Institute* sollen hier die wichtigsten Erwähnung finden, um das spezifische Profil des Instituts und die Bandbreite seiner Projekte zu verdeutlichen:

„Light- and Audiopark Rotterdam" (1995): Diese Großinstallation für den öffentlichen Raum wurde zusammen mit dem *Institute for Unstable Media*, Rotterdam, anläßlich des Sommerfestivals 1995 im *Museumspark Rotterdam* realisiert. Innerhalb einer riesigen, interaktiven 3-D-Licht- und Klangskulptur konnte das Publikum selbst eine Geräuschcollage generieren. Das sonst wenig frequentierte Areal in der Rotterdamer Innenstadt wurde auf diese Weise zu einem Treffpunkt städtischer Jugendkultur.
(Konzept: Christian Möller, Archimedia, Louis Philippe Demers; Programmierung: Louis Philippe Demers, Philippe Jean, Daniel Schmitt; Komposition der Klangelemente: Peter Kuhlmann; Lichtdesign: Louis Philippe Demers; Hardwarekonfiguration: Hermann Gruber)

Die dritte Dimension des Bildes – „Ritratto d' un Gentiluomo" (1995): Die Installation beschäftigte sich mit dem Thema der Bildschichten-Visualisierung. Mit Hilfe von Röntgen- und Infrarottechnologie wurden bei dem Gemälde aus dem 16. Jahrhundert die unter der Oberfläche des Bildes befindlichen Grundierungen, Vorzeichnungen und Übermalungen sichtbar gemacht. Das zum Durchdringen der so aufgespürten Bildschichten entwickelte Visualisierungssystem erschien dem Betrachter als *virtuelle Replik* des Originals und erlaubte ihm, durch Berührung der Bildoberfläche den jeweiligen Vordergrund der Darstellung wegzuwischen und die darunterliegenden Schichten „freizulegen". Die Installation entstand in Zusammenarbeit mit EDITECH, Florenz, und wurde in der Ausstellung *Innovatives Oberösterreich* im Design Center Linz sowie in der SIGGRAPH-96-Ausstellung *The Bridge* im *Museum of Contemporary Arts* in New Orleans gezeigt.
(Leihgeber: H. E. Weidinger; Konzept: Christian Möller, Archimedia; Programmierung: Edith Spiegl; strahlendiagnosti-

sche Fotos: Maurizio Seracini, EDITECH; Hardwarekonfiguration: Hermann Gruber)

„Das tönende Notenblatt“ (1995): Die Audioinstallation am Beispiel von Mozarts Fuge für Klavier, KV 401, entstanden in Zusammenarbeit mit der Wiener Architektin Elsa Prochazka, ist auf Dauer in der *Mozart-Wohnung im Figarohaus* in der Domgasse in Wien zu sehen, wie auch im *Heinz Nixdorf MuseumsForum* in Paderborn (Deutschland); sie wurde zudem bei der SIGGRAPH 96 in New Orleans (USA) gezeigt.
(Konzept: Christian Möller, Archimedia; Programmierung: Christian Gusenbauer; Pianist: Werner Eder; Hardwarekonfiguration: Hermann Gruber)

Medienstation „Steinbruch – Geländesimulation des Tagbaus am Pfaffenberg bei Bad Deutsch-Altenburg“ (1996): Interaktive Echtzeit-Visualisierung zukünftiger Abbauvarianten des Steinbruchs am Pfaffenberg – die erste ihrer Art in Österreich. Inhaltlich wurde großer Wert gelegt auf die Erklärung und Darstellung des landschaftsbezogenen Abbaus bis zum vorgesehenen Abschluß der Abbautätigkeit in zirka 60 Jahren. Die Medienstation entstand im Auftrag der Firma Hollitzer Baustoffwerke GmbH in Zusammenarbeit mit der *Montanuniversität* Leoben, Institut für Bergbaukunde, Bergtechnik und Bergwirtschaft, Dr. Thomas Oberndorfer, und wurde als erfolgreicher Prototyp technischer Entwicklung im Tagbauwesen 1999 im *Technischen Museum Wien* aufgestellt, wo er seither besichtigt und ausprobiert werden kann.
(Idee: H. E. Weidinger; technische Umsetzung: Hermann Gruber; Programmierung: Dirk Lüsebrink)

„The Virtual Paul Jernigan“ oder „The Virtual Backbone“ (1996): Die visuelle Installation basierte auf den Bilddaten des Körpers von Joseph Paul Jernigan, der zum Tode verurteilt und 39jährig in den USA hingerichtet wurde. Über 1800 Schnittbilder des Leichnams – man hatte diesen (mit Einverständnis Jernigans) tiefgefroren und zur Digitalisierung in feinste Scheiben zersägt – wurden auf einer Längsachse von rund 7 Meter Länge virtuell ausgestellt.
Die Abbildungsebene fuhr durch den scheinbar im Raum liegenden und um den Faktor 3,5 vergrößerten Körper Paul Jernigans hindurch und zeigte entsprechend der aktuellen Position den jeweiligen Körperschnitt auf einer Projektionsfläche. Zu sehen war dies 1996 in der Millenniums-Ausstellung der *Kunsthalle* Wien „Wunschmaschine Welterfindung“, 1997 im *Oberösterreichischen Landesmuseum* Linz und 2000/01 im *Museum im Zeughaus* Innsbruck.
(Konzept: Christian Möller, Archimedia; Programmierung: Sven Thöne; Mechanik: Werner Raczkövi; Hardwarekonfiguration: Hermann Gruber)

„Die begehbaren Partituren“ (1997): Audioinstallation in der Ausstellung „Botschaft der Musik“ im *Art Center des Kunsthistorischen Museums Wien* im Palais Harrach. Ein Instrument aus einem Orchester akustisch zu *isolieren*, scheitert an fortwährender Ablenkung. Erst die Möglichkeit, die Eindringlichkeit einzelner Instrumente innerhalb der aktuellen Orchesterdichte zu variieren, läßt den Zuhörer sich an die Charakteristik eines bestimmten Instruments gewöhnen, um es im Zusammenspiel mit den anderen aus dem Konzert herauszuhören. Wie anders ein Konzertbesuch mit variierbaren Wahrnehmungsebenen sein kann, wird in den *begehbaren Partituren* erfahrbar.
(Konzept: Christian Möller, Archimedia, Wilfried Seipel; Musikauswahl: Thomas Trabitsch; Musik: Mutare Ensemble; Dirigent: Gerhard Müller-Hornbach; Programmierung: Sven Thöne, Daniel Schmitt; Aufnahmetechnik und Nachbearbeitung: Willi Bopp; Video: Anna Saup; Digitalisierung und Synchronisation: Hubert Machnik; Hardwareentwicklung: Wolfgang Schemmert, Hermann Gruber)

„Hl. Anna Selbdritt – Eine Reise ins Bild“ (1997): Dieses Gemälde – im 16. Jahrhundert in Italien entstanden (einst Leonardo, heute seiner Schule zugeschrieben), im 17. Jahrhundert für die kaiserlichen Sammlungen erworben, am Ende des 18. Jahrhunderts durch Tausch von Wien in die großherzoglich toskanische Galerie nach Florenz gelangt und bis heute in den Uffizien aufbewahrt – wurde 1992/93 restauriert. Um Forschung und Öffentlichkeit die dabei gewonnenen Erkenntnisse verfügbar zu machen, wurden diese als umfangreiche Dokumentation in Form einer interaktiven plattform-unabhängigen CD-ROM dargestellt. Die Arbeit entstand in Zusammenarbeit mit EDITECH, Florenz, und wurde im *Kunsthistorischen Museum Wien* anläßlich der Ausstellung „Restaurierte Gemälde – Die Restaurierungen der Gemäldegalerie des Kunsthistorischen Museums 1986–1996“ (16. 10. 1996–2. 2. 1997) gezeigt; sie gab den Anstoß zu einem wissenschaftlichen Projekt, das sich mit jenem „Tausch von Gemälden 1792–1793 [1821]“ befaßt, durch welchen unter anderem dieses Bild aus dem *Florentiner Zimmer* des Wiener Belvederes an seinen heutigen Standort kam (siehe dazu das gleichnamige Projekt weiter unten).

(Idee und Rechte: H. E. Weidinger; wissenschaftliche Untersuchung und Auswertung: Maurizio Seracini, EDITECH; Multimediadesign und Layout: Gerhard Funk, Dietmar Lassingleithner)

„*Intertwinedness*“ (Vorlesungsreihe, 1997/98): Der Begriff ist eine Metapher für Phänomene der Netzkultur und beschreibt die Vermischung und Verflechtung vordergründig getrennter kultureller Phänomene, Diskurse und Handlungsweisen. Es werden drei Themenkreise angesprochen: 1. Relation Text – Bild – Hypertext; 2. Oberfläche & Topographie des Internets; 3. Technomystizismus, Netlife & Identity. Das Projekt war eine Linzer Zusammenarbeit von *Ars Electronica Center*, Institut *Archimedia* und der *Hochschule für künstlerische und industrielle Gestaltung*.
(Konzept: Margarete Jahrmann, Art & Tek Institute, Christa Schneebauer, Ars Electronica Center; Referentinnen und Referenten Wintersemester: Melita Zajc, Erik Davis, Autonome a.f.r.i.k.a.-Gruppe, Timothy Druckrey, Thomas Macho, Barbara Becker, Frank Hartmann; Referentinnen und Referenten Sommersemester: Faith Wilding, Sally Jane Norman, Christa von Braun, F. E. Rakuschan, John Hopkins, Ravi Sundaram, Hartmut Winkler)

„*Zukunft der Frauen: Arbeitsmarkt – Chancengleichheit – Informations- und Kommunikationstechnologien*“ (1998): Im Rahmen der EU-Konferenz im *Ars Electronica Center Linz* diskutierten Wissenschafterinnen und Wissenschafter sowie Politikerinnen und Politiker aus Europa über drei Schwerpunkte, die im Aktionsprogramm der Europäischen Union festgelegt sind: Beteiligung von Frauen in Berufen und Tätigkeiten der Informations- und Kommunikationstechnologien, Erhöhung der Frauenbeschäftigung sowie Entwicklung von Modellen einer neuen Arbeitsorganisation, die eine ausgewogene Beteiligung der Geschlechter am Arbeitsplatz sichern. Die Konferenz wurde im Rahmen der österreichischen Ratspräsidentschaft der Europäischen Union von Frauenministerin Mag. Barbara Prammer gemeinsam mit der Europäischen Kommission und der *Hochschule für Gestaltung* Linz / Institut *Archimedia* veranstaltet. Die Videokonferenz zwischen Brüssel, Linz und Stockholm und die Übertragung der Konferenz ins Internet sorgten für den Praxisbezug zum Thema *Neue Technologien*.
(Idee und Konzept: Eva Cyba, Johannes-Kepler-Universität, Margit Knipp, Archimedia)

„*work & culture – Büro. Inszenierung von Arbeit*“ (1998): Die kultur- und sozialgeschichtliche Ausstellung in der Landesgalerie am Oberösterreichischen *Landesmuseum Francisco-Carolinum* in Linz fand im Rahmen der EU-Präsidentschaft Österreichs und des Europäischen Kulturmonats Linz im September 1998 als Kooperationsveranstaltung zwischen dem Institut *Archimedia* und der Landesgalerie statt und war der Frage nach der Zukunft der Arbeit gewidmet.
Anhand von historischem wie aktuellem Material wurden wichtige Problemfelder des Themas mit Hilfe unterschiedlicher Medien (Foto, Film, Video, Kunst, historischer wie aktueller Technik und avancierter Technologie, akustischen und räumlichen Multimedia-Installationen) auf rund 1300 Quadratmetern dargestellt. Auch eine Oper zum Thema wurde in Auftrag gegeben (siehe nachstehendes Projekt).
(Kuratorium: Herbert Lachmayer, Eleonora Louis; Mitarbeit: Sylvia Eckermann, Nora Fischer, Mathias Fuchs, Mechtild Widrich; Technik: Hermann Gruber).

„*Eine Oper für Büropa – Vorspiel im Büro*“ (1998): Das Werk entstand im Auftrag der Ausstellung „*work & culture*“ und ist wohl die erste speziell für eine Ausstellung geschriebene Oper, in Musik gesetzt von Stefano Cavallerin nach einer walisischen Komödie, ausgeführt von Studierenden des *Mozarteums Salzburg* bzw. der *Hochschule für Gestaltung* Linz. Die Oper sollte die Unendlichkeit des Profanen – wie eben die allgegenwärtige Büroarbeit – poetisch, musikalisch und theatralisch in einem Akt darstellen: Das Büro auf der Bühne, das eines Montags zwischen 8 Uhr morgens und einer unbestimmten Stunde des Nachmittags von seinem bestimmten Schicksal ereilt wird, ist selbst ein Opernvertrieb – am Ende ohne Büro resp. Gewerbeberechtigung, doch überlebenslustig auf dem Weg ins ferne Land künftiger Triumphe.
Das einaktige Stück wurde als szenisch-musikalischer Ausklang des Europäischen Kulturmonats am 29. September 1998 im Brucknerhaus Linz uraufgeführt; die Aufführung am 1. Oktober begleitete den Wandel der Linzer Kunsthochschule zur Universität.
(Musik: Stefano Cavallerin; Dirigent: Alexander Stessin; Libretto: nach einer Komödie von Jaëin ou'Wwÿÿrsthh©; Regie: H. E. Weidinger; Bühnenbild und technische Effekte: Petra Zöpnek; Kostüme: Astrid Hofstetter)

„*Plan-it*“ (2000): Die multimediale interaktive Installation entstand anläßlich der Eröffnung des *Millennium Dome* in London/Greenwich und thematisiert die Beziehung zwischen Arbeitswelt, Verkehr und Kommunikation von heute und morgen – eine große interaktive Medieninstallation, in welcher das Verhältnis von Individuum und Masse reflektiert wurde. Das Projekt war Bestandteil der sogenannten *Mind Zone*, welche vom Architekturbüro Zaha Hadid konzipiert wurde. (Konzept: Herbert Lachmayer, Art & Tek Institute; technische Umsetzung: Sylvia Eckermann, Mathias Fuchs; Produktionsleitung: Ricki Oelmack; technische Beratung: Hermann Gruber)

„*Das Florentiner Zimmer*" (2001–2003): Innerhalb des Forschungsbereichs Sammlungsgeschichte am *Da Ponte Institut* in Wien beschäftigt sich ein wissenschaftliches Projektteam mit dem – kunsthistorisch betrachtet: exzeptionellen – Tausch ganzer Gruppen von Gemälden, der 1792/93 zwischen Kaiser Franz II. und seinem Bruder Großherzog Ferdinand III. von Toskana erfolgte (doch erst 1821 *de facto* beendet wurde). Um beispielhaft eine Rekonstruktion der seinerzeitigen Sammlungspräsentation („Hängungen vor und nach dem Tausch") in den kaiserlichen bzw. großherzoglichen Sammlungen zu ermöglichen, soll der von diesem Tausch meistbetroffene der historischen Galerieräume – das „Florentiner Zimmer" im Oberen Belvedere in Wien – interaktiv virtuell rekonstruiert werden. Die Forschung zur Sammlungsgeschichte am *Da Ponte Institut* konzentriert sich auf die „Sammlungsstrategien" des 17. und 18. Jahrhunderts – kulturhistorisch bedeutsame Sammlungen dieser Zeit werden unter dem Gesichtspunkt der Inszenierung untersucht, um die Entwicklung von den feudalen Kunstkammern („theatrum artis et mirabilium") über die „Gallerie" zu den Museen und Ausstellungen des 19., 20. und 21. Jahrhunderts aufzuzeigen. (Idee: Projektteam Gemäldetausch; Virtual Reality-Builder: Simon Bauer; Hardwarekonfiguration: Hermann Gruber)

Auch zahlreiche *Veranstaltungen, Tagungen und Ausstellungen* fanden statt, darunter die *Eröffnungsausstellung Archimedia* (1995); *Innovatives Oberösterreich – Die vernetzte Wirtschaft – Die Wirtschaftlichkeit der Vernetzung*. Design Center Linz (1995); *Eröffnung der „K 1"-Halle*, Stahlbetonschwellenwerk Linz (1997); *Innovatives Oberösterreich – Das dritte Jahrtausend*. Design Center Linz (1997); *Alles Schmuck*. Museum für Gestaltung Zürich (2000); *Einblicke*. Museum im Zeughaus Innsbruck (2000/2001); *Museutopia*. Karl-Ernst-Osthaus-Museum Hagen (2001); *Embrace The Swarm*. Art & Tek Institute Linz (2002).

Schluss

Am 19. Juni 2002 wurde am „Donaublick" im Schloßpark Linz die vom SSL gestiftete skulpturale Rauminstallation *Sonderlinge* des Bildhauers Rudolf Pointinger feierlich enthüllt. Die Übergabe dieses Kunstwerks an die Stadt Linz bezeichnete den Abschluß des langjährigen Struktursponsorings an die Universität für künstlerische und industrielle Gestaltung durch das *Stahlbetonschwellenwerk Linz*.
All diese Beispiele verdeutlichen in ihrer Gesamtheit, daß erst der in vielfältiger Weise geleistete, kontinuierliche Einsatz großzügiger Zuwendungen einen wirklich nachhaltigen Erfolg gewährleistet. Nur so war es möglich, zu einem optimalen Einsatz der finanziellen Ressourcen zu kommen. Der Gesamterfolg mußte – etwa durch seine Dokumentation in den Meisterklassenkatalogen jedes Lehrjahrs – selbstverständlich stets von neuem unter Beweis gestellt werden.
Zusammenfassend darf gesagt werden, daß die Kooperation des *Stahlbetonschwellenwerks Linz (SSL)* mit der *Universität für künstlerische und industrielle Gestaltung* Linz ein beispielgebendes Mäzenatentum durch die Industrie darstellt – eine Leistung, wie sie zu einer Selbstverständlichkeit werden muß, sollen in Zukunft die österreichischen Universitäten innerhalb der europäischen Konkurrenz bestehen. So gesehen läßt sich der Begriff der Avantgarde nicht nur auf die Kunst anwenden, sondern auch auf jene Unternehmen, welche die freizügige Unterstützung von Bildung, Wissenschaft und Kunst in gleichermaßen souveränem Geiste wahrnehmen.

„O Cultur! O Eisenbahn!“ [1]

GÜNTER DINHOBL · MARGARETH LANZINGER

Eisenbahn und Kultur: Querverbindungen und Zugangsweisen

It is still true that, despite the vast array of writing on railway history and on transport history at large, the subject is too often examined in a way that disconnects it from a wider cultural milieu.
Michael Freeman, 1999

Am 2. Dezember 1998 wurde beim Treffen des UNESCO-Welterbe-Komitees in Kioto (Japan) beschlossen, die Semmeringbahn in die Liste des UNESCO-Weltkulturerbes aufzunehmen. Damit erfolgte erstmals die Anerkennung der kulturellen Bedeutung einer Eisenbahn(strecke) auf internationaler Ebene. Besonders *ein* Gesichtspunkt ist dabei als Novum hervorzuheben: Die Eisenbahn(strecke) fungiert in diesem Zusammenhang nicht nur als Vergegenständlichung des (internationalen) Gedächtnisses, sondern auch als kulturstiftendes Bauwerk. Diesem Verständnis nach findet sie sich selbst – und nicht nur über ihre zahlreichen und unterschiedlichsten künstlerischen Darstellungen – in den Kulturbegriff eingebunden.
Es gibt wohl kaum jemanden, bei dem die Begriffe „Kultur“ und „Eisenbahn“ nicht jeweils zahlreiche Assoziationen auslösen – in der Verbindung beider kann sich das rasch ändern: Denn Ausformungen der Technik wie die Eisenbahn einerseits und Kultur andererseits werden allzuoft als getrennte, wenn nicht gar inkompatible Sphären betrachtet, und man nimmt sie – gerade auch im öffentlichen Diskurs – in ihren gegenseitigen Beeinflussungen eher selten wahr.
Auf welche Weise jedoch in einer Zeit, in der „Kultur“ zum Schlüsselbegriff in wissenschaftlichen, intellektuellen und gesellschaftspolitischen Diskussionen geworden ist, Eisenbahn und Kultur sich zusammendenken lassen, soll im folgenden umrissen werden.

Die Eisenbahn entstand weder in einem kulturellen Vakuum, noch begegneten die Menschen der neuen Mobilitätstechnologie mit Gleichgültigkeit. Vielmehr wurde (und wird) sie mit unterschiedlichsten

Durch Europa bei Nacht. *Aquarell von Egon Schiele, 1906. In der Kunst – wie in der Werbung – figuriert die Eisenbahn als Symbolfigur eleganter Welt und Fernwehs; gleichzeitig bringt die Malerei Einsamkeit und Entfremdung des Menschen in der beschleunigten, technisierten Welt zum Ausdruck.*

Symboliken und Bildern verbunden, die sich in einem Spannungsfeld hochgradig kontroverser Bedeutungszuschreibungen bewegen. Wer kennt nicht die Schienen, die über den Horizont hinaus in die weite Welt führen und Sehnsucht nach Ferne, Ferien und Reisen wecken? Klingende Zugnamen auf mythengetränkten Strecken wie „Orient-Express" oder „Flying Scotsman", „Trans-Sibirien" oder „Canadian" stehen auch heute noch als Synonym für weite Reisen durch fremde Länder, für Luxus und Abenteuer.

Demgegenüber wurden Schienenstränge, Züge und falsch gestellte Weichen, die an Unfall, Krieg, Massenvernichtung und Tod denken lassen, aufs engste mit Leid, Unausweichlichkeit und Vorbestimmtheit von Katastrophen verbunden.

In der Frühzeit des Eisenbahnwesens imaginierte man Dampflokomotiven als lebendige Ungeheuer, während sie heute für Eisenbahn-Freaks Objekte der Verehrung und des Begehrens sind. Auch die Vorstellung von einem als angenehm empfundenen Alleinsein im Abteilwaggon konnte und kann in Verbindung mit Diebstahl, Vergewaltigung und Mord schnell umschlagen in Bilder von Angst und Schrecken.

Bereits dieser kleine Ausschnitt verweist auf ein weitläufiges – bislang aber wenig aufgearbeitetes – Feld komplexer Querverbindungen: Kultur und Eisenbahn sind in ihrem Zusammenhang auf breiterer Basis überhaupt erst mit neuen kulturwissenschaftlichen Perspektiven, die seit den 1980er Jahren in verschiedenen Disziplinen Einzug gehalten haben, beachtet und in einzelnen Arbeiten wirksam geworden. Ihre Verbindung soll zunächst anhand einiger Beispiele im klassischen Kulturverständnis verfolgt werden, um danach neue Blickwinkel und Fragestellungen aufzuzeigen.

Krieg und Frieden: *Während die Abfahrt der Soldaten „ins Feld" meist von wehenden Fahnen, Parolen und Euphorie begleitet war, herrschten bei der Rückkehr Leid, die Suche nach lange Vermißten oder Wiedersehensfreude vor. Im Bild: Heimkehr von der Front am Wiener Westbahnhof, 1918.*

Eisenbahn – zwischen Faszination und Ignoranz

Railways may, with equal force and propriety, be defined as the great modern instrument of civilization – the detached links of that extended chain which, at no distant date, shall connect the remotest end of the world, and exercise upon the wholly family of man a humanising and irresistible influence.
Rowland MacDonald Stephenson, 1850

Ob als dampfende Nostalgie oder als Hochgeschwindigkeits-High-Tech – Eisenbahnen üben seit ihrer Entstehungszeit große Faszination aus. In historischen Texten wird je nach Ansatz zumeist eine evolutionistisch re-konstruierte und kanonisierte Geschichte der Eisenbahn formuliert. Als gemeinsamer Markstein gilt allen diesen Darstellungen das Jahr 1830, in dem das moderne Eisenbahnzeitalter begonnen hat: Damals wurde die Strecke Liverpool–Manchester eröffnet; Personen und Güter wurden erstmals auf einer eigenen Gleistrasse (basierend auf dem Rad-Schiene-System) und ausschließlich mit Hilfe mechanischer Fortbewegungsmittel sowie unter öffentlicher Kontrolle befördert.[2] In der Folge kam es zum rapiden Ausbau des neuen Transportmittels, das – nach dem Wirtschaftshistoriker Rainer Fremdling – wie keine andere Innovation den Industrialisierungsprozeß des 19. Jahrhunderts verkörpert.[3]

Und darüber hinaus? Die meisten Arbeiten zur Geschichte der Eisenbahnen widmen sich bis in die kleinsten Details ausschließlich den technischen oder wirtschaftlichen Aspekten. Während die Liebhaber-Literatur boomt, besteht im Bereich der akademischen Auseinandersetzung mit diesem Thema nach wie vor ein „Forschungsnotstand" – wie ihn Karl

Gutkas und Ernst Bruckmüller schon 1987 für Österreich konstatierten: „[...] man findet sich mit dem Vorhandensein einer wichtigen Einrichtung, wie es die Eisenbahn ist, ab, ohne sie näher zu betrachten".[4] Nur wenige Arbeiten verorten Transportgeschichte an den Schnittstellen, den „cross-roads von Technik-, Sozial-, Wirtschafts- und Kulturgeschichte".[5] Und obwohl – oder gerade weil? – neuere geschichtswissenschaftliche Theorien und Methoden in die Technikgeschichte eingebunden wurden und Technik heute als „integraler Bestandteil der humanen Kultur"[6] angesehen wird, „spielte für die Vernachlässigung der Technikgeschichte [in Österreich] die lange Zeit geringe politische Relevanz des Faches eine Rolle. Technik hatte allgemein den Nimbus des Fortschrittlichen, Modernen, Zukunftsorientierten; rückwärtsgewandte, eventuell gar kritische Analysen langfristiger Entwicklungen blieben in diesem Konzept ausgegrenzt."[7]

Eisenbahn im „klassischen" Kulturuniversum

[...] der wird, wenn der Zug über schwindelerregende Viadukte donnerte oder plötzlich mit schrillem Pfeifen in die Nacht endlos scheinender Tunnels hineinbrauste, jene mit erhabenen Grauen gemischte Bewunderung empfunden haben, die uns überkommt, wenn wir etwas, was wir bisher für unmöglich gehalten haben, verwirklicht vor uns sehen.
Ferdinand von Saar, 1874

Das klassische Verständnis von Kultur orientiert sich an bildungsbürgerlichen Domänen wie Literatur, Theater, Oper und Musical, Film, Musik, bildende Kunst und Architektur sowie Museen und Sammlungen.[8] In zahlreichen Werken dieser Sparten spielt die Eisenbahn eine zentrale Rolle.
Im Bereich der Literatur gilt dies unter anderem für Ferdinand von Saars Novelle *Die Steinklopfer* (1874), Peter Roseggers Erzählung *Als ich das erste Mal auf dem Dampfwagen saß* (1877) oder für die Semmeringbahn-Romane von Theodor Heinrich Mayer (1928), Ottokar Janetschek (1932) und Kurt Frieberger (1946).[9]
Für die Bühne schrieb etwa Johann Nestroy die Posse *Eisenbahnheiraten oder Wien, Neustadt, Brünn* (1843; siehe auch S. 98, Anm. d. Red.). Und die Eröffnung der ersten Staatseisenbahn Österreichs von Mürzzuschlag nach Graz im Jahr 1844 begleiteten Aufführungen im Grazer Stadttheater, die Passagen aus Opern und Theaterstücken jener Zeit enthielten – Zusammenstellungen nach dem Motto „eine Eisenbahnfahrt im Reich des Ernstes und des Scherzes".[10]

Zahlreiche musikalische Werke griffen damals wie später das Thema Eisenbahn auf, vom „Eisenbahn-Lust-Walzer" von Johann Strauß Vater (1836) und „Le Chant des Chemins de Fer" von Hector Berlioz (1846) über Arthur Honeggers Symphonie „Pacific 231" (1923), Benjamin Brittens „Night Mail" und „The way to sea" (1936) sowie Duke Ellingtons Werke von den 1940er bis in die 1970er Jahre (etwa „Daybreak Express", 1933, oder „Build that Railroad", 1950) bis hin zu Reinhard Meys Song „Die Eisenbahnballade" (1988). In den USA wurde kurz davor das Musical *Starlight Express* (1984) zum Kassenschlager. Ein jüngstes Werk, das indirekt in Verbindung mit der

Der Preis des Fortschritts: *Unglück bei Elberfeld in Deutschland 1880, als ein Zug infolge eines Radbruchs von einer Brücke in die Wupper stürzte. Xylographie, o. J. Obwohl die Eisenbahn eines der sichersten Transportmittel ist, erschüttern Unfälle damals wie heute den Glauben an die technische Machbarkeit. Theodor Fontanes Gedicht „Die Brücke am Tay" (1879 riß der Einsturz der Eisenbahnbrücke über den Firth of Tay in Schottland einen Zug mit 76 Reisenden in die Tiefe) bleibt auch angesichts heutiger Unglücksfälle aktuell: „Tand, Tand, Ist das Gebilde von Menschenhand."*

Bahn steht, ist *Eine Oper für Büropa. Vorspiel im Büro*, das 1998 in Linz eine erfolgreiche Uraufführung erlebte[11] (siehe S. 295 ff., Anm. d. Red.).

In der bildenden Kunst gilt als ein zentrales, aber kontroversiell rezipiertes Gemälde J. M. W. Turners „Rain, Steam and Steel“ (1843/44); bekannt ist auch Claude Monets Innenansicht des Bahnhofs Saint-Lazare (1877). Die Auseinandersetzung mit Eisenbahnen und deren Auswirkungen findet sich bei den Futuristen und Kubisten zu Anfang des 20. Jahrhunderts ebenso wie jüngst in den „Landscape“-Fotografien von Siegrun Appelt (1997) oder in Wolfgang Kesslers Gemäldeserie „Zwischenräume“ (2000).[12]

In der Architektur der Bahnhöfe spiegelt sich seit jeher das Selbstverständnis der Bahngesellschaften und ihrer Zeit wider: Zu nennen sind hier die auch heute noch imposante Londoner Midlands Station in St. Pancras (1876), von Sir George Gilbert Scott im Stil der profanen Gotik des Viktorianischen Zeitalters entworfen,[13] oder die zu Beginn des 20. Jahrhunderts von Otto Wagner im Jugendstil gestaltete Stadtbahn bzw. Vorortelinie in Wien. Heute orientieren sich Bahnhöfe an der als Inbegriff der Modernität geltenden Flughafenarchitektur.

Die Rezeption der Eisenbahngeschichte findet ihren Ort in der musealen Aufbereitung – vom Deutschen Technikmuseum Berlin über das National Railway Museum in York (Großbritannien) oder New Delhi (Indien) bis zum B & O Railroad Museum in Baltimore (USA) und zahlreichen weiteren Eisenbahnmuseen in aller Welt.

In Österreich reicht der Bogen vom ehemaligen „Historischen Museum der k. k. Österreichischen Staatsbahnen“ in Wien (eröffnet 1893) über das Technische Museum Wien (eröffnet 1918) oder das Eisenbahnmuseum Strasshof (NÖ, eröffnet 1984) bis hin zu über 20 österreichischen Vereinen von Freizeit-Eisenbahnfreunden und den oft von ihnen betriebenen Eisenbahnmuseen und Nostalgiebahnstrecken.

All diese Beispiele zeigen, daß die Eisenbahn von Beginn an als Sujet und als Gegenstand eingehender Auseinandersetzung in viele Kulturbereiche Eingang gefunden hat und darin auf verschiedenste Weise bewertet und verarbeitet wurde.

Neuere kulturwissenschaftliche Zugangsweisen ...

Cultural Studies, an empirically rooted interdisciplinary enterprise whose spongy marshes protected British academic life from American culture wars' marches and countermarches, provides a useful site for that enterprise. Cultural Studies' onlie begetter was the critic, novelist and political activist Raymond Williams. A railway signalman's son, Williams' cultural materialism will prove particularly fruitful for our purposes. More or less openly, it will guide our steps as we explore relationships between railways, modernity and culture.

Ian Carter, 2001

Zugangsweisen in den Geschichtswissenschaften und benachbarten Disziplinen erlebten – wie bereits angedeutet – in den letzten beiden Jahrzehnten Umwälzungen: Der sogenannte „cultural turn“, die kulturelle Wende, brachte (neuen) Aufwind für Ansätze wie *Cultural Studies* und *Cultural Analysis*, Historische Anthropologie und Empirische Kulturwissenschaften. So oft der Begriff „Kultur“ verwendet wird, so häufig ändern sich die damit verbundenen bzw. ihm zugeschriebenen Bedeutungen. Diese Vielfalt ist nicht neu: Schon im Jahr 1872 verfaßte der britische Anthropologe Edward B. Tylor einen offenen Katalog mit 76 kulturellen Themen, und 1952 erstellten Alfred L. Kroeber und Clyde Kluckhohn eine Liste mit 160 unterschiedlichen Definitionen von Kultur.[14]

Auch die Zugangsweisen der Erforschung von kulturellen Phänomenen erscheinen komplex und heterogen wie der Begriff selbst. So werden Kulturen in ihrer Veränderung oder in einem bestimmten Zeitrahmen in der Vergangenheit oder in der Gegenwart behandelt. Unterschiedlich klassifizierte Kulturen werden miteinander verglichen oder mit dem Ansatz des auf Prozessualität und Reziprozität zielenden „Kulturtransfers“ zu fassen gesucht.[15] „Kultur“ stellt ferner eine Analysekategorie dar, die für alle Themen Relevanz hat, auch wenn sie nicht explizit im Titel steht.

Trotz einer Reihe methodischer und theoretischer Divergenzen ist heute ein erweitertes Verständnis des Begriffs zu erkennen: „Kultur“ definiert sich nicht länger über das Universum der kanonisierten Hochkultur – klassische Literatur, Musik, Malerei usw. –, sondern wird als „whole way of life“ verstanden und rückt die „gewöhnlichen“ Menschen sowie ihre Handlungen und Aktivitäten, ihre Gedanken, Bedeutungszuschreibungen und Sinnstiftungen ins Zentrum des Erkenntnisinteresses. An die Stelle eines tradierten Kulturverständnisses, das sich ausschließlich auf ästhetische und intellektuelle Werke bezieht, tritt Kultur als etwas „Alltägliches“. Gelebte Erfahrungen und Alltagshandeln, Wahrnehmungen und Deutungen stellen sozial und kulturell bedeutsame Praxen dar.[16]

Kultur besteht nach dieser Auffassung aus bestimmten Handlungsrepertoires und liefert den Menschen in ihrer jeweiligen Lebenswelt damit eine Art Werkzeugkiste – Lösungen und Rezepturen zum „how to do what".

Neben diesem auf die Alltagsrelevanz von Kultur gerichteten Fokus ist ein zweiter herauszuheben, und zwar der Blick auf Kultur als Repräsentationen – zu fragen ist dabei nach ihrer „Herstellung, Zirkulation, Geschichte und Deutung".[17] Edward Said weist in seinem Buch *Kultur und Imperialismus* nach, daß Kultur keine antiseptische oder apolitische Sphäre darstellt. Sie verkörpert vielmehr ein außerordentlich variables Feld von Verbindungen, welches eng mit (imperialen) Praktiken und der Ausübung von Herrschaft verwoben ist. Als eine der zentralen, allen Kulturen gemeinsame Aufgabe gilt die Selbstdefinition, welche nach Said in einem ganz spezifischen Feld der Rhetorik verortet werden kann. Durch das Sprechen und Schreiben über Kultur sollen bestimmte Bilder der Außenwelt, des *Anderen*, wie auch bestimmte *Selbstbilder* bekräftigt und verbreitet werden. So gesehen ist Kultur eine „Quelle der Identität"[18], unter deren Deckmantel sowohl Ab- und Ausgrenzungen als auch Projektionen zur Generierung einer gemeinsamen *Wirklichkeit* erfolgen. Derartige Perspektiven auf Geschichte und Gegenwart gehen auch an der Eisenbahn nicht spurlos vorbei.

… und neuere Blicke auf die Eisenbahn

Vorn an der Trasse standen sie, die Haut wettergegerbt. / Mit ihren Spaten hatten sie Adern ins Land gekerbt, / Mit Hacken und mit Hämmern hatten sie Berge bewegt / Und Schwellen über Schotter und darauf Schienen gelegt. / […]
Und bald fauchte das Dampfroß funkensprühend durch das Land. / Manch neue Industrie und manch Imperium entstand, / Manch unschätzbarer Reichtum, doch an jedem Meter Gleis, / Jeder Brücke, jedem Tunnel klebten Tränen, Blut und Schweiß.
Reinhard Mey, 1988

Während in der Zeit vor dem Ersten Weltkrieg noch über den „culturellen Werth der Eisenbahnen"[19] referiert und publiziert[20] wurde, setzten sich die meisten Arbeiten nach dem Zweiten Weltkrieg mit den technischen und wirtschaftlichen Aspekten der Eisenbahn auseinander. Nachdem im heutigen, erweiterten Kulturverständnis die Eisenbahn als „cultural metaphor"[21] begriffen wird und der neuseeländische Soziologe Ian Carter jüngst forderte, daß jenseits disziplinärer Zwänge vermehrt über das Verhältnis von Eisenbahn und Kultur gearbeitet werde,[22] erweitert sich vor allem im angelsächsischen Raum das Feld bereits deutlich und ermöglicht es, den kulturellen Implikationen der Transporttechnologie Eisenbahn nachzuspüren.

Doch finden sich auch kritisch zu hinterfragende Ansätze: Wenn etwa einige Autoren dazu tendieren, Technologie als kulturenübergreifend zu sehen,[23] so gilt es zu bedenken, daß diese damit ihres spezifischen kulturellen Kontextes enthoben und als akulturell propagiert wird. Technik bzw. Technologie stellen aber keine *black box* dar, die isoliert oder ahistorisch betrachtet werden kann; vielmehr zeigen sie sich zutiefst mit gesellschaftlichen, politischen oder kulturellen Strömungen verwoben: Technik ändert Gesellschaften und Kulturen ebenso, wie Kulturen und Gesellschaften ihrerseits Entstehung, Umgang und Ausformungen von Technik prägen.[24] „Mit einer grundsätzlichen Anerkennung der gesellschaftlichen Prägung technischer Prozesse", so Helmut Lackner und Günter Luxbacher, „sollten jedoch Kombinationen wie *Technik und Kultur*, *Technik und Gesellschaft* […] künftig obsolet werden."[25]

Nach Ansicht innovativer Autorinnen und Autoren müssen vor allem jene neueren Beiträge zur Technikforschung selbstverständliche Berücksichtigung finden, die unter Technik eine Kultur verstehen, welche „die Beziehungen zwischen Männern ausdrückt und verfestigt".[26] Das Wissen um derartige Zusammenhänge wird nur allzu gerne verschwiegen und ausgegrenzt, um Technikgeschichte weiterhin im Stil einer „Heldengeschichte großer Erfinder"[27] bzw. „Geschichte großer Männer"[28] schreiben zu können. Insbesondere in der Ingenieurbiographik findet die *gender-blindness* – das Übersehen der Geschlechtsspezifik – ihre ausgeprägteste Form: Der Gestus der männlichen Helden-Geschichtsschreibung ist seit langem und intensiv mit der Technikgeschichte verbunden. Titel von Biographien wie *Lebensbilder führender österreichischer Polytechniker* (1927), *Große Ingenieure. Lebensbeschreibungen aus der Geschichte der Technik* (1937), *Männer der Schiene* (1947), *Österreichische Erfinder* (1964) oder Untertitel wie *Ein Leben für die Eisenbahnen in Österreich* im Fall der Ghega-Biographie (1977) spiegeln nur allzu deutlich das sowohl von Biographen zugewiesene als auch von Technikern selbst in Autobiographien vertretene Selbstverständnis der technischen Intelligenz wider: Als die ihnen gemeinsame Maxime läßt sichs die Darstellung gelebter Männlichkeit im Beruf unter Ausschluß des Privatlebens herausfiltern.[29] Nicht nur in Österreich präsentiert sich die Ingenieurbiographik zumeist als eindimensionale Erfolgsgeschichte; und sie

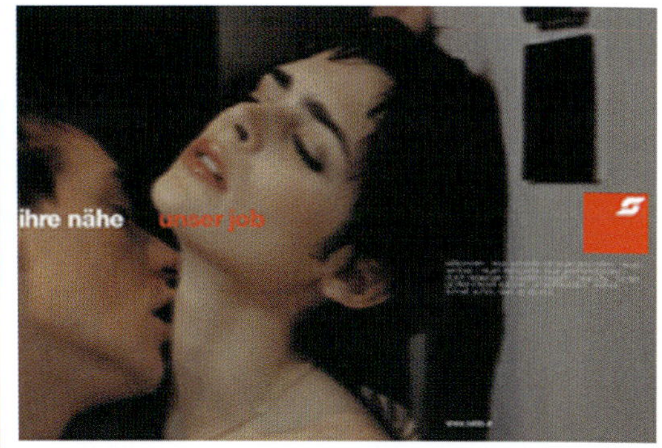

Männliche Freizügigkeit: *Mit der Eisenbahn wurden seit Beginn sexuelle Männerphantasien assoziiert und gern in das Dunkel des Tunnels oder der Nacht projiziert – sei es der 1841 eröffnete „Busserltunnel" bei Gumpoldskirchen (siehe Abb. S. 98, Anm. d. Red.) oder der „Nachtzug", wie auf dem Gemälde des surrealistischen Künstler Paul Delvaux, 1947 (links); auch die ÖBB-Werbungen „ihre nähe unser job" (2001; rechts oben) und „Heiße Fracht" (1998/99; rechts unten) sprechen vor allem die männliche Kundschaft an.*

gilt als bis in die jüngste Zeit wenig beforschtes Feld.[30] In der ansonsten vorbildlichen bibliographischen und musealen Bestandsaufnahme zur österreichischen Technikgeschichte beispielsweise kommt sie als eigene Kategorie nicht vor.[31] Und so bleibt es künftigen Arbeiten vorbehalten, jenseits von Glorifizierung, Mythifizierung und *gender-blindness* in Biographien von Technikerinnen und Technikern deren Motivationen, Handlungsmöglichkeiten und -spielräumen nachzuspüren und Fragen zu stellen wie etwa diese: Warum wurden Probleme genau auf jene letztlich ausgeführte Art gelöst?

Beachtenswerte Impulse gehen auch von neueren Untersuchungen zum Thema Technologietransfer aus, welche die internationale Vernetzung der technischen Intelligenz betonen. Waren beispielsweise zu Beginn des österreichischen Eisenbahnwesens britische Techniker mit den Lokomotiven gewissermaßen mitimportiert worden, so stellten in der Folgezeit Studienreisen – im Prinzip ein Euphemismus für die damit letztlich betriebene Industrie-Spionage – eine Strategie zur Erweiterung des Wissensstandes dar. Nachdem technisches Wissen solcherart transferiert und importiert wurde, erfolgte schließlich die Einbindung in regionale Gegebenheiten und/oder individuelle Erfahrungen sowie in bestehende Technologien und führte damit zu den jeweiligen technischen Ausformungen. Parallel dazu bediente man sich der technischen Artefakte allerdings auch oft, um regionale, soziale und insbesondere nationale Fremd- und Selbstbilder zu entwerfen und sich so von dem als *anders* erklärten abzugrenzen.[32] Da im Konzept des Technologietransfers der Austausch lange ausschließlich auf die technische Dimension reduziert wurde, fanden Transferaktivitäten, die in einem weiteren Kontext zu verorten sind – beispielsweise entlang der Fragestellungen „Wer machte in welchen beruflichen oder gesellschaftlichen Positionen Studienreisen?" oder „Über welche Erfahrungen und Erlebnisse jenseits des Technischen wird wie berichtet?" –, bislang kaum Beachtung.

Im deutschsprachigen Raum ist die bereits 1977 erstmals erschienene *Geschichte der Eisenbahnreise* von Wolfgang Schivelbusch für den Bereich Eisenbahn als Umsetzung des skizzierten Paradigmenwechsels weiterhin ebenso richtungweisend wie singulär.[33] Der Autor verbindet darin exempla-

Wahrnehmung und Eisenbahn: *Die ersten Eisenbahnstrecken in Österreich wurden mittels kunstvoller Panoramen visualisiert, wie ja auch die Reisenden während der rasanten Bahnfahrt einen „panoramatischen Blick aus dem Abteilfenster" genossen. Im Bild:* Perspektiv-Panorama der Strecke Payerbach bis Semmering-Haupttunnel.

risch Themen wie die „Mechanisierung der Triebkräfte" oder „Das maschinelle Ensemble" mit einem sozio-kulturellen Kontext: Standardisierungen, vor allem in Form einer Vereinheitlichung der Zeit, wurden notwendig, damit das System der Zugfahrpläne überhaupt funktionieren konnte. Die uns heute geläufigen Zeitzonen wurden erst Ende des 19. Jahrhunderts eingeführt; bis dahin mußte man sich mit eigenen Uhren behelfen, welche die allgemeingültige Eisenbahnzeit im Unterschied zur Lokalzeit, die von Stadt zu Stadt divergierte, anzeigten. Mit Fragestellungen wie jener der Veränderungen in der Raum- und Zeitwahrnehmung oder der Entstehung von spezifischen Blickregimes – wie des panoramatischen Blicks auf die Landschaft – greift Wolfgang Schivelbusch auch wichtige historisch-anthropologische Aspekte auf. Am Beispiel der unterschiedlichen Sitzanordnungen in den Waggons amerikanischer und englischer Eisenbahnen zeigt er, wie rasch sich nationale und kulturelle Identitäten an solchen Unterschieden festmachen. Die Bedeutung der Reiselektüre ist über den Zeitvertreib hinaus auch als Resultat der veränderten Beziehungen, der besonderen „Nähe" zu Fremden und zugleich der Anonymität und Isoliertheit im Abteil zu sehen. Schivelbusch spannt den Bogen schließlich bis hin zum Schrecken

Lithographie von Ludwig Czerny, 1854, aus dem Malerischen Atlas der Eisenbahn über den Semmering, *herausgegeben von Ludwig Czerny, Wien 1854; Tafel VI; Ausschnitt „Weberkogel bis Viadukt über die Krausel-Klause".*

der neuen Technologie: von aufsehenerregenden Morden zu den ersten großen Unfällen und deren Folgen, die den Autor Fäden bis in die Medizingeschichte hinein ziehen lassen.

Für den österreichischen Raum gilt Wolfgang Kos mit seiner *Kulturgeschichte einer künstlichen Landschaft* – er bezieht sich darin auf die Semmering-Region – als wichtigster Vertreter einer neueren disziplinübergreifenden Richtung. Ausgehend von Schivelbuschs Ansatz hat er die Geschichte der Wahrnehmungen der Semmering-Landschaft untersucht und dabei explizit auf die Eroberung der mechanisiert er-fahrbaren Landschaft hingewiesen.[34] Die Eisenbahn übte auch schon früh eine disziplinierende Funktion aus. Reisende waren entgegen der oftmals suggerierten „Freiheit auf Schienen" durchaus mannigfaltigen Einschränkungen ausgesetzt. Reiseführer lenkten die Blicke und damit die Wahrnehmung – wer kennt nicht die Hinweise, welche Seite des Zuges für das Genießen der Aussicht am besten geeignet sei? Fahrpläne und Kursbücher begründeten nicht nur ein neues Zeitgefühl, sondern intervenierten auf rationierende Weise in den Zeithaushalt der Reisenden. Die 1847 erlassenen „Polizeigesetze für Eisenbahnen" hatten die Disziplinierung der Bahngesellschaften und ihrer Angestellten, der Reisenden wie auch der Anrainer zum

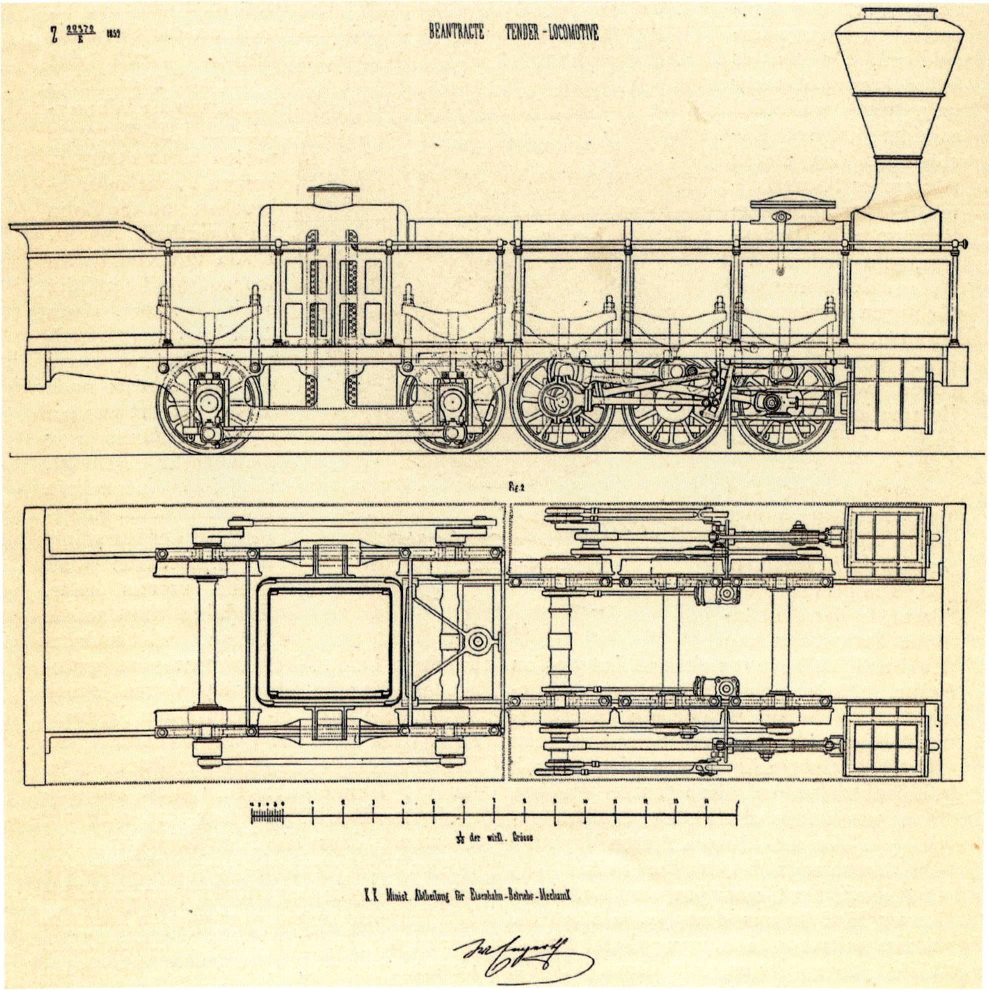

Die Sprache der Ingenieure: *Technische Zeichnung als Verständigungsmittel zwischen Technikern. Im Bild: Plan der Semmeringbahn-Lokomotive von 1852 mit der Signatur des Konstrukteurs Wilhelm Engerth.*

Inhalt und sollten „die Aufrechterhaltung der Ordnung, Regelmäßigkeit und Sicherheit des Betriebes“[35] gewährleisten.
Ebenso fanden die Bahnbediensteten von Beginn an ihre Tätigkeiten durch interne Dienstvorschriften reglementiert. Die strenge Ein- und Unterordnung der Belegschaft unterstützte die Entwicklung eines ‚familiären' Klimas untereinander sowie einer Loyalität gegenüber der Eisenbahngesellschaft, welche oft die Zeiten überdauerte und schließlich auch die machtpolitische Instrumentalisierung während der NS-Diktatur zuließ.[36]
„Wie das alltägliche Leben von Menschen durch und mit Kultur definiert wird“,[37] ist die zentrale Fragestellung der *Cultural Studies*. Diese führt unter anderem auch zum Thema „Identität und Differenz“, das im Bereich der Eisenbahnen ein weites Feld eröffnet: Nation, Ethnizität, soziale Zugehörigkeit und Geschlecht als ineinander verwobene Kategorien der Wahrnehmung bieten sich als Perspektiven für eine ertragreiche Spurensuche entlang der Geschichte der Eisenbahn an. Die Rolle der Eisenbahn bei der Propagierung und Verbreitung von nationalstaatlichen Vorstellungen[38], die Begründungen für Ausschlüsse und Abgrenzungen auf Basis geschlechtsspezifischer Zuschreibungen[39], aber auch der Alltag von Arbeiterinnen und Arbeitern im direkten Umfeld der Eisenbahnen und von Pendlerinnen und Pendlern sowie nicht zuletzt die Historiographie der österreichischen Eisenbahn selbst – dies sind nur einige der offenen Forschungsgebiete in diesem Bereich.

Zum Beispiel: Befürchtungen und Erwartungen

Zehn Vaterunser lang mochten wir so begraben gewesen sein, da lichtete es sich wieder, draußen flog die Mauer, flogen die Telegraphenstangen und die Bäume, und wir fuhren im grünen Tale.
Mein Pate stieß mich an der Seite: „Das ist gar aus der Weis' gewesen, aber jetzt – jetzt hebt's mir an zu gefallen. Richtig wahr, der Dampfwagen ist was Schönes!“
[…] Beim Dampfwagen da – 's ist doch der Teufel dabei!
Peter Rosegger, 1877

Die Frühzeit des Eisenbahnwesens bietet eine Reihe von kulturwissenschaftlich interessanten Anknüpfungspunkten. In Europa wie in den USA begegnete man der Bahn zunächst mit gemischten Gefühlen: Die im Spannungsfeld von Bedrohung und Bewunderung entstehende Stimmung wird von Historikerinnen und Historikern mit dem Terminus des „technologischen Sublimen“ beschrieben.[40] Die Ambivalenz von Befürchtung und Erwartung durchzieht die Geschichte der Eisenbahn; die Linie verläuft vielfach zwischen ökonomischen, politischen oder technologischen Interessen und neuen Möglichkeiten einerseits sowie den Bestrebungen andererseits, kulturelle Traditionen zu erhalten. Dies gilt beispielsweise für den im Zuge des

Eisenbahn-Ausbaus im wahrsten Sinn des Wortes sich an-*bahnen*-den Tourismus und Alpinismus im 19. Jahrhundert.[41] Es gilt aber auch für aktuelle Projekte wie den im Juni 2001 begonnenen Eisenbahnbau von China nach Tibet: Von offizieller Seite wird diese Strecke aufgrund der schwierigen „natürlichen" Bedingungen und der zu erreichenden Seehöhe von über 5000 Metern als technische Höchstleistung propagiert, während von nichtstaatlicher Seite die Befürchtung im Vordergrund steht, daß die tibetische Kultur durch diese Eisenbahnlinie endgültig zerstört wird.[42]

Eisenbahnen fungierten von Beginn an als Korridore der „Modernisierung" und „Zivilisierung" und förderten so die Verbreitung „westlicher" und urbaner Kultur.[43] In Zusammenhang damit, daß die Technologie „Eisenbahn" allgemein auch als Symbol kultureller Differenzierungen gilt, soll hier speziell auch auf ihre Rolle im Kontext der Kolonialisierung – sowohl der eigenen als auch fremder Länder – hingewiesen werden. Eisenbahnbau und Kolonialismus bzw. Imperialismus zeigen sich hochgradig voneinander abhängig: So fuhren in Kolonien wie Argentinien, Australien, Brasilien, Chile und Indien die ersten Eisenbahnen schon vor 1857 – also jenem Jahr, in dem nach nur 15jähriger Bauzeit die Südbahn von Wien in die Hafenstadt Triest als erste Staatsbahnstrecke von der Residenzstadt der Donaumonarchie zum Meer eröffnet werden konnte. Sowohl in den USA bei der Eroberung des Westens als auch in Rußland beim Bau der Transsibirischen Eisenbahn diente die Bahn zur Integration der Territorien in politischer, wirtschaftlicher und militärischer Hinsicht.[44] Diese Form des „Eisenbahn-Imperialismus", der in der zweiten Hälfte des 19. Jahrhunderts aufkam, stellte im Vergleich zu früheren Formen offen gewalttätiger Unterwerfung eine deutlich subtilere Art der Einflußnahme der imperialen Mächte auf Länder, Regionen und private Kapitalströme dar.[45] Auf der anderen Seite brachte die im Zuge des Eisenbahnbaus sich verbreitende Lohnarbeit für Männer eine neue Beziehung zu Geld und Arbeit, mit tiefgreifenden Auswirkungen sowohl auf soziale Bindungen – wie Elternhaus, Ehe und Gemeinde – wie auf das eigene Selbstverständnis.[46]

Auch auf anderer Ebene finden sich Spuren des Spannungsfelds von Angst und Bewunderung: In Peter Roseggers oft zitiertem Klassiker der österreichischen Eisenbahn-Literatur *Als ich das erstemal auf dem Dampfwagen saß* nennt der Pate Jochem die Eisenbahn ein „Teufelszeug" und „Blendwerk". Nicht weniger befremdlich wirkt der Enthusiasmus, den andere gleichzeitig an den Tag legten: Die Pustertalbahn zwischen Franzensfeste und Villach etwa wurde bei ihrer Eröffnung 1871 als „Weltbahn" gefeiert, und ein Artikel mit dem suggestiven Titel „Abkürzung England – Orient?" pries sie gar als Teilstück des kürzesten Weges in den Orient.[47] Allerdings: Sommerfrischler, Kurgäste und Bergsteiger kamen mit dem „Teufelszeug" nun leichter an ihr Ziel. Vor allem in alpinen Gegenden bedeutete der Bahnbau den „Start in die touristische Ära",[48] wobei die Rezession, die im Gefolge des Wiener Börsenkrachs im Mai 1873 einsetzte, einen Rückschlag brachte. Insbesondere die „k. k. privilegierte Südbahngesellschaft" sah den Tourismus als Zukunftsmarkt und als Chance, die schwache Bahnfrequenz zu erhöhen. Als Anreize wurden 1878 in Toblach (Südtirol), 1882 am Semmering und 1884 in Abbazia (Istrien) die mondänen „Südbahnhotels" errichtet (siehe auch S. 96, Anm. d. Red.); Architekt war Wilhelm Ritter von Flattich, der zuvor die Südbahnstationen entworfen hatte – nach dem Motto „Einfach, aber anständig und solid ausgeführt".[49]

Menschen im Hintergrund: *Nur selten wurde die Bahnarbeit ins Blickfeld gerückt wie bei dieser offensichtlich gestellten Aufnahme „Schwellen-Auswechslung auf der Strecke" von J. Schneemann, erschienen 1898/99; die Arbeiter, zumeist fremd in der Region, mußten den Baustellen der Bahn nachziehen – „Nomaden der Arbeit", wie sie Ferdinand von Saar 1874 nannte.*

Die Gastronomie des aufstrebenden Fremdenverkehrs vermeinte, „den städtisch-bürgerlichen Lebensstil der Gäste kopieren zu müssen. ‚Künstlerstübchen' und der ‚große Salon' erlebten ebenso ihre Premiere im Tiroler Gastgewerbe wie die unumgängliche ‚Table d'hôte', das Lese- und Raucherzimmer."[50] Zeitgleich mit dem glorreichen Einzug solcher Segnungen von „Zivilisation" und „Cultur" ins Gebirge stellten sich Befürchtungen ein, die in – zumeist von städtischem Bürgertum getragenen – Heimat- und Naturschutzbewegungen mündeten.[51] Und während sich die Grundeigentümer entlang der Bahntrassen die Hände rieben, weil sie beachtliche Ablösesummen einstrichen, fürchteten Spediteure, Fuhrleute und Lohnkutscher um ihren Verdienst. Zwiespältig stand die lokale Bevölkerung den von den Baugesellschaften angeworbenen

Schwellen und Flügel: *Allegorien wie die* Putten beim Eisenbahnbau, *Gemälde von Hans Canon um 1876, machen die Gleichzeitigkeit zwischen der Rationalität der Maschinenwelt und den humanistischen Bildungsidealen der bürgerlichen Gesellschaft deutlich.*

und mitgebrachten Arbeitern gegenüber, „ein abenteuerlicher Haufen von unterschiedlicher sozialer Herkunft und vielfältiger Nationalität", der Vorbehalte und Vorurteile bestärkte und mobilisierte, aber zugleich freilich gutes Geschäft ins Tal brachte.[52]

Auch die Empfindungen der Fahrgäste von damals waren zwiespältig: Einerseits genoß man die Leichtigkeit und Geschwindigkeit des Schienenverkehrs, andererseits bangte man vor seiner Gewalt und Zerstörungskraft. Die Beschreibung eines Amerikaners aus dem Jahr 1829 bringt diese Ambivalenz treffend zum Ausdruck: „Es ist wirklich ein Flug, und es ist unmöglich, sich von der Vorstellung eines sofortigen Todes aller bei dem geringsten Unfall zu lösen."[53]

Ausblick

In der internationalen Forschungslandschaft zeigen sich deutliche Unterschiede zum deutschsprachigen Raum. So konnten sich in einigen Ländern im Lauf der letzten 15 Jahre eigene Institutionen zur wissenschaftlichen Erforschung der Eisenbahn- und Transportgeschichte etablieren: In Frankreich etwa wurde 1987 von zahlreichen namhaften französischen Eisenbahn-Betreibergesellschaften die *Association pour l'histoire des chemins de fer en France* ins Leben gerufen – eine Gesellschaft für die Aufarbeitung der Geschichte der Eisenbahnen.[54] 1992 entstand in Japan die *East Japan Railway Culture Foundation*.[55] Drei Jahre später (1995) folgte die erste universitär verankerte Institution, das *Institute of Railway Studies* als Partnerschaft zwischen der Universität York (England) und dem National Railway Museum in York.[56] In all den genannten Organisationen leiten zumeist Geisteswissenschafterinnen und Geisteswissenschafter die Arbeitsbereiche und führen – auch gemeinsam mit Technikerinnen und Technikern – Forschungsprojekte durch.

In einer immer komplexer werdenden Welt erhält die Sensibilisierung für vielschichtige Zusammenhänge zentrale Bedeutung. Die herkömmliche Technikgeschichtsschreibung – und auch deren museale Darstellung – ist jedoch nur allzu oft auf die „naturale Dimension der Technik"[57] ausgerichtet, ohne humane oder soziale Dimensionen mitzudenken; oft wird die Vermittlung lediglich der *positiven*

Auswirkungen von Technologie eingefordert.[58] Technik und Technisierung als kulturelle Phänomene zu erörtern, bedeutet aber, sich gegen reduktionistische und generalisierende Sichtweisen vielschichtiger Wechselwirkungen und Zusammenhänge zu stellen und zu versuchen, methodisch brauchbare Wege im Umgang mit Komplexität zu eröffnen.

Daß reduktionistische und generalisierende Sichtweisen nur allzuoft zu festgefahrenen Grenzziehungen führen, zeigt die Proklamation des Naturwissenschafters C. P. Snow aus dem Jahr 1959 wohl am offensichtlichsten[59]: Damals teilte er – ganz einem positivistischen Wissenschaftsverständnis verhaftet – die Wissenschaften in „zwei Kulturen", nämlich in Natur- und Kulturwissenschaften, wobei sich die Technik zu den Naturwissenschaften zählt. Diese immer wieder zitierte und beschworene Differenz führte zu einem *science war*, in dem naturwissenschaftliche und technische Intelligenz einzelne kultur- und geisteswissenschaftliche Strömungen – welche ihrem Terrain vermeintlich zu nahe kommen – unter „die Geisteswissenschaften" subsumiert und verbal militant bekämpft.[60] Doch können letztlich, wie wir wissen, nur inter- und transdisziplinäre Arbeiten dazu beitragen, gegenseitigen Vorurteilen entgegenzuwirken.

Eisenbahn und Kultur wurden von der Frühzeit dieses industriellen Transportmittels an bis in die ersten Jahrzehnte des 20. Jahrhunderts hinein vielfach gemeinsam gedacht und artikuliert. Zunächst war es oftmals die technische Intelligenz, welche die kulturelle Dimension der Eisenbahnen zu deren Legitimierung besonders hervorhob: Carl Ritter von Ghega um 1850, Franz Ritter von Rziha um 1870, Peter Friedrich Kupka um 1880, Hermann Strach und andere um die Jahrhundertwende. Auch außerhalb des Wirkungsbereichs der Eisenbahntechniker waren kulturelle Querverbindungen zu dieser Mobilitätstechnologie ein Thema – etwa in der *Kulturgeschichte der Neuzeit* von Egon Friedell. Und ebenfalls von Beginn an wurde sie in das damalige klassische Kulturuniversum integriert: In Literatur und Musik, Theater und Film, bildender Kunst und Architektur findet sich, wie wir gesehen haben, eine vielfältige Rezeption der Eisenbahn.

Die nun über 170jährige Bahngeschichte bietet sich an für raum- und zeitübergreifende Untersuchungen über Bedeutung und Folgeerscheinungen von Mobilität als kulturellem Phänomen sowie für ein erweitertes Verständnis der Technisierung von Gesellschaft auf einer breiteren Grundlage. Unter geänderten Rahmenbedingungen – insbesondere im Gefolge eines erweiterten Kulturbegriffs – eröffnen sich heute, wie an Beispielen gezeigt wurde, verschiedene Wege, über technikimmanente Geschichtsschreibungen hinauszugehen und neu über das Verhältnis zwischen Eisenbahn und Kultur nachzudenken.

Anmerkungen

1 Wilhelm Kleinecke jun.: *Von Kaprun nach Windisch-Matrei. Eine Humoreske.* In: Österreichische Touristenzeitung 21, 1883, S. 249–250, hier S. 250.

2 Vgl. Michael Robbins: *The Railway Age.* Manchester, Mandolin 1998 (1962), S. 6.

3 Vgl. Rainer Fremdling: *Eisenbahnen und Wirtschaftswachstum.* In: Historicum. Winter 2000/2001. Linz, Aktionsgemeinschaft/ÖSU 2001, S. 11.

4 Karl Gutkas / Ernst Bruckmüller (Hrsg.): *Verkehrswege und Eisenbahnen.* Wien, Österreichischer Bundesverlag 1989, S. 4.

5 Georg Schmid / Hans Lindenbaum / Peter Staudacher: *Bewegung und Beharrung: Transport und Transportsysteme in Österreich 1918 bis 1938.* Wien–Köln–Weimar, Böhlau 1994, S. 9–10. Bei ausschließlicher Thematisierung der Technikgeschichte hat sich die Bezeichnung „Verkehrsgeschichte" eingebürgert. Österreichweit wurden im letzten Jahrzehnt lediglich sieben Dissertationen zu Aspekten der Eisenbahngeschichte approbiert; dabei dominieren wirtschaftsgeschichtliche und biographische Zugänge, es finden sich aber auch je eine politikhistorische, sozialhistorische und publizistische Arbeit. Auffallend dabei ist, daß dezidiert technikgeschichtliche und – trotz der gegenwärtigen Konjunktur – kulturwissenschaftliche Zugangsweisen zum Thema Eisenbahn unterblieben; vgl. österreichische Dissertationsdatenbank URL: http://www.arcs.ac.at/ dissdb (18. 4. 2002); Schlagwortsuche „*Eisenbahn*".

6 Helmut Lackner / Günter Luxbacher / Christian Hannesschläger: *Technikgeschichte in Österreich.* Wien, Oldenbourg 1996, S. 11–12.

7 Ebd. S. 26; auch ist anzumerken, daß eine „organisatorische Etablierung und die Akzeptanz der Technikgeschichte als eigenständiges universitäres Fach mit eigenem Erkenntnisinteresse und Gegenstandsbereich [...] in Österreich" noch aussteht, ebd. S. 23.

8 Vgl. z. B. das Inhaltsverzeichnis im Kapitel „Kultur", in: Bundespressedienst (Hrsg.), *Tatsachen und Zahlen.* Wien, Bundeskanzleramt 2000, URL: http://www.austria.gv.at/service/T+Z_deutsch.pdf (11. 2. 2003); vgl. auch Bundesministerium für Bildung, Wissenschaft und Kultur (Hrsg.), *Kulturbericht 2000.* Wien; URL: http://www. bmbwk.gv.at/ start.asp?bereich=4&OID=5991 (11. 2. 2003).

9 Ferdinand von Saar: *Die Steinklopfer. Tambi. Zwei Novellen aus Österreich.* Stuttgart, Reclam 1993 (1962), S. 2–45; Peter Rosegger:

Als ich noch der Waldbauernbub war. Stuttgart, Reclam 1989, S. 82–89; Theodor Heinrich Mayer: *Die Bahn über den Berg*. Leipzig, Staackmann 1928; Ottokar Janetschek: *Der Napoleonbauer. Ein Semmeringroman*. Zürich–Leipzig–Wien, Amalthea 1932; Kurt Frieberger: *Bahnbrecher. Ein Roman um den Semmering*. Berlin–Wien–Leipzig, Zsolnay 1946; vgl. Wolfgang Kos (Hrsg.): *Die Eroberung der Landschaft Semmering · Rax · Schneeberg; Katalog zur Niederösterreichischen Landesausstellung im Schloß Gloggnitz 1992*. Wien, falter Verlag 1992, S. 229.

10 Vgl. Gerhard M. Dienes (Hrsg.): *Die Südbahn*. Graz–Wien, Leykam 1987, S. 50.

11 Entstehung und Aufführung des „Schwellenwerks" *Eine Oper für Büropa. Vorspiel im Büro* (Text: Jaëin ou' Wwÿÿrsthh, Musik: Stefano Cavallerin) wurden unterstützt und gewidmet vom Stahlbetonschwellenwerk Linz .

12 Zu den Kubisten vgl. Klaus Albrecht Schröder / Regine Friedrich (Hrsg.): *Die Eisenbahn in der Kunst*. Wien, Kunstforum Länderbank 1987, S. 53–54. Zu Siegrun Appelt vgl. Wolfgang Kos / Kunsthalle Wien (Hrsg.): *Alpenblick. Die zeitgenössische Kunst und das Alpine. Katalog*. Wien, Stroemfeld/Roter Stern 1997, S. 62–63. Zu Kessler vgl. Günter Dinhobl (Hrsg.): *Eisenbahn/Kultur*. Wien, Mitteilungen des Österreichischen Staatsarchivs (in Vorbereitung).

13 Vgl. Michael Freeman: *Railways and the Victorian imagination*. New Haven–London, Yale University Press 1999, S. 150.

14 Vgl. Edward B. Tylor: *Die Anfänge der Cultur*. Leipzig, Winter 1873 (englische Originalausgabe 1872); Alfred Kroeber / Clyde Kluckhohn: *Culture – A critical review of concepts and definitions*. Cambridge (MA), Harvard University Peabody Museum of American Archeology and Ethnology Papers 1952.

15 Wolfgang Schmale: *Historische Komparatistik und Kulturtransfer*. Bochum, Dr. Dieter Winkler 1998, S. 101 ff.

16 Vgl. Rolf Lindner: *Die Stunde der Cultural Studies*. Wien, Wiener Universitäts-Verlag 2000, S. 19.

17 Edward Said: *Kultur und Imperialismus*. Frankfurt am Main, S. Fischer 1994, S. 99.

18 Ebd. S. 15–16.

19 Franz Rziha: *Vorlesungen über Eisenbahnen und Tunnelbau*. Wien, Manuskript 1878, o. S.

20 Vgl. Hermann Strach (Bearb.): *Geschichte der Eisenbahnen der Oesterreichisch-Ungarischen Monarchie*. Wien–Teschen–Leipzig, Prochaska 1898.

21 Michael Freeman: *The Railway as cultural metaphor*. In: Journal of Transport History 2/20. Manchester, Manchester University Press 1999, S. 160.

22 Ian Carter: *Railways and culture in Britain*. Manchester, Manchester University Press 2001, S. 4.

23 Vgl. z. B. Friedrich Rapp: *Die technische Weltzivilisation*. In: Georg Agricola Gesellschaft (Hrsg.), Technik und Kultur: Technik und Philosophie (Band 1). Düsseldorf, VDI-Verlag 1990, S. 298; Arno Bammé / Wilhelm Berger / Ernst Kotzmann: *Technologie: Die Logik der Gesellschaft*. In: Christine Wächter u. a. (Hrsg.), *Technik gestalten*. München–Wien, Profil 1998, S. 14.

24 Vgl. z. B. Harald Rohracher: *Kann Technologiepolitik von sozialwissenschaftlicher Technikforschung profitieren?* In: Christine Wächter u. a. (Hrsg.), *Technik gestalten*. A.a.O. S. 99.

25 Helmut Lackner/Günter Luxbacher: *Zur Entwicklung der Technikgeschichte in Deutschland und Österreich*. In: Österreichische Zeitschrift für Geschichtswissenschaft (ÖZG) 3/2. Wien, Turia + Kant 1992, S. 280.

26 Judy Wajcman: *Technik und Geschlecht*. Frankfurt am Main–New York, Campus 1994, S. 166.

27 Toni Pierenkemper: *Umstrittene Revolutionen – Die Industrialisierung im 19. Jahrhundert*. Frankfurt am Main, 1996, S. 12.

28 Barbara Orland: *Geschlecht als Kategorie in der Technikhistoriographie*. In: Christoph Meinel / Monika Renneberg (Hrsg.), Geschlechterverhältnisse in Naturwissenschaft, Medizin und Technik. Stuttgart, Verlag für Geschichte der Naturwissenschaften und Technik 1996, S. 40.

29 Vgl. Barbara Orland: *Autobiographien von Technikern im 19. und 20. Jahrhundert*. In: Wilhelm Füßl / Stefan Ittner (Hrsg.), Biographie und Technikgeschichte. Leske + Budrich 1998 (Sonderheft 1998, BIOS: Zeitschrift für Biographieforschung und Oral History), S. 80.

30 Vgl. Merritt Roe Smith / Leo Marx (Hrsg.): *Does Technology Drive History?* Cambridge (MA)–London, The MIT Press 2001 (1994), S. 7–8; Wilhelm Füßl / Stephan Ittner (Hrsg.), *Biographie und Technikgeschichte*. A.a.O. S. 3.

31 Vgl. Helmut Lackner/Günter Luxbacher/Christian Hannesschläger: *Technikgeschichte in Österreich*. A.a.O.

32 Vgl. Klaus Herrmann: *Ingenieure auf Reisen*. In: Hermann Bausinger / Klaus Beyrer / Gottfried Korff (Hrsg.), Reisekultur. Von der Pilgerfahrt zum modernen Tourismus. München, C. H. Beck 1991, S. 297–304; zur Ausformung von Selbstbildern vgl. Klaus Plitzner (Hrsg.): *Technik – Politik – Identität. Funktionalisierung von Technik für die Ausbildung regionaler, sozialer und nationaler Selbstbilder in Österreich*. Stuttgart, Verlag für Geschichte der Naturwissenschaften und Technik 1995.

33 Wolfgang Schivelbusch: *Geschichte der Eisenbahnreise*. Frankfurt am Main, Fischer Taschenbuch Verlag 1989 (1977), S. 73 ff. Auch im britischen Raum gilt: "Focussed closely on mechanical engineering and economic history, they pay little attention to social issues and less to culture"; Ian Carter: *Railways and culture in Britain*. A.a.O. S. 3.

34 Wolfgang Kos: *Über den Semmering. Kulturgeschichte einer künstlichen Landschaft*. Wien, Edition Tusch 1984, S. 66; Wolfgang Kos (Hrsg.): *Die Eroberung der Landschaft*

Semmering · Rax · Schneeberg; Katalog zur Niederösterreichischen Landesausstellung im Schloß Gloggnitz 1992. A.a.O.

35 ÖStA AVA VA II-B 1847/5805, Circulare der kaiserli. Königl. Landesregierung im Erzherzogthume Oesterreich unter der Enns.

36 Vgl. Klaus Hildebrand: *Die Reichsbahn in der nationalsozialistischen Diktatur 1933–1945*. In: Lothar Gall / Manfred Pohl (Hrsg.): Die Eisenbahn in Deutschland. München, C. H. Beck 1999, S. 166, 171.

37 Christina Lutter / Markus Reisenleitner: *Cultural Studies. Eine Einführung*. Wien, Turia + Kant 1998, S. 9.

38 Stellvertretend sei hier genannt: Max Maria Freiherr von Weber: *Die Schule des Eisenbahnwesens*. Leipzig, J. J. Weber 1857, S. 19–32.

39 Zu Frauen und (Eisenbahn-)Tunnelbau vgl. Günter Dinhobl: *Culturpflug und Zauberberg*. In: Karl Stocker / Otto Hwaletz / Stella Rollig, Verkehr. Steirische Landesausstellung 1999. Graz, Dr. Harald Vetter 1999. Konkrete Thematisierungen von Eisenbahn und Männlichkeit stehen noch aus. Rosa Matheson von der University of the West of England arbeitet zu Frauen im Eisenbahnwesen, einem Thema, das bislang von der männlich dominierten Eisenbahn-Historiographie entweder übersehen oder als nicht erwähnenswert erachtet wurde.

40 Stellvertretend sei hier genannt: David E. Nye: *American Technological Sublime*. Cambridge (MA)–London, The MIT Press 1994.

41 Vgl. Wolfgang Meixner, *„... dass es etwas gar zu viel Cultur in die Berge bringt." – Aspekte der Bewertung des frühen Fremdenverkehrs in Tirol durch Gäste und Einheimische*. In: Burkhard Pöttler (Hrsg.), Tourismus und Regionalkultur. Referate der Österreichischen Volkskundetagung 1992 in Salzburg. Wien, Selbstverlag des Vereins für Volkskunde 1994, S. 129–147; Rainer Amstädter: *Der Alpinismus: Kultur – Organisation – Politik*. Wien, Wiener Universitäts-Verlag 1996, S. 37; allgemein zu Alpinismus: Dagmar Günther: *Alpine Quergänge. Kulturgeschichte des bürgerlichen Alpinismus (1870–1930)*. Frankfurt am Main–New York, Campus 1998.

42 Vgl. World Tibet Network News (published by the Canada Tibet Committee): China to invest nearly 4 billion dollars in Tibet. URL: http://www.tibet.ca/wtnarchive/2001/6/30_6.html (11. 2. 2003).

43 Vgl. John R. Stilgoe: *Metropolitan Corridor*. Yale (MA), Yale University Press 1985.

44 Die wohl am öftesten herangezogene Visualisierung des „westering-as-progress" ist die 1868 entstandene Lithographie von Frances Fanny Palmer: „Across the Continent: Westward the Course of Empire Takes its Way". Darin wird die Eisenbahn als Symbol des richtungweisenden und national konnotierten Fortschritts eingesetzt; vgl. Michael L. Smith: *Recourse of Empire: Landscapes of Progress in Technological America*. In: Merritt Roe Smith / Leo Marx (Hrsg.), *Does Technology Drive History?* A.a.O. S. 40–42. Mit der Transsibirischen Eisenbahn sollte die politische, militärische und wirtschaftliche Vormachtstellung Rußlands im äußersten Osten gegen China, Japan und Korea gewährleistet werden; vgl. R. Edward Glatfelter: *Russia, the Soviet Union and the Chinese Eastern Railway*. In: Clarence B. Davis / Kenneth E. Wilburn (Hrsg.), Railway Imperialism. New York, Greenwood Press 1991, S. 137, 140.

45 "The experimental notion of 'Railway Imperialism' suggests that the railroad was not only the servant but also the principal generator of informal empire; in this sense imperialism was a function of the railroad"; Ronald E. Robins: *Introduction: Railway Imperialism*. In: Clarence B. Davis / Kenneth E. Wilburn (Hrsg.), *Railway Imperialism*. A.a.O. S. 2.

46 Vgl. Lisa Lindsay: *Money, Marriage, and Masculinity on the Colonial Nigerian Railway*. In: Lisa Lindsay / Stephan F. Mischer (Hrsg.), Men and Masculinity in Modern Africa. Portsmouth, Heinemann (in Vorbereitung).

47 Verkehrsverein Osttirol (Hrsg.): *100 Jahre Pustertalbahn Lienz – Franzensfeste. Festschrift anläßlich des Jubiläums November 1871 – November 1971*. Lienz, Selbstverlag Verkehrsverein Osttirol 1971.

48 Hans Heiss: *Grandhotel Toblach. Pionier des Tourismus in den Alpen / Grand Hotel Dobbiaco. All'avanguardia del turismo nelle Alpi*. Wien/Vienna–Bozen/Bolzano, Folio 1999, S. 8.

49 Ebd. S. 18 f., Zitat S. 19.

50 Wolfgang Meixner, *„... dass es etwas gar zu viel Cultur in die Berge bringt." – Aspekte der Bewertung des frühen Fremdenverkehrs in Tirol durch Gäste und Einheimische*. A.a.O. S. 138.

51 Wolfgang König: *Bahnen und Berge. Verkehrstechnik, Tourismus und Naturschutz in den Schweizer Alpen 1870–1939*. Frankfurt am Main–New York, Campus 2000, S. 7, 15.

52 Vgl. Hans Heiss: *Grandhotel Toblach. Pionier des Tourismus in den Alpen / Grand Hotel Dobbiaco. All'avanguardia del turismo nelle Alpi*. A.a.O. S. 8 ff.

53 So die Beschreibung, die der englische Parlamentarier Thomas Creevy 1829 von einer Eisenbahnfahrt gab. Vgl. John Gore (Hrsg.): *The Creevy-Papers*. New York 1963, S. 256; zit. nach: Wolfgang Schivelbusch: *Geschichte der Eisenbahnreise*. A.a.O. S. 117.

54 URL: http://www.ahicf.com

55 URL: http://www.ejrcf.or.jp. In Japan wurde in den 1960er Jahren durch den Bau des Hochgeschwindigkeitszuges Shinkansen der Grundstein für die in Europa gegenwärtig zu beobachtende Renaissance der Eisenbahn gelegt. Ein Jahr nach der Eröffnung der japanischen Hochgeschwindigkeitsstrecke (1964) wurden in Frankreich und England Forschungs- und Entwicklungsprogramme für nationale Hochgeschwindigkeits-Zugsysteme beschlossen (TGV in Frankreich und APT in England); vgl. Roxanne Powell: *APT and TGV: Two Concepts of modern Railway Engineering 1965–1985*. In:

Working Papers in Railway Studies (No. 1) 1996, S. 35.

56 URL: http://www.york.ac.uk/inst/irs

57 Günter Ropohl: *Allgemeine Technologie. Eine Systemtheorie der Technik*. München–Wien, Hanser 1999 (1978), 33. Günter Ropohl unterscheidet im Bereich der Technik neben der naturalen Dimension noch die humane und die soziale Dimension der Technik. Jüngstes Beispiel ist das Technische Museum Wien; vgl. Helmut Lackner: *Schausammlung*. In: Technisches Museum Wien, Museumsführer. München–Berlin–London–New York, Prestel 2002, S. 19.

58 Vgl. Rat für Forschung und Technologieentwicklung: *Forschungsstrategie Austria. „2,5% + plus". Wohlstand durch Forschung und Innovation*. Wien; vgl. Strategieelement 5; URL: http://www.rat-fte.at (11. 2. 2003)

59 Vgl. C. P. Snow: *The two cultures* (Introduction by Stefan Collini); Cambridge (MA), Cambridge University Press 1993 (1959).

60 Vgl. Maria Osietzky: *„Science War" zwischen den „Zwei Kulturen"*. In: Christine Wächter u.a. (Hrsg.), *Technik gestalten*. A.a.O. S. 89–91. Im Jahr 1996 inszenierten der US-Physiker A. Sokal und sein belgischer Kollege J. Bricmont ein „Experiment" – jene Methode, die aus naturwissenschaftlicher Sicht für *Wahrheit und Wertfreiheit des Wissens* bürgt: Einem zunächst fingierten Artikel in einem *Cultural Studies*-Journal folgte eine Entgegnung, quasi eine Selbst-Dekonstruktion. Reduktionistisch folgerte Sokal, Betrügereien aufzusitzen – wie jene Zeitschrift, die seinen fingierten Artikel veröffentlichte –, bedeute das gleiche wie zu betrügen. Und generalisierend wendete die positivistisch orientierte technische und naturwissenschaftliche Intelligenz dieses Experiment letztlich auf die Geisteswissenschaften an, wie beispielsweise am 2. 3. 2000 an der Technischen Universität Wien im „Streitgespräch 01"; vgl. Hermann Schlosser: *Bei gedämpftem Licht*. In: Wiener Zeitung vom 10. 3. 2000; zitiert nach URL: http:// www.tuwien.ac.at/streitgespraeche (11. 2. 2003).

Literatur

Georg Agricola Gesellschaft (Hrsg.): *Technik und Kultur: Technik und Philosophie* (Band 1). Düsseldorf, VDI-Verlag 1990.

Amstädter, Rainer: *Der Alpinismus: Kultur – Organisation – Politik*. Wien, Wiener Universitäts-Verlag 1996.

Bausinger, Hermann / Beyrer, Klaus / Korff, Gottfried (Hrsg.): *Reisekultur. Von der Pilgerfahrt zum modernen Tourismus*. München, C. H. Beck 1991.

Bundesministerium für Bildung, Wissenschaft und Kultur (Hrsg.): *Kulturbericht 2000*. Wien, Bundesministerium für Bildung, Wissenschaft und Kultur 2000; URL: http://www.bmbwk.gv.at/start.asp?bereich=4&OID=5991 (11. 2. 2003).

Bundespressedienst (Hrsg.): *Tatsachen und Zahlen*. Wien, Bundeskanzleramt 2000, URL: http://www.austria.gv.at/service/T+Z_deutsch. pdf (11. 2. 2003).

Carter, Ian: *Railways and culture in Britain*. Manchester, Manchester University Press 2001.

Davis, Clarence B. / Wilburn, Kenneth E. (Hrsg.): *Railway Imperialism*. New York, Greenwood Press 1991.

Dienes, Gerhard M. (Hrsg.): *Die Südbahn*. Graz–Wien, Leykam 1987.

Dinhobl, Günter (Hrsg.): *Eisenbahn/Kultur*. Wien, Mitteilungen des Österreichischen Staatsarchivs (in Vorbereitung).

Freeman, Michael: *Railways and the Victorian imagination*. New Haven–London, Yale University Press 1999.

Friedell, Egon: *Kulturgeschichte der Neuzeit*. Ungekürzte Ausgabe in zwei Bänden. München, Deutscher Taschenbuchverlag 1997 (12. Auflage).

Füßl, Wilhelm / Ittner, Stefan (Hrsg.): *Biographie und Technikgeschichte*. Leske + Budrich 1998 (Sonderheft 1998, BIOS: Zeitschrift für Biographieforschung und Oral History).

Gall, Lothar / Pohl, Manfred (Hrsg.): *Die Eisenbahn in Deutschland*. München, C. H. Beck 1999.

Günther, Dagmar: *Alpine Quergänge. Kulturgeschichte des bürgerlichen Alpinismus (1870–1930)*. Frankfurt am Main–New York, Campus 1998.

Gutkas, Karl / Bruckmüller, Ernst (Hrsg.): *Verkehrswege und Eisenbahnen*. Wien, Österreichischer Bundesverlag 1989.

Heiss, Hans: *Grandhotel Toblach. Pionier des Tourismus in den Alpen / Grand Hotel Dobbiaco. All'avanguardia del turismo nelle Alpi*. Wien/Vienna–Bozen/Bolzano, Folio 1999.

Kleinecke jun., Wilhelm: *Von Kaprun nach Windisch-Matrei. Eine Humoreske*. In: Österreichische Touristenzeitung 21/1883.

König, Wolfgang: *Bahnen und Berge. Verkehrstechnik, Tourismus und Naturschutz in den Schweizer Alpen 1870–1939*. Frankfurt am Main–New York, Campus 2000.

Kos, Wolfgang: *Über den Semmering. Kulturgeschichte einer künstlichen Landschaft*. Wien, Edition Tusch 1984.

Kos, Wolfgang (Hrsg.): *Die Eroberung der Landschaft Semmering · Rax · Schneeberg; Katalog zur Niederösterreichischen Landesausstellung im Schloß Gloggnitz 1992*. Wien, falter Verlag 1992.

Kos, Wolfgang / Kunsthalle Wien (Hrsg.): *Katalog Alpenblick. Die zeitgenössische Kunst und das Alpine*. Wien, Stroemfeld/Roter Stern 1997.

Kroeber, Alfred / Kluckhohn, Clyde: *Culture – A critical review of concepts and definitions.* Cambridge (MA), Harvard University Peabody Museum of American Archeology and Ethnology Papers 1952.

Lackner, Helmut / Luxbacher, Günter / Hannesschläger, Christian: *Technikgeschichte in Österreich.* Wien, Oldenbourg 1996.

Lindner, Rolf: *Die Stunde der Cultural Studies.* Wien, Wiener Universitäts-Verlag 2000.

Lindsay, Lisa / Mischer, Stephan F. (Hrsg.): *Men and Masculinity in Modern Africa.* Portsmouth, Heinemann (in Vorbereitung).

Lutter, Christina / Reisenleitner, Markus: *Cultural Studies. Eine Einführung.* Wien, Turia + Kant 1998.

Meinel, Christoph / Renneberg, Monika (Hrsg.): *Geschlechterverhältnisse in Naturwissenschaft, Medizin und Technik.* Stuttgart, Verlag für Geschichte der Naturwissenschaften und Technik 1996.

Nye, David E.: *American Technological Sublime.* Cambridge–London, The MIT Press 1994.

Pierenkemper, Toni: *Umstrittene Revolutionen – Die Industrialisierung im 19. Jahrhundert.* Frankfurt am Main, Fischer Taschenbuch Verlag 1996.

Plitzner, Klaus (Hrsg.): *Technik – Politik – Identität. Funktionalisierung von Technik für die Ausbildung regionaler, sozialer und nationaler Selbstbilder in Österreich.* Stuttgart, Verlag für Geschichte der Naturwissenschaften und Technik 1995.

Pöttler, Burkhard (Hrsg.): *Tourismus und Regionalkultur. Referate der Österreichischen Volkskundetagung 1992 in Salzburg.* Wien, Selbstverlag des Vereins für Volkskunde 1994.

Robbins, Michael: *The Railway Age.* Manchester, Mandolin 1998 (1962).

Ropohl, Günter: *Allgemeine Technologie. Eine Systemtheorie der Technik.* München–Wien, Hanser 1999 (1978).

Rosegger, Peter: *Als ich noch der Waldbauernbub war.* Stuttgart, Reclam 1989.

Rossberg, Ralf Roman: *Geschichte der Eisenbahn.* Künzelsau, Sigloch Edition 2000 (1984).

Rziha, Franz: *Vorlesungen über Eisenbahnen und Tunnelbau.* Wien, Manuskript 1878.

Saar, Ferdinand von: *Die Steinklopfer. Tambi. Zwei Novellen aus Österreich.* Stuttgart, Reclam 1993 (1962).

Said, Edward: *Kultur und Imperialismus.* Frankfurt am Main, S. Fischer 1994.

Schivelbusch, Wolfgang: *Geschichte der Eisenbahnreise.* Frankfurt am Main, Fischer Taschenbuchverlag 1989 (1977).

Schmale, Wolfgang: *Historische Komparatistik und Kulturtransfer.* Bochum, Dr. Dieter Winkler 1998.

Schmid, Georg / Lindenbaum, Hans / Staudacher, Peter: *Bewegung und Beharrung: Transport und Transportsysteme in Österreich 1918 bis 1938.* Wien–Köln–Weimar, Böhlau 1994.

Schröder, Klaus Albrecht / Friedrich, Regine: *Die Eisenbahn in der Kunst.* Ausstellungskatalog. Wien, Kunstforum Länderbank 1987.

Smith, Merritt Roe / Marx, Leo (Hrsg.): *Does Technology Drive History?* Cambridge (MA)–London, The MIT Press 2001 (1994).

Smith, Denis (Hrsg.): *Perceptions of great engineers. Fact and Fantasy.* London, Science Museum 1994.

Snow, C. P.: *The two cultures* (Introduction by Stefan Collini). Cambridge (MA), Cambridge University Press 1993 (1959).

Stephenson, Rowland MacDonald: *Railways: An introductory Sketch, with suggestions, in reference to their extension to British colonies.* London, John Weale 1850.

Stilgoe, John R.: *Metropolitan Corridor.* Yale (MA), Yale University Press 1985.

Stocker, Karl / Hwaletz, Otto / Rollig, Stella: *Verkehr. Steirische Landesausstellung 1999.* Graz, Dr. Harald Vetter 1999.

Strach, Hermann (Bearb.): *Geschichte der Eisenbahnen der Oesterreichisch-Ungarischen Monarchie.* Wien–Teschen–Leipzig, Prochaska 1898.

Tylor, Edward B.: *Die Anfänge der Cultur.* Leipzig, Winter 1873 (englische Originalausgabe 1872).

Verkehrsverein Osttirol (Hrsg.): *100 Jahre Pustertalbahn Lienz – Franzensfeste. Festschrift anläßlich des Jubiläums November 1871 – November 1971.* Lienz, Selbstverlag Verkehrsverein Osttirol 1971.

Wajcman, Judy: *Technik und Geschlecht.* Frankfurt am Main–New York, Campus 1994.

Wächter, Christine u. a. (Hrsg.): *Technik gestalten.* München–Wien, Profil 1998.

Weber, Max Maria Freiherr von: *Die Schule des Eisenbahnwesens.* Leipzig, J. J. Weber 1857.

Working Papers in Railway Studies (No. 1). York, Institute of Railway Studies 1996.

World Tibet Network News (published by the Canada Tibet Committee): *China to invest nearly 4 billion dollars in Tibet.* URL: http://www.tibet.ca/wtnarchive/2001/6/30_6.html (11. 2. 2003).

Zuna-Kratky, Gabriele (Hrsg.): *Technisches Museum Wien. Museumsführer.* München–Berlin– London–New York, Prestel 2002.

Was nahe liegt

Ansätze zu einer Passage über Bahnschwellen im Kino

Claus Philipp

Da, wo der Darstellungsraum sich verkleinert, muß der Takt erhöht werden, um in der Dauer einen abwesenden Raum zurückzugewinnen!
Paul Virilio, *Fluchtgeschwindigkeit*

Die Überrollten Szenen, in denen verzweifelte oder von selbstmörderischem Fatalismus – *Trainspotting!* – erfüllte Frauen und Männer gefesselt auf Bahnschwellen liegen und den nächsten Zug zwar erwarten, aber nicht herbeisehnen: sie gehören zum Grundrepertoire des „Umgangs" mit Bahnschwellen in bewegten Bildern. Soviel gleich vorweg: Das (zumindest auf den ersten Blick) Festgefügte und Stabile der Schwelle steht im Kino immer wieder in denkwürdigem Kontrast zu einem angstvollen Blick, dem diese Stabilität zum Halt oder zur Fessel wird oder – im umgekehrten Sinne, etwa bei Fahrtbewegungen – angesichts rasender Geschwindigkeit zu entgleiten droht. Man muß aber gar nicht erst Zuspitzungen aus Actionfilmen bemühen, um angesichts von Bahntrassen und Gleiskörpern Schwindelgefühle zu entwickeln. Es geht auch ganz pragmatisch.

„Wer der Veränderung im Weg steht, der wird von ihr überrollt", sagt ein dynamischer Manager in Ken Loachs Bahnarbeiterdrama *The Navigators* (2001), und ein Videoclip zur vorwärts, in Richtung Veränderung stürmenden Firmenideologie, den er vorher einem Trupp von Schienenlegern gezeigt hat, gibt ihm so demonstrativ wie jubilierend recht. Die Veränderung, die man besser nicht behindert, ist in den glatten Werbebildern gleichgesetzt mit im Windkanal getesteten Hochgeschwindigkeitszügen, die Landschaftsaufnahmen durchschneiden, oder mit Menschenmassen, die sich auf Bahnhöfen aus ebendiesen Zügen herauswälzen, die meisten auftragsgerecht der Veränderung entgegen. Diese gefällt sich in permanent veränderten Ankunfts- und Abfahrtszeiten auf digitalen Anzeigetafeln.

„Es genügt nicht mehr, seine Arbeit zu tun. Man muß sie besser tun." Noch so ein markiger Spruch in Zeiten der Veränderung, die einen überrollen kann: Dienstleistungs- und Serviceabteilungen werden auch im Transportgewerbe *outgesourct*, privatisiert, dem freien Markt und seinen Schwerkräften überantwortet. Das bedeutet nicht nur in Loachs Film: Auch wenn ein Arbeiter seine Arbeit gut macht, muß er immer damit rechnen, daß ein Besserer billiger zu haben sein wird. Oder daß vielleicht der 15-Stunden-Tag ausgerufen wird. Dem einzelnen mag bereits dies wie ein Überrollt-Werden erscheinen. Den Betrieb macht es – vorläufig – kon-

Die Titelhelden aus dem Film The Navigators *von Ken Loach (2001).*

kurrenzfähiger. Alles läuft bestens, notfalls über alle drüber.
Der erwähnte PR-Clip in *The Navigators* zeigt hingegen nicht die Titelhelden von Loachs Film, die unablässig am Fundament der neuen Beschleunigung und Effizienz schuften. Loach inszeniert ihre Arbeit in einem rauhen semidokumentarischen Gegenentwurf zur Firmenideologie, in Regen, Schlamm, oft in der Nacht: Zwischen riesigen Paletten mit Bahnschwellen reparieren die Protagonisten Gleiskörper, verlegen neue Schwellen – wobei es immer wieder heißt: Ausweichen. Weg von den Schienen. Signalflaggen werden geschwenkt, ein Zug rollt heran – und vorbei. Nicht auszudenken, was passiert, wenn man etwas oder gar sich selbst auf den Gleisen vergißt. In jedem Fall bleibt man, wenn der Zug vorbeigefahren ist, zurück. Auf der Strecke.

Schwindelgefühle Ein Blick zurück ins 19. Jahrhundert: Von den ersten Eisenbahnreisenden heißt es, sie hätten das Gefühl unüblicher Beschleunigung schon rein körperlich kaum ertragen. Ähnlicher Schrecken ist von jenen Besuchern des Kinematographen überliefert, auf welche der Zug, den die Brüder Lumière gefilmt hatten, im historisch allerersten Augen-Blick allzu bedrohlich zufuhr: Angeblich gingen einige von ihnen wortwörtlich in Deckung.
Filmhistoriker tendieren heute dazu, diesen spektakulären Schrecken ins Reich der Legenden zu verweisen: Das Kino hat sich von Beginn an gern mit dem lustvollen Horror des Vorher-nie-Gesehenen geschmückt und beworben – woran sich bis heute (wie auch in den Slogans für neue Transport- und Simulationstechniken) nichts geändert hat. Und nicht nur in diesem Moment des furchterregenden Spektakels überschneiden und ähneln einander Kino und Transportwesen immer wieder.
Der andere Blick auf Landschaften, den die Eisenbahn und ihre spezifischen Streckenführungen ermöglichten: Das Kino, dessen Kamerafahrten selbst später auf Miniaturgleisen verlaufen sollten (die im Dienste der Illusion natürlich meist unsichtbar bleiben müssen), hat sich diesen souveränen Blick schnell zu eigen gemacht. Es hat mit neuem Sehen und neuen Perspektiven gewissermaßen auch neue Bewegungen gelernt.
Erste Panoramen gab es schon in der Vorzeit des Kinos durch Nachahmungen von Eisenbahnwaggons, an denen sich eine wortwörtlich abgerollte Landschaft vorbeibewegte. Und das war nur der Anfang. „Die Eroberung der Landschaft durch die internationale Verbreitung der Eisenbahn ermöglichte in Kombination mit der Filmkamera *Phantom Rides* durch die entlegensten Gegenden der Erde", schreibt der Filmemacher und -denker Gustav Deutsch in seinen Recherchen zum frühen Kino. „Diese weitaus spektakuläreren und lebensechteren ‚Panoramen', die vor allem durch die rege Tätigkeit der von den Brüdern Lumière weltweit beschäftigten Kameraleute geschaffen wurden, verdrängten in kürzester Zeit die gemalten Panoramen. [...] Mit der Loslösung der Kamera aus ihrer starren Unbeweglichkeit und ihrer Montage auf allen zur damaligen Zeit zur Verfügung stehenden Fahrzeugen, von Tragesesseln, Fahrrädern, Motorrädern, Autos bis Zeppelinen, wurde der Beginn des ‚Action-Kinos' eingeläutet."[1]
Aber, wie gesagt, „Action" ist nur eine Seite der Medaille. Insgesamt ergäbe eine motivische Geschichte des Kinos, wenn man sie entlang von Fahrten mit der Eisenbahn fortschriebe, wohl ein Wechselbad drastischer Gegensätze von zunehmend beschleunigter Beweglichkeit und einer Mühsal, die ungleich langsamer vorwärtskommt. Gemeint ist hier die stoische Langsamkeit des Aufbaus von Macht durch Transport: die Konstruktionsarbeit an einem Bewegungsmittel und einem Streckenwesen, das sich quasi selbst weiterbaut, weil nur es selbst die immense Materialmenge zu transportieren vermag. Man denke bloß an unzählige Siedler-Western, in denen der steigende Wert von Grundstücken thematisiert wird, die an Eisenbahnlinien liegen, oder an das Desaster für Ortschaften, die plötzlich entgegen allen Erwartungen nicht Verkehrsknotenpunkte werden.
Und dazu immer die Schufterei der Streckenarbeiter, bei welcher – wenn man sich etwa alte *Jailmovies* vergegenwärtigt – der Blues fast zu hören ist. Oft sind es Zwangsarbeiter, die bei ihrer Arbeit am Fortschritt ganz bildhaft angekettet werden, auf daß sie nicht auf den Gedanken einer persönlichen Veränderung kommen – all das wird oft gefilmt mit einem starren Blick, der die noch nicht kolonialisierte Landschaft in Relation zur (in der Relation) winzigen Ameisenhaufen-Betriebsamkeit setzt und sich zunehmend gen Cinemascope weitet: Erinnert sei hier nur an die letzten Tableaus in Sergio Leones *Spiel mir das Lied vom Tod*, wo das Durchmessen eines noch unüberschaubar großen amerikanischen Westens und gleichzeitig die Sehnsucht nach Fixpunkten (zum Sehen und zum Leben) wesentliche Motive abgeben.
Andererseits der Blick vom fahrenden Zug aus, quasi ein Erobererblick,[2] dem sich im Vorüberfahren die Landschaft erschließt. Langsam genug, um mehr wahrzunehmen. Zu schnell, um es zu *ent-anonymisieren*. Ein Blick, so Gustav Deutsch einmal im

Streckenarbeiter in dem Film Spiel mir das Lied vom Tod *(rechts: Henry Fonda) von Sergio Leone (1968).*

Gespräch mit dem Autor, „dem sich das Naheliegende entzieht" – und der gleichzeitig Fixpunkte in der Landschaft braucht, um Bewegung überhaupt wahrzunehmen bzw. um sich orientieren zu können. Zäune, Strommasten, Gebäude ziehen (auch an den Kameras der *Phantom Rides*) vorüber. Zunehmend beschleunigt. Wolfgang Schivelbusch beschreibt dieses „panoramatische Reisen", das den mechanischen Blick des Kinos entscheidend mitprägte, in seiner *Geschichte der Eisenbahnreise*: „So wie die Eisenbahn als Projektil wird die Reise in ihr als Geschossenwerden durch die Landschaft erlebt, bei dem Sehen und Hören vergeht."[3]

Der „Verlust der Landschaft", so Schivelbusch, „betrifft alle Sinne. So wie die Eisenbahn die Newtonsche Mechanik im Verkehrswesen realisiert, schafft sie die Bedingung dafür, daß die Wahrnehmung der in ihr Reisenden sich ‚mechanisiert'."[4] Am Gesichtssinn zeige sich „die Veränderung, die im Verhältnis vom Reisenden zur Landschaft stattfindet, am deutlichsten. Das Sehen wird eingeschränkt durch die Geschwindigkeit. [...] Die Reisenden, die im Unterschied zum Lokführer nur sehr eingeschränkt die Möglichkeit haben, *vorwärts* zu schauen, sehen nur mehr die sich verflüchtigende Landschaft."[5] Und: „Der Reisende, der ins Abteil eingeschlossen ist, kann selber nicht Abstand nehmen zu den Dingen"[6] – was im übrigen der frontalen „Befeuerung" des Publikums mit Laufbildern im Kino ebenfalls ziemlich entgegenkommt.

Schivelbusch zitiert denn auch Georg Simmels Anmerkungen zur Herausbildung der großstädtischen Wahrnehmung[7] – einer „*Steigerung des Nervenlebens*, die aus dem raschen und ununterbrochenen Wechsel äußerer und innerer Eindrücke hervorgeht."[8]

Es kann kein Zweifel daran herrschen, daß diese „Steigerung" sich in über 100 Jahren Kino, Eisenbahn und anderer ballistischer Transportmittel fortgesetzt hat. Daß sie zum Teil durchaus voyeuristisch bedient wird, teilweise in Reizüberflutungen, die es (in jüngsten Actionfilmen wie *Speed*) ganz evident auf Gleichgewichtsstörungen beim Betrachter anlegen. Der beschleunigte Blick und der Verlust von Landschaft machen süchtig. Irgendwann genügt der Bummelzug oder (im Vergnügungspark) das alte Karussell oder (im Kino) der konventionelle *Phantom Ride* nicht mehr. Ganz konkrete Helden turnen auf Zugdächern, stürzen sich von rasenden Lokomotiven, entgehen im letzten Moment der Bedrohung, überrollt zu werden, oder genießen im Gegensatz zur Geschwindigkeit erstaunlichen Luxus in Erste-Klasse-Abteils und Speisewagen. Das ergibt eigentümlich beengte Inszenierungen von unbegrenzten Möglichkeiten oder schreckliche Totale auf hilflos in rasenden Maschinen gefangene Helden.

Kaderfolge aus Film ist (7–12) *von Gustav Deutsch (2002). Oben: Départ de Jérusalem en Chemin de fer (Panorama), Alexander Promio, 1897, Association Frères Lumière. Unten: Panorama pris en Chemin de Fer: ligne de Belfast a Kingston II, unknown, Association Frères Lumière.*

Ein Bild: Kein Vergleich Welche Rolle spielt dabei nun die Bahnschwelle? Es wäre, ähnlich wie es etwa Gustav Deutsch in *Film ist* oder Robert Coover in seinen postmodernen Hollywood-Fortschreibungen[9] praktiziert haben, durchaus reizvoll, diese Frage gleichsam erzählerisch mit einer Montage von Blicken auf zunehmend schnellere Abfolgen von Schwellen zu beantworten: Und vielleicht wäre solch eine Historie ganz produktiv, schriebe man sie als Passage, als Fahrt, als einen *Phantom Ride* über viele Gleise aller Zeiten.

Da gäbe es dann Buster Keaton auf seinem „General“ (von dem noch im folgenden die Rede sein soll), dem stets die Zeit zu knapp wird, während zum Beispiel Keanu Reeves in einer U-Bahn in *Speed* klaustrophobisch Beschleunigung probt. Und irgendwann, wenn man dieses spekulative Spiel bis ins perverse Extrem treiben möchte, fährt der Zug mit Claude Lanzmann im Bahnhof des ehemaligen NS-Vernichtungslagers in Sobibor ein. Ein Blick auf Nachbargleise ergibt eine faradaysche Wirkung: Im Vorwärtsrasen scheinen sich die Schwellen selbst zu überholen. Im übrigen ist diese Sinnestäuschung als Effekt nur im Kino sichtbar.

Andererseits droht bei solchen Assoziationen immer die Gefahr der Verallgemeinerung. Eine beliebte Parallele, die das Kino selbst bei solchen Fahrten sehr gerne für sich mit Bahnkörpern herstellt, ist jene zwischen den Kaderfolgen auf einem Filmstreifen und den „Leerräumen“ zwischen Bahnschwellen.

Unzählige Animationen transformierten so in den letzten Jahrzehnten eine Bahnstrecke in einen Film (oder umgekehrt), wobei den Schwellen gleichsam die Funktion von Schwarzstellen (die dann im Kino vor laufendem Film freilich unsichtbar bleiben) zukommen soll. Aber das erscheint bei genauerer Betrachtung bestenfalls als liebenswerter Effekt denkbar, doch als seriöser Vergleich nicht unbedingt passend. Die Schwelle – sie ist ja gerade immer das Sichtbare. Und gerade sie signalisiert Kontinuität, während Schnittstellen, im Film zwischen den Kadern plaziert, nur für den informierten Blick (unbewußt) präsent sind. Wobei sich just an ihnen sowohl Raum als auch Zeit diskontinuierlich brechen können.

Auch in Comics wird übrigens diese vermeintliche Parallele der Leerstellen zwischen Bildern und Schwellen gern strapaziert. Der amerikanische Comic-Autor und -Theoretiker Scott McCloud zum Beispiel rast in seiner höchst vergnüglichen kunsthistorischen Einführung *Comics richtig lesen* ganz gern auf einer Draisine über zu Zeitstreifen mutierte Bildfolgen. Gleichzeitig widmet er nach erhellenden Ausführungen über Kunst und Bewegung völlig zu Recht ein ganzes Kapitel der Frage, inwiefern der Leerstreifen zwischen den Bildern nicht viel eher ein „Rinnstein“ sei (in dem zum Beispiel nicht gezeigtes Blut nach einem Mord fließt) denn eine Schwelle.

Wenn Comics den fragmentierten, weil in starre Bildrahmen eingebetteten Blick bzw. Bildauschnitt ungleich mehr betonen als Filme, ja ihn ausstellen müssen, weil der Leser „verweilen“ kann, dann geht es doch eher darum, bewußte Auslassungen zu setzen – und sei es zum Beispiel auch in der Darstellung von rasenden Bewegungen bzw. in der Komprimierung von Handlung, Aktion, Action: „Comic-Panels zerlegen Zeit und Raum zu einem abgehackten, stakkatohaften Rhythmus getrennter Augenblicke“, schreibt McCloud in Ausführungen über das Phänomen der Induktion, wo „wir das Ganze erkennen, obwohl wir nur Teile davon wahrnehmen“.[10] Technisch gliedert er dies in Übergänge von Augenblick zu Augenblick, von Handlung zu Handlung, von Gegenstand zu Gegenstand, von Szene zu Szene, von Gesichtspunkt zu Gesichtspunkt. Und am Ende thematisiert er schließlich die „Paralogie“ (Vernunftwidrigkeit), „die keinerlei Bezug zwischen den Panels herstellt“.[11]

Es ist evident, daß die Bahnschwelle den Raum, den die Kamera in einer Fahrt durchmißt, bestenfalls von Augenblick zu Augenblick bzw. in der Logik der Bahntrassen von Gegenstand zu Gegenstand

Leerstreifen als Schwelle? Den Spalt zwischen den Bildern (Panels) nennen Comic-Fans „Rinnstein“.

Das Phänomen der Induktion: Wir erkennen das Ganze, obwohl wir nur Teile davon wahrnehmen.

„Paralogie": Im Spalt zwischen den Panels ist eine „Alchimie" am Werk, die uns einen Zusammenhang selbst zwischen Bildern ohne logischen Bezug herstellen läßt.

strukturiert. Interessant ist dabei, daß sich Comic-Zeichner bei beschleunigten Handlungen ganz gern zu einer erhöhten Abfolge der „Rinnsteine" hinreißen lassen. Sie erzeugen quasi schon von der Gestaltung einer Seite her einen Beschleunigungsgrundriß.

Kehren wir aber zurück ins Kino und zur Eisenbahn, wo sich die Induktion organisch aus der Fahrt ergibt. „Die Eisenbahn bringt die Landschaft zum Tanzen", so Wolfgang Schivelbusch. „Ihre Geschwindigkeit, den Raum verkleinernd, läßt Gegenstände und Szenen in einer unmittelbaren Folge erscheinen, die ihrem ursprünglichen Hier und Jetzt gemäß den verschiedensten Bereichen angehören. Der Blick aus dem Abteilfenster, der solche Szenenfolgen aufnimmt, ist durch eine neuartige Fähigkeit gekennzeichnet, die [Benjamin] Gastineau[12] als ‚die synthetische Philosophie des Auges' bezeichnet. Es ist die Fähigkeit, das Unterschiedene, wie es jenseits des Abteilfensters abrollt, unterschiedslos aufzunehmen."[13]
Man muß dies mit Schivelbusch weiterdenken, um schließlich wieder bei der Bahnschwelle zu landen (wie sie nur das Kino wahrnehmen kann, das sich nicht damit bescheidet, aus dem Abteilfenster zu schauen): „Die Tiefenschärfe der vorindustriellen Wahrnehmung geht hier ganz wörtlich verloren, indem durch die Geschwindigkeit die naheliegenden Objekte sich verflüchtigen. Dies bedeutet das Ende des *Vordergrundes*, jener Raumdimension, die die wesentliche Erfahrung vorindustriellen Reisens ausmacht."[14]

Das Kino will sich aber in seinem häufigen Bestreben, mit der Transportmaschinerie eins zu werden, nicht mit dem Blick auf Fernliegendes zufriedengeben. Es sucht den Blick ins Getriebe, zu dem eben auch der Gleiskörper gehört und mit ihm die Schwellen. Es geht weg vom Abteilfenster und ermöglicht zum Beispiel die Lokführer-Perspektive. Es schneidet Löcher in den Zugboden und macht uns schwindeln vor den unter uns dahinsausenden Holzschwellen. Es wirft Blicke zurück, aus dem letzten Waggon, und wir sehen, wie wir uns von dort, wo wir herkommen, rasend schnell entfernen.
Eine Abart der Bahnfahrt mit Blick auf Gleise und Bahnschwellen verdeutlicht vielleicht am besten, was die Schwelle dabei für den bewegten Blick leistet: Die Rede ist von jenen subjektiven Achterbahnfahrten, mit denen man in IMAX-, 3-D- und Panorama-Kinos das Publikum in Bann schlägt. Im zunehmend schwindelerregenden Auf und Ab geben nämlich zuerst langsam, dann in immer schnellerem Takt die Abfolgen der Schwellen gewissermaßen den Raum bzw. die geometrischen Muster vor, auf denen wir uns bewegen. Gleichzeitig sind sie das erste Indiz für steigende Geschwindigkeit. Sie sind, was das Auge (und gewissermaßen auch der Körper, dem die Kontrolle entglitten ist) festzuhalten versucht, das aber immer wieder entgleitet. Schließlich haben wir uns ja mit dem Kartenkauf an der Kinokasse damit einverstanden erklärt, daß man uns „mitnimmt", wir also die Verantwortung für uns selbst abgeben – durch und durch lustvoll.
Bestandteil des Repertoires von Katastrophenthrillern ist denn auch oft ein Zusteuern auf einen vorher festgelegten Punkt, an dem schon „die Bombe tickt" oder der festgefügte Pfad bereits unterbrochen ist: Hier tritt dann an die Stelle des taktvollen Nacheinander die horrible Leerstelle. Die Unsicherheit, ob das feste Gefüge auf Dauer die beschleunigte Bewegung garan-

tieren kann, wird aufs fürchterlichste bestätigt.
Genußvoller ist da schon der berühmte Abschiedsblick aus dem wegfahrenden Zug, aus dem letzten Waggon, während die Abfolge der Schwellen Endgültigkeit signalisiert. In den Prärien der Western-Filme kommt dazu, daß sich der Blick eigentlich nur an der Bahnlinie orientieren kann – und am Horizont, dem entgegen die Gleise sich zu einer dünnen Linie verengen.
Der manische Blick auf das Schwellenrasen, den mitunter vielleicht schon langsamere Bewegungen in Schwindel versetzen – er ist ebenso nur im Kino abbildbar wie die neuen Landschaftsperspektiven des „Early Cinema", des „Kinos der Attraktionen". Besonders drastisch ist dies in Sequenzen auf den Punkt gebracht, in denen etwa Bahnräuber, in gefinkelter Abwicklung ihrer Pläne, *unter* den Waggons des fahrenden Zugs hindurch die Flucht antreten; manchmal werden Bodenklappen geöffnet, durch die dann der (vermeintlich) stabile Boden mit dem Rasen der Schwellen kontrastiert, wobei die Schwellenstruktur zugleich erhöhte Verletzungsgefahr für den Helden und Quasi-Zirkusartisten bedeutet. Eine ähnliche Markierung von „Speed" leisten die Mittelstreifen der Highways in *Roadmovies*. Heute ist die Kamera zudem in unmittelbarer Nähe eines rasend schnell drehenden Autoreifens angebracht. Noch einmal potenziert sich ein prinzipielles Mißtrauen in die Technik. Der Materialtest wird gemacht. Inwiefern sind wir selbst Material, Crash-Test-Dummies, die an der nächsten Leerstelle hinausgeschleudert werden? Von hier aus könnte man weiterlesen bis hin zu den großen Essays von Paul Virilio – über Kino, Beschleunigung und Krieg.[15]

Der Schwellenverheizer Einer der größten und zugleich humanistischsten Maschinisten des Kinos war Buster Keaton. In seinem Meisterwerk *The General* (1927, heute würde der Film wohl als Actionkomödie beworben) treibt er das Spiel mit dem Erobererblick, der sich selbst überwältigt, bzw. einer Beschleunigung, die sich selbst verheizt, auf einsame Spitzen. *The General* ist im Film eine Lokomotive – neben der schönen Annabelle die zweite große Liebe des von Keaton verkörperten „Helden" Johnnie Gray. Von vornherein werden Transport- und Militärwesen in langen Verfolgungsjagden auf Schienen mit dem Kino eins, wenn auch auf eine schwärmerische Weise, die ans (gewollt) Lächerliche grenzt. Gray, der Lokführer, wäre gerne Soldat, weil seine Geliebte sich das wünscht. Aber die Südstaatenarmee nimmt ihn nicht, denn, so ein General in intuitivem Wissen um die verschiedenen Fronten, an denen es zu siegen gilt: „Als Maschinist nützt uns der Mann mehr." Gray kann mit dieser Bestimmung zum Nutzen der Allgemeinheit naturgemäß nichts anfangen, geschweige denn, daß er von solch strategischen Überlegungen überhaupt informiert würde. Ihm geht es um sich selbst und seine Liebe. Abgewiesen von der Armee und damit auch von seiner Freundin, rettet er ein Jahr später praktisch im „Blindflug" die Südstaatenarmee (wie jedes Kind weiß: nur vorläufig) – in einer Slapstick-Verfolgung, die mit „Hin und zurück" untertitelt sein könnte.
Der Film teilt sich in fünf Akte, drei Kammerspielsequenzen und zwei Beschleunigungen unter freiem Himmel: 1. Bewerbung und Abweisung des Helden. 2. Verfolgung durch Spione der Nordstaaten und Fahrt in feindliches Territorium (fast durchgehend als Bewegung von rechts nach links inszeniert). 3. Konfusion des Feindes im eigenen Lager bzw. in den eigenen vier Wänden. 4. Flucht zurück, quasi als Spion, von links nach rechts, wobei sich Angriffs- und Abwehrmanöver aus Akt 2 spiegeln. 5. Torenhafte, blinde Bewährung auf dem Schlachtfeld und Anerkennung durch die militärische Obrigkeit – was letztlich die Liebe zwar zur Erfüllung bringt, aber nur bedingt: Schon steht ihr die Pflicht im Wege. Verzweifelt versucht Johnnie Gray, der frischgebackene Leutnant, beim Küssen das soldatische Grüßen nebenher zu erledigen.
Besonders reizvoll ist in unserem Zusammenhang der Umgang mit Schwellen: Keaton sieht sie im Sinne der ersten Eisenbahnkonstrukteure nicht nur als Unterlage für eine Maschinerie, sondern als deren Bestandteil, der – wie anderweitig Zahnräder, Hebel und Flaschenzüge – konsequent gegen seine eigentliche Bestimmung eingesetzt wird und dadurch erst recht Auskunft über seine wahre Bestimmung gibt (letztere muß nicht unbedingt mit der eigentlichen identisch sein). In *The General* sind Schwellen Hindernisse, wenn man zu schnell laufen muß. Sie sind Wurfgeschosse, wenn man andere Schwellen aus dem Weg räumen muß. Sie sind ein Vorwand, wenn man (als Arbeiter getarnt) spioniert. Und sie sind letztlich Heizmaterial, wenn der ursprüngliche Vorrat an Scheiten auszugehen droht – eine Szene, die Keaton nie gedreht hat, die aber in Animationsfilmen oft zum Einsatz kommt: mit den Schwellen, über die man gerade gerast ist, die weitere Fahrt beheizen. Das bedeutet, daß man auf demselben Wege nicht mehr zu seinem Ausgangspunkt zurückkehren kann. So verbraucht sich die Bewegung selbst bzw. ein Transportwesen, das seinerseits die Maßverhältnisse von Raum und Zeit auffrißt.

„Durch die Eisenbahnen wird der Raum getötet, und es bleibt uns nur noch die Zeit übrig“ (Heinrich Heine, bereits 1843).[16] Der Philosoph Gilles Deleuze hat in einer Abhandlung über das „Bewegungsbild“ dem *General* einige erhellende Betrachtungen über die Relationen zwischen industrieller Beschleunigung und individueller Position gegenüber der Bewegung bzw. in derselben gewidmet: „Die Grenze, das Grenzbild, ist Gegenstand einer Serie, deren Absicht nicht etwa ist, die Grenze zu überschreiten oder auch nur sie zu erreichen, sondern sie zu verengen und zu polarisieren. Wie kann man ein kleines Ei in einem enormen Kochtopf kochen? Bei Keaton definiert sich die Maschine nicht durch das Überdimensionale; sie impliziert es vielmehr, indem sie den Weg findet, es zu verkleinern, und zwar durch ein geniales, selbst wieder maschinelles System, das sich aus einer Reihe von Rollen, Seilen und Hebeln zusammensetzt. So erscheint in *The General* das Verhalten der jungen Frau, die den Kessel mit ganz kleinen Holzstücken füllt, nicht einfach ungeschickt oder unangemessen; das trifft zwar durchaus zu, aber sie verwirklicht zugleich Keatons Traum: die größte Maschine der Welt zu nehmen und sie mit ganz kleinen Elementen laufen zu lassen, sie auf diese Weise dem Gebrauch eines jeden anzuverwandeln, aus ihr eine Sache aller zu machen.“[17]

Und später: „Eine Struktur lässt sich als Bahn begreifen, und eine ebensolche Bahn ist auch der Aufriss einer Maschine. Jede Bahn stellt selber eine Maschine dar, in der der Mensch ein Rädchen zwischen den verschiedenen Elementen ist, so der Lokführer, der auf der Radstange der Lokomotive sitzt, mit der sein unbeweglicher Körper eine Reihe von Kreisbögen vollzieht.“[18] Buster Keaton vollzieht solche Kreisbögen wie kein anderer: Was ihn aber von der Radstange unterscheidet, ist die Fähigkeit, das System ganz bewußt für sich selbst zu nutzen, auch wenn er dafür die Maschine zerlegen muß.

In Ken Loachs Film *The Navigators* steht diese Option interessanterweise nicht zur Diskussion. Schwindelgefühle durch Rationalisierung.

Anmerkungen

1 Gustav Deutsch: *Frau weint. Träne rollt.* In: Gustav Deutsch / Hanna Schimek (Hrsg.), Film ist. Recherche. Wien, Sonderzahl 2002, S. 11 f.

2 In seinem Found-Footage-Tableaufilm *Film ist* hat Gustav Deutsch das Kapitel „Film ist. Eroberung.“ mit *Phantom Rides* eingeleitet. Seine assoziative Montage führt anschließend hinauf in die Lüfte – weiter zu ersten Kontakten mit dem Exotischen, zu kolonialistischen Posen vor erlegten Tieren, zum inszenierten Krieg im Stummfilm bis hin zu Weltkriegsaufnahmen.

3 Wolfgang Schivelbusch: *Geschichte der Eisenbahnreise. Zur Industrialisierung von Raum und Zeit im 19. Jahrhundert.* Frankfurt am Main, Fischer Taschenbuchverlag 2000, S. 53.

4 Ebd. S. 53.

5 Ebd. S. 54.

6 Ebd.

7 Vgl. Georg Simmel: *Die Großstädte und das Geistesleben.* In: Margarete Susmann / Michael Landmann (Hrsg.), Brücke und Tür. Essays des Philosophen zu Geschichte, Religion, Kunst und Gesellschaft. Stuttgart 1957, S. 228.

8 Ebd. S. 55 (Hervorhebungen im Original).

9 Zuletzt etwa Robert Coover: *The Adventures of Lucky Pierre: Director's Cut.* New York, Grove Press 2002.

10 Scott McCloud: *Comics richtig lesen.* Hamburg, Carlsen 1994, S. 71 ff.

11 Ebd. S. 80.

12 In seinen 1861 in Buchform erschienenen Reisefeuilletons *La vie en chemin de fer*; Anm. C. Ph.

13 Wolfgang Schivelbusch: *Geschichte der Eisenbahnreise.* A.a.O. S. 59.

14 Ebd. S. 61.

15 Vgl. z. B. Paul Virilio: *Fluchtgeschwindigkeit.* München, Hanser 1996; derselbe: *Krieg und Kino. Logistik der Wahrnehmung.* Frankfurt am Main, Fischer Taschenbuchverlag 1989.

16 Zitiert nach Wolfgang Schivelbusch: *Geschichte der Eisenbahnreise.* A.a.O. S. 39. Empfehlenswert ist in diesem Kontext insbesondere Kapitel 3: „Eisenbahnraum und Eisenbahnzeit“.

17 Gilles Deleuze: *Kino 1. Das Bewegungsbild.* Frankfurt am Main, Suhrkamp Taschenbuch Wissenschaft 2001, S. 238.

18 Ebd. S. 239.

Dank an Gustav Deutsch für äußerst hilfreiche Hinweise und Anregungen.

Sichtbare und unsichtbare Eisenbahnschwellen und die kleinen Blumen dazwischen

Die Bahnschwelle in der Literatur

Gabriele Petricek

Eine Mutfrage
Wer wagt es, sich / den donnernden Zügen entgegenzustellen?
Die kleinen Blumen / zwischen den Eisenbahnschwellen!
Erich Kästner[1]

Erinnerungsspuren I

„*Von Horizont zu Horizont liegt das Gleis in seinem Bett aus Schotter. Die Schwellen, vielerorts noch aus Holz, riechen nicht mehr wie in der Sommerhitze gestapelt neben dem Schrebergarten des Eisenbahnergroßvaters nach Teer und Schmieröl. Was der Nase an den Schwellen abgeht, vermissen die Ohren an den Schienen: Sinnesspuren der Kindheit. Kein Stoß mehr entlang des blanken stählernen Bandes, kein Tatamm Tatamm der Räder, wenn der Zug in der Ferne auf sich aufmerksam macht, lange bevor er sichtbar wird. Unbefugten ist das Überqueren der Geleise wie damals bei Strafe verboten, aber unbefugt war ich nie, selbst als mir dieses Wort noch nichts sagte. [...]*"[2]

Die literarische Miniatur von Ludwig Laher enthält viel, beinahe alles, was man gemeinhin vor Augen hat, wenn es um das Bahnfahren geht. Weite wird angesprochen, die zur Gedankenkette Sehnsucht – Erinnerung – Zukunft führt; Nase und Ohren: Geruch und Geräusch sind von allen Sinnen die am meisten atavistischen. Kindheit – die Eisenbahn als erste große Faszination.

Für viele zählen Zugfahrten oder die Nähe einer Bahnstrecke zu prägenden Kindheitserfahrungen. Bloß: Die Schwellen riechen nicht mehr, und „die Ohren an den Schienen" vermissen die Sinnesspuren der Kindheit.

Aber auch Richard Wagner, jener wohlgewandete Herr in der Erzählung *Ludwigslust* von Dieter Kühn, auserwählt, den König von der Bahn abzuholen, hat das „indianerspielhafte" Horchen der Kinder bloß imaginieren können:

„*In Frack und hellem Sommermantel geht er am Bahndamm entlang, auf Schotter, Sand und Gras. Hinter ihm Bahnwärterhaus 61, an dem, wie geplant, der Sonderzug halten wird: im mittleren der drei Salonwagen König Ludwig [...]. Noch ist der Zug nicht zu sehen, nicht zu hören – also könnte er, der Komponist, auf den Bahndamm steigen, könnte sich auf eine der Schwellen knien, nachdem er ein weißes Taschentuch ausgebreitet hat, und in die Richtung schauend, sicherheitshalber, aus der dieser Zug kommen soll, könnte er das rechte Ohr auf das im Mondlicht der warmen, windstillen, sternklaren Sommernacht blaukühl schimmernde Schienenmetall legen, könnte so, wie er das einmal in einem Buch gelesen hat, den Zug hören, lange bevor die Stirnlampen der Lokomotive am Nachthorizont aufglimmen.*"[3]

Er tut es nicht, der berühmte Komponist, wegen einem in unmittelbarer Nähe weilenden Reporter der *Berliner Zeitung;* er stellt sich aber, am Bahndamm entlanggehend, weitere Varianten möglichen Tuns vor.

So „*sieht er sich, lesend, noch einmal in Frack und hellem Sommermantel umherschlendern, auf Schotter, Sand und Gras, sieht sich noch einmal auf Bahnwärterhaus 61 zugehen, an dem er, nach einem Bericht der Berliner Zeitung, anklopft, falls er sich jetzt entschließt, am Bahnwärterhaus 61 anzuklopfen, und heraus käme, die Bahnwärterkappe mit dem metallenen Eisenbahnemblem in der linken Hand, der Bahnwärter, der eine stets hungrige Familie hat, die er auch ernährt durch Erzeugnisse des kleinen Gartens, dessen Zaunpfähle aus alten Bahnschwellen bestehen: mit diesem Bahnwärter könnte der Komponist [...]*"[4]

Allein, er läßt auch dies, und er erfährt nicht, was der Bahnwärter ihm berichten könnte: vielleicht, daß die Früchte des bahnschwellenumzäunten Gartens nach Metall und Teer schmecken. Wagner erwägt vielmehr, nun die Schotterschräge des Bahndamms hinaufzusteigen, mit dem Geräusch knirschender Tritte, auch rutschender, hinabkollernder Steinbrocken: „*[...] nur der Reporter würde beobachten, wie der Komponist in Frack und hellem Sommermantel auf den Bahndamm steigt, wie er seine Schrittweite vom Abstand der Eichenschwellen aus fränkischen Wäldern bestimmen läßt, wie er stehenbleibt auf einer der Doppelschwellen, wie er die schwarzen Lackschuhe auszieht, auch die schwarzen Seidensocken, und er geht barfuß auf einem der beiden mondkühlen Schienenstränge, was gewiß angenehme Empfindungen weckt, vor allem nach längerem Auf- und Abgehen in schwarzen Lackschuhen auf Schotter, Sand, Gras: sich dies vorstellend [...]*"[5]

Der Reporter hat sich mit weniger zufriedengeben müssen: der aus dem Sonderzug steigende König, der ihn begrüßende Komponist, beide auf dem roten Teppich langsam auf die Kalesche zugehend. Falls die Geschichte überhaupt so stattgefunden hat: Die Begebenheit – anläßlich der Grundsteinlegung des Festspielhauses in Bayreuth – fand 1872 statt, Richard Wagner war damals über 60 Jahre alt und hat an die Bahn keine Kindheitserinnerungen haben können.

Die Erinnerungen des Künstlers Günter Brus, veröffentlicht 2002 in dem Buch *Die gute alte Zeit*, beinhalten seine in der Kriegszeit unweit eines Bahnknotenpunkts verbrachte Kindheit. Brus, dessen Großvater Angestellter der Eisenbahn war, tat, was Richard Wagner nur zu denken wagte.

„*Wenn mich Großmutter zum ‚Derler' schickte, so hieß der Gemischtwarenladen zwei Kilometer vom Saurüssler, ging ich meist auf Schwellen. Mit der Zeit war ich imstande, blind auf ihnen zu gehen. Ich schloß meine Augen, und meine Füße trabten über das geteerte Holz, das sich unter den Sohlen wie klebriges Gestein anfühlte, wenn es Sommer war. Aus dem rostigen Kies ragten da und dort gelbe Blumen, die wie Löwenzahn aussahen, jedoch kein Löwenzahn waren. Nach einer unübersichtlichen Kurve legte ich mein Ohr auf den Schienenstrang und horchte, ob mich eventuell ein Zug einholen wollte. Und immer hatte ich Angst vor der Gendarmerie oder den Bewohnern von Wärterhäuschen, die den ganzen Tag nichts anderes zu tun hatten, als Schranken auf- oder zuzumachen – oder illegalen Gleisgängern eine Anzeige anzudrohen. Am liebsten legte ich wertlose Kriegsmünzen auf das Gleis und ließ die Räder rollen für eine Pizza aus bleichem Blech.*"[6]

Daß „Eisenbahner" nebenher noch andere Berufe ausübten, kam häufig vor, im Fall des Großvaters von Brus war es die Schneiderei – die Nähmaschine gewissermaßen als Zugmaschine des Familienerwerbs und die Bahngleise Nähte durch die Landschaft.

„*Er hockt nicht neben mir, sondern bemüht sich um eine Nähmaschine, denn mein Großvater war ein Privatschneider. Für den Staat war er ein Eisenbahner. [...]. Manchmal setzte sich auch Großmutter an die Nähmaschine, aber schon nach einigen Stichen nickte sie ein – und ich zog meinen Zeichenblock, um dies für die Ewigkeit festzuhalten.*"[7]

Grenzgeher

Die Sehnsucht, auf Schwellen zu gehen: serielle Abfolge von Schritten, Selbstverlorenheit, Gedanken entstehen, die, gebündelt vom Schienenstrang, etwas Drängendes, Richtunggebendes, Bohrendes, ja Besessenes haben.

Man sollte meinen, daß die Wege literarischer Figuren von Bahnwärtern oder Streckengehern geradezu zwingend über Bahnschwellen führen. Doch gefehlt. In dem Funkmonolog *Der Streckengeher* des burgenländischen Autors Franz Hiesel (1970) etwa kommen in Sprechtext und Regieanweisungen Bahnschwellen überhaupt nicht vor.

„*Streckengeher: (er geht zumeist durch Schotter)*
Wenn einer meine Schritte zählen tät –
Vielleicht zählt einer meine Schritt'
Der Rotkappler –
(er hantiert, schlägt mit dem Hammer auf Verschraubungen)
der tut's nicht, der Rotkappler,
der tät's auch nicht tun, wenn sie's in die Vorschrift schreiberten,
der laschiert –"[8]

Der Streckengeher – die Figur erhielt in ihrem Stimmgeber Helmut Qualtinger den idealen Räsonierer – sinniert über seine Vorgesetzten, den Rotkappler, den Stationsvorsteher, dessen Frau, über seine eigene Frau, die ihm das Kinderkriegen verweigert, den Unfalltod seines Vaters, die Mißhandlungen, die er, der Streckengeher, als Kind erfuhr, Völkergemetzel und Kriege. Rund 140 Kilometer vor Wien, fern der Welt, von der er in Hagelbrunn träumt, rechnet er im Gehen bitter mit einem enttäuschten Leben ab, die Züge im Rücken, stets im Angesicht seiner höheren Instanz und stets liebäugelnd mit seinem Freitod.

„*Aber der meine Schritte zählt, weiß das nicht,*
was weiß der schon von mir?
Millionen und Abermillionen Schritte, falls –
ob einer überhaupt so weit zählen kann?"[9]

Überall Schwellen, schönste teerduftende Holzschwellen im gesamten Rayon des Streckengehers, und keine einzige in seinem einsamen, grausam-larmoyanten Monolog.

Die Bahnstrecke als Metapher für den Lebensweg. Selten jedoch wird die Schwelle buchstäblich oder metaphorisch explizit gemacht. Zumeist bleibt sie wie selbstverständlich im Abseits. Weder in der Erzählung *Der Tunnel* von Friedrich Dürrenmatt (1952) noch im Roman *Der Zug* von Georges Simenon (1961) wird sie sichtbar. Und doch rasen die Reisenden, oft in Tagen und Nächten zusammengeschweißt zu Schicksalsgemeinschaften in der Enge von Waggons und Abteilen, über sie hinweg – eine scheinbar mühelose Passage, welche die Grenzen der Alltagsrealität aufbricht. Diese Situation der unausweichlichen Nähe begünstigt Vertraulichkeiten, Intimitäten, Lebensbeichten.

In *Die Kreutzersonate* von Leo N. Tolstoi (1891) erzählt ein Fremder dem Erzähler nach zwei Tagen gemeinsamer Reise im Zugabteil von seiner gescheiterten Ehe und dem Mord an seiner Frau, wobei ihm die Türschwelle zur letzten möglichen Hemmschwelle wird, die er überschreitet:

„Einen Augenblick blieb ich, den Dolch hinter meinem Rücken verbergend, auf der Schwelle der Tür stehen. In diesem Augenblick lächelte er und sagte mit unnatürlich kaltblütigem Tone: ‚Wir haben gerade musiziert …'“[10]

Über Schwellen

Der Schwelle als Grenze und Übergang geht auch Peter Handke in seinem Roman *Der Chinese des Schmerzes* nach. Seine Hauptfigur, der Altphilologe Andreas Loser, überschreitet darin ebenfalls die Hemmschwelle zum Töten.

„Auf diese Weise habe ich mit der Zeit ein Auge für die Übergänge bekommen, die sonst in der Regel, auch von den zünftigen Ausgrabern, übersehen werden. Ich bezeichne mich selber manchmal als ‚Schwellenkundler' (oder auch ‚Schwellensucher'). Dieser Ausdruck ist nicht nur bildlich zu verstehen. Ich bin tatsächlich ein Ausforscher von Haus-, Kirchen-, Tempel-, ja ganzen ehemaligen Siedlungs-Schwellen geworden, auch wenn diese, wie oft bei Marmor oder Granit, weggetragen oder, bei Holz, vermodert sind: ich erkenne die einstigen ‚Queren' im Gelände an Einsenkungen, Schuttfüllungen, Farbsprüngen, Holzresten. Meine Arbeit ist nicht bloße Nebensache: von der Festlegung der Schwellenorte kann die Zeichnung der gesamten Grundrisse ausgehen; mit ihnen als den Grenzlinien deutet sich die ursprüngliche Anordnung eines Baus oder auch eines ganzen Dorfes an.“[11]

Loser wohnt allein, getrennt von Frau und Kindern, an der Peripherie von Salzburg. Er, stets nichthandelnder Betrachter, stößt eines Tages in der Getreidegasse einen Passanten nieder, dem er noch hätte ausweichen können, und unterrichtet daraufhin nicht mehr. Auf dem Weg zu seiner Tarockrunde beobachtet Loser einen Hakenkreuz-Sprayer – und greift ein, erschlägt ihn unbemerkt durch einen Steinwurf.

Er ist ohne Schuldgefühle, aber er hat durch sein Handeln eine *Schwelle* überschritten, er ist nicht mehr Betrachter der eigenen Geschichte, sondern Akteur. Beim Kartenspiel fragt Loser seine Mitspieler – einen Priester, einen Politiker, einen Maler und den Hausherrn –, ob Schwellen in der religiösen Überlieferung vorkämen, worauf ein regelrechter *Schwellenkanon* einsetzt: „Die Schwelle ist die Quelle“[12], laute ein fast verschollenes Sprichwort, sagt der Priester unter anderem und erkundigt sich beim Fragesteller, „ob er die Gesellschaft denn habe ‚testen' wollen“? Loser gibt zur Antwort: Nein, nicht testen, sondern zum Erzählen bringen.

„Ich habe nämlich bemerkt, daß es nichts gibt, womit man andere so zum Erzählen bringen kann wie mit der Frage nach der Schwelle.“[13]

Loser bleibt die folgenden Tage im Bett, schläft, träumt und betrachtet seine Umgebung, kehrt irgendwann zurück – um sich seinem Leben zu stellen.

„Nicht: ‚sich stellen'; sondern: ‚einen Zeugen suchen'.“[14]

„Der Flughafenturm erschien von weitem als ein armloser Roboter, der höchste Bau der ganzen Ebene. Ich näherte mich ihm auf einem Eisenbahngleis, das von der Verladestelle einer Bierbrauerei kam. […] Von den Schienen im Wiesengras ging ein Glanz aus, der blendete. Die Bohlen verkürzten die Schritte gleichsam zu Altmännerschritten; noch auf der Straße dann, weg vom Gleisstrang, bewegte ich mich weiter in ihrem Rhythmus.“[15]

Auf dem Weg über die Schwelle seiner Erkenntnis unterquert Loser das Flugfeld in einem Tunnel und macht sich auf die Reise zu Orten, die in seinem Leben wichtig waren. Zuletzt geht er nach Gois zu seiner Familie.

„Meine Geschichte heißt Schwellengeschichte“, sagt er zu seinem Sohn, dem er alles erzählt. Und: *„Der Erzähler ist die Schwelle. Dazu muß er einhalten und sich fassen. Was ist der Reim auf Schwelle?“*[16]

Wege der Selbstfindung

Vor seinem Erfolgsroman *Die Entdeckung der Langsamkeit* stellte Sten Nadolny 1981 den Roman *Netzkarte* fertig. Ole Reuter, der Sohn eines Münchner Unternehmers, hatte dem Schriftsteller seine Reisenotizen aus den Jahren 1976–1980 zur Bearbeitung anvertraut. Reuter, getrieben von Reise- und Schreiblust, hatte in diesen Jahren seiner Berufsentscheidung und stets, wenn er in seinem Leben an Tiefpunkte gelangte, jeweils eine Monatsnetzkarte der Deutschen Bahn gekauft und war, wie es ihm einfiel oder inspiriert von Frauenbekanntschaften, durch Deutschland gereist. Im Kapitel *Von Bayern nach Übersee* (sowohl *Bayern* als auch *Übersee* sind Namen deutscher Dörfer) beschließt er, nicht den Zug nach Übersee zu nehmen, sondern – um einen Kalauer zu verwirklichen – dorthin zu wandern.

„*Vergebens spähe ich nach dem Welthandelszentrum oder dem Empire State Building. Jenseits der Straße stoße ich auf eine Bahnlinie und gehe zwischen ihren Schienen weiter. Da ich eine Netzkarte habe, darf ich das. Ich vermeide nur, zwischen die Schwellen zu treten, denn das bringt Unglück.*“[17]

Seltsam: *zwischen* Schwellen zu treten, bringt demnach Unglück. Und: *auf* Schwellen seinen Weg zurücklegen, sei als Netzkarteninhaber immerhin erlaubt. Im *Handbuch für Bahnwärter. Ein Nachschlagebehelf für Block-, Zugmelde-, Schranken-, Halte- und Ladestellenwärter sowie Streckenbegeher* (I. Teil) liest sich das 1928 noch anders:

„*Alle Personen, die entgegen den vorher angeführten Bestimmungen auf dem Bahnkörper ohne gültige Ausweiskarte betreten [sic] werden, sind von den Bahnwärtern ohne Unterschied, ob es sich um Bahnfremde oder unbefugte Bahnangehörige handelt, ausnahmslos von den Bahnanlagen zu weisen. [...] Bahnbedienstete außer Dienst sowie deren Angehörige dürfen keinesfalls die Bahnstrecke als Fußweg benützen, es wäre denn, daß sie auf der Strecke wohnen und diese Wohnung nur über den Bahnkörper erreichbar ist.*“[18]

In welcher Art und Weise das Gehen auf dem Bahnkörper durch Befugte vorzunehmen ist, wird nicht beschrieben, aber daß dabei in jedem Fall *Schwellen* zu begehen sind, zeigen in dem Handbuch zwei Abbildungen, die falsches und richtiges Verhalten des beruflichen Streckenbegehers illustrieren.[19]

Ob nun das Unterwegssein Beruf oder Berufung ist, ob es realen oder irrealen Gesetzen folgt, ob zu Fuß oder per Bahn – in der Literatur werden stets Wege der Selbstreflexion daraus: die Reiselust als Aufbruch zur Selbstfindung, der Reiseunfall als Abenteuer, Krise oder auch Chance.

Lebensbrüche

Katastrophe, Erschütterung, Lebensumkehr – das „Reiseunglück“ ist ein ergiebiges Sujet in der Literatur. Explosion, Absturz, Zusammenstoß, Entgleisung symbolisieren mit pointierter Kraft die möglichen Folgen abrupt gestörter Normalität.

Der Band *Schiefe Ebene. Ein Almanach für Eisenbahner, Reisende und die Leute an den Zügen* von Gerald Sammet (1983) enthält die titelgebende Erzählung *Schiefe Ebene*, in der ein Eisenbahnunfall beschrieben wird, welcher sich am 18. November 1848 im westlichen Steilabfall des Fichtelgebirges ereignete; er ging für die Reisenden glimpflich aus, da die rasante Rückwärtsfahrt der zehn Waggons, die sich durch eine Unachtsamkeit des Maschinisten von der Lokomotive gelöst hatten, in Neuenmarkt, am Fuße der Schiefen Ebene, glücklicherweise ausrollte. Ein Umstand, der den schier übermenschlichen Anstrengungen des Schaffners zu verdanken war, dem es gelang, das Handrad der Bremsen zu betätigen.

Die verstörten Fahrgäste kullern hervor. Eine junge Frau ruft: „[...] und ich sage Ihnen, Dr. Spaemann, gegen die Musik dieses Wagner ist es gar nichts gewesen“[20] – ein Ausspruch mit ungeahnten lokalpolitischen Folgen. Ein verwirrter Ingenieur mit einer Messingklinke in der Hand wird zudem festgenommen. Ohnmächtige sind zu Bewußtsein zu bringen. Zuletzt wird im Packwagen ein verletzter Schaffner gefunden.

„*‚Ja, was starrt ihr denn?‘, lacht der bleiche Conducteur und tut einen Schritt hinaus auf den Perron.*

‚Dir fehlt ein Schuh‘, sagt der Bahnhofsverwalter nachsichtig, weil ihm nichts anderes einfällt und weil er von dem Blut nicht reden will, das dem Conducteur von den Händen rinnt.

‚Ein Wagner‘, antwortet der leise, daß alle es hören, ein Wagner ist den Rädern doch allemal einen Umlauf voraus gewesen.‘

Dann dreht er sich um, geht den Perron hinunter, und es ist nicht auszumachen, wovon seine hüpfende Bewegung hervorgerufen wird: von der Gewohnheit des Gehens auf den Schwellen, von seinem verkürzten Bein oder am Ende vielleicht von seinem fehlenden Schuh.“[21]

Der Unfall als Anstoß zur Erzählung: In *Eisenbahnunglück* ironisiert Thomas Mann 1909 ein literarisches wie persönliches Drama, hervorgerufen durch eine defekte Weiche, die den Zug auf ein falsches Gleis leitet und auf einen anderen auffahren läßt. Nicht den Mitreisenden gelten die Sorge und Trauer des Ich-Erzählers, sondern seinem mitgeführten Manuskript, von dem er andernorts keine weitere Abschrift besitzt:

„*Da stand ich. Ganz für mich allein stand ich in der Nacht zwischen den Schienensträngen und prüfte mein Herz. Räumungsarbeiten. Es sollten Räumungsarbeiten mit meinem Manuskript vorgenommen werden. Zerstört also, zerfetzt, zerquetscht wahrscheinlich. Mein Bienenstock, mein Kunst-*

gespinst, mein kluger Fuchsbau, mein Stolz und Mühsal, das Beste von mir. Was würde ich tun, wenn es sich so verhielt? Ich hatte keine Abschrift von dem, was schon dastand, schon fertig gefügt und geschmiedet war, schon lebte und klang – [...]"[22]

Wie Schwellen vom mitfahrenden Bahnpersonal als Werkzeug für grausame Manöver genützt wurden, berichtet Jack London in seinem Roman *Abenteurer des Schienenstrangs*, 1926 unter dem Titel *The Road* erschienen.

Landstreicher sprangen damals im Schutz der Dunkelheit auf die Güterzüge der Western-New-York-und-Pennsylvania-Bahn, der Union-Pazifik-Linie, der Kanada-Pazifik-Bahn oder der Zentral-Canada-Überland auf, der Vagabundenehre zum Stolz, und durchquerten so den Kontinent auf gefahrvolle Weise, denn das Zugpersonal hatte Auftrag, die blinden Passagiere, die unten am Wagengestell hingen, zu „schmeißen":

„Der Bremser nimmt einen Kupplungsbolzen und eine Signalschnur und geht auf die Plattform vor dem Wagen, unter dem der Vagabund hängt. Dann bindet er den Bolzen an die Schnur, läßt den Apparat zwischen die Plattform fallen und wirft die Leine aus. Der Bolzen schlägt auf die Schwellen zwischen den Schienen, springt zurück gegen den Wagenboden und schlägt dann wieder gegen die Schwellen. Der Bremser läßt die Schnur hin und zurück, bald nach der einen, bald nach der anderen Seite laufen, läßt ein wenig nach, holt wieder ein, so daß seine Waffe Gelegenheit zu jeder Art Stoß und Rückschlag erhält.

Ein jeder Schlag des tanzenden Bolzens kann den Tod bringen, und bei einer Fahrt von sechzig Meilen in der Stunde trommelt er einen Zapfenstreich des Todes. Am nächsten Tage findet man die Überreste des Landstreichers am Bahnkörper, und eine Zeile im Lokalblatt berichtet von dem Unbekannten, zweifellos einem Vagabunden, der vermutlich betrunken und wahrscheinlich auf dem Gleise eingeschlafen war."[23]

Am Rande

Illegales Auf- und Abspringen ist auch Thema in Günter Eichs Erzählung *Züge im Nebel* (1947), die Geschichte einer Desillusionierung.

In dem Text wird ein Mann beschrieben, der heimlich auf Güterzüge springt, um die darin transportierten Waren unerlaubt abzuwerfen; später sammelt er das Diebsgut längs der Strecke ein und verkauft es im Schwarzhandel. Dabei trifft er auf seinen verloren geglaubten jüngeren Bruder, von dem ihn der Krieg getrennt hat; dieser, für den der Ältere bis dahin stets ein Vorbild gewesen war, ist Bahnpolizist geworden.

„Wir gingen quer über die Felder zum Bahndamm. Es war ein ekelhafter Nebel da, weil es so nahe am Wasser ist. Die Bahn ist eigentlich zweigleisig, aber wo die Brücke gesprengt war, ist erst ein Gleis wieder rübergelegt. Die Züge fahren hier ganz langsam, und das ist eine prima Stelle zum Aufspringen. Und weil ein paar Kilometer weiter wieder so eine langsame Stelle ist, kommt man auch gut wieder runter. Und das ist für uns natürlich wichtig. Ich habe nämlich gar keine Lust, irgendein Stück von mir auf die Schienen zu legen, wenn grade was drüber rollt. [...]

Wir saßen unten am Bahndamm auf einem Stapel Schwellen und froren jämmerlich. Der Nebel schien noch dicker geworden zu sein. Der einzige Vorteil. Daß man in der nassen Luft die Züge von weit her hörte. Der erste kam aus der anderen Richtung, den konnten wir nicht brauchen."[24]

Der Bahndamm als Schwelle

Der Bahndamm trennt die Landschaft in hüben und drüben, ist selbst Schwelle, Einschnitt oder Übertritt in der Geographie, Übergang zwischen Leben und Tod. Gefährlich kann es sein, ihn zu queren oder an seinem Scheitel – wo die Schwellen liegen – dem Verlauf zu folgen. Ein Brunnen auf einem umkämpften Bahndamm wird im Ersten Weltkrieg für Leutnant Carl Joseph Freiherrn von Trotta in dem Roman *Radetzkymarsch* von Joseph Roth (1932) zum Verhängnis – Menetekel des Niedergangs der Habsburgermonarchie. Trotta rettet seine Männer, die sich trotz feindlichem Beschuß durstig auf das Wasser stürzen, indem er statt ihrer zum Brunnen geht. Hier, am Damm, stirbt er, der Sproß eines Kriegshelden von Solferino – nicht mit der Waffe, sondern mit zwei Eimern in den Händen. Der Niedergang der Familie Trotta ist besiegelt. Die Monarchie geht zu Ende.

1913, als die Bahnstrecken-Architektur noch nicht nostalgisch betrachtet wurde, schrieb Hermann Löns die kurze Erzählung *Der Eisenbahndamm*, die wohl heute noch jedem Naturschützer zur Freude gereicht.

„Als häßlicher gelber Wall zog sich anfangs der neue Bahndamm durch das Wiesenland vor der Stadt. Es dauerte aber gar nicht so lange, so begrünte er sich, und als der Frühling kam, sah er längst nicht mehr so kahl und nackt aus. [...]

Nicht wenige Vögel sind es, die dort ständig wohnen, denn da der Bahndamm mit einer Hecke und einem Drahtgitter umsäumt ist, so haben sie Ruhe vor den Menschen. Der erste Vogel, der sich ansiedelte, als Schwellen und Schienen lagen, die Blockstellen gebaut waren und die Arbeiter abzogen, war die

Haubenlerche. Erst war es ein Pärchen; jetzt sind es viele, die sich die Strecke geteilt haben. Ehe die Bahn gebaut wurde, kam die Haubenlerche in dem Wiesenlande nur da vor, wo die Landstraße es berührte. Sie will trockenen, festen Boden haben, und so kam ihr die Bahnanlage wie gewünscht. Sie lebt fast nur auf dem Damm. Den ganzen Tag rennt sie zwischen den Geleisen umher und sucht nach Körnern und Gewürm. Ihr Nest hat sie in die Lücke unter einer Schwelle zwischen struppige Meldebüsche gebaut, und sie bleibt ruhig auf den Eiern sitzen, wenn ein Zug über ihr hinwegrattert."[25]

Technik als Idylle: Die Schwelle als Nest, als Aufenthaltsort, der Bahndamm als Lebenskorridor für Fauna und Flora. Knapp zwei Jahrzehnte nach Hermann Löns kommentiert Joachim Ringelnatz in dem Gedicht *Arm Kräutchen*[26] (1931) ähnlichen Sachverhalt bitter-satirisch:

Ein Sauerampfer auf dem Damm
Stand zwischen Bahngeleisen,
Machte vor jedem D-Zug stramm,
Sah viele Menschen reisen.

Und stand verstaubt und schluckte Qualm
Schwindsüchtig und verloren,
Ein armes Kraut, ein schwacher Halm,
Mit Augen, Herz und Ohren.

Sah Züge schwinden, Züge nahn.
Der arme Sauerampfer
Sah Eisenbahn um Eisenbahn,
Sah niemals einen Dampfer.

„Unabsehbare Flucht raumzeitlicher Schwellen"

Der Zug selbst als Lebenskorridor. Transit- und Aufenthaltsraum jener, die von A nach B reisen. Zeitliche und räumliche Verortung in vorüberhastender Landschaft, ein Drinnen, ein gemeinsamer Nenner zufälliger Besetzung. Von außen, vom Fuß des Bahndamms her oder von einem Bahnschranken aus gesehen, erscheint dieser Raum Betrachtern ebensowenig real wie umgekehrt für die Reisenden die Wirklichkeit draußen in der verwischten Sauselandschaft.

Diese „Verflüchtigung der Außenwelt", diese sich in ein Band vorbeigleitender Bilder auflösende Landschaft ermöglichten erst die Flucht des Reisenden in eine „imaginäre Ersatzlandschaft"[27] – die Literatur. Walter Benjamin beschrieb diese Entwicklung 1930:

„*Man hat in der Postkutsche nicht gelesen und man liest nicht im Auto. Reiselektüre ist so mit Eisenbahnfahren verbunden wie der Aufenthalt an Bahnhöfen. Bekanntlich gleichen viele Bahnhöfe Kathedralen. Wir aber wollen es den fahrbaren, grellbunten kleinen Altären, die ein Ministrant der Neugier, der Geistesabwesenheit und der Sensation schreiend am Zuge vorbeijagt, danken, wenn wir, für ein paar Stunden in das vorüberfliehende Land wie in einen wehenden Schal gekuschelt, die Schauer der Spannung und die Rhythmen der Räder über unseren Rücken dahingehen fühlen.*"[28]

Die Angewohnheit, während der Fahrt zu lesen, ist so alt wie die Eisenbahn – begünstigt durch die ruhige Fahrt des Schienenweges sowie die Anonymität und Isoliertheit in der neuen Reise-Gesellschaft. Schon 1848 entstand in England, 1852 in Frankreich der organisierte Bahnhofsbuchhandel, der die Reisenden – vorwiegend der 1. und 2. Klasse – mit Lesestoff versorgte. Bis heute blieb die Reiselektüre der wichtigste Zeitvertreib der „über die unabsehbare Flucht raumzeitlicher Schwellen" Dahinjagenden:

„*Die wenigsten lesen im Eisenbahnwagen Bücher, die sie zu Hause im Regal stehen haben, kaufen lieber, was sich im letzten Augenblick ihnen bietet. Der Wirkung von langer Hand bereitgestellter Bände mißtrauen sie und mit Recht. Außerdem legen sie vielleicht Wert darauf, gerade am buntbewimpelten Fahrgestell auf dem Asphalt des Perrons ihren Kauf zu machen. Jeder hat schon einmal nach den gehißten, schwankenden Bänden gegriffen, weniger aus Lesefreude als im dunklen Gefühle, etwas zu tun, was den Göttern der Eisenbahn wohlgefällt. Er weiß, die Münzen, die er diesem Opferstock weiht, empfehlen ihn der Schonung des Kesselgottes, der durch die Nacht glüht, der Rauchnajaden, die sich über dem Zuge tummeln, und des Stuckerdämons, der Herr über alle Schlaflieder ist. Sie alle kennt er aus Träumen, kennt auch die Folge mythischer Prüfungen und Gefahren, die sich als ‚Eisenbahnfahrt' dem Zeitgeist empfohlen hält, und die unabsehbare Flucht raumzeitlicher Schwellen, über die sie sich hinbewegt, angefangen vom berühmten ‚Zu spät' des Zurückbleibenden, dem Urbild aller Versäumnis, bis zur Einsamkeit des Abteils, zur Angst, den Anschluß zu verpassen, zum Grauen der unbekannten Halle, in die er einfährt. Ahnungslos fühlt er sich in eine Gigantomachie verwickelt und erkennt in sich selber den sprachlosen Zeugen des Kampfes zwischen Eisenbahn- und Stationsgöttern.*"[29]

An der Schwelle: Traum und Wirklichkeit, Leben und Tod

Langsam, beschaulich, beschwerlich wirkt die Schneise durch Raum und Zeit – gelegt durch die dichte Wildnis der Natur, die oft bloß von Bahn- und Waldbediensteten betreten wurde – hingegen im Blick von außen.

In der Studie *Bahnwärter Thiel* (1888), einem frühen Text von Gerhart Hauptmann, ereignet sich die Tragödie eines phlegmatischen Bahnwärters inmitten einer solchen urwüchsigen Waldlandschaft, die dem Reisenden während der Durchquerung *in* der Eisenbahn ihre Ausdehnung und Schönheit preisgibt.

„Die Strecke schnitt rechts und links gradlinig in den unabsehbaren grünen Forst hinein; zu ihren beiden Seiten stauten die Nadelmassen gleichsam zurück, zwischen sich eine Gasse frei lassend, die der rötlichbraune, kiesbestreute Bahndamm ausfüllte. Die schwarzen parallellaufenden Geleise darauf glichen in ihrer Gesamtheit einer ungeheuren eisernen Netzmasche, deren schmale Strähnen sich im äußersten Süden und Norden in einem Punkt des Horizonts zusammenzogen.“[30]

Erinnerungen, Visionen, Wahn – alles Schicksalhafte spielt sich bei Hauptmann auf dieser Bahnstrecke ab, dem zentralen Symbol der Erzählung und gleichnishaften Ort, an dem sich der Einbruch des Unsichtbaren in das Sichtbare und die Auflösung einer geordneten Realität ins Chaotische, Geisterhafte vollzieht.

„Er hatte seine verstorbene Frau gesehen. Sie war irgendwoher aus der Ferne gekommen, auf einem der Bahngeleise. [...] Thiel fühlte ein Grauen und, je näher der Zug kam, eine umso größere Angst; Traum und Wirklichkeit verschmolzen ihm in eins.“[31]

Der Schienenweg erhält Schwellenfunktion und markiert den Übergang vom Sinnbild technischer Rationalität und reibungslosen Funktionierens zum Vollzugsort schicksalhafter Dysfunktion und Demontage.

Auch in dem Roman *Ein Mord, den jeder begeht* von Heimito von Doderer (1938) wird die Eisenbahn zum Ort handlungsentscheidender Begegnungen und Ereignisse. Ein Raubmord, der während der Bahnreise eines offensichtlich unbeteiligten Halbwüchsigen geschah, wird dessen späteres Leben tragisch bestimmen. In der Rekonstruktion seiner fatalen Verstrickungen werden Züge, Tunnel, Gleise und vor allem Schwellen zu tragenden Elementen der Ungewißheit – bis zur Auflösung, die zur Erkenntnis seiner Mitschuld führt.

„Castilez reiste nicht in dieser Nacht. Keine Züge eilten durch seinen Traum, keine mußten erreicht werden, zerfielen dann während der Fahrt, so daß man, immer noch auf der Eisenbahn fahrend, doch schon auf den Schwellen ging mit kurzen Schritten. Sein Schlaf war stationär. Der Zug stand morgens in der gleichen Halle noch des Kopfbahnhofes, in welche eingefahren worden war.“[32]

Schicksalhaft steht die Eisenbahn am Anfang und am Ende der unglücklichen Liebe von *Anna Karenina* im gleichnamigen Roman von Leo N. Tolstoi (1878): Während eines Zugunfalls begegnet sie Graf Wronskij zum erstenmal, und auf den Gleisen, auf den Schwellen, wird sie später ihrem Leben ein Ende setzen:

„Sie beschleunigte ihre Schritte und trat an den Rand des Bahnsteigs. Ein Güterzug fuhr ein. Der Bahnsteig erdröhnte; ihr kam es vor, als befinde sie sich wieder im fahrenden Zug.

Plötzlich erinnerte sie sich an den Menschen, der am Tage ihrer ersten Begegnung mit Wronskij vom Zuge überfahren worden war. Jetzt wußte sie, was sie zu tun hatte. Mit schnellen leichten Schritten stieg sie die niedrigen Stufen hinunter, die von der Wasserpumpe zu den Gleisen führten, und blieb unmittelbar neben dem Zuge stehen, der an ihr vorbeirollte. Sie richtete ihren Blick auf den unteren Teil des Wagens, auf die Schrauben und Ketten und die hohen eisernen Räder des ersten, sich langsam bewegenden Waggons. Sie versuchte, die Mitte zwischen den vorderen und hinteren Rädern abzuschätzen und den Augenblick, wann diese Mitte sich gerade ihr gegenüber befinden werde.

Dorthin! sagte sie sich und starrte in den Schatten des Wagens und auf den mit Kohlen vermischten Kies, mit dem die Schwellen bestreut waren – dorthin, gerade in die Mitte; und ich bestrafe ihn und befreie mich von allem und von mir selbst.“[33]

Die Erzählung *Das Signal* (1887) von Vsevolod Mikhailovic Garsin ist ein weiteres Beispiel der russischen Literatur, in dem die Gleise zum Verzweiflungsort eines tragisch Enttäuschten werden. Der Bahnwärter Ssemjon Iwanow trifft in seinem entlegenen Revier auf den benachbarten Kollegen Wassilij Stepanitsch. Dieser, von den Vorgesetzten gedemütigt und in seiner Klage abgewiesen, ist eben dabei, auf den Schwellen eine Verzweiflungstat zu begehen – zwei Minuten, ehe ein vollbesetzter Personenzug naht.

„Er [Ssemjon] war schon nahe dem Bahndamm, als er ein Geräusch zu hören vermeinte: Es schien ihm, als ob Eisen gegen Eisen klirrte. Da beschleunigte Ssemjon seine Schritte. Eine Ausbesserung wurde zur Zeit in seinem Revier nicht vorgenommen. Was kann das wohl bedeuten? dachte er. Als er aus dem Buschwald heraustritt, ragt vor ihm der aufgeschüttete Bahndamm auf, und oben auf dem Geleise sitzt ein Mensch auf den Schwellen und macht sich an ihnen zu schaffen. Leise steigt Ssemjon hinter ihm nach oben und fragt sich, ob wohl jemand die Schwellen stehlen will. Da sieht er – wie der Mensch aufsteht, eine Brechstange in der Hand; er hatte die Schiene gelockert und beiseite geschoben. Ssemjon wird es schwarz vor

den Augen, er will schreien – und kann es nicht. Er erkennt Wassilij, stürzt auf ihn zu, doch dieser rollt mit der Brechstange und dem Schraubenschlüssel auf der anderen Seite des Bahndammes hinunter.
[...] Schon sieht Ssemjon deutlich vor sich: Die Lokomotive greift mit dem linken Rad in die leere Schienenstelle, erzittert, legt sich auf die Seite, reißt die Schwellen auf, zertrümmert sie und dort an der Biegung, am aufgeschütteten Damm stürzt der Zug elf Klafter hinunter, und in der dritten Klasse, von Menschen vollgestopft, sitzen kleine Kinder [...]“[34]
Verzweifelt läuft Ssemjon dem Zug entgegen. Er hat keine Signalflagge bei sich – zerrt ein baumwollenes Tuch hervor, ein Messer, sein Blut spritzt, tränkt das Tuch rot; schwenkt es und bringt den Zug gerade noch zum Stehen, ehe er zusammenbricht.

Schwellengang

„*Schwellengänger. Einzelgänger. Die Schritt für Schritt das Eisen abklopfen, als philosophierten sie. Die von Schwelle zu Schwelle gehen, die Weichen schmieren und die Laschen nachziehen, die Signallampen putzen und darauf achten, daß das Unkraut nicht überhand nimmt.*“[35]
So beschreibt Gerhard Köpf die Aufgaben eines Streckenwärters in dem Text *Schwellengang*, mit dem er 1983 beim Ingeborg-Bachmann-Wettbewerb den Preis der Klagenfurter Jury errungen hat. Es ist das erste Kapitel seines umfangreichen Romans *Die Strecke*, der 1985 erschienen ist – der imaginäre Vortrag eines vor der Pensionierung stehenden, enttäuschten Bahnbeamten an seinen Revisor. Jener bezieht sich am Beginn seines klagenden Monologs auf Bahnwärter Thiel, den unglücklichen Protagonisten aus der Novelle *Bahnwärter Thiel* von Gerhart Hauptmann: Nichts als Vorurteile wären über seinesgleichen im Umlauf. „Romantische Verklärungen und Mordgeschichten wie eben jene, in der ein Kollege seine zweite Frau sowie deren Kind umbringt.“ Mehr gestehe man, sagt der Streckenwärter, unsereinem nicht zu. Bitter fährt er fort:
„*So ist das, Herr Revisor. Und jetzt kommen Sie und teilen mir mit, diese Strecke werde aufgelassen. Meine Strecke werde stillgelegt. Aber Sie billigten mir, verständnisvoll wie Sie sind, einen Vortrag vor den Ingenieuren, Direktoren und Aufsichtsräten zu. [...]*
In einem Vortrag meinen Standpunkt erklären: ich komme aus einer sprachlosen Gegend und entstamme einer stummen Sippe. Weder Chronisten noch Kuriere gaben bislang Kunde von dem, was diese auszeichnet an Schönheit, Wissen und Hunger nach unserem Anteil. Soll dies nunmehr mir vorbehalten sein? Überlebte ich deshalb, weil alle Hoffnung auf mich geladen wurde? Nach mir geht es nicht mehr weiter, überlege ich von Schwelle zu Schwelle. Die Strecke wird stillgelegt. Angesichts der verstreichenden Zeit sowie der nicht länger gesicherten Zukunft stellt sich einzig die Aufgabe, beharrlich erzählend vorauszusehen, wie es gewesen sein könnte, wenn es dereinst geschähe.“[36]
Seine Strecke abgehend, entwirft der Streckenwärter seine Gedanken, stellt sich vor, was dem Revisor vorzutragen wäre, geradeso, als ginge der schon mit.
„*Achten Sie auf den vertrackten Abstand der Schwellen, Herr Revisor: er zwingt zur Aufmerksamkeit – wie ein seltenes Fersmaß [sic]. [...]*
Gehend male ich mir aus, von Schwelle zu Schwelle, wie den Hörern allmählich die Kinnlade nach unten fällt. Im Hörsaal wird es leise werden, daß man eine Stecknadel fallen hören könnte [...].
Ich aber werde das Pult verlassen, vor ihm auf und ab gehen, meine Schritte werden fest sein, als bezöge ich mein Wissen aus meinen Sohlen, ich, der Streckenwärter, seit Jahren daran gewöhnt, mit größter Aufmerksamkeit über all die Schwellen meiner Strecke zu gehen, vorbei an Feldern und sich färbenden Mooren bis hinein ins Schneegestöber.“[37]
Er erzählt seine Geschichte – Lebensstationen eines auf seiner Strecke alt gewordenen Bahnbediensteten, dem das Gehen und das Denken verknotet sind wie die von ihm imaginierten Schienenstränge in der Unendlichkeit. Er wird eins mit der Strecke.
„*Während der zitternden Hitze über dem Gleis, im Sommer, wenn sich die Schienen scheinbar von den Schwellen gelöst haben, denke ich an Sätzen entlang. Dabei habe ich die Vorstellung, als verknoteten sich eines Tages die Schienen im Unendlichen, und ich wäre Zeuge dieses Wunders. [...]*
Was mich beschäftigt, sage ich meinen Schuhen, ich sage es den Sohlen, meinem Schatten, den Schwellen, dem Schotter, zwischen dem Gleis. Im Lauf der Jahre ist es mir gelungen, der Zeit mitten ins Gesicht zu blicken, denn meine Geschichte ist länger als die Strecke.“[38]

„Der Erzähler ist die Schwelle“, sagt, wie schon erwähnt, Peter Handkes Ich-Erzähler in *Der Chinese des Schmerzes*, und nichts gäbe es, womit man andere so zum Erzählen bringen könne wie mit der Frage nach der Schwelle.[39] Die Schwelle als Antrieb der Erzählung: *Die Strecke* von Köpf ist Paraphrase auf die Zitate aus dem Roman von Handke, gewissermaßen ihr Beweis.
Streckenwärter werden häufig als Grenzgänger, Grübler, einsame Außenposten der Zivilisation – und literarische Helden dargestellt. Der schottische Dichter Ivor

Cutler (geb. 1923) hat den „Schwellengehern“ ein Gedicht gewidmet:[40]

The Railway Sleepers

The railway sleepers
heavy and dry
from old workingmen's bones.

Trains press over like stout husbands.

Jacket vest and trousers
smelling of cloth and husband
lay black on a chair
not responding to light.

My nose on the pillow.
Breath flows along the cotton hollows.

A bare bulb
yellow in the signal box.

The heavy sleepers lie dark.
Creak under the frost.

A starving bush
perched on the verge
shrieks at dense air out the tunnel
tearing its twigs.
End of roots
suck cinders for organic compounds.

The signalman
is noticing his painted tea-flask
on the sill.
He picks his nose without knowing.
Snot drops about his feet.

Erinnerungsspuren II

Die Schwellen sind das Gedächtnis der Bahnstrecke – ihr „Schritt für Schritt“, ihr „Wort für Wort“.
Sie sind Träger zweier entgegengesetzter Richtungen, die als Verbindung zur Welt aufrechtzuerhalten sind. Verkehr ist Kommunikation. Das Stillegen oder Entfernen einer Strecke bedeutet Abgetrenntsein vom Leben. Absterben. Zumindest Rückschritt.

Die Nachkriegswelt, die Christoph Ransmayr in seinem Roman *Morbus Kitahara* (1995) zeichnet, ist trostlos, sie unterliegt den Gesetzen des „Hundekönigs“, eines ehemaligen Lagerhäftlings, der Jahre nach seiner Befreiung Verwalter jenes Steinbruchs wird, in dem er gefangen war.
„Es war an einem wolkenlosen Frosttag, als eine Kolonne amerikanischer Pioniere aus dem Tiefland anrückte und mit der Demontage der Geleise begann. [...]
Bis in so entlegene Dörfer wie Leys oder Haag waren die Rauchsäulen der Scheiterhaufen zu sehen, in denen die geteerten Holzschwellen von Moors wichtigster Verbindung ins Tiefland und zur Welt verbrannten.
Die empörte Menge drohte den Soldaten mit Fäusten und schrie ihnen Fragen zu, Verwünschungen. Jetzt, so kurz vor dem Winter, erfüllten sich die schlimmsten Gerüchte von der Stillegung der Eisenbahnlinie. Stillegung! Moor auf eine Schlammstraße zurückgeworfen! Moor abgeschnitten von der Welt.
Ungerührt rissen die Pioniere Schienenstrang um Schienenstrang aus dem Damm und wuchteten den Schrott auf Waggons, die dann ein Stück weiter vom See fortgezogen wurden. So kroch ein Lastenzug ins Tiefland, der seine Geleise mit sich nahm.“[41]

Welt

Schienenstrang. Verkehrsader. Geschwindigkeit, die Distanzen scheinbar verkürzt, Welt verkleinert und ausweitet. „Vernichtung von Raum und Zeit“[42] war seit Mitte des 19. Jahrhunderts der Topos, mit dem die Wirkung der Eisenbahn beschrieben wurde.
In Wolfgang Borcherts Prosa *Eisenbahnen, nachmittags und nachts* (1946) ist der Schienenweg mit seinen „schwieligen Schwellen“ zur Metapher der Lebensbahn und zum Symbol der „Welt“ schlechthin geworden, das hinreicht, den nervösen, modernen Menschen zu charakterisieren:
„Aber auf Brücken und Dämmen hämmern die Bahnen. Durch schwarzgrün atmende Wälder und die sternbestickten seidigen samtigen Nächte fauchen die Güterzüge heran und davon mit dem unablässigen Hintereinander der Räder. Über Millionen schwieliger Schwellen vorwärtsgerumpelt. Unaufhaltsam. Ununterbrochen: Die Bahnen. Über Dämme hinhämmernd, über Brücken gebrüllt, aus Diesigkeiten herandonnernd, in Dunkelheiten verhämmernd: Summende brummende Bahnen. Güterzüge, murmelnd, eilig, irgendwie träge und ruhlos, sind sie wie wir. [...]
Einige unter ihnen singen. Summen und brummen durch unsere glücklichen Nächte und wir lieben ihren monotonen Gesang, ihren verheißungsvollen gierigen Rhythmus: Nach Haus – nach Haus – nach Haus. [...]
Du bist selber Schienenstrang, rostig, fleckig, silbern, blank, schön und ungewiß. Und du bist in Stationen eingeteilt, zwischen Bahnhöfe gebunden. Und die haben Schilder und da steht dann Mädchen drauf, oder Mond oder Mord. Und das ist dann die Welt.“[43]

Anmerkungen

1 Erich Kästner: *Eine Mutfrage*. In: Derselbe, Kurz und bündig. Epigramme. Zürich, Atrium 1950, S. 13.
2 Jochen Jung (Hrsg.): *Kleine Fibel des All-*

tags. Ein österreichisches Lesebuch. Wien, Hauptverband des Österreichischen Buchhandels 2002, S. 45.

3 Dieter Kühn: *Ludwigslust.* In: Wolfgang Minaty (Hrsg.), Die Eisenbahn. Gedichte, Prosa, Bilder. Frankfurt am Main, Insel 1984, S. 413, 414. Aus: Dieter Kühn, Ludwigslust. Erzählungen. Frankfurt am Main, Suhrkamp 1977.

4 Ebd. S. 416.

5 Ebd. S. 417.

6 Günter Brus: *Die gute alte Zeit.* Salzburg–Wien, Jung und Jung 2002, S. 35.

7 Ebd. S. 7, 8.

8 Franz Hiesel: *Der Streckengeher.* Manuskript, zur Verfügung gestellt vom Historischen Archiv des Südwestrundfunk Stuttgart, produziert und gesendet im Süddeutschen Rundfunk. Erstausstrahlung am 8. Juli 1970, S. 1.

9 Ebd. S. 2.

10 Leo N. Tolstoi: *Kreutzer-Sonate.* In: Leo N. Tolstoi, Kreutzer-Sonate und andere Novellen. Übersetzt von A. A. Fiedler. Berlin, Neufeld & Henius, o. J., S. 125.

11 Peter Handke: *Der Chinese des Schmerzes.* Frankfurt am Main, Suhrkamp 1986, S. 24, 25.

12 Ebd. S. 127.

13 Ebd. S. 133.

14 Ebd. S. 190.

15 Ebd. S. 199, 200.

16 Ebd. S. 241, 242.

17 Sten Nadolny: *Netzkarte.* In: Buchners Schulbibliothek der Moderne, Texte & Interpretationen. Band 3. Bamberg, C. C. Buchners Verlag 1996, S. 99, 100.

18 Hermann Brik: *Handbuch für Bahnwärter. Ein Nachschlagebehelf für Block-, Zugmelde-, Schranken-, Halte- und Ladestellenwärter sowie Streckenbegeher.* I. Teil. Wien, Im Verlage der Zeitschrift „Technische Mitteilungen", 1928, S. 87–88.

19 Ebd.

20 Gerald Sammet: *Schiefe Ebene.* In: Gerald Sammet, Schiefe Ebene. Ein Almanach für Eisenbahner, Reisende und die Leute an den Zügen. Bremen, Buchladen Bettina Wassmann 1983, S. 44.

21 Ebd. S. 46.

22 Thomas Mann: *Eisenbahnunglück.* In: Wolfgang Minaty (Hrsg.), Die Eisenbahn. Gedichte, Prosa, Bilder. A.a.O. S. 142. Aus: Thomas Mann, Gesammelte Werke in Einzelbänden. Herausgegeben von Peter de Mendelssohn. Band: Frühe Erzählungen. Frankfurt am Main, Fischer 1980.

23 Jack London: *Abenteurer des Schienenstrangs.* Übersetzt von Erwin Magnus. Wien, Wiener Volksbuchverlag 1951, S. 29–30.

24 Günter Eich: *Züge im Nebel.* In: Wolfgang Minaty (Hrsg.), Die Eisenbahn. Gedichte, Prosa, Bilder. A.a.O. S. 271–271. Aus: Günter Eich, Gesammelte Werke. Herausgegeben von Ilse Aichinger. Band 4. Frankfurt am Main, Suhrkamp 1973.

25 Hermann Löns: *Der Eisenbahndamm.* In: Wolfgang Minaty (Hrsg.), Die Eisenbahn. Gedichte, Prosa, Bilder. A.a.O. S. 154, 156. Aus: Hermann Löns, Sämtliche Werke in acht Bänden. Herausgegeben von Friedrich Castelle. Band 2. Leipzig, Hesse & Becker 1923.

26 Joachim Ringelnatz: *Arm Kräutchen.* In: Wolfgang Minaty (Hrsg.), Die Eisenbahn. Gedichte, Prosa, Bilder. A.a.O. S. 241. Aus: Joachim Ringelnatz, Und auf einmal steht es neben dir. Gesammelte Gedichte. Berlin, Henssel 1950.

27 Wolfgang Schivelbusch: *Geschichte der Eisenbahnreise. Zur Industrialiserung von Raum und Zeit im 19. Jahrhundert.* Frankfurt am Main, Fischer Taschenbuchverlag 2000, S. 62.

28 Walter Benjamin: *Kriminalromane, auf Reisen.* In: Wolfgang Minaty (Hrsg.), Die Eisenbahn. Gedichte, Prosa, Bilder. A.a.O. S. 237. Aus: Walter Benjamin, Gesammelte Schriften. Herausgegeben von Rolf Tiedemann, Hermann Schweppenhäuser, Band 4, Teil I. Frankfurt am Main, Suhrkamp 1972.

29 Ebd. S. 235.

30 Gerhart Hauptmann: *Bahnwärter Thiel.* Stuttgart, Reclam 2001, S. 19.

31 Ebd. S. 24.

32 Heimito von Doderer: *Ein Mord, den jeder begeht.* München, Deutscher Taschenbuchverlag 1993 (9. Auflage), S. 310–311.

33 Leo N. Tolstoi: *Anna Karenina.* Übersetzt von Fred Ottow. München, Deutscher Taschenbuchverlag 2001 (13. Auflage), S. 915.

34 Vsevolod Mikhailovic Garsin: *Das Signal.* In: W. M. Garschin, Die Erzählungen. Übertragen von Valerian Tornius. Leipzig, Dieterich'sche Verlagsbuchhandlung 1956, S. 393–394.

35 Gerhard Köpf: *Die Strecke.* Frankfurt am Main, S. Fischer 1985, S. 74.

36 Ebd. S. 8–9.

37 Ebd. S. 11, 16.

38 Ebd. S. 22, 26.

39 Peter Handke: *Der Chinese des Schmerzes.* A.a.O. S. 133.

40 Ivor Cutler: *The Railway Sleepers.* In: *20th-Century Scottish Poems.* Selected by Douglas Dunn. London, Faber and Faber Limited 2000, S. 59.

41 Christoph Ransmayr: *Morbus Kitahara.* Frankfurt am Main, S. Fischer 1995, S. 30, 35.

42 Wolfgang Schivelbusch: *Geschichte der Eisenbahnreise.* A.a.O. S. 35.

43 Wolfgang Borchert: *Eisenbahnen, nachmittags und nachts.* In: Wolfgang Minaty (Hrsg.), Die Eisenbahn. Gedichte, Prosa, Bilder. A.a.O. S. 264, 267. Aus: Wolfgang Borchert, Das Gesamtwerk. Hamburg, Rowohlt 1949.

An der Schwelle zu Krieg und Frieden

Oper im Zeichen des Janus

Hans Georg Nicklaus

Tempelöffnung

Man schrieb das Jahr 1684. Der Wiener Hof hatte sich seit dem Sommer des Vorjahrs nach Linz zurückgezogen. Die Gründe für das erneute Exil – in den Jahren davor war man vor der in Wien und Prag grassierenden Pest geflohen – lagen diesmal in der Bedrohung durch die Türken, die 1683 ihren zweiten großen Angriff unter Großwesir Kara Mustafa gestartet und Wien belagert hatten. 1684 gelang die erfolgreiche kaiserliche Gegenoffensive; bereits im August 1684 konnte der Kaiser in die Residenzstadt zurückkehren.

Auch in der Linzer ‚Dependence' pflegte der Hof seine musikalischen Festlichkeiten. Vor allem zur Faschingszeit und anläßlich von Geburts- und Namenstagen wurden – wenn auch mit bescheidenerem Aufwand als in Wien – Ballette, Oratorien und kleinere Opern aufgeführt.[1]
Seinen 44. Geburtstag am 9. Juni 1684 feierte Kaiser Leopold I. also in Linz. Bereits seit 1668 (und davor schon 1666 und 1663) wurde alljährlich Leopolds Geburtstag musikalisch-theatralisch begangen – meist mit einer Oper (*Drama per musica, Festa musicale, Festa teatrale* oder auch *Gesungene Lust-Unterhaltung* genannt) oder mit einem Ballett.[2]
Kaiserin Eleonore Magdalena Teresia setzte also eine Tradition fort, als sie 1684 in Linz ihrem Gemahl eine Oper zum Geburtstag schenkte. Sie beauftragte Nicolò Minato (seit 1669 kaiserlicher Hofdichter in Wien) und Antonio Draghi (seit zwei Jahren kaiserlicher Hofkomponist und davor langjähriger Hofkomponist und -musiker in der Kapelle der Kaiserinwitwe Eleonore[3]) mit einer Oper aus Anlaß und zu Ehren des kaiserlichen Geburtstages am 9. Juni. So entstand die einaktige *Festa musicale* mit dem Titel:

TVLLIO HOSTILIO
APRENDO IL TEMPIO
DI GIANO.
Festa Musicale.
Nel feliciss:mo Dì NATALIZIO
Della S. C. R. M:tà
Dell' IMPERATORE
LEOPOLDO.
Per Comando
Della S. C. R. Maestà
Dell' IMPERATRICE
ELEONORA,
MADDALENA,
TERESA.
L'ANNO M. DC. LXXXIV
Posta in Musica dal S:r ANTONIO
DRAGHI M. *Di Capella di S. C. M.*
Con l'Aria per lo Balletto, del S:r
ANTONIO SCHMELZER, *Violinista di*
S. M. C.
IN LINTZ,
Per Gio:
JOANNE REDLMAYR, Stampatore.[4]

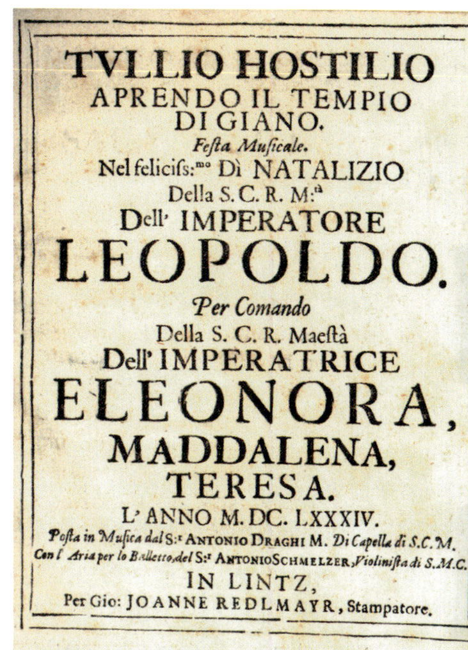
TVLLIO HOSTILIO
APRENDO IL TEMPIO
DI GIANO.
Festa Musicale.
Nel felicis:mo Dì NATALIZIO
Della S. C. R. M:tà
Dell' IMPERATORE
LEOPOLDO.
Per Comando
Della S. C. R. Maestà
Dell' IMPERATRICE
ELEONORA,
MADDALENA,
TERESA.
L' ANNO M. DC. LXXXIV.
Posta in Musica dal S:r ANTONIO DRAGHI M. *Di Capella di S. C. M.*
Con l' Aria per lo Balletto, del S:r ANTONIO SCHMELZER, *Violinista di S. M. C.*
IN LINTZ,
Per Gio: JOANNE REDLMAYR, Stampatore.

Titelblatt des Librettos von Nicolò Minato zur einaktigen Janus-Oper Tullio Hostilio aprendo il tempio di Giano, *aufgeführt am 9. Juni 1684 in Linz; Musik: Antonio Draghi.*

Minatos und Draghis Oper enthält lediglich ein Szenenbild, wahrscheinlich wegen der eingeschränkten Möglichkeiten in Linz. Auf eine der damals beliebten ‚Balletteinlagen' wird jedoch nicht verzichtet. Gewöhnlich beauftragte man eigene Ballettkomponisten mit der Musik zu diesen Ballettszenen. Antonio (Andreas Anton) Schmelzer, Geiger der Wiener Hofkapelle, übernahm in den damaligen Hofopern – wie schon vor ihm sein Vater, der heute berühmtere Johann Heinrich Schmelzer – die Komposition der „balletarien". Auch in Minatos und Draghis *Tullio Hostilio* komponierte er eine solche ‚Balletteinlage', was bereits auf der Titelseite des Librettos nach Nennung des Komponisten erwähnt wird.[5]

Der römische König Tullus Hostilius (bei Minato ‚Tullio Hostilio') öffnet den Tempel des Janus: der Titel von Minatos Libretto verrät die Rahmenhandlung der Oper, die – wie so häufig – aus der römischen Geschichte und antiken Mythologie stammt. Eröffnungen und Schließungen sind Ereignisse, die in der Geschichte mit zahlreichen und verschiedensten kulturellen Praktiken bzw. kultischen Handlungen und Festen verbunden sind – seien es Kriegserklärungen oder Eheschließungen, Opernhauseröffnungen oder Friedensschlüsse. Für solche Anfänge und Übergänge hält die römische Mythologie einen ‚göttlichen Fachmann' bereit: den zweigesichtigen Gott *Janus*. Als Gott der Türschwellen ist er ein Wesen, das nicht das Anfangen und Enden überwacht – wie etwa ein Gott der Schöpfung oder des Todes –, sondern Übergänge von einem zum anderen. Seine zwei Gesichter werden eben durch seine Funktion als Pförtner, der beiden Seiten zugewandt sein muß, begründet.

„Jede Tür hat zwei Gesichter, eins hierhin, eins dorthin:
Eines sieht hin zum Volk, eines zum häuslichen Herd.
Wie bei euch ganz vorne im Haus bei der Türschwelle sitzend
Eintritt und Austritt zugleich wachend der Pförtner erblickt,
So kann auch ich, bestellt zum Pförtner der himmlischen Halle,
Eos' und Hesperus' Reich beide zugleich überschaun.
[...]
So wurde mir, daß ich Zeit nicht verlöre beim Wenden des Hauptes,
Nach zwei Seiten zu schaun ohne Umdrehung, verliehn."[6]

Nach römischem Brauch wurden die Pforten des Janustempels bei Kriegserklärungen geöffnet und bei Friedensschlüssen wieder geschlossen. Dies berichten zahlreiche römische Dichter und Geschichtsschreiber – wie Ovid[7], Vergil[8], Horaz[9] und andere. Teilweise beziehen sich die Berichte auf große Bögen und Durchgänge in Rom, die den Namen ‚Janus' trugen, möglicherweise aber auch auf einen damals wirklich existierenden Tempel des Janus auf dem *Forum holitorium* vor der *Porta Carmentalis*.[10] Der zweigesichtige Schwellengott Janus wurde also nicht nur als ‚kalendarische Schwelle' vom alten zum neuen Jahr, das mit dem von ‚Janus' sich herleitenden ‚Januar' bzw. ‚Jänner' (siehe dazu auch S. 40, Anm. 4, Anm. d. Red.) beginnt, oder als Schwelle zwischen Himmlischem und irdischem Reich beschrieben, sondern auch als Wächter der Pforte von Kriegseröffnung und Friedensschluß angerufen (siehe auch S. 30, Anm. d. Red.). Die erste Schließung des Janustempels erfolgte unter dem römischen König Numa Pompilius (716–671 v. Chr.). Andere Darstellungen schreiben vorsichtiger, der Kult der Tempelschließung bei Friedenseintritt ginge auf Numa zurück bzw. fiele in dessen Regierungszeit. Wie auch immer: Nachfolger Numas und dritter König Roms war Tullus Hostilius, der 672–639 v. Chr. regierte. Die Überlieferung schreibt ihm eine Menge kriegerischer Heldentaten zu, unter anderem den Sieg über die Curatier, die Unterwerfung Alba Longas sowie den Sieg über die Sabiner. Die Berichte über die militärischen Erfolge des Tullus Hostilius dürften allerdings eher der Sage als der Geschichte entnommen sein. Dennoch: „Daß es einen historischen König Tullus Hostilius gegeben hat, kann man mindestens nicht strikt widerlegen."[11] Cicero etwa berichtet ausführlich von Tullus Hostilius, seinem Ruhm „im Kriegswesen" und seinen „großen Kriegstaten":

„[...] er baute auch und umzäunte aus der Beute das Komitium und die Kurie und setzte das Recht fest, wonach Kriege angesagt werden sollten [...]."[12]

Um eine solche ‚Kriegsansage' dreht sich die Linzer *Janus*-Oper, deren Ereignisse zumindest teilweise nachweisbaren historischen Ereignissen entsprechen. Die Zerstörung Albas bzw. Alba Longas, an der Stelle des heutigen Castel Gandolfo am Albaner See in Latium gelegen, und die Übersiedlung seiner Bewohner nach Rom, was die Vormachtstellung Roms in Latium besiegelte, werden der Regierung des Tullus Hostilius zugeschrieben.[13] Zu den heroischen Taten jenes ‚sagenhaften' dritten König Roms rechnete man damit nichts Geringeres als diesen wesentlichen Schritt zur Konstituierung Roms als Machtzentrum. Mittlerweile geht man davon aus, daß „der Fall von Alba zwar historisch sein muß, [...] die Art des Falls" jedoch „reine poetische Ausschmückung" ist, daß also „die Art, wie Tullus Hostilius mit der Zerstörung von Alba in Verbindung gebracht wird, nicht vollkommen historisch sein kann."[14]

Damit ist der historische Hintergrund unserer Linzer *Janus*-Oper und ein wesentlicher Teil der Handlung abgesteckt: Tullus' Kriegserklärung an Alba und die Öffnung des Janustempels.

Bemerkenswert ist, daß Minatos Libretto nichts von Kriegsführung, Schlachten, Verhandlungen oder Strategien erzählt. Kein Schlachtengetümmel, keine Kämpfe, Reitereien, Verwundete, Verlierer oder

Sieger sind zu sehen, sondern eine in den kriegsgeschichtlichen Rahmen eingebettete Liebesgeschichte.

Die Handlung der Linzer Oper ist – wie gesagt – aufgrund der eingeschränkten Mittel des nach Linz geflüchteten Hofes sehr schlicht. Da Draghis Musik nicht erhalten ist, können Dauer und musikalische Dramaturgie der Szenen kaum rekonstruiert werden. Das erhaltene Libretto jedoch verrät gleich zu Beginn die beabsichtigte politische Botschaft: In der Widmung heißt es hier, daß dieses Stück zu Ehren des Geburtstags von Leopold verfaßt wurde, der im Vergleich mit Tullio Hostilio[15] (der den Janustempel geöffnet hat) noch viel tugendhafter, gerechter und glorreicher sei, weil er nur dann Krieg führe, wenn das Reich verteidigt werden müsse. Der Ruhm des ‚friedlichen' Kaisers wird also dem des kriegerischen und machthungrigen Tullio Hostilio übergeordnet. Am Schluß seiner Widmung wünscht Minato dem Kaiser noch Gottes Hilfe bei der Unterwerfung des Osmanischen Reiches.

Mit einem Vorwort bereitet Librettist Minato sein Publikum durch eine kurze Beschreibung des historischen Hintergrunds der Opernhandlung vor: Der Janustempel sei von Romulus, Remus und dem Sabinerkönig Tatius erbaut worden, der Gott Janus sei mit zwei Gesichtern über seinem Eingang dargestellt; dieser sei in Friedenszeiten geschlossen geblieben, zu Kriegen aber geöffnet worden. Nach einer längeren Friedensphase unter Numa sei nun im Kampf gegen Alba der kriegerische Geist unter Tullio Hostilio, Roms drittem König, wieder erwacht.

Die kriegsverherrlichenden Elemente der Oper sind vor dem Hintergrund von Leopolds im selben Jahr 1684 erzielten Erfolgen im Türkenkrieg verständlich. Wodurch aber wird die Wichtigkeit des Krieges und die diesbezügliche Verantwortlichkeit eines großen Königs am besten bewiesen? – Dadurch, daß die Liebe, die größte aller Leidenschaften, dafür geopfert wird!

Es ist die Staatsräson, die ein solches Liebesopfer vom König selbst verlangt. Die Alternative ‚kluge Staatspolitik versus Leidenschaften der Liebe' wird im Linzer Libretto zugespitzt. Tullio Hostilio muß sich zwischen seiner Geliebten und dem Krieg entscheiden – keine Frage, wem er unter den genannten Umständen den Vorzug geben wird.

Als Personen der Handlung nennt Minato:

TULLIO HOSTILIO, III. Rè de Romani
[der dritte König der Römer]
EMILIA, Patritia Albana
[eine Patrizierin aus Alba]
C. VALERIO, Generale dè Romani
[römischer General]
LAVINIA, Nob: Romana
[römische Adlige]
LUCEIA, Damigella
[Fräulein]
SACERDOTE DI GIANO,
[ein Priester des Janus]
SETTIMIO,
FLORO, Capitani Romani
[römische Hauptleute]
UNA BAMBINA,
[ein kleines Mädchen]

Das Bühnenbild zeigt einen Hof, dessen Seiten jeweils durch Hauseingänge begrenzt werden. Im Hintergrund sieht man den Janustempel. Nach einem einleitenden Ballett tritt König Tullio Hostilio auf und gibt noch einmal quasi eine historische Einführung in das folgende: Er erzählt, wie sich Rom unter Romulus vergrößerte, und preist den damals herrschenden kämpferischen Geist. Unter Numa sei das Volk durch den langen Frieden träge geworden. Jetzt aber sei es an der Zeit, das kriegerische Element wiederzubeleben und Rom zu neuem Ruhm zu verhelfen.

Tullio entscheidet sich für den Krieg gegen Alba und gerät darüber in Konflikt mit seiner Geliebten, der schönen Albanerin Emilia, die auf die Freiheit ihrer Heimat pocht: Der König werde ihre Liebe verlieren, sollte er seinen Plan in die Tat umsetzen. Im Gegenzug verspricht sie ihm ewige Liebe und daß sie ihn heiraten werde, wenn er auf Alba verzichte (Szene II). Tullio führt einen inneren Kampf – noch kann er Emilia nicht gestehen, was er für sich bereits entschieden hat, daß nämlich ein Königreich mehr zählt als 100 Geliebte:

TUL: *(Nò: che un Regno val più, che*
cénto Amori) da sè
EM: *Stai tanto irresoluto?*
TUL: *(Quanto son combattuto!*
In faccia à quei bei Rai
Troppo son abbagliato;
Mai non risolverò.)
EM: *Tullio, che dici?*
Elegiti, ò'l mio sdegno,
ò l'Amor mio.
TUL: *Ci penserò. Amami in tanto;*
Addio.
(Schluß der Szene II)

Diese liebes- und staatspolitischen Entscheidungskämpfe flankiert Minato durch eine amüsante zweite Liebesgeschichte. Man könnte sagen, sie enthält eine ähnliche Botschaft, daß nämlich die Liebe einen Mann nur in Verwirrung stürze und von seinen kriegerischen Aufgaben ablenke. Dennoch zielt diese Episode weniger auf eine Verurteilung der Liebe als vielmehr darauf, die Liebe, trotz ihres schäd-

lichen Wesens und ihrer Verführung zur Verrücktheit, dennoch als Würze des Lebens – bzw. Würze dieser Oper – auszuweisen. Es geht um General Cajo Valerio und Hauptmann Settimio, zwei tapfere Krieger, die in der vierten Szene auf die schöne Lavinia[16] treffen. Beide werben um sie und klagen über ihre Liebesqualen. Danach wird die Handlung um König Tullio Hostilio und den Krieg gegen Alba zunächst fortgesetzt; erst in den Szenen X bis XII wird das Liebeswerben um Lavinia wieder zum Thema: beiden Kriegsmännern verspricht die Umworbene ewige Liebe. Als Valerio und Settimo nun aufeinandertreffen und entdecken, daß sie sich mit derselben Frau verlobt haben, bezichtigt jeder den anderen der Täuschung. Erneut wird diese ‚Seitenhandlung' verlassen und erst in Szene XV wiederaufgegriffen. Lavinia, danach befragt, wem sie denn nun ihre Hand versprochen habe, erklärt, daß ihre Zuneigung beiden gelte und sie nicht verstehen könne, wieso eine solche Doppelverlobung nicht möglich sei. Beide Kriegsmänner entschließen sich, weiter um Lavinia zu werben.
Diese charmante, vielleicht auch durchtriebene Naivität der Lavinia hat wohl auch das damalige Publikum erheitert. Davon abgesehen, steht diese Episode in einer ironisierenden Beziehung zu einem damals berühmten und beliebten literarischen Topos, der – basierend auf Ovids *Ars amatoria* – durch einen der zahlreichen Verse zu diesem Thema von Ottavio Rinuccini, den Claudio Monteverdi in einem Madrigal vertonte, auf den Punkt gebracht wird:
„*Ogni amante è guerrier*"[17]
‚Jeder Liebende ist Krieger' und darum – so könnte man Minatos Seitenhandlung verstehen – ein bißchen lächerlich, denn die Geliebte Lavinia unterläuft ihre Rolle als ‚Kriegsbeute', indem sie ihren Wert sozusagen ‚inflationiert'. Als Kriegsbeute, also mit ‚exklusivem Besitzrecht', ist die Liebe der Lavinia hier nicht zu erobern. Dennoch versichern Settimio und Valerio wie zwei unbelehrbare Gockel, weiter um Lavinia kämpfen zu wollen.
Die Seitenhandlung um Valerios und Settimios ‚Kriegsbeute' ist damit beendet, und die Handlung der Oper wendet sich ganz den Vorbereitungen der Tempelöffnung, der Kriegserklärung an die Albaner und – damit verbunden – der Erkenntnis des Königs zu, der Krieg sei wichtiger als die Liebe einer Frau (Szene XVI). In der vorletzten Szene XVII versucht Emilia, den König noch ein letztes Mal umzustimmen – vergeblich. Der Librettist Minato kostet jene Alternative von Krieg und Liebe förmlich aus, als wollte er die traditionelle und tiefsinnige Verbindung dieser beiden Themen karikieren: In seinen Versen beginnt er ein Spiel mit dem phonetischen Gleichklang von *arma* und *amare*, in dem er ‚Armi' (die Waffen) mit einer Form von ‚amare' konfrontiert, die ‚Lieben' und ‚Bewaffnen' nahezu verwechselbar macht: Tullio wählt die Waffen – „armi" –, und Emilia fragt empört, ob dies seine Art sei, sie zu lieben – „l'amarmi".[18]

TUL: *[...]*
Mi stanno armi chiedendo:
& Armi voglio.
EM: *Tullio? quest'è l'amarmi?*

In der letzten Szene der Oper schließlich tritt das Ritual um die Pforten des Janustempels in Erscheinung. Bei der Kriegserklärung an Alba wird die Pforte feierlich geöffnet. Der Januspriester übergibt Tullio Hostilio den Schlüssel zum Tempel; der König öffnet diesen und kniet vor der Statue des Janus nieder. An den Wänden des Tempels sind Malereien zu sehen, welche der Januspriester auf Geheiß des Königs entschlüsselt: sie würden die Zukunft voraussagen und den Ruhm eines österreichischen Herrscherhauses verkünden. In großen goldenen Buchstaben steht neben dem Bildnis Leopolds an den Wänden geschrieben, daß Österreich für immer herrschen werde, und Minato läßt – damit schließlich kein Zweifel mehr darüber bestehen kann, wer hier gemeint sei – den Januspriester erklären, daß Leopold später, so wie Tullio Hostilio jetzt, ebenso glorreiche Kriege führen werde.[19] – Die Oper endet mit dem Aufruf zum Krieg und zu einem Tanz.[20]

Die Verwendung der Janus-Mythologie in bezug auf kriegerische Ereignisse der Gegenwart im Vergleich zu solchen der römischen Geschichte, mit den obligatorischen Lobpreisungen des Kaisers, die durch Analogien in die Handlung eingewoben sind, findet sich noch ausführlicher in einem anderen Libretto 14 Jahre später – der Ort der ebenfalls feierlichen Opernveranstaltung ist diesmal ein ganz anderer, der kaiserliche Adressat ist derselbe geblieben.

Tempelschliessung

Man schrieb das Jahr 1698. Sonntag, den 30. Januar dieses Jahres, gab es in der reichen Hansestadt Hamburg ein Dankfest für den Frieden. Eine hamburgische Stadtchronik gibt Auskunft darüber, daß keines der (damals beliebten und üblichen) Feuerwerke gezeigt, statt dessen aber am folgenden Tag – Montag, den 31. Januar – eine Oper aufgeführt wurde.
„*Es ward zwar kein Feuerwerk praesentiret, aber an deßen statt 2 Tage hernache allent-*

halben 4 Stunden geläutet, wie auch Montag hierauff eine Opera zu Ehren Kayserl. Maj. Janus genannt gespielet worden.“[21]
Der genaue Titel der Oper an jenem Abend war:

Der
bey dem allgemeinen Welt=Friede
von dem
Grossen Augustus
geschlossene Tempel
des
JANUS
auf dem
lang=gewünschten Frieden=Feste
Welches im Jahr 1698. in Hamburg
gefeiret ward
in einem Singe=Spiel vorgestellet.[22]

Ohne Einleitung oder Vorspiel führt die Oper sogleich mitten ins Geschehen. Sie präsentiert dem Publikum zunächst zwei Figuren der römischen Geschichte – Kaiser Augustus und seine Gemahlin Livia – im Gespräch um die Frage nach dem Thronerben. Den Rahmen der Ereignisse bildet der vom römischen Kaiser Augustus nach der berühmten Seeschlacht von Actium geschlossene Frieden. Augustus (63 v. bis 14 n. Chr., damals noch *Octavian*, nach seinem eigentlichen Namen *Gaius Octavius*) hatte mit dieser von Marcus Agrippa geführten Schlacht im Jahr 31 v. Chr. den Sieg über seinen Rivalen Marcus Antonius errungen, beendete damit das zweite Triumvirat, das er gemeinsam mit Antonius und Lepidus (der schon vorher ausgeschieden war) gebildet hatte, und wurde Alleinherrscher Roms. Es begann darauf jene friedliche Zeit kultureller Blüte Roms, die als Pax Augusta in die Geschichte einging. Auf Augustus als dem Friedenskaiser des antiken Römischen Reiches basiert das Libretto unserer Oper in Hamburg.

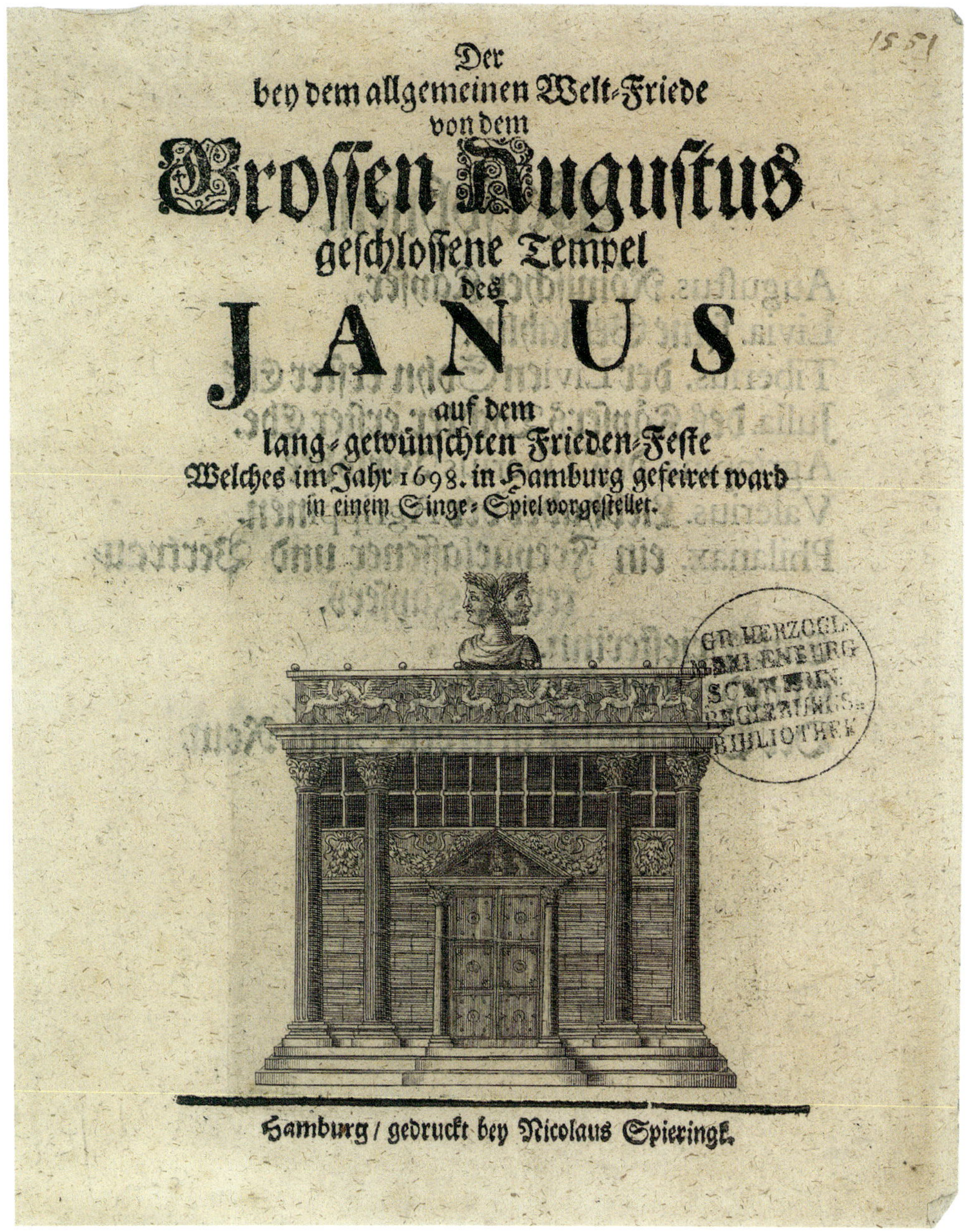
Der
bey dem allgemeinen Welt=Friede
von dem
Grossen Augustus
geschlossene Tempel
des
JANUS
auf dem
lang=gewünschten Frieden=Feste
Welches im Jahr 1698. in Hamburg gefeiret ward
in einem Singe=Spiel vorgestellet.

Hamburg / gedruckt bey Nicolaus Spieringk.

Titelblatt des Librettos von Christian Heinrich Postel, aufgeführt in Hamburg am 31. Jänner 1698; Musik: Reinhard Keiser.

Mit diesen politisch-historischen Ereignissen verknüpft die Opernhandlung Liebes- und Heiratsintrigen, die sich um die Nachfolge des inzwischen amtsmüden Kaisers Augustus drehen. Wie in der Linzer *Janus*-Oper stehen der Eheschluß nach den Regeln der Staatsräson und jener nach den Regeln der Liebe einander unversöhnlich gegenüber – ein beinahe allgegenwärtiger Topos auf den damaligen Opern- und Theaterbühnen.

Die Strategie der Erzählung und das ‚emotionale Setting‘ der Hamburger *Janus*-Oper entspricht ganz dem bereits vorgestellten Linzer Werk: Große politische Ereignisse aus der Antike bilden Rahmen und Anlaß der Handlung, werden zur Preisung des gegenwärtigen Kaisers (in beiden Fällen Leopold I.) genutzt und durch Liebesverwicklungen quasi ‚ausgefüllt'. Kein Zweifel kann darüber bestehen, daß auch in der Hamburger *Janus*-Oper eine Liebesgeschichte sozusagen das ‚Fleisch' am ‚Knochengerüst' der historischen Ereignisse bildet und somit auch den Großteil der Dialoge und Arien ausmacht. Wie beliebt diese ‚Struktur' war und sogar zu moralischen Bedenken herausforderte, wird sich noch zeigen. Zunächst jedoch seien die nicht unkomplizierten Umstände der Hamburger *Janus*-Oper beschrieben.

Nach Johann Matthesons sachkundiger Meinung vollbrachten der Librettist Christian Heinrich Postel und der Komponist Reinhard Keiser mit diesem Werk Besonderes. Mattheson schreibt in seiner 1728 erschienenen Schrift *Der musikalische Patriot*, die auch eine Chronik der Opernaufführungen zu Hamburg enthält:

„hr. Keiser machte die Musik, Herr Postel die Verse. Diese beiden verfasser verstanden sich sehr wol, und brachten viel schönes zu Wege. Diese Opera bewies es sonderlich.“[23]

Keiser und Postel waren ein erfolgreiches und gut eingespieltes Duo. Die meisten der insgesamt 25 Libretti des vielsprachigen und äußerst gebildeten Juristen Christian Heinrich Postel wurden von Reinhard Keiser vertont. Keiser schrieb für die Hamburger Oper in 30 Jahren mehr als 80 Opern und war zum erwähnten Friedensfest im Januar 1698 seit kaum einem Jahr der künstlerische Leiter des Opernhauses. 1722 wurde er in dieser Funktion von Georg Philipp Telemann abgelöst, der bereits seit knapp einem Jahr in Hamburg als Musikdirektor tätig war. Telemann schätzte Keiser außerordentlich, besonders jene Oper zum Friedensschluß des Augustus. Sie wurde – mit einigen zusätzlichen Arien Telemanns versehen – am 7. Oktober 1729 anläßlich der Wiedereröffnung des Opernhauses erneut aufgeführt.[24]

Anders als das Linzer wählt das Hamburger Libretto also nicht eine Öffnung, sondern eine historische Schließung des Janustempels als kultisch-historischen Rahmen der Opernhandlung. War dort das Kriegführen, so ist hier das Friedenschließen die beschworene Tugend des Helden. War es in Minatos ‚Linzer' Libretto Tullus Hostilius, der den Helden aus der antiken Geschichte abgibt, so ist es in Postels Libretto Kaiser Augustus: in beiden Fällen aber ist der eigentlich gemeinte und ‚adressierte' Held Kaiser Leopold I.

Mehrfach betonen antike Autoren, daß Augustus gleich dreimal den Tempel des Janus geschlossen habe – ein drittes Mal aus Anlaß des erwähnten Sieges von Actium über Antonius und die Parther.[25] Sueton nennt in seinen Kaiserbiographien (*De vita Caesarum*) sogar ein bestimmtes Janustor: den berühmten ‚Janus Geminus' *(auch ‚Janus Quirinus')* an der Nordseite des Forum Romanum, den Augustus dreimal geschlossen habe.[26] Augustus' Friedensschluß im Jahr 31 v. Chr. nach der Seeschlacht von Actium wurde also mit der feierlichen Schließung eines Janustors begangen. Darum trägt jene Oper zu Hamburg, die einerseits Augustus' großen Friedensschluß zum Thema nimmt, andererseits aber – wie wir noch sehen werden – ebenfalls einen aktuellen Frieden zu feiern beabsichtigt, einen Titel, der Augustus' Schließung des Janustempels mit dem Hamburger Friedensfest 1698 verbindet. Erst am Schluß von Postels und Keisers Oper tritt der Janustempel in Erscheinung, umgeben von einer Priesterin und einem Chor der Priester des Janus. Von Anbeginn visiert Postels Libretto das Janusfest und die Tempelschließung als Finale an. Bereits im ersten der drei Akte wird der römische Sieg über die Parther verkündet: Im ‚neunten Auftritt' wünscht sich Augustus diesen Sieg, damit er „zum dritten mahl des Janus Tempel schliessen“ könne. Gleich im folgenden ‚zehnten Auftritt' verkündet Valerius den gewünschten Sieg, und Augustus folgert:

„Ich will noch heut zum Zeichen dieser Ruh
Des Janus Tempel schliessen zu.“

Postel schildert diese wichtigen Ereignisse, die schon den Titel des Librettos prägen und die Rahmenhandlung zum Abschluß bringen, lediglich in einer Arie und einem Rezitativ gegen Ende der Oper. Auch das Janusfest am Schluß wird kurz gehalten: Viel interessanter als dieses historisch bedeutsame Ereignis sind die Liebesgeschichten und Verkupplungsintrigen, die sich um die Rahmenhandlung wie Rosen um einen Drahtzaun ranken und in einer glücklichen Doppelhochzeit mit dem Janusfest am Schluß vereinen. Ehe- und Friedensschluß werden also im Zeichen des Janus am Ende des Librettos parallelgeführt. Davor aber dominieren nicht Politik und Kriegsführung, sondern einzig die Heirats- und ‚Liebespolitik' der Kaiserin Livia. Wir müssen davon ausgehen, daß der erfahrene Postel wußte, was sein Publikum fesseln würde: natürlich nicht die Weltpolitik, sondern Liebesgeschichten und Heiratssachen! Auch bei diesen hält sich Postel teilweise an die historische Wahrheit. Denn in der Tat hatte Kaiser Augustus aus seiner zweiten Ehe mit Scribonia eine Tochter, die Julia hieß; und Livia, des Kaisers Gemahlin zum Zeitpunkt der geschilderten Ereignisse, hatte – ebenfalls aus früherer Ehe – einen Sohn namens Tiberius, der als Augustus' Stief- und Schwiegersohn des Kaisers Thronfolger werden sollte.

Die Personen der Handlung sind:

AUGUSTUS, römischer Kaiser
LIVIA, seine Gemahlin
TIBERIUS, Livias Sohn aus erster Ehe
JULIA, des Kaisers Tochter aus erster Ehe
AGRIPPINA, des Tiberius Verlobte
VALERIUS, Liebhaber der Agrippina
PHILANAX, ein Freigelassener und
Vertrauter des Kaisers
Eine Priesterin
Chor der Priester des Janus[27]

Kaiserin Livia überzeugt ihren Gatten Augustus, dessen Tochter Julia mit Tiberius zu vermählen und diesen zu seinem Nachfolger zu benennen. Julia, dem Tiberius schon bisher zugeneigt, ist freudig einverstanden – ganz im Gegensatz zu Tiberius. Er liebt nämlich Agrippina, mit der er bereits verlobt ist. Livia muß sich also einiges einfallen lassen, um die neue Verbindung herbeizuführen und ihren Sohn zum Kaiser zu machen.
Zunächst scheitern jedoch alle Machenschaften der Kaiserin, das Paar Agrippina und Tiberius auseinanderzubringen; genau in diesem Scheitern, das den Hauptteil der Oper einnimmt, entfaltet sich die Ästhetik des Barocktheaters: Die Leidenschaften – sowohl der dargestellten Personen als auch der Zuschauer – wechseln ohne Übergänge, und Ankündigungen vom einen ins andere Extrem reißen die Betroffenen hin und her. Die Ereignisse brechen über die Liebenden herein und lassen sie ohnmächtig vor ihrem Schicksal stehen: Agrippina wird kurzerhand von vermummten Männern überfallen und entführt; ihrem Verlobten Tiberius und dessen Rivalen Valerius wird erzählt, Agrippina sei im Tiber ertrunken. Unendlicher Schmerz und Selbstmordabsichten aller Unglücklichen sind die Folge.

Die Kaiserin weiß indessen die Maschen ihrer Intrigen noch enger zu ziehen. Philanax (der zwar nicht direkt beauftragt, aber ganz im Dienste der kaiserlichen Intrigen agiert und vom Zuschauer als verlängerter Arm der Kaiserin wahrgenommen werden muß) erklärt Agrippina, Tiberius hätte sie einsperren lassen, um Julia heiraten zu können und Thronfolger zu werden. Hier erreicht Postels Libretto seinen Höhepunkt in der Spannung zwischen Allmachtsphantasien und Intrigenspiel einerseits und dem ohnmächtigen Ausgeliefertsein der Intrigenopfer andererseits.
Indem die Kaiserin Agrippinens Liebe zu steuern und von Tiberius abzuwenden sucht, bemüht sie sich, die Leidenschaften ihrer Opfer wie Fäden einer Marionette in den Händen zu halten. Sie weiß um die Abhängigkeit der Menschen von ihren Leidenschaften, weiß um die ‚Passionen', die zur ‚Passivität', zum (Er-)Leiden und Ausgeliefertsein verurteilen. Erinnert sei hier daran, daß der Philosoph René Descartes bereits 1649 die Leidenschaften und Emotionen der Seele aus den Wechselwirkungen der „Maschine unseres Körpers" heraus erklärt hatte – Wechselwirkungen zwischen Lebensgeistern, Zirbeldrüse, Nerven, Muskeln und Blut.[28] Zwischen diesen Kräften tobt nun, nach Philanax' infamer Lüge, in Agrippina ein wilder Sturm. Liebe, Rache – alles ist eine Frage ‚höherer Kräfte'. Agrippina gerät in Rage (II. Akt, 12. Auftritt):

Agr. *Oh Himmel! hörstu diß/*
Und rächst mich nicht mit Blitz und Donner-Keilen?
Tiberius liebt nicht mehr Agrippinen!
Tiberius hasst und verstosset mich!
[...]
O Himmel hörstu diß!
Und läßt die Rache noch nicht eilen?
Was macht ihr Furien in Orkus Grund?
Wozu sind eure Fackeln nütze?
Kommt steigt herauff/ euch rufft mein kühner Mund.
Ja/ ja ihr kommt. Wohlan! Ich bin erhöret.
Ich spühre schon den Trieb der wilden Hitze.
Wo ist mein Feind, der mich so sehr versähret?
Wo ist sein falsches Hertz!
Hier ist die Faust die es aus seinem Sitze/
Zu lindern meinen Schmertz/
Sol an die helle Sonne stellen/
Damit die mög' ein Urtheil drüber fällen.

In der auf diesen Wutausbruch folgenden Arie geschieht, was typischer für die Oper des Barock kaum sein könnte und sich auf den Opernbühnen in ähnlichen Situationen bei den verlassenen, verschmähten oder betrogenen Verliebten unzählige Male ereignet: Der Racheschwur bricht jäh zusammen, er kippt – nicht nach reiflicher Überlegung, sondern unvermittelt – in sein Gegenteil, in rührende Liebe, Vergebung und Resignation, um sodann erneut plötzlich wieder aufzuflackern. Bei Agrippina findet nur diese erste Wendung zur Einsicht in die Nutzlosigkeit ihres Racheverlangens statt bzw. zur Einsicht in das Paradox, daß eine solche Rache ihre vormalige Liebe nur Lügen strafen würde. Unvermittelt tritt diese Wende in der Mitte von Agrippinas Arie auf.

Aria *Ich suche kein Eisen/ mir nützet kein Stahl/*
Es bringen die brünstigen

Hände/
Ohn andere Waffen/
die folternde Quahl
Durch Rache/ durch Rache zum
Ende.
Aber ach! Was will ich rächen?
Ist es nicht Tiberius/
Den ich eintzig durchzustechen
Dieses Hertz durchstechen muß.

Postels Versmaß und Keisers Musik unterstreichen das unvermittelte ‚Kippen' der Emotion in dieser Arie. Mit „Aber ach!" wechselt das Versmaß vom Jambisch-Anapästischen zum Trochäus und die Musik von G-Dur nach g-Moll bzw. c-Moll. Nahezu alles in Keisers Partitur unterstreicht diesen abrupten Wechsel: Bis zu jenem ‚Aber ach!' ist Agrippinas Arie im ‚Zwölf-Sechzehntel-Takt' notiert, um dann in einen schweren ‚Drei-Halbe-Takt' zu wechseln. Mehr als die noch kaum üblichen Tempobezeichnungen wie ‚Allegro', ‚Presto' oder ‚Adagio' werden Tempo und Charakter des Stückes zu jener Zeit durch die notierten Notenwerte und das Grundmaß des Taktes bestimmt. Aufgeregte Sechzehntelsprünge in der Oberstimme[29] begleiten Agrippinas Wutausbruch in der ersten Hälfte dieser Arie. Der plötzliche Wechsel von Tonart, Tongeschlecht (Dur nach Moll), Taktmaß und Tempo wird noch dadurch verstärkt, daß nach diesem ‚Sechzehntel-Dialog' in gleicher Stimmlage (zwischen Agrippina und den Geigen) wieder ein voller vierstimmiger Satz in relativ gleichmäßiger, rhythmisch ruhiger Bewegung einsetzt und bis zum Ende der Arie fortläuft. Hinzu kommt die ausdrückliche Forderung des Komponisten, mit dem Wechsel zum zweiten Teil der Arie die Oberstimmen mit Flöten zu besetzen. Der Einsatz von Flöten (damals wahrscheinlich Blockflöten) markiert in den Opern des Barock oftmals den Umschwung zu außergewöhnlich sanften Stimmungen; besonders beliebt sind die Flöten bei Schlaf- und Traumszenen.
Alles an diesem plötzlichen Wechsel der Stimmung ist unvermittelt – Agrippinas Emotionen ebenso wie der Charakter der Musik. Es mag ein Zufall sein, daß im Autograph derselbe abrupte Stimmungswechsel mit einem Seitenwechsel zusammenfällt.[30] Das mit dieser Arie inszenierte Paradox der Verbindung von Liebes- und Haßgefühlen, die sich auf ein und dieselbe Person richten, wird durch die gleich darauffolgende Frage des Philanax und die Antwort der Agrippina aufgelöst:

Phil. *Schlägt diesen Geist, den jeder göttlich nennet/*
Ein eintzig Unglücks=Fall darnieder?
Agrip. *Nein Philanax nein er erholt sich wieder.*
Der liebt nur recht wer dem Geliebten gönnet
Was ihm gefällt.

Agrippina resigniert und wünscht, ehe sie sich freiwillig der Ewigkeit ergeben will, noch ein letztes Mal ihren Tiberius sehen zu dürfen. Dieser ist mittlerweile in tiefe Depression gefallen; nichts kann ihn über Agrippinas angeblichen Tod trösten – auch nicht die von Philanax arrangierte Erscheinung des ‚Geistes' der Agrippina (wodurch deren Wunsch eines letzten Treffens erfüllt wird). Die Intrigen beginnen zu wuchern und ihrer Urheberin Livia über den Kopf zu wachsen: Deren Sohn Tiberius ist nämlich so untröstlich, daß ihm die Lust am ‚Kaisersein' gar nicht kommen mag; von Julia, des Kaisers Tochter, die schon freudig ihren Prinzen erwartet, will er nun erst recht nichts wissen.
Niedergeschlagen und lustlos machen sich Valerius, Tiberius und Julia auf den Weg zum Janusfest. Als die Priester mit der Zeremonie der Tempelschließung beginnen und Tiberius noch immer nicht umgestimmt werden kann, läßt Postel seine Intrigantin Livia zu einem neuen und alles rettenden Trick greifen, der alle Probleme so rasch auflöst, daß auch dem damaligen Publikum diese Wendung der Handlung etwas gewaltsam erschienen sein muß: Livia behauptet kurzerhand, Agrippina sei Tiberius' Zwillingsschwester und von einer kinderlosen Freundin Livias an Tochter Statt aufgezogen worden. Die aus dem Gefängnis befreite Agrippina kommt hinzu, wird von Tiberius als liebendem Bruder begrüßt und von Augustus mit Valerius (der den Sieg der Römer über die Parther verkündet hatte und dem der Kaiser deshalb gerne jeden Wunsch erfüllt) vermählt, während Tiberius nun endlich der schon lange wartenden Julia die Hand reicht.
Das dramaturgische Ungleichgewicht zwischen den ausgedehnten und subtilen Verstrickungen, Täuschungen und Leidenschaften einerseits und dieser raschen Lösung der Probleme andererseits ist überdeutlich. Daß sich die leidenschaftlichen Gefühle zwischen Agrippina und Tiberius so plötzlich in geschwisterliche Liebe verwandeln, mag zwar der strengen und in Hamburg stark puritanisch beeinflußten Moral gefallen, erscheint aber doch seltsam und erzwungen angesichts der Tatsache, daß sich Agrippina nicht einmal durch die täuschende Behauptung, Tiberius hätte sie einsperren lassen, in ihrer Liebe beirren läßt und überdies bereit ist, für ihn in den Tod zu gehen. Die Enthüllung der Livia verbietet offensichtlich nicht bloß die Erfüllung der Wünsche, sondern verändert das Wünschen selbst, das nun angeblich ein inzestuöses gewesen sein soll.

Das Vorgehen Livias scheint dabei moralisch zweifelhaft zu sein. Immerhin sorgt sie für die von ihr gewünschte Thronnachfolge mittels Lügen und Täuschungen. Ob die Geschichte von dem Zwillingspaar Tiberius/Agrippina der Wahrheit entspricht oder von der Kaiserin erfunden wurde, wird dem Zuschauer nicht erklärt. Es liegt aber nahe, daß Livia auch diese ‚Tatsache' erdacht hat, da sie doch sonst zumindest in den vertraulichen Überlegungen mit ihrem Gemahl diesen Umstand, der die Verhinderung der geplanten Heirat der beiden Verlobten zwingend macht, genannt hätte. Oder sollte dies ein so peinliches Geheimnis sein, daß Livia seine Enthüllung als letzten Ausweg nutzen will? In einem ausführlichen Vorwort zu seinem Libretto[31] – das dem Publikum wahrscheinlich bereits bei der Aufführung der Oper an jenem 31. Januar 1698 quasi als Textheft bzw. „Programm" zur Verfügung stand – beschreibt Postel sowohl den historischen und kulturellen Hintergrund der geschilderten Tempelschließung als auch, wo und warum er die historischen Ereignisse abgewandelt hat. Während die berühmte Tempelschließung des Augustus als dessen dritte – insgesamt als die fünfte von acht aus der Geschichte bekannten Schließungen des Janustempels – genauestens abgeleitet wird[32], gesteht Postel, beim Namen des Valerius, vor allem aber beim Verhältnis zwischen Agrippina und Tiberius die historischen Ereignisse verfälscht zu haben. Außerdem bezeichnet er die Geschwisterstellung der beiden als ein „Gedicht" Livias:

„Und letztlich dienet zu wissen/ daß nach der wahrhafften Historie die Agrippina schon würcklich des Tiberius Ehe-Frau gewesen/ der er aber auff Getrieb der Livia/ nach Römischer Ahrt/ ob er sie gleich noch so sehr liebete/ einen Scheide-Brieff geben/ und die Julia wieder ehligen muste. Weil aber solches auff dem Schau-Platz nicht wohl stünde/ und mit denen heutigen Sitten sich gar übel schickete/ eine Frau abzuschaffen/ und an demselben Tage eine andere zu nähmen/ so hat man getichtet/ daß Agrippina nur noch des Tiberius Liebste gewesen/ und daß Livia sie mit dem Gedichte/ als wann sie ihre Tochter/ von einander gebracht."[33]

Nach dieser Einführung mag der Zuschauer jenen plötzlichen Schluß der Ereignisse auf der Bühne noch stärker als Kunstgriff verstanden haben. Außerdem war in Hamburg die Frage nach der Sittlichkeit der auf der Opernbühne dargestellten Handlungen ein virulentes Thema. Bereits ein 1688 – also zehn Jahre vor unserer *Janus*-Oper – vom Hamburger Rat in Auftrag gegebenes Gutachten der Universität Jena *Über die Gefahren, Opern präsentiren zu lassen!* legt dar, was auf den Opernbühnen der guten Sitte entspricht und was die Sitten verdirbt. Offensichtlich angeregt durch zahlreiche Beispiele, weisen die Gutachter zugleich darauf hin, wie durch die Dramaturgie der Oper (etwa die Länge und Kunstfertigkeit der Szenen und Arien) lasterhafte Personen und Ereignisse der Wahrnehmung und dem Gemüt des Publikums über Gebühr eingeprägt werden können, sodaß die Bestrafungen und Wendungen zum Guten quasi gar kein Gewicht mehr hätten:

„[...] daß zumal die Laster/ auf solche Weise/ vorgestellet werden/ damit so gar in die euserliche Sinne fallen/ und mancher Zuschauer/ die sonst wohl zu dergleichen weder Neigung noch Reizung gehabt/ oder auch derer Mittel/ *seine Begierden ins Werck zu richten/ nicht kundig gewesen/ dergestallt darzu aufgebracht/ und zugleich wie er dazu gelangen möge/ um so viel deutlicher* unterrichtet werde; *inmaßen sonderlich die häufig mit eingeführte* Liebes-Begebenheiten *und andere* Wollüste *nicht dergestalt vor die Augen und Sinne gebracht werden* dörffen/ *als sich selbige in die Herzen unvermerckt und heimlich/ mit so mehrerer Belustigung* einschleichen/ *und ehe Wurzel schlagen/ als daß solche/ wann auch gleich darauf der traurige Ausgang vorgestellet wird/ aus dem dermassen* eingenommenen Gemüthe *hinwiederum* ausgezogen *und hinweg geräumet werden können: Gestalt dann der erste Angriff in die Herzen/ und wann solche/ zumal bey der vorgestellten* Süßigkeit *eines* Lasters/ *einiger massen aufgehalten werden/ also starck seyn kann/ daß hernach der eingenommene Zuschauer auf den üblen Ausgang* nicht sonderlich mercket/ *oder doch daß derselbe* nicht einem ieden *begegne/ auch etwa durch* mehrere Vorsichtigkeit *des verunglückten abgewendet werden können/ sich gefährlich einbildet."*[34]

Insgesamt kam das Gutachten zu dem Schluß, daß Opern- und Theateraufführungen grundsätzlich nicht sündhaft seien, aber oftmals viel Sündhaftes enthielten, weshalb eine strenge Zensur empfohlen wurde. Bemerkenswert – wie bereits angedeutet – ist hier, daß die Jenaer Professoren die dramaturgischen Mittel bei der Inszenierung von lasterhaftem Verhalten oder „Liebes-Begebenheiten" berücksichtigten. Sie bestätigen damit indirekt die Vermutung, daß auch in der Wahrnehmung des damaligen Publikums jene tugendhaften und moralisch einwandfreien ‚Schlüsse' oder ‚Lösungen', wie die oben geschilderte Schlußsequenz aus unserer *Janus*-Oper, quasi zur Formalität ‚degradiert' werden und so nahezu verschwinden können gegenüber der Würze lang ausgeschmückter Sünden und Laster.

Postels und Keisers Oper hat neben der berühmten *Pax Augusta* im Zeichen des Janus und der Heiratspolitik der Kaiserin Livia noch eine dritte Dimension. Sie be-

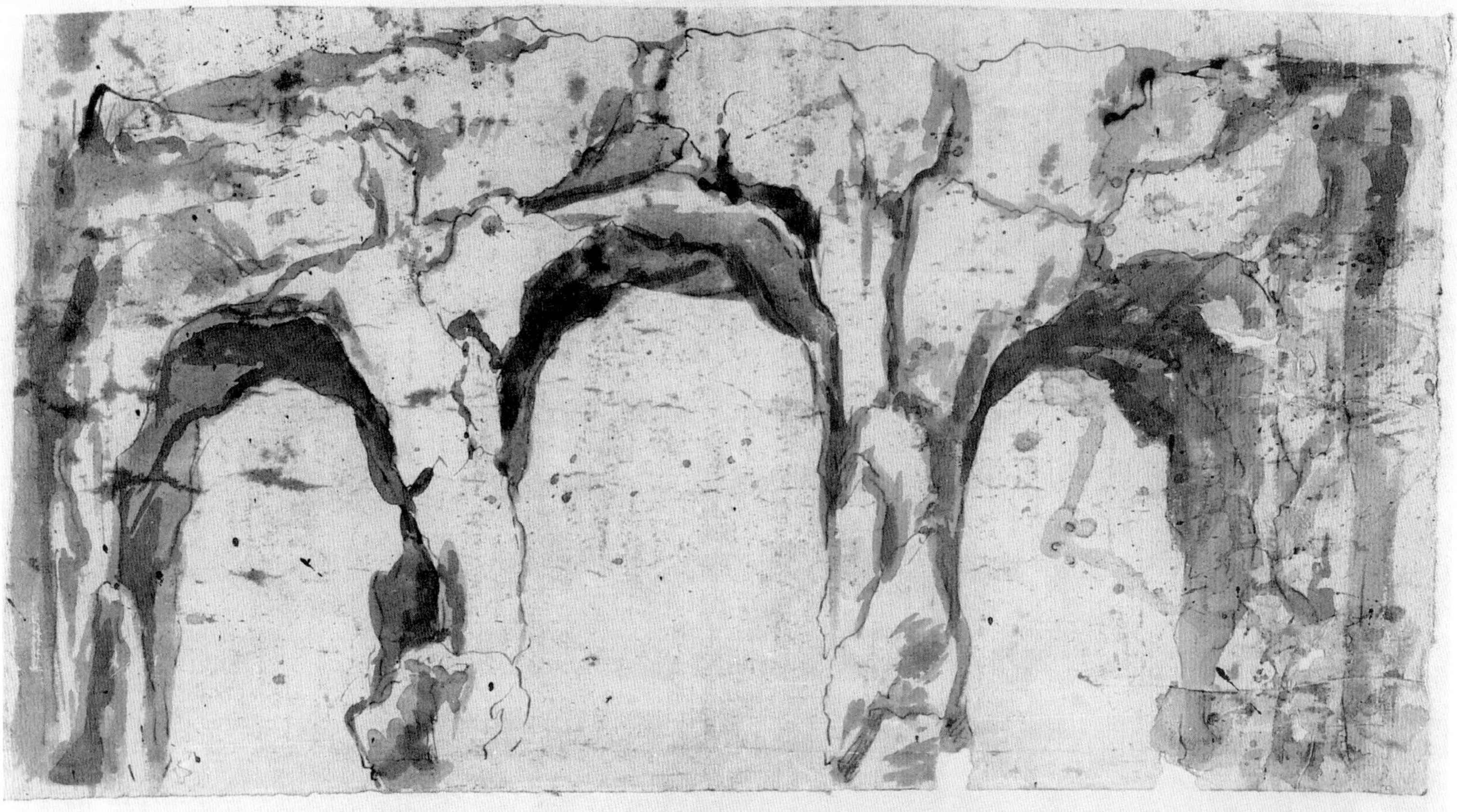

Der Schau=Platz stellet eine dunkle Grotte vor / durch welche man von ferne durch drey verschiedene Ausgänge den Tag scheinen siehet.
Bühnenbildentwurf zur Hamburger Janus-Oper, II. Akt, 1. Bild. Zeitgenössische Tuschzeichnung des Bühnenbildners Johann Oswald Harms, o. J.

zieht sich auf die Gegenwart, sozusagen auf die Tagespolitik. Der zweite Akt beginnt in einer ‚dunklen Grotte', in der sich das Kaiserpaar zum Schlafe niederlegt, um im Traum durch *Fama* zu erfahren, „was Götter-Mund von ferner Zeit erkläret". Ohne ausführliche Erklärung wird diese Grotte als ‚heiliger Ort', der dem Traum und seinen Göttergesandten Einlaß gewährt, in die Oper eingeführt.

Kurz, aber entscheidend ist die dem Kaiserpaar im Traum durch Fama überbrachte Botschaft – eine Weissagung, die (im Sinne einer *vaticinatio ex eventu*) in der antiken Vergangenheit eine Zukunft voraussagt, die für das Hamburger Publikum die Gegenwart ist. Die Charakterisierung etlicher Gestalten der barocken Oper geht bekanntlich oft auf Ovids *Metamorphosen* zurück. Dort tritt die Botin Fama einerseits als „geschwätzige" Stimme auf, „welche so gern zum Wahren das Falsche gesellt"[35], andererseits aber auch als Vorbotin der Wahrheit, „praenuntia veri".[36] Postel wählt für seine Fama eher den Charakter der Wahrheitskünderin und gibt folgende Regieanweisung (II. Akt, 1. Auftritt):
(„Nachdem Augustus und Livia eingeschlaffen/ höret man eine stille Musick von Flöten/ welche sich in eine frische Musick von Hautbois [= Oboen] verändert/ worauf man die Fama sihet durch die Grotte fliegen. Nachmahls steiget das Österreichische Wapen von einem Adler getragen aus der Erden auf/ und die Grotte eröffnet sich/ daß man den Himmel siehet/ wohin der Adler das Wapen träget/ und nachdem solches geschehen/ höret man eine verborgene Stimme nachfolgende Worte singen:)

Stim. *Du sol[s]t August in einem*
Halb=GOtt leben
Der Deutschland wird den
theuren Frieden geben."

Nach kurzem Räsonieren über diesen Traum und seine knapp gefaßte Botschaft („Beglückte Zeit, von der die Gottheit spricht!") nimmt die Handlung und damit die Heiratsintrige der Kaiserin wieder ihren Lauf.

Daß Postel die Botschaft der Fama und die unmißverständliche Identifizierung des ‚heiligen' römischen Kaisers, des Habsburgers Leopold I., mit dem ersten römischen Kaiser Augustus in einem Traum verkünden läßt, hat gewissermaßen einen doppelten Sinn:

Einerseits sind Träume ein beliebtes und verbreitetes Motiv in den Opern des 17. und 18. Jahrhunderts, wofür sich etliche ästhetik- und kulturgeschichtliche Gründe anführen lassen. Hier sei nur das folgende angedeutet: Entscheidend sind – ähnlich wie beim Thema Liebe und Leidenschaft – die Vorbestimmtheit des Schicksals und die Tatsache, fremden, höheren Mächten ausgeliefert zu sein. Träume sind keine verschlüsselten, geheimen, mysteriösen Botschaften. Aus heutiger Sicht besteht die Gefahr einer Rückprojektion romantischer (Sommernachts-) Träume oder gar Freud'scher Symbolik. Träume in Barockopern zeichnen sich meist nicht durch Verschlüsselung, sondern durch Pointierung und Überdeutlichkeit aus. Ihre Besonderheit besteht weniger in einer außergewöhnlichen Weisheit (im Sinne eines tiefen Wissens, das ‚im' Träumenden steckt) als vielmehr darin, daß sie von einer höheren Instanz kommen, zu deren Wissen und Macht wir Menschen keinen Zugang haben außer durch solcherlei ‚Verkündigungen' wie in Träumen. Kurz gesagt: diese Träume sind weder ‚innerlich' noch ‚wunderlich', sondern ‚äußerlich' (Wirkungen einer grundsätzlich fremden Macht) und ‚deutlich' (das heißt, nicht auf Übersinnliches, sondern auf Konkretes bezogen, auch wenn es in der Zukunft liegt).

Andererseits stellt Postel mit der Traumszene des *Janus*-Librettos einen weiteren Bezug zur antiken ‚Vorlage' her und gibt einen erneuten Beweis seines enormen Wissens. Bekannt ist, daß im antiken Rom die Wahrsagekunst ein einträgliches Geschäft war und daß insbesondere Kaiser Augustus seinen Träumen als Weissagungen hohe Aufmerksamkeit schenkte. Sueton berichtet:

„Auf Träume achtete er sehr, sowohl auf seine eigenen als auch auf die anderer von ihm. So verließ er bei Philippi, obschon er beschlossen hatte, eines Krankheitsanfalls wegen sein Zelt nicht zu verlassen, es dennoch, weil ihn der Traum eines Freundes warnte; und es war zu seinem Glück, da das Lager vom Feind genommen und seine Sänfte, in welcher man ihn krank liegend zurückgeblieben wähnte, von den stürmenden Feinden durchstoßen und zerrissen wurde."[37]

Die Traum-Botschaft, die Augustus in Postels und Keisers *Janus*-Oper durch Fama überbracht wird, ist eine deutliche Anspielung auf den damals regierenden römischen Kaiser; diese Anspielungen sind am Schluß der Oper noch deutlicher ausgesprochen bzw. ‚ausgesungen'. Im letzten „Aufftritt" der Oper läßt Postel die Priesterin des Janus die Zukunft voraussagen:

„Erfreutes Rom hör' an der Götter Mund/
Der dir bey diesem Tempel=Schluß/
Läst reden von entfernten Dingen:
Es ist versehn im heilgen Bund/
Daß nach vielmehr als tausend Jahren/
Augustus wieder herrschen muß/ [...]
Wo wil dein Trieb entflammter Geist hinaus?
Ich seh in gantz entzückten Sinnen/
O Oesterreich dein grosses Hauß!
Ich seh mit Ruhm erhöht an Himmels=Zinnen/
Bekräntzet mit der Sternen=Gold/
Den Wunder=grossen LEOPOLD.

An das eigentliche Ende der Handlung, also die Schließung des Janustempels zum Lob des Friedens, fügt Postel einen Epilog an, der im Librettoheft – deutlich abgesetzt vom Vorherigen – durch eine eigene Titelseite eingeleitet wird:

Nach geendigtem Ballet
fähret
FAMA
in einer Wolcken herab/
Und singet dem
Grossen Käyser
LEOPOLD
zu Ehren
Nachfolgendes.
Auff dessen Beschluß
folget
ein
FEUER-WERCK.[38]

HAMBURG/
Gedruckt bey Nicolaus Spieringk/1698.

Hamburg unterstand trotz eigenständiger Stadtverwaltung der kaiserlichen Gewalt von Leopold I. An ihn und an das Hamburger Publikum war die *Janus*-Oper gerichtet. Postel mußte dem Kaiser die Reverenz erweisen[39], zugleich sein Publikum fesseln und (wie das Jenaer Gutachten zeigt) innerhalb eines gewissen moralischen Rahmens verbleiben. Darum bedient er sich eines antiken Friedensrituals (denn auch das ständig gefährdete Hamburg wünschte Frieden bzw. Schutz durch den Kaiser), eines großen antiken Kaisers (zwecks Übertragbarkeit der Ereignisse und Anspielung auf Leopold) und einer – zwar erfundenen, aber der historischen Wahrheit gewissermaßen angepaßten – Heiratsintrige (um sein Publikum zu unterhalten und das barocke Spiel von Affekten und Emotionen in Gang zu bringen). Die Identifikation Kaiser Leopolds mit Kaiser Augustus war ohne Zweifel schmeichelhaft, die Liebesgeschichten – da sie in der Antike spielten – relativ unverfänglich, und die Preisung des Friedens gegenüber dem Krieg zweifellos moralisch unanfechtbar. Damit waren (zumindest) dreier-

lei Interessen befriedigt: jenes der Gesandten aus Wien bzw. des Stadtrats, der sich mit dem regierenden Kaiser gutstellen wollte; jenes des Publikums, das einen vergnüglichen Abend erlebte, welcher zum größten Teil von einer spannenden Liebesgeschichte eingenommen wurde; und schließlich auch jenes des Dichters selbst, dessen im Vorwort der Oper zu lesende Schilderung über den Wert des Friedens und großer Friedenspolitiker alle Züge eines persönlichen Anliegens aufweist.
Trotz der Nachvollziehbarkeit dieser ‚gelungenen Mischung' der Opernhandlung bleibt für die librettologische Betrachtung eine entscheidende Frage offen: Wie viele Opern jener Zeit erfüllt unsere *Janus*-Oper ihren politischen Zweck und entfaltet ihre ästhetische Wirkung durch einen Rückgriff auf antike Geschichte und Mythologie. Warum aber nimmt das Libretto diesen Umweg und stellt nicht direkt den verehrten und gepriesenen Leopold auf die Bühne? Warum bezieht sich seine Geschichte nicht auf den im Titel angesprochenen und gerade in Hamburg gefeierten Frieden? Zu vulgär? Zu heikel (man denke an die Liebesgeschichten)? Zu wenig ‚allgemein' in seiner Bedeutung?
Blicken wir zunächst auf die kulturpolitischen Verhältnisse, die Postels und Keisers *Janus*-Oper umgeben.

Die Hamburger Oper: Politik – Mythos – Oper

Die Hamburger Oper am Gänsemarkt war ein Spielball der Politik. 1678 wurde sie als erstes deutsches Opernhaus auf Anregung des Hamburger Anwalts und Ratsherrn Gerhard Schott gegründet. Nach venezianischem Vorbild wurde sie als ‚Bürgeroper' von einem Direktorium privatwirtschaftlich betrieben. Nicht zuletzt dieser Status machte die Hamburger Oper zu einem Begegnungsort unterschiedlichster politischer Interessen.
1738 wurde der Opernbetrieb eingestellt; das Gebäude wurde danach zeitweise (etwa an „wandernde" Operngesellschaften) vermietet und im Jahr 1764 schließlich abgerissen.
Von den rund 300 verschiedenen Werken, die in den 50 Jahren des Bestehens der Hamburger Oper aufgeführt wurden, finden sich zwischen 1689 und 1746 „fünfzig Opern, Singbalette, Serenaden, Prologe und Epiloge zu Ehren von Monarchen und Fürsten aus ganz Europa". Dorothea Schröder hat diese ‚Gattung' der Hamburger ‚Festopern', die mehr als alle anderen Aufführungen einem direkten politischen Anlaß und Zweck unterstanden, ausführlich beschrieben.[40] Gesandte verschiedener auswärtiger Mächte residierten in Hamburg; wie die hamburgische Stadtregierung gaben auch sie Opern in Auftrag.
Natürlich war die wichtige Hafen- und reiche Handelsstadt ein Objekt der Begierde verschiedenster umliegender Mächte – diese mußten geschickt gegeneinander ausgespielt werden, um der Stadt die größtmögliche Unabhängigkeit zu bewahren. Die Hamburger waren zwar um eine neutrale Außenpolitik bemüht, gerieten aber immer wieder zwischen die Fronten der umliegenden Machtkämpfe.
Hamburg sah sich als Freie Reichsstadt, in der zwar einerseits eine Stadtverwaltung – bestehend aus dem Rat und der „Erbgesessenen Bürgerschaft" der Stadt – regierte, die jedoch andererseits dem Kaiser des Heiligen Römischen Reiches – damals Leopold I. – unterworfen war. Gleichzeitig wurde die Stadt immer wieder von den Machtansprüchen Dänemarks „militärisch wie ökonomisch drangsaliert".[41] Diplomatisches Geschick war also für die Hamburger eine Überlebensfrage. Um den unabhängigen Status und nicht zuletzt den Reichtum der Stadt zu sichern, mußten verschiedenste Abhängigkeiten und Verpflichtungen in Einklang gebracht werden. Zusätzlich tobten in Hamburg gegen Ende des 17. Jahrhunderts – also zur Blütezeit ihres einzigartigen Barocktheaters – auch große *innere* politische Kämpfe.
Der Konflikt zwischen Rat und Bürgerschaft, der schon jahrzehntelang schwelte, eskalierte gegen Ende des 17. Jahrhunderts; auf Details dieser Auseinandersetzungen um Korruption, Mißwirtschaft und Unterschlagungen sei hier verzichtet. Als nun durch den Streit akute Gefahr drohte, daß die Bürgerschaft das Ruder an sich reißen und möglicherweise den geforderten friedlichen Anschluß an Dänemark durchsetzen könnte, entstand Handlungsbedarf bei der Reichsregierung in Wien. Regelmäßig wurde dem Kaiser über die Vorgänge in Hamburg Bericht erstattet; 1696 setzte er eine Kommission „zur Administrierung ordentlicher Justiz" ein, was soviel hieß wie: Die kaiserlichen Delegierten sollten die Bürgerschaft in ihre Schranken weisen. Aber die Macht des in unserer *Janus*-Oper so verherrlichten Kaisers reichte nicht aus, dieser Delegation die nötige Durchsetzungskraft zu verleihen. „Bereits die Anhörung der von den Subdelegierten vorbereiteten Proposition wurde abgelehnt. Statt dessen erpreßte die Bürgerschaft die Zustimmung des Rats zur Zurückweisung und ‚Deklinierung' der Kommission: Zur Annahme der kaiserlichen Kommission bestehe keinerlei Verpflichtung, da anderenfalls die bürgerliche Freiheit verletzt, der hamburgische ‚status' ‚invertiert' und Jura und Privilegien der Stadt ‚über den Haufen geworfen würden'."[42]

So wurde die Kommission zwar nicht offiziell eröffnet, begann aber dennoch im folgenden Jahr (1697) ihre Arbeit; am 24. November sandte sie einen ersten Bericht nach Wien. Die Abhängigkeit des Stadtrats von der kaiserlichen Hilfe mußte mit dessen grundsätzlich bestehenden Bestrebungen zur Unabhängigkeit von der kaiserlichen Macht in Einklang gebracht werden. Dieser Konflikt bildet den unmittelbaren Hintergrund der *Janus*-Oper. „Der Rat befand sich gegenüber der Kommission in einer zwiespältigen Lage: Einerseits mußte er sie als Verbündete im Kampf gegen die Machtansprüche der Bürgerschaft betrachten, andererseits war er jedoch mit der gegnerischen Partei einig in dem Bestreben, sich von diesem fremden Organ nicht das Ruder aus der Hand nehmen zu lassen. Deshalb suchte der Rat über die Delegierten hinweg den direkten Kontakt mit dem Kaiser, der in dieser Krisensituation wiederum von der unerschütterlichen Treue der Stadt überzeugt und zu Hilfsmaßnahmen für Hamburg bewegt werden sollte. Eine hervorragende Gelegenheit zur öffentlichen Demonstration der Verbundenheit mit dem Reich bot sich, als anläßlich des Friedens zu Rijswijk, mit dem der Pfälzische Erbfolgekrieg beendet wurde, die Abhaltung eines Freudenfestes anstand."[43]

Der Friede zu Rijswijk, der gegen Ende 1697 – wenige Monate vor der Aufführung unserer *Janus*-Oper – geschlossen wurde, war der erste ‚Verlustfriede' für den französischen König Ludwig XIV., der diesen zwang, das britische Königtum Wilhelms III. von Oranien anzuerkennen. Ludwig XIV. hatte für seine Schwägerin Elisabeth Charlotte (‚Liselotte') Erbansprüche auf die Pfalz erhoben, was nach dem französischen Einfall in Süddeutschland zum Pfälzischen Krieg (1688–1697) geführt hatte, welcher mit dem Frieden zu Rijswijk schließlich beendet wurde. Schon am 10. Januar 1698 wurde in Hamburg anläßlich dieses Friedens im Rahmen der von Wilhelm III. direkt angeordneten Friedensfeierlichkeiten zu Ehren der englischen Gesandtschaft eine Oper aufgeführt. Bereits der Titel dieses Werkes verrät Widmung und Anlaß: *Die durch Wilhelm den Grossen in Britannien wieder eingeführte Irene*. Librettist Heinrich Christian Postel und Komponist Reinhard Keiser lassen hier im 9. von insgesamt 13 Auftritten Mercurius (der zur Beschäftigung der Bühnentechnik und Begeisterung des Publikums – wie Fama in der *Janus*-Oper – vom Himmel herabfliegt) eine Rückkehr Irenes, der Göttin des Friedens, nach England verkünden – dank der Heldentaten Wilhelms III.[44]

Der Friede zu Rijswijk beschert Postel und Keiser also gleich zwei Aufträge. Drei Wochen nach der Aufführung der *Irene* wird noch einmal der Frieden gefeiert, unter anderem wieder durch eine Oper: diesmal jedoch nicht im Auftrag des englischen Königs bzw. auf Betreiben der englischen Gesandtschaft, sondern im Auftrag des Hamburger Rats; der Adressat der Oper befindet sich diesmal nicht im Nordwesten, sondern im Südosten. Hamburg verdankte dem Frieden zu Rijswijk die Aufhebung vieler Handelsbeschränkungen; es bestand also Grund zu einem Freudenfest. Zugleich sollte damit – wie bereits geschildert – dem über die Streitigkeiten in Hamburg besorgten Wiener Hof Einigkeit und Kaisertreue demonstriert werden. Man schickte das Libretto, eine Beschreibung der Feierlichkeiten sowie einen Brief an „Ew: Kayserl: Maytt:" nach Wien, in dem untertänigst die hohen „Reichskontingents-Forderungen" beklagt wurden, also die Abgaben Hamburgs an Wien, die zur Begleichung der Reichskriegskosten dienten.[45]

Die Festopern in der Hamburger Oper am Gänsemarkt hatten stets Auftraggeber bzw. einen konkreten politischen Zweck sowie einen Adressaten, dessen Taten zu preisen waren. Der Janustempel, den Postel am Schluß seiner *Janus*-Oper auch als Bühnenbild fordert,[46] und die Zeremonie seiner Schließung dienten als Metapher, genauer gesagt: als Übertragungsmedium zwischen politischem Auftrag bzw. Anlaß und dem historisch-mythologischen Vorbild. Man könnte sagen, Janus schaut auch hier in zwei Richtungen: auf die antike Geschichte bzw. Mythologie (die als Vorbilder oder ‚Vorgaben' in den Opern gleichen Stellenwert haben und meistens zusammenhängen) sowie auf die Gegenwart aktueller politischer Ereignisse. Wie es seiner Position als Schwellengott gebührt, geht unter seiner Patronanz das eine in das andere über: hier sind es die Friedensschlüsse Augustus' und jene Leopolds. Durch Famas ‚Vorausschau' auf den ‚Helden' Leopold in den Träumen von Augustus und Livia verschränkt Postel gekonnt, elegant und ohne aufwendige Parallelisierungen Geschichte und Gegenwart und schafft damit zugleich den Rahmen zur eigentlichen Handlung der Oper.

Anläßlich großer Friedensschlüsse kam der Janustempel auch andernorts immer wieder zum Einsatz – nicht nur in Opern, sonden auch bei festlichen Feuerwerken. Bei all diesen Zeremonien bezog man sich nicht nur auf die antike Mythologie im Sinne der Danksagung an eine kulturgeschichtlich zur Verfügung stehende göttliche Instanz oder schlicht der Wiederholung einer kultischen Handlung, sondern betrieb eine Historisierung der Gegenwart. Besonders in jenen Fällen, in denen anläßlich des Janustempels und seiner

Schließung Begebenheiten aus der Antike erzählt oder angedeutet werden,[48] stellt man die aktuellen feierlichen Anlässe in eine Tradition oder vergleicht sie mit einer vorbildlichen Geschichte.

Ein solcher Vergleich läuft in unserer *Janus*-Oper auf eine Parallele hinaus, durch welche die Gegenwart geadelt werden soll. Mit anderen Worten: An der Größe des Friedenskaisers Augustus besteht kein Zweifel, an jener Leopolds soll – mit und durch diesen Vergleich – nun kein Zweifel mehr bestehen. Somit stünde Postels Rückgriff auf Historisch-Mythologisches im Dienst einer Verstärkung und Verdeutlichung des Anliegens der Glorifizierung Leopolds. Zu sagen: ‚Er ist groß', ist das schwächere Kompliment, als zu sagen: ‚Er ist (so groß) wie Augustus.'

Daß die ‚Windungen' und ‚Umwege' viel stärker wirken als das Direkte, zählt zu den grundlegenden Techniken der barocken Ästhetik.

Aber dennoch: Wird mit diesem Umweg nicht auch ein Raum der Verallgemeinerung eröffnet – ein Raum jenseits politischer Dienstbotenschaft –, in dem allerlei Geschichten und Weisheiten um Krieg und Frieden, um Liebe und Leidenschaft Platz finden?

Opernpolitik im Zeichen des Janus

Was Postel im Hamburger Libretto durch den Traum des Augustus relativ früh in die Handlung einfließen läßt, erscheint in Linz 1684 erst am Schluß: die Prophezeiung eines zukünftigen Kaisers, der einmal noch mächtiger und weiser herrschen wird als jener antike. Unmißverständlich wird also das Gemeinte am Schluß ausgesprochen. Sosehr die Oper einen allegorischen Umweg über die Antike nimmt, um den Kaiser zu preisen, sosehr verblüfft die Deutlichkeit, mit der am Ende der übertragene Sinn entschlüsselt wird.

Daß man grundsätzlich auch ohne allegorische oder metaphorische Mittel eine Botschaft an einen Kaiser adressieren konnte, beweisen jene Passagen in beiden Opern – der Linzer wie der Hamburger –, in welchen innerhalb einer Weissagung eine direkte Lobpreisung Leopolds formuliert wird. Erinnern wir uns an den Brief des Hamburger Stadtrats an den Kaiser mit der Bitte um Nachlaß der Abgaben. Grundsätzlich war also eine, wenn auch mit etlichen Höflichkeitsfloskeln versehene, direkte Anrede des kaiserlichen Adressaten und unmetaphorische Artikulation des Anliegens (Lob oder Bitte) möglich.

Es scheint jedoch, als ob solche Direktheiten auf der Opernbühne nur als Prophezeiungen bzw. unter den Vorzeichen einer übersinnlichen Wahrnehmung möglich waren. Der Ort der Darstellung bestimmt die Mittel der Darstellung: die Bühne verlangt für ihren politischen Kontext nach einer Darstellung von einer höheren Warte aus. Götter, Propheten, Priester verbinden die Welt auf der Bühne mit jener des Publikums.

Die oben aufgeworfene Frage nach Allgemeinheit oder Überzeitlichkeit der in unseren *Janus*-Opern dargestellten Themen (Macht, Liebe, Krieg, Frieden usw.) erhält hiermit eine neue Wendung: Vielleicht war der Rückgriff auf Historisches oder Mythologisches zu jener Zeit die einzige Möglichkeit, *die einzig zur Verfügung stehende Sprache*, um glaubhaft *von der Bühne aus* eine Botschaft in die ‚Wirklichkeit' zu senden. Die Bühnensituation ist hier also wesentlich. Einen Geburtstagsgruß an Leopold I. direkt auf der Bühne zu artikulieren, ohne allegorische Mittel und übersinnliche Kräfte zu ‚mobilisieren', geriete in Widerspruch zur Bühnensituation selbst und wäre möglicherweise völlig nichtssagend.

Zu bedenken ist, daß die Zeit, in der die Bühne ein direktes politisches Medium wird und ihre Geschichten ein politisches Votum abgeben, erst im 18. Jahrhundert anbricht. Die mythologische Sprache der Barockoper ist also in diesem Sinne wohl nur nach Maßgabe der Bühnensprache des späten 18. und des 19. Jahrhunderts ein ‚Umweg'.

Dennoch bleibt die Frage nach der Allgemeingültigkeit, der übergeordneten ‚Wahrheit' der dargestellten Ereignisse – vor allem angesichts der Anrufung göttlicher ‚Kompetenzen' und der Auftritte göttlicher Boten. Sind die Botschaften der Libretti ganz den jeweiligen historischen Situationen verpflichtet, oder gehen sie über diese hinaus? – Eine Frage, die für heutige Inszenierungen entscheidend ist. Durch die Art und Weise, wie die hier besprochenen Opern den zweigesichtigen Schwellengott Janus und das mit ihm zusammenhängende Ritual der Kriegserklärung bzw. Friedensschließung in ihre Handlung einbeziehen, erhalten die vorgestellten dramatischen Alternativen – Krieg oder Frieden, Staatsräson oder Liebesglück – zumindest für den heutigen Betrachter eine allgemeine ‚Schwellendimension': Wer beschützt, wer bewacht die Grenzen des Unvermittelbaren, der einander ausschließenden Alternativen, des Entweder-Oder, vor dem wir oftmals stehen? Noch genauer gefragt: Wer beschützt, wer geleitet den, der von einem ins andere so wechseln muß oder will, daß er nichts aus dem ‚Alten' ins ‚Neue' mitnehmen kann? Grenzüberschreitungen ohne vermittelnde oder überbrückende Instanz

lösen das Subjekt der Überschreitung auf – ein großes Thema von Immanuel Kant bis Sigmund Freud, von Subjektphilosophie, Phänomenologie bis Psychoanalyse.
Sind die Götter der griechisch-römischen Mythologie das Medium für solche Fragen? Bildet der Schwellengott Janus – Hüter der himmlischen Pforten, der Grenze zwischen Irdischem und Göttlichem – in unseren beiden Opernlibretti die Referenz für das Problem der Vermittlung des Unvermittelbaren, des absolut Verschiedenen? Das Linzer wie das Hamburger Stück stellen solche absoluten Alternativen und paradoxen Übergänge quasi in die Obhut des Janus: Wie kann man den Krieg erklären und dennoch für den Frieden sein, Krieg führen und danach Frieden schließen? Wie kann man der Leidenschaft durch vernünftigen Entschluß entkommen, der Liebe entsagen um der (staats-) klugen Handlung willen?

Schlussbemerkung

Für den Wiener Hof zur Zeit Leopolds I. waren auch im Linzer Exil – zu Kriegszeiten und in provisorischer Umgebung, wie die Belange um die geschilderte Linzer *Janus*-Oper zeigen – Opernaufführungen sowie kleinere szenische musikalisch-theatralische Ereignisse unverzichtbar. Obgleich die vielgepriesene barocke Vielfalt eingeschränkt werden mußte, die Opern einfacher, kürzer und in ihrer Ausstattung sparsamer gehalten wurden, hielt man an dieser Form der Aufwertung und Auszeichnung bestimmter Tage, bestimmter Zeitpunkte im Fluß des alltäglichen Lebensrhythmus (Geburtstage, Namenstage, religiöse Feiertage usw.) fest. Peripherie, Provinz oder Exil waren keine Gründe, auf die theatralen Inszenierungen von Geschichte und Mythologie ebenso wie von Affekt und Gegenwartspolitik zu verzichten. Der Wiener Hof ‚besetzte' Linz nicht nur körperlich und räumlich, sondern auch mit den dazugehörigen Repräsentationen – heute würden wir sagen: kulturellen Praktiken und Codes. Auch dies gehörte zur Geste der Anwesenheit.

Die Standortbezogenheit ‚kultureller Einrichtungen', die Wirkung der ‚Anwesenheit' eines kulturellen bzw. kulturellen Darbietungen gewidmeten Bauwerks für die Region sind grundsätzliche Fragen zum Verhältnis zwischen Politik und Kultur, die bis heute nichts an Aktualität verloren haben. Dies zeigen nicht zuletzt die jüngsten Diskussionen gerade um die geplante Linzer Oper. Da Linz kein Opernhaus besitzt, sollte im Herbst 1999 mit der Errichtung eines geeigneten Gebäudes begonnen werden. Als Standort des Musiktheaters, dessen Repertoire nach Wunsch der befürwortenden Politiker neben Opernaufführungen auch Operetten, Musicals und Ballette umfassen sollte, wählte man den Linzer Schloßberg. Eine Volksbefragung am 26. November 2000 verhinderte jedoch diesen Plan der oberösterreichischen Landesregierung: Mit deutlicher Mehrheit stimmte die Bevölkerung gegen das Bauvorhaben (mit ca. 300 000 gegen 200 000 Stimmen). Doch trotz der dadurch erwirkten vorläufigen Beendigung der Baupläne riß die Diskussion um den Bau einer Oper bis heute nicht ab. Umbau oder Ausbau des alten Linzer Landestheaters wurden seither ebenso erwogen wie ein neuer Standort (etwa im Linzer Volksgarten).
Ein Lokalpolitiker erinnerte kürzlich daran, daß bereits seit 18 Jahren hitzige Debatten um die Frage eines neuen Musiktheaters für Linz geführt würden. Der ehemalige Intendant des Linzer Landestheaters, Prof. Alfred Stögmüller, verwies im Zuge der Debatten im Jahr 2000 auf die Baufälligkeit des bestehenden Theaters und die dringende Notwendigkeit eines Neubaus, der schon im Jahr 1912 diskutiert worden sei. ‚Oper in Linz' hat also, wie gezeigt wurde, eine – für manche ungeahnt – lange und vielseitige Geschichte, auch jenseits von Politik und Opernhaus-Institution.
Thema ist aber nicht nur ein neues Opern*gebäude*, sondern auch die Impulsgebung für zeitgenössische Opern*werke*. Als aktuelles Projekt – speziell für Linz – entstand 1998, in einer Zusammenarbeit der Hochschule für künstlerische und industrielle Gestaltung Linz und dem Mozarteum Salzburg, ein ‚neues' Opernwerk, das an die Tradition der italienischen *opera buffa* anknüpfte: *Eine Oper für Büropa*, nach einer Komödie von Jaëin ou' Wwÿÿrsthh, in Musik gesetzt von Stefano Cavallerin; das Werk wurde anläßlich der Ausstellung *work & culture – Büro. Inszenierung von Arbeit* im Oberösterreichischen Landesmuseum zum szenischen Ausklang des ‚Europäischen Kulturmonats September 1998' in Linz am 28. und 29. September sowie am 1. Oktober aufgeführt – unterstützt und gewidmet vom *Stahlbetonschwellenwerk Linz (SSL)*; letztere Aufführung fand an einem „Schwellen-Tag" statt: sie begleitete den Wandel von der Linzer Kunsthochschule zur Universität. Im Libretto dieses „Schwellenwerks" geht es um Büroalltag – und um die Oper selbst; insofern knüpft es an die ‚Metamelodrammi' des 18. Jahrhunderts an, in denen die Oper selbst, die Probleme und ‚Machenschaften' ihrer Inszenierungen, zum Thema des Librettos wurden.
„[...] Aber was ist eine Oper? / [...] Das WERK schlechthin: / Die Bühne / Bauhütte

von Welten / aus Ton Licht und Wort / aus hören und sehen / die aus Tanz und Gesang / entstehn und vergehen / Llabyrinth des Sinns / des Spiels und der Lust / Wir sehen uns selbst / von der andern Seite / in Spiegeln aus Silberpapier / Wer dort hineingeht / will der zurück".[49]

Mit dem heutigen Büroleben als Thema setzt sich dieses Libretto in die Tradition des Heruntersteigens der Opernhandlungen vom griechischen Götterolymp in gemeine, aber bedeutsame Alltäglichkeiten, wie es die Künste der Buffonisten des 18. Jahrhunderts praktizierten, die nicht mehr von Orpheus und Euridike, sondern von der Magd und dem Herrn oder dem Apotheker und seinen Töchtern handeln. Hier ist es nun das Büropersonal. Abgesehen von der wiederbelebten Buffotradition, reagiert das Libretto damit auch auf den seit den *cultural studies* kulturwissenschaftlich ‚schärfer' gewordenen Blick auf die Praktiken und symbolischen Codierungen alltäglicher Kommunikation.

„*Eine Oper für Büropa* erachtet das Büro als Banal-Reales für mythenfähig und der theatralischen Inszenierung würdig. Ironie und Pathos finden statt, wenn Interaktion mit dem Computer der Kommunikation zwischen Menschen den Rang abläuft"[50], schreibt Herbert Lachmayer im Programmheft zur Aufführung über die Aktualität der Oper, selbst und gerade in der klassischen Tradition der italienischen *opera buffa*: „Die Leistungsgesellschaft und ihre Selbstinszenierung kann nur als Ironie empfunden werden – sie vermag ihre Helden und Heroinen nicht wirklich zu feiern: sie ist eine Gesellschaft, die diesem Pathos nicht standhalten kann. Nur die Oper vermag den Wahn unserer leistungsorientierten Fortschrittswelt bis zur Entrückung zu steigern: bis dorthin, wo sie ganz wirklich ist."

Anmerkungen

1 Vgl. Herbert Seifert: *Die Oper am Wiener Kaiserhof im 17. Jahrhundert*. Tutzing 1985; und Nora Hiltl: *Die Oper Kaiser Leopolds I. Mit besonderer Berücksichtigung der Tätigkeit von Minato und Draghi*. Ungedruckte Dissertation an der Philosophischen Fakultät der Universität Wien, 1973. Nach diesen beiden Untersuchungen fanden folgende Aufführungen in Linz zu jener Zeit (August 1683 bis 5. August 1684) statt:
1683
15. 11. Eine ‚Compositione in musica' nach dem Abendmahl in Linz zum Namenstag Leopolds I. –
18. 11. 1683 ‚Compositione in musica' vor dem Abendmahl in Linz für das Kaiserpaar –
1684
6. oder (nach Seifert) 16. 1. ‚Festa teatrale' (in der Kammer im Schloß zu Linz anläßlich des Geburtstags der Kaiserin) *Gl' Elogii* –
Fasching 2 Ballette und die ‚Comedia' *Il finto Astrologo* –
zwischen 8. und 14. 2. *Introduttione d'una festa e ballo di cingare* –
Fastenzeit (15. 2.–29. 3.) die vier Oratorien *S. Antonio di Padoa, Davide Peccatore, e contrito, Il Transito di S. Giuseppe*, (24. 3.) *L'Amor della Redentione* (alle vier in der Kapelle von Leopolds I. Gattin Eleonora in Linz) –
9. Juni ‚Festa musicale' (zum Geburtstag des Kaisers) *Tullio Hostilio aprendo il tempio di Giano*.
Sehr beliebt waren auch die ‚Rappresentationi sacre' – geistliche Musikspiele, eine Mischung aus Oratorium und Passionsspiel, die vor allem am Gründonnerstag und Karfreitag stattfanden. Zur Zeit des *Tullio Hostilio* erfolgten diese Aufführungen in der Kapelle der Kaiserin Eleonora 1684 in Linz:
30. 3. *Le Lagrime più giuste di tutte le lagrime*,
31. 3. *Il Segno dell'humana salute*.
1680
Schon seit dem Juni war Leopold mit dem Hofstaat immer wieder nach Linz gezogen, zunächst um der Pest, dann der Bedrohung durch die Türken vor Wien zu entgehen. Auch in diesem und dem folgenden Jahr kam es zu musikalischen Aufführungen in Linz:
15. Oktober zum Namenstag der Kaiserinmutter Eleonora Magdalena Theresia im ‚Garten zu Linz' die Serenata *L'ingegno a sorte* –
24. November *Balletto di Teutoni* –
1681
6. Januar ‚Introduzione ad un ballo' (zum Geburtstag der Kaiserin) *Li tributi* –
13. Februar Drama per musica (zur „Fassnachts-Unterhaltung") *La forza dell'amicizia*.
1677
Aufführung im „Landhaus zu Linz": Drama per musica *Hercole acquistatore dell'immortalità*.
Der *Catalogo Sartori* nennt ferner:
1684 in der Kapelle der Kaiserin das Oratorio *Davide peccatore e contrito*,
1732 Festa teatrale (zum Geburtstag der Kaiserin Elisabetta Christina) *L'Asilo d'amore*,
1743 im Linzer „Ball-Hauss" *Siroe re di Persia*.
Vgl. Claudio Sartori: *I Libretti italiani a stampa dalle origini al 1800 (Catalogo analitico con 16 indici)*. Cuneo 1990–1994, fortan Catalogo Sartori (in der Reihenfolge der Aufzählung: Nr. 7200, 8181/2, 22122).
Wie sich an dieser Aufzählung zeigt, hat Linz in einer Zeit, in der Musiktheater noch ganz an den kaiserlichen Hof gebunden war, eine beachtliche musiktheatralische Tradition. Auch an Aufführungsorten mangelte es – trotz der relativ kurzen Aufenthalte des Hofes – nicht. Selbst im Krieg gegen die Türken und in Zeiten größter Sparsamkeit scheute man also auch in der ‚Linzer Provinz' keinen Aufwand, um an den Gepflogenheiten des Musiktheaters festzuhalten.

2 Vgl. Nora Hiltl: a.a.O., S. 144–147. Die

Tradition dieser Geburtstagsfeierlichkeiten wurde bis 1698 fortgesetzt. Hiltl zählt 33 Opern bzw. musiktheatralische Ereignisse auf.

3 Ferdinands III. Gemahlin (1630–1686) aus dem mantuanischen Haus Gonzaga, Stiefmutter Leopolds I.

4 In: *Raccolta di Poesie drammatiche del secolo*, Band 6, 1683–1686 (Österreichische Nationalbibliothek, Theatersammlung, 792410-B), ohne Seitenzahlen (vgl. *Catalogo Sartori*, a.a.O., Nr. 24118).

5 Daß der Librettist Minato hier keine Erwähnung findet, läßt sich vielleicht damit erklären, daß er durch die Verfassung von Widmung und Vorwort ohnedies als Autor des gesamten ‚Büchleins' in Erscheinung tritt und im Titel deshalb nicht mehr eigens erwähnt werden muß.

6 Ovid (Publius Ovidius Naso): *Fasti*. 1. Buch, Vers 135 ff. In: Derselbe, *Fasti / Festkalender*. Lateinisch-Deutsch, herausgegeben und übersetzt von Niklas Holzberg. Zürich 1995, S. 13, 15.

7 Vgl. ebd. 1. Buch, Vers 277–282 (S. 21), wo es heißt: „‚Warum öffnet man dich im Krieg, schließt zu dich im Frieden?', / Fragte ich und bekam schnell die Erklärung genannt: / ‚Daß dem Volk, das ins Feld zog, offen dann stehe die Heimkehr, / Fallen die Riegel, so daß ganz sich eröffnet das Tor. / Ist dann Frieden, verschließ ich's; er kann nicht entweichen, und lange / Werde verschlossen ich sein; so will es Caesars Befehl.'" – Bemerkenswert ist, daß Ovid an etwas früherer Stelle (124 f.) nach Schließung des Tors im Tempel des Janus nicht den Frieden, sondern den Krieg eingeschlossen sieht: „Blut dagegen und Tod erfüllen alles auf Erden, / Wenn nicht der Riegel den Krieg fest in Gefangenschaft hält." Dies ist auch die Auffassung Vergils (siehe folgende Anmerkung).

8 Vergil: *Aeneis*. Liber I, 293–296: „[...] die Pforten des Kriegs, die grausigen, werden / dicht verschlossen mit Riegeln aus Erz: des ruchlosen Wahnsinns / Dämon, rücklings gefesselt mit hundert ehernen Banden, / hockt über grausen Waffen und knirscht mit blutigem Munde." In: Derselbe: *Aeneis*. Lateinisch-Deutsch, herausgegeben und übersetzt von Johannes Götte, München und Zürich ^{7}1988, S. 23. Vgl. außerdem ebd. Liber VII, 605–615 (S. 306/7).

9 „[...] und wie deine [sc. des Augustus] Macht die / Schlachten und Kriege ringsum auf dem Erdkreis beendet, wie Janus, / schließend die Tore des Tempels, den Frieden uns sicher behütet / und wie der Parther die Römer jetzt fürchtet, weil du unser Haupt bist: / [...]" Horaz: *Briefe*. In: Derselbe, Werke in einem Band, herausgegeben von Manfred Simon, übersetzt von Manfred Simon und Wolfgang Ritschel, Berlin–Weimar ^{3}1990, S. 278.

10 „Einen besonderen Tempel des Ianus gab es in älterer Zeit nicht. Seine Opferfeier am 9. Januar fand in der Regia statt. Aber seine Gottheit war mit all den Bögen und Durchgängen Roms, die denselben Namen ‚ianus' trugen wie er, verbunden, und unter ihnen ragte einer durch Alter und Heiligkeit über alle anderen hervor: der ‚Ianus Geminus' an der Nordseite des Forums. [...] Der einzige wirkliche Tempel des Ianus lag auf dem Forum holitorium vor der Porta Carmentalis. [...] Er ist zuerst erbaut worden von C. Duilius, der ihn in der Seeschlacht bei Mylae 260 gelobt hatte [...], und feierte damals sein Stiftungsfest am Tage der Portunalia, dem 17. August. Er ist der Nördlichste der drei zum Teil noch erhaltenen Tempel bei S. Nicola in Carcere am Forum holitorium, eingezeichnet an der Südweststrecke des Theatrum Marcelli auf der severianischen Forma Urbis [...] Die Wiederherstellung des verfallenen Tempels wurde von Augustus begonnen, von Tiberius vollendet, und der Stiftungstag des neuen Tempels auf den 18. Oktober verlegt." Georg Wissowa / Wilhelm Kroll (Hrsg.): *Paulys Real-Encyclopädie der classischen Altertumswissenschaft*. Supplementband III, Stuttgart 1918, Spalte 1179 und 1183. Als Quelle für den bedeutenden ‚Janus Geminus' wird stets verwiesen auf Marcus Terentius Varro: *De Lingua Latina*. Liber V, § 156, in: M. Terenti Varronis de Lingua Latina Libri, herausgegeben von Leonardus und Andreas Spengel, Berlin 1885, S. 62. Der *Neue Pauly* schreibt zusammenfassend und im Hinblick auf Augustus zum Janustempel bzw. den Janusbögen: „Der wichtigste Kultbau war der Ianus Geminus am Forum Romanum (dessen genaue Lage noch immer unklar ist), ein vermutlich ursprünglich hölzerner, bronzebeschlagener Doppeltorbau, der in augusteischer Zeit ganz aus Bronze erneuert und zu einer Art Schrein für die archaische, über 2 Meter hohe Bronzestatue des Ianus gemacht wurde [...]; er hat im Osten und im Westen je ein Flügeltor, in deren Richtung die beiden bärtigen Gesichter der Statue schauten. [...] Unter Augustus (dann wieder unter Nero und noch öfter in der Kaiserzeit) wurden die Tore geschlossen, wenn im ganzen Reich Frieden herrschte – ein Ritus, der von Numa hergeleitet wurde [...], zum ersten Mal für das Jahr 235 v. Chr. belegt ist [...] und von Augustus zu einem wichtigen rituellen Ausdruck seiner Friedenspolitik gemacht wurde." Hubert Cancik / Helmuth Schneider (Hrsg.): *Der Neue Pauly. Enzyklopädie der Antike*. Band 5, Stuttgart–Weimar 1998, Spalte 859.

11 Georg Wissowa / Karl Mittelhaus (Hrsg.): *Paulys Real-Encyclopädie der classischen Altertumswissenschaft*. 14. Band (erste Hälfte), Stuttgart 1943, Spalte 1340 (Stichwort ‚Tullus').

12 „[...] fecitque idem et saepsit de manubis comitium et curiam, constituitque ius quo bella indicerentur [...]." Marcus Tullius Cicero: *Der Staat* (*De re publica* II, 216 ff.). Lateinisch-Deutsch, herausgegeben und übersetzt von Karl Büchner. München 1993, S. 121.

13 Alba ist Ort der Handlung in dem von Mozart vertonten Libretto *Ascanio in Alba* von

Guiseppe Parini, das als *Festa teatrale* anläßlich der Hochzeit Erzherzog Ferdinands, des dritten Sohnes der Kaiserin Maria Theresia, mit Maria Beatrix von Este (am 15. 10. 1771) in Auftrag gegeben und am 17. Oktober 1771 uraufgeführt wurde.

14 Georg Wissowa / Karl Mittelhaus (Hrsg.): *Paulys Real-Encyclopädie der classischen Altertumswissenschaft.* A.a.O., Spalte 1342 f.

15 Ab hier (und wenn die Opernfigur gemeint ist) übernehmen wir Minatos Schreibweise ‚Tullio Hostilio' statt jener des historischen ‚Tullus Hostilius'.

16 Lavinia war der römischen Mythologie zufolge Tochter des Latinus (nach Vergil König der Latiner, Sohn des Gottes Faunus und der Nymphe Marcia) und der Amata. Die Eltern waren sich über den künftigen Schwiegersohn uneins. Amata bevorzugte den Rutulerfürsten Turnus, Latinus aber Aeneas. Erst als Amata sich in dem Irrtum, Turnus sei gefallen, das Leben nahm, kam Latinus mit seinem Plan zum Zuge. Ob Minato den Namen ‚Lavinia' aufgrund dieser mythologischen ‚Vorgeschichte' wählt, ist unklar. Das Libretto und auch das Vorwort Minatos geben keine Hinweise, daß mit Lavinia auf die Tochter des Latinus angespielt wird; allerdings könnte die Namensgleichheit zu Spekulationen Anlaß geben.

17 Claudio Monteverdi: *Madrigali guerrieri* (8. Madrigalbuch, 1638).

18 Mehr zu dieser phonetischen wie auch sachlichen Verschränkung von *arma* und *amare* findet sich in: Maria Grazia Profeti: *‚Armi' ed ‚Amori': La fortuna italiana di* Los empeños de un acaso. In: Dieselbe, Materiali, Variationi, Invenzioni. Firenze 1996, Band 1, S. 99–120.

19 Sac: Non sur Opre de l' Arte: / Che d'in proviso, con stupenda forma, / vi si fecer vedere: / Opre son de gli Dei de l'altre Sfere. / Son profettie de l'avvenir: vi miri / Quante faran mutanze in Roma: quando / Agiato l' Impero. / Má quanto glorioso / In una Stirpe d' AUSTRIA: / A di cui gloria, leggi / Quelle Gran note impresse / A caratteri d' oro.

Tull: Osseruo, e leggo Ammirato, e giocondo. / Regnerá L' AUSTRIA fin, che duri il Mondo.

Sac: Vedi la un LEOPOLDO, / Che, qual tú ad Alba, al Trace, / Provocator, moverá Guerra: e veggo, / Ch' a Te concede prospera Fortuna / Vicer quest'Alba; e á LUI fugar la Luna.

20 Das Libretto nennt als Figuren dieses Tanzes die ‚Sechs Monate', deren Tanz die Oper auch einleitet. Die sechs Figuren tragen jeweils zwei Masken (Vorder- und Rückseite des Kopfes), am Schluß aber – wie das Libretto ausdrücklich betont – unterscheiden sich diese beiden Masken durch ihre Färbung: die eine weiß, die andere dunkel. Es heißt zu Beginn:

Ballo

Delle Figure dei sei Mesi dell' Anno; con due Faccie

Il Ballo fu fatto raramente dal Sig.
Dom: Ventura M. Di Ballo
di S.M.C.

Das Libretto schließt mit:

Segue il Ballo di 6. Mesi con due Faccie:
una bianca, e l' altra oscura.

Die Doppelgesichtigkeit der Tanzfiguren, die Minatos Libretto gleichsam einrahmen, steht in einem – wahrscheinlich auch für den damaligen Betrachter durchaus sichtbaren – Zusammenhang zur Doppelgesichtigkeit des Janus. Die Schwelle zwischen Krieg und Frieden, die das Janustor markiert und die der doppelgesichtige Schwellengott bewacht, wird hier tänzerisch angedeutet – vor allem durch die Veränderung der Masken am Ende, wo nach der Kriegserklärung eine dunkle Seite entstanden ist. Allerdings ist auch zu bedenken, daß im barocken Maskentanz die Doppelgesichtigkeit – auch ohne Bezug zum Schwellengott Janus – ein Standard ist. Möglicherweise hat sich Minato hier eine Gepflogenheit seiner Zeit zunutze gemacht, um die mythologischen Bezüge der Opernhandlung zu unterstreichen.

21 Anonym: *Hamburgische Chronik*. 6 Bände. Hamburg, Commerz-Bibliothek ca. 1725, S/654 („Anno 1698", S. 592).

22 Zum Druck dieses Librettos findet sich am Fuß der Titelseite die Information: „Hamburg / gedruckt bei Nicolaus Spieringk"; am Fuß der Titelseite des Epilogs findet sich nochmals der Hinweis: „Hamburg / Gedruckt bey Nicolaus Spieringk / 1698". Manche Exemplare enthalten ein ausführliches Vorwort des Librettisten Christian Heinrich Postel, andere nicht. Hans Joachim Marx und Dorothea Schröder nennen in ihrem Katalog der Textbücher zur Hamburger Gänsemarkt-Oper neun verschiedene Fundorte, teilweise mit fehlendem oder unvollständigem Vorwort; vgl. Hans Joachim Marx / Dorothea Schröder: *Die Hamburger Gänsemarkt-Oper. Katalog der Textbücher* (1678–1748), Laaber 1995. Vgl. auch: Reinhart Meyer (Hrsg.): *Die Hamburger Oper. Eine Sammlung von Texten der Hamburger Oper aus der Zeit 1678–1730.* München 1980.

23 Johann Mattheson: *Der musikalische Patriot, welcher seine gründlichen Betrachtungen, über geist- und weltl. Harmonien, samt dem, was durchgehends davon abhänget, in angenehmer Abwechslung zu solchem Ende mittheilet, daß Gottes Ehre, das gemeine Beste und eines jeden Lesers besondere Erbauung dadurch befördert werde. Ans Licht gestellet von Mattheson.* Hamburg 1728 (22. Betrachtung), S. 283 (Nr. 75 der Opernaufzählung).

24 Vgl. Hans Joachim Marx / Dorothea Schröder: *Die Hamburger Gänsemarkt-Oper. Katalog der Textbücher (1678–1748).* A.a.O., S. 73.

25 Vgl. Anmerkung 8 und Augustus' eigenen Bericht. Augustus: *Res gestae – Tatenbericht (Monumentum Ancyranum)* II, 42. Lateinisch-Griechisch-Deutsch, herausgegeben und übersetzt von Marion Giebel. Stuttgart 1980.

26 „Den Ianus Quirinus, der seit Erbauung der Stadt vor seiner Zeit nur zweimal geschlossen worden war, schloß er während einer viel kürzeren Zeitfrist, nachdem er zu Land und Meer den Frieden hergestellt hatte, dreimal." Gaius Suetonius Tranquillus: *De vita Caesarum. Caesar Octavianus Augustus.* Kap. 22, in: Derselbe, Kaiserbiographien I. München (Goldmann Klassiker, ohne Jahr), S. 92. – Zum ‚Ianus Quirinus', der mit dem ‚Ianus Geminus' identisch ist, vgl. Anmerkung 10.

27 Zur Interpretation der Handlung vgl. Solveig Olsen: *Christian Heinrich Postels Beitrag zur deutschen Literatur. Versuch einer Darstellung.* Amsterdam 1973, S. 156 ff.

28 Vgl. René Descartes: *Les Passions de l'Ame*, Paris 1649. Deutsch: *Die Leidenschaften der Seele*. Hamburg 1996 (u. a. erster Teil, Artikel 7, 13, 14, 16, 17, 31–34).

29 Die damalige Notationspraxis beschränkte sich oftmals auf die Festlegung von zwei, drei oder vier Stimmen ohne genaue Instrumentierung. Welche Instrumente eingesetzt wurden, verstand sich meistens durch die vorgegebene Stimmlage (Tonhöhe) und die zur Verfügung stehenden Instrumente des Orchesters, für das komponiert wurde, von selbst.

30 Eine allgemeine Beschreibung der Musik dieser Oper findet sich bei Hugo Leichtentritt: *Reinhard Keiser in seinen Opern. Ein Beitrag zur Geschichte der deutschen Oper.* Berlin 1901.

31 Siehe Anmerkung 32.

32 Postel gibt an, daß die erste Schließung des Janustempels zur Regierungszeit des Königs Numa Pompilius (716–671 v. Chr) erfolgte und die zweite im 519. Jahr nach Erbauung Roms (also im Jahr 234 v. Chr.), als „der erste Punische oder Carthaginensische Krieg zum Ende war". Sodann folgten die drei Schließungen durch Augustus, danach eine durch Nero, eine weitere durch Titus Vespasianus, „nachdem er Jerusalem eingenommen und die Juden überwunden", und eine letzte durch Constantin, „nachdem er den Magnentius und alle Thyrannen überwunden". (Reinhart Meyer [Hrsg]: *Die Hamburger Oper.* A.a.O., S. 273–275.) Auch Sueton spricht von zwei Schließungen des Janustempels vor Augustus (vgl. Anmerkung 26). Dem stehen allerdings neuere Darstellungen gegenüber, die nur eine Schließung des Janustempels vor Augustus nennen: „Aber tatsächlich hören wir vor Augustus nur von einer einzigen Schließung; sie soll im Jahr 235, nach dem sardischen und ligurischen Kriege, stattgefunden haben [...]; noch in demselben Jahre wurde der Tempel wieder geöffnet [...]. Dann schloß ihn erst Augustus wieder [...]." Georg Wissowa / Wilhelm Kroll (Hrsg.): *Paulys Real-Encyclopädie der classischen Altertumswissenschaft.* A.a.O., Spalte 1180.

33 Reinhart Meyer (Hrsg.): *Die Hamburger Oper.* A.a.O., S. 279.

34 [Gutachten der Universität Jena:] *Über die Gefahren, Opern präsentiren zu lassen!* (1688). In: Joachim E. Wenzel, Geschichte der Hamburger Oper 1678–1978, herausgegeben vom Vorstand der Hamburger Staatsoper. Hamburg 1978, S. 16; die Hervorhebungen in der angeführten Textstelle entsprechen jenen des Originals.

35 Ovid (Publius Ovidius Naso): *Metamorphosen*. 9. Buch, Vers 137 (übersetzt und herausgegeben von Hermann Breitenbach, Zürich 1958, S. 599); vgl. auch 12. Buch, Vers 39 ff. (S. 809 ff.).

36 Ebd. 15. Buch, Vers 3 (a.a.O., S. 1035).

37 Gaius Suetonius Tranquillus: *De vita Caesarum. Caesar Octavianus Augustus.* A.a.O., Kap. 91, S. 139.

38 Wie am Anfang dieses Textes bereits zitiert, bemerkt eine hamburgische Stadtchronik, daß anläßlich des Friedensfestes am 30. Januar kein Feuerwerk gezeigt und statt dessen einen Tag danach Postels und Keisers Oper gegeben wurde. Ob zur Beendigung dieser Oper nun – wie es das Libretto fordert – dennoch ein Feuerwerk abgefeuert wurde (vielleicht weil die Finanzierung in diesem Fall leichter durchzusetzen war oder ein Feuerwerk sehr viel kleineren Ausmaßes hierbei ausreichend war) oder aber die Aufführung an dieser Stelle vom Libretto (aus Kostengründen) abweicht, muß hier unbeantwortet bleiben.

39 Aus Gründen, die weiter unten noch ausgeführt werden.

40 Dorothea Schröder: *Zeitgeschichte auf der Opernbühne. Barockes Musiktheater in Hamburg im Dienst von Politik und Diplomatie (1690–1745).* Göttingen 1998. (Das Zitat aus dem vorhergehenden Satz: Ebd. S. 1.) Vgl. außerdem Ursula Jürgens: *Barockoper in Hamburg 1678 bis 1738. Die Geschichte der ersten deutschen Bürgeroper.* In: Max W. Busch / Peter Dannenberg (Hrsg.), Die Hamburgische Staatsoper I, 1678 bis 1945. Bürgeroper – Stadt-Theater – Staatsoper. Zürich 1988.

41 Dorothea Schröder: *Zeitgeschichte auf der Opernbühne*. A.a.O., S. 31.

42 Gerd Augner: *Die kaiserliche Kommission der Jahre 1708–1712. Hamburgs Beziehungen zu Kaiser und Reich zu Anfang des 18. Jahrhunderts* (= Beiträge zur Geschichte Hamburgs, Band 23). Hamburg 1983, S. 13. Augner nennt als Quelle das *Manifest der hamburgischen Bürgerlichen Freiheit* vom August 1699, in: Protocollum et Acta In Peinlicher Sachen Fiscalis in Criminalibus Ex Officio Inquirentis und Anklägers Contra Christian Krumbholtz/ Gefangener/Inquisitium und Peinlich Angeklagten. Auf Befehl Der Hohen Kayserlichen Commission zum Druck befordert Anno 1711. Hamburg, Gedruckt bey Conrad Neumann/ Eines Edlen Hoch-Weisen Rahts Buchdrucker (Bibliothek des Vereins für Hamburgische Geschichte), S. 239–259.

43 Dorothea Schröder: *Zeitgeschichte auf der Opernbühne*. A.a.O., S. 95 f.

44 Inhalt und Umstände der Oper *Irene* schildert Dorothea Schröder ausführlich. Ebd. S. 209 ff.

45 Ebd. S. 100 f. Dorothea Schröder gibt als Quelle an: Wien, Haus-, Hof- und Staatsarchiv, kleinere Reichsstände, Hamburg, Fasz. 143 (1688–1699).

46 Den vorletzten, elften ‚Aufftritt' der Oper überschreibt Postel mit der Anweisung: „Der Schau-Platz stellet vor das Argiletum zu Rom/ und auff demselben den Tempel des *Janus/* worin dessen Bild und Altar zu sehen." Auch das Titelbild des bei Spieringk gedruckten Librettos zeigt den Janustempel bzw. einen geschlossenen Tempel, auf dem der zweigesichtige Januskopf thront (siehe Abb. in diesem Buch S. 277).

47 Dorothea Schröder nennt weitere vier ‚Janus-Spektakel' im Rahmen von festlichen ‚Friedensfeuerwerken': Anläßlich der ungarischen Krönung von Karl VI. und Elisabeth Christine 1712 in Preßburg „wurde ein Feuerwerksschauspiel entworfen, das im 3. Akt ebenfalls die Schließung des Janustempels als Symbol für das Ende des Spanischen Erbfolgekrieges zeigt; bei derselben Feier stand während des Schau-Essens ein Modell des Tempels auf der Haupttafel. 1713 feierte Den Haag den Frieden von Utrecht mit einem Feuerwerk auf dem Vijver, bei dem ein ca. 40 m hoher illuminierter Janustempel im Mittelpunkt stand. [...] und im Januar 1746 war wieder ein Janustempel als Feuerwerksaufbau zu sehen, als in Berlin ein Dankfest für den Frieden von Dresden abgehalten wurde." (Dorothea Schröder: *Zeitgeschichte auf der Opernbühne*. A.a.O., Anmerkung S. 99 f.) Schröder erwähnt außerdem die in Wien 1726 aufgeführte Serenata *Il tempio di Giano chiuso da Cesare* (Text: Giovanni Claudio Pasquini, Musik: Guiseppe Porsile), vermutlich anläßlich des ein Jahr zuvor (1725) geschlossenen Friedensvertrags zwischen den Habsburgern und Spanien zur Sicherung der Thronfolge Maria Theresias. Der *Catalogo Sartori* nennt ferner: *Il tempio di Giano serrato da Augusto* (Bologna 1703), *Il trionfo di Maria nel Giano* (Componimento sacro, Libretto: Emidio Pannelli, Musik: Angiolo Gargiulo; Aufführungen in Fabriano 1779, Assisi 1783, Perugia 1784, Terni 1784); zum Thema der Kriegs- bzw. Janustempelöffnung sind ferner zu erwähnen: *Giano Guerriero;* Aufführungen in Bologna 1636, und die bereits ausführlich besprochene Oper *Tullio Hostilio aprendo il tempio di Giano*, Linz 1684 – in: Claudio Sartori, *I Libretti italiani a stampa dalle origini al 1800 (Catalogo analitico con 16 indici)*. A.a.O. In der Reihenfolge der Aufzählung: Nr. 2298, 24015–18, 11766, 24118.

48 Wie es nicht nur in unserer *Janus*-Oper von Postel und Keiser der Fall ist, sondern auch in der bereits (siehe die vorige Anmerkung) genannten Oper *Il Tempio di Giano serrato da Augusto*, die aus Anlaß eines der ‚Porchetta' (einer Wurst aus gerolltem Schweinefleisch) gewidmeten Volksfestes in Bologna 1703 aufgeführt wurde.

49 *Eine Oper für Büropa*. Textbuch. Linz 1998, S. 19. (Vgl. auch die Wiedergabe des Librettos in diesem Buch S. 295 ff., hier S. 314, Anm. d. Red.)

50 Herbert Lachmayer: *Eine Oper für Büropa*. In: Eine Oper für Büropa. Programmheft zur Uraufführung im Linzer Brucknersaal, 29. 9. 1998 (Vorpremiere am 28. 9., zweite Premiere am 1. 10. 1998, beide im Stiftersaal). Linz 1998, S. 18.

51 Ebd. S. 19.

Anhang

Eine Oper für Büropa. Vorspiel im Büro.
Libretto nach einer Komödie von Jaëin ou' Wwÿÿrsthh©,
Musik: Stefano Cavallerin.
Uraufgeführt im Linzer Brucknersaal am 29. 9. 1998
(Vorpremiere am 28. 9., zweite Premiere am 1. 10. 1998, beide im Stiftersaal)
mit Unterstützung des Stahlbetonschwellenwerks Linz (SSL).

Eine Oper für

BÜROPA

Vorspiel im Büro

nach einer Komödie
von
Jaëin ou' Wwÿÿrsthh©

in Musik gesetzt
von
Stefano Cavallerin

MIIM

PERSONEN
in der Reihenfolge ihres Auftretens

Angelina La Spazzina	Pflegerin der Räume
Magda Olivetti	die beste aller Sekretärinnen
Bona Volontà	eifrige Adeptin des Büros
El Chefe	
Fridolin Fröhlich	Saftwore-Entwickler
Der Installateur	
Ira, geborne Divina	die Frau Chefitza
Peter Speter	des Chefes Rechte Hand später Erster Arbeitsloser
Postbot.	
BIG SCHERM	
Dipl.Vlkswt. Muthilde Kuuhl	Abteilungsleiterin im Ministerium für öffentliche Auftragsvergabe

Die Handlung spielt in einem büropäischen Büro.

Der Chor befindet sich in Streik.

2

ERSTER AUFTRITT

Montag . Morgen .
Angelina La Spazzina , Pflegerin der Räume , vom Wochenende ermüdet ,
döst hinter einem Computer .
Hochgemutes Öffnen der Eingangstüre :
Magda Olivetti , beste aller Sekretärinnen , beginnt die neue
Arbeitswoche

Mag.a Dich teure Halle grüß ich wieder
froh grüß ich Dich mein Traumbüro
In Dir erwachen alte Lieder
und machen unser Dasein froh
Es zieht hier ganz schrecklich
Die Fenster sind offen
Der Lärm von der Straße
Angelina sind Sie 's ? *(schließt das Fenster)*
Ang. Zu Leid und zu Thränen geboren
im Kübel die Hoffnung erfroren
den Besen zur Hülfe erfaßt -
seit sechs in der Früh hier zu Gast
Mag.a Beklagt sie sich daß sie bey uns ist ?
Was wär das Büro ohne Sie
Angelina *hört den Anrufbeantworter ab*
Unsere Perle
Aber daß Sie noch immer nicht fertig sind
wo das ganze Wochenende kein Mensch da war
da vermiss ich den rechten Eifer
Ang. Sie stehn ja nicht auf um halb Vier früh
und kommen nicht heim in der Nacht
nach Tag voller waschen und wischen und putzen
und schleppen wie Teppen
Was hab ich für Nutzen *(stützt sich auf den Besen)*
a 2
Das Kreuz tut mir weh und die Füße
Mag.a Doch nicht am Montag in der Früh
Ang. Für all meine Sünden ich büße
Mag.a Mit der selben Litaney

3

Ang. Mein Tun mit Verachtung gelohnt
Mag.a Miserere Miserere
Ang. Ich fürchte nicht daß man mich klont *es läutet*
Mag.a erschrickt mit kleinem Schrei
Ang. öffnet

ZWEYTER AUFTRITT

Die Vorigen ; Bona Volontà , Adeptin des Büros

Bo.a Ach ich ha-a-be sie verlo-o-ren
Meine Ruhe ist dahin
Mag.a Sprechen Sie von Ihrer Unschuld, mein Kind ?
Bo.a Ach ich spreche von den Schlüsseln
den Schlüsseln des Büros ! !
Mag.a Was
Ang. Bey wem ?
Mag.a Still
Wo
Ang. Mit wem ?
Bo.a Still
Mag.a Wie
Das ist ganz unerhört
Die Schlampereien von Euch Jungen
sind grenzenlos
Bo.a Magda !
Mag.a Darin seid Ihr professionell
Bo.a Das ist nicht wahr
Mag.a Verantwortung - ein Fremdwort
Bo.a Sie sind gemein
Ang. Da hat die Fräulein Bbona recht
Bo.a Nicht wahr ? Nicht wahr ?
Mag.a Still o still o still still still
Bo.a Magda Magda Magda !

4

a 3

Sie quälen mich Sie sind so streng
Sie machen mir das Herz so eng

Mag.a Unser Beruf ist doch so schön
wann werden Sie das nur verstehn

Ang. Wenn man ihr nicht red't nach dem Mund
hat man am Tag ka gute Stund

DRITTER AUFTRITT

Die Vorigen ;
die Tür fliegt auf : El Chefe

Chef. Ein solcher Lärm im Hause *(gereizt)*

Mag.a Bo.a Ang.
Mein Gott der Chef *fallen ihm zu Füßen*

Chef. Kein Wort

Mag.a Bo.a Ang.
Lieber Herr Chef …

Chef. Wieso ist niemand da ?

Mag.a (verletzt) Bo.a Ang. (entrüstet)
Herr Chef !
Sind wir niemand

Chef. Wo ist der Systemsupport ?
Mag.a Bo.a Krank
Chef. Marketing ?
Mag.a Bo.a Auf Urlaub
Chef. Buchhaltung ?
Mag.a Aufgelassen
Chef. Personalbüro ?
Mag.a Bo.a Stellensuche
Chef. Qualitätsmanagement ?
Bo.a Outgesourced
Chef. Rechtsabteilung ?

5

Mag.a Bo.a	Beim Doktor	
Ang.	Oje oje	
Chef.	Der Doktor	?
Mag.a Bo.a	Im Spital	
Chef.	Das Controlling	?
Mag.a	Sozialstunden	
Chef..	Coordinator	?
Mag.a Bo.a	Auf Kurs	
Chef.	Projektmamagement	?
Mag.a	Tagung in Brüssell	
Chef.	Operetting Team	?
Bo.a	Dienstreise nach Linz	
Chef.	Supervisor	?
Mag.a Bo.a	Hat gekündigt	
Chef.	Softwareentwickler	?
Mag.a Bo.a	Hat Gleitzeit	
Chef.	Internetanalyse	?
Mag.a Bo.a	Auf Gewerkschaftsschulung	
Chef.	Datenbankmanagement	?
Mag.a Bo.a Ang.	In Karenz	
Chef.	Teilzeitfräulein	?
Mag.a Bo.a Ang.	Pflegeurlaub	
Chef.	Teilzeitjüngling	?
Mag.a Bo.a Ang.	Zeitausgleich	
Chef.	Mein Chauffeur	? ?
Mag.a Bo.a Ang.	Abendmatura	
Chef.	Der Teufel soll den Montag holen	
Mag.a Bo.a Ang.	Der holt ihn nicht Der hat ihn schon Herr Chef	
Chef.	Wo weilet meine rechte Hand mein Trouble Shooting Star	?
Mag.a	Seine Frau bekommt ein Kind	
Bo.a	Seine Freundin	
Chef.	Seine Freundin doch nicht er	
Bo.a	Es ist eine sanfte Geburt Ein heutiger Vater muß einfach dabei sein	*(ernsthaft)*
Ang.	Dabeisein ist alles Dabeisein genügt	*ab in die hintern Gemächer*

6

Chef. Jeder kommt wann er will *(kommt in Fahrt)*
außer mir
Jeder geht wenn 's ihm paßt
außer mir
Das bringt jeden außer sich
außer mich

Bo.a Nein er ist nicht hier *(am Telephon)*
Er bekommt ein Kind

Mag.a Die gnädige Frau ist unterwegs *(am andern Apparat)*
Sie wird stündlich erwartet *eilig in die hintern Gemächer*
draußen pfeift ein fröhlich Lied

Chef. Jeder pfeift mir was vor
und ich pfeif ihm dann nach
Irgendeinmal Irgendwann
pfeif ich selber : pfeif ich drauf

VIERTER AUFTRITT

Bo.a , Chef. ; Fridolin Fröhlich :
lustvoll trillernd an der Schwelle schwillt sein Leitton an und ab

F.F. Guten Morgen Herr Direktor
War das Wochenende schön
Konnten Sie mit Ihrer Gattin
endlich wieder sögeln gehn

Chef. Gar so fröhlich lieber Fröhlich
Bei der Arbeit auch so frisch
Gehn Sie das System betreuen
Meine Frau kommt dann nach Tisch
Wo ist der Text für 's Kanzleramt *(nervös)*
Magda Bona hört denn keine *es läutet an der Tür*
Wo ist der Text für das Kanzleramt *(nervöser)*
heftigeres Läuten
Bo.a bedient den Summer

7

FŒNFTER AUFTRITT

Die Vorigen ; der Installateur ; Mag.a
später Ang.

Inst.	Bei Ihnen muß a Rohrbruch sein	
Chef.	Magda sagen Sie mir um des Himmels willen	
	Wo ist der Text für das Kanzleramt	*(am Rande)*
Mag.a	Ich kann doch nicht alles auf einmal*	
	Nein wir haben hier keinen Rohrbruch	*(zu Inst.)*
	Den hat Ihre rechte Hand	*(zu Chef.)*
Chef. Inst.	Muß aber hier sein	
Chef.	Bbona !	
Inst.	Schaun Sie doch in den Hof	*(zu Mag.a)*
Bo.a	Herr Chef	
Inst.	Das ist kein Rinnsal	
Mag.a Inst.	Das ist eine Sturzflut	
Chef.	Bbona Rufen Sie augenblicklich	
	den Speter an	
Bo.a	Später ?	*(nicht rasch von Begriff)*
Chef.	Herrn Speter	
Mag.a	Angelina !!	
Bo.a	Später ?	
Chef.	SOFORT !!	*Bo.a wählt emsig mit rotem Kopf*
Ang.	Muß sein Rohrbruch	*eilig aus den hintern Gemächern*
	in Stock über uns	
	Schwimmt Heusl in Wasser	

* F.F. fährt seinen Computer hoch ; während des Folgenden ist er mit dem Studium eines neuen Programms beschäftigt und tippt halblaut memorierend : „Der Methodenaufruf für ein OLE-Automatisierungsobjekt wird spät gebunden und erfordert keine vorangegangene Deklaration der Methode und ihrer Parameter. Anders als bei einem normalen Methodenaufruf erlaubt der Compiler beim Aufruf einer OLE-Automatisierungsmethode die Angabe eines beliebigen Methodenbezeichners sowie von Parametern mit beliebiger Anzahl und beliebigem Typ. Ob der Methodenaufruf wirklich erfolgreich sein wird, steht erst dann fest, wenn er zur Laufzeit ausgeführt wird. [...]“ (aus: Objekt Pascal: Sprachreferenz. Borland/Delphi 1995/1997, Borland GmbH, Robert-Bosch-Straße 11, D-63225 Langen, S. 4-32).

8

Is alles verstopft
Wer steckt Fetzen in Clo
War doch gar kana da

Inst. Offenlassen bitte die Tür
Hab'n Sie g'hört ?

ein Ton *beginnt aus der Ferne heranzusegeln es klingt wie "Hadschi"*

Inst. Offenlassen für 'n Kollegen *mit Ang. ab zum Rohrbruch*

Bo.a Ich schau schon drauf Herr Chef
daß da kein Falscher kommt *Mag.a wählt weiter*
Faxe rattern ein
Bo.a öffnet

SECHSTER AUFTRITT

Die Vorigen ohne Ang. und Inst. ;
der Ton , rauschend herangesegelt , nimmt Gestalt an :
Ira , geborene Divina , die Frau Chefitza ,
überschwebt die Schwelle und nähert sich ihrem Gemahl

Chef.a Schatzi
mußt mich begleiten
brauch ein Kleid für den Kanzler-Empfang

Chef. Was brauchst Du da mich
Ich hab zu tun
Nimm einen Scheck und geh *(fast zärtlich)*

Chef.a Für Dich mach ich mich schön
und Du glaubst ich will Geld *(sich erregend)*
Ich will Geld ich will Geld
um die Welt nur viel Geld
will ich , glaubst Du
nicht , gelt ?
Bleib nur ruhig im Büro
abends krieg ich dich so

	Bleib nurrruhig	*(gefährlich gurrend)*
	bleib nurrruhig	
	im Büro	
Chef.	Sowieso	*(sanft knurrend)*
	Spatzi nimm trotzdem den Scheck	*unterschreibt*
Chef.a	Schatzi bleibst immer mein Schatz	*ab ums Kleid*
Mag.a Bo.a F.F.	Schmatz	*(jedes von seinem Platz)*

SIEBENTER AUFTRITT

Chef. Mag.a

Chef.	Haben Sie Herrn Speter erreicht ?	
Mag.a	Sein Handy ist umgeleitet	
	Niemand hebt ab	
	Die Faxe von heute	
Chef.	Etwas aus Brüssel ?	
Mag.a	Aus Brüssel nichts	
	Aber sonst dürfen Sie sich freuen	
	Tagesordnung vom Aufsichtsrat	
	Ankündigung einer Lohnsteuerprüfung	
	Die Miete wird teurer	
	Das Kanzleramt urgiert	
Chef.	Ob das noch gut ausgeht	
Mag.a	Es wird schon	
	Ein Wasser ?	
Chef.	Ja - mit Kaffee	*ab in sein Zimmer*
		Mag.a um Kaffee

ACHTER AUFTRITT

Bo.a ; Peter Speter in Auflösung ; später Mag.a ; danach Chef.

Bo.a	Herr Speter Herr Speter	
	Der Chef ist schon ganz wild	
P.S.	Bona ach Bona	
	Eine Geburt ist nur für starke Menschen	
	Ich kann es kaum glauben	
Mag.a	Ein Bub ? Ein Mädchen ?	*mit Kaffee zurück*
P.S.	Es gehört zu den Herren der Zukunft :	
	Ein Mädchen	
	Meine Frau ist sehr stolz	
Bo.a	Ihre Frau ? ?	
P.S.	Wir haben uns in der Klinik vermählt	
Mag.a	Nachher ?	*mit Kaffee zu Chef.*
P.S.	Vorher	
	Man weiß ja nie	
Chef.	Herr Speter	*(aus dem Zimmer rufend)*
Bo.a	toi toi toi	
Mag.a	Viel Glück	*ohne Kaffee zurück*
		Signale moderner Telekom-nikationstechnik nötigen die Damen an die Schreibtische.
Chef.	Herr Speter	*(kommt heraus)*
	Sie haben den Text für 's Kanzleramt ...	
P.S.	... gehabt bis vor kurzem	
Chef.	Was heißt das	
P.S.	Er liegt im Spital bei meinem Kind	
Chef.	Speter	
	Sie kosten mich meinen Ruf	
P.S.	Warum davon so irritiert	
	Hab ich erst Ihren Ruf ruiniert	
	leben Sie endlich ungeniert	
Chef.	Dann wird die Oper nicht gegeben werden	
	Heute zu Mittag ist Einreichungsschluß	
P.S.	In fünf Minuten	*(schaut auf die Uhr)*
	Das geht sich nicht aus	

11

NEUNTER AUFTRITT

Die Vorigen ; Chef.a , ganz Ira Divina ;
später Ang. und Inst. aus den hintern Gemächern

Chef.a Schatzi
Dein Scheck
ist im Eck
ist im Black
hat ein Leck — *zornig zerreißt sie*
ist ein Dreck — *in Schnitzel den Scheck*
Dein Scheck — *streut sie dem Gatten aufs Haupt*

Bo.a Die Chefitza
ein Schreck — *dreht das Radio auf*

Eine bekannte Stimme aus dem Radio
Zwölf Uhr .
Sie hören die Mittagsnachrichten ...

Bo.a sucht den nächsten Sender :
"Die Liebe ist ein seltsames Spiel ,
sie kommt und geht von Einem zum Andern ..."

Concertatino

Chef. Was soll das sein — *(zu Bo.a)*
drehn Sie das klein
Sie sind doch hier nicht nur allein

Bo.a Geschieht mir recht
Was ich auch möcht
beim besten Willen mach ich schlecht

Mag.a Das ist nicht gut
nur ruhig Blut
denn Hitze führet leicht zur Wut

F.F. Der Peter ist
schon selber schuld
dem Chef reißt sicher die Geduld

Chef.a 's ist unerhört
wie mich das stört
für unsern Ruf ist das verkehrt

Ang. Die streiten um
das Geld herum
und unsereine bringt sich um
Inst. Was man da spricht
versteh ich nicht
Dieses Büro ist ein Gedicht
P.S. 's ist schade um
die Oper doch
in dem Programm lacht jetzt ein Loch
Chef. (Lachen Sie nicht
(Über Sie bricht
(sogleich herein das Strafgericht *(zu P.S.)*
Ang. Inst. (Wenns heikel wird
(bin ich gar froh
(kann wieder kehren ich aufs Clo
Bo.a Mag.a (Heut ist ein Tag
Chef.a (den keiner mag
F.F. P.S. (und einen trifft jetzt gleich der Schlag

plötzliche Stille

Chef. Herr Sie sind fristlos entlassen *(zu P.S.)*
Magda Sie sehen ich muß *Chef.a zieht Chef. hinaus*
Inst. ab aufs Clo

ZEHENTER AUFTRITT

Die Vorigen
ohne Chef. Chef.a Inst.

F.F. Endlich Ruhe in der Bude *ab an sein Gerät*
Mag.a Ich fühle mit Ihnen *(zu P.S.)*
Der Vater entlassen
am Tag der Vermählung

13

	Das arme Kind	
Ang.	Ein Unglück kommt selten allein	*ab in die hintern Gemächer*
Mag.a	Schon wieder ein Fax	*beginnt zu lesen*
Bo.a	Ach Herr Speter so ein Jammer	
P.S.	Schade um die Oper	
	Schade um den Job	
	Doch ich weiß meinen Weg :	
Bo.a	Wohin ?	
P.S.	Weit weg in die Welt	
Bo.a	Wohin ?	
P.S.	Wohin !	
	Auf nach Kamtschatka	*Mag.a zuckt zusammen*
Ang.	Muß zur nächsten Bedienung	
	Werden uns nicht mehr sehn	
	Alles Gute	
	Jessas Wort is so schwer	
	für Kanatschka	
	Viel Glück Ihrer Frau	*verläßt das Stück mit Kreuz-G*
P.S.	Angelina leb wohl	
	und vergiß mich nicht	
	Land der Zukunft traumgeschautes	
	ohne Opern , unverbautes !	
	Arbeitslos und ohne Geld	
	fremdes Leben , urvertrautes !	
	Freiheit aus den Himmeln taut es	
	treibet mich in ferne Welt	
	nach Kamtschatka in ein Zelt	
Bo.a	Speter mein Held	*Mag.a hebt das Fax für später auf*
	Darf ich beim Packen behilflich sein	
	Dann sind Sie beim Gehen nicht so allein	
P.S.	(Es steht noch recht viel im Magazin	
Bo.a	(Da wollt' ich mit Ihnen immer schon hin	
		gemeinsam dorthin ab
		F.F. pfeift den beiden leise nach
		Mag.a , im Begriff sich zu entfernen , öffnet
		Auf der Schwelle steht
Postbot.		*drückt ihr freundlich pfeifend wortlos die Post in die Hand ,*
		lächelt , und geht
		Mag.a verzichtet pflichtbewußt auf die

14

MITTAGSPAUSE*

EILFTER AUFTRITT

Chef. und Chef.a zurück ; später Mag.a

Chef.a	Deine beste Eingebung war das nicht	
Chef.	Worauf willst Du hinaus	
Chef.a	Er ist zwar ein Schlitzohr aber Dir loyal	
Chef.	Du hattest seit je eine Schwäche für ihn	
Chef.a	Er hält Deine Launen aus	
Chef.	Und ich die Deinigen	
Chef.a	Launen ? Launen ?	
Chef.	Theuerste Gattin gebiethet dem Mund und nehmet bei Fridolin endlich die Stund	
Chef.a	Nur Dir zu Liebe sturer Hund	*Chef.a ab zu F.F.*
Mag.a	Gut verdaut Herr Chef ? Hier ist die Post	*(die Postmappe im Arm)*
Chef.	Magda so spät auch Sie	
Mag.a	Bei dem Wirbel heut am Vormittag	
Chef.	Erinnern Sie mich nicht	*ab in sein Zimmer*

* man stelle sich einen WALZER vor,
gegebenenfalls unter Einfügung des *ballet pantomime* DIE GEISTER DIE ICH RIEF

15

ZWŒLFTER AUFTRITT

F.F. am Computer ; Chef.a

Chef.a Fridolin ich komm zur Stunde
F.F. Richten Sie mich nicht zu Grunde
Chef.a Nein ich stell mich neben Sie
Sagen Sie - ich weiß nicht wie -
Wofür soll das Netzwerk sein
das da steht im Wald allein
Und was ist das Internet ?
F.F. Ein gemeinsam Himmelbett !
Man kann immer on-line sein
sei 's in Echtzeit sei 's zum Schein
Man kann surfen, annoncieren
man kann telekom-nizieren
Angebote durchstudieren
videotelefonieren
kann allein oder zu Vieren
eine Oper komponieren
und das Beste dann probieren
Chef.a O Sie lieber Fridolin *setzt sich auf die Tastatur*
das Gerät reagiert mit Donner und Blitz
F.F. A - A - A - *(fassungslos)*
Alles ist hin
Was glauben Sie
Sie greifen hin
als wär nichts in der Kiste drin
Fünf Jahre Arbeit abgestürzt
von Ihrem Hintern weggefürzt
Chef.a Ach sei'n Sie brav ach sei'n Sie gut
und kühlen Ihren heißen Mut
F.F. Ich häng mich wie mein Freund da auf
Nein besser ist : Ich pfuïjff darauf *tut es und stürzt davon*
Chef.a ihm nach

16

DREYZEHENTER AUFTRITT

Bo.a und P.S. aus dem Magazin ; Mag.a ;
darauf F.F. und Chef.a ;
Chef. ;
schließlich BIG SCHERM

Bo.a P.S. (Kommt es zum Scheiden bald
(werden die Füße kalt
Mag.a *a 3* (Werden wir nicht mehr
(mitsammen alt
F.F.. Zerstörerin Zertrümm'rerin
Chef.a Er schreit wie verrückt
Hysterische Männer
F.F.. Meine Arbeit vernichtet
P.S. Dein Arbeitsplatz nicht
Reg Dich ab
Chef. Spät auch im Gehn Herr Speter *(mit der Postmappe)*
Magda den Rest zum Altpapier
BIG SCHERM der Online-Æchzzeit-Raumton-
Zentralkommunikator *beginnt zu flimmern*
Mag.a Warten Sie
Der Kommunikator
hat etwas vor
BIG SCHERM
Ue-be-rwa-chu-ngsze-ntra-le Ze-ntru-m
Te-le-E-vi-de-nz e-rmi-tte-lt
I-hr Bue-ro ve-ru-rsa-cht e-i-ne Stoe-ru-ng
Gla-sfa-se-rka-be-lschmo-rbra-nd i-m Pa-rla-m-e-nt
I-m U-mspa-nnwe-rk Mi-tte e-i-n Ku-ra-zschlu-ss
Chef.a Wie bitte
BIG SCHERM *(mit vor Zorn fast menschlicher Stimme)*
Kku-ra-zschlu-ss ! Schmo-rbra-nd ! Stra-fe za-hle-n !
Be-i U-ne-i-nbri-ngli-chke-i-t A-rre-st !
P.S. Unbesorgt in diesem Fall *(zu Chef.)*
Wir sind *(triumphierend zu BIG SCHERM)*
elementarschadensverursachungshaftpflichtversichert
seit voriger Woche *(halblaut zu Chef.)*

verehrter Herr Ex-Chef
mit Stichtag gestern *(wieder laut zu BIG SCHERM)*
Polizzen-Nummer LMIA 1000/3
Ich wiederhole *(überdeutlich)*
Ell - Emm - ii - aa - Eins - null - null - null - Strich - drei

BIG SCHERM *zischt und erlischt*

die drei Damen Bravo Peter *applaudieren*

Chef.a Wüthan Gemahl Erwäge *(zu Chef.)*

P.S. geht seinen Schreibtisch aufräumen

VIERZEHENTER AUFTRITT

Die Vorigen ; Inst.

Inst. 'tschuldigen mei Handy fallt aus
I' brauch 'in Kollegen
Kann i' wo telefoniern

Mag.a Ja sicher sofort
Da ist unser Handy
Aber wenn Sie vielleicht
in den hintern Gemächern ...
Es ist dort ruhiger

Inst. Hab schon verstanden
Telefonier halt am Heusl
Kann ma wenigstens sitzen
Heut
wird 's eh nimmer fertig

Chef. Immer noch keine Nachricht aus Brüssel
Die GD 10 hat die Antwort
für heute versprochen

Mag.a Noch nichts aus Brüssel

Inst. Sie brauchen a Schüssel ? *(hilfsbereit)*

Mag.a Sie haben sich verhört *(zu Inst.)*
Aber frisch aus Kamtschatka *mit dem Mittagsfax zu Chef.*

Chef. Gibt 's dort schon ein Fax

Bo.a Was wollen Sie denn von Brüssel Herr Chef
Chef. Für Büropa eine Oper
Bo.a Opa ist männlich
Inst. vergißt , was er wollte , und beginnt zuzuhören
Chef. Oper, mein Kind, ist weiblich
auch wenn es wie Großvater klingt
Büropa und Oper
ein unreiner Reim
Du hast recht, doch sieh ein :
Nichts bei der Oper ist rein
Kann alles zu allem
Wo 's immer soll sein
Chef.a Mein Gatte erwärmt sich
Bo.a Fein
Aber was ist eine Oper ?
Chef. Das WERK schlechthin :
Die Bühne
Bauhütte von Welten
aus Ton Licht und Wort
aus hören und sehen
die aus Tanz und Gesang
entstehn und vergehen
Llabyrinth des Sinns
des Spiels und der Lust
Wir sehen uns selbst
von der andern Seite
in Spiegeln aus Silberpapier
Wer dort hineingeht
will der zurück
Chef.a Mag.a F.F. P.S.
Will nicht zurück *(einfallend)*
Chef. Will nicht zurück
Inst. Verstanden hab i 's net ganz
Chef. Ein Naturgesetz der Kunst
Inst. aber klungen hat 's net schlecht
Chef. Das Geheimnis der Oper
In Einem Satz
Chef.a Fast ein Poet *es klopft*
Mag.a Wollen Sie lesen *(zu Chef.)*

19

holt das Mittagsfax hervor

Kamtschatka fragt an um Engagement

stärkeres Klopfen

Bo.a Herr Speter Sie müssen begeistert sein
das Land Ihrer Träume ruft *drittes heftiges Klopfen*

Bo.a , am Drücker , öffnet ohne hinzusehen
Inst. ab in die hintern Gemächer

LETZTER AUFTRITT

Die Vorigen ;
in der Tür Diplom-Volkswirtin Muthilde Kuuhl
später Inst.

DVw. K. Guten Tag
Bo.a *erschrickt wie Mag.a zu Beginn des Tages*
Mag.a Grüß Gott Bitte sehr
DVw. K. Diplom-Volkswirtin Muthilde Kuuhl
Ministerium für öffentliche Auftragsvergabe
Sektion Unternehmenskontrolle
Abteilung Notleidende Firmen
Kurz ANF
Wir führen Stichproben durch
bei Verdacht
auf Vergeudung von öffentlichen Geldern
Sie ressortieren zu uns
Wir sind berühmt
für Objektivität
P.S. F.F. Da verschlagt 's ein' die Red *(aus dem Hintergrund)*
DVw. K. Streng aber gerecht ist die Devise
Richten kann man sich 's bei uns nicht
Chef. Bitte kommen Sie weiter
Frau Diplomvolkswirtin
DVw. K. Frau Kuuhl wenn ich bitten darf
Bo.a Ein Kaffee für die Dame

DVw. K.	Ich trinke nie	
Mag.a	Darf ich kurz stören	
	Mit dem Heißersehnten	
	dem Fax aus Brüssel	
	von der GD 10	
DVw. K.	Kann das nicht warten	
Mag.a	Verzeihen Sie : Nein	
Inst.	Der Kollege is' scho' weg	*bringt das Handy zurück*
	Des Clo is außer Betrieb	
	bis morgen	*(laut zu allen)*
Chef.	Bitte nehmen Sie Platz	*(zu DVw.K.)*
DVw. K.	Ich habe den Eindruck	
	Sie sind chaotisch organisiert	
		entnimmt ihrem Aktenkoffer ein Schiefertäfelchen samt einem Stück Schreibkreide
Chef.	Erlauben Sie	
	daß ich trotzdem lese	*überfliegt das Fax*
	Brüssel verlangt vor Vergabe des Auftrags	
	die "Zertifikation durch das Firmenamt"	
	Liebe verehrte	*(zu DVw.K.)*
	gnädige Frau	
	Wenn Sie schon da sind	
	Könnten Sie nicht …	
DVw. K.	Unterlassen Sie jeden Versuch	
		macht den ersten Kreide-Strich auf dem Täfelchen
	Sie brauchen	
	zuerst die Zustimmung der Kammer	
	Antrag schriftlich in sechsfacher Kopie	
	Bearbeitung frühestens in zwei Jahren	
Chef.	Kann ersetzt werden durch	*weiterlesend*
	erstens	
	„ein Gutachten des Nationalen Theaterverbandes"	
Stimmen aus dem Publikum		
	Niemals	
	Kommt nicht in Frage	
	Schminken Sie sich das ab	
DVw. K.	Sie hören die Stimme	
	der schweigenden Mehrheit	*zweiter Strich*
Chef.	Kann ersetzt werden durch	

21

zweitens
„nachgewiesen dauerhafte Erfolge
„auf anerkannten Bühnen
„außerhalb der Europäischen Gemeinschaft"
Da kommt also Linz nicht in Frage

Das Büro Schade
Chef. Magda, woher ist das Angebot ?
Mag.a Aus Kamtschatka
Sie haben ein Zelt auf dem Hauptplatz stehn
und wollen drei Jahre lang Opern sehn.
Chef. Das klingt sehr vernünftig
Bo.a Und sicher sehr schön
P.S. (Ein Zelt in Kamtschatka
(Mein Traum wird wahr
Inst. (Ein Zelt auf dem Hauptplatz
a 4 (am Palmenstrand die Baar
F.F. (Mit Lust und Computer
(doch nicht in frischer Luft
Chef.a (Ah ! auf die Bühne
(Meiner Mutter Stimme ruft
In Eis oder Schnee *(begeistert)*
Überm Bodensee
Auf scheiterndem Schiff
Auf umtostem Kliff
Vor spiegelnder Flut *(hingerissen)*
In der Sonne Glut
Wo das Schicksal es will :
Die Oper
Das Höchste
Dein Ziel *(verzückt)*
DVw. K. Sie werden ganz sicher nicht zertifiziert
mehrere empörte Striche
Bo.a Hier steht Herr Chef
Hier steht Herr Chef *(voll guten Willens)*
unser Name nicht
Mag.a Nein wirklich *das geheimnisvolle Fax genauer lesend*
eine Verwechslung
Chef. Magda Sie faxen :

22

	wir nehmen an	
DVw. K.	Sie haben dazu keine Genehmigung	
		mit dem letzten Strich bricht die Kreide ab
Chef.	Das ist mir egal	
	seit diesem Moment	
	Frau Kuuhl	
	Pfeifegal	*erhebt sich entschieden*
	Mit Respekt gesagt	
Chef.a	*knixt*	
Chef.	Wenn 's also das Land Ihrer Träume ist -	*(zu P.S.)*
	Kommen Sie mit , Herr Speter ?	
P.S.	Ich komme nicht mit	
	Ich fliege voraus	
	und führ die Verhandlung für Sie	
		DVw.K. sammelt Kreidebrösel ein
	Fridolin freut 's Dich	
	Daß 's mich wieder gibt ?	
F.F.	Bin mir nicht sicher	
	Verkaufst einen leicht als Kastrat	
Inst.	Wenn Sie länger dort bleiben	
	'tschuldigen wenn ich sag Herr Chef	
	braucheten S' dort net	
	an Installateur* ?	*(* ausgesprochen : "I'schdallahdöör)*
	I mach alles	
	Und alles heißt alles	
Chef.a	Zu jeder Zeit	
Chef.	Ira !	*DVw.K. klappt den Aktenkoffer zu*
Inst.	Na freilich	
DVw. K.	Sie sind kein Büro	*steht auf*
	Sie sind eine Schmiere	
	Ich sperre Sie zu	
Stimmen aus dem Publikum		
	Bravo Frau Kuuhl Räumen Sie auf	
	Hoch Muthilde	
	Vivat	*(Beifall von der Galerie)*
Chef.	Schicksal	
	Du zwingst uns in Deinen Lauf	
	Trans-Sibirische Eisenbahn	
	nimm uns auf	

23

Finale

Mag.a	(	Keine Oper	
	(	für Büropa	
	(	Was wird meine Schwi-hihí-hihí-egermutter sagen	
DVw. K.	(	Unerträglich	
	(	solche Leute	
	(	Ein unschuldig Land muß diese Bru-huhú-t ertragen	
Bo.a Chef.a Mag.a F.F. P.S.			
	(	In Kamtschatka	
	(	Alle Menschen	
	(	sind von unsrer Kunst in Ba-hahá-nn geschlagen	
Chef. Inst.	(	Ganz Kamtschatka	
	(	Wird zu unsrer O-hohó-hohó-per pilgern	
Das Büro	(	ppllumpplumpplumpp	*räumt*
DVw. K.	(	Nein nein nein	
Chef.	(	Lillerì lalà-a	*nach*
	(	sol la fà Mimì	
Chef.a	(	Lallerà lilì-i	*und*
Bo.a	(	remi fà	
	(	mi remi dò	*nach*
Chef.a	(	remi là	
P.S.	(	sì dodò	*seine*
DVw. K.	(	nein nein niemals	
Mag.a	(	la la la sì	*Ein-*
	(	l' asìl a sì redò	
DVw. K.	(	nein nein niemals	*richtung*
F.F.	(	si Dodò fà Mimì	
	(	plim pim pim	*bey-*
DVw. K.	(	nein nein niemals	
P.S.	(	fami fa do lafa solla	*saite*
Chef. Inst.	(	pum pum plum	
DVw. K.	(	niemals nein	
Chef.a Bo.a	(	Trompete Triangel	
Mag.a F.F. P.S.		ein rechtes Gerangel	
DVw. K.	(	Ich höre nur Mangel	
Chef. Inst.	(	Doch Fagott und Pìccolo	
	(	blasen jede Nummer froh	

24

DVw. K. (Niemals froh
Das Büro (Alles atmet neues Leben
(Werden unser Bestes geben
(Denn ein echtes Schwellenwerk
(bringt Propheten zu dem Berg
DVw. K. (Niemals könnt ich mich erlaben
(an so wirrer Leute Gaben
(Drüber führ die Eisenbahn
(käm sie je nach Fahrplan an
(Da ziehn sie nach Kamtschatka hin
(Verdienen an der Krankheit dort
(Die Oper ist so wahr ich bin
(Der Frechheit letzter Ort
(Ist Frechheit im Akkord
Das Büro (So ziehn wir nach Kamtschatka hin
(Zu führen vor als Neuheit dort
(Die Oper gibt dem Leben Sinn
(Der Freiheit letzter Ort
(Freiheit ihr Schlußakkord
(Zum Packen –
DVw. K. (Das Pack soll –
ALLE (– endlich fort !

ENDE des VORSPIELS

25

auf Wiedersehn an anderm Ort

26

Verwendete Literatur

Abramić, Michael / Colnago, Anton: *Untersuchungen in Norddalmatien.* In: Jahreshefte des Österreichischen Archäologischen Instituts 8, Wien 1905. [KANDLER]

Abramić, Michael / Colnago, Anton: *Untersuchungen in Norddalmatien.* In: Jahreshefte des Österreichischen Archäologischen Instituts 12, Wien 1909. [KANDLER]

Adler, Gerhard u.a. (Hrsg.): *Lexikon der Eisenbahn.* Berlin, transpress / Stuttgart, Motorbuch-Verlag 1990. [HAGER]

Amstädter, Rainer: *Der Alpinismus: Kultur–Organisation–Politik.* Wien, Wiener Universitäts-Verlag 1996. [DINHOBL]

Andrae, Walter: *Das wiedererstandene Assur.* Leipzig, J. C. Hinrichs 1938. [KANDLER]

Andrae, Walter: *Alte Feststraßen im Osten.* Leipzig, J. C. Hinrichs 1941. [KANDLER]

Anonym: *Hamburgische Chronik.* 6 Bände. Hamburg, Commerz-Bibliothek ca. 1725. [NICKLAUS]

Augner, Gerd: *Die kaiserliche Kommission der Jahre 1708–1712. Hamburgs Beziehungen zu Kaiser und Reich zu Anfang des 18. Jahrhunderts* (= Beiträge zur Geschichte Hamburgs, Band 23). Hamburg, Verein für Hamburg. Geschichte 1983. [NICKLAUS]

Augustus: *Res gestae – Tatenbericht (Monumentum Ancyranum)* II, 42, Lateinisch-Griechisch-Deutsch, herausgegeben und übersetzt von Marion Giebel. Stuttgart, Reclam 1980. [NICKLAUS]

Bachelard, Gaston: *Die Philosophie des Nein. Versuch einer Philosophie des neuen wissenschaftlichen Geistes.* Frankfurt am Main, Suhrkamp 1978. [PFALLER]

Bächtold-Stäubli, Hanns (Hrsg.): *Handwörterbuch des deutschen Aberglaubens.* Berlin–Leipzig, Walter de Gruyter 1935/1936. [MACHO]

Ballif, Philipp: *Römische Straßen in Bosnien und Hercegovina.* Wien, Carl Gerold's Söhne 1893. [KANDLER]

Baratta, Mario von (Hrsg.): *Fischer Weltalmanach 1996.* Frankfurt am Main, Fischer 1996. [KODERA]

Barthes, Roland: *Das Reich der Zeichen.* Frankfurt am Main, Suhrkamp 1981. [PFALLER]

Bausinger, Hermann / Beyrer, Klaus / Korff, Gottfried (Hrsg.): *Reisekultur. Von der Pilgerfahrt zum modernen Tourismus.* München, C. H. Beck 1991. [DINHOBL]

Bender, Helmut: *Verkehrs- und Transportwesen in der römischen Kaiserzeit.* In: Jankuhn, Herbert / Kimmig, Wolfgang / Elbel, Else (Hrsg.), Untersuchungen zu Handel und Verkehr der vor- und frühgeschichtlichen Zeit in Mittel- und Nordeuropa. IV: Der Verkehr – Verkehrswege, Verkehrsmittel, Organisation. Bericht über die Kolloquien der Kommission für die Altertumskunde Mittel- und Nordeuropas in den Jahren 1980 bis 1983. Abhandlungen der Akademie der Wissenschaften in Göttingen, philolog.-hist. Klasse 3, Folge Nr. 180. Göttingen, Vandenhoeck und Ruprecht 1989. [KANDLER]

Benjamin, Walter: *Kriminalromane auf Reisen.* In: Ders., Gesammelte Schriften. Band 4, Teil I. Herausgegeben von Rolf Tiedemann, Hermann Schweppenhäuser, 7 Bände. Frankfurt am Main, Suhrkamp 1972. [PETRICEK]

Benjamin, Walter: *Das Passagen-Werk.* Gesammelte Schriften. Band V, 1. Herausgegeben von Rolf Tiedemann. Frankfurt am Main, Suhrkamp 1982. [MACHO]

Bidez, Joseph / Cumont, Franz (Werkausgabe): *Imperatoris Caesaris Flavii Claudii Juliani epistulae, leges, poematia fragmenta varia.* Paris, Collection des Universités de France 1922. [KANDLER]

Bidez, Joseph: *Kaiser Julian.* Hamburg, Rowohlt 1956. [KANDLER]

Birley, Anthony: *L. Cl(audius) C. Dio Cocceianus.* In: Caucig, Hubert / Schneider, Helmuth (Hrsg.), Der neue Pauly. Band 2. Stuttgart–Weimar, J. B. Metzler 1997. [KANDLER]

Birmann, Fritz: *Forschungen zur Erhöhung der Lagebeständigkeit des Eisenbahngleises – ein wichtiger Beitrag für Fahrweg und Fahrzeug.* In: Zeitschrift für Eisenbahnwesen und Verkehrstechnik – Glasers Annalen, Nr. 7/8, Jahrgang 98. Berlin, Georg Siemens 1974. [PETZ]

Bloch, Ernst: *Das Prinzip Hoffnung.* Frankfurt am Main, Suhrkamp 1973. [MACHO]

Bonanno, Anthony: *Malta. Ein archäologisches Paradies.* Valletta, M. J. Publications Ltd. 1990. [KANDLER]

Borchert, Wolfgang: *Eisenbahnen, nachmittags und nachts.* In: Ders., Das Gesamtwerk. Hamburg, Rowohlt 1949. [PETRICEK]

Borries, Emil von: *Flavius Claudius Iulianus.* In: Wissowa, Georg u.a. (Hrsg.), Paulys Realencyclopädie der classischen Altertumswissenschaft. Band 10/1. Stuttgart, J. B. Metzler 1918. [KANDLER]

Brecht, Bertold: *Über Politik auf dem Theater.* Hrsg. v. Werner Hecht. Frankfurt am Main, Suhrkamp 1971. [PFALLER]

Brik, Hermann: *Handbuch für Bahnwärter. Ein Nachschlagebehelf für Block-, Zugmelde-, Schranken-, Halte- und Ladestellenwärter sowie Streckenbegeher.* Wien, Verlag der Zeitschrift „Technische Mitteilungen" 1928. [PETRICEK]

Brus, Günter: *Die gute alte Zeit.* Salzburg–Wien, Jung und Jung 2002. [PETRICEK]

Bulle, Heinrich: *Geleisestraßen des Altertums* (mit einem Anhang über die Bronzebleche von Gurina). In: Sitzungsberichte der Bayerischen Akademie der Wissenschaften, phil.-hist. Klasse 1947, Heft 2. München 1948. [KANDLER]

Bundesministerium für Bildung, Wissenschaft und Kultur (Hrsg.): *Kulturbericht 2000.* Wien, Bundesministerium für Bildung, Wissenschaft und Kultur 2000. URL: http://www.austria.gv.at/service/T+Z_deutsch.pdf (18. 4. 2002) [DINHOBL]

Bundespressedienst (Hrsg.): *Tatsachen und Zahlen.* Wien, Bundeskanzleramt 2000. URL: http://www.bmbwk.gv.at/start.asp?bereich=4&OID=5991 (18. 4. 2002) [DINHOBL]

Bürchner, Ludwig: Isthmos. In: Wissowa, Georg u. a. (Hrsg.), *Paulys Realencylopädie der classischen Altertumswissenschaft*, Band 9. Stuttgart, J. B. Metzler 1916. [KANDLER]

Busch, Max W. / Dannenberg, Peter (Hrsg.): *Die Hamburgische Staatsoper I, 1678 bis 1945. Bürgeroper – Stadt-Theater – Staatsoper.* Zürich, M & T 1988. [NICKLAUS]

Cali, Yves: *The Malta Cart Ruts.* 1996. http://www.maltaweb.com/culture/cart_ruts/cart_ruts1.html [Zugriff am 08/02/2001] [KANDLER]

Camus, Albert: *Tagebücher 1935–1951.* Übersetzt von Guido G. Meister. Reinbek bei Hamburg, Rowohlt 1972. [MACHO]

Cancik, Hubert / Schneider, Helmuth (Hrsg.): *Der Neue Pauly. Enzyklopädie der Antike.* Band 5. Stuttgart–Weimar, J. B. Metzler 1998. [NICKLAUS]

Cartellieri, Walther: *Die römischen Alpenstraßen über den Brenner, Reschen-Scheideck und Plöckenpaß mit ihren Nebenlinien.* In: Philologus. Supplementband XVIII, Heft 1. Leipzig, Dieterich 1926. [KANDLER]

Carter, Ian: *Railways and culture in Britain.* Manchester, Manchester University Press 2001. [DINHOBL]

Casson, Lionel: *Reisen in der Alten Welt.* München, Prestel 1976. [KANDLER]

Chatwin, Bruce: *Traumpfade (The Songlines).* Übersetzt von Anna Kamp. München–Wien, Carl Hanser 1990. [MACHO]

Cicero, Marcus Tullius: *Der Staat (De re publica).* Lateinisch-Deutsch. Hrsg. und übersetzt von Karl

Büchner. München, Artemis und Winkler 1993. [NICKLAUS]

Claessens, Dieter: *Das Konkrete und das Abstrakte. Soziologische Skizzen zur Anthropologie.* Frankfurt am Main, Suhrkamp 1980. [MACHO]

Conrad, H.: *Das römische Paßheiligtum auf dem Julier.* In: Bündner Monatsblatt. Chur, Gasser und Eggerling 1936 und 1938. [KANDLER]

Coover, Robert: *The Adventures of Lucky Pierre: Director's Cut.* New York, Grove Press 2002. [PHILIPP]

Cuntz, Otto (Ed.): *Itineraria Romana I.* Leipzig, Teubner 1929. [KANDLER]

Curtius, Ernst: *Zur Geschichte des Wegebaues bei den Griechen.* Abhandlungen der Akademie der Wissenschaften. Berlin 1854. [KANDLER]

Curtius, Ernst / Kaupert, Johann August: *Atlas von Athen.* Berlin, Dietrich Reimers 1878. [KANDLER]

Cutler, Ivor: *The Railway Sleepers.* In: 20th-Century Scottish Poems. Selected by Douglas Dunn. London, Faber and Faber Limited 2000. [PETRICEK]

Czernin, Graf Rudolf von: *Aufgaben und Ziele des k.k. Eisenbahnministeriums. Kritische Betrachtungen über die Eisenbahnen in Österreich.* Wien, Kommissionsverlag von Carl Gerold's Sohn 1902. [LOISCH]

Czernin, Graf Rudolf von: *Die Regierungsvorlage über die Verstaatlichung der Kaiser Ferdinands Nordbahn.* Wien, Kommissionsverlag von Carl Gerold's Sohn 1906. [LOISCH]

Czuba, Werner: *Betonschwellen. Betrachtungen zum Stand der Entwicklung als Entscheidungshilfe bei der Einführung.* Unveröffentlichter Bericht. Wien, Oktober 1974. [PLICA]

Dante Alighieri: *Die göttliche Komödie.* Aus dem Italienischen von Wilhelm G. Hertz. München, Deutscher Taschenbuchverlag 1997. [KODERA]

Davis, Clarence B. / Wilburn, Kenneth E. (Hrsg.): *Railway Imperialism.* New York, Greenwood Press 1991. [DINHOBL]

Deleuze, Gilles: *Kino 1. Das Bewegungsbild.* Frankfurt am Main, Suhrkamp 2001. [PHILIPP]

Deringer, Hans: *Die römische Reichsstraße Aquileia–Lauriacum. Ein Beitrag zur Verkehrsgeschichte Österreichs in der Römerzeit.* In: Carinthia I. Klagenfurt, Verlag des Geschichtsvereins für Kärnten Jahrgang 139 (1949) und Jahrgang 140 (1950). [KANDLER]

Des Dekans Cosmas (Cosmas decanus Pragensis) Chronik von Boehmen (Chronicae Bohemorum libri tres). Nach der Ausgabe der Monumenta Germaniae übersetzt von Georg Grandaur. Leipzig, Dyk 1895. [MACHO]

Descartes, René: *Die Leidenschaften der Seele.* Hamburg, F. Meiner 1996. [NICKLAUS]

Dessau, Hermann: *Inscriptiones Latinae selectae.* Berlin, Weidmann 1892–1916. [KANDLER]

Deutsch, Gustav / Schimek, Hanna (Hrsg.): *Film ist. Recherche.* Wien, Sonderzahl 2002. [PHILIPP]

Die Gebarung der österreichischen Staatsbahnen und anderer Bahnverwaltungen. Vortrag gehalten von Wenzel Burger, k.k. Sektionschef im Eisenbahnministerium am 28. Mai 1914. Wien, k.k. Hof- und Staatsdruckerei 1914. [LOISCH]

Dienes, Gerhard M. (Hrsg.): *Die Südbahn.* Graz–Wien, Leykam 1987. [DINHOBL]

Dinhobl, Günter (Hrsg.): *Eisenbahn / Kultur.* Wien, Mitteilungen des Österreichischen Staatsarchivs (in Vorbereitung). [DINHOBL]

Dio, Cassius: *Römische Geschichte.* Übersetzt von Otto Veh. Zürich, Artemis 1986. [KANDLER]

Doderer, Heimito von: *Ein Mord, den jeder begeht.* München, Deutscher Taschenbuchverlag 1993. [PETRICEK]

Doll, Adalbert: *Die Betonschwelle.* In: Eisenbahntechnische Rundschau, Sonderausgabe 8. Darmstadt–Hamburg, Hestra 1957. [PLICA]

Doll, Adalbert: *10 Jahre Betonschwellen bei der Deutschen Bundesbahn.* In: Die Bundesbahn, Heft 11, 1961. Darmstadt, Karl Röhrig 1961. [PLICA]

Drack, Walter / Fellmann, Rudolf: *Die Römer in der Schweiz.* Stuttgart, Theis [u.a.] 1988. [KANDLER]

Drack, Walter / Fellmann, Rudolf: *Die Schweiz zur Römerzeit: Führer zu den Denkmälern.* Zürich–Coburg, Artemis & Winkler 1991. [KANDLER]

Duden: Das große Wörterbuch der deutschen Sprache in zehn Bänden. Hrsg. vom Wissenschaftlichen Rat der Duden-Redaktion [Red. Bearb.: Werner Scholze-Stubenrecht u.a.]. Mannheim–Leipzig–Wien–Zürich, Dudenverlag 1999. [KODERA]

Duerr, Hans Peter: *Sedna oder Die Liebe zum Leben.* Frankfurt am Main, Suhrkamp 1984. [MACHO]

Ebener, Dietrich (Hrsg.): *Griechische Lyrik.* Berlin–Weimar, Aufbau 1980. [MACHO]

Egger, Rudolf: *Die Felsinschriften der Plöckenalpe.* In: Archiv für vaterländische Geschichte und Topographie. Band XXIV/XXV (= Festgabe für Martin Wutte). Klagenfurt, Verlag des Geschichtsvereins für Kärnten 1936. (= *Römische Antike und frühes Christentum.* Ausgewählte Schriften von Rudolf Egger zur Vollendung seines 80. Lebensjahres. Band I. Klagenfurt, Verlag des Geschichtsvereins für Kärnten 1962.) [KANDLER]

Eich, Günter: *Züge im Nebel.* In: Gesammelte Werke. Herausgegeben von Ilse Aichinger. Band 4. Frankfurt am Main, Suhrkamp 1973. [PETRICEK]

Eine Oper für Büropa. Programmheft zur Uraufführung im Linzer Brucknersaal. Linz 1998. [NICKLAUS]

Eine Oper für Büropa. Vorspiel im Büro. Textbuch. Linz 1998. [NICKLAUS]

Eisenbahnjahr-Ausstellungsgesellschaft mbH. (Hrsg.): *Zug der Zeit – Zeit der Züge. Deutsche Eisenbahn 1935–1985.* Band 1 und 2. Berlin, Siedler 1985. [PLICA]

Eisenbahntechnische Rundschau. Zeitschrift für Bau und Betrieb, Fahrzeugbau und Werkstättenwesen der Reichsbahn. Unter dieser Bezeichnung erstmals erschienen 1921 in Hannover bei Basse und Geisel. 1934–1937 weitergeführt als
Eisenbahntechnische und kraftfahrbahntechnische Rundschau: Zeitschrift für Bau, Betrieb, Fahrzeugbau u. Werkstättenwesen der Reichsbahnen u. Reichs-Autobahnen. Ab 1952:
Eisenbahntechnische Rundschau. ETR. Zeitschrift für die gesamte Eisenbahntechnik. Darmstadt / Köln bei Röhrig, seit 1963 in Darmstadt bei Hestra.

Eisenmann, Josef / Rump, Reinhold: *Ein Schotteroberbau für hohe Geschwindigkeiten.* In: Eisenbahntechnische Rundschau, Jahrgang 46, Nr. 3. Darmstadt-Hamburg, Hestra 1997. [PLICA]

Eisenmann, Josef: *Fahrzeug – Gleisrost – Schotterbeanspruchung.* In: Der Eisenbahningenieur, Jahrgang 28, Nr. 3. Hamburg, Tetzlaff 1977. [PETZ]

Etienne, Robert: *Pompeij.* Stuttgart, Reclam 1982. [KANDLER]

ETR – siehe Eisenbahntechnische Rundschau.

Farka, Christa (Hrsg.): *Der Kirchenberg. Archäologie und Geschichte im Bereich der Marienkirche von Bad Deutsch-Altenburg Niederösterreich.* Bad Deutsch-Altenburg, Eigenverlag der Hollitzer Baustoffwerke 2000. [SPRINGER]

Figlhuber, Hellmuth R.: *Mödling–Laxenburg, Flügelbahn mit Kaiserbahnhof.* Wien, Josef Otto Slezak 1989. [LOISCH]

Fink, Bruce: *A Clinical Introduction to Lacanian Psychoanalysis. Theory and Technique.* Cambridge (MA) – London, Harvard University Press 1997. [PFALLER]

Fischer, Johann: *Einfluß von Frequenz und Ampli-*

tude auf die Stabilisierung von Oberbauschotter. Dissertation. Graz, Technische Universität 1983. [FISCHER]

Forbes, R. J.: *Notes on the History of Ancient Roads and their Construction.* In: Archaeologisch-historische Bijdragen 3. Amsterdam, N. V. Noord-hollandsche Uitgevers-Mij 1934. [KANDLER]

Franz, Leonhard: *Alte Geleisestraßen in Tirol.* In: Veröffentlichungen des Museums Ferdinandeum. Band 31. Innsbruck, Verein Tiroler Landesmuseum Ferdinandeum 1951. [KANDLER]

Franz, Leonhard: *Beiträge zur Altstraßen-Forschung in den Alpenländern.* In: Carinthia I, Jahrgang 146. Klagenfurt, Verlag des Geschichtsvereins für Kärnten 1956. [KANDLER]

Freeman, Michael: *Railways and the Victorian imagination.* New Haven–London, Yale University Press 1999. [DINHOBL]

Freeman, Michael: *The Railway as cultural metaphor.* In: Journal of Transport History 2/20. Manchester, Manchester University Press 1999. [DINHOBL]

Fremdling, Rainer: *Eisenbahnen und Wirtschaftswachstum.* In: Historicum. Zeitung der Aktionsgemeinschaft für die historischen Institute an der Universität Linz. Winter 2000/2001. Linz, Aktionsgemeinschaft/ÖSU 2001. [DINHOBL]

Freud, Sigmund: *Studienausgabe in 10 Bänden und einem Ergänzungsband.* Frankfurt am Main, Fischer 1989. [PFALLER]

Freyssinet, Eugène: *Exposé d'ensemble de l'idée de Précontrainte*, Annales de ITBTP, Paris, juin 1949, erschienen in: Travaux, Paris, April 1966. [PLICA]

Frieberger, Kurt: *Bahnbrecher: Ein Roman um den Semmering.* Berlin–Wien–Leipzig, Zsolnay 1946. [DINHOBL]

Friedell, Egon: *Kulturgeschichte der Neuzeit.* Ungekürzte Ausgabe in zwei Bänden. München, Deutscher Taschenbuchverlag 1997. [DINHOBL]

Friedlaender, Ludwig / Wissowa, Georg: *Darstellung aus der Sittengeschichte Roms.* Band 4. Leipzig, S. Hirzel 1921. [KANDLER]

Friedrich, Fritz: *Die Gleislage – aus fahrzeugtechnischer Sicht.* In: Zeitschrift für Eisenbahnwesen und Verkehrstechnik – Glasers Annalen, Jahrgang 108, Nr. 12, Georg Siemens 1984. [PETZ]

Fürst, Artur: *Die hundertjährige Eisenbahn.* Berlin, Deutsche Buchgemeinschaft 1925. [HAGER]

Füßl, Wilhelm / Ittner, Stefan (Hrsg.): *Biographie und Technikgeschichte.* Opladen, Leske + Budrich 1998. [DINHOBL]

Gall, Lothar / Pohl, Manfred (Hrsg.): *Die Eisenbahn in Deutschland.* München, C. H. Beck 1999. [DINHOBL]

Garbsch, Jochen: *Mann und Roß und Wagen. Transport und Verkehr im antiken Bayern.* Katalog der Prähistorischen Staatssammlung München. München, Museum für Vor- und Frühgeschichte 1986. [KANDLER]

Garschin, Vsevolod Mikhailovic: *Das Signal.* In: Ders., Die Erzählungen. Übertragen von Valerian Tornius. Leipzig, Dieterich'sche Verlagsbuchhandlung 1956. [PETRICEK]

Gemoll, Wilhelm: *Griechisch-deutsches Schul- und Handwörterbuch.* München–Wien [u.a.], Freytag [u.a.] 1988. [KODERA]

Geng-Szesztak, Gertrude / Krems, Walter / Lachmayer, Herbert: *Bad Deutsch-Altenburg. Bild einer Gegend.* Wien–Köln–Weimar, Böhlau 2000. [SPRINGER]

Georg Agricola Gesellschaft (Hrsg.): *Technik und Kultur: Technik und Philosophie*, 10 Bände. Düsseldorf, VDI 1990. [DINHOBL]

Georges, Karl Ernst: *Ausführliches lateinisch-deutsches Handwörterbuch: aus den Quellen zusammengetragen und mit besonderer Bezugnahme auf Synonymik und Antiquitäten unter Berücksichtigung der besten Hilfsmittel.* 2 Bände. Hannover, Hahnsche Buchhandlung 1998. [KODERA]

Geschichte der Eisenbahnen der Österreichisch-Ungarischen Monarchie. Wien, Verlag der k. u. k. Hofbuchhandlung und Hofbuchdruckerei 1898. [HAGER]

Glasers Annalen. 1877 als *Annalen für Gewerbe und Bauwesen* gegründet. 1910 umbenannt in *Glaser's Annalen*, seit den 1930er Jahren als *ZEV (Zeitschrift für Eisenbahnwesen und Verkehrstechnik) – Glasers Annalen*, seit 1972 als *ZEV+DET (Die Eisenbahntechnik) – Glasers Annalen.* Seit 2002 als *ZEVrail* im Georg Siemens Verlag, Berlin–Bielefeld.

Grabherr, Gerald: *Die „Via Decia". Eine postulierte römische Reichsstraße.* Diplomarbeit. Innsbruck 1994. [KANDLER]

Grabherr, Gerald: *Zur sogenannten Via Decia.* In: Bayerische Vorgeschichtsblätter. Band 61. München, C. H. Beck 1996. [KANDLER]

Griechische Lyrik. Herausgegeben und übersetzt von Dietrich Ebener. Berlin–Weimar, Aufbau 1980. [MACHO]

Grillparzer, Franz: *Sappho.* Trauerspiel in 5 Aufzügen. Stuttgart, Reclam 1981. [KODERA]

Grimm, Jakob und Wilhelm: *Deutsches Wörterbuch.* Band 15. Leipzig, Hirzel 1899. [KODERA]

Günther, Dagmar: *Alpine Quergänge. Kulturgeschichte des bürgerlichen Alpinismus (1870–1930).* Frankfurt am Main–New York, Campus 1998. [DINHOBL]

Gutkas, Karl / Bruckmüller, Ernst (Hrsg.): *Verkehrswege und Eisenbahnen.* Wien, Österreichischer Bundesverlag 1989. [DINHOBL]

Gylltoft, Kent R.: *FIP-Sachstandsbericht Eisenbahnschwellen aus Beton.* In: Betonwerk + Fertigteiltechnik. Jahrgang 38, Nr. 7, Gütersloh, Bertelsmann Springer Bauverlag 1987. [PLICA]

Haarmann, August: *Das Eisenbahngeleise.* Leipzig, Wilhelm Engelmann 1891. [PLICA]

Hager, Christian: *Die Mühlkreisbahn. Strecke Linz/Urfahr–Aigen/Schlägl und Linzer Verbindungsbahn.* Steyr, Ennsthaler 1988. [HAGER]

Hager, Christian: *Auf den Pöstlingberg! Geschichte und Geschichten vom Wahrzeichen der Landeshauptstadt Linz.* Linz, Denkmayr 1997. [LOISCH]

Hager, Christian / Wegenstein, Peter: *Steyrtalbahn. Schmalspurstrecken Garsten–Steyr–Klaus und Pergern–Bad Hall.* Linz, Denkmayr 1998. [HAGER, LOISCH]

Handke, Peter: *Der Chinese des Schmerzes.* Frankfurt am Main, Suhrkamp 1986. [PETRICEK]

Handwörterbuch Spanisch, von Heinz Müller und Günther Haensch. Berlin–Wien [u.a.], Langenscheidt 1990. [KODERA]

Hauptmann, Gerhart: *Bahnwärter Thiel.* Stuttgart, Reclam 2001. [PETRICEK]

Heger, Norbert: *Salzburg in römischer Zeit.* In: Jahresschrift des Salzburger Museums Carolino Augusteum 19/1973. Salzburg, Verlag des Museums 1974. [KANDLER]

Heinz, Werner: *Straßen und Brücken im römischen Reich.* Jona, Raggi 1988 (= Antike Welt 19. Sondernummer). [KANDLER]

Heinze, Eberhard: *Eisenbahnbegriffe der Gründerjahre.* transpress, VEB Verlag für Verkehrswesen, Berlin 1989. [SPRINGER]

Heiss, Hans: *Grandhotel Toblach. Pionier des Tourismus in den Alpen / Grand Hotel Dobbiaco. All'avanguardia del turismo nelle Alpi.* Wien / Vienna – Bozen / Bolzano, Folio 1999. [DINHOBL]

Hell, Martin: *Spuren von Altstraßen am Paß Lueg in Salzburg.* In: Archaeologia Austriaca. Beiträge zur Paläanthropologie, Ur- und Frühgeschichte Österreichs. Hrsg. vom Institut für Ur- und Frühgeschichte der Universität Wien. Band 51. Wien, Deuticke 1972. [KANDLER]

Herbig, Jost: *Nahrung für die Götter. Die kulturelle*

Neuerschaffung der Welt durch den Menschen. München–Wien, Carl Hanser 1988. [MACHO]

Hesiod: *Theogonie – Werke und Tage.* Herausgegeben und übersetzt von Albert von Schirnding. Zürich–München, Artemis & Winkler 1991. [MACHO]

Heumann, Hermann: *Grundzüge der Führung der Schienenfahrzeuge.* In: Elektrische Bahnen – Zentralblatt für elektrischen Zugbetrieb und alle Arten von Triebfahrzeugen mit elektrischem Antrieb, Jahrgang 21, Nr. 4 und Nr. 11, Jahrgang 22, Nr. 5 und Nr. 6, Jahrgang 23, Nr. 7. München, Oldenbourg 1950, 1951, 1952. [PETZ]

Hiesel, Franz: *Der Streckengeher.* Manuskript, zur Verfügung gestellt vom Historischen Archiv des Südwestrundfunk Stuttgart, produziert und gesendet im Süddeutschen Rundfunk. Erstausstrahlung am 8. Juli 1970. [PETRICEK]

Hiltl, Nora: *Die Oper Kaiser Leopolds I. Mit besonderer Berücksichtigung der Tätigkeit von Minato und Draghi.* Ungedruckte Dissertation an der Philosophischen Fakultät der Universität Wien, 1973. [NICKLAUS]

Hoffmann, Ernst Theodor Amadeus: *Das steinerne Herz.* In: Ders., Fantasie- und Nachtstücke. Herausgegeben von Walter Müller-Seidel. München, Winkler 1960. [MACHO]

Homer: *Ilias.* Übersetzt von Hans Rupé. München, Heimeran 1961. [MACHO]

Homer: *Odyssee.* Übersetzt von Anton Weiher. München, Heimeran 1955. [MACHO]

Horaz: *Werke in einem Band.* Hrsg. von Manfred Simon, übersetzt von Manfred Simon und Wolfgang Ritschel. Berlin–Weimar, Aufbau 1990. [NICKLAUS]

Horn, Alfred: *Die Kaiser Ferdinands-Nordbahn.* Die Bahnen Österreich-Ungarns. Band 2. Wien–Heidelberg, Bohmann 1971. [LOISCH]

Horn, Alfred (Hrsg.): *Die „Wien-Raaber (Gloggnitzer) Bahn" und ihre Lokomotiven.* Wien, Bohmann 1971. [HAGER]

Horn, Alfred (u.a.): *Die Eisenbahnen in Österreich. Offizielles Jubiläumsbuch zum 150-jährigen Bestehen.* Wien, Bohmann 1986. [HAGER]

Horn, Alfred / Kubinszky, Dr. Mihály: *K.u.k. Eisenbahn Bilderalbum. Die Eisenbahnen in der österreichisch-ungarischen Monarchie – auf alten Ansichten.* Wien, Bohmann 1992. [LOISCH]

Horn, Alfred / Kubinszky, Dr. Mihály: *K.u.k. Eisenbahn Bilderalbum 2. Eisenbahnbilder erzählen Geschichte.* Wien, Bohmann 1993. [LOISCH]

Horn, Alfred: *Eisenbahn Bilderalbum 4. Die Zeit von 1918 bis 1938.* Wien, Bohmann 1998. [HAGER]

Horn, Alfred (Hrsg.): *ÖBB Handbuch 1999.* Wien, Bohmann 1999. [HAGER]

Huberti, Günter (Hrsg.): *Vom Cæmentum zum Spannbeton.* Wiesbaden–Berlin, Bauverlag 1964. [PLICA]

Huizinga, Johan: *Homo ludens. Vom Ursprung der Kultur im Spiel.* Reinbek, Rowohlt 1956. [PFALLER]

Illustrirter Führer auf den kais. Königl. Österr. Staatsbahnen. Wien o. J. [LOISCH]

Jakobson, Roman / Halle, Morris: *Grundlagen der Sprache.* Berlin, Akademie 1960. [PFALLER]

Janetschek, Ottokar: *Der Napoleonbauer. Ein Semmeringroman.* Zürich–Leipzig–Wien, Amalthea 1932. [DINHOBL]

Jani, Johann: *Experimentelle Ermittlung der Kraftübertragungsflächen zwischen Schwellen und Oberbauschotter.* Diplomarbeit. Graz, Technische Universität 1993. [FISCHER]

Joppich, J. / Kainz, Franz: *Beiträge zur Altstraßenforschung im Dunkelsteiner Wald.* In: Unsere Heimat. Jahrgang 40. Wien, Verein für Landeskunde von Niederösterreich 1969. [KANDLER]

Jung, Jochen (Hrsg.): *Kleine Fibel des Alltags. Ein österreichisches Lesebuch.* Wien, Hauptverband des Österreichischen Buchhandels 2002. [PETRICEK]

K.k. priv. Südbahn-Gesellschaft: *Fahrplan für den Personenverkehr auf der Südbahn samt Nebenlinien. Gültig vom 1. Oktober 1913.* Nachdruck. Wien, Josef Otto Slezak 1982. [LOISCH]

Kalker, Jost: *Über die Mechanik des Kontaktes zwischen Rad und Schiene.* Zeitschrift für Eisenbahnwesen und Verkehrstechnik – Glasers Annalen, Jahrgang 102, Nr. 7/8. Berlin, Georg Siemens 1978. [PETZ]

Kant, Immanuel: *Kritik der praktischen Vernunft.* Werkausgabe in Einzelbänden. Band VII. Frankfurt am Main, Suhrkamp 1974. [PFALLER]

Kant, Immanuel: *Kritik der Urteilskraft.* Werkausgabe in Einzelbänden. Band X. Frankfurt am Main, Suhrkamp 1977. [PFALLER]

Karner Fritz (Red.): *Österreichische Bundesbahnen: XV Jahre Wiederaufbau, Modernisierung und Rationalisierung.* Wien, Bohmann 1960. [HAGER]

Kästner, Erich: *Kurz und bündig. Epigramme.* Zürich, Atrium 1950. [PETRICEK]

Kleinecke, Wilhelm jun.: *Von Kaprun nach Windisch-Matrei. Eine Humoreske.* In: Österreichische Touristenzeitung Nr. 21. Wien, Mitteilungen d. Österreichischen Touristenklubs 1883. [DINHOBL]

Klemm, Susanne: *Altstraßenforschung in der Steiermark. Neueste archäologische Untersuchungen von Altstraßen in den Bezirken Leoben und Liezen in den Jahren 1997–1999.* In: Manfred Hainzmann (Hrsg.), Votis XX solutis. Graz, Jubiläumsschrift der Archäologischen Gesellschaft Steiermark 1999. [KANDLER]

Klose, Olivier: *Die Römerstraße über den Plöckenpaß.* In: Jahrbuch für Altertumskunde. Band 4. Wien, Scholl 1910. [KANDLER]

Klubescheidt, Dieter: *Eisenbahnen der Welt.* Stuttgart, transpress 2001. [SPRINGER]

Klugar, Karl: *Beschreibung und Auswertung der Versuche zur Bestimmung des Winkels der inneren Reibung für Kiesböden bis 50 mm Korndurchmesser.* Dissertation. Wien, Technische Hochschule 1956. [FISCHER]

Klugar, Karl: *Die Bestimmung des Winkels der inneren Reibung von grobkörnigen Böden und Schüttungen bis 50 mm Korndurchmesser.* In: Der Bauingenieur, Jahrgang 34, Nr. 7. Berlin–Heidelberg [u.a.], Springer 1959. [FISCHER]

Koban, Heinrich: *Die alten Straßen auf der Südseite des Plöckenpasses.* In: Carinthia I, Jahrgang 144. Klagenfurt, Verlag des Geschichtsvereins für Kärnten 1954. [KANDLER]

Koenig, Franz E.: *Der Julierpaß in römischer Zeit.* In: Jahrbuch der Schweizerischen Gesellschaft für Ur- und Frühgeschichte. Band 62. Frauenfeld, Huber & Co. 1979. [KANDLER]

König, Wolfgang: *Bahnen und Berge. Verkehrstechnik, Tourismus und Naturschutz in den Schweizer Alpen 1870–1939.* Frankfurt am Main–New York, Campus 2000. [DINHOBL]

Königl. Eisenbahn-Zentralamt (Hrsg.): *Das Eisenbahnwesen der Gegenwart. Dargestellt auf Grund der Verhältnisse der Deutschen Bahnen.* Berlin, Reimar Hobbing 1911. [HAGER]

Köpf, Gerhard: *Die Strecke.* Frankfurt am Main, S. Fischer 1985. [PETRICEK]

Kos, Wolfgang: *Über den Semmering. Kulturgeschichte einer künstlichen Landschaft.* Wien, Edition Tusch 1984. [DINHOBL]

Kos, Wolfgang (Hrsg.): *Die Eroberung der Landschaft. Semmering · Rax · Schneeberg.* Katalog zur Niederösterreichischen Landesausstellung im Schloß Gloggnitz 1992. Wien, Falter Verlag 1992. [DINHOBL]

Kos, Wolfgang / Kunsthalle Wien (Hrsg.): *Katalog*

Alpenblick. Die zeitgenössische Kunst und das Alpine. Wien, Stroemfeld / Roter Stern 1997. [DINHOBL]

Kroeber, Alfred / Kluckhohn, Clyde: *Culture – A critical review of concepts and definitions.* Cambridge (MA), Harvard University Peabody Museum of American Archeology and Ethnology Papers 1952. [DINHOBL]

Kruse, Holger / Popp, Karl / Matuttis, Hans-Georg / Schinner, Alexander: *Behandlung des Schotters als Vielkörpersystem mit wechselnden Bindungen.* In: Der Eisenbahningenieur, Fachzeitschrift für Eisenbahntechnik, Jahrgang 52, Nr. 2, Hamburg, Tetzlaff 2001. [FISCHER]

Kubinszky, Mihály: *Bahnhöfe in Österreich. Architektur und Geschichte.* Wien, Josef Otto Slezak 1986. [LOISCH]

Kühn, Dieter: *Ludwigslust. Erzählungen.* Frankfurt am Main, Suhrkamp 1977. [PETRICEK]

La Traverse de Chemin de Fer en Béton. Centre d'Information de l'Industrie Cimentière Belge, Bruxelles. Typoskript, ca. 1954, Archiv des Autors. [PLICA]

Lacan, Jacques: *Das Seminar (1959–1960).* Band VII. Weinheim–Berlin, Quadriga 1966. [PFALLER]

Lacan, Jacques: *Schriften.* Band I und II. Ausgewählt und herausgegeben von Norbert Haas. Weinheim–Berlin, Quadriga 1991. [PFALLER]

Lachmayer, Herbert / Louis, Eleonora (Hrsg.): *work & culture – Büro. Inszenierung von Arbeit.* Ausstellungskatalog. Klagenfurt, Ritter 1998. [LACHMAYER]

Lachmayer, Herbert (Hrsg.): *Steinbruch.* Bad Deutsch-Altenburg, Eigenverlag der Hollitzer Baustoffwerke 1999. [SPRINGER]

Lackner, Helmut / Luxbacher, Günter: *Zur Entwicklung der Technikgeschichte in Deutschland und Österreich.* In: Österreichische Zeitschrift für Geschichtswissenschaften, Jahrgang 3, Nr. 2. Wien, Turia + Kant 1992. [DINHOBL]

Lackner, Helmut / Luxbacher, Günter / Hannesschläger, Christian: *Technikgeschichte in Österreich.* Wien, Oldenbourg 1996. [DINHOBL]

Langenscheidts Handwörterbuch Italienisch, von Paolo Giovannelli und Walter Frenzel. Berlin–Wien [u.a.], Langenscheidt 1994. [KODERA]

Leed, Eric J.: *Die Erfahrung der Ferne. Reisen von Gilgamesch bis zum Tourismus unserer Tage.* Übersetzt von Hans H. Harbort. Frankfurt am Main–New York, Campus 1993. [MACHO]

Leichtentritt, Hugo: *Reinhard Keiser in seinen Opern. Ein Beitrag zur Geschichte der frühen deutschen Oper.* Berlin, Tessarotypie-Act.-Ges. 1901. [NICKLAUS]

Leitner, Cajetan Franz von: *Vaterländische Reise von Grätz über Eisenerz nach Steyer.* Wien, Rötzel 1798. (Neu herausgegeben von Hubert Fussy. Wien, Österreichischer Bundesverlag 1983.) [KANDLER]

Leonhardt, Fritz: *Spannbeton für die Praxis.* Berlin, Wilhelm Ernst & Sohn 1955. [PLICA]

Leroi-Gourhan, André: *Hand und Wort. Die Evolution von Technik, Sprache und Kunst.* Übersetzt von Michael Bischoff. Frankfurt am Main, Suhrkamp 1980. [MACHO]

Lill, Eduard: *Die Grundgesetze des Personenverkehrs.* In: Zeitschrift für Eisenbahnen und Dampfschiffahrt, Wien 1889. [LÖSCHER]

Lindner, Rolf: *Die Stunde der Cultural Studies.* Wien, Wiener Universitäts-Verlag 2000. [DINHOBL]

Lindsay, Lisa / Mischer, Stephan F. (Hrsg.): *Men and Masculinity in Modern Africa.* Portsmouth, Heinemann (in Vorbereitung). [DINHOBL]

List, Fr. von: *Ueber ein saechsisches Eisenbahn=System als Grundlage eines allgemeinen deutschen Eisenbahn=Systems und insbesondere ueber die Anlegung einer Eisenbahn von Leipzig nach Dresden.* Von Fr. List, Consul der Vereinigten Staaten für das Großherzogthum Baden. Leipzig, A.G. Liebeskind 1833. [SPRINGER]

London, Jack: *Abenteurer des Schienenstrangs.* Übersetzt von Erwin Magnus. Wien, Wiener Volksbuchverlag 1951. [PETRICEK]

Löns, Hermann: *Der Eisenbahndamm.* In: Ders., Sämtliche Werke in acht Bänden. Herausgegeben von Friedrich Castelle. Band 2. Leipzig, Hesse & Becker 1923. [PETRICEK]

Lukian von Samosata: *Sämtliche Werke.* Übersetzt von Christoph Martin Wieland. Leipzig, Weidmannische Buchhandlung 1788. [KODERA]

Lutter, Christina / Reisenleitner, Markus: *Cultural Studies. Eine Einführung.* Wien, Turia + Kant 1998. [DINHOBL]

Maccoby, Hyam: *Der Heilige Henker. Menschenopfer und das Vermächtnis der Schuld.* Übersetzt von Eva Heim. Sigmaringen, Jan Thorbecke 1999. [MACHO]

Mann, Thomas: *Eisenbahnunglück.* In: Ders., Gesammelte Werke in Einzelbänden. Herausgegeben von Peter de Mendelssohn. Band: Frühe Erzählungen. Frankfurt am Main, Fischer 1980. [PETRICEK]

Marktgemeinde Bad Deutsch-Altenburg (Hrsg.): *Erinnerung an der Schwelle.* Bad Deutsch-Altenburg, Eigenverlag der Hollitzer Baustoffwerke 2000. [PFALLER]

Marktgemeinde Bad Deutsch-Altenburg (Hrsg.): *Bad Deutsch-Altenburg. Chronik 1999–2001.* Bad Deutsch-Altenburg, Eigenverlag der Hollitzer Baustoffwerke 2001. [SPRINGER]

Markus, Jordan Kajetan: *Mühlkreisbahn. Führer von Urfahr-Linz nach Ottensheim, Neufelden, Haslach, Rohrbach, Aigen-Schlägel und Umgebung bis an die Marken des Böhmerwaldes.* Linz, Joseph Wimmer 1888. [HAGER]

Marx, Hans Joachim / Schröder, Dorothea: *Die Hamburger Gänsemarkt-Oper. Katalog der Textbücher (1678–1748).* Laaber, Laaber 1995. [NICKLAUS]

Mathews, Robert H. *Chinese–English dictionary.* Cambridge (MA), Harvard University Press 1943. [KODERA]

Mattheson, Johann: *Der musikalische Patriot, welcher seine gründlichen Betrachtungen, über geist- und weltl. Harmonien, samt dem, was durchgehends davon abhänget, in angenehmer Abwechslung zu solchem Ende mittheilet, daß Gottes Ehre, das gemeine Beste und eines jeden Lesers besondere Erbauung dadurch befördert werde. Ans Licht gestellet von Mattheson.* Hamburg 1728. [NICKLAUS]

Mayer, Theodor Heinrich: *Die Bahn über den Berg.* Leipzig, Staackmann, 1928. [DINHOBL]

McCloud, Scott: *Comics richtig lesen.* Hamburg, Carlsen 1994. [PHILIPP]

Meinel, Christoph / Renneberg, Monika (Hrsg.): *Geschlechterverhältnisse in Naturwissenschaft, Medizin und Technik.* Stuttgart, Verlag für Geschichte der Naturwissenschaften und Technik 1996. [DINHOBL]

Meister, Karl: *Die Hausschwelle in Sprache und Religion der Römer.* Abhandlungen der Heidelberger Akademie der Wissenschaften. Philosophisch-historische Klasse. Abteilung 1924/25. Abhandlung III. Heidelberg, Carl Winter 1925. [MACHO]

Menninghaus, Winfried: *Schwellenkunde. Walter Benjamins Passage des Mythos.* Frankfurt am Main, Suhrkamp 1986. [PFALLER]

Meyer, Reinhart (Hrsg.): *Die Hamburger Oper. Eine Sammlung von Texten der Hamburger Oper aus der Zeit 1678–1730.* München, Kraus-Reprint 1980. [NICKLAUS]

Meyer-Lübke, Wilhelm: *Romanisches etymologisches Wörterbuch.* Heidelberg, Winter 1992. [KODERA]

Meyers Conversations-Lexikon. Band 16, Leipzig, Bibliographisches Institut 1897. [KANDLER]

Minaty, Wolfgang (Hrsg.): *Die Eisenbahn. Gedichte, Prosa, Bilder.* Frankfurt am Main, Insel 1984. [PETRICEK]

Modrijan, Walter: *Verkehrswege der Vorgeschichte und Römerzeit.* In: Blätter der Heimatkunde. Band 35 / Heft 4. Graz, Styria 1961. [KANDLER]

Moosleitner, Friedrich: *Auffindung einer Geleisestraße bei Pfarrwerfen.* In: Pro Austria Romana, Nachrichtenblatt für die Forschungsarbeit über die Römerzeit in Österreich. Hrsg. vom Österreichischen Archäologischen Institut und der Österreichischen Gesellschaft für Ur- und Frühgeschichte. Jahrgang 19, Wien 1979. [KANDLER]

Müller-Wiener, Wolfgang: *Griechisches Bauwesen in der Antike.* München, C. H. Beck 1988. [MACHO]

Münchschwander, Peter u.a.: *Feste Fahrbahn.* Sonderveröffentlichung der Eisenbahntechnischen Rundschau. Darmstadt–Hamburg, Hestra 1997. [PLICA]

Nabakowski, Gislind / Sander, Helke / Gorsen, Peter (Hrsg.): *Frauen in der Kunst.* Frankfurt am Main, Suhrkamp 1980. [PFALLER]

Nadolny, Sten: *Netzkarte.* In: Buchners Schulbibliothek der Moderne, Texte & Interpretationen. Band 3. Bamberg, C. C. Buchner 1996. [PETRICEK]

Narobe, Franz: *Die Römerstraße über den Radstädter Tauern.* In: Mitteilungen der Gesellschaft für Salzburger Landeskunde. Band 100. Salzburg, Verlag der Gesellschaft 1960. [KANDLER]

Neumann, Bruno: *Concrete Railway Sleepers.* Malmö, Cembureau The Cement Statistical and Technical Association 1963. [PLICA]

Nissen, Heinrich: *Italische Landeskunde.* Band II. Berlin, Weidmann 1902. [KANDLER]

Nonnos: *Werke in zwei Bänden.* Herausgegeben und übersetzt von Dietrich Ebener. Berlin–Weimar, Aufbau 1980. [MACHO]

Nye, David E.: *American Technological Sublime.* Cambridge (MA) – London, The MIT Press 1994. [DINHOBL]

Olsen, Solveig: *Christian Heinrich Postels Beitrag zur deutschen Literatur. Versuch einer Darstellung.* Amsterdam, Rodopi 1973. [NICKLAUS]

Österreichisches Eisenbahnmuseum in Wien: *Führer durch die Sammlung Oberbau.* Wien, Selbstverlag 1964. [HAGER]

Ovid: Fasti. *Festkalender Roms.* Übersetzt und herausgegeben von Wolfgang Gerlach. München, Heimeran 1960. [MACHO]

Ovid: Fasti / *Festkalender*, Lateinisch-Deutsch. Herausgegeben und übersetzt von Niklas Holzberg. München–Zürich, Artemis und Winkler 1995. [NICKLAUS]

Ovid: *Liebesgedichte – Amores.* Übersetzt von Walter Marg und Richard Harder. München, Heimeran 1962. [MACHO]

Ovid: *Metamorphosen.* Epos in 15 Büchern / Übersetzt und herausgegeben von Hermann Breitenbach. Zürich, Artemis 1958. [NICKLAUS]

Ovid: *Metamorphosen.* Übersetzt und herausgegeben von Erich Rösch. München, Heimeran 1964. [MACHO]

Oxford English dictionary. Prepared by J. A. Simpson. Oxford, Clarendon Press, 1991. [KODERA]

Pappenheim, H. E.: *Die Säulen auf dem Julierpaß.* Ein Beitrag zu den Untersuchungen über C. F. Meyers „Jürg Jenatsch“. In: Bündner Monatsblatt. Chur, Gasser und Eggerling 1931. [KANDLER]

Paul, Jean: *Leben Fibels, des Verfassers der Bienrodischen Fibel.* Nürnberg, Schrag 1812. [KODERA]

Pauli, Ludwig: *Die Geschichte der Alpen. Die archäologische Entdeckung einer Kulturlandschaft.* München, C. H. Beck 1980. [KANDLER]

Pekáry, Thomas: *Untersuchungen zu den römischen Reichsstraßen.* Bonn, Habelt 1968 (= Antiquitas Reihe 1, Band 17). [KANDLER]

Petz, Michael: *Vergleichende Übersicht über Arbeiten betreffend den Lauf von Eisenbahnfahrzeugen; unter besonderer Berücksichtigung der Querstabilität.* Diplomarbeit. Wien, Technische Universität 1980. [PETZ]

Petz, Michael: *Die durch den fahrenden Zug verursachte horizontale Gleisbewegung.* Dissertation. Wien, Technische Universität 1985. [PETZ]

Pfahnl, Karl: *Die Bahnerhaltung in bildlichen Darstellungen.* Herausgegeben von der Reichsbahndirektion Linz, 1944. [HAGER]

Pfeffer, Franz / Kleinhanns, Günther: *Budweis–Linz–Gmunden. Pferdeeisenbahn und Dampfbetrieb auf 1106 mm Spurweite.* Wien, Josef Otto Slezak / Linz, Oberösterreichischer Landesverlag 1982. [HAGER]

Pfeifer, Wolfgang: *Etymologisches Wörterbuch des Deutschen.* Erarbeitet von einem Autorenkollektiv des Zentralinstituts für Sprachwissenschaft unter der Leitung von Wolfgang Pfeifer. Berlin, Akademie 1989. [KODERA]

Pfleiderer AG (Hrsg.): *Rheda 2000. Die monolithische Feste Fahrbahn mit Direktaufbau.* Neumarkt / Oberpfalz 2000. [PLICA]

Pierenkemper, Toni: *Umstrittene Revolutionen – Die Industrialisierung im 19. Jahrhundert.* Frankfurt am Main, Fischer 1996. [DINHOBL]

Planta, Armon: *Die römische Julierroute.* In: Helvetia Archaeologica. Band 7 / Heft 25. Zürich, Verlag Helvetia archaeologica 1976. [KANDLER]

Plitzner, Klaus (Hrsg.): *Technik–Politik–Identität. Funktionalisierung von Technik für die Ausbildung regionaler, sozialer und nationaler Selbstbilder in Österreich.* Stuttgart, Verlag für Geschichte der Naturwissenschaften und Technik 1995. [DINHOBL]

Pokorny, Julius: *Indogermanisches etymologisches Wörterbuch.* Berlin und München, Francke 1959. [KODERA]

Pöll, Johannes: *Die Via Claudia Augusta – Bemerkungen zur Chronologie einer römischen Reichsstraße.* In: Walde, Elisabeth (Hrsg.), Via Claudia. Neue Forschungen. Innsbruck, Institut für klassische Archäologie 1998. [KANDLER]

Pöll, Johannes: *Reste einer Steinplattenstraße in Patsch.* In: Tiroler Heimatblätter. Band 70. Innsbruck, Tyrolia 1995. [KANDLER]

Porr AG (Hrsg.): *Eine Tunnelsanierung von Porr-Gleisbau im Tauerntunnel Salzburg–Kärnten.* ABAP Ref. 108/05.93/2m. [PLICA]

Pöttler, Burkhard (Hrsg.): *Tourismus und Regionalkultur. Referate der Österreichischen Volkskundetagung 1992 in Salzburg.* Wien, Selbstverlag des Vereins für Volkskunde 1994. [DINHOBL]

Presle, Gérard / Mittermayr, Paul: *Beurteilung der Zuverlässigkeit des Fahrweges durch Messung und Simulation.* In: Zeitschrift für Eisenbahnwesen und Verkehrstechnik – Die Eisenbahntechnik – Glasers Annalen, Jahrgang 124, Nr. 2. Berlin, Georg Siemens 2000. [PETZ]

Profanter, Heimo-Heinz: *Untersuchungen zu grobkörnigen Tragschichten.* Dissertation. Graz, Technische Universität 1971. [FISCHER]

Profeti, Maria Grazia: *Materiali, Variationi, Invenzioni.* Firenze, Alinea 1996. [NICKLAUS]

Properz / Tibull: *Liebeselegien. Carmina.* Neu herausgegeben und übersetzt von Georg Luck. Zürich–Düsseldorf, Artemis & Winkler 1996. [MACHO]

Quemada, Bernard (Dir.): *Trésor de la langue française: Dictionnaire de la langue du XIXe et du XXe siècle (1789–1960).* Centre National de la Recherche Scientifique, Institut National de la Langue Française. Paris, Gallimard 1992. [KODERA]

Raccolta di Poesie drammatiche del secolo, Band 6, 1683–1686 (Österreichische Nationalbibliothek, Theatersammlung, 792410-B). [NICKLAUS]

Radke, Gerhard: *Viae Publicae Romanae.* In:

Wissowa, Georg u.a. (Hrsg.), Paulys Realencyclopädie der classischen Altertumswissenschaft (1894–1978). Supplementband XIII. München, Alfred Druckenmüller 1973. [KANDLER]

Ransmayr, Christoph: *Morbus Kitahara*. Frankfurt am Main, S. Fischer 1995. [PETRICEK]

Rey, Alain (Hrsg) : *Dictionnaire historique de la langue française*. Paris, Dictionnaire Le Robert 1993. [KODERA]

Rhodos, Apollonios von: *Das Argonautenepos*. 2 Bände. Übersetzt und herausgegeben von Reinhold Glei und Stephanie Natzel-Glei. Darmstadt, Wissenschaftliche Buchgesellschaft [Texte zur Forschung, Band 63] 1996. [MACHO]

Rießberger, Klaus / Schilder, Rudolf / Plica, Peter: *Das Rahmenschwellengleis – Stand der Entwicklung*. In: Zeitschrift für Eisenbahnwesen und Verkehrstechnik – Die Eisenbahntechnik – Glasers Annalen, Jahrgang 124, Nr. 6, Berlin, Georg Siemens 2000. [PETZ]

Rießberger, Klaus: *Festere Fahrbahn auf Schotter*. In: Eisenbahntechnische Rundschau, Jahrgang 51, Nr. 4. Darmstadt–Hamburg, Hestra 2002. [FISCHER]

Ringelnatz, Joachim: *Arm Kräutchen*. In: Ders., Und auf einmal steht es neben dir. Gesammelte Gedichte. Berlin, Henssel 1950. [PETRICEK]

Robbins, Michael: *The Railway Age*. Manchester, Mandolin 1998. [DINHOBL]

Röll, Victor Frh. von (Hrsg.): *Enzyklopädie des Eisenbahnwesens*. Berlin–Wien, Urban und Schwarzenberg 1915. [HAGER]

Ropohl, Günter: *Allgemeine Technologie. Eine Systemtheorie der Technik*. München–Wien, Hanser 1999. [DINHOBL]

Röring, Christoph Wilhelm: *Untersuchungen zum römischen Reisewagen*. Koblenz, Forneck 1983. [KANDLER]

Roscher, Wilhelm Heinrich: *Ausführliches Lexikon der griechischen und römischen Mythologie*. Leipzig, Teubner 1890–1894. [MACHO]

Rosegger, Peter: *Als ich noch der Waldbauernbub war*. Stuttgart, Reclam 1989. [DINHOBL]

Rossberg, Ralf Roman: *Geschichte der Eisenbahn*. Künzelsau, Edition Sigloch 2000. [DINHOBL, HAGER, PLICA, SPRINGER]

Rückert, Friedrich: *Gedichte*. Frankfurt am Main, J. D. Sauerländer 1841. [KODERA]

Ruhm und Sinnlichkeit. Innsbrucker Bronzeguß 1500–1650. Von Kaiser Maximilian I. bis Erzherzog Ferdinand Karl. Ausstellungskatalog. Innsbruck, Tiroler Landesmuseum Ferdinandeum 1996. [KANDLER]

Rziha, Franz: *Vorlesungen über Eisenbahnen und Tunnelbau*. Wien, Manuskript 1878. [DINHOBL]

Saar, Ferdinand von: *Die Steinklopfer. Tambi. Zwei Novellen aus Österreich*. Stuttgart, Reclam 1993. [DINHOBL]

Sade, D. A. F. de: *Die hundertzwanzig Tage von Sodom oder Die Schule der Ausschweifung*. Dortmund, Die bibliophilen Taschenbücher 1979. [PFALLER]

Said, Edward: *Kultur und Imperialismus*. Frankfurt am Main, S. Fischer 1994. [DINHOBL]

Sammet, Gerald: *Schiefe Ebene. Ein Almanach für Eisenbahner, Reisende und die Leute an den Zügen*. Bremen, Buchladen Wassmann 1983. [PETRICEK]

Santillana, Giorgio de / Dechend, Hertha von: *Die Mühle des Hamlet. Ein Essay über Mythos und das Gerüst der Zeit*. Übersetzt von Beate Ziegs. Wien–New York, Springer 1994. [MACHO]

Sartori, Claudio: *I Libretti italiani a stampa dalle origini al 1800 (Catalogo analitico con 16 indici)*. Cuneo, Bertola & Locatelli 1990–1994. [NICKLAUS]

Schanz, Martin / Hosius, Carl: *Geschichte der römischen Literatur*. In: Otto, Walter (Hrsg.), Handbuch der Altertumswissenschaft. Band VIII. München, C. H. Beck 1935. [KANDLER]

Schilder, Rudolf: *Das kunststoffbewehrte Schotterbett*. Dissertation. Graz, Technische Universität 1983. [FISCHER]

Schivelbusch, Wolfgang: *Geschichte der Eisenbahnreise. Zur Industrialisierung von Raum und Zeit im 19. Jahrhundert*. Frankfurt am Main, Fischer 2002. [DINHOBL, PETRICEK, PHILIPP, SPRINGER]

Schmale, Wolfgang: *Historische Komparatistik und Kulturtransfer*. Bochum, Dr. Dieter Winkler 1998. [DINHOBL]

Schmid, Georg / Lindenbaum, Hans / Staudacher, Peter: *Bewegung und Beharrung. Transport und Transportsysteme in Österreich 1918-1938: Eisenbahn, Automobil, Tramway*. Wien–Köln–Weimar, Böhlau 1994. [DINHOBL]

Schneider, Hans-Christian: *Altstraßenforschung*. Darmstadt, Wissenschaftliche Buchgesellschaft 1982. [KANDLER]

Schröder, Dorothea: *Zeitgeschichte auf der Opernbühne. Barockes Musiktheater in Hamburg im Dienst von Politik und Diplomatie (1690–1745)*. Göttingen, Vandenhoeck und Ruprecht 1998. [NICKLAUS]

Schröder, Klaus Albrecht / Friedrich, Regine: *Die Eisenbahn in der Kunst*. Ausstellungskatalog. Wien, Kunstforum Länderbank 1987. [DINHOBL]

Schultheiß, Hans / Schulz, Georg: *Schwellen für die Deutsche Bundesbahn*. In: Eisenbahntechnische Rundschau, Jahrgang 34, Nr. 10. Darmstadt–Hamburg, Hestra 1985. [PLICA]

Schwarz, Gerhard: *Studie über Schwellenrahmen-Oberbau, Konstruktion und Anwendungsmöglichkeit für die Neubaustrecken der ÖBB*. Unveröffentlichter Bericht, Wien 1980. [PLICA]

Schweiger-Lerchenfeld, Amand von: *Vom rollenden Flügelrad. Darstellung der Technik des heutigen Eisenbahnwesens*. Erstmaliger Reprint der Ausgabe Wien–Pest–Leipzig, A. Hartleben 1894. Düsseldorf, VDI 1985. [PLICA]

Seifert, Herbert: *Die Oper am Wiener Kaiserhof im 17. Jahrhundert*, Tutzing, H. Schneider 1985. [NICKLAUS]

Seyfarth, Wolfgang: *Römische Geschichte*. Berlin, Akademie 1976. [KANDLER]

Simmel, Georg: *Die Großstädte und das Geistesleben*. In: Susmann, Margharete / Landmann, Michael (Hrsg.), Brücke und Tür. Essays des Philosophen zu Geschichte, Religion, Kunst und Gesellschaft. Stuttgart, K. F. Koehler 1957. [PHILIPP]

Slezak, Paul / Slezak, Friedrich / Slezak, Josef Otto: *Kanal, Nostalgie, Aspangbahn. Ergänzungsband zum Buch „Vom Schiffskanal zur Eisenbahn"*. Wien, Josef Otto Slezak 1990. [LOISCH]

Smith, Denis (Hrsg.): *Perceptions of great engineers. Fact and Fantasy*. London, Science Museum for the Newcomen Society 1994. [DINHOBL]

Smith, Merritt Roe / Marx, Leo (Hrsg.): *Does Technology Drive History?* Cambridge (MA) – London, The MIT Press 2001. [DINHOBL]

Snow, C.P.: *The two cultures* (Introduction by Stefan Collini). Cambridge (MA), Cambridge University Press 1993. [DINHOBL]

Sonneville, Roger: *Modernisierung von Schienenanlagen in der ganzen Welt*. Vortrag, gehalten im „Maintenance of Way Club" am 26. 10. 1961. [PLICA]

Sontag, Susan: *Geist als Leidenschaft. Ausgewählte Essays zur modernen Kunst und Kultur*. Leipzig–Weimar, Kiepenheuer 1990. [PFALLER]

Spinoza, Benedictus de: *Die Ethik*. Stuttgart, Reclam 1990. [PFALLER]

Stahlbetonschwellenwerk Linz (SSL): *Wege in die Zukunft*. Firmenbroschüre. Linz 1997. [HAGER, PFALLER]

Statistik Austria (Hrsg.): *Statistisches Jahrbuch 2002, Konsumerhebung 1999/2000.* Wien 2001. [LÖSCHER]

Stephenson, Rowland MacDonald: *Railways: An introductory Sketch, with suggestions, in reference to their extension to British colonies.* London, John Weale 1850. [DINHOBL]

Stilgoe, John R.: *Metropolitan Corridor.* Yale (MA), Yale University Press 1985. [DINHOBL]

Stocker, Karl / Hwaletz, Otto / Rollig, Stella: *Verkehr.* Steirische Landesausstellung 1999. Ausstellungskatalog. Graz, Dr. Harald Vetter 1999. [DINHOBL]

Stockklausner, Johann: *Dampfbetrieb in Alt-Österreich 1837–1918.* Wien, Josef Otto Slezak 1979. [LOISCH]

Strach, Hermann (Bearb.): *Geschichte der Eisenbahnen der Oesterreichisch-Ungarischen Monarchie.* Wien–Teschen–Leipzig, Prochaska 1898. [DINHOBL]

Sydow, Wilhelm: *Eine gepflasterte Altstraße in Häusern, Gemeinde Ampaß.* In: Tiroler Heimatblätter. Band 65. Innsbruck, Tyrolia 1990. [KANDLER]

Theokrit: *Gedichte.* Übersetzt von F. P. Fritz. München, Heimeran 1970. [MACHO]

Thüry, Günther E.: *Die Wurzeln unserer Umweltkrise.* Salzburg, Otto Müller 1995. [KANDLER]

Tolstoi, Leo N.: *Anna Karenina.* Übersetzt von Fred Ottow. München, Deutscher Taschenbuchverlag 2001. [PETRICEK]

Tolstoi, Leo N.: *Kreutzer-Sonate und andere Novellen.* Übersetzt von A. A. Fiedler. Berlin, Neufeld & Henius, o. J. [PETRICEK]

Tranquillus, Gaius Suetonius: *Kaiserbiographien I.* München, Goldmann Klassiker, o. J. [NICKLAUS]

Trousset, Pol: *Les bornes du Bled Segui. Nouveaux aperçus sur la centuriation romaine du Sud Tunesien.* In: Antiquités africaines. Band 12. Paris, Éditions du Centre national de la recherche scientifique 1978. [KANDLER]

Turner, Victor W.: *The Ritual Process. Structure and Anti-Structure.* The Lewis Henry Morgan Lectures 1966. Ithaca / New York, Cornell University Press 1977. [MACHO]

Tylor, Edward B.: *Die Anfänge der Cultur.* Leipzig, Winter 1873.

Umweltbundesamt GmbH.: *Luftschadstoff-Trends in Österreich 1980–2000.* Wien, Eigenvervielfältigung des Umweltbundesamts 2002. [LÖSCHER]

Universität für künstlerische und industrielle Gestaltung Linz (Hrsg.): *Jahresbroschüre Experimentelle Visuelle Gestaltung 1993 / 94.* Linz 1994. [PFALLER]

VanGennep, Arnold: *Übergangsriten (Les rites de passage).* Übersetzt von Klaus Schomburg und Sylvia M. Schomburg-Scherff. Frankfurt am Main–New York, Campus / Paris, Edition de la Maison des Sciences de l'Homme 1986. [MACHO, PFALLER]

Verdelis, Nikolaos: *Die Ausgrabung des Diolkos während der Jahre 1957–1959.* In: Mitteilungen des Deutschen Archäologischen Instituts, Athenische Abteilung 73, 1958. Berlin, Mann 1962. [KANDLER]

Vergil: *Aeneis.* Lateinisch-Deutsch, herausgegeben und übersetzt von Johannes Götte. München–Zürich, Artemis 1988. [KODERA, NICKLAUS]

Verkehrsverein Osttirol (Hrsg.): *100 Jahre Pustertalbahn Lienz–Franzensfeste. Festschrift anläßlich des Jubiläums November 1871 – November 1971.* Lienz, Selbstverlag Verkehrsverein Osttirol 1971. [DINHOBL]

Virilio, Paul: *Krieg und Kino. Logistik der Wahrnehmung.* Frankfurt am Main, Fischer 1989. [PHILIPP]

Virilio, Paul: *Fluchtgeschwindigkeit.* München, Hanser 1996. [PHILIPP]

Vollmer, Wilhelm: *Vollständiges Wörterbuch der Mythologie aller Nationen. Eine gedrängte Zusammenstellung des Wissenswürdigsten aus der Fabel- und Götter-Lehre aller Völker der alten und neuen Welt.* Stuttgart, Hoffmann 1836. [MACHO]

Wächter, Christine u.a. (Hrsg.): *Technik gestalten.* München–Wien, Profil 1998. [DINHOBL]

Wajcman, Judy: *Technik und Geschlecht.* Frankfurt am Main–New York, Campus 1994. [DINHOBL]

Wakui, Hajime: *Die schottergelagerte Leiterschwelle und Perspektiven.* In: Eisenbahntechnische Rundschau, Jahrgang 48, Nr. 5. Darmstadt–Hamburg, Hestra 1999. [PLICA]

Walenta, Reinhard / Haigermoser, Andreas: *Berührungsgeometrie von Rad und Schiene – Neue Methoden zur Untersuchung und Optimierung.* In: Zeitschrift für Eisenbahnwesen und Verkehrstechnik – Die Eisenbahntechnik – Glasers Annalen, Jahrgang 121, Nr. 2/3. Berlin, Georg Siemens 1997. [PETZ]

Walser, Gerold: *Die römischen Straßen und Meilensteine in Raetien.* Limesmuseum Aalen. In: Kleine Schriften zur Kenntnis der römischen Besetzungsgeschichte Südwestdeutschlands. Heft 29. Stuttgart, Gesellschaft für Vor- und Frühgeschichte 1983. [KANDLER]

Walser, Gerold: *Summus Poeninus. Beiträge zur Geschichte des Großen St. Bernhard-Passes in römischer Zeit.* In: Historia, Einzelschriften, Band 46. Stuttgart, Steiner 1984. [KANDLER]

Walser, Gerold: *Via per Alpes Graias. Beiträge zur Geschichte des Kleinen St. Bernhard-Passes in römischer Zeit.* In: Historia, Einzelschriften, Band 48. Stuttgart, Steiner 1986. [KANDLER]

Weber, Hans Heinrich: *Prof. Heumanns Arbeiten auf dem Gebiet der Spurführung im Zeichen der heutigen Rad/Schiene-Technik.* Zeitschrift für Eisenbahnwesen und Verkehrstechnik – Glasers Annalen, Jahrgang 102, Nr. 7/8. Berlin, Georg Siemens 1978. [PETZ]

Weber, Max Maria Freiherr von: *Die Schule des Eisenbahnwesens.* Leipzig, J. J. Weber 1857. [DINHOBL]

Weidinger, H.: *Austria alta, arciducato.* In: Ders., Repertoire der italienischen Oper des 17. und 18. Jahrhunderts: 2. Teil, Die Länder außerhalb Italiens – Orte-Index in politisch-historischer Anordnung und Parallel-Katalog. = Band 14, Teilbände 3 und 4 in: Ders., Il Dissoluto Punito. Untersuchungen zur äußeren und inneren Entstehungsgeschichte von Lorenzo da Pontes & Wolfgang Amadeus Mozarts *Don Giovanni.* Phil. Dissertation in 16 Bänden, Wien 2002. [NICKLAUS]

Weidinger, H. E.: *Schwellen.* In: Stahlbetonschwellenwerk Linz (SSL), Wege in die Zukunft. Firmenbroschüre. Linz 1997. [NICKLAUS]

Wenzel, Joachim E.: *Geschichte der Hamburger Oper 1678–1978.* Hrsg. vom Vorstand der Hamburger Staatsoper. Hamburg, Hamburgische Staatsoper 1978. [NICKLAUS]

Winkler, Gerhard: *Die römischen Straßen und Meilensteine in Noricum–Österreich.* Limesmuseum Aalen. In: Kleine Schriften zur Kenntnis der römischen Besetzungsgeschichte Südwestdeutschlands, Heft 35. Stuttgart, Gesellschaft für Vor- und Frühgeschichte 1985. [KANDLER]

Wissowa, Georg u.a. (Hrsg.): *Paulys Realencyclopädie der classischen Altertumswissenschaft.* Band 10/1. Stuttgart, J. B. Metzler 1918. [KANDLER]

Wissowa, Georg u. a. (Hrsg.): *Paulys Realencyclopädie der classischen Altertumswissenschaft.* Supplementband III. Stuttgart, J. B. Metzler 1918. [NICKLAUS]

Wissowa, Georg u.a. (Hrsg.): *Paulys Realencyclopädie der classischen Altertumswissenschaft.* 14. Band (erste Hälfte). Stuttgart, J. B. Metzler 1943. [NICKLAUS]

Wittgenstein, Ludwig: *Philosophische Untersu-*

chungen. Frankfurt am Main, Suhrkamp 1980. [PFALLER]

Wopfner, Hermann: *Die Reise des Venantius Fortunatus durch die Ostalpen. Ein Beitrag zur frühmittelalterlichen Verkehrs- und Siedlungsgeschichte.* In: Festschrift zu Ehren Emil von Ottenhals. Innsbruck, Wagner 1925 (= Schlern-Schriften 9). [KANDLER]

Working Papers in Railway Studies (No.1). York, Institute of Railway Studies 1996. [DINHOBL]

World Tibet Network News (published by the Canada Tibet Committee): *China to invest nearly 4 billion dollars in Tibet.* URL: http://www.tibet.ca/wtnarchive/2001/6/30_6.html (11.2.2003). [DINHOBL]

Wyss, René: *Der Goldschatz von Erstfeld.* In: Helvetia archaeologica, Band 7, Heft 25. Zürich, Verlag Helvetia archaeologica 1975. [KODERA]

ZEV – siehe *Glasers Annalen.*

ZEV+DET – siehe *Glasers Annalen.*

ZEVrail – siehe *Glasers Annalen.*

Žežula, Friedrich: *Die Frühzeit der Schmalspurbahn.* Wien, Josef Otto Slezak 1983. [LOISCH]

Žižek, Slavoj (Hrsg.): *Ein Triumph des Blicks über das Auge.* Psychoanalyse bei Alfred Hitchcock. Wien, Turia + Kant 1992. [PFALLER]

Zuna-Kratky, Gabriele (Hrsg.): *Technisches Museum Wien.* Museumsführer. München–Berlin–London–New York, Prestel 2002. [DINHOBL]

Bildnachweis

Foto Manfred Rahs: Titelfoto, S. 19, 21, 53, 55, 103, 151, 175, 190 o.l., 191, 205, 206 o., 206 u., 208–227, 229.

ÖAI, Fotoarchiv: S. 56 u.

Archiv Manfred Kandler: S. 56 o., 59, 61.

Walter Andrae: Das wiedererstandene Assur. Leipzig, J. C. Hinrichs 1938: S. 57 o., 57 u.

Archiv Werner Heinz: S. 58.

Putzger – Historischer Weltatlas zur allgemeinen und österreichischen Geschichte, herausgegeben von E. Bruckmüller, Copyright Cornelsen Verlag Berlin 1998: S. 60.

Foto Norbert Heger: S. 62 o.

P. Sticotti: Le roccie inscritte di monte Croce in Carnia. Archeografo Triestino ser. III, vol. III, 1906: S. 63.

Tiroler Landesmuseum Ferdinandeum, Innsbruck: S. 64.

Plan der Präbichlstraße von 1755, Stadtmuseum Eisenerz: S. 65.

Sammlung Christian Hager: S. 70 o., 79 o.l., 79 o.r.

August Haarmann: Das Eisenbahngeleise. Leipzig, Wilhelm Engelmann 1891: S. 70 u., 105, 106 o., 106 u., 107.

Österreichische Nationalbibliothek Wien, Bildarchiv: S. 71 o., 72 o., 73 u., 75, 77, 81 l., 81 r., 82 l., 82 r., 84/85, 87 o.l., 90/91, 92 u., 95 u., 96, 97 o., 97 u., 100 l., 100 r., 101, 178 o.l., 178 o.r., 179 o.l., 242, 246/247, 273.

Technisches Museum Wien: S. 71 u., 87 u.r., 88.

Geschichte der Eisenbahn der österreichisch-ungarischen Monarchie. VIII Band. Wien–Teschen–Leipzig 1898: S. 72 u.l., 72 u.r., 74 u.

Historisches Museum der Stadt Wien: S. 73 o.

Albertina, Wien: S. 74 o., 89.

Privatbesitz: S. 76, 179 o.m., 179 o.r., 180 u., 277.

Archiv Anton Joachimsthaler: S. 78.

CI&M/Arch. Prof. Holzbauer: S. 80.

Franz Pfeffer / Günther Kleinhanns: Budweis – Linz – Gmunden. Pferdeeisenbahn und Dampfbetrieb auf 1106 mm Spurweite. Wien, Josef Otto Slezak 1982: S. 81 m.

Nordico – Museum der Stadt Linz: S. 83, 86.

stadtMUSEUMgraz: S. 92 o.

Österreichische Galerie Belvedere Wien: S. 93, 250.

Alfred Horn / Dr. Mihály Kubinszky: K. u. k. Eisenbahnen Bilderalbum. Die Eisenbahnen in der österreichisch-ungarischen Monarchie – auf alten Ansichten. Wien, Bohmann 1992: S. 94 o., 94 u., 95 o.

Österreichische Lokomotiven. Sondernummer. Die „Wien-Raaber (Gloggnitzer) Bahn" und ihre Lokomotiven. Zusammengestellt von Alfred Horn. Wien 1971: S. 98.

Friedrich Žežula: Frühzeit der Schmalspurbahn. Wien, Josef Otto Slezak 1983: S. 99.

Archiv Peter Plica: S. 108–114, 121–127.

Freytag-Berndt u. Artaria, 1231 Wien: S. 136/137.

Schilder/ÖBB: S. 129–133.

Privatbesitz Rießberger: S. 139, 140 o.

Archiv Plasser & Theurer: S. 140 u., 141 o., 141 u.

Bombardier Transportation Austria: S. 143, 144.

ZEV–Glasers Annalen 98/1974, Nr. 7/8 (mit freundlicher Genehmigung des Georg Siemens Verlages): S. 146 o.l.

Der Eisenbahningenieur, Jahrgang 28, Nr. 3. Hamburg, Tetzlaff 1977: S. 146 o.r., 146 u.

VA TECH VOEST MCE: S. 148, 149.

Archiv voestalpine Bahnsysteme GmbH: S. 171.

Archiv SSL: S. 177, 183–189, 190 u., 195–200, 202, 203.

Archiv Kurt Trimmel: S. 178 u., 179 u., 180 o.

Margherita Spiluttini: S. 181.

Luwig H. Komoli: Das Stahlbetonschwellenwerk Linz. In: PORR-Nachrichten Nr. 45, 1970: S. 201.

Niederösterreichisches Landesmuseum St. Pölten: S. 240.

Heeresgeschichtliches Museum, Wien: S. 241.

Archiv Günter Dinhobl: S. 245.

Hermann Strach (Bearb.): Geschichte der Eisenbahnen der Oesterreichisch-Ungarischen Monarchie. Wien–Teschen–Leipzig, Prochaska 1898/99: S. 248, 249.

Archiv Stadtkino Wien: S. 256.

Filmdokumentationszentrum / Filmarchiv Austria: S. 258 o.

Gustav Deutsch: S. 258 o.r., 258 u.r.

Scott McCloud: Comics richtig lesen. Hamburg, Carlsen 1994: S. 259, 260 o., 260 u.

Herzog-Anton-Ulrich-Museum zu Braunschweig: S. 282.

Stefano Cavallerin: S. 295–321.

Autorinnen und Autoren

SYLVIA BURIAN
geb. 1955 in Wien. Studium der Germanistik, seit 1985 freiberuflich in der Zeitschriften- und Buchproduktion tätig mit Schwerpunkt im kulturellen und sozialwissenschaftlichen Bereich. Mitarbeiterin der *Redaktion Tagbau* seit 2002.

GÜNTER DINHOBL
Mag. rer. nat., geb. 1968 in Neunkirchen (NÖ). Studium der Physik (abgeschlossen) und Geschichte (laufend), Assistent am *Institut für Interdisziplinäre Forschung und Fortbildung* an der Universität Wien, Abteilung Kultur- und Wissenschaftsanalyse, Programmbereich Historische Anthropologie; derzeit laufendes Projekt: „*Das allgemeine Bedürfnis nach schnellen Communicationen* (Ghega, 1844). Über die Konstruktionen von Kultur am Beispiel österreichischer Eisenbahningenieure 1822–1857". (http://www.iff.ac.at/kwa/projekte_eisenbahn_kultur.php)

JOHANN FISCHER
Dipl.-Ing. Dr. techn., geb. 1939 in Hegyeshalom (Ungarn). 1960–1974 Bauingenieurstudium an der Technischen Hochschule Graz mit Praktika im In- und Ausland. Seit 1974 Assistent am *Institut für Eisenbahnwesen* der TU Graz. 1981 Ernennung zum „Rat" (Pragmatisierung), 1983 zum Oberrat; Dissertation: „Einfluß von Frequenz und Amplitude auf die Stabilisierung von Oberbauschotter". Seit 1991 nebenberufliche Lehrtätigkeit im Fach „Verkehrswegebau / Eisenbahnbau" an der HTBLA Graz. Vortragstätigkeit in der ČSSR/ČSR, DDR, Schweden. Hauptarbeitsgebiete: Forschung sowie Leitung des institutseigenen Labors.

CHRISTIAN HAGER
geb. 1957 in Linz. Fachlehrer im innerbetrieblichen Bildungswesen bei den Österreichischen Bundesbahnen. Interessenschwerpunkte: Heimat- und Technikgeschichte, im besonderen das Thema Eisenbahn. 1995 Verleihung des Titels „Konsulent für Wissenschaften" durch die oberösterreichische Landesregierung.

MANFRED KANDLER
Hofrat Dr. phil., geb. 1941 in Klagenfurt. Studium der Kunstgeschichte, Klassischen Archäologie und Alten Geschichte an den Universitäten Graz und Wien, 1970 Promotion in Graz. Ab 1973 Mitarbeiter des *Österreichischen Archäologischen Instituts* (seit 1995 stellvertretender Leiter). Seit 1968 Ausgrabungen vorwiegend in Carnuntum (Legionslager, Canabae legionis: Tempelbezirk heliopolitanischer Götter, Auxiliarkastell). 1986 Organisation des 14. Internationalen Limes-Kongresses in Bad Deutsch-Altenburg. Zahlreiche Veröffentlichungen zu den Grabungen und der Forschungsgeschichte von Carnuntum.

SERGIUS KODERA
Mag. Dr. phil., geb. 1963 in Wien. Studium der Sinologie, Kunstgeschichte und Philosophie an der Universität Wien. 1990 Sponsion zum Magister der Sinologie und Philosophie. 1994 Promotion zum Doktor der Philosophie. Seit 1990 Kursleiter für Siebdruck an der *Wiener Kunstschule* und der *Künstlerischen Volkshochschule*. Seit 1994/1995 Lektor am *Institut für Philosophie* an der Universität Wien.

FRANZ KUHN
geb. 1941 in Prag. Nach Abschluß des Bundesrealgymnasiums in Linz 1959–1963 Kfz-Schadensreferent bei der Versicherung „Der Anker", anschließend im *Stahlbetonschwellenwerk Linz (SSL)* als Lohnverrechner, Mitarbeiter im Versand und Verkauf sowie in Gehaltsverrechnung und Buchhaltung, von 1980 bis zu seiner Pensionierung 2002 dort kaufmännischer Leiter.

HERBERT LACHMAYER
o. Univ. Prof. Dr. phil., geb. 1948 in Wien. Studium der Philosophie, Soziologie und Kunstgeschichte an der Universität Wien, der Universität Frankfurt am Main und der Freien Universität Berlin. Professor am *Institut für Bildende Kunst und Kulturwissenschaften der Universität für künstlerische und industrielle Gestaltung* in Linz sowie Gründer und Leiter (bis 2002) des *Art & Tek Institute* ebendort; Gründer und Vorstand (seit 2000) des *Da Ponte Instituts für Librettologie, Don Juan Forschung und Sammlungsgeschichte* in Wien.

MARGARETH LANZINGER
Mag. Dr. phil., geb. 1965 in Innichen/San Candido (Italien). Studium der Geschichte und der Fächerkombination Germanistik, Wissenschaftstheorie, Spanisch und Geographie an den Universitäten Wien und Graz. Assistentin am *Institut für Geschichte* der Universität Wien und Mitarbeiterin des Programmbereichs Historische Anthropologie am *Institut für Interdisziplinäre Forschung und Fortbildung* ebenda; derzeit laufendes Projekt: „Normen in der Praxis – Praktiken der Norm".

ELISABETH LOISCH
geb. 1947 in Wien. Diplomierte Werbe- und PR-Fachfrau sowie diplomierter Wirtschaftscoach und Fachjournalistin in den Bereichen Wissenschaft, Technik und Wirtschaft; Vizepräsidentin des Verbands für Integrierte Kommunikation (ViKOM) und Lektorin am *Institut für Publizistik* der Universität Salzburg.

RAINALD LÖSCHER

Dipl.-Ing. Dr. techn., geb. 1967 in Horn (NÖ). Studium des Bauingenieurwesens an der Technischen Universität Wien. 1993–1997 Doktoratsstudium an der Fakultät für Bauingenieurwesen. Studien- und Universitätsassistent am *Institut für Eisenbahnwesen* an der Technischen Universität Wien, 1997–2002 stellvertretender Institutsvorstand. Seit 2001 Lehrbeauftragter für Eisenbahnwesen und Seilbahnwesen ebendort. Seit 2002 Bediensteter des *Höheren technischen Dienstes* bei der Gemeinde Wien.

THOMAS MACHO

o. Univ. Prof. Dr. phil., geb. 1952 in Wien. Studium der Philosophie, Musikwissenschaft und Pädagogik an der Universität Wien. 1976 Promotion, 1984 Habilitation für das Fach Philosophie. Ab 1976 Universitätsassistent, ab 1984 Universitätsdozent für Philosophie am *Institut für Philosophie* der Universität Klagenfurt. 1987–1992 Leiter des *Studienzentrums für Friedensforschung* in Stadtschlaining. 1993 Berufung auf den Lehrstuhl für Kulturgeschichte an der Humboldt-Universität Berlin. 1999 Mitbegründung des *Hermann von Helmholtz-Zentrums für Kulturtechnik* an der Humboldt-Universität Berlin. 2000 Fellow am *Internationalen Forschungszentrum Kulturwissenschaften* in Wien. 2001 Hans-Reimer-Preisträger der Aby-Warburg-Stiftung Hamburg.

HANS GEORG NICKLAUS

Mag. Dr. phil., geb. 1963 in Ludwigshafen am Rhein (Deutschland). Studium der Musik an der Robert-Schumann-Hochschule Düsseldorf und an der Hochschule für Musik und darstellende Kunst Wien; Studium der Philosophie, Germanistik und Musikwissenschaft an den Universitäten Düsseldorf und Wien. 1988 Magisterabschluß (Hauptfach Philosophie). 1989 künstlerischer Abschluß im Konzertfach Violine. 1993 Promotion im Fach Philosophie. 1993 Lehrauftrag an der *Hochschule für angewandte Kunst* in Wien. 1993–2002 wissenschaftlicher Assistent am *Kulturwissenschaftlichen Seminar* der Humboldt-Universität Berlin. 2001 Habilitation für das Fach Kulturwissenschaft. 2000–2002 Direktor des *Da Ponte Instituts*, Wien. Freier Mitarbeiter des ORF.

GABRIELE PETRICEK

geb. 1957 in Krems (NÖ). Freie Schriftstellerin; Veröffentlichungen in in- und ausländischen Zeitungen, Zeitschriften, Ausstellungskatalogen und im ORF. Mehrere Stipendien und Preise für Literatur, zuletzt Staatsstipendium für Literatur 2002/2003, Mitglied der Grazer Autorenversammlung. Regelmäßige Mitarbeit als Kunstkritikerin in *jazzzeit – Magazin für Musik und Lebenskunst.* Arbeitet an einem Romanmanuskript und an einem Zyklus von Erzählungen.

MICHAEL PETZ

Dipl.-Ing. Dr. techn., geb. 1958 in Wien. Maschinenbaustudium an der Technischen Universität Wien bis 1980, Promotion 1985. 1981–1987 Universitätsassistent am *Institut für Eisenbahnwesen* an der Technischen Universität Wien, 1987–1990 bei der *SGP Verkehrstechnik.* Seit 1990 bei *Bombardier Transportation Austria GmbH & Co. KG* tätig: daselbst 1990–1996 Bereichsleitung „Entwicklung und Konstruktion“, 1998–2001 Bereichsleitung „Advance Engineering Light Rail Vehicles LRV – Center of Expertise CoE“, seit 2002 Bereichsleitung „Marketing and Product Planning MPP“.

ROBERT PFALLER

a. o. Univ. Prof. Dr. phil., geb. 1962 in Wien. Studium der Philosophie in Wien und Berlin (West); 1993 Promotion mit einer Dissertation über die Philosophie von Louis Althusser. Seit 1993 Hochschulassistent bzw. Universitätsassistent an der *Meisterklasse für Experimentelle Gestaltung* bzw. am *Institut für Bildende Kunst und Kulturwissenschaften* der Hochschule bzw. Universität für künstlerische und industrielle Gestaltung in Linz. Gastdozenturen an der Ecole d'Art Marseille (1997), an der Kunsthochschule Berlin-Weißensee (1998–2000) und an der School of Art and Design der University of Illinois, Chicago (1999).

GABRIELE PFEIFFER

Mag. Dr. phil; geb. 1970 in Graz. Studium der Theaterwissenschaft und Philosophie an den Universitäten Wien und Pisa. Freie Theaterwissenschafterin. 2000–2002 Mitarbeiterin der *Redaktion Tagbau.* Seit 2003 Forschungsprojekt über Experimentelles Theater in Österreich am *Institut für Theater, Film und Medienwissenschaft* der Universität Wien.

CLAUS PHILIPP

geb. 1966 in Wels (OÖ). Leiter der Kulturredaktion der Tageszeitung *Der Standard.* Zuletzt erschien bei der edition suhrkamp die von ihm und Matthias Lilienthal herausgegebene Dokumentation *Schlingensiefs Ausländer Raus.*

PETER PLICA

Dr.-Ing., geb. 1934 in Stettin (heute: Polen). Studium des Bauingenieurwesens an den Technischen Universitäten Hannover und Stuttgart. 1965–1984 bei der Firma *Dyckerhoff & Widmann*, München, in den Bereichen Massivbau, Fertigteilbau und Betonwerkstechnik tätig. Seit 1985 Beratender Ingenieur für Bauwesen. Seit 1993 Konsulent, in der Folge geschäftsführender Prokurist im *Stahlbetonschwellenwerk Linz (SSL).*

MANFRED RAHS

geb. 1955 in Vorau (Stmk.). Studium der Gestaltungslehre an der Hochschule für Angewandte Kunst und der Bildhauerei an der Akademie der bildenden Künste in Wien. Gründungsmitglied und Fotoredakteur der Zeitschrift *Skug*. Als freier Fotograf u.a. seit 1999 für die *Redaktion Tagbau* tätig.

KURT REICHART

Ing., geb. 1943 in Steyr (OÖ). Nach dem Abschluß der Bundesgewerbeschule (heute: Höhere Technische Lehranstalt) in Steyr drei Jahre bei der VÖEST als Konstrukteur im Seilbahnbau. Seit 1965 im *Stahlbetonschwellenwerk Linz (SSL)*, erst als Maschinenbautechniker, seit 1978 als Betriebsleiter.

KLAUS RIESSBERGER

o. Univ. Prof. Dipl.-Ing. Dr. techn., geb. 1941 in Wien. 1960–1966 Studium des Maschinenbaus an der Technischen Universität Wien. 1966–1971 Hochschulassistent am *Institut für Fördertechnik* der Technischen Universität Wien. 1970 Promotion. 1971–1983 Leiter der Forschungsabteilung der Firma *Franz Plasser Bahnbaumaschinen-Industrie GmbH*, Wien/Linz. 1979 Habilitation für Eisenbahntechnik an der Technischen Universität Graz. Seit 1984 ordentlicher Universitätsprofessor am Institut für Eisenbahnwesen ebendort. Seit 1989 Mitglied des Aufsichtsrats der *SGP Verkehrstechnik GmbH*, Wien/Graz (seit 1994: *Siemens SGP Verkehrstechnik GmbH*). 1991–1998 Mitglied des Aufsichtsrates der *VAE Aktiengesellschaft*, Zeltweg. Seit 1999 Mitglied des Aufsichtsrats der *voestalpine Schienen GmbH*, Leoben/Donawitz.

RUDOLF SCHILDER

Dipl.-Ing. Dr. techn., geb. 1950 in Vorchdorf (OÖ). Studium des Bauingenieurwesens an der Technischen Universität Graz, 1979–1983 Universitätsassistent am *Institut für Eisenbahnwesen*. 1983 Promotion. Seit 1983 bei den Österreichischen Bundesbahnen in verschiedenen Funktionen tätig: seit 1996 Geschäftsbereich Fahrweg, Gleistechnik. Mitwirkung in mehreren nationalen und internationalen Arbeitsgruppen, z.B. Ö-Norm, CEN, UIC, AEIF.

KÄTHE SPRINGER

Dr. phil., geb. 1948 in Wien. Studium der Pädagogik und Psychologie; freie Lektorin und Sachbuchautorin. Seit 1999 Projektleitung der *Redaktion Tagbau*.

STEFAN TICHY

Baukaufmann, geb. 1915 in Wien. Von 1954 bis zu seiner Pensionierung 1979 Mitarbeiter im *Stahlbetonschwellenwerk Linz (SSL)*. Gestorben 2002 in Linz.

HANS ERNST WEIDINGER

Dr. phil., Gewerke, geb. 1949 in Wien. Studium der Rechtswissenschaft, Klassischen Archäologie und Philologie sowie Theaterwissenschaft und Kunstgeschichte an der Universität Wien. Seit 1987 Geschäftsführer der *Hollitzer Baustoffwerke Graz Ges.m.b.H.*

HORST WUTZLER

Dipl.-Ing., geb. 1921 in Unterhaßlau bei Zwickau (Deutschland). Studium des Bauingenieurwesens in Dresden. Seit 1940 – mit kriegsbedingter Unterbrechung – bei der Firma *Dyckerhoff & Widmann*, München, tätig: zunächst im Konstruktionsbüro, 1960–1984 als Leiter der Abteilung Straße und Schiene. 1967–1990 Vorsitzender der *Gesellschaft zur Förderung der Spannbetonschwelle e.V.* in Deutschland. Lebt als Pensionär in München.